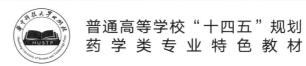

普通高等学校"十四五"规划
药学类专业特色教材

供药学、药物制剂、临床药学、制药工程、中药学、医药营销及相关专业使用

药用植物学

主 编　李 涛　吴 波　陈立娜
副主编　张新慧　李 骁　王 丽　纪宝玉
编 者　（按姓氏笔画排序）
马保连　长治医学院
王 丽　黄河科技学院
王素巍　内蒙古医科大学
刘 芳　长治医学院
刘计权　山西中医药大学
纪宝玉　河南中医药大学
苏雪慧　山东第一医科大学（山东省医学科学院）
李 骁　内蒙古医科大学
李 涛　四川大学华西药学院
李 斌　大连医科大学
李思蒙　南京中医药大学
肖春萍　长春中医药大学
吴 波　广州医科大学
张 丹　重庆医科大学
张新慧　宁夏医科大学
陈 莹　陕西中医药大学
陈立娜　南京医科大学
周 群　湖南医药学院
段黎娟　黄河科技学院
秘 书
曲明亮　四川大学华西药学院

华中科技大学出版社
http://www.hustp.com
中国·武汉

内 容 简 介

本教材为普通高等学校"十四五"规划药学类专业特色教材。

本教材共分为十二章,包括绪论、植物的细胞、植物的组织、植物的器官、植物分类概述、藻类植物、菌类植物、地衣植物门、苔藓植物门、蕨类植物门、裸子植物门和被子植物门。书后还附有被子植物门分科检索表和药用植物彩色照片。

本教材可供药学、药物制剂、临床药学、制药工程、中药学、医药营销及相关专业使用。

图书在版编目(CIP)数据

药用植物学/李涛,吴波,陈立娜主编. —武汉:华中科技大学出版社,2021.1(2025.2重印)
ISBN 978-7-5680-6662-4

Ⅰ. ①药… Ⅱ. ①李… ②吴… ③陈… Ⅲ. ①药用植物学-教材 Ⅳ. ①Q949.95

中国版本图书馆 CIP 数据核字(2021)第 020100 号

药用植物学   李 涛 吴 波 陈立娜 主编
Yaoyong Zhiwuxue

策划编辑:余 雯
责任编辑:丁 平 马梦雪
封面设计:原色设计
责任校对:阮 敏
责任监印:周治超
出版发行:华中科技大学出版社(中国·武汉)   电话:(027)81321913
           武汉市东湖新技术开发区华工科技园   邮编:430223
录   排:华中科技大学惠友文印中心
印   刷:武汉市洪林印务有限公司
开   本:889mm×1194mm 1/16
印   张:22 插页:10
字   数:644 千字
版   次:2025 年 2 月第 1 版第 3 次印刷
定   价:62.00 元

普通高等学校"十四五"规划药学类专业特色教材
编委会

丛书顾问　朱依谆 澳门科技大学　　李校堃 温州医科大学

委　员（以姓氏笔画排序）

卫建琮 山西医科大学
马　宁 长沙医学院
王　文 首都医科大学宣武医院
王　薇 陕西中医药大学
王车礼 常州大学
王文静 云南中医药大学
王国祥 滨州医学院
叶发青 温州医科大学
叶耀辉 江西中医药大学
向　明 华中科技大学
刘　浩 蚌埠医学院
刘启兵 海南医学院
汤海峰 空军军医大学
纪宝玉 河南中医药大学
苏　燕 包头医学院
李　艳 河南科技大学
李云兰 山西医科大学
李存保 内蒙古医科大学
杨　红 广东药科大学
何　蔚 赣南医学院
余建强 宁夏医科大学
余细勇 广州医科大学
余敬谋 九江学院
邹全明 陆军军医大学

闵　清 湖北科技学院
沈甫明 同济大学附属第十人民医院
宋丽华 长治医学院
张　波 川北医学院
张宝红 上海交通大学
张朔生 山西中医药大学
易　岚 南华大学
罗华军 三峡大学
周玉生 南华大学附属第二医院
赵晓民 山东第一医科大学
郝新才 湖北医药学院
项光亚 华中科技大学
胡　琴 南京医科大学
袁泽利 遵义医科大学
徐　勤 桂林医学院
凌　勇 南通大学
黄　昆 华中科技大学
黄　涛 黄河科技学院
黄胜堂 湖北科技学院
蒋丽萍 南昌大学
韩　峰 南京医科大学
薛培凤 内蒙古医科大学
魏敏杰 中国医科大学

网络增值服务使用说明

欢迎使用华中科技大学出版社医学资源网yixue.hustp.com

1.教师使用流程

（1）登录网址：http://yixue.hustp.com（注册时请选择教师用户）

（2）审核通过后，您可以在网站使用以下功能：

管理学生

建立课程　　　　　　　　布置作业

下载教学
资源　　　　　　　教师　　　　　查询学生学习
　　　　　　　　　　　　　　　　记录等

2.学员使用流程

建议学员在PC端完成注册、登录、完善个人信息的操作。

（1）PC端学员操作步骤

①登录网址：http://yixue.hustp.com（注册时请选择普通用户）

②查看课程资源

如有学习码，请在个人中心-学习码验证中先验证，再进行操作。

首页课程 --选择课程--> 课程详情页 --> 查看课程资源

（2）手机端扫码操作步骤

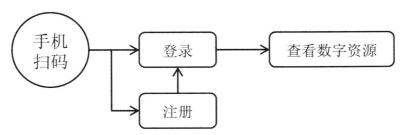

总序

Zongxu

教育部《关于加快建设高水平本科教育 全面提高人才培养能力的意见》("新时代高教 40 条")文件强调要深化教学改革,坚持以学生发展为中心,通过教学改革促进学习革命,构建线上线下相结合的教学模式,对我国高等药学教育和药学专门人才的培养提出了更高的目标和要求。我国高等药学类专业教育进入了一个新的时期,对教学、产业、技术的融合发展要求越来越高,强调进一步推动人才培养,实现面向世界、面向未来的创新型人才培养。

为了更好地适应新形势下人才培养的需求,按照《中国教育现代化 2035》《中医药发展战略规划纲要(2016—2030 年)》以及党的十九大报告等文件精神要求,进一步出版高质量教材,加强教材建设,充分发挥教材在提高人才培养质量中的基础性作用,培养合格的药学专门人才和具有可持续发展能力的高素质技能型复合人才。在充分调研和分析论证的基础上,我们组织了全国 70 余所高等医药院校的近 300 位老师编写了这套普通高等学校"十四五"规划药学类专业特色教材,并得到了参编院校的大力支持。

本套教材充分反映了各院校的教学改革成果和研究成果,教材编写体例和内容均有所创新,在编写过程中重点突出以下特点。

(1)服务教学,明确学习目标,标识内容重难点。进一步熟悉教材相关专业培养目标和人才规格,明晰课程教学目标及要求,规避教与学中无法抓住重要知识点的弊端。

(2)案例引导,强调理论与实际相结合,增强学生自主学习和深入思考的能力。进一步了解本课程学习领域的典型工作任务,科学设置章节,实现案例引导,增强自主学习和深入思考的能力。

(3)强调实用,适应就业、执业药师资格考试以及考研需求。进一步转变教育观念,在教学内容上追求与时俱进,理论和实践紧密结合。

(4)纸数融合,激发兴趣,提高学习效率。建立"互联网+"思维的教材编写理念,构建信息量丰富、学习手段灵活、学习方式多元的立体化教材,通过纸数融合提高学生个性化学习的效率和课堂的利用率。

(5)定位准确,与时俱进。与国际接轨,紧跟药学类专业人才培养,体现当代教育。

(6)版式精美,品质优良。

本套教材得到了专家和领导的大力支持与高度关注,适应于当下药学专业学生的文化基础和学习特点,具有较高的趣味性和可读性。我们衷心希望这套教材能在相关课程的教学中发挥积极作用,并得到读者的青睐;我们也相信这套教材在使用过程中,通过教学实践的检验和实际问题的解决,能不断得到改进、完善和提高。

普通高等学校"十四五"规划药学类专业特色教材
编写委员会

前言

Qianyan

　　药用植物学是药学专业学生必修的一门专业基础课,是实践性、理论性很强的学科,在药学专业中有承前启后的重要作用。本教材为普通高等学校"十四五"规划药学类专业特色教材。在华中科技大学出版社组织下,结合我国高等医药院校药学类专业服务型、创新型人才的培养目标,为了充分体现教材的先进性、实用性和新颖性,并为广大学生提供更加丰富、多样的富媒体数字化教材,充分体现数字化媒体给教学方式、教学手段带来的深刻变革,满足我国药学类专业高等教育教学改革需求,我们编写了这本《药用植物学》。

　　结合药学服务型、创新型人才的培养特点和学科特色,本教材教学内容设计合理,知识衔接有序,深浅适中,由浅入深、层次分明、重点突出、语言精练,以案例导入引导教学,以章(节)小结和目标检测复习、巩固教学重点和难点。本教材在章(节)前设置"学习目标"和"案例导入",在章(节)后增加"本章(节)小结""目标检测""推荐阅读文献""参考文献",并在教材编写内容中适当插入相应教学内容的"知识拓展""知识链接"。本教材在书后附有被子植物门分科检索表,增强教材在药用植物分类、鉴定的实践教学和教学应用中的方便性与实用性,教材内容图文并茂,附有精心选择的编者多年来在野外实地拍摄和鉴定的药用植物清晰彩色照片144幅,有利于进一步调动学生学习药用植物学的积极性和学习兴趣,增强课堂教学效果。

　　本教材由全国16所高等学校的专家共同编写,由李涛、吴波、陈立娜任主编,张新慧、李骁、王丽、纪宝玉任副主编。其具体编写分工如下:第一章、被子植物门分科检索表、药用植物彩色照片由四川大学华西药学院李涛编写;第二章由大连医科大学李斌编写;第三章由山西中医药大学刘计权编写;第四章的第一节由内蒙古医科大学王素巍编写;第四章的第二节由陕西中医药大学陈莹编写;第四章的第三节由宁夏医科大学张新慧编写;第四章的第四节由广州医科大学吴波编写;第四章的第五节、第六节由河南中医药大学纪宝玉编写;第五章由长治医学院马保连编写;第六章由黄河科技学院段黎娟编写;第七章、第八章由山东第一医科大学(山东省医学科学院)苏雪慧编写;第九章由湖南医药学院周群编写;第十章由黄河科技学院王丽编写;第十一章、第十二章的第一节至小檗科由内蒙古医科大学李骁编写;第十二章的防己科至楝科由长春中医药大学肖春萍编写;第十二章的远志科至五加科由长治医学院刘芳编写;第十二章的伞形科至马鞭草科由南京中医药大学李思蒙编写;第十二章的唇形科至菊科由重庆医科大学张丹编写;第十二章的香蒲科至兰科由南京医科大学陈立娜编写。由于药用植物锁阳 *Cynomorium songaricum* Rupr. 属于锁阳科 Cynomoriaceae 锁阳属 *Cynomorium* 植物,故本教材列当科 Orobanchaceae 中不包括锁阳。对柔荑花序中"柔"字的写法和"荑"字的读音进行了详细的文献考证,故本教材中统一采用"柔荑花序"的写法,而不用"荑荑花序";柔荑中的"荑"读 tí,而不是 yí。本版教材所附有的144幅药用植物彩色照片,由李涛、李骁(辣蓼铁线莲、棉团铁线莲)原创拍摄提供。本教材全书由四川大学华西药学院李涛主编进行统稿、综审、修改和定稿。

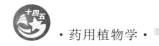

本教材在编写过程中得到了编者所在院校从事药用植物学教学科研工作专家的大力支持，以及华中科技大学出版社领导和编辑的悉心指导与帮助。四川大学的领导和专家提供了大量帮助与支持。本教材中内容和插图参考了大量相关教材、文献和工具书等。四川大学华西药学院研究生曲明亮、钟玉琴、李冲、司梦鑫等为本教材的顺利出版也付出了大量辛勤的劳动，在此一并表示感谢。

由于编者能力、水平和时间有限，本书还会存在一些缺点和不足之处，敬请广大读者提出宝贵的批评意见和建议，以便再版时修订完善。

编　者

目录

Mulu

第一章 绪 论

 学习目标

1. 掌握:药用植物学的内涵、研究内容与任务。
2. 熟悉:药用植物学的发展简史和我国古代著名的本草著作。
3. 了解:药用植物学的地位以及与相关学科的关系;药用植物学的学习方法。

案例导入

2015 年,我国科学家屠呦呦获诺贝尔生理学或医学奖。她受东晋医药学家葛洪编著《肘后备急方》中"青蒿一握,以水二升渍,绞取汁,尽服之"的启发,改进了青蒿素的提取方法,采用乙醚冷浸法低温提取,最终获得成功,发现了治疗疟疾的特效药青蒿素。目前,以青蒿素为基础的复方药已经成为治疗疟疾的重要药物。

提问:1. 你认识中药青蒿吗?中药青蒿来源于哪种药用植物?其功效是什么?

2. 上述案例对你有什么启发?

药用植物是人类生存和发展的宝贵自然资源,我国是世界上药用植物种类最多、应用历史最悠久的国家之一。我国古代广大劳动人民在长期的生产、生活实践和同疾病做斗争的过程中,发现了许多能消除或减轻疾病痛苦的药用植物,积累了丰富的药用植物知识。《中国植物志》记载了我国 301 科 3408 属 31142 种植物,而中药和天然药物的绝大部分来源于植物。目前,我国有中药资源(包括植物、动物和矿物)种类 12807 种,其中药用植物有 383 科 2313 属 11146 种(包括亚种、变种或变型 1208 个),约占总数的 87%。我国除中医药外,还有许多民族医药,如藏族医药、蒙古族医药、维吾尔族医药、彝族医药、傣族医药、壮族医药等也应用了大量的药用植物。因此,药用植物是我国中医药、民族医药的精髓,从《神农本草经》到《本草纲目》,从岐黄之术到民族医药,药用植物承载着华夏数千年的智慧,已深深根植于中华民族传统医药文化之中。学习药用植物学的知识,与生药的品种来源、品种鉴定、加工炮制、栽培育种、临床应用、资源开发和品质评价等密切相关。

一、药用植物学的内涵、研究内容与任务

药用植物学(pharmaceutical botany)是一门以具有医疗保健作用的植物为研究对象,应用植物学的知识和方法研究它们的形态特征、组织构造、分类鉴定、化学成分、生理功能、资源开发和合理利用等内容的学科。它是药学、中药学专业必修的一门专业基础课,是培养学生掌握药用植物形态解剖学的基本知识和技能,并运用药用植物分类学的原理和方法,准确识别和鉴定药用植物种类,明确药用植物临床应用的一门课程,在药学、中药学专业的课程中有承前启后的重要地位。药用植物学的研究内容和任务如下。

扫码
看课件

案例导入
答案解析

（一）研究和鉴定生药原植物的种类，保证生药来源的真实、准确和临床用药的安全、有效

我国植物类生药种类繁多、来源复杂，各地用药历史、用药习惯和用药名称有较大差异，造成同名异物、同物异名的混乱现象较为严重，致使生药的品种来源往往较为复杂、混乱，严重影响了生药的安全性和有效性。同名异物现象，如中药贯众的原植物来源有紫萁科植物紫萁 *Osmunda japonica* Thunb.，鳞毛蕨科植物粗茎鳞毛蕨（绵马鳞毛蕨，东北贯众）*Dryopteris crassirhizoma* Nakai、贯众 *Cyrtomium fortunei* J. Sm.，蹄盖蕨科植物东北蛾眉蕨 *Lunathyrium pycnosorum*（Christ）Koidz.，球子蕨科植物荚果蕨 *Matteuccia struthiopteris*（L.）Todaro，乌毛蕨科植物乌毛蕨 *Blechnum orientale* L.、苏铁蕨 *Brainea insignis*（Hook.）J. Sm. 和狗脊 *Woodwardia japonica*（L. f.）Sm. 等 58 种，分属于 11 科 18 属的蕨类植物。中药大青叶的主要原植物来源有十字花科植物菘蓝 *Isatis indigotica* Fortune、蓼科植物蓼蓝 *Polygonum tinctorium* Ait.、爵床科植物板蓝（马蓝）*Baphicacanthus cusia*（Nees）Bremek.、马鞭草科植物大青 *Clerodendrum cyrtophyllum* Turcz.，共 4 种。中药金钱草的原植物来源复杂，主要有报春花科植物过路黄 *Lysimachia christinae* Hance、豆科植物广东金钱草 *Desmodium styracifolium*（Osbeck）Merr.、伞形科植物天胡荽 *Hydrocotyle sibthorpioides* Lam.、唇形科植物活血丹 *Glechoma longituba*（Nakai）Kupr.、旋花科植物马蹄金 *Dichondra repens* Forst. 等。而且，同名异物现象会导致有些名贵或常用中药材，在商品市场上常有伪品混淆，如麦角菌科真菌冬虫夏草 *Cordyceps sinensis*（Berk.）Sacc. 的伪品有亚香棒虫草 *Cordyceps hawkesii* Gary、凉山虫草 *Cordyceps liangshanensis* Zang，Liu et Hu 等。木兰科八角 *Illicium verum* Hook. f. 的伪品有莽草 *Illicium lanceolatum* A. C. Smith，莽草的果实有毒，不能作八角茴香使用。五加科人参 *Panax ginseng* C. A. Mey. 的伪品主要有商陆科植物商陆 *Phytolacca acinosa* Roxb.、紫茉莉科植物紫茉莉 *Mirabilis jalapa* L.、茄科植物漏斗泡囊草（华山参）*Physochlaina infundibularis* Kuang、马齿苋科植物土人参 *Talinum paniculatum*（Jacq.）Gaertn.、豆科植物野豇豆 *Vigna vexillata*（L.）Rich. 等。由于我国幅员辽阔、民族众多，同一种植物在不同地区的名称往往不同，同物异名现象也较普遍，如唇形科植物益母草 *Leonurus artemisia*（Laur.）S. Y. Hu，在不同地区称为益母蒿、坤草（东北）、红花艾（广东）、青蒿（四川）、野故草（福建）、益母艾（广西）、透骨草（云南）、千层塔（青海）、田芝麻（江苏）、野芝麻（浙江）、地母草（云南）等。爵床科植物穿心莲，又称为一见喜、榄核莲、苦草、苦胆草、印度草、斩蛇剑、金香草、金耳钩、圆锥须药草、四方莲等。五加科植物三七，又称为田七、山漆、金不换、血参、参三七、滇三七等。因此，学习和应用药用植物学知识对生药原植物进行准确分类与鉴定，澄清混乱品种，规范生药名称，实现一药一名，有利于保证生药来源的真实、准确和临床用药的安全、有效。

（二）调查研究药用植物资源，为药用植物资源的保护和合理开发利用奠定基础

我国地域辽阔、地形地貌复杂、气候多样，药用植物资源极为丰富，我国分别在 1958 年、1966 年、1983 年开展了 3 次全国性的大规模中药资源普查，基本摸清了当时我国中药资源的种类、分布、生境、资源蕴藏量、濒危程度和应用等。第三次全国中药资源普查结果表明，我国有中药资源种类 12807 种，其中植物药 11146 种。同时，在中药资源普查的基础上，编写出版了《中药志》（共四卷）、《全国中草药汇编》《中国中药资源》《中国中药资源志要》《中国中药区划》《中国药材资源地图集》等著作，为我国药用植物的保护和合理开发利用提供了重要依据。目前正在开展的第四次全国中药资源普查，也将为药用植物资源的保护和合理开发利用提供大量的基础研究数据，使我国药用植物资源得到更加合理的开发和利用。通过药用植物的资

知识链接
1-1

源调查和文献考证,不断发掘出许多新的有效药物,新的药用植物或植物新的药用价值也不断被发现,过去本草文献无记载或认为无药用价值的萝芙木、红豆杉、长春花、银杏叶等也开发出了新的药物,如:从夹竹桃科植物萝芙木 *Rauvolfia verticillata*(Lour.)Baill. 根中提取得到降血压有效成分利血平(reserpine);从红豆杉科红豆杉属 *Taxus* 植物树皮和枝叶中分离得到抗癌成分紫杉醇(taxol,paclitaxel);从银杏科植物银杏 *Ginkgo biloba* L. 叶中提取的银杏叶提取物,对治疗脑血管、心血管疾病有显著疗效;从夹竹桃科植物长春花 *Catharanthus roseus*(L.)G. Don 的全草中分离得到抗癌有效成分长春碱(vinblastine)和长春新碱(vincristine)。根据本草记载,从菊科植物黄花蒿 *Artemisia annua* L. 的地上部分中发现了抗疟成分青蒿素(arteannuin);从我国民族药中发掘出用于治疗中风偏瘫的来源于菊科飞蓬属植物短葶飞蓬 *Erigeron breviscapus*(Vant.)Hand. -Mazz. 全草的灯盏细辛(灯盏花)。目前,国外的许多药用植物也在国内引种成功,并进行规模化栽培,如水飞蓟、西洋参、紫锥菊、玛卡、番红花、曼地亚红豆杉等药用植物。

近年来,随着人们生活和健康水平的提高,人类对植物药的需求不断增加,但由于人类对药用植物资源的过度开发、自然生态环境破坏和气候变化等因素,药用植物资源和生物多样性面临着日益严重的危机,许多野生药用植物资源遭到严重破坏,有些野生药用植物逐渐成为珍稀濒危物种,甚至濒临灭绝,如冬虫夏草、石斛、天麻、川贝母、红景天、新疆雪莲、肉苁蓉等。在《中国植物红皮书》收载的 388 种濒危植物中,有药用植物 168 种;《国家重点保护野生植物名录》共收载 393 种植物,其中有药用植物 101 种。因此,应积极开展药用植物资源的动态监测、种质资源保护、资源的野生抚育、野生变家种等,加强对野生、濒危药用植物的人工繁育、栽培与资源保护,合理开发、利用野生药用植物资源,实现药用植物资源的可持续利用和发展。

(三)通过植物类群之间的亲缘关系,寻找紧缺药材的代用品和新药用资源

植物化学分类学和植物系统进化关系揭示出植物的亲缘关系越近,体内新陈代谢类型和生理生化过程越相近,所含的化学成分越相似,甚至有相同的活性成分。我国虽然有丰富的植物种类,但植物种类总数仅占全世界植物种类的十分之一。因此,应用分类学知识,利用植物类群之间的亲缘关系远近,可以较快地寻找、发现新的药用植物资源和国外药用植物资源的替代品,如在我国云南发现的马钱科马钱属植物长籽马钱(云南马钱)*Strychnos wallichiana* Steud. ex DC. 的干燥成熟种子代替进口马钱科同属植物马钱 *Strychnos nux-vomica* L. 的干燥成熟种子;产于印度尼西亚等地的进口血竭为棕榈科植物麒麟竭 *Daemonorops draco* Bl. 果实渗出的树脂经加工制成,在我国云南、广西等地发现的百合科龙血树属植物剑叶龙血树 *Dracaena cochinchinensis*(Lour.)S. C. Chen 生产的国产血竭可以代替进口血竭;在云南、广西、贵州、海南等地找到了取代印度产夹竹桃科萝芙木属降血压资源植物蛇根木 *Rauvolfia serpentina*(L.)Benth. ex Kurz 的夹竹桃科同属植物萝芙木 *Rauvolfia verticillata*(Lour.)Baill.、云南萝芙木 *Rauvolfia yunnanensis* Tsiang 等;在美国,科学家从产于美国的红豆杉科红豆杉属植物短叶红豆杉 *Taxus brevifolia* Nutt. 树皮中发现了抗癌成分紫杉醇(taxol,paclitaxel)后,我国科学家采用国产的红豆杉属植物东北红豆杉 *Taxus cuspidata* Sieb. et Zucc.、红豆杉 *Taxus chinensis*(Pilger)Rehd.、西藏红豆杉 *Taxus wallichiana* Zucc.、云南红豆杉 *Taxus yunnanensis* Cheng et L. K. Fu、南方红豆杉 *Taxus chinensis* var. *mairei* 的干燥树皮和枝叶作为提取紫杉醇的原料,扩大了新药源。

(四)利用植物生物技术,扩大繁殖濒危物种、活性成分含量高物种和转基因新物种

生物技术(biotechnology)又称生物工程(bioengineering),是 20 世纪 60 年代初发展起来的一种新兴技术领域,它包括细胞工程、基因工程、酶工程和发酵工程。近年来,生物技术已成

为国家重点发展的学科,尤其细胞工程、基因工程在药用植物学研究中发挥了越来越重要的作用。

根据植物细胞具有"全能性(totipotency)"的原理,即如果提供适当的外部条件,有机生物体的每一个活的细胞将能够独立发展,并有能力通过繁殖而成为一个完整的生物体。充分利用我国丰富的药用植物资源,运用细胞工程、基因工程、酶工程、发酵工程等现代植物生物技术,将植物体的一部分细胞或组织,在试管内繁殖试管苗和保存种质,利用组织培养生产次生代谢产物;珍稀濒危药用植物的无性繁殖;原生质体融合和体细胞杂交培育技术培植新品种;采用毛状根培养和基因重组技术培育药用转基因植物;基因指纹图谱鉴定药用植物品种等研究,如紫草 *Lithospermum erythrorhizon* Sieb. et Zucc. 培养细胞生产紫草素(shikonin);长春花 *Catharanthus roseus*(L.)G. Don 培养细胞生产蛇根碱(serpentine);毛花洋地黄 *Digitalis lanata* Ehrh. 培养细胞生产地高辛(digoxin);日本黄连 *Coptis japonica* Makino 培养细胞生产小檗碱(berberine)等。因此,植物生物技术方法对药用植物的研究、生产具有重要意义。

二、我国药用植物学的发展简史和趋势

我国是药用植物资源十分丰富的国家,药用植物的应用具有悠久的历史。药用植物学是在我国古代劳动人民长期生活和生产实践中逐渐发展起来的,是我国古代广大劳动人民经历长期的生产、生活实践和同疾病做斗争的经验积累的结晶。汉代《淮南子·修务训》中记载的"神农尝百草之滋味,水泉之甘苦,令民知所避就,一日而遇七十毒",生动描述了我国古代劳动人民发现药用植物的艰辛。三千年前的《诗经》和《尔雅》中分别记载 200 余种和 300 余种植物,其中就有许多药用植物的记载。春秋战国时期的《山海经》记载药物 51 种。

我国古代记载药物知识的书籍,称为"本草",其中大多数内容是有关药用植物的知识,大量的古代本草著作和古代医书构成了我国灿烂的中医药文化,形成了我国传统中医药理论的基础。东汉时期(公元 1—2 世纪)的《神农本草经》是我国现存最早的记载药物的专著,收载药物 365 种,其中植物药 237 种,其将药物分为"上品""中品""下品"三类,总结了汉代以前的医药经验。梁代陶弘景(公元 500 年前后)以《神农本草经》为基础,合并《名医别录》加注编著了《本草经集注》,收载药物 730 种,首创按药物自然属性分类的方法。唐代李勣、苏敬等 22 人编著的《新修本草》(又称《唐本草》,公元 659 年),图文并茂,收载药物约 850 种,其中新增加了诃子、胡椒、郁金、丁香、豆蔻、槟榔、石榴等许多外来药用植物,由政府组织编著和颁布,被认为是我国第一部药典,也是世界上最早的一部药典。唐代陈藏器编著的《本草拾遗》(公元 739 年),收载了不少前人著作,尤其是《新修本草》中遗漏的药物。宋代唐慎微编著的《经史证类备急本草》(又称《证类本草》,公元 1082 年),收载药物 1746 种,内容丰富、图文并茂,集宋以前本草学之大成,是我国现存最早的一部完整本草著作,是研究古代药物史最重要的典籍之一。明代李时珍历经 30 余年编著的《本草纲目》(公元 1578 年)记载药物 1892 种,共 52 卷,其中收录低等、高等药用植物 1100 余种,附方 11000 余首。《本草纲目》以药物的自然属性分类,内容包括释名、集解、修治、主治、正误、气味、发明、附方、附录等,是世界医药学的一部经典巨著,全面总结了我国 16 世纪以前人民认、采、种、制、用药的经验,自 17 世纪广泛流传到国外,有多种文字的译本,不仅促进了我国医药的发展,同时也促进了东亚、欧洲药用植物学的发展。清代赵学敏编著的《本草纲目拾遗》(公元 1765 年),收载药物 921 种,其中《本草纲目》未收载的种类有 716 种,如西洋参、冬虫夏草、浙贝母、西红花、金鸡纳、鸦胆子等。清代藏族医药学家帝玛尔·丹增彭措编著的《晶珠本草》(公元 1835 年),收载药物 2294 种,按其来源、生境、质地、入药部位等,分为 13 类,对历代藏族医药学的经典著作进行考证,收载的药物具有浓厚的藏药特色,集藏族药物学之大成,是我国藏族药物学的经典著作之一。清代吴其浚编著的《植物名实图考》和《植物名实图考长编》(公元 1848 年)共收载植物 2552 种,该书对每种植物的形态、产地、

生境、性味、用途等描述详细、准确,绘图精美,为植物的分类与鉴定、品种考证和开发利用提供了重要的参考。

清代李善兰先生和英国人 A. Williamson 合作编译的《植物学》(公元 1857 年)是我国介绍西方近代植物科学的第一部书籍,全书共 8 卷,插图 300 余幅。20 世纪初至 20 世纪 40 年代,胡先骕、钱崇澍、张景钺和严楚江等植物学家,采用近代植物学理论与方法,发表了许多植物分类和植物形态解剖方面的论著。1934 年,《中国植物学杂志》创刊。1936 年浙江医药专科学校报社与上海正定公司出版了韩士淑根据日本下山氏的《药用植物学》编译出版了我国第一部《药用植物学》中文大学教科书。1949 年,李承祜教授编著出版了《药用植物学》大学教科书。

中华人民共和国成立后,我国政府对中医药的发展和人才的培养非常重视,我国科学工作者为药用植物学、植物学、中药学的研究和发展做出了重要贡献,编写了一批学术水平高的著作,例如:《中国药用植物志》共 9 册,收载药用植物 450 种;《中药志》共 4 册;《中药志》(修订版)共 6 册;《全国中草药汇编》和彩色图谱,收载中草药 2202 种,其中植物药 2074 种;《中草药学》收载中草药 900 余种;《新华本草纲要》共 3 册,收载药用植物约 6000 种;《中国中药资源志要》;《中药大辞典》收载药物 5767 种,其中植物药 4773 种;《中华本草》收载中药 8980 种,其中植物药 7815 种,民族药 2036 种;《中国本草图录》共 12 卷,收载中草药 6000 余种;1953 年至2015 年的历版《中国药典》;《中国高等植物图鉴》共 5 册,另有补编 2 册,收载常见的高等植物8000 余种,包括许多药用植物;《中国植物志》共 80 卷,126 册,记载了我国 301 科 3408 属31142 种植物的科学名称、形态特征、生态环境、地理分布、经济用途和物候期等,是体现我国植物分类研究最高水平的巨著,也是世界植物分类学巨著,包括我国蕨类植物和种子植物。此外,还出版了一批水平较高的地方性药用植物志、植物志、中药志、民族药志和药用植物专著,如《中国药用真菌》《中国药用地衣》《中国药用孢子植物》《中国民族药志》《东北药用植物》《新疆药用植物志》《浙江药用植物志》等。创刊了大量刊登药用植物、中药研究论文的重要期刊,如《中草药》《中药材》《中国中药杂志》《中成药》等。

随着现代科学技术和现代医药学、化学、植物学等学科的发展,药用植物学和其他学科如植物分类学、植物解剖学、植物地理学、植物生态学、孢粉学、生药学、中药鉴定学、药用植物栽培学、中药资源学、中药学、天然药物化学、中药化学等学科间不断的相互联系、相互交叉和相互渗透,并且与新技术、新方法的不断融合,使药用植物学学科的发展有了新的内涵,丰富了药用植物学的研究内容、研究方法和研究方向,已逐渐形成了一些新的药用植物学分支学科,药用植物学必将在我国的医疗保健、社会进步、经济发展等方面发挥重大作用。

三、药用植物学的地位以及与相关学科的关系

药用植物学是药学、中药学专业必修的一门专业基础课。药用植物是生药的主体,占中药和天然药物来源的绝大多数,凡涉及生药的品种来源、品种鉴定、加工炮制、栽培育种、临床应用、资源开发和品质评价等的学科都与药用植物学有关。药用植物学与生药学、中药鉴定学、中药学、天然药物化学、中药资源学、药用植物栽培学、中药药剂学、中药药理学、药用植物生物技术、中药炮制学、中药商品学、中药化学等学科均有密切联系。因此,药用植物学与中药的基源鉴定、品质评价、临床应用和资源开发等研究密切相关,药用植物学的基本理论和知识是学习相关学科课程的基础。

四、药用植物学的学习方法

药用植物学是药学、中药学专业的一门专业基础课,又是一门理论性和实践性很强的学科,涉及药用植物的形态学、解剖学、分类学的基本理论和技能,在药学、中药学专业培养体系中起着承前启后的重要作用,也是学习生药学、中药鉴定学、中药学、天然药物化学、中药资源

学、中药栽培学等课程的基础。

药用植物学是利用植物形态、解剖学以及植物分类学的知识和方法,来研究药用植物的一门科学。药用植物学的基本内容包括植物形态解剖学和植物分类学两部分。植物形态解剖学部分主要讲述植物细胞、组织、器官(根、茎、叶、花、果实、种子)的形态和显微特征等;植物分类学部分主要讲述植物分类的原理和方法、植物的命名、植物的分类等级、植物界的分门、被子植物的分类原则、被子植物的分类系统、植物分类检索表、植物分类方法、药用植物不同类群及其主要药用植物的分类特征等。通过学习药用植物学的基本理论、基本知识和基本实验技能,为学习相关专业课程奠定基础。

药用植物学教学方式包括课堂讲授、实验课和野外实习。学生在学习过程中应重视实验课和野外实习,理论联系实际。学生应自己动手采集药用植物材料,亲手制作药用植物腊叶标本、浸制标本和中药材标本,积极参与徒手切片与制片、石蜡切片制作、显微摄影、显微绘图、显微鉴定、植物分类检索表的编制和使用、显微荧光成像等,充分运用药用植物腊叶标本、中药标本、彩色照片、解剖图片、显微照片等提高学习效果。参观药用植物园和赴野外实习基地实习等是培养学生实践能力、巩固课堂教学效果、丰富学生感性认识的重要环节,利用校园、药用植物园采集的药用植物实物或学生在校园中可以接触到的药用植物进行学习,认真观察和比较实物,观察药用植物的形态特征,找出不同药用植物之间的异同点,更好地理解药用植物学的名词术语,培养学生的实践能力,加深学生对药用植物学知识的理解与记忆。通过实验和野外实习,学生应多观察、多比较、多实践、多思考,来使自己掌握药用植物学的基本知识和技能,在实践中能运用植物分类学的原理和规律,识别和鉴定药用植物种类,提高学生识别、鉴定药用植物种类以及对药用植物学、生药学、中药鉴定学等学科知识的综合应用能力,并为研究植物药的基源,调查药用植物资源,优化中药的品种与品质,保证用药安全、有效,提供必要的药用植物学基础知识和技能。

学生还应充分利用优质在线学习课程资源和教学资源、数字化教材资源等,充分发挥主体作用,促进自主在线学习,从被动接受知识向主动探求知识转变。随着基于互联网的大规模网络开放课程成为一种全新的学习方式席卷全球,结合高等学校精品在线开放课程、精品资源共享课程等的建设,使在线开放课程教学资源应用于传统课堂教学实践,推动药用植物学课堂学习方式的转变,建立以学生为中心的药用植物学线上线下混合式学习新模式,全面提高我国高等教育教学和创新型人才培养质量。随着先进的网络信息技术不断发展与更新,教学手段和学习渠道不断拓展,传统纸质教材内容的表现形式比较单一、枯燥,不能满足高等学校教学和学生学习的多样化需求,而基于先进的网络信息、多媒体等技术的互动数字化教材,以传统纸质教材为基础,集合大量视频、音频、动画、图片、文本、链接、案例分析、推荐阅读、同步练习、知识拓展等的富媒体教学资源,如药用植物彩色照片、形态解剖图片、显微组织构造图片、教学短视频、教学动画等,教学内容展现形式更加丰富、生动和形象,使学生的学习渠道和阅读体验更加丰富、多样化,能极大拓展学生学习的知识容量,从而在传统优质教学内容和富媒体教学资源数字化相结合的基础上,形成一种全新的学习方式和教学手段。

本章小结

药用植物学(pharmaceutical botany)是一门以具有医疗保健作用的植物为研究对象,应用植物学的知识和方法研究它们的形态特征、组织构造、分类鉴定、化学成分、生理功能、资源开发和合理利用等内容的学科。学习药用植物学的知识,与生药的品种来源、品种鉴定、加工炮制、栽培育种、临床应用、资源开发和品质评价等密切相关。学习药用植物学的主要目的和任务:研究和鉴定生药原植物的种类,保证生药来源的真实、准确和临床用药的安全、有效;调

知识拓展
1-1

NOTE

查、研究药用植物资源,为药用植物资源的保护和合理开发利用奠定基础;通过植物类群之间的亲缘关系,寻找紧缺药材的代用品和新药用资源;利用植物生物技术,扩大繁殖濒危物种、活性成分含量高物种和转基因新物种。我国古代记载药物知识的书籍,称为"**本草**",其中大多数内容是有关药用植物的知识,大量的古代本草著作和古代医书构成了我国灿烂的中医药文化,形成了我国传统中医药理论的基础。

目标检测

目标检测
答案

一、选择题

1. 从夹竹桃科植物萝芙木 *Rauvolfia verticillata*(Lour.)Baill. 根中提取得到的降血压有效成分是(　　)。

　A. 利血平　　　　　　B. 紫杉醇　　　　　　C. 长春新碱　　　　　　D. 青蒿素

2. 根据本草记载从菊科植物黄花蒿 *Artemisia annua* L. 的地上部分中发现的抗疟成分是(　　)。

　A. 利血平　　　　　　B. 紫杉醇　　　　　　C. 长春新碱　　　　　　D. 青蒿素

3. 在我国云南、广西等地发现的百合科龙血树属植物剑叶龙血树 *Dracaena cochinchinensis*(Lour.)S. C. Chen 生产的中药是(　　)。

　A. 番红花　　　　　　B. 西洋参　　　　　　C. 血竭　　　　　　　D. 马钱

4. 在云南、广西、贵州、海南等地找到的取代印度产蛇根木 *Rauvolfia serpentina*(L.)Benth. ex Kurz 的降血压资源植物是(　　)。

　A. 剑叶龙血树　　　　B. 长籽马钱　　　　　C. 东北红豆杉　　　　　D. 萝芙木

5. 东汉时期(公元1—2世纪)收载药物365种,其中植物药237种,我国现存最早的记载药物的专著是(　　)。

　A.《本草拾遗》　　　B.《神农本草经》　　　C.《新修本草》　　　　D.《本草纲目》

6. 藏族医药学家帝玛尔·丹增彭措编著的藏族药物学的经典著作是(　　)。

　A.《晶珠本草》　　　B.《本草纲目》　　　C.《本草纲目拾遗》　　　D.《神农本草经》

二、填空题

1. 中药大青叶的主要原植物来源有_____、_____、_____、_____共4种。

2. 生物技术是20世纪60年代初发展起来的一种新兴技术领域,它包括_____、_____、_____和发酵工程。

3. 清代吴其濬编著的_____和_____(公元1848年)共收载植物2552种,该书对每种植物的形态、产地、生境、性味、用途等描述详细、准确,绘图精美。

4. 唐代李勣、苏敬等22人编著的_____(又称_____,公元659年),图文并茂,收载药物约850种,由政府组织编著和颁布,被认为是我国第一部药典,也是世界上最早的一部药典。

三、判断题

1. 明代李时珍编著的《本草纲目》记载药物1892种,其中收录低等、高等药用植物1100余种,附方11000余首。(　　)

2. 根据植物细胞具有"全能性"的原理,即如果提供适当的外部条件,有机生物体的每一个活的细胞将能够独立发展,并有能力通过繁殖而成为一个完整的生物体。(　　)

3. 美国科学家从产于美国的红豆杉科红豆杉属植物短叶红豆杉树皮中发现了抗癌成分

NOTE

紫杉醇。（　　）

4．在我国云南发现的马钱科马钱属植物长籽马钱（云南马钱）的干燥成熟种子代替进口马钱科同属植物马钱的干燥成熟种子。（　　）

5．植物化学分类学和植物系统进化关系揭示出植物的亲缘关系越远,体内新陈代谢类型和生理生化过程越相近,所含的化学成分越相似,甚至有相同的活性成分。（　　）

6．目前,国外的许多药用植物也在国内引种成功,并进行规模化栽培,如水飞蓟、西洋参、紫锥菊、玛卡、番红花、曼地亚红豆杉等药用植物。（　　）

四、简答题

1．药用植物学的研究内容和任务是什么？

2．药用植物学的概念是什么？我国古代著名的本草著作有哪些？

推荐阅读文献

[1] Richard Stone. Biochemistry：Lifting the veil on traditional Chinese medicine[J]. Science,2008,319(5864)：709-710.

[2] 蔡少青,陈虎彪,冯毓秀,等.关注中药与原植物"同名异物"现象——倡议将原植物中文名与中药名分离[J].中国中药杂志,2008,33(6)：727-731.

[3] 李涛.精品课程药用植物学慕课(MOOC)建设与应用[J].药学教育,2015,31(2)：26-29.

参 考 文 献

[1] 黄宝康.药用植物学[M].7版.北京：人民卫生出版社,2016.

[2] 张浩.药用植物学[M].6版.北京：人民卫生出版社,2011.

[3] 中华人民共和国国家药典委员会.中国药典[S].北京：中国医药科技出版社,2015.

[4] 中国科学院中国植物志编辑委员会.中国植物志[M].北京：科学出版社,1986.

[5] 帝玛尔·丹增彭措.晶珠本草[M].上海：上海科学技术出版社,1986.

（李　涛）

第二章　植物的细胞

 学习目标

1. 掌握：植物细胞的基本结构；原生质体概念及其种类、特点和功能；细胞后含物概念及种类；植物细胞壁的结构、特化形式，纹孔的特点及类型。
2. 熟悉：植物细胞的形态。
3. 了解：植物细胞的分裂、生长和分化。

扫码
看课件

案例导入

大自然中生长着形形色色的植物，参天古树，如茵绿草，似锦繁花，它们的形态、结构、大小相差很远，可是如果用显微镜仔细观察，我们就能发现，所有的植物都是由细胞构成的。

提问：1. 植物细胞（模式植物细胞）由哪几部分组成？

2. 植物的颜色与哪种物质有关？叶绿体与有色体各自所含的色素是什么？

案例导入
答案解析

植物细胞是构成植物体的基本单位，也是其生命活动的基本单位。因此，无论低等植物还是高等植物均由细胞组成。单细胞植物（如衣藻、小球藻等），只由一个细胞组成，一切生命活动都由这个细胞完成；多细胞植物（如高等植物），由许多形态和功能不同的细胞组成，各个细胞间相互依存、彼此协作，共同完成复杂的生命活动。

1665 年，英国科学家罗伯特·胡克（Robert Hooke）用自制显微镜（放大倍数为 40～140倍）观察了软木（栎树皮）的薄片，第一次描述了植物细胞的构造，类似于蜂巢的极小的封闭状小室。1838—1839 年，德国植物学家施莱登（Schleiden）和动物学家施旺（Schwann）首次提出了细胞学说（cell theory），他们认为：一切生物，从单细胞生物到高等动物、植物都是由细胞组成的；细胞是生物形态结构和功能活动的基本单位。1953 年沃森（Watson）和克里克（Crick）用 X 射线衍射法得出了 DNA 双螺旋分子结构模型，迈出了划时代的一步。20 世纪以来，自然学科中诞生了许多新方法、新概念，如量子论、指纹图谱、分子标记和同工酶检测等技术和方法，加上植物生理学、生物化学、分子生物学等学科的发展，在细胞及分子水平上推动了药用植物学的发展。

第一节　植物细胞的形态和基本结构

植物细胞形态多样，因植物种类以及存在部位和功能的不同而异，有类圆形、球形、椭圆形、多面体形、纺锤形、圆柱形等多种形状。譬如，单细胞植物体的细胞处于游离状态，常呈类圆形、椭圆形和球形；紧密排列的细胞呈多面体形等；执行支持作用的细胞，由于细胞壁常增厚，常呈纺锤形、圆柱形；执行输导作用的细胞则多呈长管状。

NOTE

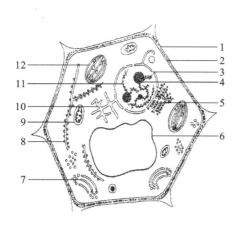

图 2-1　模式植物细胞
1.细胞壁　2.细胞膜　3.细胞核　4.核仁
5.内质网(粗面型)　6.液泡　7.高尔基体
8.核糖体　9.线粒体　10.内质网(光面型)
11.染色体　12.叶绿体

植物细胞大小有差异,一般细胞直径在 10～100 μm 之间(1 mm＝1000 μm)。一些特殊的细胞如最原始的细菌、能独立生活的支原体(mycoplasma)细胞直径只有 0.1 μm;少数植物的细胞,如贮藏组织细胞直径可达 1 mm;而苎麻纤维一般长达 200 mm,有的甚至可达 550 mm;最长的细胞是无节乳汁管,长达数米至数十米不等。

由于各种植物细胞的形状、大小和构造是不相同的,就是同一个细胞在不同的发育阶段,其构造也不一样,所以不可能在一个细胞里同时看到细胞的全部构造。为了便于学习和掌握细胞的构造,常将各种细胞的构造集中在一个细胞里加以说明,这个细胞称为典型的植物细胞或模式植物细胞(图 2-1)。

典型的植物细胞由原生质体、细胞后含物和细胞壁三部分组成。细胞外面包围着一层比较坚韧的细胞壁,壁内的生活物质总称为原生质体,主要包括细胞质、细胞核、质体、线粒体等;细胞内含有多种非生命的物质,它们是原生质体的代谢产物,称为细胞后含物。

一、原生质体

原生质体(protoplast)是细胞内有生命的物质的总称,包括细胞质、细胞核、细胞器等,进行细胞的一切代谢活动,它是细胞的主要组成部分。构成原生质体的物质基础是原生质。原生质是细胞结构和生命物质的基础,化学成分十分复杂,并随着新陈代谢的活动,其组分也在不断变化。原生质的主要成分是以蛋白质与核酸为主的复合物,还有水、类脂、糖等。核酸有两类,一类是脱氧核糖核酸(deoxyribonucleic acid),简称 DNA;另一类是核糖核酸(ribonucleic acid),简称 RNA。DNA 是遗传物质,决定生物的遗传与变异;RNA 是把遗传信息传送到细胞质中的中间体,在细胞质中它直接影响蛋白质的生成。

原生质是一种无色、半透明、具有弹性、略比水重(相对密度为 1.025～1.055)、有折光性的半流动亲水胶体(hydrophilic colloid)。原生质的化学成分在新陈代谢过程中不断地变化,其相对成分及含量如下:水占 85%～90%,蛋白质占 7%～10%,脂类物质占 1%～2%,其他有机物占 1%～1.5%,无机物占 1%～1.5%。在干物质中,蛋白质是最主要的成分。

(一)细胞质

细胞质(cytoplasm)是原生质体的基本组成部分,充满于细胞壁与细胞核之间,呈半透明、半流动的黏稠状,在细胞质中分散着细胞器,如细胞核、质体、线粒体和后含物等。幼嫩植物细胞的细胞质充满整个细胞,随着细胞的生长发育和长大成熟,液泡逐渐形成和扩大,将细胞质挤到细胞的周围,紧贴着细胞壁。细胞质与细胞壁相接触的膜称为细胞质膜或质膜,与液泡相接触的膜称为液泡膜,它们控制着细胞内外水分和物质的交换。在质膜与液泡膜之间的部分又称为中质(基质、胞基质),细胞核、质体、线粒体、内质网、高尔基体等细胞器分布在其中。

质膜对不同物质的通过具有选择性,它能阻止糖和可溶性蛋白质等许多有机物从细胞内渗出,同时又能使水、盐类和其他必需的营养物质从细胞外进入,从而使得细胞具有一个合适而稳定的内环境。质膜还表现出一种半渗透现象,由于渗透的动能,所有分子不断运动,并从高浓度区向低浓度区扩散,从而发生质壁分离现象。此外,质膜还能通过调节细胞膜上的特异

NOTE

性受体蛋白质的变构现象,改变细胞膜的通透性,进而调节细胞内各种代谢活动;外界信号的接收和传递、细胞识别等。

（二）细胞核

细胞核（cell nucleus）是细胞生命活动的控制中心,能够贮藏、复制和转录遗传信息,从而控制细胞和植物体的生长、发育和繁殖。除细菌和蓝藻外,所有的植物细胞都含有细胞核。高等植物的细胞通常只有一个细胞核,但一些低等植物如藻类、菌类和被子植物的乳汁管细胞、花粉囊成熟期绒毡层细胞具有双核或多核,而成熟筛管无细胞核。

细胞核一般呈圆球形、椭圆形或圆饼形,直径一般在 $10\sim20~\mu m$。细胞核的形状和位置随细胞生长发育时期而变化,在幼小细胞中,细胞核位于细胞中央,随着细胞的长大和中央液泡的形成,细胞核也随之被挤压到细胞的一侧。但在有的成熟细胞中,细胞核也可借助于几条线状的细胞质四面牵引而保持在细胞的中央。

光学显微镜下观察,因细胞核具有较高的折光率而易看到,其内部近似呈无色透明、均匀黏滞状态。细胞核经过固定和染色后,可以看到其复杂的内部构造,主要由核膜、核仁、核基质和染色质等组成。

1. 核膜（nuclear membrane） 核膜是分隔细胞质与细胞核的界膜,又称核被膜,包括双层核膜、核孔复合体和核纤层等。在电子显微镜下,核膜是双层膜,外膜与内质网相连,其外面附有核糖体,内膜与染色质紧密接触,两层膜之间为膜间腔。核膜上还有许多均匀或不均匀分布的小孔,称为核孔（nuclear pore）,其直径约为 50 nm,是细胞核与细胞质进行物质交换的通道。而不同植物细胞的核孔具有相同结构,并以核孔复合体（nuclear pore complex）的形式存在。如核内成熟的 mRNA 能通过核孔进入细胞质中,而糖类、盐类和蛋白质能通过核膜出入细胞核。核孔的开启或关闭,对控制细胞核和细胞质之间的物质交换和调节细胞代谢具有十分重要的作用。另外,核孔的数目、分布和密度与细胞代谢活性有关,细胞核与细胞质之间物质交换旺盛的部位核孔数目多。

2. 核仁（nucleolus） 核仁是细胞核中折光率更强的小球体,没有膜包被,通常有一个或几个。核仁的大小、形状和数目随生物的种类、细胞类型和细胞代谢状态而变化。核仁主要由蛋白质和 RNA 组成,还可能有少量的类脂和 DNA。核仁是核内 RNA 和蛋白质合成和贮藏的主要场所,与核糖体的形成亦密切相关。

3. 核基质（nuclear matrix） 核基质又称核骨架,过去称核液（nuclear sap）,是充满于核膜内透明、黏滞性较大、无明显结构的基质,其中分散着核仁和染色质。核基质的主要成分是蛋白质、RNA 和多种酶,这些物质保证了 DNA 的复制和 RNA 的转录。

4. 染色质（chromatin） 染色质是分散在核基质中极易被碱性染料（如龙胆紫、醋酸洋红、甲基绿）着色的物质。在细胞分裂间期,染色质不明显,或者成为染色较深的网状物,又称染色质网。当细胞核进行分裂时,染色质聚集成一些螺旋状扭曲的染色质丝,进而聚缩成棒状的染色体（chromosome）。不同植物的染色体数目、形状和大小是不同的,但对同一物种来说是相对稳定不变的。染色质主要由 DNA 和蛋白质组成,还含有少量的 RNA,与植物的遗传有重要的关系。染色体形态结构分析（染色体核型分析）可作为植物分类和研究植物进化的重要依据。二倍体植物具有两套染色体组,染色体组上所有基因称为基因组（genome）。而与基因组直接相关的细胞活动都是在染色质水平上进行的,如 DNA 复制、DNA 修复,包括转录偶联的修复以及 DNA 和组蛋白的各种修饰。这些修饰包括甲基化、乙酰化、磷酸化、亚硝基化和泛素化等。

（三）细胞器

细胞器（organelle）是细胞质中具有特定形态结构和功能,常有膜包被的微小"器官",又称拟器官。目前认为,细胞质内有多种细胞器,包括质体、线粒体、液泡、内质网、高尔基体、核糖体、溶酶体、微管、圆球体、微体等。前三者可以在光学显微镜下观察到,其余则只能在电子显微镜下看到。

1. 质体(plastid) 质体是植物细胞特有的细胞器,与碳水化合物的合成和贮藏密切相关,是植物细胞和动物细胞在结构上的主要区别之一。质体在细胞中数目不一,由蛋白质、类脂等组成,且含有色素。质体内所含色素不同,其生理功能也不同。据此,可将质体分为白色体、叶绿体和有色体三种,其中含叶绿素的质体有叶绿体和有色体两种,不含色素的质体为白色体。它们与碳水化合物的合成和贮藏密切相关,在一定条件下,它们之间可相互转化(图2-2)。

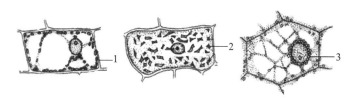

图 2-2　质体的类型
1.叶绿体　2.有色体　3.白色体

(1) 叶绿体(chloroplast):进行光合作用的细胞器。高等植物中的叶绿体多为球形、卵形或透镜形的绿色颗粒状,厚度为 $1\sim3\ \mu m$,直径为 $4\sim10\ \mu m$,其数量在不同细胞内可不同。在低等植物中,叶绿体的形状、数目和大小随不同植物和不同细胞而不同。

在电子显微镜下,叶绿体呈现复杂的结构,外侧由双层膜包被,其内部是无色的溶胶状蛋白质基质,在基质中分布着许多由双层膜片围成的扁平状圆形的类囊体,许多类囊体有规则地叠在一起,称为基粒(grana),在基粒之间有基质片层相联系。

叶绿体主要由蛋白质、类脂、核糖核酸和色素组成,此外还含有与光合作用有关的酶和多种维生素等。叶绿体所含的色素有四种,主要为叶绿素(叶绿素 A 和叶绿素 B)、类胡萝卜素(胡萝卜素和叶黄素),均为脂溶性色素,叶绿素 A 和叶绿素 B 主要吸收蓝紫光和红光,胡萝卜素和叶黄素主要吸收蓝紫光。其中叶绿素是主要的光合色素,能吸收和直接利用太阳能。胡萝卜素和叶黄素不能直接参与光合作用,只能把吸收的光能传递给叶绿素,起辅助光合作用的功能。植物体中叶绿体所含的色素以叶绿素居多,遮盖了其他色素,所以主要呈现绿色。

叶绿体广泛存在于绿色植物的叶、茎、花萼和果实的绿色部分,如叶肉组织、幼茎的皮层,根一般不含叶绿体。可以说一切生命活动所需的能量来源于太阳能(光能)。绿色植物是主要的能量转换者就是因为它们均含有叶绿体这一完成能量转换的细胞器,它能利用光能同化二氧化碳和水,合成贮藏能量的有机物,同时产生氧。所以绿色植物的光合作用是地球上有机体生存和繁殖的根本源泉。

(2) 有色体(chromoplast):主要含胡萝卜素和叶黄素等色素的质体,使植物呈现黄色、橙红色或橙色,在细胞中常呈针形、圆形、杆形、多角形或不规则形。有色体主要存在于花、果实和根中,在蒲公英的花瓣以及红辣椒、番茄的果实或胡萝卜的根中都可以看到有色体。因有色体的存在,植物常呈现不同的鲜艳颜色,具有吸引昆虫和其他动物传粉及传播种子的作用。

除了有色体,多种水溶性色素也与植物的颜色有关。应该注意有色体和色素的区别:有色体是质体,是一种细胞器,存在于细胞质中,具有一定的形状和结构,主要为黄色、橙红色或橙色;色素通常溶解在细胞液中,呈均匀状态,主要为红色、蓝色或紫色,如花青素。

(3) 白色体(leucoplast):一类不含色素的微小质体,通常呈圆形、椭圆形、纺锤形或其他形状的小颗粒,在植物体发育中形成最早。白色体多存在于一些植物的贮藏器官中,如甘薯、土豆的地下器官及种子的胚中。白色体的主要功能是积累淀粉、蛋白质及脂肪,从而使其相应地转化为淀粉粒、糊粉粒和油滴。它包括贮藏淀粉粒的造粉体、贮藏蛋白质的蛋白质体及贮藏脂肪和脂肪油的造油体。

在电子显微镜下可观察到有色体和白色体都由双层膜包被,但内部没有发达的膜结构,不形成基粒和片层。

以上三种质体都由前质体发育分化而来,在一定的条件下,它们可以相互转化。例如,番茄的子房最初是白色的,说明子房壁细胞内的质体是白色体,白色体内含有原叶绿素,当子房发育成幼果,暴露于光线中时,原叶绿素形成叶绿素,白色体转化成叶绿体,这时幼果是绿色的;果实成熟过程中叶绿体转化成有色体,番茄又由绿变红。例如,胡萝卜根暴露在地面经日光照射会变成绿色,这是有色体转化为叶绿体的缘故。

2. 线粒体(mitochondria) 线粒体是细胞质内呈颗粒状、棒状、丝状或分枝状的细胞器,比质体小,直径一般为 0.5～1 μm,长为 1～2 μm,在光学显微镜下,需要经过特殊染色才能观察到。在电子显微镜下可见线粒体由内、外两层膜组成,内层膜延伸到线粒体内部折叠形成管状或隔板状凸起,这种凸起称嵴(cristae),嵴上附着许多酶,嵴之间是以可溶性蛋白为主的基质(图 2-3)。线粒体的化学成分主要是蛋白质和脂质。一般来说,细胞中线粒体数量取决于该细胞的代谢水平,代谢活动越旺盛的细胞,线粒体越多。细胞的种类或细胞的生理活性不同,线粒体的数目亦有差异。

图 2-3 线粒体

线粒体是细胞进行氧化代谢的细胞器,是糖类、脂肪和氨基酸最终氧化(呼吸作用)释放能量的场所。在氧化过程中,将有机物中的化学能转变成生命活性所需的生物能,因此,线粒体被称为细胞的"动力工厂"。此外,线粒体对物质合成、盐类的积累等起一定的作用。

3. 液泡(vacuole) 液泡是植物细胞特有的结构,是植物细胞和动物细胞在结构上的主要区别之一。幼小的植物细胞,液泡小、数量多、分散或不明显。随着细胞的生长和分化,许多细小的液泡逐渐变大,最后合并形成几个大型液泡或一个大的中央液泡,它可占据整个细胞体积的 90% 以上,其余的细胞质和细胞核被推挤到贴近细胞壁的边缘(图 2-4)。

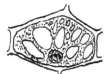

图 2-4 液泡的形成

液泡外包被的单层膜是有生命的,称为液泡膜(tonoplast),它是原生质体的组成部分之一。膜内充满细胞液(cell sap),是细胞新陈代谢过程产生的混合液。细胞液的组成非常复杂,不同植物、不同器官、不同组织的细胞中,其成分也不相同,同时也与不同发育成长阶段、不同环境条件等因素有关。不同细胞的细胞液其主要成分为水,其次还有各种代谢物如糖类、蛋白质、盐类、生物碱、苷类、单宁、有机酸、挥发油、色素、草酸钙结晶等,其中很多化学成分为植物药的有效成分。

液泡膜具有特殊的选择透过性,这使液泡具有高渗性质,引起水分向液泡内运动,对调节细胞渗透压、维持膨压有很大作用,并且能使多种物质在液泡内贮存和积累,在维持细胞质内环境的稳定上起重要的作用。

4. 内质网(endoplasmic reticulum) 内质网是分布在细胞质中由膜构成的管状、囊泡状

 NOTE

或片状结构,相互连通形成网状管道系统。在电子显微镜下,内质网为两层平行的单位膜,每层膜厚度约为 50 Å,两层膜的间隔为 400～700 Å,由膜围成泡、囊或更大的腔,将细胞质隔成许多间隔。它是细胞质的膜系统,外与细胞膜相连,内与核膜的外膜相通,将细胞中的各种结构连成一个整体,具有承担细胞内物质运输的作用。内质网能有效增加细胞内的膜面积,内质网能将细胞内的各种结构有机地联结成一个整体。

内质网可分为两种类型:一种是膜的表面附着许多核糖体小颗粒,称为粗面内质网,主要功能是合成、分泌蛋白质,产生构成新膜的脂蛋白和初级溶酶体所含的酸性磷酸酶;另一种是表面没有核糖体小颗粒,称为光面内质网,主要功能是多样的,如合成、运输类脂和多糖。两种内质网可以互相转化,也可同时存在于一个细胞内。粗面内质网的含量高低也常作为判断细胞分化程度和功能状况的一种形态学标志。粗面内质网合成的蛋白质及一些脂类,被运到光面内质网,再由光面内质网形成小泡,运到高尔基体,然后分泌到细胞外。

5.高尔基体(Golgi body) 高尔基体是由两层膜所构成的扁平囊泡、小泡和大泡(分泌泡)堆在一起形成的有高度极性的细胞器。其是由高尔基于 1898 年首先在动物神经细胞中发现的,几乎所有动物和植物细胞中都存在。高尔基体分布于细胞质中,主要分布在细胞核的周围或上方,高尔基体的功能是合成和运输多糖,其合成的果胶、半纤维素和木质素参与细胞壁的形成。高尔基体还与溶酶体的形成有关。此外,高尔基体与细胞的分泌作用也有关系,如松树的树脂道上皮细胞分泌树脂,根冠细胞分泌黏液等。不同细胞中高尔基体的数目和发达程度,既取决于细胞类型、分化程度,也取决于细胞的生理状态。

6.核糖体(ribosome) 核糖体又称核糖核蛋白体或核蛋白体,每个细胞中核糖体可达数百万个。核糖体无膜结构,通常呈球形或长圆形,直径为 10～15 nm,游离在细胞质中或附着于内质网上。核糖体由 45%～65%的蛋白质和 35%～55%的核糖核酸组成,其中核糖核酸含量占细胞中核糖核酸总量的 85%。核糖体是蛋白质合成的场所。核糖体在细胞中负责完成"中心法则"里由 RNA 到蛋白质这一过程,此过程在生物学中被称为"翻译"。

7.溶酶体(lysosome) 溶酶体是由单层膜构成的小颗粒,一般直径为 0.1～1 μm,分散于细胞质中,数目不定。溶酶体膜内含有各种能水解不同物质的消化酶,如蛋白酶、核糖核酸酶、磷酸酶、糖苷酶等,当溶酶体膜破裂或损伤时,酶释放出来,同时也被活化。溶酶体的主要作用是消化,是细胞内的消化器官,细胞自溶、防御以及对某些物质的利用均与溶酶体的消化作用有关,如植物细胞分化成导管、筛管、纤维细胞等过程,及原生质体解体消失。

二、植物细胞后含物

后含物(ergastic substance)指植物细胞在生活过程中,由于新陈代谢而产生的许多非生命的物质。后含物的种类多种多样,有些后含物在医疗上具有重要价值,是植物可供药用的主要物质;有些是具有营养价值的贮藏物,是人类食物的主要来源;有些是细胞代谢过程的废物。后含物往往又因植物的种类和细胞与组织的不同而异,因而细胞的后含物是生药显微鉴定和理化鉴定的重要依据之一。重要的后含物有以下几类。

(一)淀粉

淀粉(starch)由葡萄糖分子聚合而成,以淀粉粒(starch grain)的形式贮藏在植物的根、茎及种子等器官的薄壁细胞细胞质中。淀粉粒由造粉体积累贮藏淀粉所形成。积累淀粉时,先形成淀粉粒的核心,称脐点(hilum);然后环绕脐点由内向外形成许多明暗相间的同心轮纹,称层纹(annular striation lamellae)。淀粉粒多呈圆球形、卵圆形或多角形,脐点的形状有点状、线状、裂隙状、分叉状、星状等。脐点有的位于中央,如小麦、蚕豆等;或偏于一端,如马铃薯、藕等。而层纹的明显程度也因植物种类的不同而异(图 2-5)。

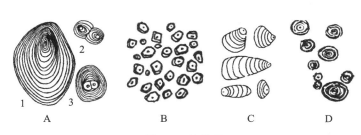

图 2-5 淀粉粒

A. 马铃薯(1. 单粒 2. 复粒 3. 半复粒) B. 玉米 C. 姜 D. 小麦

淀粉不溶于水,在热水中膨胀而糊化。直链淀粉遇碘液显蓝色,支链淀粉遇碘液显紫红色。一般植物同时含有两种淀粉,加入碘液显蓝色或紫色。用甘油醋酸试液制片,置于偏光显微镜下观察,淀粉粒常出现偏光现象,已糊化的淀粉粒无偏光现象。淀粉粒分为三种类型:

①单粒淀粉(simple starch grain):只有 1 个脐点和许多层纹围绕此脐点。

②复粒淀粉(compound starch grains):具有 2 个或 2 个以上脐点,每个脐点分别有各自的层纹围绕。

③半复粒淀粉(half compound starch grains):具有 2 个或 2 个以上脐点,每个脐点除有本身的层纹环绕外,外面还有共同的层纹。

不同的植物淀粉粒在形态、类型、大小、层纹和脐点等方面各有其特征,因此淀粉粒的形态特征可作为鉴定中药材的依据之一。

(二) 菊糖

菊糖(inulin)是一种多糖,由果糖分子聚合而成,多存在于菊科、桔梗科和龙胆科植物的薄壁细胞中,山茱萸果皮中亦有。菊糖能溶于水,不溶于乙醇,所以新鲜的植物细胞不能直接观察到菊糖,可将含有菊糖的材料浸入乙醇中,一周以后做成切片,置显微镜下观察,可在细胞中看见圆形或扇形的菊糖结晶。菊糖加 10% α-萘酚的乙醇溶液后再加浓硫酸显紫红色,并很快溶解(图 2-6)。

图 2-6 菊糖结晶(大丽花根)

(三) 贮藏蛋白质

贮藏蛋白质(protein)是细胞中化学性质稳定、呈固体状态的非活性、无生命的物质,不同于原生质体中呈胶体状态的有生命的蛋白质。贮藏蛋白质常以结晶体或是无定形颗粒形式存在于细胞质、液泡、细胞核和质体中。在植物种子的胚乳和子叶细胞中,无定形蛋白质常被一层膜包裹成圆球状的颗粒,称为糊粉粒(aleurone grain);有时它们集中分布在某些特殊的细胞层,特称为糊粉层(aleurone layer)。结晶体蛋白质具有晶体和胶体的二重性,因此称拟晶体(crystalloid)。部分糊粉粒既包含定形蛋白质,又包含拟晶体,形式较为复杂(图 2-7)。

蛋白质的检验:将蛋白质溶液放在试管里,加数滴浓硝酸并微热,可见黄色沉淀析出,冷却片刻再加过量氨液,沉淀变为橙黄色,即蛋白质黄色反应;蛋白质遇碘试液显棕色或黄棕色;蛋白质加硫酸铜和苛性碱水溶液则显紫红色;蛋白质溶液加硝酸汞试液显砖红色。

(四) 脂肪和脂肪油

脂肪(fat)和脂肪油(fixed oil)是由脂肪酸和甘油结合而成的酯。在常温下呈固体或半固体的称为脂,如可可豆脂;呈液体的称为油,如大豆油、芝麻油、花生油等。脂肪和脂肪油通常呈小滴状分散在细胞质中,不溶于水,易溶于有机溶剂,相对密度比较小,折光率强,常存在于

NOTE

植物的种子里。有些脂肪油可供食品或工业用,有些可供药用,如蓖麻油作为泻下剂,油茶籽油作为油膏及注射用茶油的原料。

脂肪和脂肪油加苏丹Ⅲ试液显橘红色、红色或紫红色;加紫草试液显紫红色;加四氧化锇显黑色(图2-8)。

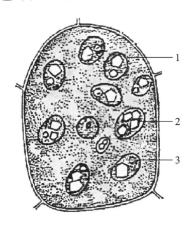

图2-7 蓖麻胚乳细胞

1.糊粉粒 2.蛋白质晶体 3.基质

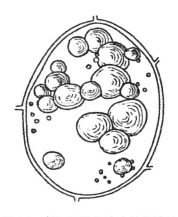

图2-8 椰子胚乳细胞中的脂肪油

（五）晶体

植物细胞中的结晶形成于液泡内,常见的有两种类型:草酸钙结晶和碳酸钙结晶。

1. 草酸钙结晶(calcium oxalate crystal) 草酸钙结晶是植物细胞代谢过程中产生的草酸与钙结合而成的晶体,被认为具有解毒作用,即可以减少过多的草酸对植物产生的毒害作用。草酸钙结晶常呈无色半透明状,以不同的形状分布于细胞液中,一般一种植物只能见到一种形状,但少数植物也有两种或多种的,如曼陀罗叶含有簇晶、方晶和砂晶。草酸钙结晶在植物体中分布普遍,但并不是所有植物细胞中都含有草酸钙结晶,其有无、种类、形状和大小在不同种植物或同一植物的不同部位也有一定的区别,这些特征可作为中药材鉴定的依据之一(图2-9)。

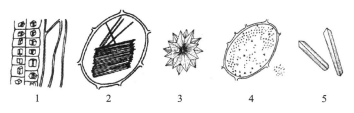

图2-9 草酸钙结晶

1.方晶 2.针晶 3.簇晶 4.砂晶 5.柱晶

常见的草酸钙结晶形状有以下几种:

①单晶(solitary crystal):又称方晶或块晶,通常呈正方形、长方形、斜方形、八面形、棱形等形状,一般为单独存在的晶体,如甘草根及根茎、黄柏树皮等薄壁细胞中的晶体。有时单晶交叉形成双晶(twin crystal),如莨菪。

②针晶(acicular crystal):两端尖锐的针状,在细胞中多成束存在,称针晶束(raphide)。一般存在于含有黏液的细胞中,如半夏块茎,黄精、玉竹根茎中的针晶;也有分散在细胞中的,如苍术根茎中的针晶。

③簇晶(cluster crystal 或 rosette aggregate):许多八面体、三棱形单晶体聚集而成,通常呈多角形星状,如人参根、大黄根茎中的簇晶。

知识链接
2-1

④砂晶（micro crystal 或 sand crystal）：细小的三角形、箭头状或不规则形，通常密集于细胞腔中。因此，聚集砂晶的细胞颜色较暗，易与其他细胞相区别，如颠茄叶、牛膝根、枸杞根皮中的砂晶。

⑤柱晶（column crystal 或 styloid）：长柱形，长度为直径的四倍以上，如射干根茎中的柱晶。

草酸钙结晶不溶于醋酸；加稀盐酸溶解而无气泡产生；但遇 $10\%\sim20\%$ 硫酸溶液便溶解形成针状的硫酸钙结晶，析出。

2. 碳酸钙结晶（calcium carbonate crystal） 碳酸钙结晶由细胞壁的特殊瘤状凸起上聚集了大量的碳酸钙或少量的硅酸钙而形成，一端与细胞壁相连，另一端悬于细胞腔内，状如一串悬垂的葡萄，通常呈钟乳状，故又称钟乳体（cystolith）。多存在于桑科、爵床科、荨麻科植物叶表皮细胞中，如穿心莲叶、无花果叶、大麻叶等（图2-10）。

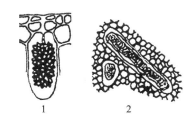

图 2-10 碳酸钙结晶
1. 无花果叶细胞中的钟乳体
2. 穿心莲叶细胞中的钟乳体

碳酸钙结晶加醋酸或稀盐酸则溶解并产生 CO_2 气泡，可与草酸钙结晶相区别。

此外，除草酸钙结晶和碳酸钙结晶外，还有石膏结晶，存在于柽柳叶细胞中；靛蓝结晶，存在于菘蓝叶细胞中；橙皮苷结晶，存在于吴茱萸叶和薄荷叶细胞中；芸香苷结晶，存在于槐花细胞中。

三、细胞壁

细胞壁（cell wall）是包围在原生质体外面的具有一定硬度和弹性的薄层，是植物细胞特有的结构，与液泡、质体一起构成了植物细胞与动物细胞的三大区别。一般认为细胞壁由原生质体分泌的非生命物质（纤维素、果胶质和半纤维素）构成，但现已证明，细胞壁上含有少量具有生理活性的蛋白质。细胞壁对原生质体起保护和支持作用，使细胞保持一定的形状和大小，与植物组织的吸收、蒸腾、运输和分泌等作用有关。因植物的种类、年龄和细胞执行功能的不同，细胞壁在成分和结构上的差别很大。

（一）细胞壁的分层

在显微镜下，细胞壁可分为胞间层、初生壁和次生壁三层（图 2-11）。

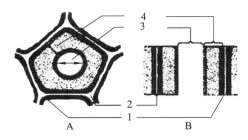

图 2-11 细胞壁的结构
A. 横切面 B. 纵切面
1. 初生壁 2. 胞间层 3. 细胞腔 4. 次生壁

1. 胞间层（intercellular layer） 胞间层又称中层（middle lamella），是相邻细胞所共有的薄层，是新的子细胞形成时产生的分隔层，主要成分为果胶（pectin）类物质，其是一类有黏性、柔软的多糖物质，能把相邻的细胞黏在一起，具有可塑性和延展性。果胶质易被酸、碱溶液，或果胶酶分解，使相邻细胞部分或全部分离。在实验室中，常利用解离剂（如氢氧化钾或碳酸钠溶液等)让植物细胞彼此分离,制成解离组织片就是这个原理。沤麻是利用微生物产生的果胶酶使胞间层的果胶溶解破坏,从而使纤维细胞分离。

2. 初生壁(primary wall) 初生壁是植物细胞在生长过程中,由原生质体分泌的纤维素、半纤维素及少量的果胶质加在胞间层的内侧而形成的。纤维素构成初生壁的框架,其他如果胶类物质、半纤维素等填充于框架之中。初生壁一般较薄,厚度为 $1\sim3~\mu m$,可以随着细胞生长而延伸。在延伸过程中,原生质体分泌的物质可以不断地填充到细胞壁中去,使初生壁继续生长,这称为填充生长。而原生质体分泌的物质附着在胞间层的内侧使细胞壁略有增厚,这称为附加生长。

3. 次生壁(secondary wall) 次生壁是某些细胞分化成熟、停止增大以后在初生壁内侧继续形成的壁层,是由原生质体分泌的纤维素、半纤维素,以及少量木质素(lignin)等物质层层积累形成。次生壁一般厚且坚韧,厚度为 $5\sim10~\mu m$。在较厚的次生壁中,一般又可分为内、中、外三层,并以中层的次生壁较厚。但并不是所有的细胞都有次生壁,大部分具有次生壁的细胞在成熟时,原生质体都已死亡。

(二)纹孔和胞间连丝

1. 纹孔(pit) 细胞壁形成时,次生壁在初生壁内不均匀增厚,一些没有增厚的呈孔状凹陷的结构,称为纹孔。纹孔处只有胞间层和初生壁,没有次生壁,为比较薄的区域。相邻两细胞的纹孔常在相同部位成对存在,称为纹孔对(pit-pair)。纹孔对之间的薄膜称为纹孔膜(pit membrane);纹孔膜两侧呈圆筒状或半球状的没有次生壁的腔穴,称为纹孔腔(pit cavity),由纹孔腔通往细胞壁的开口称为纹孔口(pit aperture)。纹孔的存在有利于细胞间水和其他物质的运输。

纹孔具有一定的形状和结构,常见的有单纹孔、具缘纹孔和半缘纹孔(图 2-12)。

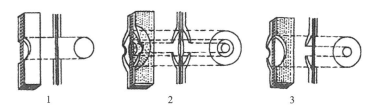

图 2-12 纹孔类型
1.单纹孔 2.具缘纹孔 3.半缘纹孔

(1) 单纹孔(simple pit):次生壁加厚时呈孔道或沟,未加厚处呈圆筒状,纹孔口和底同大,纹孔腔为上下等径,称为单纹孔。单纹孔多存在于加厚壁的薄壁细胞、韧型纤维和石细胞的细胞壁中。当次生壁很厚时,单纹孔的纹孔腔就很深,犹如一条长而狭窄的孔道或沟,称为纹孔道或纹孔沟。

(2) 具缘纹孔(bordered pit):纹孔周围的次生壁在纹孔腔周围向细胞腔内形成拱状隆起,形成一个扁圆的纹孔腔,这种纹孔称为具缘纹孔。在显微镜下,从正面观察,具缘纹孔呈现两个同心圆,外圈是纹孔腔的边缘,内圈是纹孔口的边缘。松科和柏科等裸子植物管胞上的具缘纹孔其纹孔膜中央特别厚,形成纹孔塞(pit plug)。纹孔塞具有活塞的作用,能调节胞间液流,这种具缘纹孔从正面观察呈现三个同心圆。具缘纹孔常分布于管胞和孔纹导管中。

(3) 半缘纹孔(half bordered pit):由单纹孔和具缘纹孔分别排列在纹孔膜两侧所构成,一边形似单纹孔,另一边呈架拱状隆起的纹孔缘,这种纹孔称为半缘纹孔。一般为导管或管胞与薄壁细胞相邻接的细胞壁上所形成的纹孔对,从正面观察具两个同心圆。

2. 胞间连丝(plasmodesmata) 许多纤细的原生质丝穿过纹孔的胞间层和初生壁连接相

邻两个植物细胞,这种原生质丝称为胞间连丝。胞间连丝一般都很细,直径小于 $0.1~\mu m$,它使植物体的各个细胞彼此连接成一个整体,利于细胞间物质运输和信息传递。如柿、马钱子等植物种子内的胚乳细胞由于细胞壁厚,胞间连丝较显著,但也需染色处理后才能在显微镜下观察到(图 2-13)。

图 2-13 胞间连丝(柿)

（三）细胞壁的特化

由于环境的影响和生理功能的不同,植物细胞的细胞壁会沉积一些物质,发生理化性质的特化,使细胞壁具备一定的功能。常见的特化现象有木质化、木栓化、角质化、黏液质化和矿质化等。

1. 木质化（lignification） 木质化是细胞壁在附加生长时,原生质体分泌了较多的木质素渗入细胞壁中,使细胞壁的硬度增强,细胞群的机械力增加。随着木质化细胞壁变得很厚,其细胞多趋于衰老或死亡,如导管、管胞、木纤维、石细胞等的细胞壁。木质化的细胞壁加间苯三酚溶液一滴,放置片刻,再加浓盐酸或浓硫酸一滴,即显红色。

2. 木栓化（suberization） 木栓化是细胞壁中增加了脂肪性化合物木栓质（suberin）,木栓化细胞壁常呈黄褐色,不易透过空气和水,使细胞内的原生质体与周围环境隔离而坏死,成为死细胞。木栓化的细胞对植物内部组织具有保护作用,如树干外面的褐色树皮是木栓化细胞和其他死细胞组成的混合体。栓皮栎的木栓细胞层特别发达,可做瓶塞使用。木栓化细胞壁加苏丹Ⅲ试液显橘红色或红色;遇苛性钾并加热,溶解成黄色油滴状。

3. 角质化（cutinization） 原生质体产生的角质（cutin）呈无色透明状,不但在细胞壁内增加使细胞壁本身角质化,还常积聚在细胞壁的表面形成角质层（cuticle）。角质化细胞壁或角质层可防止水分过度蒸发以及微生物的侵害,增加对植物内部组织的保护作用。角质化细胞壁或角质层加入苏丹Ⅲ试液显橘红色或红色,遇碱液加热能持久保持。

4. 黏液质化（mucilagization） 黏液质化是细胞壁中所含的果胶质和纤维素等成分变成黏液或树胶的一种变化。黏液质化所形成的黏液在细胞表面常呈固体状态,吸水膨胀成黏滞状态。车前、亚麻等植物种子的表皮细胞中都具有黏液质化细胞。黏液质化细胞壁加入玫红酸钠乙醇溶液可被染成玫瑰红色;加入钌红试液可被染成红色。

5. 矿质化（mineralization） 矿质化是细胞壁中增加了硅质（如二氧化硅或硅酸盐）或钙质等,增强了细胞壁的坚固性,使茎、叶的表面变硬变粗,增强植物的机械支持能力和抗病虫害的能力,如禾本科药用植物薏苡的茎、叶以及木贼茎均含大量硅酸盐。硅质能溶于氟化氢,但不溶于硫酸或醋酸,可区别于草酸钙和碳酸钙。

第二节 植物细胞的分裂

一、植物细胞的分裂

细胞分裂（cell division）是活细胞增殖其数量,由一个细胞分裂为两个细胞的过程。植物体的繁殖是以细胞分裂的方式进行的。单细胞植物,每经一次分裂,就增加了一个新个体;多细胞植物,细胞分裂为植物体的构成提供新的所需细胞。植物细胞常见的分裂方式有无丝分裂、有丝分裂和减数分裂。

NOTE

（一）无丝分裂（amitosis）

无丝分裂又称直接分裂，分裂过程较简单、迅速，是最早发现的一种细胞分裂方式，分裂时细胞核不出现染色体和纺锤丝等一系列复杂的变化。分裂时，核仁首先一分为二，然后细胞核随细胞的伸长而拉长成哑铃状，最后中间断裂成两个核，两核间产生新的细胞壁，原生质也分成两部分，形成两个子细胞。无丝分裂速度快，消耗能量少，但不能保证母细胞的遗传物质平均地分配到两个子细胞中去，从而影响了遗传的稳定性。

无丝分裂在低等植物中普遍存在，在高等植物中也较为常见，尤其是生长迅速的部位，如在植物的根、茎、叶、花、果实和种子生长发育的某个时期或某些部位均可见到细胞的无丝分裂。

（二）有丝分裂（mitosis）

有丝分裂又称间接分裂，是高等植物和多数低等植物营养细胞的分裂方式，是细胞分裂中最普遍的一种方式。有丝分裂包括细胞核分裂和细胞质分裂，是一个连续而复杂的过程，通常人为地将有丝分裂分为分裂间期、前期、中期、后期和末期 5 个时期。分裂时，每条染色体的两条染色单体分开，形成两条子染色体，平均地分配给两个子细胞。有丝分裂所产生的两个子细胞的染色体数目与体细胞的染色体数目一致，具有与母细胞相同的遗传性，保持了细胞遗传的稳定性。植物根尖和茎尖等生长特别旺盛的部位的分生区细胞、根和茎的形成层细胞的分裂就是有丝分裂。

（三）减数分裂（meiosis）

减数分裂是与植物的有性生殖密切相关的一种特殊的细胞分裂方式。减数分裂过程包括两次连续进行的细胞分裂，而染色体只复制一次，分裂结果是形成四个子细胞，而每个子细胞的染色体数目只有母细胞的一半，称为单倍染色体（n），简称单倍体，故这种分裂称减数分裂。

种子植物在有性生殖时所产生的精子和卵细胞是由减数分裂形成的，它们都是单倍体（n），由于精子和卵细胞结合，又恢复成二倍体（$2n$），使得子代的染色体保持与亲代的染色体数目相同，不仅保证了遗传的稳定性，而且还保留父母双方的遗传物质而扩大变异，增强适应性。在栽培育种上常利用减数分裂的特性，进行品种间杂交，培育新品种。

二、植物细胞的生长和分化

植物细胞生长是指细胞分裂产生的子细胞的体积和质量增加、数量不增加的过程，包括原生质体和细胞壁的生长。而植物个体发育成熟过程中，细胞在形态、结构和功能上的特化过程，称为细胞分化（cell differentiation）。

细胞生长中，原生质体生长过程中最明显的变化是原生质中多而分散的小液泡形成一个中央大液泡，细胞核被挤至细胞的边缘；细胞壁生长包括表面积增加与厚度增加。分裂后，子细胞的体积仅为母细胞的一半，但细胞成熟后，其体积可增加几倍、几十倍，甚至更多。植物细胞的生长是有一定限度的，当体积达到一定大小后，便会停止生长。细胞最终体积，随植物种类和细胞的类型不同而不同，其生长过程除受细胞本身遗传因子的控制外，也受环境因素的制约。

植物个体发育过程就是细胞分裂、分化的过程。多细胞植物体内不同细胞执行不同功能，相应地，细胞在形态或结构上也向着不同方向表现出各种稳定的变化，如表皮细胞在细胞壁的表面形成明显的角质层以执行保护功能；叶肉细胞中发育形成了大量的叶绿体以适应光合作用的需求。但这些细胞最初都来自受精卵，具有相同的遗传组成；而植物的进化程度越高，细胞的分化程度也越高。细胞分化受细胞内、外等诸多因素的影响，其中细胞极性是首要条件，细胞分裂素和生长素是启动细胞分化的关键激素。另外，细胞分化也因外界环境的改变使得细胞中信息物质的表达受到影响。

本章小结

　　植物细胞是构成植物体的基本单位,也是其生命活动的基本单位。植物细胞形态多样,因植物种类以及存在部位和功能的不同而异,有类圆形、球形、椭圆形、多面体形、纺锤形、圆柱形等多种形状。植物细胞大小有差异,一般细胞直径为 $10\sim100~\mu m$。典型的植物细胞由原生质体、细胞后含物和细胞壁三个部分组成。原生质体是细胞内有生命的物质的总称。细胞核主要由核膜、核仁、核基质和染色质等组成。细胞质内有多种细胞器,包括质体、线粒体、液泡、内质网、高尔基体、核糖体、溶酶体、微管、圆球体、微体等。质体内所含色素不同,其生理功能也不同,据此,可将质体分为白色体、叶绿体和有色体三种。后含物指植物细胞在生活过程中,由于新陈代谢而产生的许多非生命的物质。不同植物的淀粉粒在形态、类型、大小、层纹和脐点等方面各有其特征,因此淀粉粒的形态特征可作为鉴定中药材的依据之一。植物细胞中的结晶形成于液泡内,常见的有两种类型:草酸钙结晶和碳酸钙结晶。细胞壁是包围在原生质体外面的具有一定硬度和弹性的薄层,是植物细胞特有的结构,与液泡、质体一起构成了植物细胞与动物细胞的三大区别。细胞壁可分为胞间层、初生壁和次生壁三层。纹孔具有一定的形状和结构,常见的有单纹孔、具缘纹孔和半缘纹孔。由于环境的影响和生理功能的不同,植物细胞的细胞壁会沉积一些物质,发生理化性质的特化,使细胞壁具备一定的功能。常见的特化现象有木质化、木栓化、角质化、黏液质化和矿质化等。有丝分裂又称间接分裂,是高等植物和多数低等植物营养细胞的分裂方式,是细胞分裂中最普遍的一种方式。减数分裂是与植物的有性生殖密切相关的一种特殊的细胞分裂方式。

目标检测

一、选择题

1. 一般不含叶绿体的器官是(　　　　)。

A. 根　　　　　B. 茎　　　　　C. 叶　　　　　D. 花　　　　　E. 果实

2. 能积累淀粉而形成淀粉粒的是(　　　　)。

A. 白色体　　　B. 叶绿体　　　C. 有色体　　　D. 溶酶体　　　E. 细胞核

3. 糊粉粒多分布于植物的(　　　　)。

A. 根　　　　　B. 茎　　　　　C. 叶　　　　　D. 果实　　　　E. 种子

4. 观察菊糖,应将材料浸入什么溶液中浸泡后再做成切片?(　　　　)

A. 水合氯醛　　B. 乙醇　　　　C. 甘油　　　　D. 乙醚　　　　E. 稀盐酸

二、填空题

1. 植物细胞区别于动物细胞的三大结构特征为_____、_____、_____。

2. 纹孔对具有一定的形态和结构,常见的有_____、_____和_____三种类型。

3. 常见的草酸钙结晶形状有_____、_____、_____、_____、_____等。

4. 细胞壁由于环境和生理功能的不同,常有特化现象,常见的有_____、_____、_____、_____等。

5. 淀粉粒在形态上有_____、_____、_____三种类型。

三、简答题

1. 细胞壁可分为几层？各有何特点？

2. 什么是细胞后含物？植物细胞的后含物有哪几种？

3. 何谓胞间连丝？它有何作用？

推荐阅读文献

［1］ 贺学礼.植物学［M］.北京:科学出版社,2011.

［2］ Bruce Alberts,Dennis Bray,Karen Hopkin,et al.细胞生物学精要［M］.丁小燕,陈跃磊,
译.北京:科学出版社,2012.

参 考 文 献

［1］ Randy Wayne.植物细胞生物学［M］.北京:科学出版社,2011.

［2］ 杨世杰,汪矛,张志翔.植物生物学［M］.3版.北京:高等教育出版社,2017.

［3］ 姚振生.药用植物学［M］.北京:中国中医药出版社,2007.

［4］ 熊耀康,严铸云.药用植物学［M］.2版.北京:人民卫生出版社,2016.

［5］ 张浩.药用植物学［M］.6版.北京:人民卫生出版社,2011.

［6］ 严铸云,郭庆梅.药用植物学［M］.北京:中国医药科技出版社,2015.

［7］ 董诚明,王丽红.药用植物学［M］.北京:中国医药科技出版社,2016.

（李　斌）

第三章　植物的组织

学习目标

1. 掌握：分生组织、基本组织、保护组织、分泌组织、机械组织、输导组织的结构特征和类型。
2. 熟悉：维管束的组成和类型。
3. 了解：不同组织在植物体内的分布、作用及在分类鉴定中的应用。

案例导入

　　植物的生长发育过程需要大量的营养物质，包括水分、无机盐和有机物。植物的根是生长在土壤中的营养器官，植物生长发育过程所需的水分和无机盐主要靠根毛或根的幼嫩部分吸收。叶是植物进行光合作用、制造有机养料的重要器官，植物在生长发育过程中所需的有机营养主要依靠叶片通过光合作用来满足。那么，植物根系从土壤中吸收的水分和溶于其中的无机盐通过什么途径运输到植物的地上部分呢？叶片通过光合作用合成的有机物又是如何运输到地下的根部呢？

扫码
看课件

案例导入
答案解析

第一节　植物的组织及其类型

　　植物在生长发育过程中，经过细胞分裂和分化，形成了各种组织。植物组织（plant tissue）是由许多来源相同、形态构造相似、生理功能相同、相互密切联系的细胞组成的细胞群。植物体内既有由同一类型细胞构成的简单组织，也有由不同类型细胞构成的复合组织。每种组织有其独立性，行使不同功能，同时不同组织间协同，完成器官的生理功能。低等植物通常无组织形成或无典型的组织分化。根据形态结构和功能不同，植物组织可分为分生组织、基本组织、保护组织、机械组织、输导组织和分泌组织。后五类组织是由分生组织细胞分裂和分化所形成的细胞群，总称为成熟组织（mature tissue）或永久组织（permanent tissue）。根据植物体生长发育需要，成熟组织有时可发生相应变化，如薄壁组织可以转化成次生分生组织或机械组织等。

　　由于植物类群或部位的不同，植物体内的各种组织具有不同的特征，常可作为生药显微鉴定中的重要依据。

一、分生组织（meristem）

　　分生组织是具有连续性或周期性分生能力的细胞群。分生组织的细胞通常体积较小，多为等径的多面体，排列紧密，没有细胞间隙，细胞壁薄，不具纹孔，细胞质浓，细胞核大，无明显

NOTE

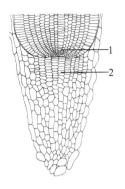

图 3-1　根尖分生组织
1.根尖生长点　2.根冠分生组织

液泡和质体分化,但含线粒体、高尔基体、核糖体等细胞器。分生组织分布在植物体的各个生长部位,如根尖、茎尖等(图3-1)。分生组织的细胞代谢功能旺盛,具有强烈的分生能力,不断分裂产生新细胞,其中一部分细胞连续保持高度的分生能力,另一部分细胞经过分化,形成不同的成熟组织,使植物体不断生长。根据分生组织的性质、来源,植物体内的分生组织有以下类型。

(一)原分生组织(promeristem)

原分生组织来源于种子的胚,是由胚保留下来的具有分裂能力的细胞群,位于根、茎最先端的部位,即生长点(growing point)。这些细胞没有任何分化,可长期保持分裂功能,特别是在生长季节,其分裂功能更加旺盛。

(二)初生分生组织(primary meristem)

初生分生组织位于原分生组织之后,由原分生组织分化出来的细胞所组成,这部分细胞一方面仍保持分裂能力,另一方面细胞已经开始分化。如茎的初生分生组织可分化为三种不同组织,即原表皮层、基本分生组织和原形成层。由这三种初生分生组织再进一步分化发育形成根和茎的初生构造。

(三)次生分生组织(secondary meristem)

某些薄壁组织经过生理和结构上的变化,细胞质变浓,液泡缩小,恢复分裂能力,成为次生分生组织。如大多数双子叶植物和裸子植物根的形成层、茎的束间形成层、木栓形成层等,这些分生组织一般呈环状排列,与轴向相平行。次生分生组织不断分生和分化出次生保护组织和次生维管组织,形成根和茎的次生构造,使其不断增粗。

二、基本组织(ground tissue)

基本组织又称薄壁组织,在植物体内分布很广,占有相对大的体积,是组成植物体的基础,担负着同化、贮藏、吸收、通气等功能。薄壁组织细胞壁薄,细胞体积较大,多呈球状、椭球状、圆柱状、多面体状等,细胞壁主要由纤维素和果胶构成,具有单纹孔,细胞排列紧密,具有明显的细胞间隙。

根据其结构、生理功能的不同,薄壁组织可分为以下几种类型(图3-2)。

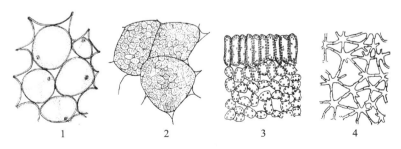

图 3-2　薄壁组织类型
1.一般薄壁组织　2.贮藏薄壁组织　3.同化薄壁组织　4.通气薄壁组织

(一)一般薄壁组织(ordinary parenchyma)

一般薄壁组织普遍存在于植物体内各处,主要起填充和联系其他组织的作用。通常细胞质较稀薄,液泡较大,细胞排列疏松,具有细胞间隙,如根、茎的皮层和髓部。

NOTE

（二）通气薄壁组织（aerenchyma）

通气薄壁组织多存在于水生植物和沼泽植物中。细胞间隙特别发达，常在植物体内形成大的气腔和四通八达的通道，具有贮藏空气的作用，并对植物起漂浮与支持的作用，如灯心草的茎髓和莲的叶柄等。

（三）同化薄壁组织（assimilation parenchyma）

同化薄壁组织多存在于植物易受光照的部位，如叶肉细胞中和幼茎、幼果的表面等。同化薄壁组织细胞中含有大量的叶绿体，能进行光合作用，制造有机营养物质，又称绿色薄壁组织（chlorenchyma）。

（四）输导薄壁组织（conducting parenchyma）

输导薄壁组织一般指在植物体内构成射线的薄壁细胞，这些薄壁细胞沿径向延长，呈辐射状排列，贯穿于植物的维管组织中。这些薄壁细胞具有横向运输水分和养料的功能，因而被称为输导薄壁组织。

（五）吸收薄壁组织（absorption parenchyma）

吸收薄壁组织位于植物根尖的根毛区，细胞壁薄，部分表皮细胞外壁向外凸起，形成根毛，能从外界吸收水分和营养物质等，并将吸收的物质运送到输导组织中。

（六）贮藏薄壁组织（storage parenchyma）

贮藏薄壁组织多存在于植物的根、根茎、果实和种子中。细胞较大，贮藏有大量的营养物质，如淀粉、蛋白质、脂肪、糖类等。

三、保护组织（protective tissue）

保护组织是覆盖于植物体表面起保护作用的组织，其作用是减少植物体内水分的蒸腾，控制植物与环境的气体交换，防止病虫的侵袭和机械损伤等。根据来源和结构的不同，分为初生保护组织（表皮）和次生保护组织（周皮）。

（一）表皮（epidermis）

表皮分布于幼嫩的植物器官表面，由初生分生组织的原表皮层分化而来。表皮通常由一层扁平的长方形、多边形或波状不规则形生活细胞组成，细胞间彼此嵌合、排列紧密、没有间隙。表皮细胞通常不含叶绿体，外壁常角质化，并在表面形成连续的角质层，有的角质层上还有蜡被，可防止水分散失，如甘蔗茎和蓖麻茎。茎、叶等的部分表皮细胞可分化形成气孔或各种毛茸。

1. 气孔（stoma） 植物的表面不是全部被表皮细胞所密封的，在表皮上还有许多孔隙，是植物进行气体交换的通道。双子叶植物的孔隙由两个半月形保卫细胞（guard cell）包围，两个保卫细胞的凹入面是相对的，中间孔隙即气孔（图3-3）。保卫细胞是生活细胞，含叶绿体，其与表皮细胞相邻的细胞壁较薄，相对的凹入处细胞壁较厚，当充水膨胀时，气孔即张开，当其失水时，气孔关闭。气孔的开闭有利于气体交换和调节水分的蒸腾。

气孔主要分布在叶片和幼嫩的茎枝表面，其数量和大小常随器官类型和所处环境条件的不同而异，如茎的气孔少，叶片中的气孔多，而根几乎没有气孔。

在保卫细胞周围有2至多个特化的表皮细胞，称为副卫细胞（subsidiary cell），副卫细胞的形状、数目及排列顺序与植物种类有关。组成气孔的保卫细胞和副卫细胞的排列关系称为气孔的轴式类型。气孔的轴式类型随植物种类而异，是鉴定叶类、全草类中药材的重要依据。双子叶植物叶中常见的气孔轴式类型有环式、直轴式、平轴式、不定式、不等式等（图3-4）。

（1）环式（actinocytic type）：气孔周围的副卫细胞数目不定，其形状较其他表皮细胞狭窄，

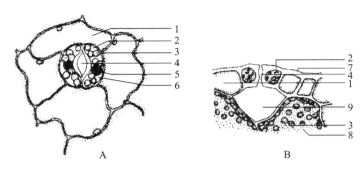

图 3-3　气孔的构造

A.表面观　B.切面观

1.副卫细胞　2.保卫细胞　3.叶绿体　4.气孔　5.细胞核　6.细胞质　7.角质层　8.栅栏细胞　9.气室

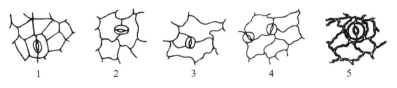

图 3-4　双子叶植物气孔的常见轴式类型

1.平轴式　2.直轴式　3.不等式　4.不定式　5.环式

围绕气孔排列成环状,如茶、桉等植物的叶。

（2）直轴式（diacytic type）：气孔周围的副卫细胞常有 2 个,其长轴与保卫细胞和气孔的长轴垂直,如石竹、穿心莲、薄荷等。

（3）平轴式（paracytic type）：气孔周围的副卫细胞常有 2 个,其长轴与保卫细胞和气孔的长轴平行,如茜草、番泻叶、马齿苋等。

（4）不定式（anomocytic type）：气孔周围的副卫细胞数目不定,其大小基本相等,形状与其他表皮细胞相似,如毛茛、艾、桑、洋地黄等。

（5）不等式（anisocytic type）：气孔周围的副卫细胞常有 3～4 个,但大小不等,其中一个特别小,如菘蓝、曼陀罗等。

单子叶植物气孔的轴式类型较多,如禾本科植物的禾本科型（gramineous type）气孔,其保卫细胞呈哑铃状,两端的细胞壁较薄,中间的细胞壁较厚,在保卫细胞的两边,有两个类三角形的副卫细胞,如淡竹叶。

2. 毛茸（hair, trichome）　毛茸是由表皮细胞向外凸起形成的,具有保护、减少水分过分蒸发、分泌物质等作用。其中有分泌作用的称腺毛,没有分泌作用的称非腺毛。

（1）腺毛（glandular hair）：能分泌挥发油、黏液、树脂等物质,有头部与柄部之分。唇形科植物薄荷、藿香等叶片上有一种头部由 6～8 个细胞组成,柄极短的腺毛,称腺鳞（glandular scale）（图 3-5）。

（2）非腺毛（nonglandular hair）：不具分泌功能的毛茸,由单细胞或多细胞组成,无头、柄之分,先端常狭尖。由于组成非腺毛的细胞数目、分枝状况不同而有多种不同类型的非腺毛,如线状毛、棘毛、分枝毛、丁字毛、星状毛、鳞毛等。不同植物具有不同形态的非腺毛,可作为生药鉴定的依据（图 3-6）。

（二）周皮（periderm）

大多数草本植物的器官表面,终生只具有表皮。而木本植物茎和根的表皮仅见于幼年时期,其后在增粗生长过程中表皮被破坏,植物体表面随之形成了次生保护组织——周皮,以代替表皮行使保护功能。

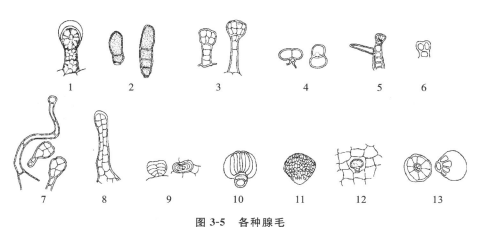

图 3-5　各种腺毛

1. 生活状态的腺毛　2. 谷精草　3. 金银花　4. 密蒙花　5. 白泡桐花　6. 洋地黄叶　7. 洋金花

8. 款冬花　9. 石胡荽叶　10. 凌霄花　11. 啤酒花　12. 广藿香茎间隙腺毛　13. 薄荷叶腺鳞

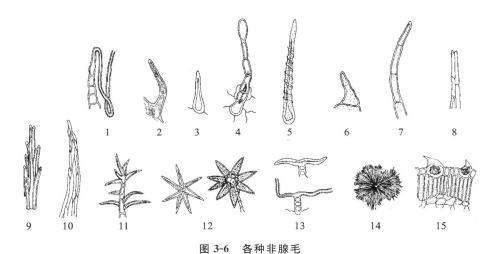

图 3-6　各种非腺毛

1～10. 线状毛(1. 刺儿菜叶　2. 薄荷叶　3. 益母草叶　4. 蒲公英叶　5. 金银花　6. 白花曼陀罗

7. 洋地黄叶　8. 旋覆花　9. 款冬花冠毛　10. 蓼蓝叶)　11. 分枝毛(裸花紫珠叶)

12. 星状毛(右:石韦叶　左:芙蓉叶)　13. 丁字毛(艾叶)　14. 鳞毛(胡颓子叶)　15. 棘毛(大麻叶)

周皮为一种复合组织,由木栓层(phellem layer)、木栓形成层(phellogen)、栓内层(phelloderm)组成(图 3-7)。木栓形成层多由表皮、皮层和韧皮部的薄壁细胞恢复分生能力形成,木栓形成层细胞活动时,向外切向分裂,产生的细胞分化成木栓层,向内分裂形成栓内层。随着植物的生长,木栓层细胞层数不断增加,细胞多呈扁平状,排列紧密整齐,无细胞间隙,细胞壁木栓化,常较厚,细胞内原生质体解体,为死亡细胞。木栓化细胞壁不易透水、透气,是很好的保护组织。栓内层由生活的薄壁细胞组成,通常细胞排列疏松,茎中栓内层细胞常含叶绿体,所以又称绿皮层。

当周皮形成时,原来位于气孔下面的木栓形成层向外分生出许多非木栓化的填充细胞(complementary cell),结果将表皮突破,形成圆形或椭圆形等多种形状的裂口,称为皮孔(lenticel)。皮孔是周皮上的通气结构。木本植物茎枝上常有一些颜色较浅并凸出或凹下的点状物即皮孔,皮孔的形状、颜色和分布的密度常为皮类药材的鉴别特征(图 3-8)。

四、分泌组织(secretory tissue)

植物在新陈代谢过程中,一些细胞能分泌某些特殊物质,如挥发油、乳汁、黏液、树脂、蜜

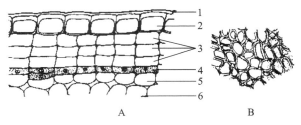

图 3-7　周皮与木栓细胞
A. 周皮　B. 木栓细胞
1. 角质层　2. 表皮　3. 木栓层
4. 木栓形成层　5. 栓内层　6. 皮层

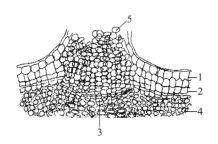

图 3-8　皮孔剖面（接骨木）
1. 表皮　2. 木栓层　3. 木栓形成层
4. 栓内层　5. 填充细胞

液、盐类等,这种细胞称为分泌细胞,由分泌细胞所构成的组织称为分泌组织。分泌组织可以分布在植物体的各个部位。分泌组织所产生的分泌物可以防止组织腐烂,帮助伤口愈合,免被动物食用,排出或贮存体内废弃物等;有的还可以引诱昆虫,以利于传粉。有许多分泌物可作药用,如乳香、没药、松节油、樟脑、蜜汁、松香以及各种芳香油等。分泌组织的形态结构及分泌物在某些植物科属鉴别上也有一定的价值。

根据分泌细胞排出的分泌物是积累在植物体内部还是排出体外,分泌组织常可分为外部分泌组织和内部分泌组织。

（一）外部分泌组织（exterior secretory tissue）

外部分泌组织位于植物的体表,其分泌物直接排出体外,有腺毛、腺鳞和蜜腺等。

1. 腺毛（glandular hair）　腺毛是具有分泌能力的表皮毛,具有腺头、腺柄之分,腺头的细胞覆盖着较厚的角质层,其分泌物积聚在细胞壁与角质层之间,并能由角质层渗出或角质层破裂后排出。无柄或短柄的特殊腺毛称为腺鳞。腺毛多见于茎、叶、芽鳞、花、子房等部位。

2. 蜜腺（nectary）　蜜腺是能分泌蜜汁的腺体,由一层表皮细胞或其下面数层细胞特化而形成。腺体细胞的细胞壁较薄,具浓厚的细胞质。细胞质产生蜜汁,可通过细胞壁上角质层破裂向外扩散,或经腺体表皮上的气孔排出。蜜腺常存在于虫媒花植物的花萼、花瓣、子房或花柱的基部、花柄或花托上,如油菜花、荞麦花、槐花等;有时亦存在于植物的叶、托叶、茎等处,如樱桃叶基部的蜜腺,大戟科植物花序上的杯状蜜腺等。

（二）内部分泌组织（interior secretory tissue）

内部分泌组织分布于植物体内,其分泌物贮藏在细胞内或细胞间隙中。根据内部分泌组织的组成、形状和分泌物的不同,内部分泌组织可分为分泌细胞、分泌腔、分泌道和乳汁管（图3-9）。

1. 分泌细胞（secretory cell）　分泌细胞是植物体内单独存在的具有分泌能力的细胞,常比周围细胞大,并不形成组织。其分泌物贮存在细胞内,由于贮藏的分泌物不同,可分为油细胞（含挥发油）,如肉桂、姜、菖蒲等;黏液细胞（含黏液质）,如半夏、白及、知母等。

2. 分泌腔（secretory cavity）　分泌腔又称分泌囊或油室,分泌物常聚集于囊状结构的细胞间隙中。根据其形成的过程和结构,常可分为两类。

（1）溶生式分泌腔（lysigenous secretory cavity）:薄壁组织中的一群分泌细胞随着产生的分泌物质逐渐增多,最后这些分泌细胞本身破裂溶解,就在体内形成一个含有分泌物的腔室,腔室周围的细胞常破碎不完整,如陈皮、橘叶等。

（2）裂生式分泌腔（schizogenous secretory cavity）:由一群分泌细胞彼此分离形成细胞间隙,随着分泌的物质逐渐增多,细胞间隙也逐渐扩大而形成的腔室,分泌细胞不被破坏,完整地

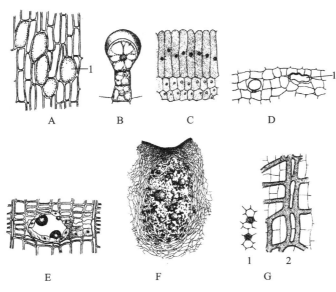

图 3-9 分泌组织类型

A. 油细胞(图中 1 所指) B. 腺毛(天竺葵叶) C. 蜜腺(大戟) D. 间隙腺毛(广藿香茎,图中 1 所指)
E. 树脂道(松茎横切) F. 溶生式分泌腔(陈皮) G. 乳汁管(蒲公英根;1. 横切面 2. 纵切面)

包围着腔室,如金丝桃、漆树、桃金娘、紫金牛植物的叶片以及当归的根等。

3. 分泌道(secretory canal) 松柏类和一些木本双子叶植物具有裂生的分泌道,它是由分泌细胞彼此分离形成的一个长管状间隙的腔道,其周围的分泌细胞称上皮细胞,上皮细胞产生的分泌物贮存在腔道中。由于分泌物不同,可分为树脂道(resin canal),如松树和向日葵茎等;油管(vittae),如小茴香果实等;黏液道(mucilage canal),如美人蕉、椴树等。

4. 乳汁管(laticifer) 乳汁管是由单个或多个细长管状的乳汁细胞构成,常具分枝。乳汁细胞是具有细胞质和细胞核的生活细胞,具有分泌功能,其分泌的乳汁贮存在细胞中。乳汁具黏滞性,多为白色,如大戟、蒲公英等;但也有黄色或橙色,如白屈菜、博落回。乳汁多含药用成分,如罂粟科植物的乳汁中含有多种具有止痛、抗菌、抗肿瘤作用的生物碱,番木瓜的乳汁中含有蛋白酶等。根据乳汁管的发育和结构可将其分成两类。

(1)无节乳汁管(nonarticulate laticifer):一个乳汁管仅由一个细胞构成,这个细胞又称为乳汁细胞。细胞分枝或不分枝,长度可达数米,如夹竹桃科、萝藦科、桑科以及大戟科的大戟属等一些植物的乳汁管。

(2)有节乳汁管(articulate laticifer):一个乳汁管是由许多细胞连接而成的,连接处的细胞壁溶解贯通,成为多核巨大的管道系统,乳汁管可分枝或不分枝,如菊科、桔梗科、罂粟科、旋花科、番木瓜科以及大戟科的橡胶树属等一些植物的乳汁管。

五、机械组织(mechanical tissue)

机械组织是对植物体起支持和巩固作用的组织,由一群细长形、类圆形或多边形且细胞壁明显增厚的细胞组成。根据细胞壁增厚方式及组成的不同,分为厚角组织和厚壁组织。

(一)厚角组织(collenchyma)

厚角组织由具有原生质体的生活细胞组成,常含有叶绿体,具有不均匀增厚的初生壁,增厚部位多在角隅处,细胞在横切面上常呈多角状。细胞壁由纤维素和果胶质组成,不含木质素。厚角组织较柔韧,是植物地上部分幼嫩器官(茎、叶柄、花梗)的支持组织。厚角组织常集中分布于嫩茎的棱角处,多在表皮下呈环状或呈束状分布,如益母草、芹菜、南瓜等植物的茎

（图3-10）。厚角组织根据细胞壁增厚方式的不同,常可分为三种类型。

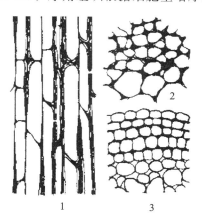

图 3-10　厚角组织
1.马铃薯(纵切面)　2.马铃薯(横切面)
3.细辛叶柄

1. 真厚角组织　真厚角组织又称为角隅厚角组织,细胞壁显著增厚的部分发生在几个相邻细胞的角隅处。真厚角组织是最普遍存在的一种类型,如薄荷属、曼陀罗属、南瓜属、桑属、榕属、酸模属和蓼属的植物。

2. 板状厚角组织　板状厚角组织又称为片状厚角组织,细胞的切向壁增厚。如细辛属、大黄属、地榆属、泽兰属、接骨木属的植物。

3. 腔隙厚角组织　腔隙厚角组织是具有细胞间隙的厚角组织,细胞面对细胞间隙部分增厚。如夏枯草属、锦葵属、鼠尾草属、豚草属等的植物。

（二）厚壁组织（sclerenchyma）

厚壁组织细胞具有全面增厚的次生壁,壁上常有层纹和纹孔,细胞腔小,成熟后大多木质化,成为死细胞。根据细胞形状的不同,厚壁组织细胞分为纤维和石细胞。

1. 纤维（fiber）　一般为两端尖的细长细胞,细胞壁增厚的成分为纤维素或木质素,细胞腔小或无,细胞质和细胞核消失,多为死细胞。纤维通常成束,彼此以尖端紧密嵌插,具有良好的支持和巩固作用(图 3-11)。分布于植物韧皮部的纤维称韧皮纤维(phloem fiber),其细胞壁增厚的物质主要为纤维素,因此韧性较大,拉力强。分布于木质部的纤维称木纤维(xylem fiber),细胞壁均木质化增厚,壁上具有各种形状的退化具缘纹孔或裂隙状的单纹孔。木纤维细胞壁厚而坚硬,但弹性和韧性较差。此外,在生药鉴定中,还可以看到以下几种特殊类型的纤维。

（1）分隔纤维（septate fiber）:一种细胞腔中生有薄的横隔膜的纤维,如姜、葡萄属植物的木质部和韧皮部中均有分布。

（2）嵌晶纤维（intercalary crystal fiber）:纤维细胞次生壁外层嵌有一些细小的草酸钙方晶和砂晶,如冷饭团的根和南五味子根皮中的纤维嵌有方晶,草麻黄茎的纤维嵌有细小的砂晶。

（3）晶鞘纤维（crystal sheath fiber）:由纤维束及其外侧包围着许多含有晶体的薄壁细胞所组成的复合体,称晶鞘纤维或晶纤维（crystal fiber）。这些薄壁细胞中有的含有方晶,如甘草、黄柏、野葛等;有的含有簇晶,如石竹、瞿麦等;有的含有石膏结晶,如柽柳等。

（4）分枝纤维（branched fiber）:长梭形纤维顶端具有明显的分枝,如东北铁线莲根中的纤维。

2. 石细胞（sclereid,stone cell）　石细胞是植物体内特别硬化的厚壁细胞,细胞壁极度增厚,均木质化,原生质体消失,留下空而小的细胞腔,成为具坚硬细胞壁的死细胞,有较强的支持作用。石细胞形状多样,是生药鉴定的重要依据。通常呈椭圆形或圆形,也有呈分枝状、星状、骨状、毛状、不规则状等。石细胞通常单个或数个成群分布于植物内,多见于植物茎的皮层和韧皮部以及果皮、种皮之中,如厚朴、黄柏、八角、杏仁等(图 3-12)。

六、输导组织（conducting tissue）

输导组织是植物体内输送水分和养料的组织,其共同特点是细胞呈管状,常上下连接,贯穿于整个植物体内,形成适于运输的管道。根据构造和运输物质的不同,输导组织可分为两大

NOTE

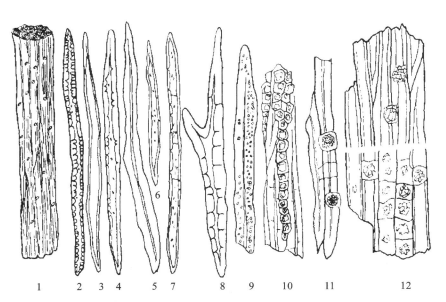

图 3-11　纤维束和纤维类型

1.纤维束　2~12.纤维类型(2.五加皮　3.苦木　4.关木通　5.肉桂　6.丹参

7.姜的分隔纤维　8.东北铁线莲的分枝纤维　9.冷饭团的嵌晶纤维

10.黄柏的含方晶纤维　11.石竹的含簇晶纤维　12.柽柳的含石膏结晶纤维)

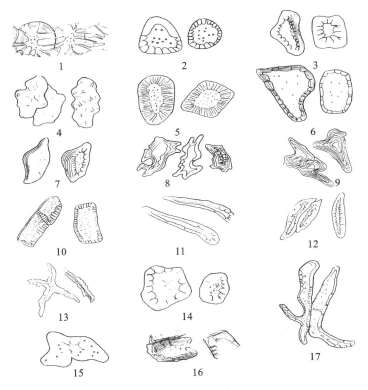

图 3-12　石细胞的类型

1.梨果肉　2.苦杏　3.土茯苓　4.川楝　5.五味子　6.川乌　7.梅果实　8.厚朴　9.黄柏　10.麦冬

11.山桃种子　12.泰国大风子　13.茶叶柄　14.侧柏种子　15.南五味子根皮　16.栀子种皮　17.虎杖

类:一类是木质部中的导管和管胞,主要运输水分和溶解于水中的无机盐、营养物质等;另一类是韧皮部中的筛管、伴胞和筛胞,主要运输溶解状态的同化产物。

NOTE

（一）导管和管胞

导管和管胞是自下而上输送水分及溶解于水中的无机养料的输导组织,存在于植物的木质部中。

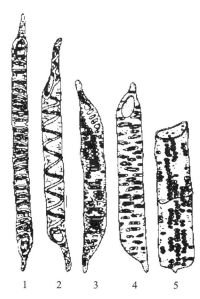

图 3-13 导管类型
1.环纹导管 2.螺纹导管 3.梯纹导管
4.网纹导管 5.孔纹导管

1. 导管（vessel） 导管是被子植物最主要的输水组织,少数裸子植物(如麻黄)中也有导管。导管由一系列纵长的管状死细胞连接而成,每个管状细胞称为导管分子(vessel member)。导管分子的侧壁与管胞极为相似,但其上下两端的横壁常溶解形成大的穿孔,使导管上下相通成为一个管道,因而输水效率远比管胞强。根据导管发育顺序和次生壁增厚所形成的纹理不同分为五种类型(图3-13)。

（1）环纹导管(annular vessel):增厚部分呈环状,导管直径较小,存在于幼嫩器官中。

（2）螺纹导管(spiral vessel):增厚部分呈螺旋状,导管直径一般较小,存在于幼嫩器官中。如"藕断丝连"中的"丝"就是一种常见的螺纹导管。

（3）梯纹导管(scalariform vessel):增厚部分与未增厚的初生壁部分间隔成梯形,多存在于成熟器官中。

（4）网纹导管(reticulate vessel):在导管壁上既有横向增厚,亦有纵向增厚,增厚部分与未增厚部分密集交织形成网状。

（5）孔纹导管(pitted vessel):细胞壁几乎全面增厚,只留有一些小孔为未增厚部分,形成单纹孔或具缘纹孔,前者为单纹孔导管,后者为具缘纹孔导管。导管直径较大,多存在于器官成熟部分。

2. 管胞（tracheid） 管胞是绝大部分蕨类植物和裸子植物的输水组织,同时还具有支持作用。在被子植物的木质部中也可发现管胞,特别是叶柄和叶脉中,但数量较少。管胞和导管分子在形态上有明显的不同,管胞是单个细胞,呈长管状,但两端尖斜,不形成穿孔,相邻管胞彼此间不能靠首尾连接进行输导,而是通过相邻管胞侧壁上的纹孔输导水分,所以输导效率比导管低,为一类较原始的输导组织。管胞与导管一样,由于其细胞壁次生增厚,并木质化,细胞内原生质体消失而成为死细胞,其木质化次生壁的增厚也常形成各种纹理,如环纹、螺纹、梯纹、孔纹等类型(图3-14)。导管与管胞在生药粉末鉴定中有时较难分辨,常采用解离的方法将细胞分开,观察管胞分子的形态。

（二）筛管、伴胞和筛胞

筛管、伴胞和筛胞是植物体内输送有机营养物质的输导组织,存在于韧皮部中(图3-15)。

1. 筛管（sieve tube） 筛管是被子植物输送有机营养物质的主要组织。筛管也由多数细胞连接而成,在结构上与导管的区别:组成筛管的细胞是生活细胞,细胞成熟后细胞核消失;筛管分子(sieve element)的细胞壁由纤维素构成,不木质化,也不增厚。筛管分子上下两端的横壁上由于不均匀增厚而形成筛板(sieve plate),筛板上有许多小孔,称为筛孔(sieve pore)。筛板两边相邻细胞中的原生质,通过筛孔而彼此相连(称联络索),形成上下相通的通道。

2. 伴胞（companion cell） 在被子植物的筛管分子旁,常有一个或多个小型的薄壁细胞与筛管分子相伴,称为伴胞。伴胞的细胞质浓,细胞核较大,并含有多种酶类,生理活动旺盛。筛管的输导功能与伴胞有密切关系。伴胞为被子植物所特有,蕨类及裸子植物中则不存在。

NOTE

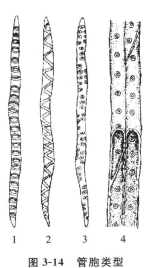

图 3-14　管胞类型

1.环纹管胞　2.螺纹管胞

3.梯纹管胞　4.孔纹管胞

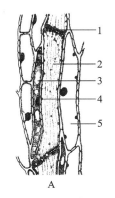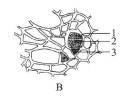

图 3-15　筛管和伴胞

A.纵切面　B.横切面

1.筛板　2.筛管　3.伴胞

4.白色体　5.韧皮薄壁细胞

3. 筛胞(sieve cell)　筛胞是蕨类植物和裸子植物运输有机营养物质的组织。与筛管不同,筛胞是单分子的狭长细胞,直径较小,端壁倾斜,没有特化成筛板,只是在侧壁或壁端上分布有一些小孔,称为筛域(sieve area),筛域输送养料的能力较筛孔差。

第二节　维管束及其类型

一、维管束的组成

维管束(vascular bundle)是蕨类植物、裸子植物、被子植物等维管植物的输导系统。维管束是一种束状结构,贯穿于整个植物体的内部,除了具有输导功能外,其对植物体还起支持作用。维管束主要由韧皮部(phloem)和木质部(xylem)组成,在被子植物中,木质部由导管、管胞、木薄壁细胞和木纤维组成,韧皮部由筛管、伴胞、韧皮薄壁细胞和韧皮纤维组成;裸子植物和蕨类植物的木质部由管胞和木薄壁细胞组成,韧皮部主要是由筛胞和韧皮薄壁细胞组成。

裸子植物和双子叶植物的维管束在木质部和韧皮部之间常有形成层存在,能持续不断地分生生长,所以这种维管束称为无限型维管束或开放型维管束;蕨类植物和单子叶植物的维管束中没有形成层,不能进行不断的分生生长,所以这种维管束称为有限型维管束或闭锁型维管束。

二、维管束的类型

根据维管束中韧皮部与木质部排列的方式不同,以及形成层的有无,维管束可分为以下几种类型(图 3-16)。

1. 有限外韧维管束(closed collateral bundle)　韧皮部位于外侧,木质部位于内侧,中间没有形成层。如单子叶植物茎的维管束。

2. 无限外韧维管束(open collateral bundle)　无限外韧维管束与有限外韧维管束的不同点是韧皮部和木质部之间有形成层,可使植物逐渐增粗生长。如裸子植物和双子叶植物茎中

NOTE

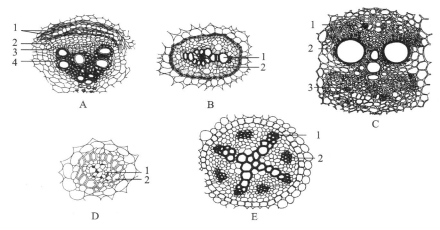

图 3-16　维管束类型

A.外韧维管束(马兜铃茎:1.压扁的韧皮部　2.韧皮部　3.形成层　4.木质部)

B.周韧维管束(真蕨根茎:1.木质部　2.韧皮部)

C.双韧维管束(南瓜茎:1、3.韧皮部　2.木质部)

D.周木维管束(菖蒲根茎:1.韧皮部　2.木质部)

E.辐射维管束(毛茛根:1.原生木质部　2.韧皮部)

的维管束。

3. 双韧维管束(bicollateral bundle)　木质部内外两侧都有韧皮部,在外侧韧皮部与木质部间有形成层。常见于茄科、葫芦科、夹竹桃科、萝藦科、旋花科、桃金娘科等植物茎中的维管束。

4. 周韧维管束(amphicribral bundle)　木质部位于中间,韧皮部围绕在木质部的四周。如百合科、禾本科、棕榈科、蓼科和蕨类的某些植物中的维管束。

5. 周木维管束(amphivasal bundle)　韧皮部位于中间,木质部围绕在韧皮部的四周。见于少数单子叶植物的根茎,如菖蒲、石菖蒲、铃兰等。

6. 辐射维管束(radical bundle)　韧皮部和木质部相互间隔排列,呈辐射状并形成一圈。多数单子叶植物根的维管束为多元型并排列成一圈,中间多具有宽阔的髓部;在双子叶植物根的初生构造中木质部常分化到中心,呈星角状,韧皮部位于两角之间,彼此相间排列,这类维管束称辐射维管束。

本章小结

组织是来源相同、形态结构相似、功能相同而又紧密联系的细胞所组成的细胞群。根据形态结构和功能不同,植物组织可分为分生组织、基本组织、保护组织、分泌组织、机械组织和输导组织。分生组织位于植物体生长的部位,根据其来源和性质可将其分为原分生组织、初生分生组织和次生分生组织。基本组织是植物体组成的基本部分,在植物体内担负着同化、贮藏、吸收、通气等营养功能。保护组织包括表皮和周皮:表皮上不同形态的毛茸、气孔的轴式类型可作为药用植物的鉴别依据,气孔的轴式类型主要有平轴式、直轴式、不等式、不定式、环式;周皮由木栓层、木栓形成层、栓内层组成。分泌组织由分泌细胞组成,可分为外部分泌组织和内部分泌组织:外部分泌组织包括腺毛和蜜腺;内部分泌组织包括分泌细胞、分泌腔、分泌道和乳汁管。机械组织分为厚角组织和厚壁组织:厚角组织又分为真厚角组织、板状厚角组织和腔隙厚角组织;厚壁组织包括纤维和石细胞。输导组织分为两大类:一类是木质部中的导管和管胞,主要运输水分和无机盐;另一类是韧皮部中的筛管、伴胞和筛胞,主要运输溶解状态的同化

知识链接

3-1

知识拓展

3-1

产物。

维管束是除苔藓植物以外的所有高等植物所具有的有输导和支持功能的复合组织,它是一种束状结构,由韧皮部和木质部组成。根据维管束中韧皮部与木质部排列方式的不同,以及形成层的有无,维管束可分为有限外韧维管束、无限外韧维管束、双韧维管束、周韧维管束、周木维管束、辐射维管束等类型。

目标检测

目标检测
答案

一、选择题

（一）单项选择题

1. 气孔轴式是指构成气孔的保卫细胞和副卫细胞的（　　　）。

A. 大小　　　　B. 数目　　　　C. 来源　　　　D. 排列关系　　　　E. 特化程度

2. 在冬末,堵塞筛板的碳水化合物形成的垫状物称（　　　）。

A. 侵填体　　　B. 复筛板　　　C. 胼胝体　　　D. 前质体　　　　E. 盘状体

3. 能进行光合作用、制造有机养料的组织是（　　　）。

A. 基本薄壁组织　　　　　　B. 同化薄壁组织　　　　　　C. 贮藏薄壁组织

D. 吸收薄壁组织　　　　　　E. 通气薄壁组织

4. 不属于分泌组织的是（　　　）。

A. 腺毛　　　　B. 蜜腺　　　　C. 乳管　　　　D. 油室　　　　　E. 角质层

5. 成熟后为无核生活细胞的是（　　　）。

A. 导管　　　　B. 筛管　　　　C. 伴胞　　　　D. 管胞　　　　　E. 油管

（二）多项选择题

1. 具有次生壁的细胞有（　　　）。

A. 薄壁细胞　　B. 石细胞　　　C. 纤维细胞　　D. 厚角细胞　　　E. 导管细胞

2. （　　　）相同或相近的细胞的组合称为植物的组织。

A. 来源　　　　B. 形态　　　　C. 结构　　　　D. 功能　　　　　E. 位置

3. 木栓层细胞的特点主要有（　　　）。

A. 无细胞间隙　　　　　　　B. 细胞壁厚　　　　　　　　C. 细胞壁木栓化

D. 具原生质体　　　　　　　E. 不易透水透气

4. 被子植物木质部的组成包括（　　　）。

A. 导管　　　　B. 伴胞　　　　C. 筛管　　　　D. 木纤维　　　　E. 木薄壁细胞

5. 筛胞是分布于（　　　）体内的输导组织。

A. 苔藓植物　　B. 蕨类植物　　C. 裸子植物　　D. 被子植物　　　E. 菌类植物

二、填空题

1. 周皮由_____、_____、_____三种不同的组织构成。

2. 植物体内部的维管束主要由_____、_____组成。

3. 厚壁组织根据细胞形态的不同,可分为_____、_____。

4. 根据形态、结构和功能不同,植物组织通常分为_____、_____、_____、_____、_____、_____。

5. 导管根据增厚所形成的纹理不同,可分为_____、_____、_____、_____、_____等几种类型。

三、判断题

1. 同化薄壁组织主要存在于根、茎的皮层和髓部。（　　　）

2. 表皮细胞中不含有叶绿体,但常含有白色体和有色体。(　　　)

3. 保卫细胞是生活细胞,有明显的细胞核,并含有叶绿体。(　　　)

4. 厚角组织和厚壁组织均为次生的机械组织,故没有分生能力。(　　　)

5. 石细胞的次生壁极度增厚,均木栓化,成熟细胞中不含有大量的原生质体。(　　　)

四、简答题

1. 什么叫输导组织?其分为哪两大类型?各类的主要功能是什么?

2. 何谓气孔的轴式类型?双子叶植物的气孔轴式类型有哪几种?

3. 如何区别管胞和导管?

推荐阅读文献

[1] 方彦昊,南文斌,梁永书,等.植物组织特异性基因表达技术及其应用[J].植物生理学报,2015,51(6):797-805.

[2] 张鹏葛,盛萍,任慧梅.新疆贝母属 8 种药用植物鳞茎的解剖学、组织化学和植物化学研究[J].中国药学杂志,2015,50(23):2028-2034.

[3] 李金亭,胡正海,高鹏.木立芦荟不同叶龄叶的解剖学和组织化学及其植物化学研究[J].西北植物学报,2007,27(11):2202-2209.

[4] 周亚福,毛少利,王宇超,等.紫花大叶柴胡根、茎、叶的结构及与药效成分积累关系[J].中成药,2018,40(5):1129-1134.

参 考 文 献

[1] 刘春生.药用植物学[M].10 版.北京:中国中医药出版社,2016.

[2] 熊耀康,严铸云.药用植物学[M].2 版.北京:人民卫生出版社,2016.

[3] 姚振生.药用植物学[M].北京:中国中医药出版社,2007.

[4] 路金才.药用植物学[M].3 版.北京:中国医药科技出版社,2016.

(刘计权)

NOTE

第四章 植物的器官

 学习目标

1. 掌握：根的功能、类型，根系类型和根的变态，根的初生构造和次生构造；茎的形态特征和类型、变态茎的类型、木本双子叶植物茎的次生结构、单子叶植物茎和根茎的构造；叶的形态、叶的类型、叶序的类型、叶的显微结构；花的组成和形态、花的类型、花序的概念和类型；果实的类型；种子的形态、构造和类型。

2. 熟悉：根尖的构造、根的异常构造；茎的初生构造、双子叶植物茎和根茎的异常构造；叶的变态；运用花程式和花图式描述花形态特征的方法；果实的构造。

3. 了解：根的发生、侧根的形成；芽及其类型，茎尖的构造，裸子植物茎的构造；根、茎、叶、花、果实、种子的生理功能和药用价值；果实和种子的形成。

扫码
看课件

 **案例导入**

人参为五加科植物人参 *Panax ginseng* C. A. Mey. 的干燥根和根茎，始载于《神农本草经》，历代本草皆列为上品，具有大补元气、复脉固脱、补脾益肺、生津养血、安神益智的功效，被誉为"百草之王"。人参的有效成分人参皂苷现已经开发出食品、药品、保健品、化妆品、生物制品五大系列 1000 多个品种，使药材的需求量急剧上升，急需扩大人参皂苷的药源，以适应市场和医疗保健的需要。自 20 世纪 70 年代开始，国内外学者对人参的地上部分进行了较多的研究，发现人参茎叶中含有与人参根类似的皂苷类成分，其总皂苷的含量显著高于人参根。因此，以增加药用部位的方式，可开发多个药源，如参芦、参条、参须、参叶、参花、参子等。提高了经济价值的同时，也使人参资源得到了充分的利用。

提问：1. 以上各药材的用药部位分别是什么？

2. 以上药材中被《中国药典》(2015 年版)收载的有几种？分别是什么？

3. 植物的器官在资源开发中有什么作用？

器官(organ)是由多种组织构成的，具有一定外部形态和内部构造，并执行一定生理功能的植物体的组成部分。

种子植物的器官一般包括根、茎、叶、花、果实和种子六个部分。这些器官执行不同的生理功能，其中根、茎和叶为植物的生长发育提供营养物质，称为营养器官(vegetative organ)；而花、果实和种子主要起繁殖后代、延续种族的作用，称为繁殖器官(reproductive organ)。功能不同的各类器官，彼此间相互依存、密切联系，形成统一的整体，共同完成植物的新陈代谢及生长发育过程。

案例导入
答案解析

NOTE

第一节 根

根是植物在进化过程中为适应陆地生活而形成的器官,它通常生于土壤中,具有向地性、向湿性和背光性。除苔藓植物外,所有高等植物都具有根,具有固着、吸收、输导、支持、贮藏和繁殖等功能,可作药用的根有很多,如人参、甘草、桔梗、百部、防风等植物的根。

一、正常根的形态和类型

根的外形一般呈圆柱状,在土壤中越向下越细,并向四周逐级分枝,形成复杂的根系。根无节和节间,一般不生芽,细胞不含叶绿体。

(一)根的类型

1. 主根、侧根和纤维根 种子萌发时,胚根最先突破种皮,由胚根生长、发育而成的根称主根(main root)。主根生长到一定长度时,在主根上会逐渐产生各级分枝,主根上产生的各级分枝称侧根(lateral root)。侧根上特别细小的分枝称纤维根(fibrous root),纤维根也属于侧根。

2. 定根和不定根 依据根的发生部位,可将根分为定根(normal root)和不定根(adventitious root)两类。主根、侧根和纤维根由胚根直接或间接发育而成,它们有固定的生长部位,称为定根,如人参、知母、桔梗等的根。凡不是直接或间接由胚根发育而成的根,没有固定的发生部位,而是从茎、叶或其他部位生长出来的,称为不定根。如人参根茎(芦头)上的不定根,药材上称"艼";还有些植物在一定的生长环境下,在茎、叶等不同部位会产生粗细均匀的根,如秋海棠、落地生根、吊兰的根和及菊、桑、木芙蓉的枝条插入土中后所生出的根等。

(二)根系的类型

根系(root system)是一株植物地下所有根的总和。其按来源和形态不同分为直根系和须根系两类(图4-1)。

1. 直根系(taproot system) 主根发达,主根和侧根界限非常明显的根系称直根系。它的主根通常较粗大,一般垂直向下生长,其上产生的侧根较小,如人参、沙参、桔梗和蒲公英的根,是一般双子叶植物和裸子植物根系的类型。

2. 须根系(fibrous root system) 主根不发达或早期死亡,而从茎的基部节上生出许多大小、长短相似的不定根伸入土中,簇生成须状,没有主次之分的根系称须根系。须根系是大多数单子叶植物如稻、麦和葱,以及少数双子叶植物如白前、徐长卿和龙胆等的根系。

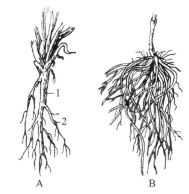

图4-1 根系
A.直根系(1.主根 2.侧根) B.须根系

二、变态根的形态和类型

为了适应生活环境的变化,有些植物在长期进化的过程中,根的形态结构和生理功能发生了变化,且这些变化可以遗传给后代,叫作根的变态。常见的变态根有以下几种类型(图4-2、图4-3)。

NOTE

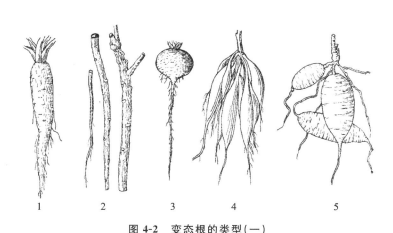

图 4-2　变态根的类型（一）

1.圆锥根　2.圆柱根　3.圆球根　4.纺锤状块根　5.块状块根

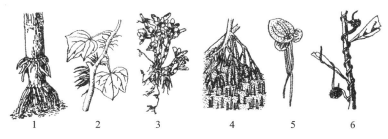

图 4-3　变态根的类型（二）

1.支柱根(玉米)　2.攀援根(常春藤)　3.气生根(石斛)　4.呼吸根(红树)　5.水生根(青萍)　6.寄生根(菟丝子)

（一）贮藏根（storage root）

根的一部分或全部呈肥大肉质，其内贮藏大量营养物质，这种根称贮藏根。贮藏根依据来源和形态不同，可分为肉质直根和块根。

1. 肉质直根（fleshy taproot）　肉质直根由主根发育而成，一株植物只有一个肉质直根，其上部具有胚轴和节间很短的茎，如胡萝卜、人参、白芷、桔梗、商陆等。这些贮藏根外形相似，但膨大加粗方式和贮藏组织的来源却不同，其肥大部位可以是韧皮部，如胡萝卜，也可以是木质部如萝卜。根据其外形，膨大成圆锥状的称圆锥根，如胡萝卜、白芷和桔梗；肥大成圆柱状的称圆柱根，如菘蓝和丹参；肥大成圆球状的称圆球根，如芜菁等。

2. 块根（root tuber）　块根由不定根或侧根发育而成，同一植株上可形成多个块根，块根上无胚轴和茎，完全是根，如附子、何首乌、麦冬、百部、郁金、白薇、甘薯等。块根形状不规则：有的呈纺锤状，称纺锤状块根，如百部和天门冬；有的呈块状，称块状块根，如番薯和何首乌；呈掌状的则称掌状块根，如手掌参。块根的大小、色泽和质地均可作为识别植物的依据，更是根类药材重要的性状鉴别特征。

（二）支柱根（prop root）

有些植物在靠近地面的茎上产生一些不定根伸入土壤中，以增强支持茎秆的作用，这样的不定根称支持根。小型支柱根常见于玉蜀黍、薏苡和甘蔗等禾本科植物；较大型支柱根常见于榕树，从茎枝生出许多不定根，垂直向下，到达地面后伸入土壤，以后因次生生长形成较大的木质支柱根，起支持和呼吸作用，榕树可以此方式扩展树冠而呈现"独树成林"的景观。

（三）攀援根（climbing root）

攀援植物在其地上茎上生出具攀附作用的不定根，称攀援根。这些根顶端扁平，有的呈吸盘状,能使植物固着在石壁、墙垣、树干或其他物体表面而攀援生长,如爬山虎、薜荔、络石、常春藤和凌霄等。

(四)气生根(aerial root)

茎上产生,暴露于空气中,而不深入土壤内的不定根,称为气生根,具有在潮湿空气中吸收和贮藏水分的能力,如石斛、吊兰、榕树等。

(五)呼吸根(respiratory root)

有些生长在湖沼或热带海滩地带的植物,如水松、红树等,由于植株的一部分被淤泥掩盖,呼吸十分困难,因而有部分根垂直向上生长,暴露于空气中进行呼吸,称呼吸根。

(六)水生根(water root)

水生植物的根呈须状,飘浮或垂直生于水中,其纤细柔软并常呈绿色,这样的根称水生根,如浮萍、睡莲和菱等。

(七)寄生根(parasitic root)

一些植物生出的根,伸入寄主植物体内并与其维管系统相通,吸收寄主植物体内的水分和营养物质,以维持自身生长发育的需求,这种根称寄生根。具有寄生根的植物,称为寄生植物(parasitic plant)。寄生植物可以分为全寄生植物和半寄生植物两类。全寄生植物不含叶绿素,不能自制养料,完全依靠吸收寄主植物体内的养分维持生活,如菟丝子和列当;半寄生植物一方面由寄生根吸收寄主植物体内的养分,另一方面,自身含叶绿素可以制造一部分养料,如桑寄生和槲寄生等。

三、根的显微构造

根在土壤中生长,且越向下越尖细,最下端为根尖,逐渐向上则有根毛着生。根毛着生处及以上部分的根中组织构造相继分化为初生构造、次生构造甚至三生构造。

(一)根尖的构造

根尖(root tip)是植物根的最先端到着生根毛的部分,主根、侧根或不定根都具有根尖,根尖是根系生命活动最为活跃的部分,根在土壤中伸长、分枝以及对水分和养料的吸收主要靠根尖来完成。根据细胞形态、功能和组织分化的不同,根尖自下向上可依次划分为根冠、分生区、伸长区和成熟区(图4-4)。

1. 根冠(root cap) 根冠位于根尖的最先端,呈帽状,是根特有的结构,它由多层不规则排列的薄壁细胞组成,套在生长锥的外围,起保护作用。当根深入土壤生长时,根冠外围的细胞与土壤颗粒不断摩擦而破碎、脱落和死亡,并在根冠外形成一层黏液状物质,减小了与土壤的摩擦,使根在伸长过程中能顺利穿越土壤。由于分生区细胞能不断分裂,使外部破损的根冠细胞不断得到补充,因此根冠始终保持一定的形状和厚度。绝大多数植物的根尖都有根冠,但寄生植物的根通常无根冠。

2. 分生区(meristematic zone) 分生区位于根冠的上方或内方,呈圆锥状,是根的顶端分生组织,具有很强的分生能力,故又称生长锥。分生区最先端的一群细胞,来源于种子的胚,属原分生组织,其细胞为多面体,排列紧密,细胞壁薄,细胞质浓,细胞核相对较大。这些分生组织细胞能持续不断地进行分裂,增加细胞数目。其中有少部分向下分化,补充受损的根冠细胞,其余的大部分向上生长、分化,逐渐形成根的各种组织。

3. 伸长区(elongation zone) 伸长区位于分生区上方到出现根毛的地方,此处的细胞已逐渐停止分裂,细胞沿根的长轴进行伸长生长,因此称为伸长区。伸长区的细胞已开始分化,细胞在形状上已有差异,相继出现了导管和筛管。根的伸长生长是由于分生区细胞的分裂和伸长区细胞的伸长生长共同活动的结果,尤其是后者使根尖不断深入土壤中,吸收更多的营养物质。

4. 成熟区(maturation zone) 成熟区位于伸长区的上方,成熟区的细胞已停止伸长生长,多数细胞已分化成熟,形成各种初生组织,故该区被称为成熟区。本区的显著特征是部分表皮细胞的外壁向外凸起形成根毛(root hair),故又称根毛区,根毛生长速度较快,但生活期短,随着老的根毛陆续死亡,在伸长区上部会源源不断地生出新的根毛。众多根毛的存在,极大地增加了根的表面积,因此,根尖的成熟区是根吸收水分和无机物质的主要部位。水生植物一般无根毛。

（二）根的初生构造

根尖的顶端分生组织细胞,经过分裂、生长和分化,形成成熟区各种成熟组织,使根延长生长的过程,称根的初生生长(primary growth)。在初生生长过程中所产生的各种成熟组织,称初生组织(primary tissue);由初生组织所组成的根的结构,称根的初生构造(primary structure)。

通过根尖的成熟区作一横切面,可以看到根的初生构造由外到内依次为表皮、皮层和维管柱三个部分(图 4-5)。

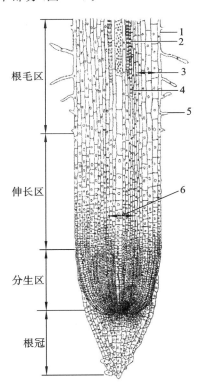

图 4-4　根尖各分区的细胞结构
（大麦纵切面）
1. 表皮　2. 导管　3. 皮层
4. 维管束鞘　5. 根毛　6. 原形成层

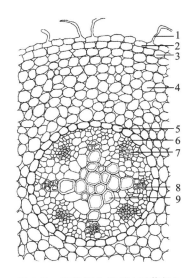

图 4-5　根的初生构造（毛茛根）
1. 根毛　2. 表皮　3. 外皮层
4. 皮层薄壁组织　5. 内皮层
6. 中柱鞘　7. 初生韧皮部
8. 原生木质部　9. 后生木质部

1. 表皮(epidermis) 表皮位于根的最外层,由原表皮发育而成,常由一层细胞组成,细胞为长方形,排列整齐、紧密,无细胞间隙,细胞壁薄,无气孔、毛茸和角质层。部分表皮细胞的外壁向外凸起,形成根毛。根毛的形成与根的吸收功能密切相适应,故根的表皮有吸收表皮之称。

NOTE

2. 皮层（cortex） 皮层位于表皮和维管柱之间，由基本分生组织发育而成，由多层薄壁细胞组成，细胞排列疏松，细胞间隙明显，在根的初生构造中占据了最大的比例，皮层由外向内可分为外皮层、皮层薄壁组织和内皮层。

（1）外皮层（exodermis）：皮层最外方紧邻表皮的一层细胞，细胞较小，排列整齐、紧密，无细胞间隙。当表皮被破坏后，此层细胞的细胞壁常增厚并木栓化，以代替表皮起保护作用。

（2）皮层薄壁组织（cortex parenchyma）：外皮层与内皮层之间的数层细胞，又称中皮层。其细胞壁薄，排列疏松，细胞间隙明显。中皮层既能将根毛吸收的水分和无机盐转送到维管柱，又能将维管柱内的有机养料转送出来，有的还有贮藏作用。所以皮层为兼具吸收、运输和贮藏作用的基本组织。

（3）内皮层（endodermis）：皮层的最内层细胞，排列整齐、紧密，无细胞间隙。内皮层细胞壁常发生两种形式的增厚。一种是上下壁（横壁）和径向壁（侧壁）常有木质化或木栓化的局部增厚，增厚部分呈带状环绕细胞一整圈，称凯氏带（Casparian strip）；凯氏带宽窄不一，但远比其所在的细胞壁窄，横切面观，凯氏带在相邻细胞的径向壁上呈点状，称凯氏点（Casparian dot）。凯氏带是对水分和溶质的运输有障碍或起限制作用的结构。另一种是单子叶植物的内皮层进一步发育，其径向壁、上下壁和内切向壁增厚，只有外切向壁较薄，横切面观，内皮层细胞壁增厚部分呈马蹄状，也有的内皮层细胞壁发生全面增厚，在内皮层细胞壁增厚的过程中，有少数正对原生木质部角的内皮层细胞，壁不增厚，称通道细胞（passage cell），起维持皮层与维管束间水分和养料流通的作用，如鸢尾（图4-6）。

知识链接
4-1

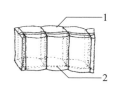
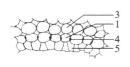
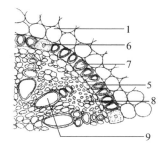

图4-6 内皮层、凯氏带和通道细胞
1.内皮层 2.凯氏带 3.皮层 4.凯氏点 5.中柱鞘 6.通道细胞
7.马蹄状增厚的内皮层细胞（鸢尾根横切面） 8.韧皮部 9.木质部

3. 维管柱（vascular cylinder） 维管柱是内皮层以内的所有结构，位于根中央，所占比例较小，也称中柱（stele）。由原形成层发育而来，是根中物质运输的主要部位，通常包括中柱鞘、初生木质部、初生韧皮部和薄壁组织细胞，有的植物还具有髓部。

（1）中柱鞘（pericycle）：维管柱最外层，也叫维管柱鞘，一般由一层薄壁细胞组成，少数植物由二至多层细胞组成，如桃、桑、柳及裸子植物等，少数单子叶植物的中柱鞘由厚壁细胞组成，如竹类植物和菝葜等。中柱鞘细胞排列整齐、紧密，无细胞间隙，分化程度较低，具有潜在分生能力，在一定时期可形成侧根、不定根、不定芽，以及木栓形成层和部分维管形成层。

（2）初生木质部（primary xylem）和初生韧皮部（primary phloem）：维管组织由初生木质部和初生韧皮部构成。在根中，初生木质部和初生韧皮部各自成束，二者相间排列成辐射维管束，这是根初生构造的特点。

①初生木质部：根的初生木质部的分化顺序是由外向内逐渐分化成熟的，这种向心的发育方式称为外始式（exarch）。因此，紧邻中柱鞘的初生木质部是先分化成熟的，称原生木质部（protoxylem），其导管直径较小，多为环纹或螺纹；内方较晚分化成熟的初生木质部，称后生木质部（metaxylem），其导管直径较大，多为梯纹、网纹或孔纹。这种分化发育方式与水分、无机

盐横向运输有关,最先形成的导管接近中柱鞘和内皮层,缩短了横向运输距离,而后期形成的导管管径大,随着根加粗,提高了输导效率,更能适应植株长大后对水分增加的需要。

根的初生木质部束在横切面上呈辐射状,由原生木质部构成的星角或棱角,称木质部脊(xylem ridge)。不同植物根的木质部脊数是相对稳定的,依据木质部脊的数目不同,根可分为二原型(diarch)、三原型(triarch)、四原型(tetrarch)、五原型(pentarch)、六原型(hexarch)和多原型(polyarch)等。双子叶植物木质部脊数较少,多为二至六原型,十字花科植物、伞形科植物、牛膝、烟草、马铃薯、甜菜和多数裸子植物的根为二原型;毛茛科唐松草属植物是三原型;葫芦科、杨柳科和毛茛科毛茛属的一些植物属四原型。如果木质部脊的数目在七个以上,则称多原型,单子叶植物常为六原型以上,部分棕榈科植物木质部脊可达数百个。

初生木质部的结构比较简单:被子植物主要由导管和管胞组成,少有纤维和木薄壁细胞;裸子植物则主要是管胞。

②初生韧皮部:位于初生木质部辐射棱角之间,与木质部相间排列,体积小。其分化成熟的发育方式也是外始式,即在外方先分化成熟的韧皮部为原生韧皮部(protophloem),在内方后分化成熟的韧皮部为后生韧皮部(metaphloem)。

被子植物根的初生韧皮部常由筛管和伴胞组成,少有韧皮薄壁细胞和韧皮纤维;裸子植物的初生韧皮部主要是筛胞。

③薄壁细胞:初生木质部和初生韧皮部之间有一至几层薄壁细胞,在双子叶植物和裸子植物中,这些细胞是原形成层保留的细胞,后期与部分中柱鞘细胞进一步脱分化共同形成维管形成层,进行根的次生生长。而单子叶植物两者之间的薄壁细胞没有潜在的分生能力。

绝大多数双子叶植物根不具有髓,初生木质部一直分化到根的中心位置,而单子叶植物和少数双子叶植物的初生木质部没有分化至中心位置,在维管柱中央有未经分化的薄壁细胞(直立百部)(图 4-7)或厚壁细胞(鸢尾)构成的髓部。

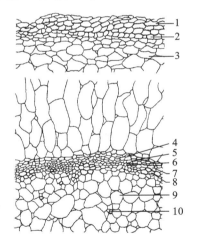

图 4-7　根的组织构造(直立百部)
1.根被　2.外皮层　3.皮层　4.内皮层
5.中柱鞘　6.韧皮部　7.韧皮部纤维
8.木质部　9.髓　10.髓部纤维

(三)侧根的形成

伴随着根的初生生长,开始产生分枝,进行侧根生长,以后侧根上再形成各级侧根,就形成了庞大的根系。侧根的形成,加强了根的吸收能力,同时也增强了根的疏导、固着和支持能力。

侧根原基的发生源于中柱鞘,是从根内深层部位发生的,称内起源(endogenous origin)。当侧根形成时,部分中柱鞘细胞脱分化重新恢复分裂能力。首先进行平周分裂,增加细胞层数,并向外凸起;然后进行平周和垂周分裂,产生一团新细胞,形成侧根原基(root primordium)。侧根原基细胞经分裂、生长,其顶端分化出生长锥和根冠,生长锥细胞继续进行分裂、生长和分化,逐渐伸入皮层。侧根不断生长产生的机械压力和根冠细胞分泌的酶,将皮层细胞和表皮细胞部分溶解,进而突破皮层和表皮伸出母根外,形成侧根。侧根的木质部和韧皮部与其母根的木质部和韧皮部直接相连,因而形成一个连续的维管系统(图 4-8)。所以,主根和侧根有着密切的联系,当主根切断时,能促进侧根的产生和生长。因此在药用植物栽培中,利用这个特性,在移栽苗时常切断主根,以引起更多侧根的发生,保证植株根系的旺盛发育,从而促使整个植株能更好生长。

侧根在中柱鞘的发生位置是固定的,且同种植物该位置常常是固定的,该位置与初生木质部和初生韧皮部的位置和束数有关。一般情况下,二原型根的侧根常发生于木质部和韧皮部之间的位置;三原型和四原型根的侧根在正对着木质部的位置形成;多原型根中,常在正对着原生韧皮部的位置形成(图4-8)。因为侧根有固定的生长位置,所以在母根表面,侧根常较规律地纵向排列成行,而且侧根在母根上伸展的角度也是相对稳定的。

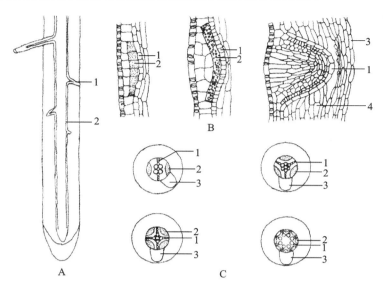

图4-8　侧根的发生和形成

A.侧根发生的部位(纵切面观)(1.侧根　2.中柱鞘)

B.侧根的形成过程(纵切面观)(1.内皮层　2.中柱鞘　3.表皮　4.皮层)

C.侧根发生的位置(横切面观)(1.木质部　2.韧皮部　3.侧根)

(四)根的次生构造

多数双子叶植物和裸子植物的根,特别是木本植物的根,由于次生分生组织细胞的不断分裂、分化,产生新的组织,从而使根逐渐增粗的生长称次生生长(secondary growth)。由次生生长所产生的各种组织,称次生组织(secondary tissue)。由次生组织所组成的结构称次生构造(secondary structure)。根的次生构造是由形成层和木栓形成层细胞的分裂、分化而产生的。

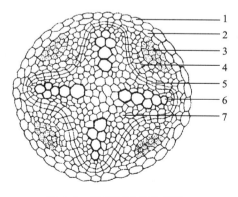

图4-9　形成层的发生部位

1.内皮层　2.中柱鞘　3.初生韧皮部　4.次生韧皮部
5.形成层　6.初生木质部　7.次生木质部

1. 形成层的产生及其活动　在根进行次生生长时,初生木质部和初生韧皮部之间的部分薄壁细胞恢复分生能力,形成条状形成层,并逐渐向两侧扩展,最后到达初生木质部脊处,与木质部脊处的一部分中柱鞘细胞相接(此时这部分中柱鞘细胞也恢复分裂能力),构成一个完整的、凹凸相间的形成层环,即形成层,也称维管形成层(图4-9)。

形成层的原始细胞只有一层,但在生长季节,其刚分裂出来尚未分化的衍生细胞常与原始细胞相似,形成多层细胞,合称形成层区。平常所讲"形成层"即形成层区的多层细胞,横切面观该区一般由数层排列整齐、紧密的扁平细胞构成。在多年生的根中,形成层的活动能力能持续多年。

形成层不断进行平周分裂,向内分裂、分化产生次生木质部(secondary xylem),添加在初生木质部外方,包括导管、管胞、木薄壁细胞和木纤维;向外产生次生韧皮部(secondary phloem),添加在初生韧皮部内方,包括筛管、伴胞、韧皮薄壁细胞和韧皮纤维。位于韧皮部内方的形成层分裂速度快,并且形成较早,因此其内部产生的次生木质部的量多而把凹陷处的形成层向外推移,结果使整个形成层逐渐转化成一圆环(图4-10)。

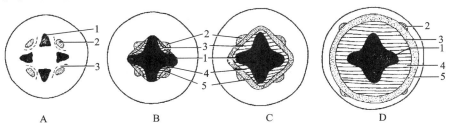

图4-10 根的次生生长图解(横剖面示形成层的产生及发展)
A.幼根的情况,初生木质部在成熟中,虚线示形成层起始的地方
B.形成层已成连续的组织,初生部分已产生次生构造,初生韧皮部已受挤压
C.形成层全部产生次生构造,但仍有凹凸不平的现象,韧皮部受挤压更甚
D.形成层已成完整的圆环
1.初生木质部 2.初生韧皮部 3.形成层 4.次生木质部 5.次生韧皮部

此后,形成层各区的分裂速度近相等,有规律地形成新的次生结构,通常维管形成层活动产生木质部的数量远多于产生次生韧皮部的量,因此横切面观次生木质部所占比例远比次生韧皮部多。此外,形成层细胞还进行垂周分裂,使周长扩大,以适应根的增粗生长。形成层活动的结果是木质部和韧皮部由初生构造的相间排列方式转变为内外排列方式(图4-11)。

形成层活动时,在一定部位分化出一些径向延长的薄壁细胞,这些薄壁细胞呈辐射状排列,贯穿于次生维管组织,称维管射线(vascular ray)或次生射线(secondary ray)。位于木质部的称木射线(xylem ray),位于韧皮部的称韧皮射线(phloem ray)。维管射线横向运输水分和养料,并兼有贮藏的功能。维管射线构成了根维管组织内的径向输导系统,而导管、管胞、筛管、伴胞和纤维等构成了轴向疏导系统。

根次生生长过程中,新产生的次生维管组织不断添加在初生韧皮部的内方,初生韧皮部遭受挤压而被破坏,成为没有细胞形态的颓废组织;但辐射状的初生木质部仍保留在中央,这也是区别老根和老茎的标志之一。此外,次生韧皮部中常有各种分泌组织分布,如马兜铃根有油细胞,人参根有树脂道,当归根有油室,蒲公英根有乳汁管。有的薄壁细胞(包括射线细胞)中常含有结晶体及贮藏物质,如生物碱和糖类等,这些成分多具有药理活性。

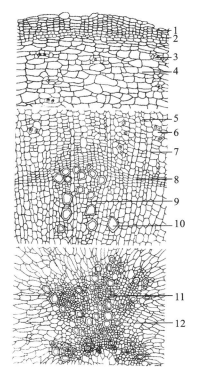

图4-11 根的次生构造(防风)
1.木栓层 2.木栓形成层 3.油管
4.栓内层 5.韧皮射线 6.油管
7.韧皮部 8.形成层 9.木射线
10.导管 11.木质部 12.木射线

2. 木栓形成层的产生及其活动 维管形成层的活动使根不断加粗,而表皮和皮层因不能相应增粗而破裂。在皮层组织被破坏前,中柱鞘细胞恢复分生能力形成木栓形成层

（phellogen），木栓形成层向外分裂产生木栓层（phellem）；向内分裂产生栓内层（phelloderm），木栓层细胞多呈扁平状，排列整齐、紧密，常多层相叠，壁木栓化，呈褐色。因此，次生生长后，根在外形上由白色逐渐转变为褐色，由柔软、细小而逐渐变为较粗硬。栓内层为数层薄壁细胞，排列较疏松，一般不含叶绿体。少数植物的栓内层比较发达，称为"次生皮层"，在药材学上仍称为皮层。栓内层、木栓形成层和木栓层三者合称周皮（periderm）。木栓层的出现，使表皮和皮层因失去水分和营养的供给而全部枯死脱落。所以一般情况下，根的次生构造中没有表皮和皮层。

木栓形成层的活动期较短，当它停止活动时，木栓形成层内侧的薄壁细胞就会恢复分生能力，形成新的木栓形成层，并产生新的周皮，如此形成层的发生位置逐渐向内推移，直至次生韧皮部。

植物学中根皮指周皮，而药材中的根皮则指形成层以外的部分，主要包括韧皮部和周皮，如药材牡丹皮、地骨皮等。

（五）根的异常构造

一些双子叶植物的根，除正常的次生构造外，由于形成层活动异常或不同部位薄壁细胞恢复分裂能力，出现副形成层（accessory cambium），由此产生一些特有的维管束，称异型维管束，由此产生的结构称为根的异常构造（anomalous structure）或三生构造（tertiary structure）。根常见的异常构造有以下几种类型（图4-12）。

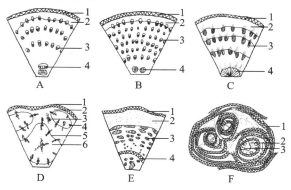

图 4-12　根的异常构造

A.牛膝（1.木栓层　2.皮层　3.异型维管束　4.正常维管束）

B.川牛膝（1.木栓层　2.皮层　3.异型维管束　4.正常维管束）

C.商陆（1.木栓层　2.皮层　3.异型维管束　4.正常维管束）

D.何首乌（1.木栓层　2.皮层　3.单独维管束　4.复合维管束　5.形成层　6.木质部）

E.黄芩（1.木栓层　2.皮层　3.木质部　4.木栓细胞环）

F.甘松（1.木栓层　2.韧皮部　3.木质部）

1. 同心环状排列的异型维管束　有些双子叶植物的根，在正常维管束形成不久后，形成层往往失去分生能力，部分韧皮薄壁细胞和韧皮射线恢复分裂能力，形成副形成层，向外分裂产生大量薄壁细胞和一圈异型的无限外韧维管束，如此反复多次，形成多圈呈同心环状排列的异型维管束。这种异常构造在苋科、商陆科、紫茉莉科等植物中常见。如牛膝根中央为正常维管束，外方为数轮多数小型的异型维管束，在横断面上，可见维管束呈点状，连续排列成数圈，中心正常的维管束较大，不同植物异型维管束排列的轮数也不同，牛膝为3～4轮，而川牛膝为5～8轮。牛膝的多个副形成层环中，仅最外层保持有分生能力，内层的副形成层环在异型维管束形成后即停止活动，而商陆的根中，多层副形成层环始终保持分生能力，并使各层同心环状排列的异型维管束不断增大，而呈年轮状，在横断面上形成多个凹凸不平的同心环状层纹，习称"罗盘纹"。

2. 附加维管柱　有些双子叶植物的根,正常维管束形成后,在维管柱外围的薄壁组织中,产生多个非同心环状排列的形成层环,每个形成层环都分生出一些大小不等的异型维管束,产生附加维管柱(auxillary stele),形成异常结构。例如,何首乌的块根,在横切面上可见一些大小不等的圆圈状纹理,习称"云锦花纹"。

3. 木间木栓　有些双子叶植物的根,次生木质部的薄壁细胞经脱分化,恢复分裂能力,在次生木质部内侧形成木栓带,称为木间木栓(interxylary cork)。例如,黄芩老根中央的木质部可见木栓环带;新疆紫草根中央也具有木栓环带;甘松根中的木间木栓环包围一部分韧皮部和木质部而把维管柱分隔成2~5束,在较老的根部,常由于束间组织死亡、裂开并互相脱离,成为单独的束,从而使根形成数个分支。

四、根的生理功能和药用价值

(一)根的生理功能

1. 吸收作用　根的主要功能是从土壤中吸收水分和溶解在水中的二氧化碳、无机盐等,植物体内所需要的物质,除一部分由叶和幼嫩的茎从空气中吸收外,大部分都是由根从土壤中吸取的。根的吸收作用主要由根毛和幼嫩表皮来完成。

2. 输导作用　由根吸收的水分以及溶解在水中的无机盐通过根的维管组织运输到茎和叶;而叶光合作用制造的有机养料,经过枝、茎输送到根,再由根的维管组织运送到根的各个部位,以满足根的生长和生活的需要。

3. 固着和支持作用　根在地下形成的庞大根系,以及根内机械组织和维管组织的共同作用,使植物体能固着在土壤中,并直立生长。

4. 合成作用　植物的根能合成构成蛋白质所必需的多种氨基酸,并能很快运至生长部分;根合成的生长激素和生物碱对植物地上部分的生长、发育有较大的影响。此外,烟草的根能合成烟碱,橡胶草的根能合成橡胶等。

5. 贮藏作用　根内常有发达的薄壁组织,可贮藏营养物质,如变态根中的贮藏根。

6. 繁殖作用　有些植物的根能产生不定芽,在植物的营养繁殖中常可加以利用,如牡丹和芍药等。

7. 分泌作用　根能分泌糖类、有机酸、维生素和黏液等多种物质,这些分泌物可以减小根系与土壤的摩擦力,促进根系的吸收能力,有些分泌物还不断影响土壤环境,改变土壤化学、物理性质和土壤微生物种群,对植物的代谢、吸收以及抗病性等产生影响。

(二)根的药用价值

根类(radix)生药一般采用被子植物的干燥根,包括以根(黄芪、麦冬、白芷、白芍)、根皮(地骨皮、牡丹皮)、以根为主带有部分根茎(人参)或地上茎残基(柴胡)的生药。如有些生药以根入药,黄芪为豆科植物蒙古黄芪或膜荚黄芪的干燥根,能补气固表、利尿、托毒排脓、生肌;麦冬为百合科植物麦冬的干燥块根,能养阴生津、润肺止咳。有些生药以根皮入药,如地骨皮是茄科植物枸杞或宁夏枸杞的干燥根皮,能清虚热、凉血。另外,有些药用植物,根的不同部位可分别入药,如川乌为毛茛科植物乌头的干燥母根(主根),能祛风、除湿、散寒、止痛,而乌头的子根则作为"附子"入药,能回阳救逆、温中散寒、止痛。

知识拓展
4-1

本节小结

根通常呈圆柱状,无节、节间和叶,一般无芽。有些植物的根适应一定的环境或执行特殊的生理功能,可出现多种形态,如贮藏根、支持根、攀援根、水生根和寄生根等,根类药材多数为

　NOTE

贮藏根。

　　双子叶植物根的初生构造,包括表皮、皮层和维管柱三个部分,表皮细胞多为一列,有根毛;皮层宽广,内皮层细胞通常呈凯氏带状增厚,少数五面增厚,偶有六面增厚;维管柱小,木质部束及韧皮部束数目少,相间排列;一般无髓。双子叶植物根类药材初生构造很少,绝大多数为次生构造,其最外层一般为周皮,由木栓层、木栓形成层及栓内层组成。维管束一般为无限外韧型,由初生韧皮部、次生韧皮部、形成层、次生木质部和初生木质部组成。初生韧皮部细胞大多颓废;形成层连续成环或不明显;次生木质部发达,射线明显,初生木质部位于正中央,多数无髓。除上述正常构造外,双子叶植物根还可形成异常构造(三生构造),包括同心环状排列的异型维管束、附加维管柱和木间木栓三种类型。

　　单子叶植物根类药材一般只具有初生构造,最外层通常为一列表皮细胞,有的表皮细胞分裂为多层细胞,形成根被,壁木栓化或木化;皮层宽广,内皮层细胞通常五面增厚,少数为凯氏带状增厚;维管柱较小,木质部束及韧皮部束数目多,相间排列成环;中央有髓。

目标检测

一、单选题

1. 人参根茎上的不定根在药材学上称为(　　　　)。

A. 根头　　　　　B. 芦头　　　　　C. 芦碗　　　　　D. 艼　　　　　E. 针眼

2. 麦冬的块根由(　　　　)膨大而成。

A. 主根　　　　　B. 侧根　　　　　C. 须根前端　　　　D. 须根基部　　　　E. 纤维根

3. 有"吸收表皮"之称的是(　　　　)。

A. 根的表皮　　　B. 茎的表皮　　　C. 叶的表皮　　　D. 根茎的表皮　　　E. 花瓣的表皮

4. 多数单子叶植物的根,内皮层细胞五面增厚,正对木质部束处留下输送水分的细胞是(　　　　)。

A. 管胞　　　　　B. 导管　　　　　C. 伴胞　　　　　D. 通道细胞　　　　E. 筛管

5. 一些单子叶植物根的表皮分裂成多层细胞且木栓化形成(　　　　)。

A. 复表皮　　　　B. 次生表皮　　　C. 次生表皮　　　D. 后生表皮　　　E. 根被

6. 何首乌块根横切面上的圆圈状花纹在药材鉴别上称(　　　　)。

A. 星点　　　　　B. 菊花心　　　　C. 云锦花纹　　　　D. 同心花纹　　　　E. 轮状花纹

二、填空题

1. 根的初生木质部分化成熟的方式是_____式;根的初生韧皮部分化成熟的方式是_____式。

2. 药材的"根皮"主要包括_____和_____。

3. 在双子叶植物和裸子植物生长时,通过_____和_____的活动产生次生构造,使植物根和茎增粗。

4. 木栓形成层活动向外产生_____,向内产生_____,形成_____,其中起保护作用的是_____。

5. 凯氏带存在于根的_____。

三、判断题

1. 定根指主根、侧根和纤维根。(　　　　)

2. 根据根尖细胞生长和分化的程度不同,根尖可划分为根冠、生长锥、分生区和成熟区四个部分。(　　　　)

目标检测
答案

NOTE

3. 通过根尖的分生区作一横切面,根的初生构造从外到内可分为表皮、皮层、维管柱三个部分。( )

4. 根的初生构造和次生构造中,木质部和韧皮部为内外排列方式。( )

四、简答题

1. 何谓块根?试举出 5 种以块根入药的药用植物。

2. 试从形成层和木栓形成层的活动来阐明根由初生结构向次生结构转化的过程。

推荐阅读文献

[1] 朱晓琛,张汉马,南文斌.脱落酸调控植物根系生长发育的研究进展[J].植物生理学报,2017,53(7):1123-1130.

[2] 吴银亮,王红霞,杨俊,等.甘薯储藏根形成及其调控机制研究进展[J].植物生理学报,2017,53(5):749-757.

[3] 高坤,常金科,黎家.植物根向水性反应研究进展[J].植物学报,2018,53(2):154-163.

参 考 文 献

[1] 黄宝康.药用植物学[M].7 版.北京:人民卫生出版社,2016.

[2] 严铸云,郭庆梅.药用植物学[M].北京:中国医药科技出版社,2015.

[3] 马炜梁.植物学[M].2 版.北京:高等教育出版社,2015.

[4] 蔡少青,秦路平.生药学[M].7 版.北京:人民卫生出版社,2016.

[5] 孙启时.药用植物学[M].2 版.北京:中国医药科技出版社,2009.

[6] 谈献和,姚振生.药用植物学[M].上海:上海科学技术出版社,2009.

[7] 董诚明,王丽红.药用植物学[M].北京:中国医药科技出版社,2016.

[8] 姚振生.药用植物学[M].北京:中国中医药出版社,2007.

(王素巍)

第二节 茎

案例导入

大树的年轮是怎么形成的呢?我们常常看到年代久远的树上有树洞,那么为什么树的茎部中心都空了,还能枝繁叶茂,而不像动物那样身体空了就会死亡呢?

茎(stem)是植物重要的营养器官,上承叶、花、果实、种子,下连根部,通常生长在地面以上,也有些植物的茎生长在地下。当种子萌发成幼苗时,由胚芽连同胚轴开始发育形成主茎,经过顶芽和腋芽的背地生长、重复分枝,从而形成了植物体的整个地上部分。

一、正常茎的形态和类型

(一)茎的形态特征

茎通常呈圆柱状,但也有植物的茎呈现特殊的形状,如薄荷、紫苏等唇形科植物的茎为四棱柱形,荆三棱、香附等莎草科植物的茎为三棱柱形,仙人掌的茎为扁平形等。因此,茎的形状可作为植物的鉴别依据。茎的中心常为实心,但也有植物的茎是空心的,如连翘、南瓜等。禾本科植物芦苇、麦、竹等的茎中空,且有明显的节,特称为秆。

案例导入
答案解析

NOTE

茎上着生叶的部位称节(node),节与节之间称节间(internode)。具有节和节间是茎在外形上与根的最主要区别。一般植物茎的节仅在叶着生处稍有膨大,而有些植物的节部膨大明显,呈环状,如牛膝、石竹、玉米等;也有些植物的节细缩,如藕。各种植物节间的长短也不一致,长的可达几十厘米,如竹、南瓜;短的还不到 1 mm,其叶在茎节簇生成莲座状,如蒲公英。

在木本植物的茎枝上,常见有叶痕(leaf scar)、托叶痕(stipule scar)、芽鳞痕(bud scale scar)等,分别是叶、托叶、芽鳞脱落后留下的痕迹;有些茎枝表面可见各种形状的浅褐色点状凸起皮孔。这些特征常作为鉴别植物种类及茎木类、皮类药材的依据(图 4-13)。

在木本植物中,着生叶和芽的茎称枝或枝条(shoot)。有些植物具有两种枝条,如苹果、梨、松和银杏等,一种节间较长,其上的叶呈螺旋状排列,称长枝(long shoot);另一种节间较短,其上的叶多簇生,称短枝(dwarf shoot)。短枝通常着生于长枝上,能生花结果,所以又称果枝。

（二）芽及其类型

茎上生有芽(bud),芽是尚未发育的枝条、花或花序(图 4-14)。

根据生长位置,芽可分为生长有固定位置的定芽(normal bud)和生长无固定位置的不定芽

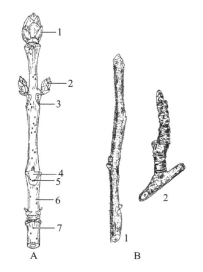

图 4-13　茎的外形
A.正常茎的外部形态(1.顶芽　2.侧芽　3.节　4.叶痕　5.维管束痕　6.节间　7.皮孔)
B.长枝和短枝(1.苹果的长枝　2.苹果的短枝)

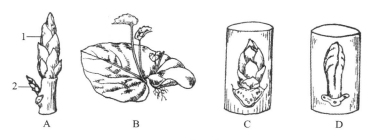

图 4-14　芽的类型
A.定芽(1.顶芽　2.腋芽)　B.不定芽　C.鳞芽　D.裸芽

(adventitious bud)。定芽又分为生于顶端的顶芽(terminal bud),生于叶腋的腋芽(axillary bud)和生于顶芽或腋芽旁的副芽(accessory bud)。不定芽生长位置不固定,如生长在茎的节间、根、叶及其他部位上的芽。

根据性质,芽可分为发育成枝和叶的叶芽(leaf bud)、发育成花或花序的花芽(flower bud)和同时发育成枝、叶和花的混合芽(mixed bud)。

根据芽的外面有无鳞片包被,芽分为鳞芽(scaly bud)和裸芽(naked bud)。

根据芽的活动能力,芽分为活动芽(active bud)和休眠芽(dormant bud),其中休眠芽的休眠期是相对的,在一定条件下可以萌发,如树木砍伐后,树桩上常见休眠芽萌发出的新枝条。

（三）茎的分枝

由于芽的性质和活动情况不同,茎会产生不同的分枝方式。常见的分枝方式有以下四种(图 4-15)。

1. 单轴分枝(monopodial branching) 主茎顶芽不断向上生长形成直立而粗壮的主干,同

时侧芽亦以同样方式形成各级分枝,但主干的伸长和加粗比侧枝强得多,因而主干极明显,如松、柏、杨树等。

2. 合轴分枝(sympodial branching) 主干的顶芽在生长季节生长迟缓或死亡,或顶芽为花芽,由紧接着顶芽下面的腋芽代替顶芽发育形成粗壮的侧枝,每年以同样的顺序交替进行,使主干继续生长,这种主干由许多腋芽发育而成的侧枝连合组成,故称合轴。大多数被子植物是这种分枝方式,如苹果、桃。

3. 二叉分枝(dichotomous branching) 顶端的分生组织平分成两个,各形成一个分枝,在一定的时候,又进行同样的分枝,以后不断重复进行,形成二叉状分枝系统。二叉分枝多见于低等植物,是一种原始的分枝方式,在高等植物的苔藓类植物中和蕨类植物中也可见,如地钱、石松。

4. 假二叉分枝(false dichotomous branching) 顶芽停止生长或顶芽是花芽,由近顶芽下面的两侧腋芽同时发育成两个相同的分枝,从外表上看似二叉分枝,因此称假二叉分枝,如曼陀罗、丁香、石竹。

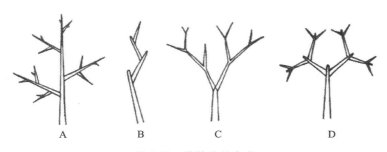

图 4-15 茎的分枝方式
A. 单轴分枝 B. 合轴分枝 C. 二叉分枝 D. 假二叉分枝

(四)茎的类型

1. 按茎的质地分

(1)木质茎(woody stem):茎的质地坚硬,木质部发达。具木质茎的植物称木本植物。木本植物可分为乔木(tree)、灌木(shrub)、亚灌木(subshrub)和木质藤本(woody vine)等类型。其中植物体高大,有一个明显主干,上部分枝的为乔木,如玉兰、杜仲、樟树等;主干不明显,在基部同时发出若干丛生植株的为灌木,如连翘、夹竹桃、枸杞等;仅在基部木质化,上部为草质的为亚灌木,如草麻黄;茎细长不能直立,常缠绕或攀附他物向上生长的为木质藤本,如五味子、络石等。

(2)草质茎(herbaceous stem):茎的质地柔软,木质部不发达。具草质茎的植物称草本植物。草本植物根据其生命周期的长短可分为一年生草本(annual herb),二年生草本(biennial herb)和多年生草本(perennial herb)等类型。多年生草本的地上部分每年枯萎,而地下部分仍保持生活能力的称宿根草本,如人参等。草本植物的茎缠绕或攀附他物向上生长或平卧地面生长的称草质藤本(herbaceous vine),如鸡矢藤、马兜铃等。

(3)肉质茎(succulent stem):茎的质地柔软多汁,肉质肥厚,称肉质茎,如仙人掌、垂盆草等。

2. 按茎的生长习性分

(1)直立茎(erect stem):茎直立,生长于地面,不依附他物,如银杏、杜仲、紫苏、决明等。

(2)缠绕茎(twining stem):茎细长,自身不能直立生长,常缠绕他物做螺旋式上升,如五味子、何首乌、牵牛、马兜铃等。

(3)攀援茎(climbing stem):茎细长,自身不能直立生长,常依靠攀援结构依附他物上升。

 NOTE

常见的攀援结构有茎卷须（如栝楼、葡萄等）、叶卷须（如豌豆等）、吸盘（如爬山虎等）、钩或刺（如钩藤、葎草等）、不定根（如络石、薜荔等）。

（4）匍匐茎（creeping stem）：茎细长，平卧地面，沿地面蔓延生长，节上生有不定根，如连钱草、草莓、番薯等；节上不产生不定根的称平卧茎，如地锦、蒺藜。

二、变态茎的形态和类型

为了适应环境，茎也常发生形态结构和生理功能的特化，形成各种变态茎，分为地上茎（aerial stem）的变态和地下茎（subterranean stem）的变态两大类型。

（一）地上茎的变态

1. 叶状茎（leafy stem）或叶状枝（leafy shoot） 茎变为绿色的扁平状或针叶状，叶退化为鳞片状、线状或刺状，如仙人掌、竹节蓼、天门冬等。

2. 刺状茎（shoot thorn） 刺状茎又称枝刺或棘刺。茎变为刺状，多粗短、坚硬、不分枝，如山楂、酸橙等；也有分枝的，如皂荚、枳等。根据生于叶腋的特征，刺状茎可与叶刺相区别。月季、花椒茎上的皮刺由表皮细胞凸起形成，无固定的生长位置，易脱落，可与枝刺相区别。

3. 钩状茎（hook-like stem） 钩状茎通常呈钩状，由茎的侧轴变态而成，粗短、坚硬、不分枝，如钩藤。

4. 茎卷须（stem tendril） 茎卷须常见于攀援植物，茎柔软卷曲，变为卷须状，多生于叶腋，如栝楼、丝瓜等葫芦科植物。但葡萄的顶芽变成茎卷须，腋芽代替顶芽继续发育，使茎成为合轴式生长，而茎卷须被挤到叶柄对侧。

5. 小块茎（tubercle）和小鳞茎（bulblet） 有些植物的腋芽、叶柄上的不定芽可变态形成块状物，称小块茎，如山药的零余子、半夏的珠芽。有些植物在叶腋或花序处由腋芽或花芽形成有鳞片覆盖的块状物，如卷丹腋芽形成的小鳞茎，洋葱、大蒜花序中花芽形成的小鳞茎。小块茎和小鳞茎均有繁殖功能（图 4-16）。

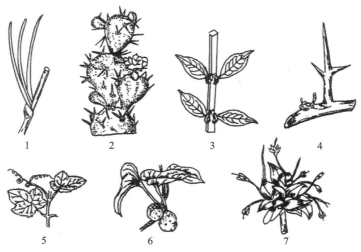

图 4-16 地上茎的变态
1.叶状枝（天门冬） 2.叶状茎（仙人掌） 3.钩状茎（钩藤） 4.刺状茎（皂荚）
5.茎卷须（葡萄） 6.小块茎（山药的零余子） 7.小鳞茎（洋葱花序）

（二）地下茎的变态

1. 根茎（rhizoma） 根茎又称根状茎，常横卧地下，节和节间明显，节上有退化的鳞片叶，具顶芽和腋芽。不同植物根茎形态各异，如人参的根茎短而直立，称芦头；姜、白术的根茎呈团块状；白茅、芦苇的根茎细长。黄精、玉竹等根茎上具有明显的圆形疤痕，这是地上茎脱落后留下的茎痕。

2. 块茎(tuber) 块茎肉质肥大,呈不规则块状,节间极短,节上具芽及退化或早期枯萎脱落的鳞片叶,如天麻、半夏、马铃薯等。

3. 球茎(corm) 球茎肉质肥大,为球形或扁球形,具明显的节和缩短的节间,节上有较大的膜质鳞片,顶芽发达,腋芽常生于其上半部,基部生不定根,如慈姑、荸荠等。

4. 鳞茎(bulb) 鳞茎为球形或扁球形,茎极度缩短为鳞茎盘,被肉质肥厚的鳞叶包围,顶端有顶芽,叶腋有腋芽,基部生不定根。如:洋葱鳞叶阔,内层被外层完全覆盖,称有被鳞茎;百合、贝母鳞叶狭,呈覆瓦状排列,外层无被覆盖称无被鳞茎(图 4-17)。

1   2   3   4

图 4-17 地下茎的变态
1.根茎(姜) 2.鳞茎(洋葱) 3.球茎(荸荠) 4.块茎(半夏)

三、茎的显微构造

种子植物的主茎由胚芽发育而来,侧枝由腋芽发育而来。主茎或侧枝的顶端均具有顶芽,可保持顶端生长能力,使植物体不断长高。

(一)茎尖的构造

茎尖是主茎或侧枝的顶端,其结构与根尖相似,由分生区(生长锥)、伸长区和成熟区三个部分组成,是顶端分生组织所在的部位。但茎尖顶端没有类似根冠的构造,而是由幼小的叶片包围,具有保护茎尖的作用。在生长锥四周能形成叶原基(leaf primordium)或腋芽原基(axillary bud primordium)的小凸起,后发育成叶或腋芽,腋芽则发育成枝(图 4-18)。成熟区的表皮不形成根毛,常有气孔和毛茸。

(二)双子叶植物茎的初生构造

由生长锥分裂出来的细胞逐渐分化为原表皮层、基本分生组织和原形成层等初生分生组织。这些分生组织细胞继续分裂、分化,进行初生生长,形成茎的初生构造。通过茎成熟区的横切面,可观察到茎的初生构造,由外而内分别为表皮、皮层和维管柱三个部分(图 4-19)。

1. 表皮(epidermis) 表皮由原表皮层发育面来,由一层长方形、扁平、排列整齐、无细胞间隙的细胞组成。表皮一般不具叶绿体,少数植物茎的表皮细胞含有花青素,使茎呈紫红色,如甘蔗、蓖麻等。表皮还有各式气孔存在,也有的表皮有各式毛茸。表皮细胞的外壁稍厚,常具角质层。少数植物还具蜡被。

2. 皮层(cortex) 皮层由基本分生组织发育而来,位于表皮内侧和维管柱之间,由多层生活细胞构成。茎的皮层不如根的发达,横切面观所占的比例较小。皮层细胞大、细胞壁薄,常为多面体形、球形或椭圆形,排列疏松,具细胞间隙。靠近表皮的皮层细胞常具叶绿体,故嫩茎呈绿色。皮层主要由薄壁组织构成,但在近表皮部常有厚角组织,以加强茎的韧性。有的厚角组织排成环形,如葫芦科和菊科某些植物;有的分布在茎的棱角处,如薄荷等唇形科植物。有些植物皮层中含有纤维、石细胞,如黄柏、桑;有的还有分泌组织,如向日葵。茎的皮层最内一层细胞大多仍为薄壁细胞,无内皮层,故皮层与维管柱之间无明显分界。少数植物茎的皮层最内一层细胞中含有大量淀粉粒,称淀粉鞘(starch sheath),如蚕豆、蓖麻。

3. 维管柱(vascular cylinder) 维管柱包括呈环状排列的初生维管束、髓和髓射线等,在

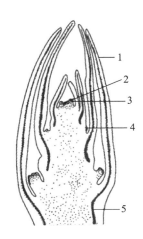

图 4-18　忍冬芽的纵切面
1.幼叶　2.生长点　3.叶原基
4.腋芽原基　5.原形成层

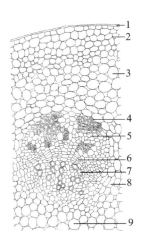

图 4-19　双子叶植物茎的初生构造
1.表皮　2.厚角组织　3.皮层
4.韧皮纤维　5.初生韧皮部　6.束中形成层
7.初生木质部　8.髓射线　9.髓

茎的初生构造中占较大的比例。

（1）初生维管束（primary vascular bundle）：包括初生韧皮部（primary phloem）、初生木质部（primary xylem）和束中形成层（fascicular cambium）。藤本植物和大多数草本植物的维管束之间距离较大，即维管束束间区域较宽；而木本植物的维管束排列紧密，束间区域较窄，维管束似乎连成一圆环状。

初生韧皮部位于维管束外侧，由筛管、伴胞、韧皮薄壁细胞和韧皮纤维组成，分化成熟方向与根中相同，为外始式。原生韧皮部薄壁细胞发育成的纤维常成群地位于韧皮部外侧，称初生韧皮纤维束，如向日葵的帽状初生韧皮纤维束，这些纤维可加强茎的韧性。

初生木质部位于维管束内侧，由导管、管胞、木薄壁细胞和木纤维组成，其分化成熟方向与根相反，为内始式。

束中形成层位于初生韧皮部和初生木质部之间，为原形成层遗留下来、由1～2层具有分生能力的细胞组成，可使维管束不断长大，茎不断加粗。

（2）髓（pith）：位于茎的中心部位，由基本分生组织产生的薄壁细胞组成。草本植物茎的髓部较大，木本植物茎的髓部一般较小，但有些植物的木质茎有较大的髓部，如通脱木、旌节花、接骨木、泡桐等。有些植物的髓局部破坏，形成一系列的横髓隔，如杜仲、猕猴桃、胡桃。有些植物茎的髓部在发育过程中消失形成中空的茎，如连翘、南瓜。有些植物茎的髓部最外层有一层紧密的、小型的、壁较厚的细胞围绕着大型的薄壁细胞，这层细胞称环髓带（perimedullary region）或髓鞘，如椴树。

（3）髓射线（medullary ray）：又称初生射线（primary ray），位于初生维管束之间的薄壁组织，内通髓部，外达皮层。在横切面上呈放射状，是茎中横向运输的通道，并具贮藏作用。双子叶草本植物的髓射线较宽，木本植物的髓射线较窄。髓射线细胞分化程度较浅，具潜在分生能力，在一定条件下，会分裂产生不定芽、不定根。当次生生长开始时，与束中形成层相邻的髓射线细胞能转变为形成层的一部分，即束间形成层（interfascicular cambium）。

（三）双子叶植物茎的次生构造

双子叶植物茎在初生构造形成后，接着进行次生生长，维管形成层和木栓形成层的细胞进行分裂活动，形成次生构造，使茎不断加粗。木本植物的次生生长可持续多年，故次生构造发达。草本植物的次生生长有限，故次生构造不发达。

1. 双子叶植物木质茎的次生构造

（1）维管形成层及其活动：维管形成层简称形成层。当茎进行次生生长时，邻接束中形成层的髓射线细胞恢复分生能力，转变为束间形成层（interfascicular cambium），并和束中形成层（fascicular cambium）连接，形成一个完整的形成层圆筒，从横切面上看，为完整的环状。

形成层细胞多为纺锤形，液泡明显，称纺锤原始细胞；少数细胞近等径，称射线原始细胞。形成层成环后，纺锤原始细胞开始进行切向分裂，向内产生次生木质部，增添于初生木质部外侧；向外产生次生韧皮部，增添于初生韧皮部内侧，并将初生韧皮部挤向外侧。由于形成层向内产生的木质部细胞多于向外产生的韧皮部细胞，所以通常次生木质部比次生韧皮部大得多，在生长多年的木本植物茎中更为明显。同时，射线原始细胞也进行分裂产生次生射线细胞，存在于次生维管组织中，形成横向的联系组织，称维管射线（vascular ray）。

初生构造中位于髓射线部分的形成层细胞有些分裂、分化形成维管组织，有些则形成维管射线，所以使木本植物维管束之间的距离变窄。藤本植物次生生长时，束间形成层只分裂、分化成薄壁细胞，所以藤本植物的次生构造中维管束间距离较宽。

在茎加粗生长的同时，形成层细胞也进行径向或横向分裂，增加细胞数量，扩大本身的周长，以适应内侧木质部增大的需求，同时形成层的位置也逐渐向外推移（图4-20）。

①次生木质部：木本植物茎次生构造的主要部分，也是木材的主要来源。次生木质部由导管、管胞、木薄壁细胞、木纤维和木射线组成。导管主要是梯纹导管、网纹导管和孔纹导管，其中孔纹导管最普遍。

形成层的活动受季节影响很大，在不同季节所形成的木质部形态构造有差异。温带和亚热带的春季或热带的雨季，由于气候温和，雨量充足，形成层活动旺盛，这时形成的次生木质部中的细胞径大壁薄，质地较疏松，色泽较淡，称早材（early wood）或春材（spring wood）。温带的夏末秋初或热带的旱季，形成层活动逐渐减弱，所形成的细胞径小壁厚，质地紧密，色泽较深，称晚材（late wood）或秋材（autumn

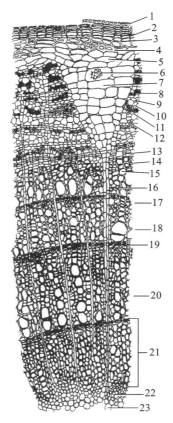

图4-20 双子叶植物木质茎（椴树四年生）次生构造

1.枯萎的树皮　2.木栓层　3.木栓形成层
4.厚角组织　5.皮层薄壁细胞
6.草酸钙结晶　7.髓射线　8.韧皮射线
9.伴胞　10.筛管　11.淀粉细胞
12.结晶细胞　13.形成层　14.薄壁细胞
15.导管　16.早材（第四年木材）
17.晚材（第三年木材）　18.早材（第三年木材）
19.晚材（第二年木材）　20.早材（第二年木材）
21.次生木质部（第一年木材）
22.初生木质部（第一年木材）　23.髓

wood）。在一年里早材和晚材中细胞由大到小、颜色由浅到深逐渐转变，没有明显的界线，但当年的秋材与第二年的春材却界线分明，形成同心环层，称年轮（annual ring）或生长轮（growth ring）。但有的植物（如柑橘）一年可以形成三轮，这些年轮称假年轮，这是形成层有节奏地活动，每年有几个循环的结果。假年轮的形成也有的是由一年中气候变化特殊，或被害虫吃掉了树叶，生长受影响引起。

在木质茎横切面上，可见到靠近形成层的部分颜色较浅，质地较松软，称边材（sapwood），边材具输导作用。而中心部分，颜色较深，质地较坚固，称心材（heartwood），心材中一些细胞常积累

知识链接
4-2

NOTE

代谢产物,如挥发油、单宁、树胶、色素等,有些射线细胞或轴向薄壁细胞通过导管或管胞上的纹孔侵入导管或管胞,形成侵填体(tyloses),使导管或管胞堵塞,失去运输能力。心材比较坚硬,不易腐烂,且常含有某些化学成分,如沉香、苏木、檀香、降香等茎木类药材均为心材入药。

鉴定茎木类药材时,常采用三种切面即横切面、径向切面、切向切面进行比较观察。在木材的三个切面中,射线的形态特征较为明显,常作为判断切面类型的重要依据。

横切面(transverse section)是与纵轴垂直所作的切面。可见年轮为同心环状;射线为纵切面,呈辐射状排列,可见到射线的长度和宽度。

径向切面(radial section)是通过茎的中心沿直径作纵切的平面。年轮呈纵向平行的带状;射线横向分布,与年轮垂直,可见到射线的高度和长度。

切向切面(tangential section)是不通过茎的中心而垂直于茎的半径作纵切的平面。可明显看到年轮呈 U 形的波纹;可见射线的横断面,细胞群呈纺锤状,作不连续地纵行排列,可见到射线的宽度和高度(图 4-21、图 4-22)。

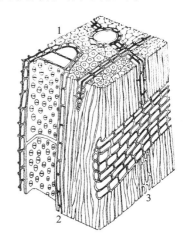

图 4-21　降香三切面详图

1.横切面　2.切向切面　3.径向切面

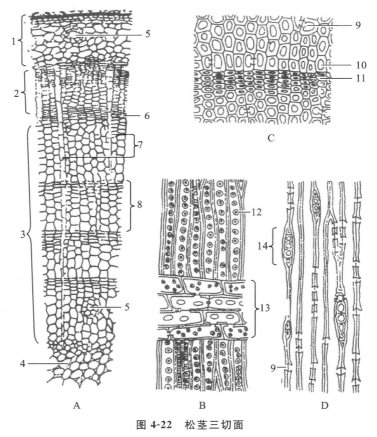

图 4-22　松茎三切面

A.横切面　B.早材、晚材　C.径向切面　D.切向切面

1.木栓及皮层　2.韧皮部　3.木质部　4.髓　5.树脂道　6.形成层　7.髓射线　8.年轮

9.具缘纹孔切面(管胞)　10.早材　11.晚材　12.具缘纹孔表面观　13.髓射线纵切　14.髓射线横切

②次生韧皮部:由于形成层向外分裂产生的次生韧皮部远不如向内分裂产生的次生木质

部数量多,因此次生韧皮部的体积远小于次生木质部。次生韧皮部形成时,初生韧皮部被挤压到外侧,形成颓废组织。次生韧皮部常由筛管、伴胞、韧皮纤维和韧皮薄壁细胞组成。次生韧皮部中的薄壁细胞含有多种营养物质和生理活性物质。有的还有石细胞,如肉桂、厚朴、杜仲;有的具乳汁管,如夹竹桃。

木质茎中的韧皮射线和木射线相连,但形态各异,其长短、宽窄因植物种类而异。横切面上观,一般木射线比较窄而规则,韧皮射线则较宽而不规则。

(2)木栓形成层及周皮:茎的次生生长使茎不断增粗,但表皮一般不能相应增大而死亡。此时,多数植物茎由表皮内侧皮层细胞恢复分裂能力形成木栓形成层进而产生周皮,代替表皮行使保护作用。一般木栓形成层的活动只不过数月,大部分树木又可依次在其内侧产生新的木栓形成层,这样,发生的位置就会向内移,可深达次生韧皮部。老周皮内的组织被新周皮隔离后逐渐枯死,这些周皮以及被它隔离的死亡组织的综合体常剥落,故称落皮层(rhytidome)。有的落皮层呈鳞片状脱落,如白皮松;有的落皮层呈环状脱落,如白桦;有的落皮层呈大片脱落,如悬铃木;有的落皮层裂成纵沟,如柳、榆。但也有的不脱落,如黄柏、杜仲。"树皮"有两种概念:狭义的树皮即落皮层(也称外树皮);广义的树皮指形成层以外的所有组织,包括落皮层和木栓形成层以内的次生韧皮部,如皮类药材厚朴、杜仲、肉桂、秦皮、合欢皮的药用部分。

2. 双子叶植物草质茎的构造 双子叶植物草质茎的生长期短,次生构造不及木质茎发达,次生生长有限,质地较柔软。其主要构造特点如下(图 4-23、图 4-24)。

(1)最外层为表皮。常有各式毛茸、气孔、角质层、蜡被等附属物。少数植物表皮下方有木栓形成层分化,向外产生 1~2 层木栓细胞,向内产生少量栓内层,表皮仍未被破坏。

(2)皮层中近表皮部分常有厚角组织。有的厚角组织排列成环形,如葫芦科和菊科某些植物;有的分布在茎的棱角处,如薄荷。

(3)次生维管组织通常形成连续的维管柱。有些种类仅具束中形成层,没有束间形成层。部分种类不仅没有束间形成层,束中形成层也不明显。

(4)髓部发达,有的种类髓部中央破裂成空洞状,髓射线一般较宽。

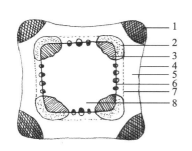

图 4-23　薄荷茎横切面简图
1.厚角组织　2.韧皮部　3.木质部　4.表皮
5.皮层　6.形成层　7.内皮层　8.髓

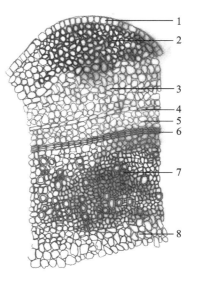

图 4-24　薄荷茎横切面详图
1.表皮　2.厚角组织　3.皮层　4.内皮层
5.韧皮部　6.形成层　7.木质部　8.髓

3. 双子叶植物根状茎的次生构造 双子叶植物根状茎一般指草本双子叶植物的根状茎,其构造与地上茎类似,构造特征如下(图 4-25)。

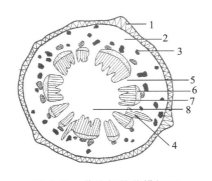

图 4-25　黄连根状茎横切面

1.木栓层　2.皮层　3.石细胞群　4.根迹维管束
5.射线　6.韧皮部　7.木质部　8.髓

（1）表面通常具木栓组织，少数具表皮或鳞叶。

（2）皮层中常有根迹维管束（茎中维管束与不定根维管束相连的维管束）和叶迹维管束（茎中维管束与叶柄维管束相连的维管束）斜向通过；皮层内侧有时具纤维或石细胞。

（3）维管束为外韧型，呈环状排列；髓射线宽窄不一。

（4）中央有明显的髓部。

（5）贮藏薄壁细胞发达，机械组织多不发达。

（四）双子叶植物茎和根状茎的异常构造

某些双子叶植物茎和根状茎的正常构造形成以后，通常有部分薄壁细胞能恢复分生能力，转化成形成层，产生多数异常维管束，形成异常构造。有下列几种情况。

1. 髓维管束　髓维管束是在某些双子叶植物茎或根状茎的髓中形成的异常维管束。如在胡椒科植物风藤茎的横切面上可见除正常排成环状的维管束外，髓中还有异常维管束6～13个。大黄根状茎的横切面上可见除正常的维管束外，髓部有许多星点状的异常维管束，其形成层呈环状，外侧为由几个导管组成的木质部，内侧为韧皮部，射线呈星芒状排列（图4-26）。

2. 同心环状排列的异常维管组织　在某些双子叶植物茎内，初生生长和早期次生生长都是正常的。当正常的次生生长发育到一定阶段，次生维管柱的外围又形成多轮呈同心环状排列的异常维管组织。如密花豆老茎的横切面上，可见韧皮部呈2～8个红棕色至暗棕色环带，与木质部相间排列。其最内一圈为圆环，其余为同心半圆环。

3. 木间木栓　在甘松根状茎的横切面上，可见木间木栓呈环状，包围一部分韧皮部和木质部，把维管柱分隔为数束。

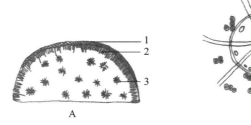

图 4-26　大黄根茎横切面简图

A.大黄（1.韧皮部　2.木质部　3.星点）
B.大黄根茎星点横切面（1.导管　2.射线　3.形成层　4.韧皮部　5.黏液腔）

（五）单子叶植物茎的构造

单子叶植物的茎一般没有形成层和木栓形成层，不能无限增粗，终生只具初生构造。其构造特征如下（图4-27、图4-28）。

（1）表皮由一层细胞构成，通常不产生周皮。禾本科植物茎的表皮下方，常有数层厚壁细胞分布，以增强支持作用。

（2）表皮以内为基本薄壁组织和散布在其中的多数单个维管束，无皮层、髓和髓射线之分。维管束为有限外韧型。多数禾本科植物茎的中央部位（相当于髓部）萎缩破坏，形成中空的茎秆。

此外，也有少数单子叶植物的茎具形成层而有次生生长，如龙血树、朱蕉和丝兰等。但这

种形成层的起源和活动情况与双子叶植物不同,如龙血树的形成层起源于维管束外的薄壁组织,向内产生维管束和薄壁组织,向外产生少量薄壁组织。

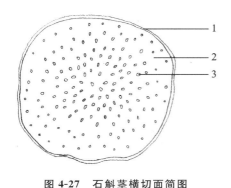

图 4-27 石斛茎横切面简图
1.表皮 2.基本组织(薄壁组织) 3.维管束

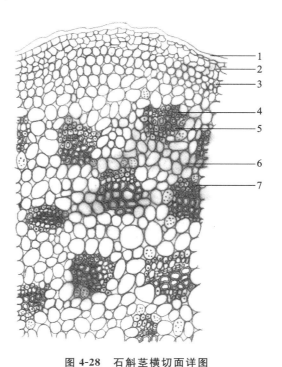

图 4-28 石斛茎横切面详图
1.角质层 2.表皮 3.基本组织 4.韧皮部
5.木质部 6.薄壁细胞 7.纤维束

(六)单子叶植物根茎的构造

(1)表面为表皮或木栓化皮层细胞,少有周皮,如射干、仙茅。禾本科植物根状茎表皮较特殊,表皮细胞平行排列,每纵行多为一个长细胞和两个短细胞纵向相间排列,长细胞为角质化的表皮细胞,短细胞中一个是栓化细胞,另一个是硅质细胞,如白茅、芦苇。

(2)皮层常占较大体积,常分布有叶迹维管束。维管束散在,多为有限外韧型,但也有周木型,如香附,有的则兼有有限外韧型和周木型两种,如石菖蒲(图4-29)。

(3)大多数单子叶植物内皮层明显,具凯氏带,如姜、石菖蒲。也有的单子叶植物内皮层不明显,如知母、射干。

(4)有些植物根状茎在皮层靠近表皮部位的细胞形成木栓组织,如生姜;有的皮层细胞转变为木栓细胞而形成所谓的"后生皮层",以代替表皮行使保护功能,如藜芦。

(七)裸子植物茎的构造

裸子植物茎均为木质,与双子叶植物木质茎的次生构造基本相似,但在输导组织组成上有明显区别。其主要特征如下(图4-30)。

(1)次生木质部主要由管胞、木薄壁细胞和射线组成,如柏、杉;或无木薄壁细胞,如松;除麻黄和买麻藤纲的植物以外,裸子植物均无导管。管胞兼有输送水分和支持作用。

(2)次生韧皮部由筛胞、韧皮薄壁细胞组成,无筛管、伴胞和韧皮纤维。

(3)松柏类植物茎的皮层、韧皮部、木质部、髓和髓射线中常分布有树脂道。

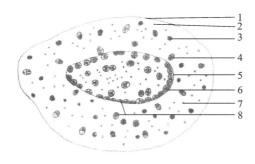

图 4-29　石菖蒲根茎横切面简图
1.表皮　2.薄壁组织　3.草酸钙结晶　4.叶迹维管束
5.内皮层　6.韧皮部　7.油细胞　8.木质部

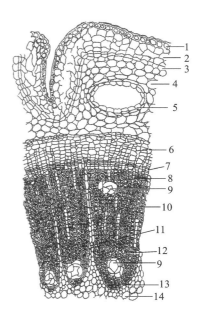

图 4-30　裸子植物茎（一年生松）横切面
1.表皮　2.木栓层　3.木栓形成层　4.皮层
5.上皮细胞　6.韧皮部　7.形成层　8.木射线
9.树脂道　10.次生木质部　11.髓射线
12.后生木质部　13.原生木质部　14.髓

四、茎的生理功能和药用价值

（一）茎的生理功能

茎的主要功能是输导和支持作用，此外，还有贮藏和繁殖的作用。

1. 输导作用　茎是植物体内物质运输的主要通道。茎将根部吸收的水分和无机盐以及叶制造的有机物质，输送到叶、花、果实中被利用或贮藏。

2. 支持作用　大多数植物的主茎直立于地面生长，其和根系一道共同承受枝、叶、花及果的重量，并支持它们合理伸展和有规律地分布，以充分接受阳光和空气，进行光合作用以及有利于开花、传粉和果实、种子的传播。

3. 贮藏作用　茎还有贮藏的功能，尤其是在变态茎中，如根茎、球茎、块茎等的贮藏物更为丰富，可作为食品、药材和工业原料。

4. 繁殖作用　有些植物能产生不定根和不定芽，可作为营养繁殖材料。农、林和园艺工作中常利用茎的这种习性进行扦插、压条来繁殖苗木。

（二）茎的药用价值

有些生药以根状茎入药，如黄连、川芎。有些生药的根和根状茎均可入药，如大黄、甘草、人参。根茎类（rhizoma）生药采用草本双子叶植物、单子叶植物或少数蕨类植物的地下茎，包括根状茎（黄连、川芎）、块茎（天麻、半夏）、鳞茎（川贝母、浙贝母、百合）和球茎（慈姑）。有些生药以木本植物的地上茎或茎的一部分入药，包括药用植物的茎藤（川木通、鸡血藤）、茎枝（桑枝、桂枝、钩藤）、茎刺（皂角刺）、茎的翅状附属物（鬼箭羽）或髓部（通草）。有些生药以木本植物茎形成层以内次生木质部的木材部分入药，如心材（沉香、降香、苏木）。有些生药以木本双子叶植物或裸子植物树干、枝条的形成层以外的部分，即干皮和枝皮入药（杜仲、肉桂、黄柏）。

本节小结

　　茎上着生叶的部位称节(node),节与节之间称节间(internode)。具有节和节间是茎在外形上与根的最主要区别。茎上生有芽(bud),芽是尚未发育的枝条、花或花序。为了适应环境,茎也常发生形态结构和生理功能的特化,形成各种变态茎,分为地上茎(aerial stem)的变态和地下茎(subterranean stem)的变态两大类型。通过茎成熟区的横切面,可观察到茎的初生构造,由外而内分别为表皮、皮层和维管柱三个部分。双子叶植物茎在初生构造形成后,接着进行次生生长,维管形成层和木栓形成层的细胞进行分裂活动,形成次生构造。双子叶植物木质茎中当年的秋材与第二年的春材却界线分明,形成同心环层,称年轮(annual ring)或生长轮(growth ring)。心材比较坚硬,不易腐烂,且常含有某些化学成分,如沉香、苏木、檀香、降香等茎木类药材均为心材入药。鉴定茎木类药材时,常采用三种切面即横切面、径向切面、切向切面进行比较观察。广义的树皮指形成层以外的所有组织,包括落皮层和木栓形成层以内的次生韧皮部,如皮类药材厚朴、杜仲、肉桂、秦皮、合欢皮的药用部分。双子叶植物草质茎的生长期短,次生构造不及木质茎发达,次生生长有限,质地较柔软。某些双子叶植物茎和根状茎的正常构造形成以后,通常有部分薄壁细胞能恢复分生能力,转化成形成层,产生多数异常维管束,形成异常构造。单子叶植物的茎一般没有形成层和木栓形成层,不能无限增粗,终生只具初生构造。裸子植物茎均为木质,与双子叶植物木质茎的次生构造基本相似,但在输导组织组成上有明显区别。

目标检测

目标检测
答案

一、单选题

1. 根茎和块茎属于( )。

A. 地上茎变态　　　　B. 地下茎变态　　　　C. 正常茎变态　　　　D. 发育不良

2. 木本植物茎增粗时,细胞数目最明显增多的部分是( )。

A. 次生木质部　　　　B. 维管形成层　　　　C. 次生韧皮部　　　　D. 周皮

3. 马铃薯的可食部分是( )。

A. 块根　　　　　　　B. 根茎　　　　　　　C. 肉质根　　　　　　D. 块茎

二、填空题

1. 地上茎变态的类型有_____、_____、_____、_____、_____和_____等。

2. 根据茎的生长习性,可分为_____、_____、_____和_____。

三、判断题

1. 单子叶植物茎及根茎类药材断面有的可见异常构造。( )

2. 单子叶植物茎及根茎类药材断面维管束常成环排列。( )

四、简答题

1. 双子叶植物木质茎的次生构造有哪些特点?与初生构造有哪些区别?

2. 如何区分边材和心材?

推荐阅读文献

[1] 周亚福.柴胡属 6 种药用植物结构与化学成分积累的比较和分泌道形态发生的研究[D].西安:西北大学,2008.

[2] 滕爱君,吴凌莉,张朝凤,等.六种酸模属药用植物茎的显微特征研究[J].中国野生植物

NOTE

资源,2013,32(6):25-27+34.
[3] 刘晓娟,马克平.植物功能性状研究进展[J].中国科学:生命科学,2015,45(4):325-339.
[4] 陆维超,赵建国,张莉,等.植物茎尖分生组织分化调控机制研究进展[J].西北植物学报,2016,36(5):1055-1065.

参 考 文 献
[1] 黄宝康.药用植物学[M].7版.北京:人民卫生出版社,2016.
[2] 刘春生.药用植物学[M].4版.北京:中国中医药出版社,2016.
[3] 姚振生.中药鉴定学(新世纪第二版)[M].北京:中国中医药出版社,2010.
[4] 康廷国.中药鉴定学[M].4版.北京:中国中医药出版社,2016.
[5] 姚振生.药用植物学[M].北京:中国中医药出版社,2007.

(陈　莹)

第三节　叶

案例导入
答案解析

案例导入

植物叶片是完全暴露在空气中面积最大的植物器官,植物进化过程中叶片对环境变化比较敏感且可塑性大,环境变化导致叶长、宽、厚,以及表面气孔、表皮细胞和附属物、栅栏组织、海绵组织、细胞间隙、厚角组织、叶脉等形态结构的响应与适应。叶的形态和构造对不同生态环境的适应性变化形成了不同的生态类型。

提问:1. 为什么生长在干旱地区的植物一般叶片较小且厚,而生长在阴湿环境的植物叶片较大且薄?

2. 夏季中午禾本科植物叶片发生卷曲的生物学意义是什么?

叶(leaf)一般为绿色扁平体,含有大量叶绿体,具有向光性。叶是植物进行光合作用、气体交换和蒸腾作用的重要器官。有的植物叶具有贮藏作用,如贝母、百合的肉质鳞叶等;尚有少数植物的叶具有繁殖作用,如秋海棠、落地生根的叶。

药用的叶有大青叶、番泻叶、枇杷叶、侧柏叶、紫苏叶、艾叶等。也有的叶只以某一部位入药,如黄连的叶柄基部入药,称"剪口连",全部叶柄入药称"千子连"。

一、叶的组成、形态和类型

(一)叶的组成

叶的形态虽然多种多样,但其组成基本是一致的,一般由叶片(blade)、叶柄(petiole)和托叶(stipule)三个部分组成(图4-31)。这个三部分俱全的叶称为完全叶(complete leaf),如桃、梨、山楂等;缺少其中任意一个或两个部分的叶称不完全叶(incomplete leaf),如连翘叶、女贞叶缺少托叶,烟草叶缺少叶柄,龙胆叶、石竹叶缺少托叶和叶柄。

1. 叶片　叶片是叶的主要部分,是大多数植物进行光合作用和蒸腾作用的主要场所。一般为绿色、薄的扁平体,有上表面(腹面)和下表面(背面)之分。叶片的顶端称叶端或叶尖(leaf apex),基部称叶基(leaf base),周边称叶缘(leaf margin),叶片内分布着叶脉(vein)。叶脉是叶片中的维管束,起支持和输导作用。

2. 叶柄　叶柄是茎枝与叶片相连接的部分,一般为类圆柱形、半圆柱形或稍扁平,上表面

（腹面）多有沟槽。其形状随植物种类不同而差异很大，如凤眼蓝、菱等水生植物的叶柄上具膨胀的气囊（air sac），以支持叶片浮于水面；有的植物叶柄基部具膨大的关节，称叶枕（leaf cushion，pulvinus），能调节叶片的位置和休眠运动，如含羞草；有的植物叶柄能围绕各种物体进行螺旋状扭曲，起攀援作用，如旱金莲；有的植物叶片退化，叶柄变成绿色叶片状，以代替叶片的功能，称叶状柄（phyllode），如台湾相思树、柴胡等；有的植物叶柄基部或全部扩大成鞘状，部分或全部包裹着茎秆，称叶鞘（leaf sheath），如当归、白芷等伞形科植物。除叶鞘外，禾本科植物如淡竹叶、芦苇等在叶鞘与叶片连接处还有膜状的凸起物，称叶舌（ligule），能够使叶片向外弯曲，使叶片更多地接受阳光，同时可以防止水分、病虫害进入叶鞘。有些禾本科植物的叶鞘与叶片连接处的边缘部分形成凸起，称叶耳（auricle）。叶舌、叶耳的有无、形状及大小常作为识别禾本科植物的依据之一（图 4-32）。此外，有些无

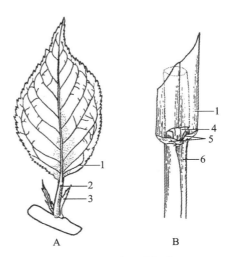

图 4-31　叶的组成部分
A.完全叶　B.禾本科植物的叶
1.叶片　2.叶柄　3.托叶
4.叶舌　5.叶耳　6.叶鞘

柄叶的叶片基部包围在茎上，称抱茎叶（amplexicaul leaf），如苦荬菜；有的无柄叶的叶片基部彼此愈合并被茎所贯穿，称贯穿叶或穿茎叶（perfoliate leaf），如元宝草。

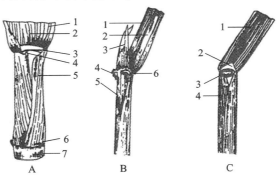

图 4-32　禾本科植物叶片与叶柄交界处的形态
A.甘蔗叶（1.叶片　2.中脉　3.叶舌　4.叶耳　5.叶鞘　6.叶鞘基部　7.节间）
B.水稻叶（1.叶片　2.中脉　3.叶舌　4.叶耳　5.叶鞘　6.叶环）
C.小麦叶（1.叶片　2.叶舌　3.叶耳　4.叶鞘）

3. 托叶　托叶是叶柄基部的附属物，常成对生于叶柄基部的两侧。托叶较小，有时早落，具有保护芽和幼叶的作用。托叶的有无、形态是鉴定药用植物的依据之一，如桑科、木兰科、豆科、蔷薇科、茜草科等科植物具有托叶，其中有的植物早期具有托叶，叶长成后脱落，如桑、玉兰；有的植物托叶很大，呈叶片状，如茜草、豌豆等；有的托叶与叶柄愈合成翅状，如金樱子、月季；有的托叶细小，呈线状，如桑、梨。植物的托叶也常发生变态：有的托叶变成卷须，如菝葜、小果菝葜；有的托叶呈刺状，如刺槐；有的托叶连合成鞘状，包围在茎节的基部，称托叶鞘（ocrea），如大黄、何首乌、虎杖等蓼科植物。

（二）叶的各部形态

叶的形状通常指叶片的形状。叶片的形态特征主要包括叶形、叶尖、叶基、叶缘。

1. 叶形　叶片的大小和形状变化很大，随植物种类不同而异，甚至在同一植株上其形状也有不一样的，但一般同一种植物叶的形状是比较固定的，在分类学上常作为鉴别植物的依据。叶片的形状主要根据叶片的长和宽的比例以及最宽处的位置来确定（图 4-33）。

NOTE

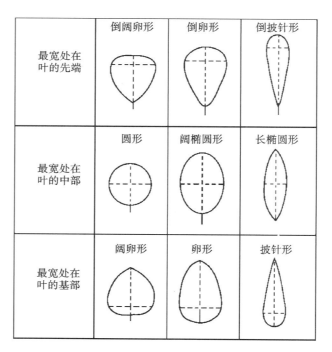

图 4-33 叶片的形状图解

叶形指叶片的外形或基本轮廓。常见的叶形有多种,如针形、披针形、椭圆形等。但植物的叶片千差万别,故在描述时也常在前使用"广""长""倒"等字样,如广卵形、长椭圆形、倒披针形等。有许多植物的叶并不属于其中任何一种类型,而是综合两种形状,这样就必须用不同的术语予以描述,如卵状椭圆形、椭圆状披针形等(图 4-34)。

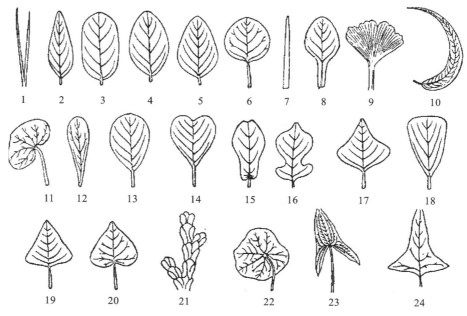

图 4-34 叶片的全形

1.针形　2.披针形　3.矩圆形　4.椭圆形　5.卵形　6.圆形　7.条形　8.匙形
9.扇形　10.镰形　11.肾形　12.倒披针形　13.倒卵形　14.倒心形　15,16.提琴形
17.菱形　18.楔形　19.三角形　20.心形　21.鳞形　22.盾形　23.箭形　24.戟形

NOTE

2. 叶尖 叶尖是叶片的尖端部分,又称叶端。植物种类不同,叶尖形态差异很大。常见的叶尖形状有圆形(rounded)、钝形(obtuse)、尾尖(caudate)、渐尖(acuminate)、芒尖(aristate)、微凹(retuse)、微缺(emarginate)、倒心形(obcordate)、截形(truncate)等(图4-35)。

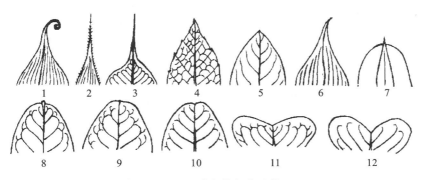

图4-35 叶尖的各种形状

1.卷须叶 2.芒尖 3.尾尖 4.渐尖 5.急尖 6.骤尖

7.凸尖 8.微凸 9.钝形 10.微凹 11.微缺 12.倒心形

3. 叶基 叶基指叶片的基部。常见的叶基形状有钝形(obtuse)、心形(cordate)、楔形(cuneate)、耳形(auriculate)、渐狭(attenuate)、歪斜(oblique)、抱茎(amplexicaul)、穿茎(perfoliate)等(图4-36)。

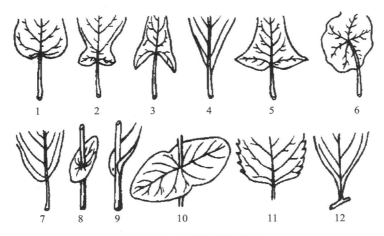

图4-36 叶基的各种形状

1.心形 2.耳形 3.箭形 4.楔形 5.戟形 6.盾形

7.歪斜 8.穿茎 9.抱茎 10.合生穿茎 11.截斜 12.渐狭

4. 叶缘 叶缘是叶片的边缘。叶片生长时,叶片边缘的生长若以均一的速度进行,则叶缘平整,出现全缘(entire)叶;如果边缘生长速度不均,有的部位生长较快,而有的部位生长较缓慢或很早停止生长,则叶缘不平整,出现各种不同的形态,常见的有波状(undulate)、牙齿状(dentate)、锯齿状(serrate)、重锯齿状(double serrate)、圆齿状(crenate)、缺刻状(erose)等(图4-37)。

(三)叶片的分裂

一般植物的叶片常是全缘或近叶缘具齿或细小缺刻,但有些植物的叶片叶缘缺刻深而大,形成分裂状态,常见的叶片分裂有羽状分裂、掌状分裂和三出分裂三种(图4-38)。依据叶片裂隙的深浅不同,又可分为浅裂(lobed)、深裂(parted)和全裂(divided)。浅裂为叶裂深度不超过或接近叶片宽度的四分之一,如药用大黄、南瓜等;深裂为叶裂深度超过叶片宽度的四分之

NOTE

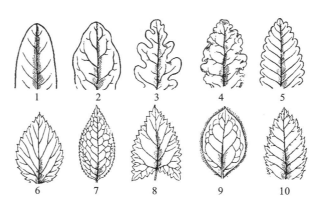

图 4-37　叶缘的各种形状

1. 全缘　2. 浅波状　3. 深波状　4. 皱波状　5. 圆齿状
6. 锯齿状　7. 细锯齿状　8. 牙齿状　9. 睫毛状　10. 重锯齿状

一,但不超过叶片宽度的二分之一,如唐古特大黄、荆芥等;全裂为叶裂几乎达到叶的主脉基部或两侧,形成数个全裂片,如大麻、白头翁等。

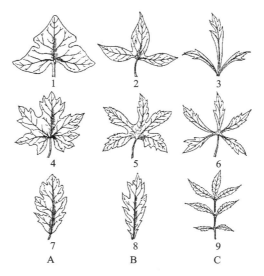

图 4-38　叶片的分裂

1. 三出浅裂　2. 三出深裂　3. 三出全裂　4. 掌状浅裂　5. 掌状深裂
6. 掌状全裂　7. 羽状浅裂　8. 羽状深裂　9. 羽状全裂

（四）叶片的质地

1. 膜质（membranaceous）　叶片薄而半透明,如半夏;有的膜质叶干薄而脆,不呈绿色,称干膜质,如麻黄的鳞片叶。

2. 草质（herbaceous）　叶片薄而柔软,如薄荷、商陆、藿香等。

3. 革质（coriaceous）　叶片厚而较强韧,略似皮革,如枇杷、山茶、夹竹桃等。

4. 肉质（succulent）　叶片肥厚多汁,如芦荟、马齿苋、红景天等。

5. 纸质（chartaceous）　叶片质地较薄而柔软,似纸张样,如糙苏。

（五）叶脉和脉序

叶脉(vein)是贯穿在叶肉内的维管束,有输导和支持作用。其中最粗大的叶脉称主脉或中脉(midrib),主脉的分枝称侧脉(lateral vein),侧脉的分枝称细脉(veinlet)。叶脉在叶片中的分布及排列形式称脉序(venation),脉序主要分为以下三种类型(图4-39)。

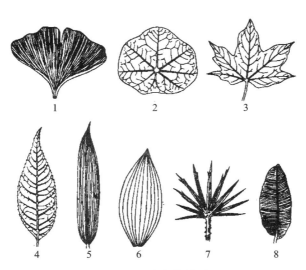

图4-39 脉序的类型
1.二叉脉序 2、3.掌状网脉 4.羽状网脉 5.直出平行脉
6.弧形脉 7.射出平行脉 8.横出平行脉

1. 二叉脉序(dichotomous venation) 每条叶脉均呈多级二叉状分枝,是比较原始的一种脉序,在蕨类植物中普遍存在,在种子植物中少见,如银杏叶。

2. 平行脉序(parallel venation) 叶脉多不分枝,各条叶脉平行或近似于平行分布,是多数单子叶植物叶脉的特征。常见的平行脉可分为如下四种形式。

(1) 直出平行脉(straight parallel venation):各叶脉从叶基互相平行发出,直达叶端,如淡竹叶、麦冬等。

(2) 横出平行脉(pinnately parallel venation):中央主脉明显,其两侧有许多平行排列的侧脉与主脉垂直,如芭蕉、美人蕉等。

(3) 弧形脉(arcuate venation):叶脉从叶片基部直达叶尖,中部弯曲呈弧形,如玉簪、车前、黄精、铃兰等。

(4) 射出平行脉(radiate parallel venation):各条叶脉均自基部以辐射状态伸出,如棕榈。

3. 网状脉序(netted venation) 主脉明显粗大,由主脉分出许多侧脉,侧脉再分细脉,彼此连接形成网状,是双子叶植物叶脉的特征。网状脉序又因主脉分出侧脉的不同而有两种形式。

(1) 羽状网脉(pinnate venation):有一条明显的主脉,两侧分出许多大小几乎相等并呈羽状排列的侧脉,侧脉再分出细脉交织成网状,如桂花、茶、桃等。

(2) 掌状网脉(palmate venation):叶基分出多条较粗大的叶脉,呈辐射状伸向叶缘,再多级分出侧脉和细脉相互交织成网状,如南瓜、蓖麻、萝藦等。

少数单子叶植物也具有网状脉序,如薯蓣、天南星,但其叶脉末梢大多数是连接的,没有游离的脉梢。此点有别于双子叶植物的网状脉序。

(六) 叶片的表面性质

叶和其他器官一样,表面常有附属物而呈各种表面形态特征。常见的有如下几种:光滑的,叶面无任何毛茸或凸起,而具有较厚的角质层,如冬青、枸骨等;被粉的,叶表面有一层白粉霜,如芸香等;粗糙的,叶表面具极小的凸起,手触摸有粗糙感,如紫草、蜡梅等;被毛的,叶表面具各种毛茸,如薄荷、毛地黄等。

(七) 异形叶性

一般情况下,每种植物具有特定形状的叶片,但也有一些植物在同一植株上具有不同形状的叶,这种现象称异形叶性(heterophylly)。异形叶性的发生有两种情况。一种是由于植株发育年龄不同,所形成的叶形各异,如人参,一年生的只有 1 枚由 3 片小叶组成的复叶,二年生的为 1 枚掌状复叶(5 小叶),三年生的有 2 枚掌状复叶,四年生的有 3 枚掌状复叶,以后每年递增 1 叶,最多可达 6 枚复叶(图 4-40);蓝桉幼枝上的叶为对生、无柄的椭圆形,而老枝上的叶则是互生、有柄的镰形叶(图 4-41);益母草基生叶略呈圆形,中部叶椭圆形、掌状分裂,顶生叶不分裂而呈线形近无柄;半夏的幼叶为单叶、卵状心形、全缘,之后逐渐变为戟形,成熟叶为三全裂。另一种是由于外界环境影响,引起叶的形态变化,如慈姑的沉水叶是线形,浮水叶是椭圆形,挺水叶则是箭形。

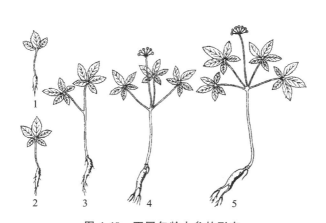

图 4-40　不同年龄人参的形态

1.一年生　2.二年生　3.三年生　4.四年生　5.五年生

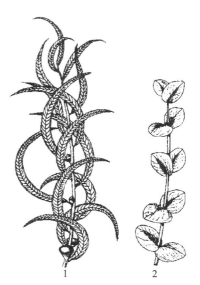

图 4-41　蓝桉的异形叶

1.老枝　2.幼枝

(八)单叶和复叶

植物的叶有单叶(simple leaf)和复叶(compound leaf)两类,是植物类群的鉴别依据之一。

1. 单叶　一个叶柄上只生一枚叶片,称单叶,如厚朴、女贞、樟树等。

2. 复叶　一个叶柄上生有两枚或两枚以上叶片,称复叶,如五加、白扁豆等。复叶的叶柄称总叶柄(common petiole),总叶柄以上着生叶片的轴状部分称叶轴(rachis),复叶上的每片叶称小叶(leaflet),其叶柄称小叶柄(petiolule)。

根据小叶的数目和在叶轴上排列的方式不同,复叶又可分为以下几种(图 4-42)。

(1)三出复叶(ternately compound leaf):叶轴上生有三片小叶的复叶。若顶生小叶有柄称羽状三出复叶,如大豆、胡枝子等;若顶生小叶无柄,称掌状三出复叶,如酢浆草、半夏等。

(2)掌状复叶(palmately compound leaf):叶轴缩短,在其顶端集生三片以上小叶,呈掌状展开,如五加、人参等。

(3)羽状复叶(pinnately compound leaf):叶轴长,小叶片在叶轴两侧呈羽状排列。若羽状复叶的叶轴顶端生有一片小叶,则称单(奇)数羽状复叶(odd-pinnately compound leaf),如苦参、黄檗、槐树、臭椿等。若羽状复叶的叶轴顶端生有两片小叶,则称双(偶)数羽状复叶(even-pinnately compound leaf),如决明、皂荚、落花生、香椿等。若叶轴作一次羽状分枝,形成许多侧生小叶轴,在小叶轴上又形成羽状复叶,称二回羽状复叶(bipinnate leaf),如合欢、云实、含羞草等;若叶轴作二次羽状分枝,第二级分枝上又形成羽状复叶的,称三回羽状复叶(tripinnate leaf),如南天竹、苦楝。

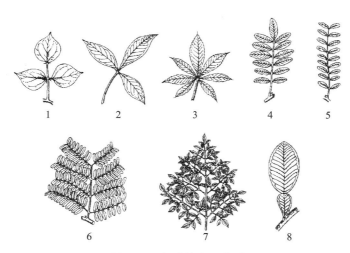

图 4-42　复叶的主要类型
1.羽状三出复叶　2.掌状三出复叶　3.掌状复叶　4.奇数羽状复叶
5.偶数羽状复叶　6.二回羽状复叶　7.三回羽状复叶　8.单身复叶

（4）单身复叶（unifoliate compound leaf）：一种特殊形态的复叶，叶轴上只有一枚叶片，可能是由三出复叶两侧的小叶退化成翼状形成，其顶生小叶与叶轴连接处具一明显关节，如柑橘、柠檬、柚等芸香科柑橘属植物的叶。

具单叶的小枝条和复叶有时易混淆，在识别时首先应分清叶轴和小枝的区别：第一，叶轴的顶端无顶芽，而小枝的先端具顶芽；第二，小叶的叶腋内无腋芽，仅在总叶柄的基部才有腋芽，而小枝上的每一单叶叶腋均有腋芽；第三，通常复叶上的小叶在叶轴上排列在同一平面上，而小枝上的每一单叶与小枝常成一定的角度；第四，落叶时复叶是整个脱落，或小叶先脱落，然后叶轴连同总叶柄一起脱落，而小枝一般不脱落，只有叶脱落。另外，具全裂叶片的单叶其裂口虽可达叶柄，但不形成小叶柄，故易与复叶区分。

二、叶序

叶在茎枝上排列的次序或方式称叶序（phyllotaxy）。常见的叶序有下列几种（图 4-43）。

（一）互生叶序（alternate phyllotaxy）

互生叶序指在茎枝的每个节上只生一枚叶子，各叶交互而生，常沿茎枝呈螺旋状排列，如桑、桃、柳等。

（二）对生叶序（opposite phyllotaxy）

对生叶序指在茎枝的每个节上相对着生两枚叶子，有的与相邻的两叶呈十字排列为交互对生，如薄荷、忍冬、龙胆等；有的对生叶排列于茎的两侧为二列状对生，如女贞、萝藦、水杉等。

（三）轮生叶序（verticillate phyllotaxy）

轮生叶序指在茎枝的每个节上轮生三枚或三枚以上的叶，如夹竹桃、轮叶沙参、直立百部等。

（四）簇生叶序（fascicled phyllotaxy）

簇生叶序指两枚或两枚以上的叶着生在节间极度缩短的侧生短枝上，密集成簇，如枸杞、银杏、落叶松等。此外，有些植物的茎极为短缩，节间不明显，其叶似从根上长出，称基生叶（basal leaf），基生叶常集生而呈莲座状，故又称莲座状叶丛，如蒲公英、车前等。

同一株植物可以同时存在两种或两种以上的叶序，如桔梗的叶序有互生、对生及三叶轮

NOTE

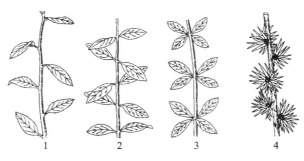

图 4-43　叶序

1. 互生叶序　2. 对生叶序　3. 轮生叶序　4. 簇生叶序

生,栀子的叶序有对生和三叶轮生。

　　叶在茎枝上无论以哪一种方式排列,相邻两节的叶片都不重叠,总是以相当的角度彼此镶嵌着生,称叶镶嵌(leaf mosaic)(图 4-44)。叶镶嵌使叶片避免相互遮盖,有利于充分接受阳光进行光合作用,另外,叶的均匀排列也使茎的各侧受力均衡。叶镶嵌现象比较明显的有爬山虎、常春藤、烟草等。

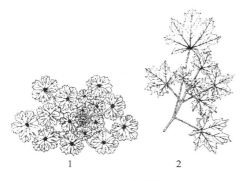

图 4-44　叶镶嵌

1. 莲座状叶丛(植株的叶镶嵌)　2. 枝条的叶镶嵌

三、变态叶的形态和类型

　　叶也和根、茎一样,受环境条件的影响和生理功能的改变而有各种变态,常见的变态类型有以下几种。

(一)苞片(bract)

　　生于花柄或花序基部的变态叶称苞片。其中生于花序外围或基部的一至多层苞片称总苞(involucre),总苞中的各个苞片称总苞片;花序中每朵小花的花柄上或花的花萼下较小的苞片称小苞片(bractlet)。苞片的形状多与普通叶不同,常较小,呈绿色,也有形大而呈各种颜色的。总苞的形状和轮数的多少常为种、属的鉴别特征,如栗等壳斗科植物的总苞常在果期硬化成壳斗状,成为该科植物的主要特征之一;向日葵等菊科植物的头状花序基部由多数绿色总苞片组成总苞;鱼腥草花序下的总苞由四片白色的花瓣状苞片组成;马蹄莲等天南星科植物的花序外面常围有一片大型的总苞片,称佛焰苞(spathe)。

(二)鳞叶(scale leaf)

　　叶特化或退化成鳞片状称鳞片或鳞叶。鳞叶有膜质和肉质两种:膜质鳞叶菲薄,一般干脆而不呈绿色,如姜的根茎和荸荠球茎上的鳞叶,以及木本植物的冬芽(鳞芽)外的褐色鳞叶;肉质鳞叶肥厚,能贮藏营养物质,如百合、贝母、洋葱等鳞茎上的肥厚鳞叶。

(三)刺状叶(leaf thorn)

　　叶片或托叶变态成坚硬的刺,称叶刺(leaf thorn)或刺状叶,起保护作用或适应干旱环境。如小檗的叶变成三刺,称为"三棵针";仙人掌的叶亦退化成刺状;红花、枸骨上的刺是由叶尖、叶缘变成的;刺槐、酸枣的刺是由托叶变成的。根据来源和生长位置的不同可区别叶刺和茎刺。至于月季、玫瑰茎上的刺,则由茎的表皮向外凸起所形成,其位置不固定,常易剥落,称皮刺(aculeus)。

（四）叶卷须（leaf tendril）

叶的全部或一部分变为卷须状,称为叶卷须,借以攀援其他物体。如豌豆的卷须是由羽状复叶先端的小叶片变成的,菝葜、小果菝葜的卷须是由托叶变成的。根据卷须的来源和生长位置也可与茎卷须相区别。

（五）根状叶（root-like leaf）

某些水生植物沉浸于水中的叶常细裂变态成细须根状,称根状叶,有吸收养料、水分的作用,如水生植物槐叶萍、金鱼藻等。

（六）捕虫叶（insectivorous leaf）

捕虫叶指食虫植物的叶,叶片形成囊状、盘状或瓶状等捕虫结构,当昆虫停留时叶片能立即自动闭合将昆虫捕获,昆虫后被腺毛或腺体内的消化液所消化,如捕蝇草、猪笼草、茅膏菜等(图 4-45)。

图 4-45 叶的变态——捕虫叶
1.猪笼草 2.捕蝇草

四、叶的显微构造

叶由茎尖生长锥后方的叶原基发育而来,叶片通过叶柄与茎直接相连。叶的构造主要指叶柄和叶片的构造,叶柄的构造和茎的构造很相似;但叶片是具有背腹面的较薄的扁平体,在构造上与茎有显著不同之处。

（一）双子叶植物叶的构造

1. 叶柄的构造 叶柄的横切面一般为半圆形、圆形、三角形等,向茎的一面平坦或凹下,背茎的一面凸出。其构造与茎相似,由表皮、皮层、维管柱三个部分组成。

叶柄的最外层是表皮,表皮以内为皮层,皮层的外围部分有多层厚角组织,有时也有一些厚壁组织。皮层中有若干大小不等的维管束,维管束结构和幼茎中的维管束相似,木质部位于上方(腹面),韧皮部位于下方(背面),木质部与韧皮部之间往往有一层形成层,但只有短时期的活动能力(图 4-46)。自叶柄中进入的维管束数目可以原数不变地一直延伸至叶片内,但也可分裂成更多的束,或合成为一束,故叶柄中的维管束数目和排列变化极大,造成它的结构复杂化,若从不同水平的横切面上观察常不一致。

植物种类不同,叶柄的显微构造特征也往往不同,因此,有时可作为叶类、全草类药材的鉴别特征之一。

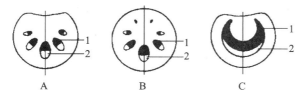

图 4-46 三种类型叶柄横切面简图
1.木质部 2.韧皮部

2. 叶片的构造 多数双子叶植物叶片的上面(腹面)为深绿色,下面(背面)为淡绿色,这是由叶片在枝上的着生位置是横向的,即叶片近于与枝的长轴相垂直,使叶片的两面受光照的情况不同所致,因而两面的内部结构也有较大的分化。有些植物的叶在枝上着生时,近于与枝的长轴平行,或与地面相垂直,叶片两面的受光情况差异不大,因而两面的外部形态和内部构

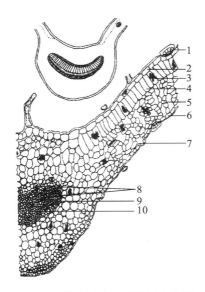

图 4-47 薄荷叶横切面简图和详图
1.腺毛 2.上表皮 3.橙皮苷结晶
4.栅栏组织 5.海绵组织 6.下表皮
7.气孔 8.木质部 9.韧皮部 10.厚角组织

造上也相似,如番泻叶、桉叶。一般双子叶植物叶片的构造均由表皮、叶肉和叶脉三个部分组成(图 4-47、图 4-48、图 4-49)。

(1)表皮(epidermis):覆盖整个叶片的表面,有上表皮和下表皮之分,在叶片上表面的表皮称上表皮(近轴面),在叶片下表面的表皮称下表皮(远轴面)。表皮通常由一层扁平的生活细胞组成,排列紧密,无细胞间隙。叶片的表皮细胞中一般不具叶绿体。顶面观表皮细胞一般呈不规则状,侧壁(垂周壁)多呈波浪状,彼此互相嵌合,紧密相连,无间隙;横切面观表皮细胞近方形,外壁常较厚,常具角质层,有的还具有蜡被、毛茸等附属物。少数植物表皮由多层细胞组成,称复表皮(multiple epidermis),如夹竹桃和海桐叶片的表皮由 2～3 层细胞组成,印度橡胶树叶片的表皮可有 3～4 层细胞。

表皮上常有气孔分布,一般下表皮的气孔较上表皮多。气孔的形状、数目和分布等因植物种类和环境不同而异。有些植物的叶尖和叶缘尚有一种排水的孔

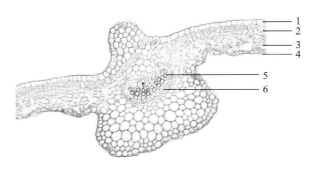

图 4-48 穿心莲叶横切面详图
1.上表皮 2.栅栏组织 3.海绵组织 4.下表皮 5.木质部 6.韧皮部

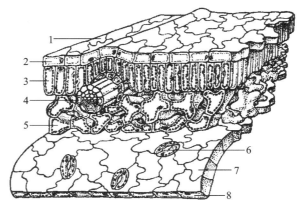

图 4-49 叶片结构的立体图解
1.上表皮(表面观) 2.上表皮(横切面) 3.叶肉的栅栏组织 4.叶脉
5.叶肉的海绵组织 6.气孔 7.下表皮(表面观) 8.下表皮(横切面)

 NOTE

状结构,称水孔,如番茄、禾本科植物幼苗。

在叶片的表面常可发育出各种各样的毛(腺毛、非腺毛、鳞片等)。毛是表皮细胞的凸出物,毛的有无和类型常因植物种类而异。

(2)叶肉(mesophyll):位于上、下表皮之间,由含有叶绿体的薄壁细胞组成,是绿色植物进行光合作用的主要场所。按叶肉薄壁组织的细胞形态和排列方式不同,通常分为栅栏组织(palisade tissue)和海绵组织(spongy tissue)两个部分。

①栅栏组织:位于上表皮之下,细胞为长圆柱形,其长轴与上表皮垂直,排列整齐、紧密,呈栅栏状,细胞间隙小,呈纵向,利于气体的交换。细胞内含有大量叶绿体,所以叶片上表面绿色较深,光合作用效能较强。栅栏组织在叶片内通常排成一层,也有排列成两层或两层以上的,如冬青叶、枇杷叶,各种植物叶肉的栅栏组织排列的层数不一样,可作为叶类药材鉴别的特征之一。

②海绵组织:位于栅栏组织下方,与下表皮相接,由一些近圆形或不规则形状的薄壁细胞构成,细胞间隙大,排列疏松如海绵状,细胞中所含的叶绿体一般较栅栏组织少,所以叶片下面的颜色常较浅。

叶肉组织在上、下表皮的气孔处有较大腔隙,称孔下室或气室(substomatic chamber)。这些腔隙与栅栏组织和海绵组织的细胞间隙相通,有利于内外气体的交换。在叶肉组织中,有的植物含有油室,如桉叶、橘叶等;有的植物含有草酸钙簇晶、方晶、砂晶等,如桑叶、枇杷叶等;有的还含有石细胞,如茶叶。

叶片的内部构造中,栅栏组织紧接上表皮下方,而海绵组织位于栅栏组织和下表皮之间,这种叶称两面叶(bifacial leaf)或异面叶(dorsiventral leaf)。有些植物在上下表皮内侧均有栅栏组织,称等面叶(isolateral leaf),如番泻叶和桉叶;还有的植物叶肉内没有栅栏组织和海绵组织的分化,亦为等面叶,如禾本科植物的叶。

(3)叶脉(vein):叶片中的维管束,主脉和各级侧脉结构不完全相同。主脉和较大侧脉由维管束和机械组织组成。维管束的构造和茎相同,由木质部和韧皮部组成,木质部位于向茎面(近轴面),韧皮部位于背茎面(远轴面)。在木质部和韧皮部之间常具形成层,但分生能力很弱,活动时间很短,只产生少量的次生组织。在维管束的上下侧,常具厚壁或厚角组织,这些机械组织在叶的背面最为发达,因此主脉和大的侧脉在叶片背面常呈显著的凸起。较细的叶脉位于叶肉组织中,维管束外面常包围着一层或多层排列紧密的大型细胞,称维管束鞘(vascular bundle sheath)。叶脉越细,构造也越简化,最初消失的是形成层和机械组织,其次是韧皮部,木质部的构造也逐渐简单。到了叶脉的末端,木质部中只留下1~2个短的螺纹管胞,韧皮部中则只有短而狭的筛管分子和增大的伴胞。

近年来研究发现,在许多植物的小叶脉内常有特化的细胞——具有向内生长的细胞壁,细胞壁的向内生长形成许多不规则的指状凸起,因而大大增加了壁的内表面与质膜表面积,使质膜与原生质体的接触更为密切,此种细胞称传递细胞(transfer cell)。传递细胞能够更有效地从叶肉组织输送光合作用产物到达筛管分子。

在主脉部位的上、下表皮内方常为厚角组织和厚壁组织,在叶背面较发达;主脉处上、下表皮内方常不分化出叶肉组织。但有些植物在主脉的上方有一层或几层栅栏组织,与叶肉中的栅栏组织相连接,如番泻叶、石楠叶,这是叶类药材的鉴别特征(图4-50、图4-51)。

(二)单子叶植物叶的构造

单子叶植物的叶外形多种多样,有条形(稻、麦)、管形(葱)、剑形(鸢尾)、卵形(玉簪)、披针形(鸭跖草)等。大多数单子叶植物叶分化成叶片与叶鞘,叶片较窄,脉序一般是平行脉。在内部构造上,叶片也有很多变化,但与一般双子叶植物一样具有表皮、叶肉和叶脉三种基本结构。现以禾本科植物淡竹叶的叶片为例加以说明(图4-52、图4-53)。

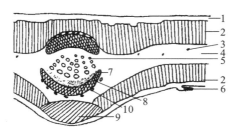

图 4-50　番泻叶横切面简图

1.表皮　2.栅栏组织　3.草酸钙簇晶
4.海绵组织　5.导管　6.非腺毛　7.韧皮部
8.厚壁组织　9.厚角组织　10.草酸钙结晶

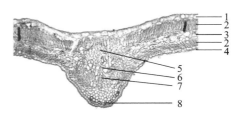

图 4-51　番泻叶横切面详图

1.上表皮　2.栅栏组织　3.海绵组织　4.下表皮
5.厚壁组织　6.木质部　7.韧皮部　8.厚角组织

1. 表皮　单子叶植物叶的表皮细胞的排列

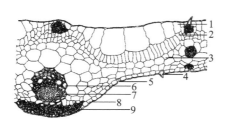

图 4-52　淡竹叶横切面简图

1.上表皮(运动细胞)　2.栅栏组织　3.海绵组织
4.非腺毛　5.气孔　6.木质部
7.韧皮部　8.下表皮　9.厚壁组织

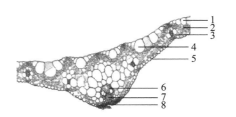

图 4-53　淡竹叶横切面详图

1.上表皮　2.栅栏组织　3.海绵组织
4.运动细胞　5.下表皮　6.木质部
7.韧皮部　8.厚壁组织

比双子叶植物规则,排列成行,有长细胞和短细胞两种类型,长细胞为四棱柱形,长径与叶的纵轴平行,外壁角质化,并含有硅质。短细胞又分为硅质细胞和栓质细胞两种类型:硅质细胞的胞腔内充满硅质体,故禾本科植物叶坚硬而表面粗糙;栓质细胞的细胞壁木栓化。此外,在上表皮中有一些特殊的大型薄壁细胞,称泡状细胞(bulliform cell),这类细胞具有大型液泡,在横切面上排列略呈扇形,干旱时由于这些细胞失水收缩,引起整个叶片卷曲成筒,可减少水分蒸腾,故又称运动细胞(motor cell)。表皮上下两面都分布有气孔,气孔由两个狭长或哑铃状的保卫细胞构成,两端头状部分的细胞壁较薄,中部柄状部分细胞壁较厚,每个保卫细胞外侧各有一个略呈三角形的副卫细胞。

2. 叶肉　禾本科植物的叶片多呈直立状态,叶片两面受光近似,因此,叶肉没有栅栏组织和海绵组织的明显分化,属于等面叶类型,但也有个别植物叶的叶肉组织分化成栅栏组织和海绵组织,属于两面叶类型。如淡竹叶的叶肉组织中栅栏组织为一列圆柱形的细胞,海绵组织由1～3列(多2列)排列较疏松的不规则的圆形细胞组成。

3. 叶脉　叶脉内的维管束近平行排列,主脉粗大,维管束为有限外韧型。主脉维管束的上下两方常有厚壁组织分布,并与表皮层相连,增强了机械支持作用。在维管束外围常有1～2层或多层细胞包围,构成维管束鞘(vascular bundle sheath),维管束鞘可以作为禾本科植物分类上的特征。

（三）裸子植物叶的构造

裸子植物多为常绿植物,其叶多为针形、条形和鳞形等。以松针属植物的针叶为例,松柏类植物叶在形态结构上具有旱生植物叶的特点。叶横切面为半圆形,其结构可分为表皮、下皮层、叶肉和维管束四个部分。表皮细胞壁较厚,角质层发达,表皮下有多层厚壁细胞,称下皮层

NOTE

（hypodermis）；气孔纵向排列，下陷于下皮层中。叶肉组织无分化，细胞壁向内凹陷，有无数的褶襞，叶绿体沿褶襞分布，扩大了光合作用的面积。叶肉中分布有树脂道，具内皮层。维管束为1～2束，木质部在近轴面，韧皮部在远轴面。

五、叶的生理功能和药用价值

叶的主要生理功能有光合作用、呼吸作用和蒸腾作用，它们在植物的生活中具有重要的意义。光合作用是叶肉细胞中的叶绿体利用光能将 CO_2 和水合成有机物质，把光能转化为化学能贮藏起来，并释放氧气的过程。呼吸作用与光合作用相反，是植物细胞吸收 O_2，使体内的有机物质氧化分解，排出 CO_2 并释放能量维持植物生理活动的过程，主要在叶中进行，其气体交换主要是通过叶表面的气孔来完成的。蒸腾作用即水分从植物叶表面以水蒸气状态散失到大气中的过程，叶表面的气孔是蒸腾作用的主要通道，蒸腾作用是根系吸收水分的动力之一，根系吸收的矿物质也随水分上升而被运输和分布到植物体各部分；同时，还能降低叶面温度，避免叶在强光照下遭受高温伤害。

此外，叶还具有繁殖、贮藏、吸收和合成等作用。如贝母、百合、洋葱等的肉质鳞叶有贮藏作用，秋海棠、落地生根的叶有繁殖作用，叶面施肥就是利用叶的吸收作用。叶除作为食物或饲料源外，还具有观赏和药用价值。生药一般采用药用植物完整的干燥叶，大多数为单叶（大青叶、桑叶、枇杷叶），少数为复叶的小叶（番泻叶），还有带叶的嫩枝（侧柏叶）等。

知识拓展
4-3

本节小结

叶是种子植物重要的营养器官，具有光合作用、蒸腾作用和呼吸作用。完全叶由叶片、叶柄和托叶三个部分组成，缺少其中一个或两个部分者称不完全叶。叶片是叶的主要组成部分，常为绿色扁平状；叶柄常为圆柱形、半圆柱形或稍扁平，支持叶片；托叶是叶柄基部的附属物。叶的形态特征主要包括叶形、叶端、叶基、叶缘、叶脉及脉序类型、叶片质地、表面附属物和叶片分裂等，这些特征随植物种类不同而异；蕨类植物普遍为分叉脉序，绝大多数双子叶植物具有网状脉序，单子叶植物则以平行脉序为主。叶有单叶和复叶之分，其中复叶有三出复叶、掌状复叶、羽状复叶和单身复叶四种类型。叶在茎上的排列方式有对生、互生、轮生和簇生等类型。叶有苞片、鳞叶、叶卷须、刺状叶、捕虫叶等变态类型。叶柄结构与茎类似。无论双子叶植物还是单子叶植物，叶片的组织结构均由表皮、叶肉和叶脉三个部分组成。

目标检测

一、单选题

1. 双子叶植物叶的脉序通常为（　　　　）。

A. 分叉脉序　　　B. 弧形脉序　　　C. 网状脉序　　　D. 直出平行脉　　　E. 射出平行脉

2. 叶片为肉质，肥厚多汁的药用植物是（　　　　）。

A. 薄荷　　　B. 天南星　　　C. 半夏　　　D. 枇杷　　　E. 芦荟

3. 相邻两节的叶总不重叠着生称为（　　　　）。

A. 叶序　　　B. 叶交叉　　　C. 叶镶嵌　　　D. 异形叶形　　　E. 异形叶性

4. 叶的细胞中含有大量叶绿体的是（　　　　）。

A. 上表皮　　　B. 栅栏组织　　　C. 海绵组织　　　D. 下表皮　　　E. 中脉

5. 禾本科植物的叶失水时卷曲成筒是因为上表皮有（　　　　）。

目标检测
答案

NOTE

A.毛茸　　　　B.气孔　　　　C.传递细胞　　　　D.运动细胞　　　　E.蜡被

二、填空题

1. 叶一般由_____、_____和_____三个部分组成。

2. 复叶有_____、_____、_____、_____四种类型。

3. 常见的叶序有_____、_____、_____、_____。

4. 双子叶植物叶片的构造可分为_____、_____、_____三个部分。

5. 双子叶植物叶肉通常分为_____和_____两个部分。

三、判断题

1. 有些植物的叶不具叶柄,叶片基部包围在茎上,称贯穿叶或穿茎叶。（　　　）

2. 常见的叶片分裂有羽状分裂、掌状分裂、网状分裂三种,依据叶片裂隙的深浅不同,分为浅裂和深裂两种。（　　　）

3. 叶片的表皮细胞中不具叶绿体,表皮通常由一层排列紧密的生活细胞组成,也有由多层细胞构成的,称复表皮。（　　　）

4. 海绵组织在叶片内通常为一些圆形或不规则形的薄壁细胞,含大量叶绿体,是植物进行光合作用的主要场所,位于叶片的上表皮之下。（　　　）

5. 有些植物的叶在上、下表皮内侧均有栅栏组织,称等面叶。（　　　）

四、简答题

1. 何谓叶脉、脉序？常见的脉序有哪几种？

2. 如何区别单叶与复叶？

3. 等面叶与两面叶有何不同？

4. 简述双子叶植物叶的一般构造。

推荐阅读文献

[1] 郭素娟,武燕奇.板栗叶片解剖结构特征及其与抗旱性的关系[J].西北农林科技大学学报(自然科学版),2018,46(9):51-59.

[2] 张泽宏,吴小霞.5种蕨类植物叶片解剖结构及其对阴生环境的适应性研究[J].华中师范大学学报(自然科学版),2013,47(6):840-843.

参 考 文 献

[1] 黄宝康.药用植物学[M].7版.北京:人民卫生出版社,2016.

[2] 高宁,牛晓峰.药用植物学[M].北京:科学出版社,2017.

[3] 刘春生.药用植物学[M].4版.北京:中国中医药出版社,2016.

[4] 严铸云,郭庆梅.药用植物学[M].2版.北京:中国医药科技出版社,2018.

[5] 王德群,谈献和.药用植物学[M].2版.北京:科学出版社,2011.

[6] 谈献和,王德群.药用植物学[M].9版.北京:中国中医药出版社,2013.

（张新慧）

第四节　花

案例导入

德国的博物学家和哲学家歌德(1749—1832年)在18世纪90年代,提出"植物一切器官的共同性"和"多种多样植物形态的统一性"的观点。按照他的观点,植物地上器官是统一的,是一种器官的多方面变态。因此,他提出花是适合繁殖的变态短枝。

提问:为什么说花是一种变态的短枝?请在图中白玉兰的花中找出茎、叶的特征。

花(flower)是种子植物特有的繁殖器官。种子植物在经过一段时期的营养生长以后,当温度、光照等外界条件合适时,其茎尖的分生组织就形成花原基或花序原基,进而发育成花或花序;再经过开花、传粉、受精,产生果实和种子以繁衍后代,所以种子植物(spermatophyte)又称显花植物(phanerogam)。种子植物包括裸子植物和被子植物,裸子植物的花构造简单、原始,被子植物的花高度进化,结构复杂,通常所述的花,指被子植物的花,本节所讲的花指被子植物的花。花的形态和构造特征较其营养器官稳定,变异较少,因而掌握花的特征,对学习、研究植物的分类,生药的原植物鉴定等均有十分重要的意义。许多植物的花可供药用,如辛夷、洋金花、金银花、旋覆花、菊花等。

一、花的组成、形态和类型

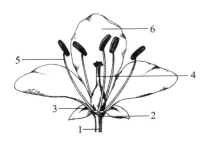

图 4-54 花的组成
1.花梗 2.花托 3.花萼
4.雌蕊 5.雄蕊 6.花冠

花由花芽发育而成,一朵典型的花主要由花梗(pedicel)、花托(receptacle)、花萼(calyx)、花冠(corolla)、雄蕊群(androecium)和雌蕊群(gynoecium)等六个部分组成(图 4-54)。从形态上看,花是节间极度缩短、适应生殖的一种变态短枝,花梗和花托可看成这种枝中的变态茎,花被、雄蕊群和雌蕊群则可看作这种枝中的变态叶,具有叶的一般特性。雄蕊群、雌蕊群具有生殖功能,是花最重要的部分;花萼和花冠合称花被,具有保护和引诱昆虫传粉的作用;花梗和花托则主要起支持作用。

(一)花梗(pedicel)

花梗又称花柄,是花与茎相连接的部分,起支持花的其他部分的作用。其常为绿色,多为圆柱状,其长短、有无随植物种类而异,如莲的花梗很长,贴梗海棠的花梗很短,车前甚至无花梗。

(二)花托(receptacle)

花托是花梗顶端稍膨大的部分,花各部均以一定方式着生其上。它通常呈平坦或稍凸起的圆顶状;也有呈圆锥状的,如草莓;也有呈倒圆锥状的,如莲(莲蓬);也有呈圆柱状的,如厚朴、玉兰;也有呈杯状或瓶状的,如金樱子、月季。有些植物的花托在雄蕊群与花被之间,或者雄蕊群与雌蕊群之间,增生出一个比这些非花托的部分基端高出的部分,称花盘(flower disc)。花盘呈垫状、盘状、环状或裂瓣状,常可分泌蜜汁,如柑橘、卫矛和夏枯草。

(三)花被(perianth)

花被是花萼和花冠的总称,多数植物具有分化明显的花萼和花冠。但也有些植物的花萼和花冠形态相似而不易区分,而统称花被,如百合、黄精等。

1. 花萼(calyx) 花萼是一朵花中所有萼片(sepal)的总称,位于花的最外层,常呈绿色叶状,其形态构造与叶片相似。一朵花中萼片的数目随植物科属的不同而异,但以 3～5 片者多

NOTE

见。萼片相互分离的称离生萼,如毛茛、菘蓝;萼片全部或部分合生的称合生萼,如地黄、丁香,其中下部连合部分称萼筒,上部分离部分称萼齿或萼裂片。有的萼筒一侧还向外延长呈管状或囊状凸起称距(spur),如凤仙花、还亮草等。花萼通常在花开放后脱落,但有些植物花开过后萼片不脱落,并随果实长大而增长,且在果实成熟后与其连在一起,这样的花萼称宿存萼(persistent calyx),如番茄、柿、茄等植物的花萼。另有一些植物的花萼在开花前就脱落称早落萼(caducous calyx),如白屈菜、虞美人等。有的植物在花萼之外还有一轮萼状物称副萼,如棉花、木槿等;若花萼大而鲜艳似花冠状称瓣状萼,如乌头、飞燕草等;花萼变态呈毛状称冠毛(pappus),如蒲公英等;另外还有的变成干膜质,如青葙、牛膝等。

2. 花冠(corolla) 花冠是一朵花中所有花瓣(petal)的总称,位于花萼的内侧,常颜色鲜艳。花瓣常为一轮排列,其数目一般与同一花的萼片数相等,若花瓣为二至数轮排列则称重瓣花(double flower)。花瓣彼此分离的称离瓣花(choripetalous flower),如桃、油菜等;花瓣全部或部分合生的称合瓣花(synpetalous flower),如牵牛、益母草等。合瓣花下部连合部分称花冠筒,上部分离部分称花冠裂片或冠檐,花冠筒与冠檐间宽展部分的交界处称喉(throat);花瓣基部延长呈管状或囊状称距(spur),如紫花地丁、延胡索等;花冠内侧或花冠与雄蕊之间生有瓣状或冠状结构称副花冠(corona),如水仙、萝藦等。

花冠除花瓣彼此分离或合生外,花瓣的形状和大小也有变化而使整个花冠呈现特定的形状,这些花冠形状往往成为不同类别植物所独有的特征,是被子植物的分类标准之一。其中常见的有以下几种类型(图 4-55)。

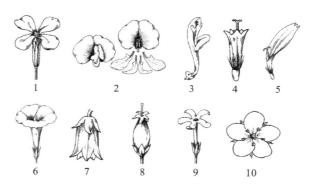

图 4-55 花冠的类型

1.十字形花冠 2.蝶形花冠 3.唇形花冠 4.管状花冠 5.舌状花冠 6.漏斗状花冠
7.钟状花冠 8.坛(壶)状花冠 9.高脚碟状花冠 10.辐(轮)状花冠

(1)十字形花冠(cruciferous corolla):花瓣 4 枚,分离,上部外展呈十字形,如油菜、菘蓝、萝卜等十字花科植物。

(2)蝶形花冠(papilionaceous corolla):花瓣 5 枚,分离,排成蝶形,上方一片最大且位于最外侧,称旗瓣(banner);两侧各 1 枚,较小,称翼瓣(ala);下方 2 枚形小、位于最内侧、连合并向上弯曲呈龙骨状,称龙骨瓣(carina),如大豆、甘草、黄芪等豆科植物。若旗瓣最小、位于翼瓣内侧,龙骨瓣最大、位于下侧的最外方,则称假蝶形花冠,如决明等。蝶形和假蝶形花冠是豆科植物主要花冠类型。

(3)唇形花冠(labiate corolla):花冠合生呈二唇形,下部筒状,通常上唇 2 裂,下唇 3 裂,如丹参、益母草等唇形科植物。

(4)管状花冠(tubular corolla):又称筒状花冠,花冠大部分合生,呈细长管状,如红花、小蓟等菊科植物。

(5)舌状花冠(ligulate corolla):花冠基部合生呈一短筒状,上部连合呈扁平舌状、向一侧展开,如向日葵、蒲公英等菊科植物头状花序中的边缘花。

（6）漏斗状花冠（funnel-shaped corolla）：花冠筒较长，自基部向上逐渐扩大呈漏斗状，如牵牛、甘薯等旋花科植物和曼陀罗等部分茄科植物。

（7）钟状花冠（campanulate corolla）：花冠筒短而宽，上部裂片扩大呈钟状，如桔梗、党参等桔梗科植物。

（8）高脚碟状花冠（salver-shaped corolla）：花冠下部合生呈细长管状，上部裂片水平展开呈碟状，如栀子、长春花、水仙花等。

（9）坛（壶）状花冠（urceolate corolla）：花冠合生，靠下部膨大成圆形或椭圆形，上部收缩成一短颈，顶部短小的花冠裂片呈水平状展开，如柿、石楠等。

（10）辐（轮）状花冠（rotate corolla）：花冠筒很短，裂片呈水平状展开，形似车轮，如枸杞、龙葵等茄科植物。

3. 花被卷叠式（aestivation） 花被卷叠式指花未开放时花被各片彼此的叠压方式，其在花蕾即将绽开时比较明显，植物种类不同，花被卷叠式也不同，常见的有以下几种（图4-56）。

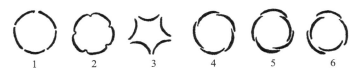

图4-56 花被卷叠式
1.镊合状 2.内向镊合状 3.外向镊合状 4.旋转状 5.覆瓦状 6.重覆瓦状

（1）镊合状（valvate）：花被各片边缘彼此接触而不覆盖，排列一圈，如桔梗、葡萄等。若镊合状花被的边缘微向内弯称内向镊合，如沙参；若各片边缘微向外弯称外向镊合，如蜀葵。

（2）旋转状（contorted）：花被各片边缘依次相互压覆呈回旋状，如夹竹桃、龙胆、栀子等。

（3）覆瓦状（imbricate）：花被各片边缘彼此覆盖，但有一片完全在外，一片完全在内，如紫草、山茶等。

（4）重覆瓦状（quincuncial）：与覆瓦状相似，但有两片完全在外，两片完全在内，如桃、杏等。

（四）雄蕊群

雄蕊群（androecium）是一朵花中所有雄蕊（stamen）的总称。雄蕊位于花被内侧，常生于花托上，也有基部着生于花冠或花被上的。雄蕊的数目一般与花瓣同数或为其倍数，有时较多（十枚以上）称雄蕊多数，最少可到一朵花仅一枚雄蕊，如白及、京大戟、姜等。

1. 雄蕊的组成 典型的雄蕊由花丝和花药两个部分组成。

（1）花丝（filament）：通常细长，下部着生于花托或花被上，上部支持花药。

（2）花药（anther）：花丝顶端膨大的囊状物，是雄蕊的主要部分。花药通常由四个或两个花粉囊（pollen sac）组成，分成左右两半，中间由药隔相连。花粉囊中产生花粉（pollen），花粉成熟后，花粉囊自行开裂，花粉粒由裂口处散出。花粉囊开裂的方式各不相同，常见的有如下几种（图4-57）：

①纵裂：花粉囊沿纵轴开裂，如水稻、百合等。

②横裂：花粉囊沿中部横向裂开，如木槿、蜀葵等。

③瓣裂：花粉囊侧壁上裂成几个小瓣，花粉由瓣下的小孔散出，如樟、淫羊藿等。

④孔裂：花粉囊顶部开一小孔，花粉由小孔散出，如杜鹃、茄等。

（3）花药在花丝上的着生方式主要有以下几种（图4-58）：

①全着药（adnate anther）：花药全部附着在花丝上，如厚朴、紫玉兰等。

②基着药（basifixed anther）：花药基部着生于花丝顶端，如樟、茄等。

NOTE

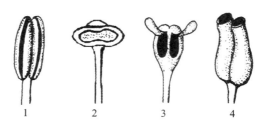

图 4-57 花粉囊开裂的方式

1.纵裂 2.横裂 3.瓣裂 4.孔裂

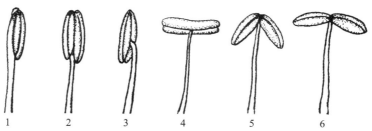

图 4-58 花药的着生方式

1.全着药 2.基着药 3.背着药 4.丁字着药 5.个字着药 6.广歧着药

③背着药(dorsifixed anther):花药背部着生于花丝上,如马鞭草、杜鹃等。

④丁字着药(versatile anther):花药横向着生于花丝顶端而与花丝呈丁字状,如百合、小麦等。

⑤个字着药(divergent anther):花药上部连合,着生在花丝上,下部分离,略呈个字状,如地黄、泡桐等。

⑥广歧着药(divaricate anther):花药左右两半完全分离平展,与花丝呈垂直状着生,如薄荷、益母草等。

2. 雄蕊的类型 不同植物花中的雄蕊群,因雄蕊的数目、花丝的长短、连合程度和排列方式等不同,常见的有以下几种类型(图 4-59)。

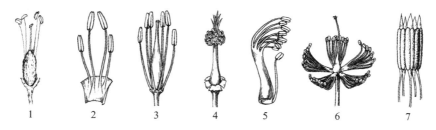

图 4-59 雄蕊的类型

1.离生雄蕊 2.二强雄蕊 3.四强雄蕊 4.单体雄蕊 5.二体雄蕊 6.多体雄蕊 7.聚药雄蕊

(1)离生雄蕊(distinct stamen):雄蕊彼此分离,长度相似,是大多数植物所具有的雄蕊类型,如桃、梨等。

(2)二强雄蕊(didynamous stamen):雄蕊 4 枚,分离,2 长 2 短,如益母草、地黄等唇形科和玄参科植物。

(3)四强雄蕊(tetradynamous stamen):雄蕊 6 枚,分离,4 长 2 短,如油菜、萝卜等十字花科植物。

(4)单体雄蕊(monadelphous stamen):花药完全分离而花丝连合成一束,呈圆筒状,如蜀葵、木槿、棉花等锦葵科植物以及苦楝、远志、山茶等。

NOTE

80

（5）二体雄蕊（diadelphous stamen）：雄蕊的花丝连合成两束，其数目相等或不等。如紫堇、延胡索等植物雄蕊有 6 枚，每 3 枚连合，成两束；而扁豆、甘草等许多豆科植物的雄蕊共有 10 枚，其中 9 枚连合，1 枚分离。

（6）多体雄蕊（polyadelphous stamen）：雄蕊多数，花丝连合成多束，如金丝桃、元宝草、酸橙。

（7）聚药雄蕊（syngenesious stamen）：雄蕊的花药连合成筒状，而花丝分离，如红花、向日葵等菊科植物。

还有少数植物的雄蕊发生变态而呈花瓣状，如姜、美人蕉。有的部分雄蕊不具花药或仅留痕迹，称不育雄蕊或退化雄蕊，如鸭跖草。

（五）雌蕊群

雌蕊群（gynoecium）是一朵花中所有雌蕊（pistil）的总称，位于花的中央，一朵花中可有 1 枚或多枚雌蕊。

1. 雌蕊的组成　雌蕊由柱头、花柱和子房三个部分组成。

（1）柱头（stigma）：接受花粉的地方，位于雌蕊的顶端，通常膨大或扩展成各种形状，其表面多不平滑，常分泌黏液，有利于花粉的固着及萌发。

（2）花柱（style）：花粉进入子房的通道，位于子房与柱头之间的细长部分。花柱的粗细、长短因不同植物而异。

（3）子房（ovary）：雌蕊基部膨大呈囊状的部分，着生于花托上，内含胚珠；其外部分化成子房壁，内部空间形成子房室，不同植物子房室的数目有所不同，单雌蕊和离生雌蕊的子房仅有 1 室。复雌蕊的子房可 1 至多室，因心皮边缘愈合后向内卷入；在中央汇聚成一中轴，形成了与心皮数相等的子房室称复室子房；复雌蕊 1 室的子房，因仅心皮边缘愈合形成的子房只有 1 室，或多室子房的纵隔膜溶解消失仅留下中央轴而成 1 室子房。有的子房室可被假隔膜完全或不完全地分隔开而增加子房室数目。子房内壁沿腹缝线处的胎座上着生胚珠，胚珠数目因不同植物而异。受精后整个子房发育成果实，胚珠发育成种子。

2. 雌蕊的类型　雌蕊由叶变态而成，这种变态叶称心皮（carpel），亦即心皮是适应生殖作用的变态叶。当心皮卷合成雌蕊时，其边缘的合缝线称腹缝线，心皮的背部相当于叶的中脉部分称背缝线，一般胚珠着生在腹缝线上。根据构成雌蕊的心皮数目不同，雌蕊可分为以下几种类型（图 4-60）。

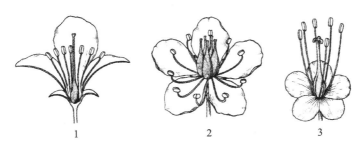

图 4-60　雌蕊的类型
1.单雌蕊　2.离生雌蕊　3.复雌蕊

（1）单雌蕊（simple pistil）：一朵花内仅由 1 枚心皮组成的雌蕊，如甘草、扁豆、桃、杏等。

（2）离生雌蕊（apocarpous pistil）：一朵花中由 2 至多数单雌蕊，彼此分离形成，如五味子、八角、草莓。

（3）复雌蕊（compound pistil）：又称合生雌蕊，一朵花中由 2 枚或 2 枚以上心皮彼此连合形成的雌蕊。常有 3 种类型：①柱头、花柱分离，子房合生，如梨；②柱头分离，子房、花柱合生，

NOTE

如南瓜、向日葵;③柱头、花柱、子房都合生,如百合、油菜。心皮数目可由柱头或花柱的分裂数目、子房上主脉(背缝线)数、子房的腹缝线数以及子房室数来确定。

3. 子房着生的位置 子房着生在花托上,根据其与花托之间相连(或愈合)的程度和部位不同,可分为下列几种类型(图4-61)。

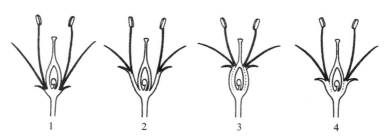

图4-61 子房着生的位置
1.子房上位(下位花) 2.子房上位(周位花) 3.子房下位(上位花) 4.子房半下位(周位花)

(1)子房上位(superior ovary):子房仅底部与花托相连。若花托凸起或平坦,花萼、花冠和雄蕊均着生于子房下方的花托上,这种子房上位的花称为下位花(hypogynous flower),如毛茛、百合等。若花托下陷,不与子房愈合,花的其他部分着生于花托上端边缘,这种子房上位的花称周位花(perigynous flower),如桃、杏等。

(2)子房下位(inferior ovary):子房全部与凹下的花托愈合,花的其他部分着生于子房的上方,这种子房下位的花则称上位花(epigynous flower),如栀子、黄瓜、梨。

(3)子房半下位(half-inferior ovary):子房仅下半部与凹陷的花托愈合,而花的其他部分着生于子房四周的花托边缘,具有这种子房半下位的花也称周位花,如桔梗、马齿苋。

4. 胎座的类型 胚珠(ovule)在子房内着生的部位称胎座(placenta)。常见的胎座有以下几种类型(图4-62)。

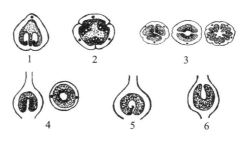

图4-62 胎座的类型
1.边缘胎座 2.侧膜胎座 3.中轴胎座 4.特立中央胎座 5.基生胎座 6.顶生胎座

(1)边缘胎座(marginal placenta):单心皮雌蕊,子房一室,多数胚珠沿腹缝线排列成纵行,如大豆、甘草。

(2)侧膜胎座(parietal placenta):合生心皮雌蕊,子房一室,胚珠着生于相邻两心皮的腹缝线上,如黄瓜、罂粟、紫花地丁。

(3)中轴胎座(axile placenta):合生心皮雌蕊,子房多室,胚珠着生于心皮边缘向子房中央愈合的中轴上,如百合、柑橘、桔梗。

(4)特立中央胎座(free-central placenta):合生心皮雌蕊,子房一室,子房室底部伸起一游离柱状凸起,胚珠着生于柱状凸起上(由中轴胎座衍生而来),如石竹、马齿苋、报春花。

(5)基生胎座(basal placenta):单心皮或合生心皮雌蕊,子房一室,胚珠一枚,着生于子房室底部,如向日葵、大黄。

(6)顶生胎座(apical placenta):单心皮或合生心皮雌蕊,子房一室,胚珠一枚,着生于子房室顶部,如桑、杜仲。

5. 胚珠的构造和类型　胚珠(ovule)是种子的前身,着生于子房的胎座上,其数目因植物种类不同而异。胚珠由珠心(nucellus)、珠被(integument)、珠孔(micropyle)、珠柄(funicle)组成。珠心是发生在胎座上的一团胚性细胞,其中央发育形成胚囊(embryo sac),成熟胚囊有 8 个细胞(靠近珠孔有 3 个,中间一个较大的为卵细胞,两侧为 2 个助细胞,与珠孔相反的一端有 3 个反足细胞,胚囊的中央为 2 个极核细胞)。珠心外面由珠被包围,珠被在包围珠心时在顶端留有一孔称珠孔,胚珠基部连接胚珠和胎座的短柄称珠柄。珠被、珠心基部和珠柄汇合处称合点(chalaza)。胚珠在发生时由于各部分的生长速度不同使珠孔、合点与珠柄的位置有所变化而形成胚珠的不同类型(图 4-63)。

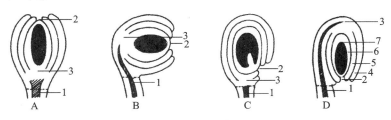

图 4-63　胚珠的类型和构造
A.直生胚珠　B.横生胚珠　C.弯生胚珠　D.倒生胚珠
1.珠柄　2.珠孔　3.合点　4.外珠被　5.内珠被　6.珠心　7.胚囊

(1) 直生胚珠(orthotropous ovule):胚珠各部生长均匀,胚珠直立,珠孔、珠心、合点与珠柄在一条直线上,如大黄、胡椒、核桃。

(2) 横生胚珠(hemitropous ovule):胚珠一侧生长快,另一侧生长慢,整个胚珠横列,珠孔、珠心、合点呈一直线,与珠柄垂直,如锦葵。

(3) 弯生胚珠(campylotropous ovule):珠被、珠心生长不均匀,胚珠弯曲呈肾状,珠孔、珠心、合点与珠柄不在一条直线上,如大豆、石竹、曼陀罗。

(4) 倒生胚珠(anatropous ovule):胚珠一侧生长迅速,另一侧生长缓慢,胚珠向生长缓慢的一侧弯转而使胚珠倒置,珠孔靠近珠柄,珠柄很长,与珠被愈合,并在珠柄外面形成一条长而明显的纵行隆起,称珠脊,珠孔、珠心、合点几乎在一条直线上,如落花生、蓖麻、杏、百合等大多数被子植物。

(六)花的类型

在长期的演化过程中,被子植物的花在外部形态和内部结构等方面发生不同程度的变化,从而形成丰富多样的形态结构,常分为以下几种主要的类型。

1. 完全花和不完全花　花萼、花冠、雄蕊、雌蕊四个部分俱全的花称完全花(complete flower),如桃、桔梗等。缺少其中一个部分或几个部分的花,称不完全花(incomplete flower),如桑、南瓜、柳。

2. 重被花、单被花和无被花　具有花萼和花冠的花称重被花(double perianth flower),如桃、杏、萝卜等。若只具花萼而无花冠,或花萼与花冠不分化,则称单被花(simple flower),单被花的花萼应称花被,这种花被常具鲜艳的颜色而呈花瓣状,如玉兰、百合、白头翁。不具花被的花称无被花(naked flower),这种花常具苞片,如杨、柳、杜仲(图 4-64)。

3. 两性花、单性花和无性花　一朵花中既有雄蕊又有雌蕊的称两性花(bisexual flower),如牡丹、桃、桔梗。仅具雄蕊或雌蕊的花称单性花(unisexual flower),其中只有雄蕊的花称雄花(staminate flower),只有雌蕊的花称雌花(pistillate flower);若雄花和雌花在同一株植物上则称单性同株或雌雄同株(monoecism),如南瓜、蓖麻;若雄花和雌花分别生于不同植株上则称单性异株或雌雄异株(dioecism),如银杏、桑、杜仲、柳;若同一株植物既有单性花又有两性

图 4-64　花的类型

A.无被花(单性花)　B.单被花(两性花)　C.重被花(两性花)

1.苞片　2.花萼　3.花冠

花称杂性同株,如厚朴;若单性花和两性花分别生于同种异株上称杂性异株,如臭椿、葡萄。一朵花中若雄蕊和雌蕊均退化或发育不全则称无性花(asexual flower),如八仙花花序周围的花、小麦小穗顶端的花。

4. 辐射对称花、两侧对称花和不对称花　通过花的中心可作两个或两个以上对称面的花称辐射对称花(actinomorphic flower),又称整齐花(regular flower),如桔梗、桃、牡丹。通过花的中心只能作一个对称面的花称两侧对称花(zygomorphic flower)或不整齐花(irregular flower),如益母草、决明。无对称面的花称不对称花,如败酱、缬草、美人蕉。

5. 风媒花、虫媒花、鸟媒花和水媒花　借风传粉的花称风媒花(anemophilous flower),风媒花常具有花小、单性、无被或单被、素色、花粉量大、花粉粒细小、柱头面大和有黏质等特征,如杨、玉米、大麻、稻。借昆虫传粉的花称虫媒花(entomophilous flower),虫媒花的特征如下:两性花,雌蕊和雄蕊不同期成熟,具有美丽鲜艳的花被及蜜腺和芳香气味,花粉量少、花粉粒较大,表面多具凸起并有黏性,花的形态常与传粉昆虫的特点形成相适应的结构,如丹参、益母草、桃、南瓜。风媒花和虫媒花是植物长期自然选择的结果,也是自然界最普遍的适应传粉的花的类型。另外,还有少数植物借助小鸟传粉称鸟媒花(ornithophilous flower),如凌霄属植物,或借助水流传粉称水媒花(hydrophilous flower),如金鱼藻、黑藻等水生植物。

知识拓展
4-4

二、花程式与花图式

为了简要地说明一朵花中各部分组成、排列位置和相互关系,常借用符号和数字所组成的一定程式或图案形式来描述花的特征,分别称花程式和花图式。

(一)花程式

花程式(flower formula)是采用字母、数字和符号来表示花各部分的组成、排列、位置及相互关系。其表示方法如下。

1. 以字母代表花的各部分　一般用花各部分拉丁词的第一个字母大写表示,它们分别表示如下:

P 表示花被(其拉丁文 perianthium 的略写);

K 表示花萼(其德文 kelch 的略写);

C 表示花冠(其拉丁文 corolla 的略写);

A 表示雄蕊群(其拉丁文 androecium 的略写);

G 表示雌蕊群(其拉丁文 gynoecium 的略写)。

2. 以数字表示花各部分的数目　在各字母的右下角以 1,2,3,…,10 表示各部分的数目,以"∞"表示 10 以上或数目不定,以 0 表示该部分缺少或退化;在雌蕊的右下角有三个数字,依次表示心皮数、子房室数、每室胚珠数,并用":"相连。

3. 以符号表示花的情况　"＊"表示辐射对称花,"↑"表示两侧对称花;"⚥""♂"和"♀"分别表示两性花、雄花和雌花;"(　　)"表示合生,"＋"表示花部排列的轮数关系;"—"表示子房的位置。G、$\overline{G}$ 和 $\overline{\underline{G}}$ 分别表示子房上位、子房下位和子房半下位。冠生雄蕊用带弧线的箭头表示。例如：

桃花的花程式：$\male\female * K_5 C_5 A_\infty \underline{G}_{(1:1:1)}$

表示桃花为两性花；辐射对称；花萼 5 枚，分离；花瓣 5 枚，分离；雄蕊多数，分离；雌蕊子房上位，1 心皮单雌蕊，子房 1 室，每室 1 枚胚珠。

桔梗花的花程式：$\male\female * K_{(5)} C_{(5)} A_5 \overline{\underline{G}}_{(5:5:\infty)}$

表示桔梗花为两性花；辐射对称；萼片 5 枚，连合；花瓣 5 枚，连合；雄蕊 5 枚，分离；子房半下位，由 5 心皮合生，子房 5 室，每室胚珠多数。

百合花的花程式：$\male\female * P_{3+3} A_{3+3} \underline{G}_{(3:3:\infty)}$

表示百合花为两性花；辐射对称；单被花，花被片 6 枚，2 轮，每轮 3 枚，分离；雄蕊 6 枚，2 轮，每轮 3 枚，分离；子房上位，由 3 心皮合生，子房 3 室，每室胚珠多数。

桑花的花程式：$\male P_4 A_4; \female P_4 \underline{G}_{(2:1:1)}$

表示桑花为单性花；雄花花被片 4 枚，分离，雄蕊 4 枚，分离；雌花花被片 4 枚，分离，子房上位，由 2 心皮合生，子房 1 室，每室 1 枚胚珠。

(二) 花图式

花图式 (flower diagram) 是以花部分的横切面简单投影图表示花各部分的形状、数目、排列方式和相互位置关系等特征 (图 4-65)。

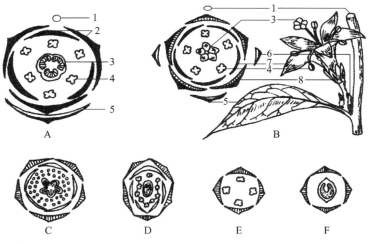

图 4-65 花图式

A.单子叶植物 B.双子叶植物 C.苹果 D.豌豆 E.桑的雄花 F.桑的雌花

1.花轴 2.花被 3.雌蕊 4.雄蕊 5.苞片 6.小苞片 7.花冠 8.花萼

花图式的绘制规则：先在上方绘一小圆圈表示花序轴的位置 (如为单生花或顶生花可不绘出)，在花序轴的下方自外向内按苞片、花萼、花冠、雄蕊、雌蕊的顺序依次绘出各部的图解，通常以外侧带棱的新月形符号表示苞片，由斜线组成带棱的新月形符号表示萼片或花被 (花萼、花瓣无分化时)，空白的新月形符号表示花瓣，雄蕊和雌蕊分别用花药和子房的横切面轮廓表示。

在记载花的特征时，用花程式可以表示花各部分的数目、子房位置等特征，但不能表示各轮花被片之间的排列关系；花图式则能表示各轮花被片之间的排列关系，但不能表示子房的位置。因此在实际应用时，只有将两者配合使用，才能既简便又全面地描述花的特征。

三、花序及其类型

花序(inflorescence)指花在花轴上的排列方式和开放顺序。有些植物的花单生于茎顶端或叶腋,称单生花,如玉兰、牡丹等;而多数植物的花按一定的顺序排列在总花柄上,也称花序轴(rachis)或花轴,花序轴可分枝或不分枝;支持整个花序的茎轴称总花梗,无叶的总花梗称花葶(scape)。花柄或花序轴基部有苞片(bract),有些植物的苞片密集形成总苞(involucre),如向日葵等。根据花在花序轴上排列的方式和开放的顺序,花序一般分为无限花序和有限花序两大类。

(一)无限花序(总状花序类)

花序轴在开花期内可以继续伸长,不断产生新的花,花的开放顺序是由下向上,或由边缘向中心,这种花序称无限花序(indefinite inflorescence)。根据花序轴有无分枝,无限花序又分为两类,花序轴不分枝的为单花序,花序轴有分枝的为复花序(图 4-66)。

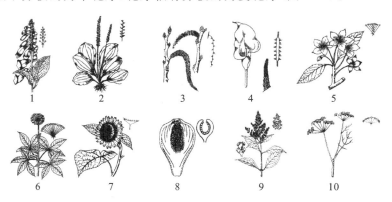

图 4-66 无限花序的类型
1.总状花序 2.穗状花序 3.柔荑花序 4.肉穗花序 5.伞房花序
6.伞形花序 7.头状花序 8.隐头花序 9.复伞房花序 10.复伞形花序

1. 单花序(simple inflorescence)

(1)总状花序(raceme):花序轴细长,其上着生许多花柄近等长的小花,如油菜、荠菜、菘蓝等。

(2)穗状花序(spike):似总状花序,但小花具极短的柄或无柄,如车前、牛膝、马鞭草等。

(3)柔荑[tí]花序(catkin):花序轴柔软下垂,其上着生许多无柄、无被或单被的单性小花,花开放后整个花序一起脱落,如杨、胡桃、柳等。

(4)肉穗花序(spadix):与穗状花序相似,但花序轴肉质粗大呈棒状,其上密生多数无柄的小花,花序外常具有一个大型苞片,称佛焰苞(spathe),如天南星、半夏等天南星科植物。

(5)伞房花序(corymb):略似总状花序,但小花梗不等长,下部长,向上逐渐缩短,上部近同一平面上,如山楂、绣线菊等蔷薇科植物。

(6)伞形花序(umbel):花序轴缩短,在花序轴顶端着生许多花柄近等长的小花,放射状排列呈伞状,如人参、刺五加、葱等。

(7)头状花序(capitulum):花序轴极短而膨大成头状或盘状的花序托,其上密生许多无柄的小花,外围的苞片密集成总苞,如向日葵、菊花、蒲公英等菊科植物。

(8)隐头花序(hypanthodium):花序轴肉质膨大而凹陷成中空的囊状体,其凹陷的内壁着生多数无柄单性小花,顶端仅有一小孔与外界相通。如无花果、薜荔等。

2. 复花序(compound inflorescence)

(1)复总状花序(compound raceme):花序轴上具分枝,每一分枝为一总状花序,下部分枝较长，上部分枝较短，整体呈圆锥状，又称圆锥花序（panicle）。如槐树、女贞等。

（2）复穗状花序（compound spike）：花序轴每一分枝为一穗状花序，如小麦、香附等。

（3）复伞房花序（compound corymb）：花序轴上的分枝呈伞房状排列，而每一分枝又形成一伞房花序，如白芷。

（4）复伞形花序（compound umbel）：花序轴的顶端集生许多近等长的伞形分枝，每一分枝又形成一伞形花序，如柴胡、当归、小茴香等伞形科植物。

（二）有限花序（聚伞花序类）

有限花序（definite inflorescence）与无限花序相反，在开花期间，花序轴顶端的花首先开放，导致主轴不能继续向上生长，只能在顶花的下方产生侧轴，开花的顺序是从上向下或从内向外，有限花序又称聚伞花序。通常根据花序轴上端的分枝情况又分为以下几种类型（图4-67）。

图 4-67　有限花序的类型
1.螺旋状聚伞花序　2.蝎尾状聚伞花序　3.二歧聚伞花序　4.多歧聚伞花序　5.轮伞花序

1. 单歧聚伞花序（monochasium）　花序轴顶端生一花，然后在顶花下面一侧形成一侧枝，同样在枝端生花，侧枝上又可分枝着生花朵，如此连续分枝则为单歧聚伞花序。若花序轴下分枝均向同一侧生出而呈螺旋状弯转，称螺旋状聚伞花序（bostrix），如勿忘我、紫草、附地菜等。若分枝为左右交替生出，则称蝎尾状聚伞花序（scorpioid cyme），如射干、唐菖蒲等。

2. 二歧聚伞花序（dichasium）　花序轴顶花先开，后在其下两侧同时产生两个等长的分枝，每分枝以同样方式继续开花和分枝，如石竹、冬青、卫矛等。

3. 多歧聚伞花序（pleiochasium）　花序轴顶花先开，其下同时发出数个侧轴，侧轴多比主轴长，各侧轴又形成小的聚伞花序，称多歧聚伞花序。若花序轴下面生有杯状总苞，则称杯状聚伞花序（大戟花序）（cyathium），如京大戟、泽漆、甘遂等。

4. 轮伞花序（verticillaster）　聚伞花序生于对生叶的叶腋，呈轮状排列，称轮伞花序，如夏枯草、薄荷、益母草等唇形科植物。

（三）混合花序

混合花序指既有无限花序成分又有有限花序成分的花序，常见的有以下两种。

1. 聚伞圆锥花序（thyrse）　花序轴呈无限式，但生出的每一侧枝为有限的聚伞花序，如紫丁香、葡萄等。

2. 伞形聚伞花序（umbellate cyme）　花序轴主轴的顶端生长有多数小聚伞花序，排列成伞形，如洋葱、韭菜等。

四、花的生理功能和药用价值

花是植物的繁殖器官，花通过开花、传粉和受精等过程来完成生殖功能。

（一）开花

当雄蕊的花粉粒和雌蕊的胚囊发育成熟时，花被由包被状态而逐渐展开，露出雄蕊和雌蕊，这一过程称开花（anthesis）。开花是种子植物发育成熟的标志。各种植物的开花年龄、季节和花期不完全相同,因植物种类而异。一年生草本植物,当年开花结果后逐渐枯死;二年生草本植物通常第一年主要进行营养生长,第二年开花后完成生命周期;大多数多年生植物到达开花年龄后可年年开花,但竹类一生只开花一次。每种植物的开花季节是一致的,有的先花后叶,有的花叶同放,有的先叶后花。

(二)传粉

开花后,花药裂开,花粉粒通过不同媒介的传播,到达雌蕊的柱头上,这一过程称传粉(pollination)。有自花传粉和异花传粉两种方式。

1. 自花传粉(self-pollination) 雄蕊的花粉自动落到同一花的柱头上的传粉现象,如棉花、大豆、小麦等。自花传粉的花的特点如下:两性花,雄蕊紧靠雌蕊且花药向内,雌蕊、雄蕊常排列等高和同时成熟。有些植物的雌蕊、雄蕊早熟,在花尚未开放或根本不开放时就已完成传粉和受精过程,这种现象称闭花传粉或闭花受精,如落花生、豌豆等。

2. 异花传粉(cross pollination) 雄蕊的花粉借助不同媒介传送到另一朵花的柱头上的现象,异花传粉是植物界普遍存在的一种传粉方式,与自花传粉相比,是更为进化的方式。异花传粉的花往往在结构和生理上产生一些与异花传粉相适应的特性:花单性且雌雄异株,若为两性花则雌雄蕊异熟或雌雄蕊异长,自花不孕等。异花传粉的花在传粉过程中,其花粉需要借助外力的作用才能被传送到其他花的柱头上,一般传送花粉的媒介有风、虫、鸟和水等,其中最普遍的是风和虫,各种媒介传粉的花往往产生一些特殊的适应性结构,使传粉得到保证。

(三)受精

雌雄配子即卵子和精子的融合过程称受精(fertilization)。

1. 花粉粒的发育和形态构造

(1)花药的发育:花药是由花托上产生的雄蕊原基顶端部分发育而成。幼小的花药由一群具有分生能力的细胞所组成,进一步发育形成花药原始体,并渐呈四棱状,在每棱的表皮下出现体积较大、分裂能力强的孢原细胞(archesporial cell)。孢原细胞先进行平周分裂,形成外层的周缘细胞(parietal cell)和内层的造孢细胞(sporogenous cell),中间的细胞分裂形成药隔细胞和维管束,构成药隔,每个雄蕊均有 1 条自花托伸入的维管束,贯穿花丝直达药隔顶端。

周缘细胞分裂成 3～5 层细胞,紧靠表皮的一层细胞在发育早期称药室内壁,细胞内含有淀粉粒,到花药成熟时,在垂周壁和内切向壁出现不均匀增厚,称纤维层(fibrous layer)。纤维层细胞壁的加厚有助于花药成熟开裂,在药室内壁形成纤维层时,常在花粉囊交接处的外侧,留下一条薄壁细胞,花药成熟时即在此处开裂。药壁最内层是绒毡层(tapetum),绒毡层对花粉粒的发育具有重要的营养作用和调节作用,在花粉粒成熟时,绒毡层细胞多已解体。周缘细胞分裂最终形成花粉囊壁。

造孢细胞分裂形成大量花粉母细胞(小孢子母细胞)。随后花粉母细胞进行减数分裂,每个母细胞形成 4 个子细胞,每个子细胞发育成花粉粒,即小孢子(microspore)。最初形成的花粉粒具有 1 个单倍体的细胞核(图 4-68)。

(2)花粉粒的形态构造:花粉粒的形状、大小、外壁雕纹以及萌发孔(沟)的数目、形态结构及位置等,常成为植物科属甚至是种的鉴别特征。因此了解花粉的形态及结构,对鉴定植物具有重要的意义。

一般花粉粒的直径为 15～20 μm,有些大的花粉粒直径可达 10～200 μm,如南瓜。花粉的形状有球形、椭圆形、三角形、四角形以及其他形状,其颜色也不一样,有淡黄色、墨绿色、青色、红色等。成熟的花粉有两层壁。内壁薄,主要由果胶质和纤维素组成。外壁较厚,含有脂类和色素,外壁表面光滑或具有各种雕纹,如颗粒状、瘤状、条纹状、刺状、穴状、棒状、网状、脑纹状等,上述雕纹是鉴定花粉的重要特征。花粉粒的内壁外有的地方没有外壁,形成萌发孔

NOTE

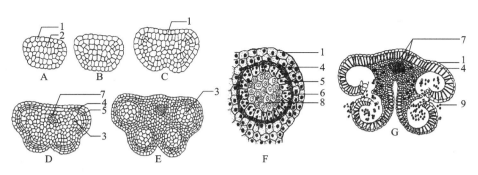

图 4-68　花粉的发育

A～E.发育的顺序　F.一个花粉囊的放大　G.成熟后开裂的花药

1.表皮　2.造孢细胞　3.孢原细胞　4.纤维层　5.绒毡层

6.中间层　7.药隔中的维管束　8.花粉母细胞　9.花粉粒

(germinal aperture)或长萌发孔即萌发沟(germinal furrow)。花粉萌发时,花粉管就由孔或沟处向外凸出生长。各类植物的花粉粒所具有的萌发孔或萌发沟的结构、形状、位置、数目和大小也不相同(图 4-69)。

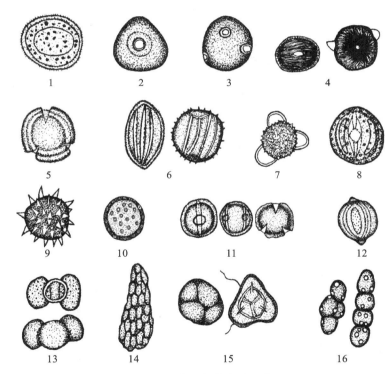

图 4-69　花粉粒的各种形态

1.刺状雕纹(番红花)　2.单孔(水烛)　3.三孔(大麻)　4.三孔沟(曼陀罗)　5.三沟(莲)

6.螺旋孔(谷精草)　7.三孔(齿头雕纹,红花)　8.三孔沟(钩吻)

9.散孔(刺状雕纹,木槿)　10.散孔(芫花)　11.三孔沟(密蒙花)

12.三沟(乌头)　13.具气囊(油松)　14.花粉块(绿花阔叶兰)

15.四合花粉(每粒花粉具三孔沟,羊蹄甲)　16.四合花粉(杠柳)

2. 胚珠的发育和胚囊的形成　在子房壁的内表皮下胎座上,生有一团珠心组织,珠心基部的细胞分裂较快,逐渐向上扩展,包围珠心形成珠被,具两层珠被的,先形成内珠被,后形成外珠被。珠被以内是珠心细胞,珠心细胞大小均匀一致。以后,在靠近珠孔处的表皮下,一般只有一个细胞长大成孢原细胞,具有分生能力。孢原细胞可以直接成为胚囊母细胞(embryo

知识链接
4-5

 NOTE

sac mother cell)或大孢子母细胞(megaspore mother cell),但有些植物的孢原细胞分裂成2个细胞。外边的细胞成为珠心细胞,里面的细胞成为造孢细胞。造孢细胞发育成为胚囊母细胞(大孢子母细胞),经减数分裂成4个子细胞,由其中1个发育成大孢子,其余3个逐渐消失。

　　常见的被子植物胚囊(embryo sac)的发育类型简述如下:首先是大孢子萌发,体积增大,大孢子的细胞核进行第一次分裂,形成2个核,随即分别移到胚囊两端,然后进行两次分裂,以致每端有4个核,以后每端各有1个核移向中央形成2个极核(polar nucleus),有些植物这2个极核融合成为中央细胞(central cell),近珠孔端的3个核成为3个细胞,中央的为卵细胞(egg cell),两边各有1个助细胞(synergid),近合点端的3个核也形成3个细胞,称反足细胞(antipodal cell),这样就形成了8个核的胚囊(雌配子体)。在胚囊发育过程中,吸取了珠心的养分,以致珠心组织渐被侵蚀,而胚囊本身逐渐扩大,直至占据胚珠中央的大部分,有些植物反足细胞可再分裂,形成多个细胞,如水稻、小麦(图4-70)。

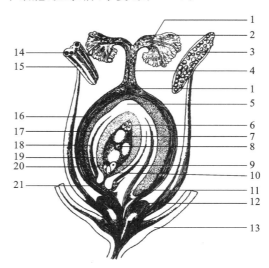

图4-70　花的纵切面图解

1.花粉管　2.柱头　3.花粉粒　4.花柱　5.合点　6.反足细胞　7.胚囊　8.中央细胞　9.卵细胞
10.助细胞　11.珠柄　12.蜜腺　13.花被　14.花粉囊　15.花药　16.子房　17.胚珠　18.外珠被
19.内珠被　20.珠心　21.珠孔

　　3. 被子植物的双受精　被子植物的受精全过程包括受精前花粉在柱头上萌发、花粉管生长并到达胚珠、进入胚囊、精子与卵细胞及中央细胞结合。其过程为成熟花粉粒经传粉后落到柱头上,因柱头上有黏液而附于柱头上。花粉粒在柱头上萌发,自萌发孔长出若干个花粉管,其中只有1个花粉管能继续生长,经由花柱伸入子房。如果是3个细胞的花粉粒,营养细胞和2个精子都进入花粉管,有些植物的花粉粒只有2个细胞即营养细胞和生殖细胞,也都进入花粉管,生殖细胞在花粉管内分裂成2个精子。大多数植物的花粉管到达胚珠时,通过珠孔进入胚囊,称珠孔受精。少数植物则由合点进入胚囊,称合点受精。花粉管进入子房后,一般通过珠孔进入胚囊(也有经过合点进入胚囊的),此时花粉管先端破裂,2个精子进入胚囊(这时营养细胞大多已解体消失),其中一个精子与卵细胞结合成合子,将来发育成种子的胚,另一个精子与极核结合而发育成种子的胚乳。卵细胞和极核同时与2个精子分别完成融合的过程,是被子植物特有的有性生殖现象,称双受精(double fertilization),它融合了双亲遗传特性,对增强后代的生活力和适应性方面具有重要的意义,是植物界有性生殖过程中最进化、最高级的形式。此外,在受精过程中助细胞和反足细胞均破坏消失。花经过传粉、受精后,胚珠发育成种子,子房发育成果实。

本节小结

　　花是种子植物特有的繁殖器官,由花芽发育而成,是节间极度缩短、适应生殖的变态短枝,花梗和花托是枝条的部分,花被、雄蕊群和雌蕊群由叶变态而成。花由花梗、花托、花萼、花冠、雄蕊群和雌蕊群六个部分组成。多数植物分化出明显的花萼和花冠。花萼位于花的最外层,常呈绿色。按生长情况不同,花萼分为离生萼、合生萼、瓣状萼、宿存萼和冠毛等;花冠位于花萼的内侧,常具鲜艳颜色,彼此分离者为离瓣花,合生者为合瓣花;有些植物的花冠呈现出特定的形状,如十字形、蝶形、唇形、管状、舌状、漏斗状、钟状、高脚碟状、辐(轮)状等。花被各片之间的排列形式有镊合状、旋转状和覆瓦状等三种。雄蕊由花丝和花药两个部分组成,常见的特殊类型有离生雄蕊、二强雄蕊、四强雄蕊、单体雄蕊、二体雄蕊、多体雄蕊、聚药雄蕊。雌蕊由心皮构成,分为柱头、花柱和子房三个部分,按心皮数目和相互关系分为单雌蕊、离生雌蕊、复雌蕊;子房是雌蕊中最重要的部分,按其着生在花托上的位置分为子房上位、子房下位和子房半下位。子房室数由心皮数和结合状态而定。子房内着生胚珠的部位称胎座,有边缘胎座、侧膜胎座、中轴胎座、特立中央胎座、基生胎座、顶生胎座和全面胎座等类型;胚珠有直生胚珠、横生胚珠、弯生胚珠和倒生胚珠等类型。

　　花根据花萼、花冠、雄蕊、雌蕊四个部分是否齐全分为完全花和不完全花,按花萼和花冠的有无分为重被花、单被花和无被花,根据一朵花中有无雄蕊与雌蕊的情况分为两性花、单性花和无性花,按花被各片形状大小相似程度,以及过中心的对称面数分为辐射对称花、两侧对称花和不对称花。学界常采用花程式或花图式对花进行简化描述。花序指花在花枝或花轴上排列的方式和开放的顺序,按花在花序轴上排列方式和开放的顺序可分为无限花序和有限花序,无限花序又可分为总状花序、复总状花序、穗状花序、复穗状花序、柔荑花序、肉穗花序、伞房花序、伞形花序、复伞形花序、复伞房花序、头状花序、隐头花序;有限花序常见有单歧聚伞花序、二歧聚伞花序、多歧聚伞花序和轮伞花序。花的形态结构随植物种类而异,但其形态构造特征较其他器官稳定,对研究植物分类、药材的原植物鉴别及花类药材的鉴定等均具有重要意义。

目标检测

一、单选题

1. 一朵花中的花萼随果实生长一起增大,而且始终不凋谢,这种花萼称( )。

A. 副萼 　　　　　　B. 早落萼 　　　　　C. 合生萼 　　　　　D. 宿存萼

2. 合生心皮雌蕊,子房一室,胚珠着生于相邻两心皮的腹缝线上,此为( )。

A. 边缘胎座 　　　　B. 侧膜胎座 　　　　C. 中轴胎座 　　　　D. 基生胎座

3. 单心皮雌蕊,子房一室,胚珠沿腹缝线排列成纵行,如大豆。这种胎座称( )。

A. 边缘胎座 　　　　B. 侧膜胎座 　　　　C. 中轴胎座 　　　　D. 基生胎座

4. 真果是由( )受精后发育而形成的。

A. 花托 　　　　　　B. 子房 　　　　　　C. 花序轴 　　　　　D. 花被

5. 五加科的花序为( )。

A. 伞形花序 　　　　B. 伞房花序 　　　　C. 轮伞花序 　　　　D. 聚伞花序

6. 蝶形花冠中最大的花瓣是( )。

A. 旗瓣 　　　　　　B. 翼瓣 　　　　　　C. 龙骨瓣 　　　　　D. 都是

二、名词解释

1. 心皮

目标检测
答案

NOTE

2. 单体雄蕊

3. 聚药雄蕊

4. 复雌蕊

5. 不完全花

三、简答题

1. 总状花序、穗状花序和柔荑花序有何不同？伞形花序和伞房花序有何不同？头状花序与隐头花序有何不同？

2. 什么是自花传粉和异花传粉？哪种在后代发育过程中更有优越性？为什么？

3. 用文字说明花程式$\lozenge * \uparrow P_{(3+3)} A_{(3+3)} \underline{G}_{(3:3:\infty)}$的含义。

推荐阅读文献

[1] 洪亚平.花的精细解剖和结构观察新方法及应用[M].北京:中国林业出版社,2017.

[2] 胡正海.药用植物的结构、发育与药用成分的关系[M].上海:上海科学技术出版社,2014.

[3] 董霞.蜜粉源植物学[M].北京:中国农业出版社,2010.

参 考 文 献

[1] 黄宝康.药用植物学[M].7 版.北京:人民卫生出版社,2016.

[2] 路金才.药用植物学[M].3 版.北京:中国医药科技出版社,2016.

[3] 姚振生.药用植物学[M].北京:中国中医药出版社,2007.

[4] 南京中医药大学.中药大辞典(上、下册)[M].2 版.上海:上海科学技术出版社,2006.

[5] 谈献和,姚振生.药用植物学[M].上海:上海科学技术出版社,2009.

[6] 詹亚华,刘合刚,黄必胜.药用植物学[M].3 版.北京:中国医药科技出版社,2016.

[7] 张浩. 药用植物学[M]. 6 版. 北京:人民卫生出版社,2011.

[8] 杨春澍. 药用植物学[M]. 上海:上海科学技术出版社,1997.

（吴　波）

第五节　果实

看图说话:你在本图中看到了几个草莓果实？

很多人的回答一定是一个果实,实际上,草莓的果实为聚合果,它是由花托膨大而形成的。花托表面着生多数雌蕊,每一个雌蕊受精后都形成一个瘦果,即草莓的"种子"。

提问:瘦果具有哪些特征？聚合果与聚花果的区别是什么呢？

果实(fruit)是被子植物特有的繁殖器官,一般是花受精后由雌蕊的子房发育而成的特殊结构,外面包被果皮,内含种子。果实具有保护和散布种子的作用。

一、果实的形态和构造

被子植物的花经传粉和受精后，各部分发生很大的变化，花柄发育成果柄，花萼、花冠一般脱落，雄蕊和雌蕊的柱头、花柱往往枯萎，子房逐渐膨大，发育形成果实，胚珠发育形成种子。但是有些种类的花萼虽然枯萎但并不脱落，保留在果实上，如山楂；有的花萼随果实一起明显长大，如柿、枸杞、酸浆等。大多数植物的果实单纯由子房发育形成，称真果（true fruit），如桃、杏、柑橘、柿等；但也有些植物除子房外，花的其他部分如花被、花托和花序轴等也参与果实的形成，这种果实称假果（false fruit），如苹果、栝楼、无花果、凤梨等。

果实由果皮（pericarp）和种子（seed）组成。果皮通常可分为外果皮（exocarp）、中果皮（mesocarp）、内果皮（endocarp）三个部分。有的果实可明显地观察到三层果皮构造，有的果实的果皮分层不明显。果皮类型不同，其果皮的分化程度亦不一致。

（一）外果皮

外果皮是果皮的最外层，通常较薄而坚韧，常由一层表皮细胞或表皮与某些相邻组织构成。外表皮上常有角质层、蜡被、毛茸、气孔、刺、瘤突、翅等附属物，如桃、吴茱萸具有非腺毛和腺毛；柿果皮上有蜡被；荔枝的果实上有瘤突；曼陀罗、鬼针草的果实上有刺；杜仲、白蜡树、榆树、槭树的果实具翅；八角的外果皮被有不规则的角质小凸起；有的在表皮中含有色物质或色素，如花椒；有的在表皮细胞间嵌有油细胞，如北五味子。

（二）中果皮

中果皮是果皮的中层，占果皮的很大一部分，多由薄壁细胞组成，具有多数细小维管束，是果实主要的可食用部分。中果皮结构变化较大，肉质果多肥厚，里面有大量薄壁组织细胞；干果成熟后中果皮变干收缩成膜质或革质，如荔枝、花生等。维管束一般分布在中果皮内。有的中果皮中含有石细胞、纤维，如连翘、马兜铃等的果实；有的含油细胞、油室及油管等，如胡椒、花椒、陈皮、蛇床子等的果实。

（三）内果皮

内果皮是果皮的最内层，多因果实类型的不同而区别很大：有的内果皮和中果皮合生不易分离；有的由多层石细胞组成而为木质化的坚硬并加厚，如核果中的桃、李、杏等；有的由一层薄壁细胞组成而呈膜质，如苹果、梨等；少数植物的内果皮能生出充满汁液的肉质囊状毛，如柑橘、柚子等。

二、果实的类型

果实的类型很多，根据果实的来源、结构和果皮性质的不同，果实可分为单果、聚合果和聚花果三大类。

（一）单果

单果（simple fruit）是由一个雌蕊（单雌蕊或复雌蕊）所形成的果实，即一朵花只形成一个果实。依据果皮质地和结构的不同，分为肉质果和干果。

1. 肉质果（fleshy fruit） 成熟时果皮或其他组成部分肉质多浆，不开裂。常见的有以下五种类型（图 4-71）。

（1）浆果（berry）：单雌蕊或复雌蕊的上位或下位子房发育形成的果实，外果皮薄，中果皮和内果皮肥厚，肉质多汁，内有一至多粒种子，如葡萄、枸杞、番茄、龙葵等。

（2）柑果（hesperidium）：多心皮合生雌蕊具中轴胎座的上位子房发育形成的果实，外果皮较厚，革质，内含油室；中果皮具有多分支的维管束，常疏松呈白色海绵状，与外果皮结合，界线

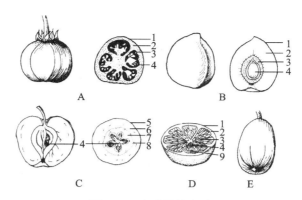

图 4-71　肉质果的类型

A.浆果　B.核果　C.梨果　D.柑果　E.瓠果

1.外果皮　2.中果皮　3.内果皮　4.种子　5.周皮　6.花托的皮层　7.花托的髓部　8.花托的维管束　9.毛囊

不明显；内果皮膜质，分隔成多室，内壁生有许多肉质多汁的囊状毛，为芸香科柑橘属植物所特有的果实，如橙、柚、橘、柠檬、柑等。

（3）核果（drupe）：典型的核果由单心皮雌蕊发育而成，外果皮薄，中果皮肉质肥厚，内果皮形成坚硬的果核，内含一粒种子，如桃、杏、梅等。核果有时也泛指具有坚硬果核的果实，如人参、三七、胡桃等。

（4）梨果（pome）：2～5 个心皮复雌蕊的下位子房与花筒共同发育而成的假果，肉质可食部分主要来自花托和萼筒，外果皮和中果皮肉质，界线不清，内果皮坚韧，革质和木质，常分隔成 2～5 室，每室常含 2 粒种子。为蔷薇科梨亚科植物特有的果实，如苹果、梨、山楂等。

（5）瓠果（pepo）：3 心皮复雌蕊的具侧膜胎座的下位子房连同花托一起发育而成的假果，花托和外果皮形成坚韧的果实外层，中果皮、内果皮及胎座肉质，成为果实的可食部分。为葫芦科植物特有的类型，如葫芦、西瓜、栝楼、冬瓜等。

2. 干果（dry fruit）　果实成熟时果皮干燥。根据果皮开裂与否，果实可分为裂果和不裂果（图 4-72）。

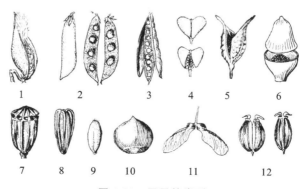

图 4-72　干果的类型

1.蓇葖果　2.荚果　3.长角果　4.短角果　5.蒴果（瓣裂）　6.蒴果（盖裂）

7.蒴果（孔裂）　8.瘦果　9.颖果　10.坚果　11.翅果　12.双悬果

（1）裂果（dehiscent fruit）：果实成熟后果皮自行开裂，依据心皮组成、开裂方式不同可分为以下 4 种类型。

①蓇葖果（follicle）：单雌蕊或离生心皮雌蕊发育形成的果实，成熟后沿腹缝线或背缝线一侧开裂。有的一朵花中只形成单个蓇葖果，如淫羊藿；有的一朵花形成 2 个蓇葖果，如杠柳、徐

长卿、萝藦等;有的一朵花形成数个蓇葖果,如八角、芍药、玉兰、厚朴等。

②荚果(legume):单雌蕊发育形成的果实,成熟时沿腹缝线和背缝线同时开裂成 2 片,为豆科植物特有,如甘草、黄芪、野葛等。也有的成熟时不开裂,如落花生、紫荆、皂角;也有的成熟时在种子间呈节节断裂,如含羞草;也有的呈螺旋状,并具刺毛,如苜蓿;还有的荚果为肉质,在种子间缢缩成念珠状,不开裂,如槐。

③角果:2 心皮复雌蕊发育而成,子房 1 室,在形成过程中由 2 心皮边缘合生处生出假隔膜,将子房分隔成 2 室,是十字花科植物特有的果实。果实成熟时果皮沿两侧腹缝线开裂成两片脱落,假隔膜仍留在果柄上。角果分为长角果(silique)和短角果(silicle),长角果细长,如油菜、萝卜;短角果宽短,如荠菜、菘蓝、独行菜等。

④蒴果(capsule):合生心皮的复雌蕊发育而成,子房一至多室,每室含多数种子,是裂果中最普遍的一类果实。果实成熟时开裂的方式较多,常见的开裂方式有以下几种:a. 纵裂:果实开裂时沿心皮纵轴开裂,其中沿腹缝线开裂的称室间开裂,如马兜铃、蓖麻等;沿背缝线开裂的称室背开裂,如百合、鸢尾、射干等;沿背、腹缝线同时开裂,但子房间隔仍与中轴相连的称室轴开裂,如牵牛、曼陀罗等。b. 孔裂:果实顶端呈小孔状开裂,种子由小孔散出,如罂粟、桔梗等。c. 盖裂:果实中上部环状横裂呈盖状脱落,如马齿苋、车前、莨菪等。d. 齿裂:果实顶端呈齿状开裂,如王不留行、瞿麦、石竹等。

（2）不裂果(indehiscent fruit):果实成熟后,果皮不开裂或分离成几个部分,但种子仍包被于果皮中。常有以下 6 种类型。

①瘦果(achene):单雌蕊或 2～3 心皮的复雌蕊而仅具一室的子房发育而成,内含一粒种子,成熟时果皮与种皮易分离,如何首乌、白头翁、荞麦等;菊科植物的瘦果是由下位子房与萼筒共同形成的,称连萼瘦果(cypsela),又称菊果,如蒲公英、红花等。

②颖果(caryopsis):内含一粒种子,果皮与种皮愈合,不易分离,为禾本科植物特有的果实,如小麦、玉米、薏苡等。农业生产中常把颖果称"种子"。

③坚果(nut):果皮坚硬,内含一粒种子,成熟时果皮和种皮分离,如板栗、榛等壳斗科植物的果实,这类果实常有总苞(壳斗)包围。有的坚果特小,无壳斗包围,称小坚果(nutlet),如益母草、薄荷、紫苏等。

④翅果(samara):果皮一端或周边向外延伸成翅状,内含一粒种子,如杜仲、榆、臭椿、白蜡树等。

⑤胞果(utricle):亦称囊果,由复雌蕊上位子房形成的果实,果皮薄,膨胀疏松地包围种子,而与种皮极易分离,如青葙、藜、地肤子等。

⑥双悬果(cremocarp):2 心皮复雌蕊发育而成,果实成熟后心皮分离成 2 个分果,分别悬挂在心皮柄上端,每个分果内各含一粒种子,为伞形科植物特有的果实,如当归、白芷、前胡、小茴香、蛇床子等。

（二）聚合果

聚合果(aggregate fruit)是由一朵花中许多离生单雌蕊聚集生长在花托上,并与花托共同发育形成的果实,每个离生雌蕊形成一个单果。聚合果根据单果类型不同可分为如下几种类型(图 4-73)。

1. 聚合浆果 许多浆果聚生在延长或不延长的花托上,如五味子等。

2. 聚合核果 许多核果聚生于凸起的花托上,如悬钩子。

3. 聚合瘦果 许多瘦果聚生于凸起的花托上,如白头翁、毛茛等。在蔷薇属植物中,许多骨质瘦果聚生于凹陷的花托中,称蔷薇果,如金樱子、蔷薇等。

4. 聚合坚果 许多坚果嵌生于膨大、海绵状的花托中,如莲。

5. 聚合蓇葖果 许多蓇葖果聚生在同一花托上,如乌头、芍药、玉兰、八角等。

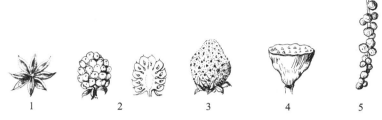

图 4-73　聚合果

1.聚合蓇葖果(八角)　2.聚合核果(悬钩子)　3.聚合瘦果(草莓)　4.聚合坚果(莲)　5.聚合浆果(五味子)

(三) 聚花果

聚花果(collective fruit)又称复果(multiple fruit),是由整个花序发育而成的果实。其中每朵花发育成一个小果,聚生在花序轴上(可食部分),外形似一果实。如凤梨(菠萝)是由多数不孕的花着生在肥大肉质的花序轴上所形成的果实;桑椹由雌花序发育而成,每朵花的子房各发育成一个小瘦果,包藏于肥厚多汁的肉质花被内;无花果是由隐头花序发育而成的复果,其花序轴肉质化并内陷成囊状,囊的内壁上着生许多小瘦果(图 4-74)。

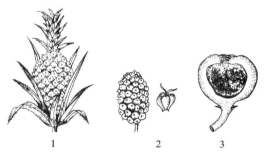

图 4-74　聚花果(复果)

1.凤梨　2.桑椹　3.无花果

三、果实的生理功能和药用价值

果实在生长发育过程中,其体积和质量不断增加,最后停止生长,并通过一系列生理变化达到成熟。其中,果实的颜色由于表皮细胞中叶绿素分解,胡萝卜素或花青素等积累,由绿色变为黄色、红色或橙色等。果实内部因合成醇类、酯类和羧基化合物为主的芳香性物质而散发出香气。同时,果实中原有的单宁、有机酸减少,糖分增多,以致涩、酸减弱,甜味明显增加。此外,果实的另一明显变化则是通过水解酶的作用使胞间层水解,细胞间松散,组织软化。

在发育过程中果皮有保护种子的作用。当果实成熟后,则有助于种子的散布。果实和种子在成熟后散布各处,对植物种族的繁殖是极为重要的。散布的方式,各种植物有所不同,或借助外力的作用,或利用自身的力量,各有其特殊的适应。

(一) 生理功能

1. 保护种子　果实是被子植物有性生殖的产物和特有结构。被子植物的花经传粉和受精后,花萼、花冠、雄蕊以及雌蕊的柱头、花柱常枯萎或脱落,胚珠发育成种子,子房或子房外其他部分,如花被、花托和花序轴,共同参与发育成果实,花柄发育成果柄。果皮包裹种子,起保护种子的作用。

2. 传播种子　果实成熟后迟早要和母体脱离,然后借助不同的散布方法传播到较远的地方。果实的散布方法对植物的广泛分布、种族的繁殖和繁荣、植物的进化都具有重大的意义。

果实的散布方法是多种多样的,可借助于风力、水流、动物和人类的携带来散布,也可形成某种特殊的弹射结构来散布。适应于动物和人类传播种子的果实,往往为肉质可食的肉质果,如桃、梨、柑橘等。这些果实被食用后,由于种子有种皮或木质的内果皮保护不能消化而随粪便排出或被抛弃各地;有的果实具有特殊的钩刺凸起或由黏液分泌,也能挂在或黏附于动物的毛、羽或人的衣服上而散布到各地,如苍耳、鬼针草、蒺藜等。适应于水流传播种子的果实常具有不透水的构造,质地疏松而有一定浮力,可随水流到各处,如莲蓬、椰子等。还有一些植物的果实可靠自身的机械力量使种子散布,如大豆、油菜、凤仙花等,其果实成熟时多干燥开裂并能对种子产生一定的弹力。

（二）药用价值

果实和人类生存密不可分,人类的粮食大部分来自禾谷类植物的果实,如小麦、水稻和玉米等;人们常吃的水果,如苹果、桃、柑橘和葡萄等都来自植物的果实。此外,还有很多具有药用价值。果实类中药是以植物的成熟果实、近成熟果实和未成熟果实入药,包括完整的果实、果实的一部分及果序。如五味子、山楂、金樱子、枸杞子、牛蒡子、紫苏子、小茴香、蛇床子、枳壳、连翘、山茱萸、罗汉果、瓜蒌、木瓜、柑橘、杏和龙眼等均是以植物果实或果实的一部分入药。

知识拓展
4-6

本节小结

花经过传粉、受精后,雌蕊的子房或子房以外与其相连的某些部分,生长发育形成果实,胚珠发育形成种子。被子植物的种子通常位于果实的内部,有果皮包被。多种结构特征可用于果实的分类:依据果皮的质地不同,可分为肉质果和干果;依据果皮的开裂与否可分为裂果和不裂果;依据形成果实的花的数目或一朵花中雌蕊的数目,可以分为单果、聚合果和聚花果。

目标检测

目标检测
答案

一、单选题

1. 果实的类型很多,根据果实的来源、结构和果皮性质的不同可分为( )、聚合果和聚花果三大类。

A. 核果　　　　　　B. 肉质果　　　　　　C. 干果　　　　　　D. 单果

2. 有些植物除子房外,花的其他部分如花被、花托及花序轴等也参与果实的形成,这种果实称假果。下列选项属于假果的是( )。

A. 桃　　　　　　　B. 杏　　　　　　　C. 苹果　　　　　　D. 柑

二、填空题

1. 由一朵花中许多离生单雌蕊聚集生长在花托上,并与花托共同发育形成果实,每个离生雌蕊形成一个单果。根据单果类型不同可分为_____、聚合核果、聚合瘦果、聚合坚果、_____。

2. 在发育过程中果皮有_____的作用。当果实成熟后,果皮则有助于种子的_____。

三、判断题

1. 大多数植物的果实单纯由子房发育形成,称真果,如苹果、桃等。( )

2. 果实是被子植物有性生殖的产物和特有结构。( )

四、简答题

1. 果实由什么组成?果皮包括哪几个部分?

2. 简述荚果与角果的异同点。

NOTE

参 考 文 献

[1]　刘春生.药用植物学[M].4版.北京:中国中医药出版社,2016.
[2]　董诚明,王丽红.药用植物学[M].北京:中国医药科技出版社,2016.
[3]　谈献和,姚振生.药用植物学[M].上海:上海科学技术出版社,2009.

（纪宝玉）

第六节　种子

案例导入
案例导入
答案解析

银杏出现在几亿年前,是第四纪冰川运动后遗留下来的裸子植物中最古老的孑遗植物,现存活在世的银杏稀少而分散,上百岁的老树已不多见,和它同纲的所有其他植物皆已灭绝,所以银杏又有活化石的美称。因其扇形叶形似鸭脚和蒲扇,银杏别名鸭脚树、蒲扇。另因银杏树生长较慢,寿命极长,自然条件下从栽种到结白果要二十多年,四十年后才能大量结果,因此又有人把银杏称作"公孙树",有"公种而孙得食"的含义,它是树中的老寿星,具有较大的观赏、经济和药用价值。

此外,银杏又名白果树,那么图中所示是其种子还是果实呢?

种子(seed)是种子植物特有的繁殖器官,由胚珠受精后发育而来,具有繁殖作用。

一、种子的形态和构造

种子常为球形、类圆形、椭圆形、肾形、卵形、圆锥形、多角形等。其形状、大小、色泽、表面纹理等因不同的植物种类而有所差异。种子的大小差异悬殊,大的有椰子、银杏、槟榔等,较小的有葶苈子、菟丝子、车前子等,极小的如白及、天麻等种子呈粉末状。种子颜色各样,如绿豆、红豆、白扁豆、蒺藜(黑色)等。种子的表面通常平滑具光泽,但也有的表面粗糙、具皱褶、翅、刺突或毛茸(种缨)等,其表面纹理也不相同,如:北五味子种子表面平滑,具光泽;天南星种子表面粗糙;太子参种子表面密生瘤刺状凸起;萝藦、络石种子表面具毛茸(种缨)。因不同植物种子的外部形态特征不同,这些特征可作为鉴别植物种类的依据。

种子的结构一般由种皮(seed coat)、胚(embryo)和胚乳(endosperm)三个部分组成。也有的种子没有胚乳,有的种子还具外胚乳(perisperm)。

(一) 种 皮

种皮(seed coat)由珠被发育而来,包被于种子的表面,起保护作用。常分为外种皮和内种皮两层,外种皮常坚韧,内种皮一般较薄,在种皮上常见下列构造。

1. 种脐(hilum)　种脐为种子成熟后从种柄或胎座上脱落后留下的疤痕,通常为圆形或椭圆形。

2. 种孔(micropyle)　种孔来源于珠孔,为种子萌发时吸收水分和胚根伸出的部位。

NOTE

3. 合点（chalaza） 合点亦即原来胚珠的合点，是种皮上维管束的汇合点。

4. 种脊（raphe） 种脊来源于珠脊，是种脐到合点之间的隆起线。倒生胚珠的种脊较长，横生胚珠和弯生胚珠的种脊较短，而直生胚珠无种脊。

5. 种阜（caruncle） 有些植物的种皮在珠孔处有一个由珠被扩展成的海绵状凸起物，种子萌发时起吸水的作用，如巴豆、蓖麻等。

此外，有些植物的种子还具有假种皮（aril），假种皮由珠柄或胎座处的组织延伸所形成。假种皮有的呈肉质，如荔枝、龙眼、苦瓜等，有的呈菲薄的膜质，如砂仁、豆蔻等。

（二）胚乳

胚乳（endosperm）是由极核细胞和一个精子结合后发育而来的，位于胚的周围，呈白色。胚乳细胞一般是等径的大型薄壁细胞，含有淀粉、蛋白质或脂肪等营养物质，供胚发育时所需要的养料。

大多数植物的种子，当胚发育或胚乳形成时，胚囊外面的珠心细胞被胚乳吸收而消失，但也有少数植物种子的珠心，在种子发育过程中未完全吸收而形成营养组织包围在胚乳或胚的外部，称外胚乳（perisperm），如槟榔、肉豆蔻、姜、石竹、胡椒等。

（三）胚

胚（embryo）由卵细胞和一个精子结合后发育而成，是种子中尚没有发育的幼小植物体。胚由以下四个部分组成。

1. 胚根（radicle） 胚根正对着种孔，将来发育成植物的主根。

2. 胚轴（hypocotyl） 胚轴又称胚茎，以后发育成连接根和茎的部分。

3. 胚芽（plumule） 胚芽为胚的顶端未发育的地上枝，以后发育成植物的主茎。

4. 子叶（cotyledon） 子叶占胚的较大部分，为胚吸收与贮藏养料的器官，在种子萌发后可变绿进行光合作用。单子叶植物一般具一枚子叶，双子叶植物一般具两枚子叶，裸子植物具多枚子叶。

二、种子的类型

根据种子中胚乳的有无，一般将种子分为两种类型。

（一）有胚乳种子

有胚乳种子（albuminous seed）中具发达的胚乳，胚占较小的体积，子叶薄，如蓖麻、大黄、薏苡、麦等（图 4-75）。

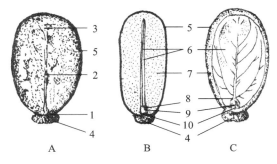

图 4-75 有胚乳种子（蓖麻）

A.外形 B.与子叶垂直面纵切 C.与子叶平行面纵切

1.种脐 2.种脊 3.合点 4.种阜 5.种皮 6.子叶 7.胚乳 8.胚芽 9.胚轴 10.胚根

（二）无胚乳种子

无胚乳种子中胚乳的养料在胚发育过程中被胚吸收并贮藏于子叶中,这类种子的子叶肥厚,不存在胚乳或仅残留一薄层,如绿豆、杏仁、南瓜子等。

三、种子的组织构造

种子由胚珠经过传粉受精形成,它的组织结构主要由种皮、胚和胚乳三个部分组成。此外,种子还有种种适应传播或抵抗不良条件的结构,为植物的种族延续创造了良好的条件。所以在植物的系统发育过程中,种子植物能够替代蕨类植物取得优势地位。如:种皮在种子发芽期间提供保护措施,更有利于种子的发育(保护组织);种子萌发初期的营养全由种子自身提供,尤其是胚乳(营养组织);营养组织还有子叶,子叶为胚吸收养料或贮藏养料的器官,占胚的较大部分,在种子萌发后可变绿进行光合作用,但通常在真叶长出后枯萎,单子叶植物具有一枚子叶,双子叶植物具有两枚子叶,裸子植物具有多枚子叶;胚芽为茎顶端未发育的地上枝,在种子萌发后发育成植物的主茎。

萌发期间种子的胚则会进一步分裂分化,形成更多的细胞,从而成长、成熟(分生组织)。种皮成熟时,其内部结构也发生相应改变。大多数植物的种皮其外层常分化为厚壁组织,内层为薄壁组织,中间各层往往分化为纤维、石细胞或厚壁组织。随着细胞的逐渐缩水,整个种皮成为干燥的包被结构而起保护作用。有些植物的种皮十分坚实,不易透水、透气,与种子的萌发和休眠有一定的关系。还有一些植物的种子,其种皮上出现毛、刺、腺体、翅等附属物,对种子的传播具有适应意义。

有些植物或一些种子类药材的种皮结构常具有特殊的组织构造,如白芥子、牵牛子、菟丝子等在种皮表皮内侧具有栅栏细胞层;白豆蔻、红豆蔻、砂仁、益智仁等在种皮表皮层下有数列油细胞层,并常与色素细胞相间排列在一起;枳椇子、川楝子等在种皮表皮层下含色素细胞层;亚麻子、芥子、葶苈子等的种皮表皮细胞中含黏液质;大风子、北五味子的种皮表皮全由石细胞组成;马钱子的种子表皮全部分化为单细胞非腺毛,细胞壁木化;石榴的种子具有肉质种皮等。

四、种子的生理功能和药用价值

（一）生理功能

种子的主要功能是繁殖。种子成熟后,在适宜的外界条件下即可萌发形成幼苗,但大多数植物的种子需要一定的休眠期才能萌发。

1. 种子的休眠　植物个体发育过程中,生长暂时停顿的现象称休眠。一些植物的种子分化成熟后,在适宜的环境下,能立即萌发,但是有一些植物的种子,即使在环境适宜的条件下也不能立即进入萌发阶段,而必须经过一定的时间才能萌发,这种现象称种子的休眠。种子休眠的原因主要有种皮障碍、后熟作用、抑制物质、胚未完全发育、次生休眠等多种因素。

种子休眠是植物个体发育过程中的一个暂停现象,是植物经过长期演化而获得的一种对环境条件及季节性变化的生物学适应性。

2. 种子的萌发　种子的胚从相对静止状态转入活跃生长状态,并形成营自养生活的幼苗,这一过程即种子的萌发。种子萌发的前提是种子成熟、具有生活力。种子萌发的主要外界条件是充足的水分、适宜的温度和足够的氧气,少数植物种子的萌发还受光照的影响和调节。萌发过程从种子吸水膨胀开始,然后种皮变软,透气性增强,呼吸加快,这时如果温度适宜,种子内部各种酶开始活动,经过一系列生理生化变化,将种子本身贮藏的淀粉、蛋白质、脂肪等分解成可溶性的简单物质,供给胚的生长发育。种子萌发时吸收水分的多少和植物的种类有关,一般含蛋白质较多的种子吸水多,含淀粉或脂肪多的种子吸水少。萌发的适宜温度多在20~

25 ℃,种子中各种酶的最适温度不等,亦因植物种属不同而异,通常北方的植物种类种子萌发所需温度较南方的种类为低,而对高温的耐受性则较差。因此,掌握种子的休眠和萌发对药用植物的生产具有重要的指导意义。

（二）药用价值

种子是种子植物的繁殖体系,对延续物种起重要作用。种子与人类生活关系密切,除日常生活必需的粮、油、棉、调味、饮料、食材外,一些种子还具有药用价值。

种子类中药一般采用成熟种子。多数为完整的种子,如马钱子、牵牛子、白芥子、天仙子、杏仁、桃仁、葶苈子、莱菔子、车前子、菟丝子、千金子、蓖麻子、青葙子等;少数为种子的一部分,如绿豆衣为种皮;大豆黄卷为发了芽的种子;淡豆豉为种子的发酵品;肉豆蔻为除去种皮的种仁。

本节小结

种子由种皮、胚和胚乳三个部分组成。种皮是种子外部起保护作用的结构;胚是一个幼小的植物体,由胚轴、胚根、胚芽和子叶四个部分组成;胚乳提供胚的发育所需要的养分。根据胚乳的有无,种子可分为有胚乳种子和无胚乳种子。很多常用的中药来自植物的种子,如女贞子、薏苡仁、王不留行、菟丝子、牛蒡子、苦杏仁、决明子、蛇床子、柏子仁等。

目标检测

一、单选题

1. 下列哪种药用植物是种子入药?（　　）

A.山楂　　　　　　　B.枸杞　　　　　　　C.小茴香　　　　　　　D.车前

2. 种皮是由哪个部分发育而来?（　　）

A.珠心　　　　　　　B.珠被　　　　　　　C.胎座　　　　　　　D.胚珠

目标检测
答案

二、填空题

1. 种子的类型有两种,即_____和_____。

2. 胚主要包括_____、_____、_____和_____四个部分。

三、判断题

1. 种脊是种脐到合点之间的隆起线。（　　）

2. 有胚乳种子比无胚乳种子萌发快、发芽率高。（　　）

四、简答题

在种皮上常见的构造特征有哪些?

推荐阅读文献

裴莉昕,宰炎冰,纪宝玉."望、闻、问、切"在《药用植物学》野外教学中的应用[J].中国实验方剂学杂志,2017,23(16):12-15.

参 考 文 献

[1] 刘春生.药用植物学[M].4 版.北京:中国中医药出版社,2016.

[2] 董诚明,王丽红.药用植物学[M].北京:中国医药科技出版社,2016.

[3] 谈献和,姚振生.药用植物学[M].上海:上海科学技术出版社,2009.

（纪宝玉）

NOTE

第五章 植物分类概述

学习目标

1. 掌握:植物的分类等级、命名方法及植物分类检索表的使用。
2. 熟悉:植物的主要类群和植物分类方法。
3. 了解:植物的分类简史、被子植物的分类原则和分类系统。

扫码
看课件

案例导入
答案解析

案例导入

植物是地球上主要的生命体之一,分布十分广泛,从广大的平原到冰雪封闭的高山,从严寒的两极地带到炎热的赤道区域都有植物生活;植物的种类多种多样,从肉眼不可见的单细胞藻类到原始森林的参天大树,从一岁一枯荣的青青小草到寿命达几千年的北美巨杉都属于植物的范畴。植物的形态多种多样,结构纷繁复杂,同时又与我们生活息息相关。

提问:1. 依据植物的进化程度,植物在分类学上主要分为哪些类群?

2. 如何利用植物分类学知识去识别一种未知植物?

第一节 植物分类的目的和意义

植物分类学(plant taxonomy)是一门研究植物不同类群的起源、亲缘关系以及演化发展规律的基础学科。它具有较强的理论性、实用性和直观性,也是所有与植物有关学科的基础。掌握了植物分类学就可以对自然界的各种各样的植物进行准确描述、命名、分群归类,以便于认识、研究和利用植物。

植物分类学的主要目的和任务有以下几个方面。

(一)准确鉴定药材原植物种类,保证药材生产、研究的科学性和用药的安全性

我国是世界上药用植物种类最多,使用历史最悠久的国家,至今有药用记载的植物已达12800种左右。由于药材来源种类繁多,植物分布有地区性,某些种类形态有相似性,名称具有多样性,生长有季节性,因而多数药材和原植物存在一物多名或一名多种的混乱现象,如缺乏植物分类学理论和实践知识,很容易发生生药来源(原植物或药用部分)鉴定错误,轻则造成研究的失败和损失,重则影响患者的生命安全。掌握一定的植物分类知识和鉴定方法,就会大大减少或避免这种现象。在提取植物有效成分、药理研究以及制药、用药方面少走弯路,减少损失和保证用药的安全。

(二)利用植物之间的亲缘关系,探寻新的药用植物资源和紧缺药材的代用品

亲缘关系相近的植物,不仅形态上有一定的相似性,由于遗传进化上的联系,其生理生化特性也往往相似,所含的活性成分也较相似。如人参属 *Panax* 植物均含有人参皂苷,小檗属

NOTE

Berberis 植物均含有小檗碱（黄连素，berberine），夹竹桃科植物往往含有强心和降血压成分等。利用分类学所揭示的这些规律，就能帮助我们较快地寻找到某种植物药的代用品或新资源。又如某种植物有毒，就可推想与其近缘的种类亦可能有毒，在研究和使用时就应引起注意。

（三）为药用植物资源的调查、开发利用、保护和栽培提供依据

学好植物分类学有利于药用植物资源调查，编写药用植物资源的名录，弄清生态习性以及种类变更的动态等，为进一步合理开发、保护药用植物资源，以及栽培引种等提供科学依据。《中国药典》和许多中草药参考书的编写和查阅，均离不开植物分类学知识。

（四）有助于国内外学术交流

通过学习植物分类学课程，了解植物的命名，熟记重要科、属、种的拉丁学名，对国内外学术交流和植物化学成分的命名也很有帮助。因为每一种植物，均有一个国际上统一的拉丁学名（scientific name）和拉丁文记述，这为国际间植物研究资料的交流带来便利。植物化学成分的外文名称，大多由植物学名演化而来，如小檗碱的外文名称"berberine"是从小檗属的属名"*Berberis*"演化而来的，因此，熟悉一些植物的拉丁学名，对植物化学研究和查阅有关植物的文献资料等均有益处。

第二节 植物分类简史

自人类诞生起，人类的衣食住行都离不开植物，因此，为了了解和合理地开发利用植物，就需要对植物进行识别和分类。按照植物分类系统的发展时期和程度不同，植物分类系统可分为人为分类系统（artificial system）和自然分类系统（natural system）。

早期人们仅根据植物的形态、习性、用途进行分类，未考察各类群在演化上的亲缘关系，这种分类方法，称为人为分类系统。如在公元前 300 年，古希腊植物学家提奥弗拉斯（Theophrastus）（公元前 370—公元前 285）记载植物 480 种，并将植物分为乔木、灌木、亚灌木和草本。此后德、法、英、意大利、瑞典等国家的植物学家亦有许多论著发表，最著名的是瑞典植物学家林奈（Carl Linnaeus）（1707—1778 年）的三部著作——《自然系统》（*Systema Naturea*，1735 年）、《植物属志》（*Genera Plantarum*，1737 年）、《植物种志》（*Species Plantarum*，1753 年），记述了很多种植物的主要特征。但林奈仅根据雄蕊的数目、长短、连合与否、着生位置、雌雄同株或异株等情况将植物分为 24 纲，其中第 1～23 纲为显花植物，第 24 纲为隐花植物，在纲以下再根据雌蕊的构造而分类，这种分类常将亲缘关系疏远的种类放在同一纲中。林奈虽对植物分类做出了巨大的贡献，但他受到当时物种不变的思想束缚，在探讨植物种群间的亲缘关系和演化关系上具有局限性，所以他的分类系统被认为是人为分类系统。我国古代也不乏这方面的学者和著作，如明代李时珍（1518—1593 年）所编的《本草纲目》，将千余种植物分为草、谷、菜、果、木 5 部，草部又分为山草、芳草、毒草、湿草、青草、蔓草、水草等11 类，木部又分为乔木、灌木、香木等 6 类；清代吴其浚（1789—1847 年）的《植物名实图考》将植物分为谷、蔬、山草、湿草、石草、水草、蔓草、芳草、毒草、群芳、果和木 12 类。这些也属于人为分类系统。上述各种分类系统均未考察植物之间的亲缘关系和演化关系，称为人为分类系统。

1859 年，英国生物学家达尔文（C. R. Darwin）的《物种起源》（*Origin of Species*）认为物种起源于变异和自然选择，推动了植物亲缘关系的研究，加上古生物学、细胞学的发展，不少植物学家提出了各自建立的较为科学的植物自然分类系统。至今，已提出的植物分类系统有 20 余

NOTE

103

个,其中影响较大、使用较广的有恩格勒(A. Engler)分类系统、哈钦森(J. Hutchinson)分类系统、塔赫他间(A. Takhtajan)分类系统、克朗奎斯特(A. Cronquist)分类系统等。

近几十年来,近代科学与技术的飞速发展和实验条件的改善,特别是植物化学、分子生物学和分子遗传学的发展,许多新方法、新技术均可应用于植物分类学研究,使分类学出现了许多新的分支,如数量分类学(numerical taxonomy)、细胞分类学(cytotaxonomy)、化学分类学(chemotaxonomy)、DNA 分类学(DNA taxonomy)等。植物分类学工作者研究的重点也从以发表新种研究为主转向研究植物系统进化、资源植物开发利用和生物多样性保护等方面,并取得了不少新成就。

第三节　植物的分类等级

植物分类等级(taxon,复数 taxa),又称分类群、分类单位。分类等级的高低通常是依据植物之间形态类似性和构造的简繁程度划分的。近年来,由于化学成分分析和分子生物学技术的发展,植物的特征性化学成分和 DNA 指纹图谱等,常被分类学家用于修订某些植物类群分类等级的佐证。植物之间分类等级的异同程度体现了各类植物之间的相似程度和亲缘关系的远近。

植物分类等级主要有门(Division)、纲(Class)、目(Order)、科(Family)、属(Genus)、种(Species)。门是植物界最大的分类单位,门下分若干纲,纲下设目,目中分科,科中分属,属下分种。有时因各等级之间范围过大,再分别加入亚级,如亚门、亚纲、亚目、亚科、亚属、亚种。有的在亚科下再分有族(Tribus)和亚族(Subtribus),亚属下再分组(Sectio)和系(Series)。现将常用分类等级的中文名、英文名、拉丁名和国际命名法规中规定的拉丁词尾列表如下(表5-1)。

表 5-1　植物分类等级中的拉丁词尾

中文名	英文名	拉丁名	拉丁词尾
门	Division,Phylum	Divisio	-phyta, -mycota(菌类)
亚门	Subdivision,Subphylum	Subdivisio	-phytina, -ae
纲	Class	Classis	-opsida, -phyceae(藻类)
亚纲	Subclass	Subclassis	-idae
目	Order	Ordo	-ales
亚目	Suborder	Subordo	-ineae
科	Family	Familia	-aceae
亚科	Subfamily	Subfamilia	-oideae
属	Genus	Genus	-a, -um, -us
亚属	Subgenus	Subgenus	
种	Species	Species(sp.)	
亚种	Subspecies	Subspecies(ssp.)	
变种	Variety	Varietas(var.)	
变型	Form	Forma(f.)	

某些等级的拉丁词尾,因历史上习用已久,仍可保留其习用名和词尾。如双子叶植物纲(Dicotyledoneae)、单子叶植物纲(Monocotyledoneae)的词尾可以不用-opsida。另有 8 个科的学名可用习用名,也可用规范名,见表 5-2。

表5-2 8个科的习用名与规范名

科名	习用名	规范名
十字花科	Cruciferae	Brassicaceae
豆科	Leguminosae	Fabaceae
藤黄科（金丝桃科、山竹子科）	Guttiferae	Hypercaceae
伞形科	Umbelliferae	Apiaceae
唇形科	Labiatae	Lamiaceae
菊科	Compositae	Asteraceae
棕榈科	Palmae	Arecaceae
禾本科	Gramineae	Poaceae

种（species）是分类的基本单位或基本等级，指属于一个种的所有个体的各部器官（尤其是繁殖器官）具有十分相似的形态、结构、生理、生化特征；野生种有一定的自然分布区；同一种的不同个体彼此可以交配，并产生正常的能育后代，不同种的个体之间通常难以杂交，或杂交不育。

由于环境因子和遗传基因的变化，种内各居群会产生较大的变异，如果变异在形态上易于区分，可视差异的大小划分为变种（variety，缩写为 var.）、亚种（subspecies，缩写为 ssp. 或 subsp.）、变型（form，缩写为 f.）。

亚种：形态上有稳定的变异，并在地理分布上、生态上或生长季节上有隔离的种内变异类群。

变种：种内有一定的变异，变异较稳定，但分布范围比亚种小得多的类群。

变型：无一定分布区，具有细小变异的种内类群。有时将栽培植物中的品种也视为变型。

品种（cultivar，缩写为 cv.）：专指人工栽培植物的种内变异类群。通常是基于形态上或经济价值上的差异，如色、香、味及大小等，有时称其为栽培变种或栽培变型。

现以山楂和它的变种山里红为例说明它们在植物界的分类等级：

植物界 Regnum vegetabile
　种子植物门 Spermatophyta
　　被子植物亚门 Angiospermae
　　　双子叶植物纲 Dicotyledoneae
　　　　古生花被亚纲 Archichlamydeae
　　　　　蔷薇目 Rosales
　　　　　　蔷薇亚目 Rosineae
　　　　　　蔷薇科 Rosaceae
　　　　　　　苹果亚科 Maloideae
　　　　　　　　山楂属 *Crataegus*
　　　　　　　（种）山楂 *Crataegus pinnatifida* Bge.
　　　　　　　（变种）山里红 *Crataegus pinnatifida* Bge. var. *major* N. E. Br.

NOTE

第四节　植物的学名

一、植物学名的组成

在不同的国家、地区和民族，由于各国的语言、文字和生活习惯的不同，出现了同一种植物往往有不同的名称，即同物异名现象。如马铃薯的英、俄、日、德文名字分别为 Potato、Картофель、ジャガイモ、Kartoffel，在我国不同的地区又有土豆、洋芋、山药豆、洋山芋、地蛋等名称。与同物异名相反，尚有同名异物现象，如有 8 个科 10 余种不同的植物称"血见愁"。这种植物名称上的混乱，给植物的分类、开发利用和国内外交流带来很大的困难。

因此，给每一种植物制定世界各国可以统一使用的科学名称十分必要，这种世界公认的科学名称，即学名（scientific name）。为使植物学名的命名方法统一、合理有效，国际上制定了《国际植物命名法规》（International Code of Botanical Nomenclature，简称 ICBN）和《国际植物栽培命名法规》（The International Code of Nomenclature of Cultivated Plant，简称 ICNCP）等生物命名法规。

根据《国际植物命名法规》，植物学名必须用拉丁文或其他文字加以拉丁化来书写，命名采用瑞典植物学家林奈（Carl Linnaeus）倡导的"双名法"（binominal nomenclature），即一种植物的学名主要由两个拉丁词组成，前一个词是属名，第二个词是种加词（习称种名），后面可以附上命名人的姓名（或缩写）。所以一种植物的完整学名实际包括属名、种加词和命名人姓名三个部分（图 5-1）。

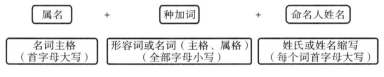

图 5-1　植物的学名

（一）属名（nomen generarum）

植物属名是各级分类群中最重要的名称，是科级名称和所含植物成分命名构成的基础，在查阅植物书刊中的植物学名时最常用。属名常用拉丁名词单数主格，首字母必须大写。常依据植物的形态特征、特性、地方名、经济用途或纪念人名来命名。如甘草的属名"*Glycyrrhiza*"，由"甜"和"根"两个字所组成。

（二）种加词（epitheton specificum）

通常使用形容词（如植物的形态特征、习性、用途、地名等），有时用主格名词或属格名词。种加词全部字母小写。

使用形容词时，其性、数、格要与它所形容的属名一致，如掌叶大黄 *Rheum palmatum* L.、土当归 *Aralia cordata* Thunb. 等的种加词均与属名的性、数、格一致。

使用名词时，要求与属名的数、格一致，而性别不必一致。如樟 *Cinnamomum camphora* (L.)Presl，属名为单数、主格、中性，种加词为单数、主格、阴性。

用属格名词作种加词，大多用人名的形容词形式，也有用普通名词单数或复数属格。用名词属格作种加词不必与属名性别一致。如白皮松 *Pinus bungeana* Zucc. ex Endl. 的种加词 bungeana 是纪念俄国植物采集者 Alexander Bunge 的；马尾松 *Pinus massoniana* Lamb. 中的种加词是纪念苏格兰植物采集者 Francis Masson 的；掌叶覆盆子（秦氏悬钩子）*Rubus chigii*

NOTE

Hu 中的种加词是用于纪念蕨类植物专家秦仁昌先生的;三尖杉 *Cephalotaxus fortunei* Hook. f. 的种加词是纪念英国植物采集者 Robert Fortune。

（三）命名人（namer）

植物学名的命名人一般只用其姓,但若有两个同姓人研究同一门类,为区分而加注各人名字的缩写词,每个词的首字母必须大写。

命名人的姓名,规定要用拉丁字母拼写,不采用拉丁字母国家的命名人姓名,应转换为拉丁字母。我国人名姓氏,除过去已按威氏或其他外来拼写法拼写的外,应统一用汉语拼音拼写。

命名者的姓氏较长者,可用缩写。如:Thunberg→Thunb.,Maximowicz→Maxim.。

著名作者用习惯缩写,如 Linnaeus→L.,De Candolle→DC.,我国学者的姓氏多为单音节,一般不缩写,名字只写第一个字母,如 W. T. Wang（王文采）。

如果一种植物是两个人共同命名,则用 et 连接两个人名,如紫草 *Lithospermum erythrorhizon* Sieb. et Zucc.,命名人是 P. F. von Siebold 和 J. G. Zuccarini。有时在两个命名人中间用 ex 相连,如牛皮消 *Cynanchum auriculatum* Royle ex Wight,表示此种植物先由 Royle 命名,但未正式发表,以后 Wight 同意此学名并正式发表。

有时在植物学名的种加词之后有一括号,括号内为人名或人名的缩写,此表示这一学名已经过重新组合。如紫金牛 *Ardisia japonica*（Thunberg）Blume,这是由于紫金牛的植物学名先由 Carl Peter Thunberg 命名为 *Bladhia japonica* Thunberg,以后经 Karl Ludwig von Blume 研究应列入紫金牛属 *Ardisia*,经重新组合而成现名。重新组合的情况包括属名的更动,由变种升为种等。重新组合时,应保留原来的种加词和原命名人,原命名人则加括号以示区别。

二、种以下分类等级的命名

种以下的等级有亚种、变种、变型,其缩写分别为 ssp.（或 subsp.）、var. 和 f.。亚种的学名表示方法,为原种名后加亚种的缩写,其后再写亚种加词（或称亚种名）及亚种命名人。变种和变型也用类同的方式表示。如:凹叶厚朴 *Magnolia officinalis* Rehd. et Wils. subsp. *biloba*（Rehd. et Wils.）Law 是厚朴 *Magnolia officinalis* Rehd. et Wils. 的亚种;山里红 *Crataegus pinnatifida* Bge. var. major N. E. Br. 是山楂 *Crataegus pinnatifida* Bge. 的变种;白花鸢尾 *Iris tectorum* Maxim. f. *alba* Makino 是鸢尾 *Iris tectorum* Maxim. 的变型。

此外,还有从化学分类角度命名的化学变种（chemovar.）、化学变型（chemotype 或 chemoforma）等,其学名是在原种名的后面加上化学变种或化学变型的缩写 chvar.、chf. 以及该等级的缩写附加词。如蛔蒿的一个化学变型:*Artemisia cina* Berg. chf. β-santonin。

栽培种名称是在种加词后加栽培种加词（cultivar epithet）,起首字母大写,外加单引号,后不加定名人,如橘 *Citrus reticulata* Blanco 的栽培变种茶枝柑 *Citrus reticulata* 'Chachi'。

第五节 植物界的分门

对于自然界的生物划分,曾有两界说（动物界、植物界）,三界说（植物界、动物界、原生生物界）,四界说（原核生物界、原始有核生物界、后生植物界、后生动物界）以及五界说、六界说等学说。根据两界说中广义的植物界（Regnum vegetabile, Plantae）概念,通常将植物界分成 16 门和若干类群（图 5-2）。

NOTE

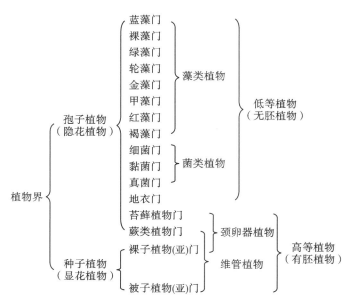

图 5-2 植物界的分门

裸子植物门与被子植物门均以种子进行繁殖,因此又将它们合并为种子植物门 Spermatophyta,将整个植物界分为 15 门。另有人将蕨类植物、裸子植物、被子植物三个门合称维管植物门 Tracheophyta,因它们均有维管组织,这就把植物界分成 14 门。

此外,人们又把具有某些共同特征的门归为更大的类群。蓝藻门到褐藻门的 8 个门统称藻类(Algae);将不具有光合色素,营寄生或腐生生活的细菌门、黏菌门和真菌门合称菌类植物(Fungi);藻类、菌类以及藻菌共生的地衣类,植物体构造简单,无根、茎、叶的分化,生殖器官是单细胞的,合子不形成胚,统称它们为低等植物(lower plant)或无胚植物(non-embryophyte)。苔藓、蕨类和种子植物有根、茎、叶分化,生殖细胞是多细胞,合子在体内发育成胚,因此合称高等植物(higher plant)或有胚植物(embryophyte)。

苔藓植物门、蕨类植物的雌性生殖器官,以颈卵器(archegonium)的形式出现,裸子植物中也有颈卵器退化的痕迹,因此这三类植物又合称颈卵器植物(archegoniatae)。又因藻类、菌类、地衣、苔藓、蕨类植物均以孢子进行繁殖,所以又把它们统称为孢子植物(spore plant)。孢子植物不开花,不结果,故又名隐花植物(cryptogamia)。而种子植物(seed plant)能开花结实,所以又称显花植物(phanerogams)。

第六节 被子植物的分类原则和分类系统

一、被子植物的分类原则

在植物发展史上,被子植物是最晚出现,且最为进化和繁盛的一类高等植物。面对庞杂的被子植物类群,不仅要将其归类为纲、目、科、属、种,还需建立起一个能反映它们之间亲缘关系的分类系统。首先因为被子植物几乎是在距今 1.4 亿年的白垩纪同时兴盛起来的,所以就难以根据化石的年龄,论定哪些分类群更原始,哪些更进化;其次是由于几乎找不到任何花的化石,而花部的特点又是被子植物分类的重要依据,这就使得研究被子植物的起源与演化关系变得相当困难。

根据被子植物的形态发育特征、化石资料,以及植物细胞学、孢粉学、植物化学成分、植物地理学等资料,最早出现的被子植物多为常绿、木本植物,以后地球上经历了干燥、冰川等几次大的反复,产生了一些落叶的、草本的类群,由此可以确认落叶、草本、叶形多样化、输导功能完善化等是次生的性状。再者根据花、果的演化趋势,具有向着经济、高效的方向发展的特点,由此确认花被分化或退化、花序复杂化、子房下位等都是次生的性状。基于上述的认识,一般公认的形态构造的演化规律和分类原则如表 5-3 所示。

表 5-3 被子植物演化规律及分类原则

	初生的、原始的性状	次生的、进化的性状
根	1. 主根发达	1. 不定根发达
茎	2. 木本	2. 草本
	3. 直立	3. 缠绕
	4. 无导管,只有管胞	4. 有导管
	5. 具环纹、螺纹导管	5. 具网纹、孔纹导管
叶	6. 常绿	6. 落叶
	7. 单生、全缘、羽状脉	7. 叶形复杂化
	8. 互生(螺旋状排列)	8. 对生或轮生
花	9. 花单生	9. 花形成花序
	10. 有限花序	10. 无限花序
	11. 两性花	11. 单性花
	12. 雌雄同株	12. 雌雄异株
	13. 花部呈螺旋状排列	13. 花部呈轮状排列
	14. 花的各部多数而不固定	14. 花的各部数目不多,有定数(3、4 或 5)
	15. 花被同形,不分化为萼片与花瓣	15. 花被分化为花萼与花冠或为单被花、无被花
	16. 花部分离(离瓣花、离生雄蕊、离生心皮)	16. 花部合生(合瓣花、合生心皮)
	17. 整齐花	17. 不整齐花
	18. 子房上位	18. 子房下位
	19. 花粉粒具单沟,二细胞	19. 花粉粒具三沟或多孔,三细胞
	20. 胚珠多数,二层珠被	20. 胚珠少数,一层珠被
	21. 边缘胎座、中轴胎座	21. 侧膜胎座、特立中央胎座及基生胎座
果实	22. 单果、聚合果	22. 聚花果
	23. 真果	23. 假果
种子	24. 种子有发育的胚乳	24. 无胚乳
	25. 胚小、直伸、子叶 2	25. 胚弯曲或卷曲、子叶 1
生活型	26. 多年生	26. 一年生或二年生
	27. 绿色自养植物	27. 寄生或腐生植物

应当注意的是,我们需要全面和综合地考虑植物的性状特征,来判定一个植物是进化还是原始,这是由于以下两个方面的原因。

（一）同一种性状，在不同植物中的进化意义不是绝对的

如对一般植物来说，两性花、胚珠多数、胚小是原始的性状，而在兰科植物中，恰恰是它进化的标志。

（二）各器官的进化不是同步的

常可见到，在同一植物体上，有些性状相当进化，另一些性状则保留着原始性；而另一类植物恰恰在这些方面得到了进化，因而，不能一概认为没有某一进化性状的植物就是原始的，如对常绿植物和落叶植物的评价。

二、两大学说

被子植物是当今植物界中属、种极为繁多的一个类群，要认识这类植物就必须对它进行系统的分类，了解其原始类群与进步类群各自的特征，探究被子植物系统发育的规律性，这将有助于我们去分析和推断最古老被子植物的形态特征，进而探索它们的起源和祖先。

1789 年，法国植物学家裕苏（A. L. Jussieu）根据植物幼苗阶段有无子叶和子叶的数目多少，将植物界分为无子叶植物、单子叶植物和双子叶植物三大类，并认为单子叶植物是现代被子植物中较原始的类群。后来，德康多（A. P. de Candolle）在谈到植物分类时，却认为双子叶植物是比较原始的类群。总的说来，可归纳为两大学派：一派是恩格勒学派（假花学说），他们认为，具有单性的柔荑花序植物是现代植物的原始类群；另一派称毛茛学派（真花学说），它们认为具有两性花的多心皮植物是现代被子植物的原始类群。

（一）假花学说（pseudoanthium theory）

恩格勒学派认为，被子植物的花和裸子植物的球穗花完全一致，每 1 个雄蕊和心皮分别相当于 1 个极端退化的雄花和雌花，因而设想被子植物来自裸子植物的麻黄类中的弯柄麻黄（*Ephedra campylopoda*）。在这个设想里，雄花的苞片变为花被，雌花的苞片变为心皮，每个雄花的小苞片消失后，只剩下 1 个雄蕊；雌花小苞片退化后只剩下胚珠，着生于子房基部。由于裸子植物，尤其是麻黄和买麻藤等都是以单性花为主，所以原始的被子植物，也必然是单性花，这种理论称为假花学说，是由恩格勒学派的韦特斯坦（Wettstein）建立起来的。根据假花学说，现代被子植物的原始类群是单性花的柔荑花序类植物，有人甚至认为，木麻黄科就是直接从裸子植物的麻黄科演变而来的原始被子植物。这种观点所依据的理由如下：第一、化石及现代的裸子植物都是木本的，柔荑花序类植物大多也是木本的；第二、裸子植物是雌雄异株、风媒传粉的单性花，柔荑花序类植物也大多如此；第三、裸子植物的胚珠仅有 1 层珠被，柔荑花序类植物也是如此；第四、裸子植物是合点受精的，这也和大多数柔荑花序类植物是一致的；第五、花的演化趋势是由单被花进化到双被花，由风媒花进化到虫媒花类型。

近年来，许多学者对恩格勒学派的上述看法颇有异议。越来越多的人认为，柔荑花序类植物的这些特点并不是原始的，而是进化的。花被的简化是高度适应风媒传粉而产生的次生现象；柔荑花序类植物的单层珠被是由双层珠被退化而来的。柔荑花序类植物的合点受精，虽与裸子植物一样，但在合瓣花的茄科和单子叶植物中的兰科，都具有这种现象。因而，柔荑花序类植物的单性花、无花被或仅有 1 层花被、风媒传粉、合点受精和单层珠被等特点，都可看成是进化过程中退化现象的反映，它们应当属于进化类群，另外从柔荑花序类植物的解剖构造和花粉的类型来看，它们的次生木质部中均有导管分子，花粉粒为三沟型，从比较解剖学的观点看，导管是由管胞进化来的，三沟花粉是从单沟花粉演化来的，这就充分说明柔荑花序类植物比某些仅具管胞和单沟型花粉的被子植物（如木兰目）来说，是更进化的，而不是原始的被子植物类群。

（二）真花学说（euanthium theory）

毛茛学派认为，被子植物的花是 1 个简单的孢子叶球，它是由裸子植物中早已灭绝的本内铁树目，特别是拟铁树属 *Cycadeoidea* 具两性孢子叶的球穗花进化而来的。拟铁树属植物的孢子叶球上具覆瓦状排列的苞片，可以演变为被子植物的花被，它们羽状分裂或不分裂的小孢子叶可发展成雄蕊，大孢子叶发展成雌蕊（心皮），其孢子叶球的轴则可以缩短成花轴。也就是说，本内铁树目植物的两性球花，可以演化成被子植物的两性整齐花，这种理论被称为真花学说。按照真花学说，现代被子植物中的多心皮类，尤其是木兰目植物是现代被子植物的较原始的类群。这种观点的理由如下：第一，本内铁树目植物的孢子叶球是两性的虫媒花，孢子叶的数目很多，胚有两枚子叶，木兰目植物也大多如此；第二，本内铁树目的小孢子是舟状的，中央有一条明显的单沟，木兰目中的木兰科植物花粉也是单沟型的舟状粉；第三，本内铁树目植物着生孢子叶的轴很长，木兰目植物的花轴也是伸长的。根据上述这些相似的特点，毛茛学派认为，现代被子植物中那些具有伸长的花轴、心皮多数而离生的两性整齐花是原始的类群，现在的多心皮类，尤其是木兰目植物是具有这些特点的。这种观点，虽然至今还为不少学者所接受，但是，木兰目植物实际上是不大可能由本内铁树目植物演化来的。当前多数学者认为，那些较原始的被子植物是常绿木本的，它们的木质部仅有管胞而无导管，花为顶生的单花，花的各部分离生、螺旋状排列、辐射对称，花轴伸长，雌蕊尚未明显分化为柱头、花柱和子房，而柱头就是腹缝线的肥厚边缘，雄蕊叶片状，尚无花丝的分化，具 3 条脉，花粉为大型单沟舟状、无结构层、表面光滑的单粒花粉。现代的木兰目植物是具有上述特点的代表性植物。

三、被子植物的分类系统

自 19 世纪后半期以来，有许多植物分类工作者，根据各自的系统发育理论，提出了许多不同的被子植物系统，但由于有关被子植物起源、演化的知识和证据不足，到目前为止，这些分类系统各有优缺点，当前较为流行的有下面几个分类系统。

（一）恩格勒系统

恩格勒系统是德国植物学家恩格勒（A. Engler）和柏兰特（K. Prantl）于 1897 年在《植物自然分科志》一书中发表的，是分类学史上第一个比较完整的自然分类系统。在他们的著作里，植物界分成 13 门，而被子植物是第 13 门中的 1 个亚门，即种子植物门被子植物亚门。并将被子植物亚门分成双子叶植物和单子叶植物 2 个纲，将单子叶植物放在双子叶植物之前，将"合瓣花"植物归为一类，认为是进化的一群被子植物，共计 45 目，280 科。

恩格勒系统以假花学说为理论基础，认为无花瓣、单性、木本、风媒传粉等为原始的特征，而有花瓣、两性、虫媒传粉是进化的特征，为此，他们把柔荑花序类植物当作被子植物中最原始的类型，而将木兰科、毛茛科等看作是较为进化的类型。恩格勒系统几经修订，在 1964 年出版的《植物分科志要》第 12 版上，已把放在原来分类系统前面的单子叶植物，移到双子叶植物的后面，修正了认为单子叶植物比双子叶植物要原始的错误观点，但仍将双子叶植物分为古生花被亚纲（离瓣花亚纲）和后生花被亚纲（合瓣花亚纲），基本系统大纲没有大的改变，并把植物界分为 17 门，其中被子植物独立成被子植物门，共包括 2 纲，62 目，344 科。

（二）哈钦松系统

哈钦松系统是英国植物学家哈钦松（J. Hutchinson）于 1926 年在《有花植物科志》一书中提出的，1973 年做了修订，从原来的 332 科增加到 411 科。哈钦森系统是以英国边沁（Bentham）、虎克（Hooker）的分类系统以及美国植物学家柏施（Bessey）的花是由两性孢子叶球演化而来的概念为基础发展而成的。

哈钦松系统以真花学说为理论基础，认为两性花比单性花原始；花各部分离、多数的，比连合、定数的原始；花各部螺旋状排列的，比轮状排列的原始；木本较草本原始。他还认为双子叶植物以木兰目和毛茛目为起点，从木兰目演化出一支木本植物，从毛茛目演化出一支草本植物，认为这两支是平行发展的；无被花、单花被则是后来演化过程中退化而成的；柔荑花序类各科来源于金缕梅目。单子叶植物起源于双子叶植物的毛茛目，并在早期就分化为3个进化线：萼花群(Calyciferae)、冠花群(Corolliflorae)和颖花群(Glumiflorae)。

哈钦森系统为多心皮学派奠定了基础，但由于本系统坚持将木本和草本作为第一级区分，因此，许多亲缘关系很近的科(如草本的伞形科和木本的山茱萸科、五加科等)被远远分开，人为因素很大，故不被大多数植物学者接受。

(三)塔赫他间系统

塔赫他间系统是1954年，苏联植物学家塔赫他间(A. Takhtajan)在《被子植物的起源》(*Origins of the Angiospermous Plants*)中公布的。后经1966年、1968年、1980年和1986年数次修改。该系统将被子植物分为木兰纲和百合纲，纲下再设亚纲、超目、目和科，其中木兰纲包括11个亚纲，百合纲包括6个亚纲，分为71超目，232目，591科。

塔赫他间系统主张真花学说，其认为木兰目是最原始的被子植物类群，首次打破了将双子叶植物分为离瓣花亚纲和合瓣花亚纲的传统分类方法，并在分类等级上设了"超目"。

(四)克朗奎斯特系统

克朗奎斯特分类系统由美国学者克朗奎斯特(A. Cronquist)1958年发表于《有花植物的分类与演化》(*The Evolution and Classification of Flowering Plants*)。他的分类系统亦采用真花学说的观点，在1981年修订的分类系统中，他把被子植物(称木兰植物门)分为木兰纲和百合纲，前者包括6亚纲，64目，318科，后者包括5亚纲，19目，65科，合计11亚纲，83目，383科。

克朗奎斯特系统的安排基本上和塔赫他间系统相似，但取消了"超目"，科的数目也有压缩。总之，克朗奎斯特系统在各级分类系统的安排上，似乎比前几个分类系统更为合理，科的数目及范围较适中。

第七节　植物分类检索表

植物分类检索表(Key)是植物鉴定和分类的一种重要工具。在植物志和植物分类专著中，通过检索表可以方便快捷地查出所列科、属或种之间的区别特征，或根据特征查出所属的科、属、种或其他类群。

植物分类检索表是将所列类群的特征，由共性到个性，按法国人拉马克(Lamarck)的二歧归类法编制的。应用检索表鉴定植物时，必须熟悉植物形态或其他特性的术语，仔细识别被查植物的特征或特性(尤其是繁殖器官的构造特征)，然后逐项查核。若其特征与某一项不符，则应查相对应的一项，直到查出结果。

常见的植物分类检索表，有定距式、平行式和连续平行式三种，现以植物界几个大类群的分类检索表为例。

一、定距式检索表(Identification Key)

将每一对相互区别的特征分开编排在一定的距离处并标以相同的项号，次级项退后一字排列。如：

1. 植物体构造简单，无根、茎、叶的分化，无多细胞构成的胚(低等植物)。

2. 植物体不为藻类和菌类所组成的共生体。

  3. 植物体内含叶绿素或其他光合色素,营自养生活 ………… 藻类植物

  3. 植物体内无叶绿素或其他光合色素,营异养生活 ………… 菌类植物

2. 植物体为藻类和菌类所组成的共生体 ……………………… 地衣类植物

1. 植物体构造复杂,有根、茎、叶的分化,有多细胞构成的胚(高等植物)。

  4. 植物体有茎、叶,而无真根 ……………………………… 苔藓植物

  4. 植物体有茎、叶和真根。

   5. 植物以孢子繁殖 ………………………………………… 蕨类植物

   5. 植物以种子繁殖。

    6. 胚珠裸露,不为心皮所包被 ………………………… 裸子植物

    6. 胚珠被心皮构成的子房包被 ………………………… 被子植物

二、平行式检索表(Parallel Key)

  将每一对相对的特征编以同样的项号,并紧邻并列,项号虽变但排列不退格,项末注明应查的下项号或已查到的分类等级,将上列检索表改变为平行式检索表则表述如下:

1. 植物体构造简单,无根、茎、叶的分化,无多细胞构成的胚(低等植物) ………… 2

1. 植物体构造复杂,有根、茎、叶的分化,有多细胞构成的胚(高等植物) ………… 4

2. 植物体为藻类和菌类所组成的共生体 ……………………… 地衣类植物

2. 植物体不为藻类和菌类所组成的共生体 ……………………………… 3

3. 植物体内含叶绿素或其他光合色素,营自养生活 ………… 藻类植物

3. 植物体内无叶绿素或其他光合色素,营异养生活 ………… 菌类植物

4. 植物体有茎、叶,而无真根 ……………………………… 苔藓植物

4. 植物体有茎、叶和真根 …………………………………………… 5

5. 植物以孢子繁殖 ………………………………………… 蕨类植物

5. 植物以种子繁殖 …………………………………………………… 6

6. 胚珠裸露,不为心皮所包被 ………………………… 裸子植物

6. 胚珠被心皮构成的子房包被 ………………………… 被子植物

三、连续平行式检索表(Continuous Parallel Key)

  将一对互相区别的特征用两个不同的项号来表示,其中后一项号加括号,以表示它们是相对应的项目,如下所示的 1.(6)和 6.(1),其项号编列则按 1,2,3…的顺序排列。如将以上检索表按连续平行式检索表编排则表述如下:

1.(6)植物体无根、茎、叶的分化,无胚 ……………………………… (低等植物)

2.(5)植物体不为藻类和菌类所组成的共生体。

3.(4)植物体内含叶绿素或其他光合色素,营自养生活 ……………… 藻类植物

4.(3)植物体内无叶绿素或其他光合色素,营异养生活 ……………… 菌类植物

5.(2)植物体为藻类和菌类所组成的共生体 …………………… 地衣类植物

6.(1)植物体有根、茎、叶的分化,有胚 ……………………………… (高等植物)

7.(8)植物体有茎、叶,而无真根 ……………………………… 苔藓植物

8.(7)植物体有茎、叶和真根。

9.(10)植物以孢子繁殖 ………………………………………… 蕨类植物

10.(9)植物以种子繁殖。

11.(12)胚珠裸露,无心皮所构成的子房 ……………………… 裸子植物

NOTE

12. (11) 胚珠被心皮构成的子房包被 ………………………………………… 被子植物

以上三种形式的植物检索表,以第一种最为常用、方便、快捷。第二、第三种则易于排印和输入电子计算机检索系统。

第八节　植物分类方法

植物分类学的研究内容及方法除传统的形态分类学研究外,随着近代科学技术的进步及各学科相互渗透和新技术的应用,植物分类学在近几十年来得到了迅速发展,出现了许多新的研究方法和新的交叉学科,如实验分类学、细胞分类学、数量分类学、化学分类学、超微结构分类学、生化与分子系统分类学等。特别是自 20 世纪 80 年代后,随着分子生物学的迅速发展,并融入分类学,产生了一门极具生命力的边缘学科——分子系统学。以上这些学科的发展使植物分类学不再仅仅是一门描述性学科,而是向着客观的实验科学发展,研究领域也已将宏观与微观、外部形态与本质相结合。现代植物分类学已变成一门高度综合的学科——系统植物学(systematic botany)。同时,植物分类学是从事植物学、中药及天然药物研究的工作者必须重视的一门基础学科。

一、形态分类学(morphological taxonomy)

植物形态分类学又称经典分类学(classical taxonomy),是依据植物的外部形态特征进行分类的研究方法,它是植物分类学研究最主要的传统研究手段。

形态学资料是肉眼能观察到的性状,在实际应用中最为方便,因而在植物分类研究中应用最广、价值最大,是植物分类学的基础。在植物的各种形态特征中,花、果等生殖器官性状比较保守、稳定,比根、茎、叶营养器官性状更为重要,尤其花的性状在被子植物的分类中是最常用的。植物茎和叶的形态往往受环境的影响较大,如仙人掌科和大戟科都有具肉质茎的植物种类,表现出趋同性状,而植物体的被毛情况在干旱与潮湿环境中又有不同。此外,叶形在有些植物类群中的分类价值不大,如禾本科植物由于叶形相似,因而分类较困难,毛茛科的耧斗菜属和唐松草属植物叶形区别不大,但花、果则截然不同。

在植物分类学的发展过程中,植物的解剖性状往往作为外部形态的补充。如具有相似叶形的槭树和悬铃木,其解剖性状是不同的。事实上,植物内部结构的变异由于受外部环境影响较小,往往要远小于外部形态性状的变异。

二、实验分类学(experimental taxonomy)

实验分类学是用实验方法研究物种起源、形成和演化的学科。物种是客观存在的,但经典分类学对种的划分,往往不能准确地反映客观实际,忽视了生态条件对一个物种形态习性的影响,有时把生态型当作一个种来处理,或把一些形态上微不足道的差异作为分类依据,有些类型表现出许多形态变异,难以划分,这些问题有待从实验分类学的研究方面去解决。

19 世纪末至 20 世纪初,当达尔文的生物进化学说被倡导之后,许多植物学家就环境对植物种群的影响进行了广泛的实验。其中瑞典植物学家杜尔松(Turesson)开展了一系列移栽实验研究,揭示了植物种内存在可遗传的分化。他注意到一些生于海边的植物,生长得低矮或匍匐,而同一种植物生长在平原地区的却是直立的,若把这两种类型的植物种植在同样的条件下,仍能保持这些差异。如此说明,物种是异质的,任何一个个体都不能代表一个物种的全部特征,种是由适应上明显不同的若干种群(居群,population)所组成的,杜尔松把这些遗传上适应的种群称作"生态型"(ecotype)。居群概念的提出是 20 世纪生物学思想的一次革命,它使生物学家抛弃了模式概念,认识到物种不是固定不变的,它以居群形式存在,在居群内和居群间都有变异。

此外,实验分类学还开展物种的动态研究,探索一个种在其分布区内,由于气候及土壤等条件的差异,所引起种群的变化,来验证分类学所划分的种的客观性;其另一途径是采取种内杂交及种间杂交的方法,来验证分类学所做出的自然界种群发展的真实性。这种研究物种动态及其进化过程的方法还促进了后来的生物系统学(biosystematics)和种群生物学(population biology)的产生和发展。

近代分子生物学的发展,使实验分类学由细胞水平跨入分子水平的领域。细胞质及细胞核的移植,是加速物种形成及人工控制物种发展的新途径。而基因的移植又使实验分类学走向更高级的阶段。

三、细胞分类学(cytotaxonomy)

细胞分类学是利用细胞染色体资料来探讨分类学问题的学科。从 20 世纪 30 年代初期开始,人们就开展了细胞有丝分裂时染色体数目、大小和形态的比较研究。染色体的数目在各类植物中,甚至在不同种植物中是不一样的,对划分类群具有参考意义;而染色体的形态和核型分析及染色体在减数分裂时的配对行为,则有助于理解种群的进化和关系。实践证明,细胞学资料在分类上是很有价值的证据。如牡丹属 *Paeonia* 以前放在毛茛科中,但该属染色体基数 $X=5$,个体较大,与毛茛科大多数属的基数很不相同,支持了许多分类学家结合其他特征,将其从毛茛科中分出独立成芍药科 Paeoniaceae,并认为它与五桠果科 Dilleniaceae 亲缘关系相近。又如在半日花科 Cistaceae 中,海蔷薇属 *Halimium* 以往常常置于半日花属 *Halianthemum* 中,后来发现海蔷薇属 *Halimium* 的染色体基数 $X=9$,而半日花属 $X=8$,因此支持将海蔷薇属从半日花属中分出,并放在具有染色体基数 $X=9$ 的岩蔷薇属 *Cistus* 附近。此外,在种级分类上,如根据染色体的变化情况阐明了芸薹属 *Brassica* 一系列种的分类地位等。

四、数量分类学(numerical taxonomy)

数量分类学是使用数学方法和电子计算机来研究解决生物学中的分类问题的一门边缘学科,也称数值分类学。数量分类学以表型特征为基础,利用大量的性状特征,包括形态、细胞、生化等特征,按照一定的数学程序,在电子计算机上做出有机体的定量比较,客观地反映出分类群之间的关系。如对中国人参的 10 个种和变种进行数量分类学研究,研究表明达玛烷型皂苷的含量与根、种子和叶的锯齿性状有密切关系。种子大,根肉质肥壮,叶锯齿较稀疏,达玛烷四环三萜含量较高。齐墩果酸型皂苷的含量与果实、根茎节间宽窄等有关。进一步证明化学分类研究将人参属分为两个类群是合理的。数量分类学把分类学的研究从定性的描述提高到定量的综合分析,给分类学的发展带来重大影响。

五、化学分类学(chemotaxonomy)

植物化学分类学是植物分类学与植物化学相互渗透、相互补充、互为借鉴而形成的一门边缘学科,它是以经典分类学为基础,利用植物化学特征研究化学成分与植物类群间的关系,探讨植物界的演化规律的学科。植物化学分类学的主要研究任务是探索各分类等级(如门、纲、目、科、属、种等)所含化学成分的特征和合成途径;研究各化学成分在植物系统中的分布规律以及在经典分类学的基础上,从植物化学组成所表现出来的特征,并结合其他有关学科,来进一步研究植物分类与系统发育。

用植物化学方法来研究分类,其对象主要是植物次生代谢产物(secondary metabolic

product），如生物碱、皂苷、香豆素、黄酮和萜烯类等小分子化合物。它们在植物中呈局限性分布，在研究植物分类和系统演化方面，成为有价值的分类性状。如把牡丹属（芍药属 *Paeonia*）从毛茛科中分出而独立成科，在化学成分上亦得到了支持，因为牡丹属植物不含毛茛科植物普遍存在的毛茛苷和木兰花碱。又如甜菜色素（betalain），据发现仅存在于被子植物 10 个科中，所有这些科都归集在中央种子目 Centrospermae 中，而该目中的石竹科和粟米草科不含甜菜红色素，而含花青苷，因此有些学者认为应将石竹科和粟米草科分出，另立为石竹目。此外，我国学者通过对人参属 *Panax* 植物的皂苷类型及生源途径的研究，结合形态特征、地理分布等综合分析，提出了比较合理的人参属种系演化和系统分类，并为合理开发利用该属植物资源提供了化学依据。随着现代科学技术的发展，依据以上化学成分性质上的差异，已发展出色谱、光谱、免疫学等技术。如我国学者曾首次采用傅里叶变换红外光谱法（FTIR）对五加科、桔梗科、木兰科、梅科、豆科等科中的典型药用植物进行了系统研究，比较了各科内植物的异同。

此外，有生物信息的高分子（如 RNA 及蛋白质等）现在也被普遍应用于植物化学分类学研究。应用高分子化合物来研究植物分类，主要用生物化学的方法。其中，血清学研究是一种既方便又快速的方法，而且研究范围很广，从杂种来源、种间关系到科间关系的探讨。血清学研究利用沉淀反应作为判别指标，它是从某一种植物中提取蛋白质，注射到兔子身上，使兔子血清中产生抗体，然后提纯含有抗体的血清（抗血清），并将要实验的另一种植物的蛋白质悬浮液（抗原）与之相结合而产生沉淀反应，反应的强度可看作样品中蛋白质相似性的程度，因此在某种程度上反映了比较的植物的相似性，一般说来，其所得结果和依据形态学等其他资料所得到的亲缘关系是相关的。Jensen 等对被子植物 92 科 206 种植物进行血清学研究表明，木兰亚纲、金缕梅亚纲及山茱萸超目之间有相近的亲缘关系，木兰亚纲和金缕梅亚纲不可能独立起源。Jensen 还发现桦木科与壳斗科血清学不同，这与以往将他们放在同一目中的观点不一致。

蛋白质作为化学分类特征，除了血清学方法外，还有直接用蛋白质做电泳分析来比较植物种类之间蛋白质的异同，即根据分子大小和分子电荷大小不同的蛋白质有不同的移动距离，从而形成一幅蛋白质的区带谱。此外，用植物体内所含的酶作为分类的标准（同工酶分析），是一项应用较多而有意义的工作，即把植物体内的酶经提取后，在一定介质（淀粉凝胶或聚丙烯酰胺凝胶）下进行电泳，再经酶的特异性染色产生一个酶谱。在一定条件下某些同工酶谱代表了它们的遗传特征，成为有价值的分类学证据，尤其是在研究自然居群遗传变异以及进化上是有效的手段。如我国学者利用 SDS（十二烷基硫酸钠）线性梯度聚丙烯酰胺凝胶电泳分析了松科 10 属 50 种植物种子蛋白质，证明松科分子进化速率的稳定性。另有学者利用电泳法对栝楼属 19 种植物种子蛋白质进行分析，提供了化学分类鉴定依据。近年来，分子生物学的兴起和发展，尤其是关于核酸和蛋白质化学的发展，使人们已可能从生物大分子的特征的比较来探讨植物的自然系统。

化学分类学不仅能为经典分类学提供化学方面的佐证，以弥补植物形态分类的不足，揭示植物系统发育在分子水平上所反映出来的规律，在发掘药用植物新资源及活性成分高含量新品种等方面，也具有重要的理论意义和实用价值。

六、超微结构分类学（ultrastructural taxonomy）

在 20 世纪 50 年代后期，由于电子显微镜技术被用于分类学研究，植物的超微结构资料越来越多地用于对植物类群的修订和划分方面。植物超微结构分类学的研究主要包括孢粉学和植物表皮的微形态学两方面。

孢粉学研究是随着扫描和透射电镜技术的应用而发展起来的，在 20 世纪 80 年代曾十分活跃。由于孢粉（孢子和花粉）富于保守性，孢粉的形态学性状（如形状、大小、壁结构及外壁雕纹等），在近几十年来，已被普遍应用到植物分类学研究上来。一般说来，孢粉的形态在属内种间的差别较小,在属以上的分类等级上差别越来越大。在目以上的分类单位中,孢粉形态特点的相似性和植物分类系统是非常一致的,如蕨类孢子形态基本上是单射线和三射线两个类型,且萌发器官均位于近极,而裸子植物花粉的萌发器官则多位于远极,由射线裂缝演变为单沟,被子植物花粉的萌发器官则多位于赤道,由单沟进而演变为三孔、三沟、三孔沟等。对于科、属等分类等级的分类,孢粉形态研究也可提供一些有意义的资料,如金缕梅科中绝大多数为赤道三沟类型的花粉,但只有枫香属 *Liquidambar* 与阿丁枫属 *Altingia* 例外,为散孔类型,结合其他形态学性状,分类学家把这两属从金缕梅科中分出另立为阿丁枫科 *Altingiaceae*。又如银莲花属发现有 6 个花粉类型,但其中罂粟银莲花 *Anemone glaucifolia* 类型奇特,具散沟带刺花粉,结合其他形态学特征,被植物分类学家从银莲花属中分出另立一属。

在微形态学的领域中,扫描电子显微镜的观察研究表明,植物表皮(包括根、茎、叶、花、果实和种子)结构的高度多样性越来越多地给被子植物分类提供了新的、有价值的信息。如表皮微形态学特征可以作为荨麻目的分类依据,它们的叶片和茎常有具刺的毛状体(荨麻属)或一种砂纸状的表面(葎草属和无花果)。罂粟科中种皮细胞的特殊排列或多或少是科的特征;而禾本科的表皮细胞排列式样可用于种和属级间分类单位的鉴别。在单子叶植物中,外角质层蜡质的微形态学和定向式样似乎是具有高度系统学意义的新分类学特征。此外,种皮微形态学对兰科植物的分类也提供了极有价值的新标准。

七、生化与分子系统分类学(biochemistry and molecular systematic taxonomy)

近十几年来,随着分子生物学研究的不断深入和生物技术的迅猛发展,利用分子生物学的资料来研究植物的分类与系统进化已成为当今植物分类学最活跃的研究热点,并由此产生了一门崭新的边缘学科——分子系统学(molecular systematics)。植物分子系统学是分子生物学和植物系统学交叉形成的一门学科,它利用分子生物学的各种实验手段,获取各类分子性状,以探讨植物的分类、类群之间的系统发育关系,以及进化的过程和机制。

众所周知,除部分病毒外,生物最根本的遗传物质是 DNA,生物中任何能遗传的变化均可追溯到 DNA 水平上,尽管对 DNA 的分析也和其他方法一样有局限性,但总的来说,还是较其他方法能更客观地反映不同生物的遗传物质变异程度。DNA 分子作为遗传信息的直接载体,不受外界因素和生物体发育阶段及器官组织差异的影响,具有较高的遗传稳定性,其四种不同碱基的排列顺序的千变万化又体现了生物的遗传多样性。此外,在诸多生物大分子中,DNA较蛋白质、同工酶等具有较高的化学稳定性,因此,用 DNA 序列资料来揭示植物的起源进化及不同等级类群的关系是最直接而理想的信息来源。

目前,从 DNA 水平上研究植物的系统与进化的方法大致可分为三种:DNA-DNA 杂交法、DNA 分子标记法和 DNA 序列测定法。

(一) DNA-DNA 杂交(DNA-DNA hybridization)法

DNA-DNA 杂交法是利用 DNA 双链之间的互补关系,根据不同生物体之间单拷贝 DNA 的同源性的大小来确定它们的亲缘关系。这种方法可用于种内或种间的同源性分析,但其局限性是此方法只适用于基因组中单拷贝的 DNA。而且,若两个个体基因组大小相差太大或杂交率很低,则不能用此法来判断它们的亲缘关系。此外,此方法对 DNA 需求量较大,一般均在毫克级,这对于一些材料较难获得的植物将不适用。

(二) DNA 分子标记(DNA molecular marker)法

DNA 分子标记是 DNA 水平上遗传多态性的直接反映,是研究 DNA 分子由于缺失、插入、易位、倒位或由于存在长短与排列不一的重复序列等机制而产生的多态性的技术。DNA分子标记法(亦称 DNA 指纹图谱法),即通过分析遗传物质的多态性来揭示生物内在基因排列规律及其外在性状表现规律的方法。此技术是目前用得最多的一种方法,主要分为四类:第一类以电泳技术和分子杂交技术为核心,主要代表是限制性片段长度多态性标记(restriction fragment length polymorphism,RFLP);第二类以电泳技术和 PCR 技术为核心,主要代表是随机扩增多态 DNA 标记(randomly amplified polymorphic DNA,RAPD);第三类以 PCR 和限制性酶切技术结合为核心,主要代表是扩增片段长度多态性标记(amplified fragment length polymorphism,AFLP);第四类基于单核苷酸多态性,主要代表是单核苷酸多态性标记(single nucleotide polymorphism,SNP)。

随着现代分子生物学的迅速发展,新的技术会不断出现,目前在植物分子系统学和中药鉴定中已经开展研究的 DNA 分子标记技术主要有以下几种。

1. 限制性片段长度多态性标记(restriction fragment length polymorphism,RFLP) 限制性片段长度多态性标记的基本原理和方法是物种的基因组 DNA 在限制性内切酶的作用下,被降解成许多长短不一的较小片段,所产生的这些片段是有特异性的,经电泳后在电泳胶上会出现特征型谱带,这种特异的 DNA 条带为含有该种 DNA 生物所特有的"多态性"或称"指纹"。物种间甚至品种间在同源染色体的 DNA 序列上呈多态现象。经典的 RFLP 研究是以电泳技术和分子杂交技术为基础的,包含 Southern 转移、探针标记、杂交及检测等烦琐的实验步骤,而且受到探针来源的限制。RFLP 适用于研究属间、种间、居群水平甚至品种间的亲缘关系、系统发育与演化。如 Wang 等用 150 个探针组合对 70 个水稻品种进行了 RFLP 分析,随后他们又用 25 个探针对来自稻属 21 个种的 93 个品种编号通过 RFLP 分析进行了稻属分类。

2. 随机扩增多态 DNA 标记(randomly amplified polymorphic DNA,RAPD) 随机扩增多态 DNA 标记是以一系列不同碱基的随机排列的寡核苷酸单链为引物,对所研究的基因组 DNA 进行 PCR 扩增,检测扩增产物 DNA 片段的多态性,这些扩增片段多态性反映了基因组相应区域的 DNA 片段多态性。RAPD 的主要优点是具有一套随机引物便可用于任何物种(不需已知的基因组序列,也不需物种特异的探针和引物)的检测,具有检测效率高、样品用量少、灵敏度高和容易检测的特点。RAPD 可以进行广泛的遗传多态性分析,可以在对物种没有任何分子生物学研究背景的情况下进行,适用于近缘属、种间以及种下等级的分类学研究。如 Chang 等应用 RAPD 方法对 8 种黄连及 1 种混淆品进行了鉴定,随后,Chang 等又用该方法对冬虫夏草及其伪品进行了鉴定。

3. 扩增片段长度多态性标记(amplified fragment length polymorphism,AFLP) 扩增片段长度多态性标记是通过对基因组 DNA 酶切片段的选择性扩增来检测 DNA 酶切片段长度多态性。其基本原理如下:首先用两种能产生黏性末端的限制性内切酶将基因组 DNA 切割成分子量大小不等的 DNA 片段,然后将这些片段和与其末端互补的已知序列的接头连接,形成的带接头的特异性片段用作随后的 PCR 扩增的模板,扩增产物通过变性聚丙烯酰胺凝胶电泳检测,最后进行多态性分析。AFLP 适用于种间、居群、品种的分类学研究。如罗志勇等将 AFLP 技术应用于人参、西洋参基因组 DNA 多态性分析,成功构建了栽培人参、西洋参、引种西洋参干燥根特定的基因组 AFLP DNA 指纹图谱。

4. 简单序列重复长度多态性标记(length polymorphism of simple sequence repeat,SSR) 简单序列重复长度多态性标记也被称为微卫星 DNA(microsatellite DNA),是由 2～6 个核苷酸为基本单元组成的串联重复序列,不同物种其重复序列及重复单位数都不同,形成 SSR 的多态性。简单序列重复长度多态性标记即检测 SSR 多态性的技术。其基本原理是,每个 SSR 两侧通常是相对保守的单拷贝序列,可根据两侧序列设计一对特异引物扩增 SSR 序列,由于不同物种其重复序列及重复单位数都不同,扩增产物经聚丙烯酰胺凝胶电泳检测,比较谱带的迁移距离就可知 SSR 的多态性。SSR 适用于植物居群水平的研究。

5. 序列特征扩增多态性标记（sequence characterized amplified region，SCAR） 序列特征扩增多态性标记通常是由 RAPD 标记转化而来的。其基本原理如下：将 RAPD 的目的片段从凝胶上回收并进行克隆和测序，根据碱基序列设计一对特异性引物（18～24 个碱基），以此特异性引物对基因组 DNA 进行 PCR 扩增，这种经过转化的特异 DNA 分子标记称为 SCAR。SCAR 一般表现为扩增片段的有无，也可表现为长度的多态性。SCAR 可用于中药栽培品种和某些中药材的鉴定。

（三）DNA 序列测定（DNA sequencing）法

DNA 序列测定法是通过 DNA 克隆、聚合酶链式反应（PCR）或将 RNA 反转录成 DNA 等方法得到目的 DNA 片段，然后用化学方法或酶法进行 DNA 一级结构即序列的测定。这种方法得到的信息最全、最多，而且应用面较广，既可用于亲缘关系很近的类群，如种内与种间的研究，亦可用于亲缘关系较远甚至很远，如低等植物与高等植物之间的研究。但其目前存在一定的局限性，一是技术要求较高，二是工作量大、成本高，很难应用于大量基因或分类群的研究中。不过，随着 DNA 片段扩增和测序的日益简化，DNA 序列分析将是今后分子系统学研究最具潜力的发展方向。

目前常用于 DNA 测序的基因主要有叶绿体基因组的 rbcL、matK 与核基因组的 rRNA 基因、内转录间隔区（ITS）等。

1. rbcL 基因 rbcL 基因是编码 1,5-二磷酸核酮糖羧化酶大亚基的基因。如基于 rbcL 基因序列对甘草属进行分析，可将甘草属分为含甘草酸组和不含甘草酸组；Chase 等基于 rbcL 基因序列分析对整个被子植物进行了系统发育重建，其研究涉及 499 种植物，代表了绝大部分种子植物科，他们构建的分支图为将来利用分子或非分子性状进行系统发育研究提供了一个十分有用的框架，可以说是分子系统学研究上的一个里程碑。

2. matK 基因 matK 基因位于 trnK 基因的内含子中，长约 1500 bp，编码一种成熟酶参与 RNA 转录体中Ⅱ型内含子的剪切，是叶绿体基因组蛋白编码基因中进化速率最快的基因之一，具有重要的系统学价值，可用于科内、属间甚至种间亲缘关系的研究。如基于 matK 基因对木兰科 57 种植物的 matK 基因序列进行序列分析，构建了该科的系统发育分支图。

3. rRNA 基因（rDNA） rRNA 基因是编码核糖体 DNA 的基因，在植物中以重复连续排列的方式存在，包含进化速率不等的编码区、非编码转录区和非转录区，可选择较保守的片段如 18S、5S 的 rRNA 基因进行属以上（科、目）的亲缘关系研究。如 Hoot 和 Crane 利用 18S rRNA 基因序列对金缕梅类和毛茛类进行了系统学研究。

4. 内转录间隔区（ITS） ITS 在核糖体 DNA 中位于 18S 与 26S 基因之间，由 5.8S 基因分为两段，即 ITS1 和 ITS2。由于在被子植物中 ITS 存在于高度重复的核糖体 DNA 中，进化速率快且片段长度仅 700 bp（ITS1 和 ITS2 各为 350 bp），加上协同进化使该片段在基因组不同重复单元间非常一致，等位基因间甚至 ITS 的不同拷贝之间都可能存在序列上的差异，所以适用于科、亚科、族、属、组内的系统发育和分类研究，尤其适用于近缘的属和种间关系研究。如 Wen 和 Zimmer 对人参属 *Panax* 12 种植物的 ITS 区及 5.8S rRNA 基因区进行了序列分析，并构建出系统树，结果表明美洲东北部的两个种西洋参与三叶人参 *P. trifolius* 中，西洋参与东亚种人参、竹节参、三七有更近的亲缘关系，而三叶人参在系统上是较孤立的；此外，ITS 序列还证明人参、西洋参和三七不是一个单系群。

核基因和叶绿体基因序列分析对揭示植物系统发育过程均具有重要意义，其中叶绿体基因一般为单亲遗传，有时不能反映真正的进化历程。相反，核基因是双亲遗传，利用其序列变异探讨植物的系统发育过程优于叶绿体基因，尤其是解决网状进化问题。

知识链接
5-1

知识拓展
5-1

NOTE

目标检测
答案

本章小结

植物分类学是一门对植物进行准确描述、命名、分群归类，并探索各类群之间亲缘关系以及进化发展规律的基础学科。它是一门理论性、实用性和直观性均较强的生命学科，也是所有与植物有关学科的基础。

植物分类的各级单位由大到小依次是门、纲、目、科、属、种。种是最基本的分类单位，种下分亚种、变种、变型。在国际上，每一种植物都有统一的植物学名，植物命名通常采用双名法，即属名＋种加词，完整的学名后还需加上命名人姓名。

植物分类系统分为人为分类系统和自然分类系统，自然分类系统客观地反映出生物的亲缘关系和演化发展。

被子植物的起源可归纳为两大学派：一派是恩格勒学派（假花学说），他们认为，具有单性花的柔荑花序类植物是现代植物的原始类群；另一派称毛茛学派（真花学说），认为具有两性花的多心皮植物是现代被子植物的原始类群。被子植物常见的分类系统有恩格勒系统、哈钦松系统、塔赫他间系统、克朗奎斯特系统。

植物分类检索表分为定距式、平行式和连续平行式三种，编制原则为"由一般到特殊"和"由特殊到一般"，常采用的是定距式检索表。

随着近代科学技术的进步及各学科相互渗透，目前的植物分类方法包括形态分类法、实验分类法、细胞分类法、数量分类法、化学分类法、超微结构分类法、生化与分子系统分类学方法等。

目标检测

一、单选题

1. 生物分类的基本单位是（   ）。

A. 纲　　　　　　　　B. 目　　　　　　　　C. 科　　　　　　　　D. 种

2. 《本草纲目》的分类方法属于（   ）。

A. 自然分类系统　　　　　　　　　B. 药用部位分类系统

C. 人为分类系统　　　　　　　　　D. 主要功效分类系统

3. 裸子植物属于（   ）。

A. 孢子植物　　　B. 低等植物　　　C. 隐花植物　　　D. 显花植物

4. 形态上有稳定的变异，并在地理分布上、生态上或生长季节上有隔离的种内变异类群是（   ）。

A. 变种　　　　　B. 亚种　　　　　C. 变型　　　　　D. 品种

5. 变种的拉丁学名缩写为（   ）。

A. subsp.　　　　B. ssp.　　　　　C. f.　　　　　　D. var.

二、填空题

1. 植物分类等级主要有＿＿＿＿＿、＿＿＿＿＿、＿＿＿＿＿、＿＿＿＿＿、＿＿＿＿＿、＿＿＿＿＿。

2. 常见的被子植物的分类系统有＿＿＿＿＿、＿＿＿＿＿、＿＿＿＿＿、＿＿＿＿＿。

3. 假花学说认为，现代被子植物的原始类群是具＿＿＿＿＿花的＿＿＿＿＿植物。恩格勒学派坚持假花学说。

4. 具有维管系统的植物称维管植物,它包括_____、_____、_____。

三、判断题

1. 蕨类植物属于种子植物。( )

2. 真花学说认为,现代被子植物的原始类群是具两性花的木兰目植物,毛茛学派坚持真花学说。( )

3. 花单生、两性花、子房上位属于被子植物的原始性状。( )

4. DNA 指纹图谱法是通过分析遗传物质的多态性来揭示生物内在基因排列规律及其外在性状表现规律的分类方法。( )

四、简答题

1. 植物拉丁学名由哪几个部分组成? 通常采用什么命名方法?

2. 维管植物与高等植物、孢子植物是什么关系?

3. 常见的植物分类检索表有哪几种?

4. 植物分类学的主要目的和任务是什么?

推荐阅读文献

[1] 王伟,张晓霞,陈之端,等.被子植物 APG 分类系统评论[J].生物多样性,2017,25(4):418-426.

[2] 周延清.DNA 分子标记技术在植物研究中的应用[M].北京:化学工业出版社,2005.

参 考 文 献

[1] 郑汉臣.药用植物学[M].5 版.北京:人民卫生出版社,2007.

[2] 汪劲武.种子植物分类学[M].2 版.北京:高等教育出版社,2009.

[3] 吴国芳,冯志坚,马炜梁,等.植物学[M].2 版.北京:高等教育出版社,2011.

(马保连)

扫码
看课件

案例导入
答案解析

第六章　藻类植物 Algae

学习目标

1. 掌握:藻类植物的主要特征。
2. 熟悉:藻类植物的分门依据、常见药用藻类植物。
3. 了解:藻类植物繁殖方式和研究进展。

 案例导入

海带是一种重要的海产经济作物,福建东山于 1958 年春建立海带养殖场,从大连引进海带苗于铜陵附近海区试养成功。作为一种营养价值很高的蔬菜,海带含碘量高,而且美味可口。据调查,海带是我国居民餐桌上的美味佳肴,其制品海带干也是内地游客最常购买的海产干品。海带是大自然给予沿海地区人们的天然馈赠,更是人类的一大自然财富。

提问:1. 海带属于什么门? 其药用部位是哪里?

2. 该类群的主要特征是什么? 该类群还有哪些常用药用植物?

| 第一节　藻类植物概述 |

藻类植物是一群古老的自养植物,与菌类、地衣植物一起称低等植物(lower plant)或无胚植物(non-embryophyte)。

一、藻类植物的形态构造及特点

藻类植物(Algae)是植物界中一类最原始的低等植物。通常含有能进行光合作用的色素和其他色素,是能够独立生活的一类自养原植体植物(autotrophic thallophyte)。植物体构造简单,没有真正的根、茎、叶的分化。有的藻体植物是单细胞体,如小球藻、衣藻等;有的为多细胞丝状体,如水绵、刚毛藻等;有的为多细胞叶状体,如海带、昆布等;有的呈多细胞树枝状,如海蒿子、石花菜、马尾藻等。藻体形状以及类型多样,大小差异很大,小的只有几微米,必须在显微镜下才能看到,大的可达数十米,如巨藻。不同藻类植物因体内所含的光合色素种类和比例不同,呈现出不同的颜色。色素通常分布于载色体(chromatophore)上,载色体有盘状、杯状、网状、星状、带状等形状。

二、藻类植物的分布与生境

已知现存的藻类植物大约有 3 万种,广泛分布于世界各地。我国已知的药用藻类植物约有 115 种。多数生长在淡水或海水中,但在潮湿的土壤、岩石、树皮上,也有它们的分布。某些藻类植物适应力极强,能在营养贫乏、光照强度微弱的环境中生长。在地震、火山爆发、洪水泛滥冲刷后新形成的新基质上首先可见到它们的踪迹,因此被称为先锋植物(pioneer plant)。有些海藻可在 100 m 深的海底生活,有的在南北极的冰雪中以及 85 ℃的温泉中也能生长。有的藻类能与真菌共生形成共生复合体,如地衣。

三、藻类植物的繁殖

藻类植物的繁殖方式有营养繁殖(vegetative propagation)、无性生殖(agamogenesis)和有性生殖(amphigenesis)三种。营养繁殖是指藻体的一部分由母体分离出去而长成一个新的藻体,如从多细胞藻体上脱落下来的营养体可发育成一个新个体。藻类产生孢子囊(sporangium)和孢子(spore),由孢子发育成新个体的繁殖方式为无性生殖。藻类产生配子囊(gametangium)和配子(gamete),雌雄配子结合形成合子(zygote),合子不发育成多细胞的胚,直接萌发形成新个体的过程为有性生殖,故藻类是无胚植物(non-embryophyte)。

四、藻类植物的用途

藻类植物是一类重要的资源植物。许多蓝藻是鱼的饵料,但大量繁殖又能使水中氧气耗尽而使水生动物窒息死亡;有的种类有固氮作用,可作生物肥料。绿藻在水体净化方面起很大作用,宇宙航行中可利用它们释放氧气。从红藻石花菜属 *Gelidium*、江篱属 *Gracilaria*、麒麟菜属 *Eucheuma* 等植物中所提制的琼脂(agar)可作为生物组织培养基的基质,从某些藻类中提取的藻胶可作为纺织品的浆料和建筑涂料。褐藻中含有大量的碘,是提取碘的工业原料。许多海洋藻类不仅资源丰富,生长繁殖快,而且含有丰富的蛋白质、脂肪、碳水化合物、氨基酸、维生素、抗生素、高级不饱和脂肪酸以及其他结构新颖的活性物质。随着科学研究的不断深入,海洋藻类将是人类开发海洋,向海洋索取食品、药品、精细化工产品和其他工业原料的重要资源。

根据藻类植物体形态,细胞结构,细胞壁成分,所含色素种类,贮存物质类别,鞭毛的有无、数目、着生位置和类型,以及生殖方式和生活史类型等,藻类植物可分为蓝藻门、裸藻门、绿藻门、轮藻门、金藻门、甲藻门、红藻门和褐藻门。

第二节 藻类植物的分类和药用植物

根据藻类植物细胞内所含的色素、贮藏物,植物体的形态构造、繁殖方式,鞭毛的有无、数目、着生位置和类型,细胞壁成分等方面的差异,一般将藻类分为八个门。其中,药用价值较大的门(蓝藻门、绿藻门、红藻门、褐藻门)和重要药用植物种类简述如下。

一、蓝藻门 Cyanophyta

蓝藻门是一类最简单、最原始的自养植物类群。植物体为单细胞、多细胞的丝状体或多细胞非丝状体,其细胞壁内的原生质体不分化成细胞质和细胞核,而分化为周质(periplasm)和中央质(centroplasm),没有真正的细胞核,属于原核生物(procaryote)。周质中没有载色体,但有光合片层(photosynthetic lamella),含有的叶绿素 a(chlorophyll a)、藻蓝素(phycocyanin),使藻体呈蓝绿色,故又名蓝绿藻(blue-green algae),但也有些种类的细胞壁外层的胶质鞘中含红、紫、棕等非光合色素,使藻体呈现不同颜色。蓝藻细胞壁的主要成分是黏肽(peptidoglycan)、果胶酸和黏多糖。蓝藻贮藏的营养物质主要是蓝藻淀粉、蛋白质等。有些丝状蓝藻可形成异形胞(heterocyst),其中缺乏光合系统,富含固氮酶,细胞壁增厚可隔绝氧

NOTE

气,有利于其固氮作用。

蓝藻门植物的繁殖方式主要是营养繁殖,包括细胞的直接分裂、藻丝的断裂和形成藻殖段等多种形式,极少数种类能产生孢子,进行无性生殖。

蓝藻约有 150 属,有 1500 种以上,多数种类生活于淡水中,在海水、土壤表层、岩石、树皮或温泉中都有存在。有的可与其他植物共生,如水生蕨类植物满江红 *Azolla* 的组织内共生有固氮作用的项圈藻(一种蓝藻);某些种类与真菌共生形成地衣。重要药用植物有螺旋藻、葛仙米(地木耳)、苔垢菜、发菜等。

【药用植物】

螺旋藻(钝顶螺旋藻)*Spirulina platensis*(Nordst.)Geitl.　颤藻科螺旋藻属。藻体呈丝状,螺旋状弯曲,单生或集群聚生。原产于北非,在淡水和海水中均可生长,我国现有人工养殖螺旋藻。藻体富含蛋白质、维生素等多种营养物质,制成保健食品,能防治营养不良症、减轻癌症放疗和化疗的毒副反应、提高免疫功能、降低血脂。国内外已开发利用的还有同属植物**极大螺旋藻** *Spirulina maxima* Setch. et Gandn. 、**盐泽螺旋藻** *Spirulina subsalsa* Oest. 等。

葛仙米(地木耳)*Nostoc commune* Vauch.　念珠藻科念珠藻属。植物体由许多圆球形细胞组成不分枝的单列丝状体,如念珠状。丝状体外面有一个共同的胶质鞘,形成片状或团块状的胶质体。在丝状体上相隔一定距离产生一个异形胞,异形胞壁厚,与营养细胞相连的内壁为球状加厚,叫作节球。在两个异形胞之间,或由于丝状体中某些细胞的死亡,将丝状体分成许多小段,每个小段即形成藻殖段(连锁体)。异形胞和藻殖段的产生,有利于丝状体的断裂和繁殖。多生于湿地或雨后的草地中。藻体可供食用,民间习称"地木耳",能清热明目、收敛益气(图 6-1)。

苔垢菜 *Chlothrix crustacea* Thuret　胶须藻科眉藻属。藻体呈丝状,暗深绿色,高 1～2 mm,密集丛生,呈丝绒状,黏滑丝状藻体中部直径为 10～40 μm,基部略膨大,鞘厚 6～10 μm,无色至微黄棕色。藻丝体变细如毛发状时,直径为 10～20 μm。单列细胞,细胞长为 2～3 μm。基部间生异形细胞。生长在沿海中、高潮带岩石或贝壳上。藻体能利水消肿。

发菜 *Nostoc flagelliforme* Born. et Flah.　念珠藻科念珠藻属。藻体呈毛发状,平直或弯曲,棕色,干后呈棕黑色。往往许多藻体绕结成团,最大藻团直径达 0.5 m,单一藻体干燥时宽 0.3～0.51 mm,吸水后黏滑而带弹性,直径可达 1.2 mm。藻体内的藻丝直或弯曲,许多藻丝几乎纵向平行排列在厚而有明显层理的胶质被内;单一藻丝的胶鞘薄而不明显,无色。细胞球形或略呈长球形,直径为 4～5(6)μm,内含物呈蓝绿色。异形胞端生或间生,球形,直径为 5～6(7)μm,属于原核生物。广泛分布于世界各地,如中国、俄罗斯、索马里、美国等地的沙漠和贫瘠土壤中,因其色黑而细长,如人的头发而得名。藻体可以食用,能补血、利尿降压、化痰止咳。

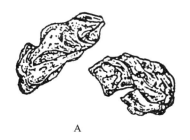
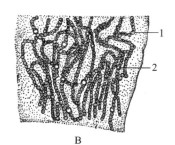

A　　　　　　　　　　　B

图 6-1　葛仙米

A.植物群体外形　B.群体一部分放大(1.藻体细胞　2.异形细胞)

NOTE

二、绿藻门 Chlorophyta

绿藻门植物有单细胞体、球状群体、多细胞丝状体和片状体等类型,部分单细胞和群体类型能借鞭毛游动。细胞内有细胞核和叶绿体,叶绿体中含有叶绿素 a、叶绿素 b、类胡萝卜素和叶黄素等光合色素。绿藻细胞壁分两层,内层主要成分为纤维素,外层主要是果胶质,常黏液化。绿藻贮藏的营养物质主要有淀粉、蛋白质和油类。

繁殖方式有营养繁殖、无性生殖和有性生殖。单细胞种类靠细胞分裂;多细胞的丝状体类型常通过断裂形成小段再发育成新个体;无性生殖产生的孢子有的属于游动孢子,有的属于静孢子(又称不动孢子),孢子在适宜条件下萌发为新个体;有性生殖方式多样,如同配生殖(如衣藻)、异配生殖(如盘藻)和卵配生殖(如团藻),极少为接合生殖(如水绵)。

绿藻门是藻类植物中种类最多的一个类群,约有 350 属,6000～8000 种,多数分布于淡水中,部分分布于海洋。江、河、湖泊、湿地、潮湿的墙壁、崖石、树干、花盆四周及冰雪上均可发现绿藻的存在。也有营寄生的,能引起植物病害,有的与真菌共生形成地衣。重要药用植物有蛋白核小球藻、石莼、水绵等(图 6-2)。

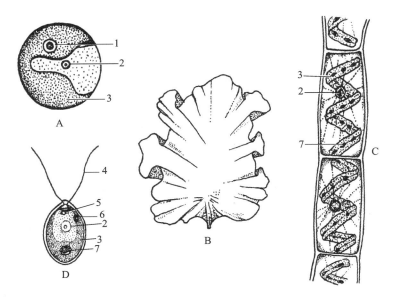

图 6-2 常见绿藻的种类和构造
A. 小球藻 B. 石莼 C. 水绵 D. 衣藻
1. 淀粉粒 2. 细胞核 3. 载色体 4. 鞭毛 5. 伸缩泡 6. 眼点 7. 蛋白核

【药用植物】

蛋白核小球藻 *Chlorella pyrenoidosa* Chick 小球藻科小球藻属。为生于淡水中的单细胞绿藻,呈圆球形或椭圆形。不能自由游泳,只能随水浮沉,细胞很小,细胞壁很薄,细胞内有细胞核、一个杯状的载色体和一个蛋白核。只能进行孢子繁殖。繁殖时,原生质体在壁内分裂1～4 次,产生 2～16 个不能游动的孢子。这些孢子和母细胞一样,只不过小一些,叫似亲孢子。孢子成熟后,母细胞壁破裂散于水中,长成与母细胞同样大小的小球藻。我国分布很广,有机质丰富的小河、池塘及潮湿的土壤上均有分布。藻体含丰富的蛋白质、维生素 C、维生素 B 和抗生素(小球藻素),医疗上可用作营养剂,防治贫血、肝炎等。

石莼 *Ulva lactuca* L. 石莼科石莼属。膜状绿藻,藻体淡黄色,藻体为由两层细胞构成的膜状体,高 10～40 cm,膜状体基部有多细胞的固着器。固着器是多年生的,每年春季长出新的藻体。无性生殖产生具有 4 条鞭毛的游动孢子;有性生殖产生具有 2 条鞭毛的配子,配子

NOTE

结合成合子，合子直接萌发成新个体。由合子萌发的植物体，只产生孢子，叫孢子体（sporophyte）。由孢子萌发的植物体，只产生配子，叫配子体（gametophyte）。这两种植物体在形态构造上基本相同，只是体内细胞的染色体数目不同。配子体的细胞染色体是单倍的（n）；孢子体的细胞染色体是双倍的（$2n$）。由于两种植物体大小一样，所以石莼的生活史是同形世代交替。石莼在我国各海湾均有分布，南方较多。生于中、低潮带的岩石或石沼中。藻体（石莼）可供食用，俗称"海白菜"或"海青菜"，利水消肿、软坚化痰、清热解毒。同属的**孔石莼** *Ulva pertusa* Kjellm.、**裂片石莼** *Ulva fasciata* Delile 亦作石莼药用。

水绵（光洁水绵）*Spirogyra nitida*（Dillw.）Link　双星藻科水绵属。藻体为筒状细胞连接而成单列不分枝的丝状体，细胞呈圆柱形，细胞壁分两层，内层为纤维素，外层为果胶质，手摸有滑腻感。载色体呈带状，1 至数条，螺旋状绕于细胞壁周围的原生质中，并有多数蛋白核纵列于载色体上。细胞中有 1 个大液泡，占据细胞腔的较大空间。细胞单核，位于细胞中央，被浓厚的原生质包围着。核周围的原生质与细胞腔周围的原生质之间，有原生质丝相连。水绵的有性生殖比较特殊，生殖时在丝状体之间进行梯形接合或侧面接合。梯形接合时由两条丝状体平行靠近，在两细胞相对的一侧互相产生凸起，凸起渐伸长而接触，连接成接合管，这时细胞内的原生质体收缩形成配子，通过接合管移至相对的另一条丝状体的细胞中，互相结合，形成合子。侧面接合是在同一条丝状体上相邻的两个细胞间形成接合管，或两个细胞之间的横壁上开一个孔道，其中一个细胞的原生质通过接合管或孔道移入另一个细胞中，与其细胞中的原生质融合成合子。合子从母细胞分离后，待环境适宜时，萌发成新的植物体。水绵是常见的淡水藻，在小河、池塘或水田、沟渠中均可见到。全藻（水绵）清热解毒、利湿，治疮和烫伤。同属植物**扭曲水绵** *Spirogyra intorta* Jao、**异形水绵** *Spirogyra varians*（Hassall）Kütz. 亦作水绵药用。

三、红藻门 Rhodophyta

红藻门植物体大多数是多细胞的丝状、枝状或叶状体，少数为单细胞。藻体一般较小，少数种类可达 1 m 以上。载色体除含叶绿素 a、叶绿素 b、胡萝卜素和叶黄素外，还含藻红素和藻蓝素。因藻红素含量较多，故藻体多呈红色。细胞壁分两层，外层为果胶质层，由红藻所特有的果胶类化合物（如琼胶、海藻胶等）组成；内层坚韧，由纤维素组成。贮藏的营养物质为红藻淀粉（floridean starch）或红藻糖（floridose），前者是一种肝糖类多糖，在细胞内呈颗粒状。

红藻生活史中不产生游动孢子，无性生殖以多种无鞭毛的静孢子进行。红藻一般为雌雄异株，有性生殖的雄性生殖器官为精子囊，雌性生殖器官称为果孢，属于卵式生殖。

红藻门约有 560 属，近 4000 种。绝大多数分布于海洋中，且多数是固着生活，能在深水中生长；仅有少数种类生长在淡水中。重要药用植物有甘紫菜、坛紫菜、条斑紫菜、石花菜、大石花菜、鹧鸪菜（美舌藻）、海人草、琼枝等（图 6-3）。

【药用植物】

甘紫菜 *Porphyra tenera* Kjellm.　红毛菜科紫菜属。藻体呈深紫红色，薄叶片状，广披针形、卵形或椭圆形，通常高 20～30 cm，宽 10～18 cm，基部楔形、圆形或心形，边缘多少具有褶皱，紫红色或微带蓝色。生于海湾中潮带岩石上，我国分布于渤海至东海区域，大量栽培，主要供食用。藻体（紫菜）能化痰软坚、利咽、止咳、养心除烦、利水除湿。同属植物**坛紫菜** *Porphyra haitanensis* T. J. Chang et B. F. Zheng、**条斑紫菜** *Porphyra yezoensis* Ueda、**圆紫菜** *Porphyra suborbiculata* Kjellm.、**长紫菜** *Porphyra dentata* Kjellm. 亦作紫菜药用。

石花菜 *Gelidium amansii* Lamx.　石花菜科石花菜属。藻体扁平直立，淡紫红色或棕红色，丛生，四至五次羽状分枝，小枝对生或互生。分布于我国渤海、黄海、台湾北部。可供提取琼胶（琼脂）用于医药、食品和制作细菌培养基。藻体（石花菜）可供食用，能清热解毒、化瘀散结、缓下、驱蛔。同属植物**大石花菜** *Gelidium pacificum* Okam.、**细毛石花菜** *Gelidium crinale*（Turn.）Lamx.，分布于我国东部和东南部沿海，亦作石花菜药用。

琼枝 *Eucheuma gelatinae*（Esp.）J. Ag.　红翎菜科琼枝藻属。藻体表面呈紫红色或黄绿色，匍匐状重叠，具不规则叉状或羽状分枝，两侧多有羽状小枝，一面常有锥状凸起。表面光滑，腹面有疣状、圆锥状凸起，并有圆盘状固着器。生长在低潮线附近的碎珊瑚中，多见于我国南部沿海地区，如海南岛、东沙群岛等。含有多种有效成分，如多糖、琼胶、黏液质、角叉菜胶，多糖中有部分脱硫 k-卡拉胶、甲基半乳糖、半乳糖丙酮酸缩醛等。藻体能清肺化痰、软坚散结、解毒。

鹧鸪菜（美舌藻）*Caloglossa leprieurii*（Mont.）J. Ag.　红叶藻科鹧鸪菜属。藻体含美舌藻甲素（海人草酸）及甘露醇甘油酸钠盐（海人草素），驱虫杀虫。

海人草 *Digenea simplex*（Wulf.）C. Ag.　松节藻科海人草属。藻体能驱蛔虫。

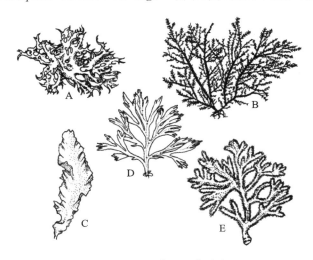

图 6-3　常见药用红藻种类
A. 琼枝　B. 石花菜　C. 甘紫菜　D. 鹧鸪菜　E. 海人草

四、褐藻门 Phaeophyta

褐藻门是藻类植物中形态构造分化得较高级的一大类群。植物体均是多细胞，体形大小差异很大，小的仅由几个细胞组成，大的可长达 100 m（如巨藻）。藻体呈丝状、叶状或枝状，高级的种类还有类似高等植物根、茎、叶的固着器，柄和叶状带片（blade），内部有类似"表皮""皮层"和"髓"的分化。细胞壁分两层，内层坚固，由纤维素构成；外层由褐藻所特有的果胶类化合物褐藻胶构成，能使藻体保持润滑，可减少海水流动造成的摩擦。载色体中含有叶绿素 a、叶绿素 c、β-胡萝卜素和多种叶黄素。由于胡萝卜素和叶黄素（主要是墨角藻黄素）的含量大，掩盖了叶绿素的颜色，藻体呈绿褐色至深褐色。所贮藏的营养物质主要是褐藻淀粉、甘露醇和少量还原酶与油类。

褐藻的营养繁殖可以藻体断裂的方式进行。无性生殖产生游动孢子或静孢子。有性生殖在配子体上形成一个多室的配子囊，配子结合有同配、异配和卵式生殖三种方式。在褐藻的生活史中，多数种类具有世代交替现象，且在异型世代交替的种类中，多数是孢子体大，配子体小，如海带。

褐藻门约有 250 属，1500 种，绝大多数分布于温寒地带海域，从潮间带一直分布到低潮线下约 30 m 处，是构成海底"森林"的主要类群。重要药用植物有海带、昆布（鹅掌菜）、裙带菜、海蒿子、羊栖菜等（图 6-4）。

NOTE

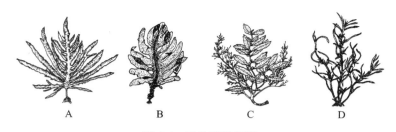

图 6-4 四种药用褐藻

A.昆布 B.裙带菜 C.海蒿子 D.羊栖菜

【药用植物】

海带 *Laminaria japonica* Aresch. 海带科海带属。多年生大型褐藻,长可达 6 m。植物体(孢子体)是多细胞的,整个植物体分为三个部分:基部分枝如根状,固着于岩石或他物上,称为固着器;固着器上面是茎状的柄,柄以上是扁平叶状的带片,带片为深橄榄绿色,干后呈黑褐色,革质。带片和柄部连接处的细胞具有分生能力,能产生新的细胞使带片不断延长,带片的构造比较复杂,有"表皮""皮层""髓"之分。"表皮""皮层"的细胞具有色素体,能进行光合作用,"髓"部是输导组织,柄支持着带片,下端以分枝的固着器附着于岩石或其他牢固物上。

海带的生活史有明显的世代交替现象。当海带(孢子体)成熟时,带片两面"表皮"上,有些细胞发育成棒状的游动孢子囊,夹在隔丝中,在带片表面形成斑块状的孢子囊群区。孢子囊中产生许多游动孢子(单倍体),鞭毛侧生不等长。游动孢子萌发成极小的丝状体(雌配子体和雄配子体);雄配子体细长多分枝,枝端产生精囊,其中仅一个精子,精子有侧生的两条不等长鞭毛;雌配子体仅由一至数个较大的细胞组成,在枝端形成卵囊,内含一个卵子,卵子与精子结合后形成受精卵,经数日后萌发为新的幼孢子体(图 6-5)。

产生孢子的植物体叫作孢子体,属于无性世代(或孢子体世代),染色体的数目是双倍的($2n$),产生配子的植物体叫配子体,属于有性世代(或配子体世代),染色体数目是单倍的(n),有性世代和无性世代互相交替发生,这种现象叫世代交替(alternation of generations),因为海带的孢子体和配子体是异形的,所以又称为异形世代交替(heteromorphic alternation of generations)。

我国辽东和山东半岛沿海有自然生长的海带,现自北向南大部分沿海地区均有养殖,产量居世界首位。海带除大量供食用外,也作昆布入药,能消痰、软坚散结、利水消肿。海带常被用于防治缺碘性甲状腺肿大,又是提取碘和褐藻胶的重要原料。

昆布(鹅掌菜)*Ecklonia kurome* Okam. 翅藻科昆布属。藻体呈深褐色,革质,固着器呈分枝状,柄部为圆柱形,上部叶状带片扁平,不规则羽状分裂,表面略有皱褶。分布于浙江、福建等较肥沃海区的低潮线至 7～8 m 深处的岩礁上。尚有翅藻科裙带菜属**裙带菜** *Undaria pinnatifida*(Harvey)Suringar 可食用和作为昆布入药,能软坚散结、消痰、利水。

海蒿子 *Sargassum pallidum*(Turn.)C. Ag. 马尾藻科马尾藻属。藻体直立,深褐色,高 20～80 cm,固着器盘状,主干多分枝呈树枝状,小枝上的叶状片形态差异很大。初生叶状片为披针形、倒卵形或倒披针形,长 5～7 cm,宽 2～12 cm,边缘有疏锯齿,具有中肋和散生毛窠斑点,但生长不久即脱落;次生叶状片线形或再次羽状分裂成线形,侧枝自次生"叶"的"叶"腋间生出,枝上又生出狭线形"叶",其"叶"腋又长出具丝状"叶"的小枝。生殖枝上生有气囊和囊状生殖托,生殖托单生或呈总状排列于生殖小枝上,长卵形至棍棒状,托上着生圆柱状而细小的孢子囊;雌雄异株。分布于我国黄海、渤海沿岸各地。为中药海藻的主要原植物之一,习称"大

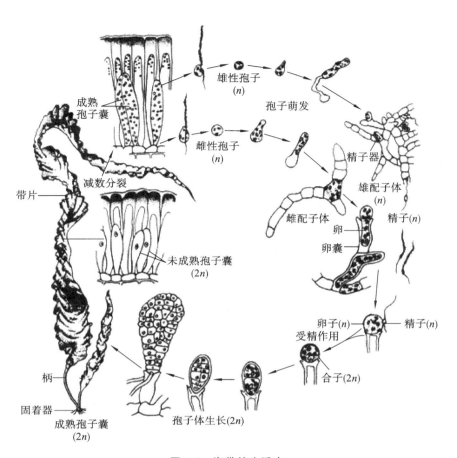

图 6-5 海带的生活史

叶海藻",能消痰、软坚散结、利水消肿。同属植物**羊栖菜** *Sargassum fusiforme*（Harv.）Setch. 主"枝"圆柱形，叶状片凸起，多呈棍棒形。全藻亦作海藻药用，习称"小叶海藻"。羊栖菜多糖有增强免疫、抗癌作用。

本章小结

　　藻类植物是一群古老的自养植物，与菌类、地衣植物一起称为低等植物（lower plant）或无胚植物（non-embryophyte）。藻类植物 Algae 是植物界中一类最原始的低等植物。通常含有能进行光合作用的色素和其他色素，是能够独立生活的一类自养原植体植物（autotrophic thallophyte）。植物体构造简单，没有真正的根、茎、叶分化。色素通常分布于载色体（chromatophore）上，载色体有盘状、杯状、网状、星状、带状等形状。藻类植物的繁殖方式有营养繁殖（vegetative propagation）、无性生殖（agamogenesis）和有性生殖（amphigenesis）三种。根据藻类植物体形态，细胞结构，细胞壁成分，所含色素种类，贮存物质类别，鞭毛的有无、数目、着生位置和类型，以及生殖方式和生活史类型等，藻类植物分为蓝藻门、裸藻门、绿藻门、轮藻门、金藻门、甲藻门、红藻门和褐藻门。其中，药用价值较大的门为蓝藻门、绿藻门、红藻门、褐藻门。重要药用植物有螺旋藻、葛仙米（地木耳）、苔垢菜、发菜、蛋白核小球藻、石莼、水绵、甘紫菜、坛紫菜、条斑紫菜、石花菜、大石花菜、鹧鸪菜（美舌藻）、海人草、琼枝、海带、昆布（鹅掌菜）、裙带菜、海蒿子、羊栖菜等。

知识拓展
6-1

目标检测

一、单选题

1. 藻类植物的植物体称为（　　）。

A. 原丝体　　　　　　B. 原叶体　　　　　　C. 原植体　　　　　　D. 色素体

2. 属于原核生物的藻类植物是（　　）。

A. 水绵　　　　　　　B. 葛仙米　　　　　　C. 海带　　　　　　　D. 石莼

3. 海带的带片可不断延长是因为（　　）。

A. 带片顶端有分生细胞　　　　　　　　B. 柄的基部有分生细胞

C. 带片和柄部连接处有分生细胞　　　　D. 带片中部有分生细胞

4. 藻体的内部分化成表皮、皮层和髓三个部分的藻类是（　　）。

A. 水绵　　　　　　　B. 海带　　　　　　　C. 紫菜　　　　　　　D. 石莼

5. 下列哪一种植物属于红藻门？（　　）

A. 葛仙米　　　　　　B. 石花菜　　　　　　C. 海带　　　　　　　D. 石莼

二、名词解释

1. 孢子

2. 配子

3. 孢子体

4. 配子体

5. 无性生殖

6. 有性生殖

三、简答题

1. 藻类植物的基本特征是什么？

2. 蓝藻门的主要特征是什么？蓝藻门有哪些常用药用植物？

3. 绿藻门的主要特征是什么？绿藻门有哪些常用药用植物？

推荐阅读文献

陈威,魏南,金小伟,等.松花江哈尔滨段藻类植物分布及其与环境因子的关系[J].中国环境监测,2018,34(4):102-110.

参 考 文 献

[1]　路金才.药用植物学[M].3 版.北京:中国医药科技出版社,2016.

[2]　黄宝康.药用植物学[M].7 版.北京:人民卫生出版社,2016.

（段黎娟）

NOTE

130

第七章　菌类植物 Fungi

学习目标

> 1. 掌握：菌类植物的主要特征。
> 2. 熟悉：菌类植物的分门依据，常见药用真菌。
> 3. 了解：真菌的繁殖方式。

案例导入

黄先生是一家公司老总，经过多年的打拼，黄先生在事业上取得了非常好的成就。当然，作为老总，黄先生平时总是少不了一些应酬、熬夜，多年在酒桌上的应酬、熬夜带来的饮食不规律，使黄先生如今的身体一天不如一天。近段时间，黄先生感到胸闷、气短。刚好黄先生有位朋友是学医的，建议黄先生购买一些冬虫夏草来食用。抱着怀疑的态度，黄先生购买了 100 g 冬虫夏草，连续吃了大概一个月，发现效果不错。

提问：1. 冬虫夏草所属的植物类群、科名、药用部位是什么？

2. 冬虫夏草的主要特征是什么？

第一节　菌类植物概述

一、菌类植物的形态构造及特点

菌类植物与藻类植物一样，没有根、茎和叶的分化。但是菌类植物又与藻类植物不同，因其不含有光合色素，不能进行光合作用制造养料，所以菌类植物的营养方式为异养。菌类的异养生活方式有腐生、寄生、共生等多种方式，多数种类营腐生生活，也有以寄生为主兼腐生的。从活的动物、植物体上吸取养分的方式叫作寄生（parasitism）；从动物、植物尸体上或者其他无生命的有机物质中吸取养分的方式叫作腐生（pythogenesis）；从活的有机体获取养分同时又提供该活体有利的生活条件，彼此之间互相受益、互相依赖的叫作共生（symbiosis）。

菌类植物的种类极为繁多，林奈（Carl Linnaeus）把生物界划分为植物界和动物界的二界分类系统，一直被广为采用。魏泰克（Whittaker）于 1969 年提出了五界分类系统，即原核生物界、原生生物界、真菌界、植物界、动物界。在五界分类系统中，真菌界包括黏菌门、真菌门。

菌类植物为异养型生物，由于其细胞或孢子具有细胞壁，所以在两界生物分类系统中被归入植物界。菌类植物包括细菌门 Bacteriophyta、黏菌门 Myxomycophyta 和真菌门 Eumycophyta 三个门。

细菌为微小的单细胞有机体，有明显的细胞壁，没有细胞核，与蓝藻相似，均属于原核生

NOTE

131

物,故列入原核生物界。绝大多数细菌不含有叶绿素,营寄生或者腐生生活。由于细菌门已在微生物学中进行详细讲授,故本教材不再叙述。

黏菌介于动物、真菌之间,能形成具有细胞壁的孢子,可以任意改变体形,属于真核生物,其在生长期或者营养期没有细胞壁,原生质具多核,但在繁殖期产生具有纤维素细胞壁的孢子。大多数黏菌为腐生菌,黏菌与医药关系并不大,暂未发现直接经济意义。

真菌是一类典型的真核异养型植物,有细胞壁、真正的细胞核,但不含有叶绿素,也没有质体。大多数真菌的细胞壁由几丁质(chitin)组成,部分低等真菌的细胞壁则由纤维素组成。真菌菌丝细胞内含有原生质、细胞核、液泡、贮存油脂、肝糖、蛋白质以及微量的维生素等营养成分,而不含淀粉,很多大型的真菌是常用中药。真菌细胞壁成分可随其生长年龄和环境条件不同而变化,使菌体呈现褐色、黑色、红色、黄色或黄白色等多种颜色。原生质一般是透明无色的,所以真菌的菌丝大部分是无色的,有些菌丝细胞原生质含有色素,而使菌丝呈现各种不同颜色,但这些色素非光合色素。

真菌的营养体除少数的低等类型种类为单细胞(如酵母)外,绝大多数真菌是由分枝或不分枝,有隔或无隔的丝状体组成,每一条丝状体叫作菌丝(hypha),菌丝呈多细胞纤细管状,直径一般在 10 μm 以下。组成一个菌体的所有菌丝称为菌丝体(mycelium)。菌丝分为无隔菌丝(non-septahypha)和有隔菌丝(septate hypha)两种(图 7-1)。低等真菌的菌丝通常不具隔膜,称为无隔菌丝,这种菌丝大多数是多核的、分枝或不分枝的长管形大细胞。高等真菌的菌丝都有许多隔膜把菌丝分隔成许多个细胞,称为有隔菌丝,每个细胞有 1 个、2 个或几个核。隔膜上有小孔,使细胞与细胞间的原生质能够相互流通,有时核也可穿过小孔。菌丝由孢子萌发产生芽管所形成,也可由小段菌丝生长成新的菌丝。

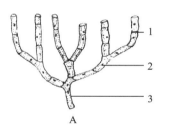
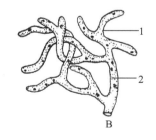

图 7-1　菌丝

A.有隔菌丝(1.隔膜　2.原生质　3.细胞壁)

B.无隔菌丝(1.细胞壁　2.原生质)

真菌的菌丝在正常生活条件下,一般是很疏松的,散布于基质中,但在繁殖期或环境条件不良时,一些真菌菌丝体的菌丝相互紧密地交织在一起,形成各种形态的菌丝组织体,简称菌丝体。通常有根状菌索、子实体、子座和菌核。

1. 根状菌索(rhizomorph)　若菌丝平行结合在一起,外面被以菌鞘,称菌索。一些高等真菌的菌丝密结成绳索状,整体形状类似根状,称为根状菌索,在木材腐朽菌中常见。如密环菌的菌索。

2. 子实体(sporophore)　很多高等真菌在繁殖时期形成有一定形状和结构、能产生孢子的菌丝体,称为子实体,如灵芝、蘑菇、木耳、银耳等。蘑菇的子实体呈伞状,马勃的子实体近球形。

3. 子座(stroma)　子囊菌类特有的容纳子实体的褥座状结构,如冬虫夏草的"红头紫柄"。子座形成后,即在其上面产生许多子囊壳(子实体),子囊壳中产生许多子囊(孢子囊),子囊中含有多条子囊孢子。

4. 菌核(sclerotium)　有些真菌的菌丝纵横交织在一起,密集成颜色深、质地坚硬的核状体,称为菌核。菌核是真菌度过不良环境的休眠体,如茯苓、猪苓、雷丸、麦角等。

二、真菌的分布与生境

真菌是一群数目庞大的生物类群,菌类植物由于生活方式的多样性,在自然界中的分布十分广泛,从热带到寒带,从空气到水体、陆地,从沙漠、淤泥到冰川地带的土壤,从动植物的活体到它们的残骸,甚至人体,几乎全球各地所有的地方均有真菌的踪迹,尤其以土壤中最多。由于真菌的药用种类较多,本章第二节主要介绍真菌门植物的分类及其重要的药用植物。

三、真菌的繁殖

真菌的繁殖分为营养繁殖、无性繁殖和有性繁殖三种方式。

1. 真菌营养繁殖 真菌营养繁殖常见于多细胞真菌的菌丝断裂繁殖,单细胞种类多见于细胞分裂繁殖和出芽繁殖。菌丝的营养细胞出芽后,形成芽生孢子;菌丝中部分细胞膨大,则形成休眠孢子,其原生质浓缩,细胞壁会加厚,以便于度过不良环境以后再进行萌发;菌丝的再生能力很强,菌丝细胞依次断裂后,形成节孢子。以上三种孢子脱离母体后,在适宜的条件下萌发,形成新的个体。

2. 真菌无性繁殖 真菌分化产生各种无性孢子来完成繁殖过程,孢子生殖能产生多种孢子。常见的无性孢子有游动孢子(具鞭毛能游动)、孢囊孢子(在孢子囊内形成的不动孢子)、分生孢子(由分生孢子囊梗顶端不断分裂产生的孢子)三种类型。游动孢子借助水的流动进行传播;孢囊孢子借助气流进行传播;分生孢子借助气流或动物进行传播。这些无性孢子在适宜条件下萌发形成芽管,芽管继续生长从而形成新的菌丝体。

3. 真菌有性繁殖 真菌形成有性孢子,再由有性孢子发展成新的个体。真菌的有性繁殖相当复杂,方式也是多样的,通过不同性细胞的结合产生有一定形态的有性孢子来实现。其过程分为质配、核配和减数分裂三个阶段。第一阶段是质配,由两个带核的原生质相互结合成为一个细胞。第二阶段是核配,由质配带入同一细胞内的两个细胞核进行融合。在低等真菌中,质配后会立即进行核配。但是在高等真菌中,双核期会很长,要持续相当长的时间才会进行细胞核的融合。第三阶段是减数分裂,重新使染色体数目减成单倍体,产生 4 个单倍体的核,形成 4 个有性孢子。真菌的有性繁殖有逐渐简化的趋势,从形成配子发展到不再形成配子,从形成性器官发展到不再形成性器官,当进化形成高等担子菌时,其性器官大多退化了,以营养菌丝的结合来兼行有性生殖,这种简化的现象,说明了它们对于寄生和腐生生活的高度适应性。

真菌的有性繁殖,是通过生殖细胞的有性结合产生休眠孢子、接合孢子、子囊孢子和担孢子等有性孢子。有性生殖为同配和异配,产生的合子为休眠孢子;有性生殖的同形配子或配子囊接合后则产生接合孢子;有性生殖形成子囊,则在子囊内产生子囊孢子;有性生殖形成担子,则在担子上产生担孢子。

高等真菌的有性孢子,一般容纳于子实体中,就像高等植物中的种子植物的种子存在于果实里一样。子实体也分为很多类型,形状和大小极为悬殊。子囊菌的子实体被称为子囊果(ascocarp),担子菌的子实体则称为担子果(basidiocarp)。

四、真菌的用途

已知可供药用的真菌约有 300 种,其中许多种类具有增强免疫功能、抗癌、抗菌、抗消化道溃疡等作用。但也有一些真菌含有剧毒或者致癌的成分,例如毒蘑菇和黄曲霉菌等。植物的内生真菌与植物次生代谢和成分的转化合成有关,例如短叶红豆杉 *Taxus brevifolia* 的内生真菌能产生紫杉醇(taxol,paclitaxel)、桃儿七 *Sinopodophyllum hexandrum* (Royle) Ying 的内生真菌能产生鬼臼毒素类似物等。真菌与人类有密切的关系,不少真菌能分解枯枝、落叶和

NOTE

动物的尸体,从而增强土壤的肥力和完成自然界物质循环。许多大型真菌可以供食用,例如蘑菇、香菇、猴头菌、木耳、羊肚菌等。酵母和曲霉菌大量应用于食品工业和酿造工业。

第二节　真菌门植物的分类和药用植物

真菌门 Eumycophyta 是植物界很大的一个类群,一般认为有 12 万～15 万种,也有人认为可以达到 40 万种。国产真菌大约有 4 万种,已知名称的近万种。

过去常将真菌门分为藻状菌纲、子囊菌纲、担子菌纲、半知菌纲 4 个纲。新的真菌分类系统将真菌门分为 5 个亚门:鞭毛菌亚门 Mastigomycotina、接合菌亚门 Zygomycotina、半知菌亚门 Deuteromycotina、子囊菌亚门 Ascomycotina、担子菌亚门 Basidiomycotina。其中前 3 个亚门无常见药用植物。药用真菌大多属于子囊菌亚门、担子菌亚门。下面主要介绍这两个亚门的重要分类特征。

一、子囊菌亚门 Ascomycotina

子囊菌亚门是真菌门中种类最多的一个亚门,全世界共有 2720 属,约 28650 种。除酵母菌 Saccharomyces 等少数低等子囊菌为单细胞外,绝大多数为具有发达多细胞,且有横隔的菌丝体,并紧密结合在一起,形成一定形状的结构。子囊菌的无性繁殖相当发达,可以裂殖、芽殖或者形成各种孢子,如分生孢子、节孢子、厚壁孢子等,所以繁殖迅速。有性生殖产生子囊(ascus),内生子囊孢子(ascospore),这是子囊菌亚门最主要的特征。除少数原始种类外,子囊裸露不形成子实体外(如酵母菌),绝大多数的子囊菌都产生子实体,子囊包于子实体内部。子囊是子囊菌有性繁殖过程中的孢子囊,由一个细胞发育而来,其细胞核首先进行一次减数分裂,然后再进行一次有丝分裂,一般会产生 8 个子囊孢子(图 7-2)。形成子囊的子实体称为子囊果(ascocarp)。子囊果的形态是子囊菌分类的重要依据,常见的子囊果分为以下三种类型。

1. 子囊盘(apothecium)　子囊果呈盘状、杯状、碗状。子囊盘中有许多子囊、侧丝(不孕菌丝)垂直排列在一起,形成了子实层。子实层完全暴露在外部,如盘菌类。

2. 闭囊壳(cleistothecium)　子囊果完全闭合形成球形,无开口,待其破裂后子囊和子囊孢子才能够散出,如白粉科的子囊果。

3. 子囊壳(perithecium)　子囊果呈瓶状、囊状,先端开口,这一类子囊果多埋生于子座内部,如麦角、冬虫夏草。

【药用植物】

冬虫夏草菌 *Cordyceps sinensis*(Berk.)Sacc.　麦角菌科虫草属。是一种寄生于鳞翅类蝙蝠蛾科昆虫虫草蝙蝠蛾(*Hepialus armoricanus* Oberthür)幼虫上的子囊菌。夏秋季节,本菌的子囊孢子从子囊里放射出来之后,即断裂成若干节段,然后产生芽管(或者从分生孢子产生芽管),侵入寄主幼虫体内,染菌幼虫钻入土壤中越冬。冬虫夏草菌丝在虫体内蔓延发展,进入血液循环系统,并以酵母状出芽法增大体积,破坏虫体内部结构,直至幼虫死亡,耗尽其营养使之变成僵虫,此时虫体内的菌丝体已变得坚硬,如此则破坏了内部器官,但幼虫表皮却保持完好。翌年春末夏初从寄主(即所谓"虫"的部分)头部发出单个(稀 2～3 个)棍棒状的子座(即所谓"草"的部分),长 4～11 cm,基部直径为 1.5～4 mm,向上部逐渐狭细,头部不膨大或者膨大成近圆柱形,褐色,初期内部充塞,而后变得中空,长 1～4.5 cm,直径为 2.5～6 mm(不包括长 1.5～5.5 mm 的不孕顶端部分),并伸出土层以外。子座上部膨大,显微镜下观察,可见表层埋有一层子囊壳,基部稍陷于子座内部,椭圆形至卵圆形,壳内生出多数细长的子囊,每个子囊具有 2～8 个细长而又有多数横隔的子囊孢子。子囊孢子成熟之后从子囊壳孔口散出,断裂

134

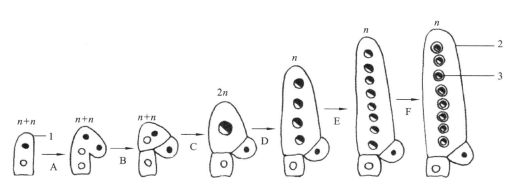

图 7-2　子囊的形成

A.配对的核进行有丝分裂，菌丝发育成"J"形　B.形成了隔壁，次末级细胞为 $n+n$　C.次末级细胞发生核融合

D.减数分裂把 $2n$ 合子分裂成 4 个单倍体核　E.每个核发生有丝分裂

F.在单倍体核外形成壁，从而在子囊内形成 8 个子囊孢子

1.产囊丝　2.子囊　3.子囊孢子

成若干小段，然后产生芽管（或者从分生孢子产生芽管）穿入幼虫（蝙蝠蛾科昆虫）体内，又继续侵染新的蝙蝠蛾幼虫（图 7-3）。主要分布在我国甘肃、青海、四川、云南、西藏等地。多分布于海拔 3000～4000 m 排水良好的高山山坡树下、烂叶层、草丛之中。含有虫草酸和丰富的蛋白质。现已可以人工培养或者通过深层发酵工艺大量繁殖其菌丝体。子座和幼虫尸体的干燥复合体（冬虫夏草）能补肾益肺、止血化痰。

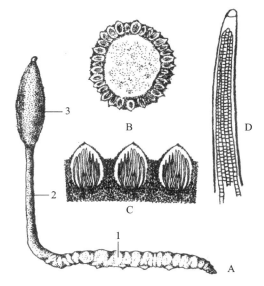

图 7-3　冬虫夏草

A.冬虫夏草的菌体全形（1.僵虫（内部为菌核）　2.子座柄　3.子座上部（子实体））

B.子座横切面　C.子囊壳（子实体）放大　D.子囊及子囊孢子

虫草属 *Cordyceps* 有 130 多种，我国有 20 多种。其中**亚香棒菌** *Cordyceps hawkesii* Gray 菌核和子座（亚香棒虫草）能补益肺肾、益精止血。**凉山虫草菌** *Cordyceps liangshanensis* Zang,Liu et Hu 菌核和子座（凉山虫草）能补肺益肾。**蛹草（北虫草）** *Cordyceps militaris*（L.）Link.菌核和子座亦作冬虫夏草药用。另外，麦角菌科真菌**蝉棒束孢菌** *Isaria cicadae* Miquel 的孢梗束、**大蝉草** *Cordyceps cicadae* Shing 的子座及其所寄生的虫体（蝉花）能疏散风热、透疹、熄风止痉、明目退翳。

麦角菌 *Claviceps purpurea*（Fr.）Tul.　麦角菌科麦角菌属。菌体常寄生于禾本科、莎草

知识链接
7-1

NOTE

135

科、灯心草科和石竹科等植物的子房内。菌核成熟时露出于子房外,呈紫黑色,质地较为坚硬,形如动物的角,因多生于麦类之上,故称为"麦角"。菌核呈圆柱状、角状,稍微弯曲,一般长1～2 cm,直径为3～4 mm,干后则变硬,质脆,表面呈紫黑色或紫棕色,内部近白色,近表面外为暗紫色;子座20～30个从一个菌核内部生出,下有一根很细的柄,多弯曲,白色至暗褐色,顶端头部为近球形,直径为1～2 mm,红褐色;在显微镜下观察,可见子囊壳整个埋生于子座头部内,只孔口稍微突出,呈烧瓶状,子囊及侧丝均产生于子囊壳内,很长,为圆柱状;每个子囊含子囊孢子8个,为丝状,单细胞,无色透明。通过子囊孢子、分生孢子进行繁殖,孢子散出后,借助于风力、雨水、昆虫传播到麦穗上,萌发形成芽管,侵入子房,长出菌丝,菌丝充满子房而发出很多的分生孢子,再传播到其他麦穗上。菌丝体继续生长,最后不再产生分生孢子,形成紧密坚硬的紫黑色菌核,即为麦角(图7-4)。我国已发现5种麦角菌及其寄主79种,主要分布于东北、西北、华北等地区。麦角菌也可进行人工发酵培养。麦角含有十多种生物碱,主要的活性成分为麦角新碱、麦角胺、麦角生碱、麦角毒碱等。麦角胺、麦角毒碱可治疗偏头痛。麦角制剂可用于子宫收缩、内脏器官止血。黑麦的麦角菌分布在河北、内蒙古、黑龙江、吉林、辽宁;野麦的麦角菌分布在河北、山西、内蒙古;大麦和小麦的麦角菌分布在安徽;冰草的麦角菌分布在江苏、浙江、湖北;燕麦的麦角菌分布在青海。菌核(麦角)有毒,能缩宫止血、止痛。

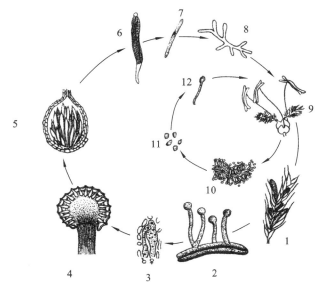

图 7-4 麦角菌的生活史
1.麦穗上菌核 2.菌核萌发形成子座 3.雌雄生殖器 4.子座纵切示子囊壳排列
5.子囊壳纵切示子囊 6.子囊 7.子囊孢子 8.子囊孢子萌发 9.子囊孢子侵染麦花
10.菌丝顶端分生孢子梗及分生孢子 11.分生孢子 12.分生孢子萌发

啤酒酵母菌 *Saccharomyces cerevisiae* Han. 酵母菌科酵母属。菌体为单细胞,呈卵形,细胞核比较小。通常以出芽方式进行繁殖(芽殖)。酵母菌种类繁多,应用也是多方面的。可以用于酿酒,发面食,生产甘油、甘露醇和有机酸。酵母菌富含B族维生素、蛋白质、酶和多种氨基酸,在医药上常作为滋补剂、助消化剂,也可以用来提取核酸衍生物、辅酶A、细胞色素C、多种氨基酸等(图7-5)。

二、担子菌亚门 Basidiomycotina

担子菌亚门是真菌中最为高等的一个亚门,已知有1100属,约16000种。担子菌最主要的特征是其双核菌丝(dikaryon)和有性繁殖过程中所形成担子(basidium)和担孢子

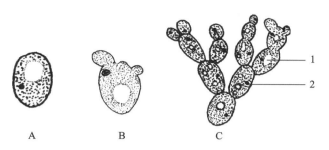

图 7-5 啤酒酵母菌

A.单个细胞 B.出芽 C.芽生后成串(1.液泡 2.细胞核)

(basidiospore)。担子是担子菌有性生殖过程的孢子囊,其孢子被称为担孢子。担孢子不是生于担子内部,而是突出于担子外部,即孢子外生。担子菌的菌丝体由具有横隔且分枝的菌丝所组成。在担子菌的整个发育过程中,会产生两种不同形式的菌丝:先是由担孢子萌发,形成具有单核的菌丝,也称初生菌丝;然后经单核菌丝的质配结合(plasmogamy,细胞质结合而核不结合)形成双核菌丝,也称次生菌丝,次生菌丝是担子菌生活史中主要的菌丝。三生菌丝为组织特化的特殊菌丝,也是双核的,它常集结成特殊形状的子实体。担子菌最大的特点是形成担子、担孢子。在形成担子和担孢子的过程中,菌丝顶细胞壁上伸出一个喙状的凸起,向下弯曲,形成特殊的细胞分裂方式——锁状联合(clamp connection)进行生长(图 7-6)。

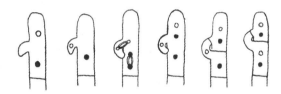

图 7-6 锁状联合

次生菌丝双核时期相当长,这也是担子菌的特点之一,主要行使营养功能。在双核菌丝发育成子实体(担子果)的过程中,其顶端细胞逐渐膨大而形成担子。在这个过程中,细胞内二核经过一系列的变化由分裂到融合,形成了二倍体的单核,然后再进行减数分裂,形成 4 个单倍体的子核,这时顶端细胞就膨大成担子,担子上又生出 4 个小梗,于是 4 个小核分别移入小梗内部,形成 4 个单细胞、单核、单倍体的担孢子(图 7-7)。

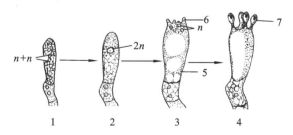

图 7-7 担子、担孢子的形成

1~4.担子、担孢子的形成 5.担子 6.担孢子梗 7.担孢子

担子菌除少数种类具有无性繁殖外,大多数在自然条件下没有无性繁殖。其无性繁殖是通过芽殖、菌丝断裂等类型来产生分生孢子。

担子菌亚门分为四个纲,即层菌纲 Hymenomycetes,如银耳、木耳、蘑菇、灵芝等;腹菌纲 Gasteromycetes,如马勃、鬼笔等;锈菌纲 Urediniomycetes 和黑粉菌纲 Ustilaginomycetes。

产生担孢子复杂结构的菌丝体叫作担子果(basidiocarp),就是担子菌的子实体。其形态、

 NOTE

大小、颜色会随种类不同而异,例如伞状、分枝状、片状、猴头状、耳状、菊花状、笋状、球状等。层菌纲中最为常见的一类是伞菌类,蘑菇、香菇即属于此类。伞菌类的担子果多为肉质,上部呈帽状或者伞状的部分称为菌盖(pileus),菌盖下部的柄称为菌柄(stipe),多中生、少数侧生或者偏生。伞菌担子果在菌盖的腹面呈辐射状排列的片状构造被称为菌褶(gill,lamella)(图7-8)。

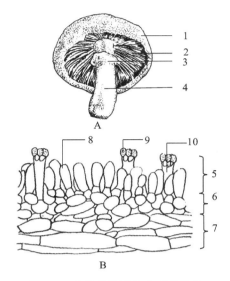

图 7-8　伞菌的外形和菌褶的构造
A.伞菌(蘑菇)　B.菌褶切面
1.菌盖　2.菌褶　3.菌环　4.菌柄　5.子实层　6.子实层基　7.菌髓
8.侧丝细胞　9.担孢子　10.担子柄

　　用显微镜观察菌褶的横切片,可见长在菌褶表面的担子为棒状,顶端有 4 个小梗,每个小梗连接一个担孢子;夹在担子之间的一些不长孢子的菌丝被称为侧丝。担子和侧丝构成子实层(hymenium)。其下面为由等径细胞构成的子实层基(subhymenium),最里面为由长管形细胞所构成的菌髓(trama)。有些伞菌在菌褶之间还会有少数横列的大型细胞叫作隔孢(囊状体),隔孢长大后能将菌褶撑开从而有利于担孢子的散布。某些伞菌在子实体幼嫩时,外面会有一层膜包被,这层膜被称为外菌幕(universal veil),后来因菌柄伸长而破裂,残留在菌柄基部的部分称为菌托(volva)。还有些真菌种类有内菌幕(partial veil),是幼嫩子实体菌盖边缘与菌柄相连的一层遮住菌褶的薄膜。待菌盖张开时,内菌幕破裂残留在菌柄上,称为菌环(annulus)。菌环、菌托的有无是伞菌分类的重要依据之一。

　　【药用植物】

　　灵芝(赤芝)*Ganoderma lucidum*(Leyss. ex Fr.)Karst.　多孔菌科灵芝属。为腐生真菌,子实体木栓质,菌盖半圆形或者肾形,直径为 10～20 cm,厚度为 1.5～2 cm,幼嫩时为淡黄色,渐变为红褐色、红紫色或暗紫色,具有一层亮漆状光泽,有同心环纹及辐射状皱纹,边缘微钝,大小及形状变化很大。菌盖下面密布无数的细孔(菌管孔),管口呈白色或者淡褐色,管孔为圆形,内壁为子实层,内生担子以及担孢子,孢子产生于担子的顶端。菌柄为圆柱形,侧生,长度通常长于菌盖的长径,紫褐色至黑色,有一层漆样的光泽,中空或中实,质地坚硬。显微镜下观察,可见担孢子呈卵圆形,顶端平截,壁有双层,内壁褐色,表面布以无数小疣,外壁为透明无色(图7-9)。全国大部分省区均有分布,多生于栎树及其他林内阔叶树的腐木桩上。商品药材主要为人工栽培品。子实体含有多糖、麦角甾醇、三萜类成分等。子实体能补气安神、止咳平喘,用于治疗神经衰弱、冠心病、肝炎、白细胞减少症等。灵芝孢子粉具有抗癌作用。同属植物**紫**

芝 *Ganoderma sinense* Zhao，Xu et Zhang 的菌盖和菌柄呈黑色，表面光亮如漆。主要产于长江以南各省区。生于腐木桩上。子实体亦可作灵芝药用。

云芝（彩绒革盖菌）*Coriolus versicolor*（L. ex Fr.）Quel. 多孔菌科云芝属。子实体无柄，菌盖为革质，半圆形至贝壳状，呈覆瓦状排列，平伏而略反卷，灰黑色至灰黄色，有细毛或者茸毛，表面有同心环带，呈云彩状，故得名云芝（图7-10）。全国各地山区均有分布，多生于柳、杨、白桦、榛、栎、樟、桃、枫杨等植物的枯木上。从子实体或菌丝体提取的云芝多糖肽聚合物（云芝糖肽）能增强人体的免疫功能。子实体（云芝）能健脾利湿、止咳平喘、清热解毒、抗肿瘤。

茯苓 *Poria cocos*（Schw.）Wolf. 多孔菌科茯苓属。腐生真菌，菌核埋于土内，菌核呈类球形、椭圆形、扁圆形或不规则团块状，大小不一，小者如拳，大的可达数十千克。新鲜时较软，干燥后变得坚硬，表面有深褐色、多皱的皮壳，同一块菌核内部，可能部分呈现白色，部分呈现淡红色，粉粒状。子实体平伏地产生于菌核表面，无柄，伞形，为一薄层，生于菌核表面，厚度为3～8 mm，白色，成熟干燥后变为淡褐色；管口多角形至不规则形，深2～3 mm，直径为0.5～2 mm，孔壁薄，边缘渐变成齿状。显微镜下观察，可见孢子长方形至近圆柱状，有一斜尖，壁表面平滑，透明无色（图7-11）。全国多省份均有分布，但是以安徽、云南、湖北、河南、广东等省分布最多。多寄生于马尾松、黄山松、赤松、云南松等松属 *Pinus* 植物的根部，现多人工栽培。菌核含有三萜类化合物、茯苓多糖（pachyman）、氨基酸等。菌核能利水渗湿、健脾和胃、宁心安神。提制的羧甲基茯苓多糖（钠）可用于治疗癌症、肝炎。

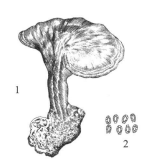  

图7-9 灵芝 　　图7-10 云芝 　　图7-11 茯苓（菌核）外形
1. 子实体 2. 孢子

猪苓 *Polyporus umbellatus*（Pers.）Fr. 多孔菌科树花菌属。腐生真菌，菌核呈不规则瘤块状或者球状，稍扁，有的分枝如姜状，表面呈棕黑色至灰黑色，凹凸不平，有皱纹或者瘤状凸起，干燥后坚而不实，内面白色或者淡黄色。子实体从埋于地下的菌核内生出，然后长出地面；菌柄往往多数与基部相连，丛生，或者上部呈分枝状，形成一大丛菌盖，菌盖肉质，干燥后坚硬而脆，圆形，中央呈脐状，表面近白色至淡褐色，半木质化，质较轻；边缘薄，且常常内卷；菌肉薄，白色；菌管与菌肉同色，管口圆形至多角形。表面有细小鳞片，中部凹陷，没有菌环。显微镜下观察，可见担孢子卵圆形，透明无色，壁表面平滑（图7-12）。分布于陕西、河南、山西、云南、河北等地。常寄生于枫、槭、柞、桦、柳、椴以及山毛榉科树木的根际。现可人工栽培。菌核能利尿渗湿。猪苓多糖具有抗癌作用。

脱皮马勃 *Lasiosphaera fenzlii* Reich. 灰包科脱皮马勃属。腐生真菌，子实体近球形至长圆形，略扁，直径为15～20 cm，幼时呈白色，成熟时则变为浅褐色至暗褐色，无不孕基部；包被两层，薄而易于消失，成熟时外包被呈碎片状与内包被脱离、剥落，内包被纸质，浅烟色，成熟后全部消失，仅遗留下一团孢体，随风滚动，柔软如棉球，轻触即有粉尘状担孢子飞扬而出。孢体紧密，有弹性，灰褐色，后渐褪为浅烟色；孢丝长，互相交织，具有分枝，呈浅褐色。担孢子呈

 NOTE

139

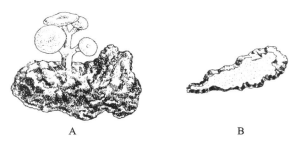

图7-12　猪苓
A.菌核和子实体　B.药材

球形,壁表面布有小刺,褐色。全国大部分省区均有分布,主要分布于安徽、湖北、湖南、甘肃、新疆、贵州、四川等地。夏秋两季多生长于山区腐殖质丰富的草地中。子实体(马勃)能清肺利咽、解毒止血。本亚门的**大马勃** *Calvatia gigantea*（Batsch ex Pers.）Lloyd 和**紫色马勃** *Calvatia lilacina*（Mont. et Berk.）Lloyd 子实体亦可作马勃药用(图7-13)。

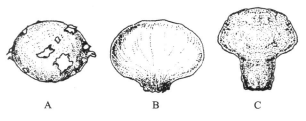

图7-13　三种马勃
A.脱皮马勃　B.大马勃　C.紫色马勃

图7-14　猴头菌(猴菇菌)

　　猴头菌(猴菇菌)*Hericium erinaceus*（Bull.）Pers.　齿菌科猴头菌属。子实体鲜白色,肉质,中部和下表面生有多数下垂的圆柱状菌针(子实层托),因整体形似猴头而得名。子实层生于菌针的表面。担孢子近球形,无色,光滑(图7-14)。主要产于东北、华北至西南等地区。多腐生于栎树、核桃楸等阔叶乔木受伤处或者腐木上。现可大规模人工栽培。子实体为常用的食用菌,能健脾养胃、安神、抗癌。

　　银耳(白木耳)*Tremella fuciformis* Berk.　银耳科银耳属。腐生真菌,子实体乳白色或带淡黄色,半透明,由许多薄而皱褶的菌片组成,呈菊花状。野生银耳主要产于长江以南山区。多生长在阴湿山区栎属 *Quercus* 或其他阔叶树的腐木上。现商品药材主要为人工栽培品。子实体能滋补生津、润肺养胃。

　　香菇 *Lentinula edodes*（Berk.）Sing.　伞菌科香菇属。又名香蕈、冬菇。菌盖初期呈半球形,后变为平展形,顶部有时下凹,直径为4～15 cm,褐色至深褐色,上表面具辐射状排列的小鳞片,或呈菊花状龟裂,露出白色菌肉。主要产于长江以南各省区。生于阔叶树的倒木上,现已大规模采用段木和木屑进行人工栽培。经常食用可降低胆固醇,香菇多糖有抗癌作用。子实体能扶正补虚、健脾开胃、祛风透疹、化痰理气、解毒、抗癌。

　　其他药用植物:**雷丸** *Omphalia lapidescens* Schroet. 为白蘑科脐蘑属,菌核能杀虫消积;**蜜环菌** *Armillariella mellea*（Vahl. ex Fr.）Karst. 为白蘑科蜜环菌属,子实体能熄风平肝、祛风通络、强筋壮骨;**黑木耳** *Auricularia auricula*（L. ex Hook.）Underw. 为木耳科木耳属,子

实体(木耳)能补气养血、润肺止咳、止血、降压、抗癌。

本章小结

真菌是一类典型的真核异养型植物,有细胞壁、真正的细胞核,但不含有叶绿素,也没有质体。大多数真菌的细胞壁由几丁质(chitin)组成,部分低等真菌的细胞壁则由纤维素组成。真菌菌丝细胞内含有原生质、细胞核、液泡,贮存油脂、肝糖、蛋白质以及微量的维生素等营养成分,而不含淀粉,很多大型真菌是常用中药。真菌细胞壁成分可随其生长年龄和环境条件不同而变化,使菌体呈现褐色、黑色、红色、黄色或黄白色等多种颜色。原生质一般是无色透明的,所以真菌的菌丝大部分是无色的,有些菌丝细胞原生质含有色素,而使菌丝呈现各种不同颜色,但这些色素非光合色素。药用真菌大多属于子囊菌亚门、担子菌亚门。

目标检测

一、填空题

1. 真菌的繁殖分为_____、_____、_____三种方式。

2. 组成一个菌体的所有菌丝称为_____。

3. 菌丝分为_____、_____两种类型。

二、简答题

1. 请问灵芝、茯苓、冬虫夏草菌所属的植物类群、科名、药用部位是什么?

2. 请问真菌的主要特征是什么?

3. 请问真菌菌丝组织体概念及其常见类型有哪些?

推荐阅读文献

[1] 邵晨霞,唐少军,吴胜莲,等.桑黄疑似菌株菌丝特性及 ITS 序列分析[J].中药材,2018,41(10):2311-2315.

[2] 李尽哲,耿立,黄雅琴,等.大别山地区野生食药用真菌资源调查[J].食药用菌,2018,26(4):229-234.

参考文献

[1] 黄宝康.药用植物学[M].7 版.北京:人民卫生出版社,2016.

[2] 孙启时.药用植物学[M].2 版.北京:中国医药科技出版社,2009.

(苏雪慧)

知识拓展
7-1

目标检测
答案

第八章　地衣植物门 Lichenes

📖 学习目标

1. 掌握：地衣植物的主要特征。
2. 熟悉：常见药用地衣植物。
3. 了解：地衣植物的分布与生境。

扫码
看课件

案例导入
答案解析

案例导入

　　地衣，很多人都习惯叫作地皮菜，有些地方还称作天仙菜。地衣是一种特殊的植物，由藻类和真菌共同形成。中国地衣植物资源相当丰富，除了我们在生活中可以食用之外，地衣植物的药用历史也十分悠久。地衣植物中氨基酸、矿物质和钙的含量非常高，是一种相当不错的食疗蔬菜。尤其是特产于中国和日本的著名食用地衣——石耳，更是可炖、炒、烧汤、凉拌，营养丰富，味道鲜美。地衣植物还能生津润咽、解热化痰，可作茶饮。

　　提问：1. 药用植物石耳的特点是什么？

　　2. 石耳的功效是什么？

第一节　地衣植物概述

　　地衣是植物界一个特殊的类群，它们是真菌和藻类植物高度结合的共生复合体。由于菌、藻之间长期紧密地结合在一起，无论在形态上、结构上、生理上还是遗传上都形成一个单独的固定的有机体，所以地衣可当作一个独立门看待。组成地衣的共生真菌绝大多数为子囊菌，少数为担子菌；与其共生的藻类主要是蓝藻中的念珠藻属和绿藻中的共球藻属、橘色藻属。藻类细胞在复合体内部，进行光合作用，为真菌提供有机养分，菌类则吸收水分和无机盐，为藻类生存提供保障。

一、地衣植物的特点

　　地衣体中的菌丝缠绕藻细胞，并从外面保卫藻类，藻细胞进行光合作用，为整个地衣体制造有机养分，被菌类夺取。而菌类则吸收水分和无机盐，为藻类光合作用提供原料，并使藻细胞保持一定湿度，不致干死。它们是一种特殊的共生关系。菌类控制藻类，地衣体的形态几乎完全由真菌决定，但并不是任何真菌都可以同任何藻类共生而形成地衣。只有在生物长期演化过程中与一定的藻类共生而生存下来的地衣型真菌才能与相应的地衣型藻类共生而形成地衣。这些高度结合的菌、藻共生生物在漫长的生物演化过程中所形成的地衣具有高的遗传稳定性。

NOTE

二、地衣植物的分布与生境

已知全世界有地衣植物 500 余属,26000 余种。地衣植物的耐旱性和耐寒性很强。地衣植物一般生长缓慢,数年内长几厘米。地衣植物能耐长期干旱,干旱时休眠,雨后即恢复生长。它们分布广泛,可以生长在岩石、峭壁、沙漠、高山、森林、平原、树皮或地上,地衣植物也能耐寒,在南极、北极和高山带、冻土带都能生长,其他植物难以生存的地方,却可见一望无际的地衣群落。

三、地衣植物的繁殖

地衣植物的繁殖方式主要有营养繁殖和有性生殖,由参与共生的真菌决定。

1. 营养繁殖 营养繁殖是地衣植物最为普通的繁殖方式。主要是地衣体的断裂,一个地衣体断裂为数个裂片,每个裂片均可发育为新个体。还有粉芽(soredium)、珊瑚芽(isidium)等营养繁殖方式,借助风、水和动物传播。

2. 有性生殖 由子囊菌和担子菌参与形成的地衣进行有性生殖。产生子囊孢子或担孢子。前者称子囊菌地衣,占地衣种类的绝大部分;后者称担子菌地衣,数量很少。

四、地衣植物的用途

地衣植物含有地衣淀粉、地衣酸(lichenic acid)及其他多种独特的化学成分,有的可以食用或作饲料,有的可供药用或作试剂、香精的原料。由于地衣植物是喜光性植物,要求空气清新,对大气污染非常敏感,在污染严重的工业基地或人口稠密的大城市,往往很难找到地衣植物,因此,地衣植物可以作为检测环境污染程度的灵敏指示植物。地衣植物所含独特的化学物质在日用香料、医药卫生及生物试剂等方面具有广泛应用价值。地衣植物对岩石的分化和土壤的形成起一定的作用,为后续高等植物的分布创造条件,所以其也是自然界的先锋植物。

┃ 第二节   地衣的形态和构造 ┃

一、地衣的形态

地衣体没有根、茎、叶的分化,地衣中共生的真菌和藻类基本上是一定的,真菌在地衣构造上为主导成分,决定地衣的外部形态。根据地衣的外部形态,地衣可分为三大类:壳状地衣、叶状地衣和枝状地衣(图 8-1)。

(一)壳状地衣(crustose lichen)

地衣体为有多种颜色或花纹的壳状物,菌丝与基质(岩石、树干等)紧密结合,有的还生假根伸入基质中,因此很难剥离。壳状地衣约占全部地衣的 80%。如生于岩石上的茶渍衣属 *Lecanora* 和生于树皮上的文字衣属 *Graphis*。

(二)叶状地衣(folicose lichen)

地衣体扁平或呈叶状,有背腹性,与基质结合不紧密,有瓣状裂片,叶片下部生出假根或脐,附着于基质上,易与基质剥离。如生于草地上的地卷属 *Peltigera*、脐衣属 *Umbilicaria* 和生于岩石或树皮上的梅衣属 *Parmelia*。

(三)枝状地衣(fruticose lichen)

地衣体呈树枝状,直立或悬垂,仅基部附着于基质上。如直立于地上的石蕊属 *Cladonia*、

NOTE

石花属 *Ramalina*,悬垂生于树枝上的松萝属 *Usnea*。

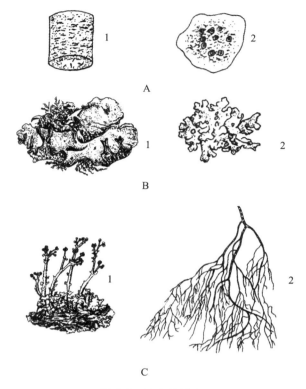

图 8-1　地衣的形态
A.壳状地衣(1.文字衣属　2.茶渍衣属)
B.叶状地衣(1.地卷属　2.梅衣属)
C.枝状地衣(1.石蕊属　2.松萝属)

二、地衣的构造

不同类型地衣的内部构造也不完全相同。叶状地衣的横切面通常可分为上皮层、藻胞层、髓层和下皮层。上皮层和下皮层均由致密交织的菌丝形成类似绿色组织那样的菌丝组织,故称假组织;藻孢层是在上皮层之下由参与地衣共生的藻类细胞聚集成明显的一层;髓层介于藻孢层和下皮层之间,由一些疏松的菌丝和藻细胞构成。依据藻类细胞的分布,通常又分为两类。

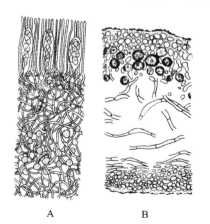

图 8-2　同层地衣、异层地衣横切面构造
A.同层地衣　B.异层地衣

(一) 同层地衣(homoeomerous lichen)

藻类细胞在髓层中均匀、对称分布,无藻胞层与髓层之分,如猫耳衣属 *Leptogium*。

(二) 异层地衣(heteromerous lichen)

在上皮层之下,有多数的藻细胞,形成明显的藻胞层,成层排列的,下方为髓层,最下面为皮层,如蜈蚣衣属 *Physcia*、梅衣属 *Parmelia*、地茶属 *Thamnolia* 和松萝属 *Usnea* 等(图 8-2)。

叶状地衣多为异层地衣。壳状地衣多为同层地衣,壳状地衣多无下皮层,髓层与基质紧密相连。枝状地衣为异层地衣,枝状地衣外皮层致密,藻胞层很薄,包围中轴型的髓部,呈辐射状排列,如松萝属 *Usnea*;或髓部中空,如地茶属 *Thamnolia* 和石蕊属 *Cladonia*。

第三节　地衣植物的分类和药用植物

我国药用地衣共有 9 科,17 属,71 种,其中药用地衣种类较多的有梅衣科 Parmeliaceae、松萝科 Usneaceae 和石蕊科 Cladoniaceae。依据地衣体内的真菌类群,地衣门可分为三个纲。

一、子囊衣纲 Ascolichens

地衣体内的真菌属于子囊菌,本纲地衣的数量占地衣总数量的 99%,如松萝属 *Usnea*、梅衣属 *Parmelia*、地卷属 *Peltigera*、文字衣属 *Graphis*、石蕊属 *Cladonia* 等。

【药用植物】

环裂松萝(节松萝)*Usnea diffracta* Vain. 松萝科松萝属。枝状地衣,地衣体扫帚形,为二叉式分枝,分枝多而呈丝状,基部较粗,越靠近前端分枝越多越细,长 15～30 cm,悬垂,灰黄绿色。体表面有明显的白色环状裂沟,横断面可见中央有强韧性丝状中轴,具弹性,可拉长,由菌丝组成,其外为藻环,常由环状沟纹分离成短筒状。菌层产生少数子囊果,子囊果盘状、褐色,子囊棒状,内生8 个椭圆形子囊孢子。我国大部分省区有分布,主产于黑龙江、吉林。悬生于具有一定海拔高度的潮湿山林中老树干或沟谷的岩壁上。含松萝酸、地衣酸和地衣多糖等。地衣体能祛痰止咳、清热

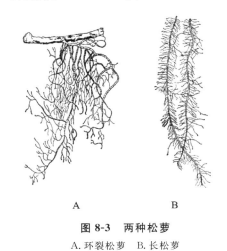

图 8-3　两种松萝
A. 环裂松萝　B. 长松萝

解毒、除湿通络、止血调经、驱虫。湖北等地区作"海风藤"入药。同属植物**长松萝**(老君须)*Usnea longissima* Ach. 全株细长不分枝,长达 1.2 m,主轴两侧密生细而短的分枝,形似蜈蚣,地衣体功效同环裂松萝(图 8-3)。

脐衣(石耳)*Umbilicaria esculenta*(Miyoshi)Minks　脐衣科石耳属。地衣体呈叶状,近圆形,边缘呈波状起伏。浅裂,表面褐色,平滑或局部粗糙有局部斑点脱落,下表面棕黑色至黑色,中央脐部青灰色至黑色。分布于我国中部及南部各省。全草(石耳)能养阴润肺、凉血止血、清热解毒。

鹿蕊 *Cladina rangiferina*(L.)Nyl.　石蕊科石蕊属。枝状地衣,高 5～10 cm,干燥者硬脆。生于干燥山地,分布于我国东北、西北、西南地区。全草能祛风镇痛、凉血止血。

二、担子衣纲 Basidiolichens

地衣体的菌类多为非褶菌目的伏革菌科 Corticiaceae,其次为伞菌目口蘑科 Tricholomataceae 的亚脐菇属 *Omphalina*,还有的属于珊瑚菌科 Clavariaceae。地衣体中的真菌属于担子菌,藻类多为蓝藻。分布于热带,如扇衣属 *Cora*。

三、半知衣纲 Deuterolichens 或不完全衣纲 Lichens imperfecti

根据地衣体的构造和化学反应属于子囊菌的某些属,未见到它们产生子囊和子囊孢子,是一类无性地衣,如地茶属 *Thamnolia*。

【药用植物】

雪茶（地茶）*Thamnolia vermicularis*（Sw.）Ach. ex Schaer. 地茶科地茶属。地衣体呈树枝状，白色至灰白色，长期保存则变成黄色。高 3～6 cm，直径 1～2 mm，常聚集成丛，多分叉，二至三叉或单枝上具小刺状分叉，长圆条形或扁带形，粗 1～2 cm，渐尖，表面具皱纹凹点，中空。分布于陕西、四川、云南等省。生于高寒山地草甸、积雪处及冻原地藓类群丛中。可作饮料。地衣体（雪茶）能清热解毒、平肝降压、养心明目、醒脑安神（图 8-4）。同属植物**雪地茶** *Thamnolia subuliformis*（Ehrh.）W. Culb. 的地衣体亦作雪茶药用。

图 8-4　雪茶

知识拓展
8-1

本章小结

地衣是植物界一个特殊的类群，它们是由真菌和藻类植物高度结合形成的共生复合体。由于菌、藻之间长期紧密地结合在一起，无论在形态上、结构上、生理上还是遗传上都形成一个单独的固定的有机体，所以地衣被当作一个独立门看待。组成地衣的共生真菌绝大多数为子囊菌，少数为担子菌；与其共生的藻类主要是蓝藻中的念珠藻属和绿藻中的共球藻属、橘色藻属。藻类细胞在复合体内部，进行光合作用，为真菌提供有机养分，菌类则吸收水分和无机盐，为藻类生存提供保障。

目标检测

目标检测
答案

一、名词解释

1. 同层地衣

2. 异层地衣

二、简答题

1. 松萝所属的植物类群、科名及其药用部位是什么？

2. 地衣按形态分类有哪几种？

推荐阅读文献

［1］　杨美霞，王欣宇，刘栋，等. 中国食药用地衣资源综述［J］. 菌物学报，2018，37（7）：819-837.

［2］　王启林，房敏峰，胡正海. 太白山药用地衣的种质资源及其化学成分的研究概况［J］. 中国野生植物资源，2011，30（4）：1-6＋34.

参 考 文 献

［1］　黄宝康. 药用植物学［M］. 7 版. 北京：人民卫生出版社，2016.

［2］　孙启时. 药用植物学［M］. 2 版. 北京：中国医药科技出版社，2009.

［3］　熊耀康，严铸云. 药用植物学［M］. 北京：人民卫生出版社，2012.

（苏雪慧）

NOTE

第九章　苔藓植物门 Bryophyta

　学习目标

1. 掌握：苔藓植物的主要特征。
2. 熟悉：苔藓植物的分类、苔藓植物代表药用植物。
3. 了解：苔纲和藓纲的区别、苔藓植物的世代交替过程。

扫码
看课件

案例导入
答案解析

案例导入

　　有报道称苔藓植物对大气状况反应程度非常敏感，对二氧化硫等污染气体的敏感性是种子植物的 10 倍。苔藓植物对有毒气体有高敏反应，因此在污染严重的地区苔藓植物将无法生存，这预示着苔藓植物对大气污染状况有着一定的指示作用。目前国内外环境保护部门常用苔藓植物来检测重金属污染程度，这为环境污染的监测提供了一种新的思路与方法。

　　提问：1. 为什么苔藓植物常作为环境监测的指示植物？

　　2. 苔藓植物对污染物的敏感程度是否与植物体的含水量有关？

第一节　苔藓植物概述

一、苔藓植物的形态构造及特点

　　苔藓植物属于植物界由水生到陆生的过渡类型，植物体是一类小型的自养型绿色植物，是高等植物中最简单、最原始的群体。苔藓植物个体矮小，最大者也仅约 10 cm。

　　首先苔藓植物无真根和茎、叶的分化，仅有假根和类似茎、叶的分化，常见的植物体中保持着扁平叶状体的称为苔类，而具有假根和类似茎、叶分化的则称为藓类，藓类的假根通常是由单细胞或单列细胞形成的丝状物组成，其假根的作用通常以固着为主，仅能吸收少量的水分。其次苔藓植物构造简单，体表不具备角质层，内部构造仅有皮层和中轴的分化，体内无维管束，组织结构分化水平低，只在较高等的种类中，有类似输导组织的细胞群。叶大部分为单层细胞，表面无角质层，内部含能进行光合作用的叶绿体，可直接吸收水分和养料。苔藓植物具有配子体世代与孢子体世代，具有明显的世代交替现象，配子体为绿色植物体在世代交替中占优势，可以独立生活，而孢子体不具备独立生活的方式，须寄生于配子体上，这种现象是区别于其他陆生高等植物的重要特点之一。

二、苔藓植物的分布与生境

　　被称为植物界的拓荒者之一的苔藓植物，广泛分布于世界各地，对严酷的环境有很强的适

NOTE

应性,既能附生于裸岩和峭壁上,也可耐严寒与干燥。但苔藓植物通常喜欢潮湿的环境,大部分生长在阴湿的树干和土壤上,或潮湿的森林和沼泽地,特别是在一定时期内有相当雨量或云雾的地区更加适合苔藓植物的生长。

三、苔藓植物的繁殖

苔藓植物的配子体在有性生殖阶段形成由多细胞构成的雌雄两性生殖器官。其中雌性生殖器称为颈卵器(archegonium),外形如长颈瓶状,上部细长部分为颈部,颈部中央有一条沟称为颈沟,下部膨大部分为腹部,腹部中央有一个大型的细胞称为卵细胞(egg cell)。在卵细胞与颈沟细胞之间的部分为复沟,含 1 个复沟细胞。雄性生殖器官称为精子器(antheridium),精子器形状多样,呈棒状、卵状或球状,由一层外壁构成,内有多数精子,精子先端为双鞭毛,精子长而卷曲(图 9-1)。苔藓植物受精过程依靠水来完成。卵细胞成熟时,颈沟细胞与腹沟细胞解体,精子借助水到达颈卵器附近与卵结合,形成合子,合子不经休眠直接分裂成胚,胚依赖配子体的营养而继续发育成孢子体,孢子体上端有孢子囊(sporangium),成熟时则称为孢蒴(capsule),孢蒴下有柄,为蒴柄(seta),蒴柄下端为基足(foot)。孢子体的生长则依靠基足伸入配子体中吸收营养,所以孢子体须寄生于配子体上。孢蒴为孢子体最重要的部分,孢蒴内的孢原组织经多次分裂再经减数分裂形成孢子,孢子在适宜的环境中萌发后形成了丝状的原丝体(protonema),经过一段时期后,在原丝体上萌发形成新的配子体。

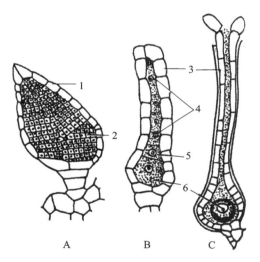

图 9-1 精子器和颈卵器

A.精子器 B、C.不同时期的颈卵器

1.精子器壁 2.产生精子的细胞 3.颈卵器壁 4.颈沟细胞 5.腹沟细胞 6.卵

苔藓植物的有性世代和无性世代的交替就形成了世代交替(alternation of generations)。在苔藓植物的生活史中,从孢子体开始萌发形成配子体,配子体产生雌雄配子的阶段称为有性世代,细胞核染色体数目为 n,从受精卵发育成胚,再由胚发育形成孢子体的阶段称为无性世代,细胞核染色体的数目则为 $2n$。

胚的形成预示着自苔藓植物开始可以被称为有胚植物(embryophyte),或称为高等植物(higher plant)。

四、苔藓植物的用途

苔藓植物通常生长密集,有很强的吸收性,且植物之间的缝隙能涵蓄大量水分,苔藓植物对林地的水土保持及森林的发育、沼泽的变迁具有极重要的作用。苔藓植物对大气状况的反应很敏感,因此可作为监测大气污染的指示性植物。苔藓植物在园艺上用于包装新鲜苗木或用作播种后的覆盖物,部分苔藓如泥炭藓等形成的泥炭可作燃料及肥料,铜藓可作为寻找硫酸铜矿的指示性植物。

第二节 苔藓植物的分类和药用植物

苔藓植物遍布世界各地,约有 23000 种,其中我国约有 2800 种。根据营养体(配子体)的形态结构分为苔纲 Hepaticae 和藓纲 Musci,也有人将苔藓植物分为苔纲、角苔纲 Anthocerotae 和藓纲。

一、苔纲 Hepaticae

苔纲植物的配子体多为背腹式,有的形态为叶状体,有的具有类似茎、叶的分化,常具假根,假根由单细胞构成。茎由同形细胞构成,常无中轴的分化。叶通常由一层细胞构成,无中肋结构。孢子体构造简单,有孢蒴、蒴柄;孢蒴内无蒴齿,多数无蒴轴,内含孢子和弹丝。孢子萌发阶段,原丝体时期不发达,每一原丝体仅产生一个植物体(配子体)。苔纲植物多生于阴湿的土地、岩石或树干上,在热带地区有些种类还着生于树叶上。

【药用植物】

地钱 *Marchantia polymorpha* L. 地钱科地钱属。植物体为扁平的叶状体,淡绿色或深绿色,多回二歧分枝,边缘呈波曲状,平铺于地面生长,有背腹之分,腹面具有紫色鳞片和假根。雌雄异株,在有性生殖阶段,雄株的中肋上生出雄生殖托,雌株中肋上生雌生殖托。雄生殖托呈圆盘状,波状浅裂成 7～8 瓣,雌生殖托呈扁平状,先端深裂成 9～11 个指状瓣。孢蒴生于托的腹面。叶状体背面前段往往具杯状的无性芽孢杯(图 9-2)。广泛分布于全国各地。常见于阴湿的土坡和岩石上。全株能清热解毒、祛瘀生肌,还可用于黄疸性肝炎的治疗。

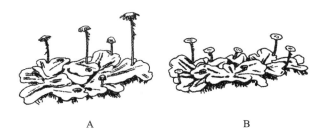

图 9-2 地钱

A. 雌株 B. 雄株

蛇苔(蛇地钱)*Conocephalum conicum*(L.)Dumorutier 蛇苔科蛇苔属。植物体为宽带状叶状体,深绿色,多回二歧分枝,背面可见气室。雌雄异株,雄生殖托呈椭圆盘状,雌生殖托呈圆锥形。广泛分布于全国各地。常见于溪水边、林下的阴湿碎石和土上。全株能清热解毒、消肿止痛,还可用于治疗蛇咬伤。

二、藓纲 Musci

藓纲植物的配子体无背腹之分,有茎、叶的分化,有的种类茎有中轴的分化,有的种类的叶有中肋。叶在茎上的排列方式多为螺旋式。孢子体构造比苔纲植物复杂,有孢蒴、蒴柄,孢蒴内具有蒴轴、蒴齿而无弹丝,蒴柄坚挺。孢子成熟后孢蒴盖裂,通过裂口处蒴齿的协助,促进孢子的散发。孢子萌发后,原丝体时期发达,每一原丝体可产生多个植物体(配子体)。藓纲植物

NOTE

种类繁多,具有耐低温的特点,在高山、森林、沼泽、寒带等处有大面积分布。

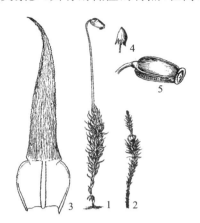

图 9-3　金发藓
1.雌株,其上具孢子体　2.雄株,其上长有新枝
3.叶腹面观　4.具蒴帽的孢蒴　5.孢蒴

【药用植物】

大金发藓(土马鬃)*Polytrichum commune* L.　金发藓科金发藓属。植物体粗壮,呈深绿色,高 10～30 cm,常丛集成大片群落。茎直立,单一或稀分枝,常扭曲。叶片上部长披针形,渐尖,基部呈鞘状,叶边缘有密集的锐齿。雌雄异株,颈卵器和精子器着生于两种植物体的茎顶。具有蒴柄和蒴帽,蒴柄较长,呈棕红色;蒴帽有棕红色毛,覆盖全蒴。孢蒴棕红色,呈四棱柱形,蒴内可产生大量的孢子,原丝体上的芽长成配子体(植物体)(图 9-3)。分布于全国各地的平原和山地,常见于山野阴湿土坡、森林沼泽及酸性土壤上。全株能清热解毒、凉血止血。

葫芦藓 *Funaria hygrometrica* Hedw.　葫芦藓科葫芦藓属。植物体小型,呈黄绿色,茎单一或分枝,叶密集簇生于茎顶,叶为长舌形,全缘叶。雌雄同株,雄苞顶生,雌苞着生于雄苞下的短侧枝上,可在雄枝萎缩后即刻转变成主枝。广泛分布于全国各地。常生于平原、田圃及含氮肥较多的湿土中。全株能祛风除湿、止痛、止血。

暖地大叶藓 *Rhodobryum giganteum*(Sch.)Par.　真藓科大叶藓属。植物体呈鲜绿色或褐绿色,茎直立,根茎横生。茎下部的叶片较小,紫红色,呈鳞片状,紧密贴茎,顶生叶较大,呈伞状。叶缘分化明显,上部有细齿,下部有时内曲。雌雄异株,蒴柄紫红色,直立,孢蒴下垂呈长筒形。主要分布于我国长江以南的山地地区。常生于溪边岩石上或潮湿林地。全株能养心安神、清肝明目。

本章小结

　　苔藓植物为绿色自养型植物,是植物界由水生到陆生过渡的代表。植物体较小,常见的植物体分为两种类型,形状为扁平叶状体的为苔类,而具有假根和类似茎、叶分化的为藓类。无真根,体内没有真正的维管束构造,具有明显的世代交替现象,孢子体不能独立生活,必须寄生于配子体上。生殖器官为多细胞的精子器和颈卵器。苔藓植物对二氧化硫等敏感,通常被用作大气污染状况的指示性植物。总之,苔藓植物属于高等植物、孢子植物和颈卵器植物,不属于维管植物。

目标检测

一、选择题

1. 下列哪项不是地钱植物体的特征?(　　　　)

A.扁平的叶状体　　　　　　　　　B.表面具孢芽杯　　　　　　　　　C.辐射对称

D.雌雄异株　　　　　　　　　　　E.孢蒴内产生孢子

2. 苔藓植物配子体的营养方式是(　　　　)。

A.腐生　　　　　B.寄生　　　　　C.寄生或腐生　　　D.自养　　　　　E.寄生或半寄生

二、填空题

1. 构成苔藓植物孢子体的三个部分分别是_____、_____、_____。

2. 地钱植物体雄生殖托为_____状,雌生殖托为_____状。

3. 苔藓植物生活史的显著特征是_____占优势,而_____处于劣势,只能寄生在_____上。

4. 孢子植物从_____植物开始就有了胚的结构。

三、简答题

阐述苔纲和藓纲的特征。

推荐阅读文献

[1] 龚伟,王之明,李海英,等.浅谈苔藓植物在大气环境监测中的应用[J].环境研究与监测,2017,30(2):27-29.

[2] 麻俊虎,彭涛,李大华.中国泥炭藓属植物研究进展[J].贵州师范大学学报(自然科学版),2017,35(1):114-120.

参 考 文 献

[1] 中国科学院植物研究所.中国高等植物图鉴(第一册)[M].北京:科学出版社,1972.
[2] 马炜梁.植物学[M].2版.北京:高等教育出版社,2015.
[3] 董诚明,王丽红.药用植物学[M].北京:中国医药科技出版社,2016.
[4] 黄宝康.药用植物学[M].7版.北京:人民卫生出版社,2016.
[5] 曾令杰,张东方.药用植物学[M].北京:科学出版社,2016.

(周 群)

NOTE

第十章　蕨类植物门 Pteridophyta

学习目标

1. 掌握：蕨类植物的主要特征。
2. 熟悉：蕨类植物的分类及重要药用植物。
3. 了解：蕨类植物的生活史、化学成分。

扫码
看课件

案例导入
答案解析

案例导入

案例 10-1

蕨菜始载于《诗经》，曰："陟彼南山，言采其蕨。"蕨菜又叫拳头菜、猫爪、龙头菜，在我国分布较广，以其为原料烹饪的菜肴清香味美，被称为"山菜之王"，是不可多得的美味佳肴。

提问：1. 蕨菜一般来源于哪些蕨类植物？

2. 药用蕨菜是植物的根、茎还是叶？

案例 10-2

海金沙为临床常用中药，有清热解毒、利水通淋之功效。《本草纲目》记载海金沙"色黄如细沙也。谓之海者，神异之也"。

提问："色黄如细沙"的海金沙来源于蕨类药用植物海金沙的哪个部位？

案例 10-3

卷柏又名九死还魂草，它的奇特之处是极耐干旱且可"死"而复生，九死还魂。卷柏的"还魂"本领，在于它的细胞可以随着环境的变化而随机应变，当干旱来临时，植物的细胞处于休眠状态中，新陈代谢几乎全部停止，像死去一样，得到水分后，细胞又会重新恢复正常生理活动。

提问：卷柏有根、茎、叶、花、果实和种子吗？

第一节　蕨类植物概述

蕨类植物是一类古老原始的植物。曾在历史上盛极一时，古生代后期，石炭纪和二叠纪为蕨类植物时代。蕨类植物是植物界中介于苔藓植物和种子植物之间的一个大的自然群类，是高等植物中具有维管组织，但较低级的一类植物。在高等植物中除苔藓植物外，蕨类植物、裸子植物和被子植物的植物体内均具有维管系统（vascular system），所以这三类植物又被称为维管植物（vascular plant），有的分类系统把这三类植物合称维管植物门 Tracheophyta。

蕨类植物和苔藓植物一样，生活史具有明显的世代交替现象。无性生殖是产生孢子，有性生殖器官是精子器（antheridium）和颈卵器（archegonium）。但蕨类植物的孢子体远比配子体发达，并具有根、茎、叶的分化，且孢子体内有维管组织，这些特征区别于苔藓植物。蕨类植物

NOTE

产生孢子,不产生种子,此特征区别于种子植物。在蕨类植物的生活史中,形成两个独立生活的植物体:孢子体(sporophyte)和配子体(gametophyte)。此特征与苔藓植物、种子植物均不相同,所以蕨类植物是介于苔藓植物(配子体占优势,孢子体寄生在配子体上)和种子植物(孢子体占优势,配子体寄生在孢子体上)之间的一类植物,较苔藓植物进化,较种子植物原始,既是较高等的孢子植物,又是较原始的维管植物。

一、蕨类植物的孢子体

蕨类植物的孢子体即蕨类通常的植物体,其孢子体发达,通常具有根、茎、叶的分化,多为多年生草本,仅少数为一年生。大多数为陆生或附生,一般表现为喜阴湿和温暖的特性。

1. 根 除极少数原始种类仅具假根外,其余均具有吸收力较强的真根,其主根都不发达,通常为不定根,着生在根茎上,呈须根状。

2. 茎 茎可分为三大类,即根状茎、直立茎和气生茎。但通常为根状茎,少数为直立的树干状或其他形式的地上茎,如桫椤 *Alsophila spinulosa* (Wall. ex Hook.) R. M. Tryon。蕨类植物在进化过程中,茎上具有保护作用的特化毛茸和鳞片,且类型和结构也越来越复杂,毛茸有单细胞毛、腺毛、节状毛、星状毛等;鳞片膜质,形态多种多样,常有粗或细的筛孔(图 10-1)。

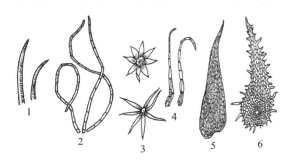

图 10-1 蕨类植物的毛和鳞片
1.单细胞毛 2.节状毛 3.星状毛 4.鳞毛 5.细筛孔鳞片 6.粗筛孔鳞片

3. 叶 叶根据起源和形态特征,分为小型叶(microphyll)和大型叶(macrophyll)两类。小型叶较原始,由茎的表皮细胞凸出而成,如松叶蕨、石松等,它没有叶隙(leaf gap)和叶柄(stipe),叶无叶脉或仅具有一不分枝的叶脉;大型叶具叶柄,有叶隙或无,叶片常多分裂,叶脉多分枝,属于较进化的类型,如真蕨类植物。大型叶多从根状茎上长出,幼时大多为拳曲状,以后生长分化为叶柄和叶片两个部分。

根据功能不同,蕨类植物的叶又可分为孢子叶和营养叶。孢子叶(sporophyll)是能产生孢子囊和孢子的叶,又称能育叶(fertile frond);营养叶(foliage leaf)只能进行光合作用,不能产生孢子,又称不育叶(sterile frond)。有些蕨类植物无孢子叶和营养叶之分,既能进行光合作用,又能产生孢子囊和孢子,叶的形状也相同,称为同型叶(homomorphic leaf),如粗茎鳞毛蕨、石韦等;有的孢子叶和营养叶的形状和功能完全不相同,称为异型叶(heteromorphic leaf),如槲蕨、荚果蕨、紫萁等。在系统演化过程中,同型叶是朝着异型叶的方向发展的。

4. 孢子囊、孢子囊群 蕨类植物的孢子体生长发育到一定阶段就要进行无性繁殖,在叶片上产生的无性生殖器官,称孢子囊(sporangium)。孢子囊内产生无性生殖细胞,称孢子(spore)。在小型叶蕨类植物中,孢子囊单生于孢子叶的叶腋或叶基部,孢子叶通常集生于枝的顶端形成球状或穗状,故称孢子叶球(strobilus)或孢子叶穗(sporophyll spike),如石松和木贼等。而大型叶、较进化的真蕨类植物,其孢子囊常聚集成群,生于孢子叶的背面、边缘或集生在一特化的孢子叶上,称为孢子囊群(sorus)。孢子囊群有圆形、肾形、线形、长圆形等形状,原始的类型其孢子囊群裸露,进化的类型常有膜质的囊群盖(indusium)覆盖(图 10-2)。此外,水生蕨类的孢子囊群生于特化的孢子果内(又称孢子荚 sporocape)。

孢子囊壁由单层或多层细胞构成,在细胞壁上有不均匀增厚形成的环带(annulus)。环带着生的位置有多种形式,如顶生环带(海金沙属)、横行中部环带(芒萁属)、斜行环带(金毛狗脊属)、纵行环带(水龙骨属)等,这些环带对孢子的散布和种类的鉴别有重要意义(图10-3)。

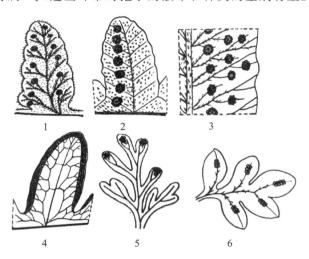

图 10-2 蕨类植物孢子囊群的类型
1.脉段生孢子囊群 2.脉背生孢子囊群 3.有盖孢子囊群 4.边生孢子囊群 5.顶生孢子囊群 6.无盖孢子囊群

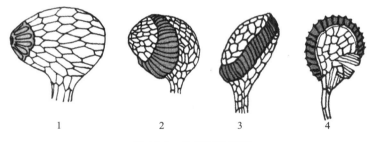

图 10-3 孢子囊的环带
1.顶生环带(海金沙属) 2.横行中部环带(芒萁属) 3.斜行环带(金毛狗脊属) 4.纵行环带(水龙骨属)

5. 孢子 孢子产生于孢子囊内,是蕨类植物无性生殖的产物。孢子的形态可分为两类:一类是肾状的两面型,另一类是三角锥状或近球状的四面型。孢子壁光滑或常具不同的凸起或纹饰,或分化出四条弹丝(图10-4)。大多数蕨类植物产生的孢子大小相同,称孢子同型(isospory)。卷柏和少数水生真蕨类植物的孢子有大、小之分,即大孢子(macrospore)和小孢子(microspore),称孢子异型(heterospory)。异型孢子是一种进化表现。产生大孢子的囊状结构称大孢子囊(megasporangium),大孢子萌发形成雌配子体;产生小孢子的囊状结构称小孢子囊(microsporangium),小孢子萌发形成雄配子体。

6. 维管系统 蕨类植物的孢子体内分化形成了输导系统,维管组织及其周围细胞共同形成中柱(stele)。蕨类植物的中柱类型较为复杂,主要有原生中柱(protostele)、管状中柱(siphonostele)、网状中柱(dictyostele)和散状中柱(atactostele)等。其中原生中柱为原始类型,仅由木质部和韧皮部组成,无髓部,无叶隙,如松叶蕨亚门的松叶蕨、石松亚门。原生中柱包括单中柱、星状中柱、编织中柱。管状中柱包括外韧管状中柱、双韧管状中柱。网状中柱、真中柱和散状中柱是较进化的类型,常见于种子植物中(图10-5)。不同中柱类型的演化是由实心的原生中柱向散状中柱的趋向发展。中柱类型是鉴别蕨类植物和研究蕨类植物类群之间亲缘关系的重要依据之一。蕨类植物大多以根状茎入药,其根状茎上常有叶柄残基,而叶柄中的

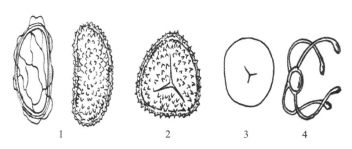

图 10-4　孢子的类型

1.两面型孢子(鳞毛蕨属)　2.四面型孢子(海金沙属)　3.球状四面型孢子(瓶尔小草科)　4.弹丝型孢子(木贼科)

维管束数目、类型和排列方式的不同,也是生药的鉴别依据之一。

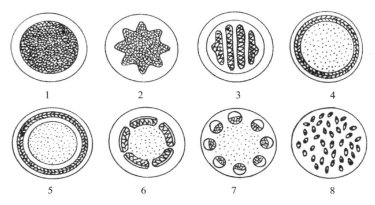

图 10-5　中柱类型剖面图解

1.单中柱　2.星状中柱　3.编织中柱　4.外韧管状中柱
5.双韧管状中柱　6.网状中柱　7.真中柱　8.散状中柱

二、蕨类植物的配子体

蕨类植物的孢子成熟后,孢子囊裂开,孢子弹出后散落在适宜环境里萌发形成一片细小的、形状各异的绿色叶状体,称原叶体(prothallus),这就是蕨类植物的配子体。大多数配子体生于潮湿的地方,有背、腹的分化,其结构简单,生活期短,能独立生活。球形的精子器和瓶状的颈卵器生于配子体的腹面。精子器内产生有多数鞭毛的精子,颈卵器内有一个卵细胞,精、卵成熟后,精子由精子器逸出,以水为媒介进入颈卵器内与卵结合,受精卵发育成胚,胚发育成孢子体,即常见的蕨类植物。孢子体幼时暂时寄生在配子体上,长大后配子体死去,孢子体进行独立生活。

三、蕨类植物的生活史

蕨类植物生活史具有明显的世代交替(alternation of generations),其生活史中有两个独立生活的植物体:孢子体(sporophyte)和配子体(gametophyte)。从受精卵萌发到孢子体上孢子囊内的孢子母细胞进行减数分裂之前,称为孢子体世代(无性世代),其细胞染色体数目是二倍的(2n)。从单倍体的孢子开始,到配子体上形成精子和卵细胞,称为配子体世代(有性世代),细胞染色体数目是单倍的(n)。蕨类植物有明显的世代交替,孢子体很发达,配子体弱小,是孢子体世代占很大优势的异型世代交替(heteromorphic alternation of generations)(图10-6)。

 NOTE

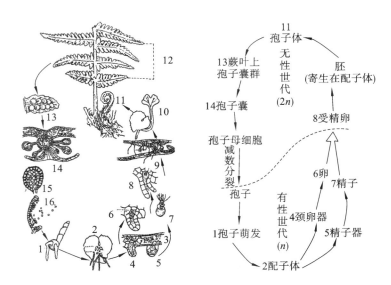

图 10-6　蕨类植物的生活史

1.孢子的萌发　2.配子体　3.配子体切面　4.颈卵器　5.精子器　6.雌配子（卵子）　7.雄配子（精子）

8.受精作用　9.合子发育成幼孢子体　10.新孢子体　11.孢子体　12.蕨叶一部分　13.蕨叶上孢子囊群

14.孢子囊群切面　15.孢子囊　16.孢子囊开裂及孢子散出

四、蕨类植物的化学成分

1. 黄酮类　黄酮类广泛存在于蕨类植物中，多具生理活性。小型叶蕨类植物含有双黄酮类成分，如穗花杉双黄酮（amentoflavone）、扁柏双黄酮（hinokiflavone）。小型叶蕨类植物和真蕨类植物中普遍含有黄酮类成分，如芹菜素（apigenin）、荛花素（genkwanin）、木犀草素（luteolin）和牡荆素（vitexin）等。在真蕨类植物中，含黄酮醇类，如高良姜素（galangin）、山奈酚（kaempferol）、槲皮素（quercetin）等。

2. 生物碱类　生物碱较广泛地存在于小型叶蕨类植物中，如石松碱（lycopodine）、石松毒碱（clavatoxine）、垂石松碱（lycocernuine）、石松洛宁（clavolonine）等。卷柏属 *Selaginella*、木贼属 *Equisetum* 均含有生物碱。从石杉科植物中分离的石杉碱甲（huperzine A）能防治阿尔茨海默病。

3. 萜类及甾体化合物　蕨类植物中普遍含有三萜类化合物，具有代表性的是何帕烷型和羊齿烷型五环三萜，如石松素（lycoclavanin）、石松醇（lycoclavanol）等。

4. 酚类化合物　在大型叶真蕨植物中普遍存在，如咖啡酸（caffeic acid）、阿魏酸（ferulic acid）、绿原酸（chlorogenic acid）、绵马酸类（filicic acids）、绵马酚（aspidinol）、东北贯众素（dryocrassin）等。

第二节　蕨类植物的分类和药用植物

目前，地球上生存的蕨类植物约有 12000 种，其中绝大多数为草本植物。蕨类植物分布广泛，除了海洋和沙漠外，平原、森林、草地、岩缝、溪沟、沼泽、高山水域中都有它们的踪迹，尤以热带和亚热带地区为其分布中心。我国有蕨类植物 63 科，231 属，2600 种。其中药用蕨类植物有 49 科，117 属，455 种。药用蕨类植物资源居孢子植物之首。蕨类植物多分布在西南地区和长江流域以南各地，仅云南省就有 1500 种左右，云南在我国有"蕨类王国"之称。

蕨类植物的分类和鉴定,常依据的主要特征如下:①茎、叶的形态特征和组织构造特征;②叶柄中维管束的数量、排列方式和叶柄基部有无关节;③根状茎上有无毛茸、鳞片等附属物及其形状;④孢子囊群的形状、生长位置和囊群盖的有无;⑤孢子囊壁的细胞层数和孢子形状;⑥孢子囊环带的有无和位置等。

蕨类植物的分类,存在多个观点不同的分类系统,目前比较公认的是我国蕨类植物学家秦仁昌1978年的分类系统,该分类系统将蕨类植物门分为五个亚门:松叶蕨亚门、石松亚门、水韭亚门、楔叶亚门(木贼亚门)和真蕨亚门。前四个亚门都是小型叶蕨类植物,称为拟蕨类植物,是一些较原始而古老的类群,现存的较少。真蕨亚门是大型叶蕨类植物,称为真蕨类植物,是最进化的蕨类植物,也是非常繁茂的蕨类植物。其中药用植物较多的是石松亚门、楔叶亚门(木贼亚门)和真蕨亚门。

五个亚门的主要特征检索表如下:

1. 植物体无真根,仅具假根,2~3个孢子囊聚集形成聚囊 …… 松叶蕨亚门 Psilophytina
1. 植物体均具有真根,不形成聚囊,孢子囊单生,或聚集成孢子囊群。
　　2. 植物体有明显的节和节间,叶退化成鳞片状,不能进行光合作用,孢子具弹丝 …………………………………………………………… 楔叶亚门(木贼亚门)Sphenophytina
　　2. 植物体非如上状,叶绿色,小型叶或大型叶,可进行光合作用,孢子均不具弹丝。
　　　　3. 小型叶,幼叶无拳卷现象。
　　　　　　4. 茎多为二叉分枝,叶小型,鳞片状,孢子叶在枝顶端聚集成孢子囊穗,孢子同型或异型,精子具2条鞭毛…………………………… 石松亚门 Lycophytina
　　　　　　4. 茎粗壮似块茎,叶长条形似韭菜叶,不形成孢子囊穗,孢子异型,精子具有多条鞭毛 …………………………………………… 水韭亚门 Isoephytina
　　　　3. 大型叶,幼叶有拳卷现象,孢子囊在孢子叶的背面或边缘聚集成孢子囊群,是现代最繁茂的一群蕨类植物 ………………………… 真蕨亚门 Filicophytina

一、松叶蕨亚门 Psilophytina

原始陆生植物类群,植物体无真根,有匍匐根状茎和直立的二叉分枝的气生枝。根状茎上有毛状假根,内有原生中柱,单叶小型,无叶脉或仅有一叶脉。孢子囊2~3枚聚生,孢子圆形。本亚门植物多已绝迹,现存仅有1科2属4种。产于热带及亚热带。我国产1属1种。染色体:X=13。

松叶蕨科 **Psilotaceae**

小型蕨类,附生或陆生。根茎粗,具原生中柱或管状中柱,具假根。地上茎直立或下垂,多回二叉分枝;枝有棱或为扁压状。叶为小型叶,仅具中脉或无脉,二型;不育叶鳞片状或披针形;孢子叶二叉形或先端分叉,无叶脉。孢子囊单生在孢子叶腋,球形。孢子一型,肾形,具单裂缝。染色体 X=13。本科共2属,4种;中国分布有1属(松叶蕨属 *Psilotum*)。

【药用植物】

松叶蕨 *Psilotum nudum*(L.)Beauv. 松叶蕨属小型蕨类。附生树干上或岩缝中。根茎横行,仅具假根,二叉分枝。地上茎直立,无毛或鳞片,绿色,下部不分枝,上部多回二叉分枝;枝为三棱形,绿色,密生白色气孔。叶为小型叶,二型;不育叶呈鳞片状三角形,无脉;孢子叶二叉形。孢子囊单生在孢子叶腋,球形,2瓣纵裂,黄褐色。孢子呈肾形。分布于台湾、四川、云南、海南等地。附生于树干上或石缝中。全草(石刷把)能活血止血、通经、祛风除湿。

二、石松亚门 Lycophytina

石松亚门为原始蕨类植物。石炭纪时,石松植物最为繁盛,有大乔木和草本。到二叠纪时,绝大多数已绝迹。现在仅遗留少数草本类型,如石松、卷柏等。

本亚门植物的孢子体有根、茎、叶的分化。茎多数二叉分枝,具有原生中柱。叶为小型叶,呈螺旋状或对生排列,仅有一条叶脉,无叶隙。孢子叶集生于分枝顶端,形成孢子叶穗。孢子囊单生于叶腋,或位于近叶腋处。有同型或异型孢子,配子体为两性或单性。

知识链接

10-1

1. 石杉科 Huperziaceae

常绿草本。附生或陆生。茎直立或附生种类的茎柔软下垂或略下垂,一至多回二叉分枝。叶为小型叶,仅具中脉,一型或二型,螺旋状排列。孢子囊通常为肾形,具小柄,2 瓣开裂,生于全枝或枝上部叶腋或在枝顶端形成细长线形的孢子囊穗。孢子为球状四面形,具孔穴状纹饰。精子器和颈卵器生于原叶体背面。本科共 2 属,约 150 种,广布于热带与亚热带。我国有 2 属,40 余种,已知药用植物有 2 属,17 种,分布于西南、华南、东北、西北、华东各地。

本科主要化学成分为生物碱和三萜类化合物。其中石杉碱甲(huperzine A,即福定碱,fordine)属乙酰胆碱酯酶抑制剂,可用于治疗阿尔茨海默病(Alzheimer's disease)。

【药用植物】

小杉兰(石杉)*Huperzia selago*(L.)Bernh. ex Schrank et Mart. 石杉属多年生植物。茎直立或斜生,一至四回二叉分枝,枝上部常有芽孢。叶螺旋状排列,密生,斜向上或平伸,披针形,基部与中部近等宽,基部截形,下延,无柄,先端急尖,边缘平直不皱曲,全缘,中脉背面不显,腹面可见。孢子叶与不育叶同形;孢子囊生于孢子叶的叶腋,不外露或两端露出,肾形,黄色(图 10-7)。分布于东北及陕西、四川、新疆、云南等地。生于海拔 1900～5000 m 的高山草甸上、石缝中、林下、沟旁。全草含有石杉碱甲等生物碱,可用于治疗阿尔茨海默病。全草及其孢子入药,称小接筋草,能祛风除湿、止血、续筋、消肿止痛。同属植物**蛇足石杉**(蛇足石松)*Huperzia serrata*(Thunb. ex Murray)Trev. 茎直立或斜生,二至四回二叉分枝。叶螺旋状排列,疏生,平伸,狭椭圆形,向基部明显变狭,边缘具不规则的尖锯齿,中脉突出明显。孢子叶与不育叶同形;孢子囊生于孢子叶的叶腋(图 10-8)。全国多数省区有分布。生于海拔 300～2700 m 的林下、灌丛下、路旁。全草(千层塔)有小毒,能清热解毒、燥湿敛疮、止血定痛、散瘀消肿。

图 10-7 小杉兰

1.植株(部分) 2.孢子叶(放大)

图 10-8 蛇足石杉

1.植株 2.孢子叶背面 3.孢子叶腹面 4.孢子囊

华南马尾杉 *Phlegmariurus austrosinicus*(Ching)L. B. Zhang 马尾杉属附生草本。茎簇

生,成熟枝下垂,二至多回二叉分枝。叶螺旋状排列。营养叶平展或斜向上展开,椭圆形,基部楔形,下延,有明显的柄,有光泽,中脉明显,革质,全缘。孢子囊穗细长线形,下垂,常多回二歧分枝。孢子叶椭圆状披针形,排列稀疏,中脉明显,全缘。孢子囊生在孢子叶腋,肾形,2瓣开裂,黄色。我国特有种,分布于江西、广东、香港、广西、四川、贵州、云南。附生于海拔700~2000 m的林下岩石上。全草含石杉碱甲等生物碱。同属植物**龙骨马尾杉** *Phlegmariurus carinatus*(Desv.)Ching 的全草(大伸筋草)有小毒,能祛风除湿、舒筋活络、消肿止痛。

2. 石松科 Lycopodiaceae

陆生。主茎伸长呈匍匐状或攀援状,或短而直立;侧枝二叉分枝或近合轴分枝。叶为小型单叶,仅具中脉,一型;螺旋状排列,钻形、线形至披针形。孢子囊穗通常生于孢子枝顶端或侧生。孢子叶的形状与大小不同于营养叶,膜质,一型,边缘有锯齿;孢子囊无柄,生在孢子叶叶腋,肾形。孢子球状四面形,常具网状或拟网状纹饰。染色体:$X=11,13,17,23$。本科共9属,40余种,分布甚广,大多分布于热带、亚热带及温带地区。我国有6属,18种,已知药用的有4属,9种。

本科主要化学成分:多种生物碱(如石松碱等)和三萜类化合物。

【药用植物】

石松(伸筋草)*Lycopodium japonicum* Thunb. ex Murray 石松属多年生常绿草本。匍匐茎地上生,细长横走,二至三回分叉;侧枝直立,多回二叉分枝。叶螺旋状排列,密集,披针形或线状披针形,基部楔形,下延,无柄,先端渐尖,边缘全缘,中脉不明显。孢子囊穗4~8个集生于长达30 cm的总柄上,总柄上苞片螺旋状稀疏着生;孢子叶阔卵形,先端急尖,具芒状长尖头,边缘膜质;孢子囊生于孢子叶腋,略外露,圆肾形,黄色(图10-9)。分布于东北、内蒙古、河南和长江以南各地。生于海拔100~3300 m的林下、灌丛下、草坡、路边或岩石上。全草(伸筋草)能祛风除湿、舒筋活络。同属植物**玉柏**(玉柏石松)*Lycopodium obscurum* L. 全草能祛风除湿、舒筋通络、活血化瘀。

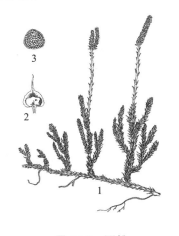

图10-9 石松
1.植株(部分) 2.孢子叶和孢子囊
3.孢子(放大)

本科药用植物还有如下两种。**高山扁枝石松** *Diphasiastrum alpinum*(L.)Holub(扁枝石松属)为多年生草本。根茎匍匐,近黄色。地上枝扁平,斜生。多回二叉状分枝。叶呈4列,贴于枝上,交互对生,稍肉质。孢子囊穗生于分枝顶端;孢子叶广卵形,先端长渐尖,边缘有微锯齿。孢子囊生于孢子叶叶腋内,肾形;孢子为四面体球形。分布于东北。全草(高山扁枝石松)能活血、止痛。**垂穗石松**(灯笼草)*Palhinhaea cernua*(L.)Vasc. et Franco(垂穗石松属)的全草(伸筋草)能祛风散寒、除湿消肿、舒筋活血、止咳、解毒。

3. 卷柏科 Selaginellaceae

多年生小型草本。陆生。茎常腹背扁平,单一或二叉分枝。主茎直立或长匍匐状。叶小型,鳞片状,有中脉,同型或异型,螺旋排列或排成4行,腹面基部有一叶舌。孢子叶穗生茎或枝的先端,或侧生于小枝上,四棱形或压扁,偶呈圆柱形;孢子叶4行排列;每个大孢子囊内有4个大孢子,偶有1个或多个;每个小孢子囊内小孢子多数。染色体:X为7~10。本科仅有1属,约有700种,分布于热带、亚热带。我国约有50种,药用的有25种。

本科主要化学成分:双黄酮类化合物。

NOTE

【药用植物】

卷柏（还魂草、万年青）*Selaginella tamariscina*（P. Beauv.）Spring　卷柏属多年生常绿草本。主茎短或长，直立。各枝丛生，呈莲座状，枝扁平，干旱时向内卷缩成球状，遇雨舒展，密被覆瓦状叶，各枝扇状分枝至二至三回羽状分枝。叶鳞片状，常覆瓦状排成 4 行，左右 2 行较大，称侧叶（背叶），中央 2 行较小，称中叶（腹叶）。侧叶披针状钻形，基部龙骨状，先端有长芒；中叶 2 行，卵圆状披针形，先端有长芒。孢子囊穗生于枝顶，四棱形；孢子叶三角形，先端有长芒，边缘有宽的膜质；孢子囊肾形。孢子异型（图 10-10）。分布于东北、华北、华东、中南及陕西、四川。生于干旱的岩石上及缝隙中。全草（卷柏）生用能活血通经；炒炭（卷柏炭）能化瘀止血。同属植物**垫状卷柏** *Selaginella pulvinata*（Hook. et Grev.）Maxim. 全草亦作卷柏药用；**兖州卷柏** *Selaginella involvens*（Sw.）Spring 全草能清热利湿、止咳、止血、解毒。另外，可作药用的还有**江南卷柏** *Selaginella moellendorffii* Hieron.、**深绿卷柏** *Selaginella doederleinii* Hieron.、**翠云草** *Selaginella uncinata*（Desv.）Spring 等。

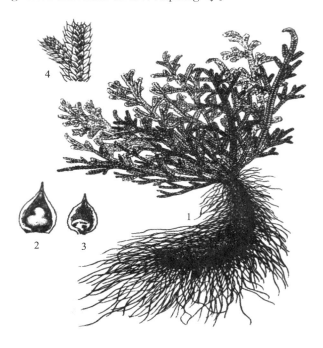

图 10-10　卷柏

1.植物全形　2.大孢子叶和孢子囊（放大）　3.小孢子叶和小孢子囊（放大）　4.分枝一段（示中叶和侧叶）

三、楔叶亚门（木贼亚门）Sphenophytina

孢子体发达，有根、茎、叶的分化。茎二叉分枝，具明显的节与节间，中空，节间表面有纵棱，表皮细胞多矿质化，含有硅质，由管状中柱转化为真中柱，木质部为内始式。小型叶不发达，轮状排列于节上。孢子囊在枝顶端聚生成孢子叶球（穗）。孢子同型或异型，周壁具弹丝（elater）。本亚门有 1 科，2 属，约 30 余种。

木贼科 Equisetaceae

多年生草本。陆生、湿生或浅水生。根茎长而横行，黑色，有节，节上生根，被茸毛。地上茎有明显的节和节间，有纵棱，表面粗糙，表皮细胞壁常含硅质。叶小，退化成鳞片状，轮生于节部，基部连合成鞘状，边缘呈齿状。孢子囊生于特殊的孢子叶（孢囊柄，sporangiophore）上，即生于盾状的孢子叶下的孢囊柄端上，孢囊柄组成孢子叶球，并聚集于枝端成孢子叶穗。孢子囊穗顶生,圆柱形或椭圆形;孢子叶轮生,盾状,每个孢子叶下面生有 5～10 个孢子囊。孢子近球形,有 4 条弹丝,无裂缝,有细颗粒状纹饰。染色体:$X=9$。本科仅 1 属,约 25 种,全世界均有分布;中国分布有 1 属,10 种,3 亚种,全国广布。有的学者将本科分为两属,即问荆属 *Equisetum* 和木贼属 *Hippochaete*。

本科主要化学成分:生物碱、黄酮、皂苷和酚酸等化合物。

【药用植物】

木贼 *Equisetum hyemale* L. 木贼属多年生草本。根茎短,黑色,匍匐,节上长出密集轮生的黑褐色根。茎丛生,直立不分枝,中空,上有纵棱脊 20～30 条,在棱脊上有疣状凸起 2 行,极粗糙。叶退化成鳞片状,基部合生成筒状的鞘,基部有 1 暗褐色的圈,上部淡灰色,先端有多数棕褐色细齿状裂片。孢子囊穗生于茎顶,长圆形,由许多轮状排列的六角形盾状孢子叶构成,沿孢子叶的边缘生数个孢子囊,孢子囊大型。孢子多数,同型,圆球形,有 2 条丝状弹丝,十字形着生,卷绕在孢子上(图 10-11)。分布于东北、西北、华北、四川等地。生于山坡湿地或疏林下阴湿处。地上部分能疏散风热、明目退翳。

问荆 *Equisetum arvense* L. 木贼属多年生草本。具匍匐的根茎,根黑色或棕褐色。地上茎直立,二型。营养茎在孢子茎枯萎后生出,有棱脊 6～15 条。叶退化,下部连合成鞘,鞘齿状披针形,黑色,边缘灰白色,膜质;分枝轮生,有棱脊 3～4 条。孢子茎早春先发,常为紫褐色,肉质,不分枝。孢子囊穗顶生,钝头;孢子叶六角形,盾状着生,螺旋排列,边缘着生长形孢子囊(图 10-12)。分布于东北、华北、西北、西南各地。全草能止血、利尿、明目。同属植物**节节草** *Equisetum ramosissimum* Desf. 茎基部有分枝,中空,全草能清热利湿、平肝散结、祛痰止咳。**笔管草** *Equisetum ramosissimum* subsp. *debile* (Roxb. ex Vauch.) Hauke 与木贼相似,但茎上有光滑小枝,仅叶鞘基部有黑色圈。全草(驳骨草)能明目、清热、利湿、止血。

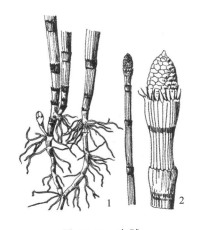

图 10-11 木贼
1.植株 2.孢子叶穗

图 10-12 问荆
A.营养茎 B.孢子茎
1.孢子叶穗 2.孢子叶和孢子囊 3.孢子(示弹丝)

四、真蕨亚门 Filicophytina

真蕨亚门为现代最繁茂的一群蕨类植物,有 1 万种以上,广泛分布于全世界,我国有 56 科,2500 多种,广布于全国,根据孢子囊的发育不同,可分为三个纲:厚囊蕨纲 Eusporangiopsida、原始薄囊蕨纲 Protoleptosporangiopsida 和薄囊蕨纲 Leptosporangiopsida。厚囊蕨纲植物的孢子囊是由几个细胞发育而来的,孢子囊壁厚,由几层细胞组成,孢子囊大。原始薄囊蕨纲植物的孢子囊由一个原始细胞发育而来,孢子囊壁由单层细胞构成,环带为盾形或短而宽。薄囊蕨纲植物的孢子囊起源于单个细胞,孢子囊壁由一层细胞构成,有各式环带。

1. 紫萁科 Osmundaceae

陆生植物。根状茎粗短,直立或斜生,无鳞片,幼时叶片被棕色腺状茸毛,老时脱落,光滑。叶柄长而坚实,基部膨大,两侧有狭翅如托叶状的附属物。叶簇生,一至二回羽状复叶,二型或一型,叶脉分离,二叉分枝。孢子囊大,圆球形,着生于极度收缩变形的孢子叶(能育叶)的羽片边缘,孢子囊顶端有几个增厚的细胞,常被看作未发育的环带(不育环),纵裂为两瓣形,无囊群盖。孢子为圆球状四面形。染色体:$X=11$。本科共 3 属,22 种,分布于温带、热带,我国有 1 属,9 种,其中 1 属 6 种可供药用。

本科主要化学成分:双黄酮、黄芪苷、蜕皮激素等。

【药用植物】

紫萁 *Osmunda japonica* Thunb. 紫萁属多年生草本。根茎粗壮,横卧或斜升,无鳞片。叶二型,幼时密被茸毛;营养叶有长柄,三角状阔卵形,顶部以下二回羽状,小羽片长圆形或长圆状披针形,先端钝或尖,基部圆形或宽楔形,边缘有匀密的细钝锯齿。孢子叶的小羽片极狭窄,卷缩成线形或条形,沿主脉两侧密生孢子囊,形成长大深棕色的孢子囊穗。分布于秦岭以南的大部分地区。根茎和叶柄残基(紫萁贯众)有小毒,作贯众代用品,能清热解毒、止血、杀虫。

2. 海金沙科 Lygodiaceae

多年生攀援植物。根状茎横走,有毛,无鳞片。原生中柱。叶远生或近生,叶轴无限生长,细长,缠绕攀援。叶近二型,羽片一至二回二叉掌状或羽状复叶,不育叶羽片常生于叶轴下部,能育叶羽片生于上部。叶脉通常分离,少为疏网状。孢子囊生于能育叶羽片边缘的小脉顶端,排成两行,呈穗状。孢子囊梨形,有纵向开裂的顶生环带。孢子四面型。染色体:$X=7,8,15,29$。本科仅 1 属,45 种。分布于热带,少数分布于亚热带及温带,我国有 1 属,约 10 种,药用的有 5 种。

本科主要化学成分:黄酮类。

【药用植物】

海金沙 *Lygodium japonicum* (Thunb.) Sw. 海金沙属多年生攀援草本。根茎细而匍匐,被细柔毛。茎细弱,有白色微毛。叶为一至二回羽状复叶,两面均被细柔毛,二型;不育叶尖三角形,羽片掌状或三裂,具浅钝齿;孢子叶卵状三角形。孢子囊穗生于孢子叶羽片的边缘,排列成流苏状,暗褐色。孢子囊盖鳞片状,卵形,每盖下生一横卵形的孢子囊,环带侧生。孢子表面有瘤状凸起(图 10-13)。分布于长江流域及南方各省区。全草能清热解毒、利湿热、通淋;干燥成熟孢子(海金沙)能清利湿热、通淋止痛;根和根茎(海金沙根)能清热解毒、利湿消肿。同属植物**海南海金沙** *Lygodium circinnatum* (N. L. Burman) Swartz 全草能清热利尿。**狭叶海金沙** *Lygodium microstachyum* Desv. 与海金沙近似,但末回小羽片较狭长,能育叶羽片有不育的长尾头。全草或孢子能清热利湿。

3. 蚌壳蕨科 Dicksoniaceae

大型蕨类。植株高大,常有粗大而高耸的主干或主干短而平卧,根状茎密被金黄色柔毛,无鳞片。叶片大,三至四回羽状复叶,革质,叶脉分离;叶柄粗而长。孢子囊群生于叶背边缘,囊群盖两瓣开裂形似蚌壳,革质;孢子囊梨形,有柄,环带稍斜生。孢子为四面型。染色体:$X=13,17$。

本科有 5 属 40 种,分布于热带及南半球,我国仅有 1 属 1 种。

NOTE

图 10-13 海金沙
1.地下茎 2.不育叶（营养叶） 3.地上茎及孢子叶 4.孢子叶穗（放大）

【药用植物】

金毛狗（金毛狗脊）*Cibotium barometz*（L.）J. Sm. 金毛狗属多年生树状草本。根茎平卧，有时转为直立，短而粗壮，密被棕黄色带有金色光泽的长柔毛。叶簇生于顶端，叶柄长，基部密被金黄色长柔毛和黄色狭长披针形鳞片；叶片阔卵状三角形，三回羽裂，末回小羽片狭披针形，镰状，革质。孢子囊群着生于边缘的侧脉顶端，略呈矩圆形，每裂片上 2～12 枚，囊群盖两瓣，成熟时形似蚌壳，棕褐色（图 10-14）。分布于我国南方及西南各省区。根茎（狗脊）能祛风湿、补肝肾、强腰膝。

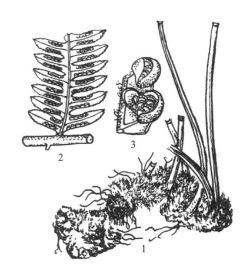

图 10-14 金毛狗
1.根茎和叶柄（部分） 2.羽片（部分，示孢子囊着生位置） 3.孢子囊群和囊盖

4. 鳞毛蕨科 Dryopteridaceae

陆生，多年生草本。根状茎多粗短，直立或斜生，密被鳞片。网状中柱。叶轴上面有纵沟；叶片一至多回羽状；叶柄多被鳞片或鳞毛。孢子囊群背生或顶生于小脉，囊群盖圆肾形或盾形，有盖，有时无盖。孢子囊扁圆形，具细长柄，环带垂直。孢子呈两面型，卵圆形，表面具疣状

NOTE

凸起或有翅。染色体:$X=41$。

本科共 14 属,1200 余种。主要分布于北半球温带和亚热带高山地带。我国有 13 属,472种,分布于全国各地,尤其长江以南最为丰富,其中药用的有 5 属,59 种。

本科主要化学成分:间苯三酚衍生物。

【药用植物】

粗茎鳞毛蕨(绵马鳞毛蕨、东北贯众)*Dryopteris crassirhizoma* Nakai 鳞毛蕨属多年生草本。根状茎粗壮,直立或斜升,连同叶柄密生棕褐色、卵状披针形大鳞片。叶簇生于根状茎顶端,叶片长圆形至倒披针形,二回深羽裂或全裂,羽片通常在 30 对以上,无柄,线状披针形;叶轴被黄褐色扭曲鳞片。孢子囊群圆形,通常生于叶片背面上部 $1/3\sim1/2$ 处,背生于小脉中下部;囊群盖圆肾形或马蹄形,几乎全缘,棕色(图 10-15)。分布于东北、河北。生于山地林下。根茎和叶柄残基(绵马贯众)有小毒,能清热解毒、驱虫;炮制加工品(绵马贯众炭)能收涩止血。

贯众 *Cyrtomium fortunei* J. Sm. 贯众属多年生草本。根茎短而斜升,连同叶柄基部密被黑褐色、阔卵状披针形大鳞片。叶簇生,叶柄基部密生阔卵状披针形黑褐色的大鳞片;叶片一回羽裂,羽片 $10\sim20$ 对,镰状披针形,有短柄。孢子囊群分布于羽片下面,生于主脉两侧;囊群盖圆盾形,棕色,全缘(图 10-16)。分布于华北、西北和长江以南各省区。根茎(贯众)能清热解毒、凉血祛瘀、驱虫。

图 10-15 粗茎鳞毛蕨
1. 根茎 2. 叶 3. 羽片(部分,示孢子囊群)

图 10-16 贯众
1. 植株 2. 根茎 3. 叶柄基部横切面

5. 水龙骨科 Polypodiaceae

通常附生,少陆生。根状茎长而横走,被鳞片,常具粗筛孔。网状中柱。叶同型或二型,叶柄具关节;单叶,全缘或羽状分裂,无毛或被星状毛。叶脉网状,少为分离的。孢子囊群通常为圆形或近圆形,或为椭圆形,或为线形,或有时布满能育叶片下面一部或全部,无盖而有隔丝。孢子囊梨形或球状梨形,浅褐色,孢子囊具长柄,有 $12\sim18$ 个增厚的细胞构成的纵行环带。孢子椭圆形,单裂缝,两侧对称。染色体:$X=7,12,13,23,25,26,35,37$。

本科有 40 属,约 500 种,主要分布于热带和亚热带地区。我国有 25 属,272 种,主产于长江以南各省区,其中药用的有 18 属,86 种。

【药用植物】

石韦 *Pyrrosia lingua* (Thunb.) Farwell 石韦属多年生常绿草本。根状茎细长,横走,密被褐色披针形鳞片。叶远生,近二型;叶片革质,披针形或长圆状披针形,先端渐尖,基部渐狭并不延于叶柄,全缘;上面绿色,有凹点,下面密被灰棕色星状毛;叶柄基部有关节。不育叶和能育叶同型或略短而阔;中脉上面稍凹,下面隆起。孢子囊群满布于叶背面或上部,幼时密被星芒状毛,成熟时露出;无囊群盖(图 10-17)。分布于长江以南各省区。附生于树干或岩石上。叶(石韦)能利尿通淋、清肺止咳、凉血止血。同属植物**庐山石韦** *Pyrrosia sheareri*(Baker)Ching、**有柄石韦** *Pyrrosia petiolosa*(Christ)Ching 叶亦作石韦药用。同属植物还有**华北石韦** *Pyrrosia davidii*(Baker)Ching、**毡毛石韦** *Pyrrosia drakeana*(Franch.)Ching、**西南石韦** *Pyrrosia gralla*(Gies.)Ching。

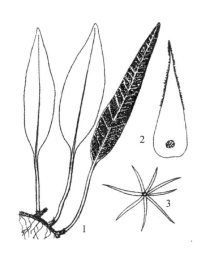

图 10-17 石韦
1.植株 2.鳞片 3.星状毛

6. 槲蕨科 Drynariaceae

多年生附生草本。根状茎横走,常密被大而狭长的褐色鳞片,鳞片通常大,狭长,基部盾状着生,深棕色至褐棕色,边缘具睫毛状锯齿。具穿孔的网状中柱。叶近生或疏生,无柄或有短柄,基部不以关节着生于根状茎上(有时有关节的痕迹,但完全无功能);叶二型,无柄或有短柄,叶片大,深羽裂或羽状;叶脉粗而隆起,形成四方形的网眼;正常的能育叶羽片或裂片以关节着生于叶轴,老时或干时全部脱落,羽柄或中肋的腋间往往具腺体。孢子囊群不具囊群盖,环带由 11～16 个增厚的细胞组成。孢子两侧对称,椭圆形,单裂缝。染色体:$X=36,37$。

本科共 8 属,32 种。分布于亚洲,延伸到一些太平洋的热带岛屿,南至澳大利亚北部,以及非洲大陆、马达加斯加及附近岛屿。除槲蕨属有 16 种外,其余大多为单种属。我国有 4 属,12 种,主要分布于长江以南各省区。已知有 2 属,7 种可供药用。

【药用植物】

槲蕨(骨碎补)*Drynaria fortunei*(Kunze)J. Sm. 槲蕨属附生植物。根状茎长而横走,粗壮肉质,密生钻状披针形鳞片,边缘呈流苏状。叶二型,营养叶棕黄色,卵圆形,上部羽状浅裂;孢子叶绿色,长圆形,羽状深裂,裂片 7～13 对。孢子囊群圆形,着生于内藏小脉的交叉点上,沿中脉两侧各排成 2～3 行;无囊群盖(图 10-18)。分布于中南、西南地区和江西、福建、浙江、台湾等地。生于树干或山林石壁上。根茎(骨碎补)能疗伤止痛、补肾强骨;外用消风祛斑。同属植物**中华槲蕨** *Drynaria baronii*(Christ)Diels 营养叶深羽裂,孢子囊群在孢子叶主脉两旁各成 1 行。

本章小结

蕨类植物、裸子植物和被子植物的植物体内均具有维管系统(vascular system),所以这三类植物又被称为维管植物(vascular plant),有的分类系统把这三类植物合称维管植物门 Tracheophyta。蕨类植物的孢子体远比配子体发达,并具有根、茎、叶的分化,且孢子体内有维管组织,这些特征区别于苔藓植物。蕨类植物产生孢子,不产生种子,此特征区别于种子植物。蕨类植物具有明显的世代交替(alternation of generations),其生活史中有两个独立生活的植物体:孢子体(sporophyte)和配子体(gametophyte),此特征与苔藓植物、种子植物均不相同。所以蕨类植物是介于苔藓植物和种子植物之间的一类植物,较苔藓植物进化,较种子植物原始,既是较高等的孢子植物,又是较原始的维管植物。根据功能不同,蕨类植物的叶又可分为孢子叶和营养叶。孢子囊壁由单层或多层细胞构成,在细胞壁上有不均匀增厚形成的环带

知识拓展
10-1

NOTE

图 10-18 槲蕨

1.植株 2.叶片(部分,示叶脉和孢子囊群位置) 3.地上茎的鳞片

(annulus),环带着生的位置有多种形式。孢子的形态可分为两类:一类是肾状的两面型,另一类是三角锥状或近球状的四面型。蕨类植物的中柱类型较为复杂,主要有原生中柱(protostele)、管状中柱(siphonostele)、网状中柱(dictyostele)和散状中柱(atactostele)等。蕨类植物大多以根状茎入药,其根状茎上常有叶柄残基,而叶柄中的维管束数目、类型和排列方式的不同,也是生药的鉴别依据之一。蕨类植物门分为五个亚门:松叶蕨亚门、石松亚门、水韭亚门、楔叶亚门(木贼亚门)和真蕨亚门。其中药用植物较多的是石松亚门、楔叶亚门(木贼亚门)和真蕨亚门。重要药用植物有松叶蕨、石杉、蛇足石杉、华南马尾杉、石松、卷柏、木贼、问荆、紫萁、海金沙、金毛狗、粗茎鳞毛蕨、贯众、石韦、槲蕨(骨碎补)等。

目标检测

一、单选题

1. 下列哪类植物不是维管植物?(　　　)

A.苔藓植物 　　　B.蕨类植物 　　　C.裸子植物 　　　D.被子植物

2. 在生活史中,形成两个独立生活的植物体,即孢子体和配子体的一类植物是(　　　)。

A.菌类植物 　　　B.地衣类植物 　　　C.蕨类植物 　　　D.苔藓类植物

3. 下列不是蕨类植物的是(　　　)。

A.地钱 　　　B.石松 　　　C.卷柏 　　　D.海金沙

4. 石韦属于哪一科的植物?(　　　)

A.石松科 　　　B.鳞毛蕨科 　　　C.水龙骨科 　　　D.蚌壳蕨科

5. 石杉中含有的乙酰胆碱酯酶抑制剂是(　　　)。

A.石杉碱甲 　　　B.石松洛宁 　　　C.石松毒碱 　　　D.石松碱

二、多选题

1. 蕨类植物孢子囊壁上的环带着生的位置有下列哪些形式?(　　　)

目标检测
答案

NOTE

A. 顶生环带　　　　　B. 横行中部环带　　　C. 斜行环带　　　　　D. 纵行环带

2. 蕨类植物的中柱类型主要有(　　)。

A. 原生中柱　　　　　B. 管状中柱　　　　　C. 网状中柱　　　　　D. 散状中柱

3. 目前发现的蕨类植物中主要有哪些类型的化学成分?(　　)

A. 黄酮类　　　　　　B. 生物碱类　　　　　C. 酚类化合物　　　　D. 萜类及甾体化合物

4. 属于蕨类植物的亚门有(　　)。

A. 松叶蕨亚门　　　　B. 真蕨亚门　　　　　C. 水韭亚门　　　　　D. 石松亚门

5. 属于石杉科的植物有(　　)。

A. 小杉兰　　　　　　B. 蛇足石杉　　　　　C. 华南马尾杉　　　　D. 水杉

三、简答题

阐述蕨类植物的特征。

推荐阅读文献

朱琳,梁勇满,许亮,等.中药贯众的本草考证及近缘药用植物研究[J].中国中医药现代远程教育,2017,15(12):150-153.

参 考 文 献

[1] 黄宝康.药用植物学[M].7 版.北京:人民卫生出版社,2016.
[2] 曾令杰,张东方.药用植物学[M].北京:科学出版社,2016.
[3] 杨春澍.药用植物学[M].上海:上海科学技术出版社,1997.
[4] 孙启时.药用植物学[M].2 版.北京:中国医药科技出版社,2009.
[5] 国家中医药管理局《中华本草》编委会.中华本草[M].上海:上海科学技术出版社,1999.

(王　丽)

第十一章　裸子植物门 Gymnospermae

学习目标

扫码
看课件

案例导入
答案解析

1. 掌握:裸子植物的主要特征;银杏科、松科、柏科、麻黄科的主要特征及代表药用植物。

2. 熟悉:裸子植物的分类;苏铁科、红豆杉科的主要特征及代表药用植物。

3. 了解:裸子植物的化学成分;三尖杉科、买麻藤科的主要特征及代表药用植物。

案例导入

最新调研报告披露,紫杉醇(taxol)这一全球销量排名第一的植物抗癌药从 1992 年上市至今,累计销售额已超过 250 亿美元。紫杉醇是目前世界上公认的广谱、强活性抗癌药物,是至今所知治疗转移性卵巢癌和乳腺癌的疗效最好、副作用小的药物,并且对肺癌、食道癌也有显著疗效,对肾炎有明显抑制作用。从总体上看,在没有一种植物抗癌新药能取代其位置之前,紫杉醇的销量只会上升,不会下降。

提问:1. 紫杉醇的植物来源是什么? 其药用部位是哪里?

2. 紫杉醇是如何被发现的? 其基源植物的资源状况如何?

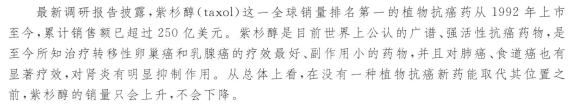
第一节　裸子植物概述

裸子植物 Gymnospermae 最早出现于 3 亿 5000 万年前的古生代泥盆纪,古生代的石炭纪、三叠纪至中生代为其全盛时期。由于地史、气候经过多次重大变化,古老的种类相继绝迹。现代的裸子植物有不少种类是在新生代第三纪出现的,又经过第四纪冰川时期保留下来,繁衍至今。现代裸子植物广泛分布于世界各地,特别是在北半球亚热带高山地区及温带至寒温带地区分布甚广,常组成大面积森林。

裸子植物介于蕨类植物和被子植物之间,保留着颈卵器,具有维管束,能产生种子。在形成种子的同时,不形成子房和果实,种子不被子房包被,胚珠和种子裸露,故名裸子植物。

一、裸子植物的主要特征

1. 孢子体发达　多年生木本植物,常为单轴分枝的大型乔木,枝条常有长枝和短枝之分,具发达的主根;少为亚灌木(如麻黄)或藤本(如倪藤),多为常绿植物,少为落叶性(如银杏);茎内维管束环状排列,有形成层和次生生长;木质部大多为管胞,极少有导管(麻黄科、买麻藤科),韧皮部中有筛管细胞而无伴胞。叶针形、条形或鳞形,极少为扁平的阔叶,叶在长枝上螺旋状排列,在短枝上簇生枝顶。

2. 花单性，胚珠裸露　花(孢子叶球，strobilus)单性同株或异株，花被常缺少，仅麻黄科、买麻藤科有类似花被的盖被(假花被)；小孢子叶(雄蕊)聚生成小孢子叶球(雄球花，staminate strobilus)，大孢子叶(心皮)丛生或聚生成大孢子叶球(雌球花，ovulate strobilus)。大孢子叶常特化为珠鳞(松柏类)、珠领或珠座(银杏)、珠托(红豆杉)、套被(罗汉松)和羽状叶(苏铁)。

3. 配子体退化并完全寄生于孢子体上　在世代交替中孢子体占优势，配子体极其退化，寄生在孢子体上。雌配子体由胚囊及胚乳组成，顶端产生 2 个或多个颈卵器，颈卵器结构简单，埋藏于胚囊中，仅 2～4 个颈壁细胞露在外面，颈卵器内有 1 个腹沟细胞和 1 个卵细胞，无颈沟细胞，比蕨类植物的颈卵器更为退化。雄配子体是萌发后的花粉粒，内有 2 个精子。萌发时，花粉产生花粉管，进入胚囊，使精子和卵细胞结合完成受精过程。花粉管的产生，使受精作用摆脱了对水的依赖。

4. 具多胚现象　大多数裸子植物具有多胚现象(polyembryony)，这是由于 1 个雌配子体上的几个或多个颈卵器的卵细胞同时受精(简单多胚现象)，形成多胚；或者由于 1 个受精卵在发育过程中，胚原组织分裂为几个胚(裂生多胚现象)，形成多胚。

二、裸子植物的生活史

裸子植物的生活史见图 11-1。

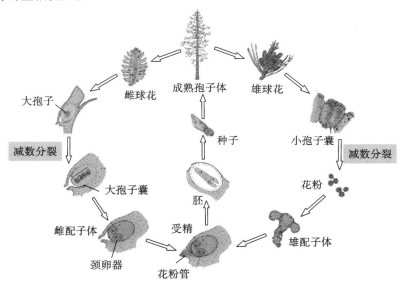

图 11-1　裸子植物的生活史(以松属植物为例)

裸子植物的生殖器官在生活史的各个阶段与蕨类植物基本是同源的，但所用的形态学术语却不相同。现列出它们之间的形态学术语对照，如表 11-1 所示。

表 11-1　蕨类植物和裸子植物形态学术语对照表

蕨类植物	裸子植物
大(小)孢子叶球	雌(雄)球花
小孢子叶	雄蕊
小孢子囊	花粉囊
小孢子	花粉粒(单核期)
大孢子叶	珠鳞(心皮或雌蕊)
大孢子囊	珠心
大孢子	胚囊(单细胞期)

三、裸子植物的化学成分

裸子植物的化学成分较多,主要有黄酮类、生物碱类、萜类及挥发油和树脂等。

1. 黄酮类　裸子植物中含有丰富的黄酮类及双黄酮类化合物,双黄酮类是裸子植物的特征性成分。双黄酮类多分布于银杏科、柏科、杉科,特别是穗花杉双黄酮(amentoflavone)较普遍分布在裸子植物中,但在松科和买麻藤目中未见报道;柏科植物含柏双黄酮(cupressuflavone),苏铁科、杉科及柏科植物含扁柏双黄酮(桧黄素,hinokiflavone),银杏叶中含银杏双黄酮(ginkgetin)等。这些黄酮类和双黄酮类化合物多具有扩张动脉血管的药理作用。

2. 生物碱类　生物碱仅存在于三尖杉科、红豆杉科、罗汉松科、麻黄科及买麻藤科。三尖杉科主要含有粗榧类生物碱和高刺桐类生物碱,其中三尖杉酯碱(harringtonine)、高三尖杉酯碱(homoharringtonine)具抗癌活性。红豆杉科红豆杉属(*Taxus*)含有紫杉烷二萜生物碱类化合物,其中紫杉醇对白血病、卵巢癌、黑色素瘤、肺癌等均有明显疗效。麻黄科含有麻黄生物碱类化合物,其中麻黄碱可舒缓平滑肌的紧张,用于治疗支气管哮喘等症。

3. 萜类和挥发油　裸子植物中普遍存在萜类及挥发油,挥发油中含有蒎烯、莰烯、小茴香酮、樟脑等。

此外,裸子植物中还分布有树脂、有机酸、木脂体类、昆虫蜕皮激素等。

第二节　裸子植物的分类和药用植物

在植物分类系统中,裸子植物通常作为一个自然类群,称为裸子植物门 Gymnospermae。现存的裸子植物分为 5 个纲:苏铁纲 Cycadopsida、银杏纲 Ginkgopsida、松柏纲 Coniferopsida、红豆杉纲 Taxopsida 和买麻藤纲 Gnetopsida,包括 9 目 12 科 71 属约 800 种。我国有 5 纲 11 科 41 属 236 种,其中包括引种栽培 1 科 7 属 51 种。银杏科、银杉属、金钱松属、水杉属、水松属、侧柏属和白豆杉属等类群为我国特有科属。我国裸子植物有不少是第三纪孑遗植物,被称为"活化石"植物,如银杏、水杉、银杉等。已知药用植物有 10 科 25 属 100 余种,以松科最多。

裸子植物分纲检索表

1. 花无假花被;茎次生木质部无导管;乔木或灌木。
　2. 叶为大型羽状深裂,聚生于茎顶,茎不分枝 ·······················　苏铁纲 Cycadopsida
　2. 叶为单叶,不聚生于茎顶端,茎有分枝。
　　3. 叶扇形,具二叉状脉序,花粉萌发时产生 2 个具纤毛的游动精子
　　··　银杏纲 Ginkgopsida
　　3. 叶针形、条形或鳞片状,非二叉状脉序,花粉萌发时不产生游动精子。
　　　4. 大孢子叶两侧对称,常聚成球果状;种子有翅或无,不具假种皮
　　　···　松柏纲 Coniferopsida
　　　4. 大孢子叶特化为珠托或套被,近辐射对称,不形成球果;种子具肉质假种皮
　　　···　红豆杉纲 Taxopsida
1. 花具假花被;茎次生木质部具导管;亚灌木或木质藤本 ··········　买麻藤纲 Gnetopsida

一、苏铁纲 Cycadopsida

常绿木本,茎干粗壮,常不分枝。叶螺旋状排列,有鳞叶和营养叶。鳞叶小,密被褐色毡

毛；营养叶大，羽状深裂，集生茎顶。球花顶生，雌雄异株。游动精子具多数纤毛。现存 1 目 1 科 9 属约 110 种，分布于南北半球的热带及亚热带地区。

苏铁科 Cycadaceae

常绿木本植物，茎单一，粗壮，几乎不分枝。叶大，多一回羽状深裂，革质，集生于茎的顶部。雌雄异株。小孢子叶球（雄球花）为一木质化的长形球花，由无数小孢子叶（雄蕊）组成。小孢子叶鳞片状或盾状，下面生有多数小孢子囊（花药），小孢子（花粉粒）萌发时产生 2 个具多数纤毛、能游动的精子。大孢子叶球由许多大孢子叶组成，丛生茎顶。大孢子叶扁平，上部多羽状分裂，下部呈柄状，两侧生 2～8 个胚珠，或大孢子叶呈盾状而下面生 1 对向下的胚珠。种子核果状，具 3 层种皮，胚乳丰富，子叶 2 枚。染色体：$X=11$。

本科现有 9 属约 110 种，分布于热带及亚热带地区。我国有 1 属 8 种，药用植物有 4 种，分布于西南、东南、华东等地区。

本科主要化学成分：偶氮化合物。苏铁苷（cycasin）、双黄酮类化合物为本科特征性化学成分。

【药用植物】

苏铁 *Cycas revoluta* Thunb. 苏铁属常绿乔木。树干圆柱形，密被叶柄残痕，羽状叶螺旋状排列聚生于茎顶，羽状裂片 100 对以上，条形，革质，边缘向下反卷。雌雄异株。雄球花圆柱形，由多数扁平、楔形的小孢子叶组成，每个小孢子叶下面有多数球形的花药，花药通常 3 个聚生；大孢子叶密被淡黄色茸毛，丛生于茎顶，两侧生 2～6 枚近球形的胚珠（图 11-2）。种子核果状，成熟时橙红色。产于台湾、福建、广东、广西、云南、四川等地。俗称铁树，各地广泛栽培。种子能理气止痛、益肾固精；叶能收敛止痛、止痢；根能祛风、活络、补肾。

图 11-2 苏铁
1.植株 2.小孢子叶 3.大孢子叶 4.花药

二、银杏纲 Ginkgopsida

落叶乔木，枝条有长枝、短枝之分。单叶扇形，先端 2 裂或波状缺刻，二叉脉序，在长枝上螺旋状散生，在短枝上簇生。球花单性，雌雄异株，精子具纤毛。种子核果状，具 3 层种皮，胚乳丰富。本纲现仅 1 目 1 科 1 属 1 种，为我国特产，国内外栽培很广。

银杏科 Ginkgoaceae

落叶乔木。树干端直，具长枝及短枝。单叶，叶片扇形，顶端 2 浅裂或 3 深裂，具长柄；叶脉二叉状分枝；叶在长枝上螺旋状排列，在短枝上簇生。球花单性，异株，生于短枝上；雄球花柔荑花序状，雄蕊多数，具短柄，花药 2 室；雌球花具长梗，顶端二叉状，具 2 个杯状心皮，称珠领（collar）或珠座，珠领上生 1 对裸露的直立胚珠，常只 1 个发育。种子核果状，椭圆形或近球形，外种皮肉质，成熟时橙黄色，外被白粉，味臭；中种皮木质，白色；内种皮膜质，淡红褐色。胚乳丰富，胚具子叶 2 枚。染色体：$X=12$。

本科仅 1 属 1 种，我国特产，现普遍栽培，主产于四川、河南、湖北、山东、辽宁等省。

本科主要化学成分：黄酮、双黄酮、萜内酯和酚类。

【药用植物】

银杏（公孙树、白果）*Ginkgo biloba* L. 银杏属乔木。形态特征与科特征相同（图 11-3）。

NOTE

171

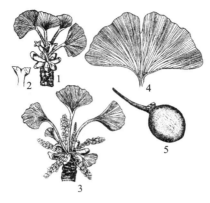

图 11-3　银杏

1.具雌球花和幼叶的枝　2.雌球花
3.具雄球花和幼叶的枝　4.成熟的叶　5.种子

银杏和苏铁是裸子植物的"活化石"。银杏为著名的孑遗植物,为我国特产。种子(白果)能敛肺定喘、止带缩尿。肉质外种皮含白果酸,有抑菌作用,但对皮肤有毒,可引起皮炎。叶(银杏叶)能活血化瘀、通络止痛、敛肺平喘、化浊降脂。银杏叶片含多种黄酮及双黄酮类化合物,现代药理学表明其具有扩张动脉血管作用,用于治疗冠心病。

三、松柏纲 Coniferopsida

常绿或落叶乔木,稀灌木。茎多分枝,常有长枝、短枝之分;茎的髓部小,次生木质部发达,由管胞组成,无导管,具树脂道。叶单生或成束,针形、鳞片形、钻形、条形或刺形,螺旋着生或交叉对生或轮生,叶表皮常具较厚的角质层及下陷的气孔。球花单性,雌雄同株或异株,孢子叶常排列成球果状。种子胚乳丰富。本纲有 5 科 51 属约 570 种,分布于南北两半球,以北半球温带、寒温带的高山地带最为普遍。

1. 松科 Pinaceae

常绿乔木,稀落叶性,多含树脂。叶针形或条形,在长枝上螺旋状散生,在短枝上簇生,基部有膜质叶鞘包被。球花单性,雌雄同株;雄球花穗状,雄蕊多数,各具 2 药室,花粉粒两侧具气囊;雌球花球状,由多数螺旋状排列的珠鳞(心皮)与苞鳞(苞片)组成,每一珠鳞腹面基部有 2 个胚珠,背面有 1 个苞鳞,珠鳞与苞鳞分离。花后珠鳞增大称种鳞,聚成木质球果。球果直立或下垂,成熟时种鳞扁平,木质或革质,每个种鳞上具 2 粒种子。种子具单翅,有胚乳,子叶 2～16 枚。染色体:$X=12,13$。

本科是松柏纲中最大的一科,有 10 属 230 余种,广泛分布于世界各地,多产于北半球。我国有 10 属 113 种,药用植物有 8 属 48 种,全国各地广泛分布。

本科主要化学成分:叶含有挥发油,组成为单萜类化合物(monoterpenoid)和倍半萜类化合物(sesquiterpenoid);枝干含有树脂,经蒸馏得松节油和松香。

【药用植物】

马尾松 *Pinus massoniana* Lamb.　松属常绿乔木。树冠宽塔形。树皮红褐色,下部灰褐色,一年生小枝淡黄褐色,无毛。针叶 2 针一束,细柔,长 12～20 cm,树脂道 4～8 个,边生,叶鞘宿存。球花单性,雌雄同株。雄球花淡红褐色,聚生于新枝下部;雌球花淡紫红色,常 2 个生于新枝顶端。球果卵圆形或圆锥状卵形,种鳞的鳞盾(种鳞顶部加厚膨大呈盾状的部分)菱形,平或微肥厚;鳞脐(鳞盾的中心凸出部分)微凹,无刺尖。种子长卵圆形,具单翅;子叶 5～8 枚(图 11-4)。分布于长江流域各省区,生于阳光充足的丘陵山地酸性土壤上。幼根或根皮(松根)能祛风、活络、止血;枝干的瘤状节(油松节)能祛风除湿、通络止痛;树皮(松树皮)能收敛生肌;针叶(松叶)能祛风燥湿、杀虫止痒;树干的油树脂除去挥发油后留存的固体树脂(松香)能燥湿、拔毒、生肌、止痛;花粉(松花粉)能收敛止血、燥湿敛疮;成熟球果(松球)能祛风、除湿、止咳、润肠;种仁(松子仁)能润肺滑肠。

油松 *Pinus tabulaeformis* Carr.　松属常绿乔木。枝条平展或向下伸,树冠近平顶状。针叶 2 针一束,粗硬,长 10～15 cm,树脂道边生,约 10 个,叶鞘宿存。球果卵圆形,熟时不脱落,淡褐黄色,宿存在枝上;种鳞的鳞盾肥厚,鳞脐凸起有尖刺。种子卵圆形,具单翅,淡褐色有斑纹(图 11-5)。分布于辽宁、内蒙古、河北、山东、河南、山西、陕西、甘肃、青海和四川北部。生于海拔 100～2600 m 干燥的山坡上。药用功效同马尾松。同属植物**红松** *Pinus koraiensis* Sieb. et Zucc. 为乔木,针叶 5 针一束,粗硬,树脂道 3 个,中生;球果很大,种鳞先端反卷;分布于我国东北小兴安岭及长白山地区。**云南松** *Pinus yunnanensis* Franch. 为乔木,针叶 3 针一束,柔软下垂,树脂道 4～6 个,中生或边生;分布于我国西南地区。**黑松** *Pinus thunbergii* Parl. 为乔木,针叶 2 针一束,较粗硬;分布于辽东半岛和华东沿海各省。

图 11-4 马尾松

1.球花枝 2.雄花 3.苞鳞和珠鳞背腹面 4.球果
5.种鳞背腹面 6.种子 7.针叶 8.针叶横切面

图 11-5 油松

1.球果枝 2.种鳞背面 3.种鳞腹面

金钱松 *Pseudolarix amabilis*(Nelson)Rehd. 金钱松属落叶乔木。叶条形,柔软。在长枝上螺旋状散生,短枝上簇生,秋后叶金黄色。球花单性,雌雄同株,雄球花数个簇生于短枝顶端,雌球花单生于短枝顶端,苞鳞大于珠鳞。球果当年成熟,成熟时种子与种鳞一同脱落,种子具宽翅。我国特有种,分布于长江中下游各省温暖地带,生于温暖、土层深厚的酸性土山区。根皮或近根树皮(土荆皮)能杀虫、疗癣、止痒。

2. 柏科 Cupressaceae

常绿乔木或灌木。叶在枝上交互对生或 3～4 片轮生,鳞片状或针形,或同一树上兼有两型叶。球花单性,雌雄同株或异株;雄球花单生枝顶,椭圆状卵形,有 3～8 对交互对生的雄蕊,每一雄蕊具 2～6 花药;雌球花球形,由 3～16 枚交互对生或 3～4 枚轮生的珠鳞组成。珠鳞与下面的苞鳞合生,每珠鳞有 1 至数枚胚珠。球果圆球形、卵圆形或圆柱形,熟时种鳞木质或革质,展开或有时为浆果状不展开,每个种鳞内面基部有种子 1 至多数。种子有窄翅或无翅,具胚乳,子叶 2 枚。染色体:X＝11。

本科有 22 属约 150 种,广布于世界各地。我国有 8 属 29 种,分布于全国,药用植物有 6 属 20 种。

本科主要化学成分:挥发油、树脂、双黄酮类化合物。

【药用植物】

侧柏 *Platycladus orientalis*(L.)Franco 侧柏属常绿乔木。幼树树冠卵状尖塔形,老树树冠广圆形。小枝扁平,排成一平面,直展。叶鳞形,交互对生,贴伏于小枝上。球花单性,雌雄同株,均生于枝顶。雄球花黄绿色,卵圆形,雄蕊 6 对,交互对生;雌球花近球形,蓝绿色,被白粉,珠鳞 4 对,仅中间 2 对各生 1～2 枚胚珠(图 11-6)。球果近卵圆形,成熟时开裂;种鳞木质,红褐色,扁平,背部近顶端具反曲的钩状尖头。种子卵圆形或近椭圆形,灰褐色或紫褐色,无翅或有极窄翅。我国特产,除新疆、青海外,分布遍及全国。枝叶(侧柏叶)能凉血止血、化痰

NOTE

止咳、生发乌发；种仁（柏子仁）能养心安神、润肠通便、止汗。

四、红豆杉纲 Taxopsida

常绿乔木或灌木，多分枝。叶为条形、披针形、鳞形、钻形或退化成叶状枝。球花单性，雌雄异株，稀同株。胚珠生于盘状或漏斗状的珠托上，或由囊状或杯状的套被所包围，不形成球果。种子具肉质的假种皮（由套被形成）或外种皮。

本纲有 3 科 14 属约 162 种。我国有 3 科 7 属 33 种。

1. 三尖杉科 Cephalotaxaceae

常绿乔木或灌木，髓心中部具树脂道。小枝对生，基部有宿存的芽鳞。叶条形或披针状条形，交互对生或近对生，在侧枝上基部扭转排成 2 列；叶上面中脉隆起，背面具 2 条白色宽气孔带。球花单性，雌雄异株，稀同株。雄球花有雄花 6～11，聚成头状，单生叶腋，基部有多数苞片，每 1 雄球花基部有 1 卵圆形或三角形的苞片；雄蕊 4～16，花丝短，花粉粒无气囊；雌球花具长梗，生于小枝基部，花梗上部花轴上有数对交互对生的苞片，每苞片腋生胚珠 2 枚，仅 1 枚发育，胚珠生于珠托上。种子核果状，全部包于由珠托发育成的肉质假种皮中，基部具宿存的苞片。外种皮坚硬，内种皮薄膜质。子叶 2 枚。染色体：$X = 12$。

本科有 1 属 9 种，分布于亚洲东部与南部。我国产 7 种 3 变种，主要分布于秦岭及淮河以南各省区，药用植物有 5 种 3 变种。

本科特征性化学成分为粗榧碱类生物碱和双黄酮类化合物。①生物碱：粗榧碱类生物碱（cephalotaxine type alkaloids）和高刺桐类生物碱（homoerythrina type alkaloids）。②黄酮类化合物。

【药用植物】

三尖杉 Cephalotaxus fortunei Hook. f. 三尖杉属常绿乔木。树皮褐色或红褐色，片状脱落。叶线形，常弯曲，长 4～13 cm，先端渐尖，呈长尖头，螺旋状着生，排成 2 行；叶上面中脉隆起，下面中脉两侧各有 1 条白色气孔带。雄球花具明显总花梗，长 6～8 mm（图 11-7）。种子核果状、椭圆状卵形，长约 2.5 cm。假种皮成熟时紫色或红紫色。我国特有树种，分布于华中、华南及西南地区，生于山坡疏林、溪谷湿润而排水良好的地方。种子能驱虫、润肺、止咳、消食。从枝叶提取的三尖杉酯碱和高三尖杉酯碱对人体非淋巴系统白血病有显著疗效。同属具抗癌作用的植物还有**海南粗榧** *Cephalotaxus hainanensis* Li、**粗榧** *Cephalotaxus sinensis*（Rehd. et Wils.）Li、**篦子三尖杉** *Cephalotaxus oliveri* Mast. 等。

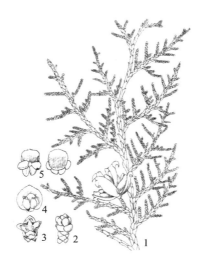

图 11-6 侧柏

1.着果的枝 2.雄球花 3.雌球花
4.雌蕊的内面 5.雄蕊的内面及外面

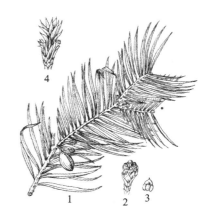

图 11-7 三尖杉

1.着生种子的枝 2.雄球花
3.雄蕊 4.幼枝及雌球花

2. 红豆杉科 Taxaceae

常绿乔木或灌木。叶条形或披针形,螺旋状排列或交互对生,叶腹面中脉凹陷,背面沿凸起的中脉两侧各有 1 条气孔带。球花单性,雌雄异株,稀同株;雄球花单生于叶腋或苞腋,或组成穗状花序状集生于枝顶,雄蕊多数,各具 3~9 个花药,花粉粒无气囊。雌球花单生或成对生于叶腋或苞腋,胚珠 1 枚,生于苞腋,基部具盘状或漏斗状珠托。种子核果状,全部或部分包于杯状肉质假种皮中。染色体:X=11,12。

本科有 5 属 23 种,主要分布于北半球。我国有 4 属 12 种,药用植物有 3 属 10 种。

本科主要化学成分:双黄酮类、二萜及二萜生物碱,如紫杉醇、甾体类化合物等。

【药用植物】

东北红豆杉 *Taxus cuspidata* Sieb. et Zucc. 红豆杉属乔木。高可达 20 m,树皮红褐色,具浅裂纹。叶排成不规则的 2 列,常呈"V"字形开展,条形,通常直,背面具 2 条灰绿色气孔带。雄球花有雄蕊 9~14,各具 5~8 个花药。种子卵圆形,紫红色,外覆有上部开口的假种皮,假种皮成熟时肉质,鲜红色(图 11-8)。产于我国东北地区的小兴安岭南部和长白山区。生于湿润、疏松、肥沃、排水良好的地方。树皮、枝叶和根皮可提取紫杉醇,具抗癌作用,亦可治疗糖尿病;叶能利尿、通经。同属植物全世界约有 11 种,分布于北半球。我国有 4 种 1 变种:**西藏红豆杉** *Taxus wallichiana* Zucc.、**东北红豆杉** *Taxus cuspidata* Sieb. et Zucc.、**云南红豆杉** *Taxus yunnanensis* Cheng et L. K. Fu、**红豆杉** *Taxus chinensis*(Pilger)Rehd.、**南方红豆杉** *Taxus chinensis*(Pilger)Rehd. var. *mairei*(Lemée et Lévl.)Cheng et L. K. Fu。它们均含有紫杉醇,供药用。

榧树 *Torreya grandis* Fort. ex Lindl. 榧树属乔木。高达 25 m,树皮浅黄色、灰褐色,不规则纵裂。叶条形,先端突尖,呈刺状短尖头,交互对生或近对生,排成 2 列;叶坚硬,上面绿色,无隆起的中脉,下面浅绿色,沿中脉两侧各有 1 条黄绿色气孔带。球花单性,雌雄异株,雄球花圆柱形,雄蕊多数,花药 4 室;雌球花无柄,2 个成对生于叶腋。种子椭圆形、卵圆形,熟时由珠托发育成的假种皮包被,淡紫褐色,有白粉(图 11-9)。我国特有树种,分布于江苏、浙江、福建、江西、安徽、湖南等省。种子(榧子)能杀虫消积、润肺止咳、润燥通便。

图 11-8 东北红豆杉
1.部分枝条 2.叶 3.种子和假种皮
4.种子 5.种子基部

图 11-9 榧树
1.雄球花枝 2~3.雄蕊 4.雌球花枝 5.种子
6.去假种皮的种子 7.去种皮种子横切

五、买麻藤纲 Gnetopsida

灌木或木质藤本,稀乔木或草本状小灌木。次生木质部常具导管,无树脂道。叶对生或轮生,叶片有各种类型;有细小膜质鞘状,或绿色扁平的叶。球花单性,雌雄异株或同株,有类似

NOTE

花被的盖被(称假花被),盖被膜质、革质或肉质;胚珠 1 枚,珠被 1～2 层,具珠孔管(micropylar tube);精子无鞭毛;颈卵器极退化或无。成熟雌球花球果状或细长穗状。种子包于由盖被发育而成的假种皮中,种皮 1～2 层,胚乳丰富,子叶 2 枚。

本纲现有 3 目 3 科 3 属约 80 种。我国有 2 目 2 科 2 属 19 种,几乎分布于全国。

1. 麻黄科 Ephedraceae

小灌木或亚灌木。小枝对生或轮生,节明显,节间具细纵沟,茎内次生木质部具导管。叶小,鳞片状,对生或轮生,基部多少连合,常退化成膜质鞘。球花单性,雌雄异株,稀同株。雄球花由数对苞片组合而成,每苞有 1 雄花,每花有 2～8 雄蕊,花丝合成一束,雄花外包有膜质假花被,2～4 裂;雌球花由多数苞片组成,仅顶端 1～3 片苞片生有雌花,雌花具有顶端开口的囊状革质假花被,包于胚珠外,胚珠 1,具 1 层珠被,珠被上部延长成珠被(孔)管,自假花被管口伸出。种子浆果状,成熟时,假花被发育成革质假种皮,外层苞片增厚成肉质、红色,俗称"麻黄果"。胚乳丰富,子叶 2 枚。染色体:$X=7$。

本科有 1 属约 40 种,分布于亚洲、美洲、欧洲东南部及非洲北部等干旱、荒漠地区。我国有 12 种 4 变种。药用植物有 15 种,分布较广,以西北各省及云南、四川、内蒙古等地区种类较多。

本科主要化学成分:麻黄类生物碱、双黄酮和挥发油(主要为单萜类化合物)。

【药用植物】

草麻黄 *Ephedra sinica* Stapf　麻黄属草本状灌木。植株高 20～40 cm,木质茎短,有时横卧,小枝对生或轮生,草质,具明显的节和节间。叶鳞片状,膜质,基部鞘状,下部 1/3～2/3 合生,上部 2 裂,裂片锐三角形,反曲。雌雄异株,雄球花多呈复穗状,苞片通常 4 对,雄蕊 7～8,雄蕊花丝合生或先端微分离;雌球花单生,顶生于当年生枝,腋生于老枝,具短梗,苞片 4 对,仅先端 1 对苞片有 2～3 雌花;雌花有厚壳状假花被,包围胚珠。雌球花熟时苞片肉质,红色。种子通常 2 粒,包于红色肉质苞片内,不外露或与苞片等长,黑红色或灰褐色,表面具细皱纹,种脐半圆形,明显(图 11-10)。分布于辽宁、吉林、内蒙古、河北、山西、河南西北部、陕西等地。多见于山坡、平原、干燥荒地、河床及草原等生境。茎(麻黄)能发散风寒、宣肺平喘、利水消肿;根(麻黄根)能固表止汗。同属植物:①**中麻黄** *Ephedra intermedia* Schrenk et Mey. 为灌木,茎基部多分枝,小枝较细,直径约 1.5 mm,节间长 3～6 cm,纵槽纹较细浅。膜质鳞叶 3 裂及 2 裂混生,上部约 1/3 分离,先端锐尖;产于辽宁、河北、山东、内蒙古、山西、陕西、甘肃、青海、新疆等地,作麻黄药用。②**木贼麻黄** *Ephedra equisetina* Bunge 为灌木,木质茎粗长、直立,小枝细,节间短;雄球花有苞片 3～4 对;雌球花常 2 个对生于节上,具短梗,成熟时肉质红色,长卵圆形或卵圆形;种子通常 1 粒;产于内蒙古、河北、山西、陕西西部、甘肃、新疆等地,作麻黄药用。③**丽江麻黄** *Ephedra likiangnesis* Florin 供药用,多自产自销,分布于云南、贵州、四川、西藏等地。④**膜果麻黄** *Ephedra przewalskii* Stapf 分布较广,甘肃部分地区作麻黄药用。

2. 买麻藤科 Gnetaceae

常绿木质藤本,节膨大。单叶对生,全缘,革质,具羽状网纹。球花单性,雌雄异株,稀同株,伸长成穗状,顶生或腋生,具多轮合生环状总苞;雄球花序生于小枝上,各轮总苞内有多数雄花,排成 2～4 轮,上端常有一轮不育雌花,雄花具杯状假花被,雄蕊常 2 枚,花丝合生;雌球花序生于老枝上,每轮总苞内有 4～12 朵雌花,假花被囊状,紧包于胚珠之外,胚珠具 2 层珠被,内珠被顶端延长成珠被管。从假花被顶端开口处伸出,外珠被分化为肉质外层和骨质内层,肉质外层与假花被合生成假种皮。种子核果状,包于红色肉质的假种皮中。胚乳丰富,子叶 2 枚。染色体:$X=11$。

NOTE

本科有 1 属 30 多种,分布于亚洲、非洲及南美洲等热带及亚热带地区。我国有 10 种,分布于华南等地区。药用植物有 8 种。

本科主要化学成分:买麻藤素(gnetifolin)A、买麻藤素 B、买麻藤素 C、买麻藤素 D、买麻藤素 E、买麻藤素 F、异食用大黄素(isorhapontigenin)、白藜芦醇(resveratrol)、2-羟基-3 甲氧基-4-甲氧羰基吡咯(2-hydroxy-3-methoxy-4-methoxycarbonypyrrole)等。

【药用植物】

小叶买麻藤 *Gnetum parvifolium*（Warb.）C. Y. Cheng ex Chun 买麻藤属缠绕藤本。茎枝圆形,有明显皮孔,节膨大。叶对生,革质,椭圆形至狭椭圆形或倒卵形,长 4～10 cm。球花单性,雌雄同株;雄球花序不分枝或一次分枝,分枝三出或成两对,每轮总苞有雌花 5～8 朵。种子核果状,无柄。成熟时肉质假种皮红色(图 11-11)。分布于福建、广东、广西和湖南等地,生于山谷、山坡疏林中。茎和叶(买麻藤)能祛风除湿、活血祛瘀、消肿止痛、行气健胃、接骨。同属植物**买麻藤**(倪藤)*Gnetum montanum* Markgr. 形态与上种相似,但成熟种子具短的种子柄,球花穗的环状总苞在开花时多向外开展。分布于广东、广西、云南等地区,生于海拔 1600～2000 m 地带的森林中。其功效同小叶买麻藤。

图 11-10 草麻黄

1.雌株 2.雄球花 3.雄花
4.雌球花 5.种子及苞片 6.胚珠纵切

图 11-11 小叶买麻藤

1.缠绕茎及雌花序 2.种子枝

本章小结

裸子植物门 Gymnospermae 是种子植物两大类群中较原始的类群。裸子植物与被子植物的主要区别在于胚珠裸露,没有形成完全闭合的子房;同时胚乳为受精之后雌配子体的遗留部分(单倍体),而被子植物的胚乳由精子和两个极核结合产生,为三倍体;裸子植物保存有颈卵器的原始特征。裸子植物纲目科的主要鉴别特征:花有无假花被;大孢子叶的构成形式;珠鳞和苞鳞的结合程度;是否形成球果;是否具有假种皮;小孢子叶所具花粉囊的数目;木质部有无导管等。裸子植物分为 5 个纲:苏铁纲 Cycadopsida、银杏纲 Ginkgopsida、松柏纲 Coniferopsida、红豆杉纲 Taxopsida 和买麻藤纲 Gnetopsida。重要药用植物有苏铁、银杏、马尾松、油松、金钱松、侧柏、三尖杉、东北红豆杉、榧树、草麻黄、中麻黄、木贼麻黄、小叶买麻藤等。

NOTE

目标检测答案

目标检测

一、选择题

1. 属于裸子植物门的药用植物是（　　）。

A. 银耳　　　　B. 石蕊　　　　C. 卷柏　　　　D. 侧柏　　　　E. 石耳

2. 药材土荆皮的原植物是（　　）。

A. 马尾松　　　B. 金钱松　　　C. 油松　　　　D. 红松　　　　E. 云南松

3. 胚珠裸露，无真正果实的植物是（　　）。

A. 蕨类植物　　B. 单子叶植物　C. 双子叶植物　D. 被子植物　　E. 裸子植物

4. 木质部具有导管的科为（　　）。

A. Pinaceae　　B. Cupressaceae　C. Ephedraceae　D. Ginkgoaceae　E. Taxaceae

5. 具有明显抗癌作用的紫杉醇来源于（　　）。

A. 松属植物　　　　　　　　B. 银杏属植物　　　　　　　　C. 三尖杉属植物

D. 红豆杉属植物　　　　　　E. 麻黄属植物

二、填空题

1. 银杏 *Ginkgo biloba* L. 的叶片呈_____形，球花单性，_____株。

2. 黄酮类和双黄酮类普遍存在于裸子植物中，其中_____是裸子植物的特征性成分。

3. 松科植物的花粉有_____，珠鳞与苞鳞_____。

4. 东北红豆杉 *Taxus cuspidata* Sieb. et Zucc. 茎皮中含有的_____有抗癌作用。

5. 干燥草质茎作麻黄药用的原植物有_____、_____、_____三种。

三、判断题

1. 银杏纲植物单叶扇形，先端2裂或波状缺刻，二叉脉序。（　　）

2. 银杏科为常绿木本植物。叶大，多一回羽状深裂，革质，集生于茎的顶部。大孢子叶扁平，上部多羽状分裂。（　　）

3. 柏科植物叶交互对生或轮生，常为鳞片状或针状。（　　）

4. 松柏纲植物有树脂道，买麻藤纲植物木质部有导管，无树脂道。（　　）

四、简答题

1. 裸子植物的主要特征是什么？

2. 银杏 *Ginkgo biloba* L. 具有什么形态特征？试说明其药用部位和功效。

3. 松树 *Pinus tabulaeformis* Carr. 的入药部位有哪些？其主要作用是什么？

推荐阅读文献

[1] Stern K R，Jansky S，Bidlack J E. Introductory Plant Biology[M].9th ed. Boston：Mc Graw Hill，2003.

[2] 孙兴姣，李红娇，刘婷，等.麻黄属植物化学成分及临床应用的研究进展[J].中国药事，2018，32(2)：201-209.

参考文献

[1] 路金才.药用植物学[M].3版.北京：中国医药科技出版社，2016.

[2] 黄宝康.药用植物学[M].7版.北京：人民卫生出版社，2016.

[3] 周荣汉，段金廒.植物化学分类学[M].上海：上海科学技术出版社，2005.

NOTE

［4］ 姚振生.药用植物学［M］.北京:中国中医药出版社,2007.

［5］ 南京中医药大学.中药大辞典［M］.2 版.上海:上海科学技术出版社,2006.

［6］ 黄璐琦,肖培根,王永炎.中国珍稀濒危药用植物资源调查［M］.上海:上海科学技术出版社,2011.

［7］ 汪劲武.种子植物分类学［M］.2 版.北京:高等教育出版社,2009.

（李　骁）

第十二章　被子植物门 Angiospermae

学习目标

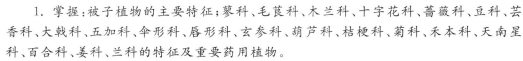

1. 掌握：被子植物的主要特征；蓼科、毛茛科、木兰科、十字花科、蔷薇科、豆科、芸香科、大戟科、五加科、伞形科、唇形科、玄参科、葫芦科、桔梗科、菊科、禾本科、天南星科、百合科、姜科、兰科的特征及重要药用植物。

2. 熟悉：双子叶植物与单子叶植物间的主要区别特征；桑科、马兜铃科、苋科、石竹科、小檗科、樟科、罂粟科、景天科、杜仲科、锦葵科、山茱萸科、木犀科、龙胆科、夹竹桃科、萝藦科、旋花科、马鞭草科、茄科、爵床科、茜草科、忍冬科、棕榈科、百部科、石蒜科、薯蓣科、鸢尾科的特征及重要药用植物。

3. 了解：三白草科、胡椒科、金粟兰科、桑寄生科、睡莲科、防己科、虎耳草科、楝科、远志科、漆树科、冬青科、卫矛科、无患子科、鼠李科、堇菜科、瑞香科、胡颓子科、使君子科、桃金娘科、杜鹃花科、报春花科、马钱科、紫草科、列当科、车前科、败酱科、川续断科、香蒲科、泽泻科、莎草科的主要特征及代表药用植物。

案例导入

案例 12-1

中药何首乌因宋代《证类本草》中的"何首乌传"而名声大振，相传唐代一位姓何名首乌的老人服食此药，活了 130 岁，头发仍乌黑，故后人将此植物亦命名为"何首乌"。近年来，时有"人形何首乌"见诸报端，且交易价格不菲。其中相当比例是由模具人为制造而得，更有甚者是使用薯蓣科植物制造出来的。

提问：1. 药用植物何首乌属于哪个科？该科植物具有什么样的共性特征？

2. 如何鉴别"人形何首乌"是否是真的何首乌？

案例 12-2

当归是我国常用中药材之一，具有补血活血、调经止痛、润肠通便的作用。当归主产地在甘肃东南部，以岷县最多。当归是经典名方"当归补血汤"的主要成分，亦是"坤宁丸""三两半药酒"（益气活血、祛风通络）等中成药的主要原料。药膳中也常使用当归，制作当归凤爪、当归乌鸡汤等菜肴。

提问：1. 当归药材的植物来源是什么？其药用部位是哪里？

2. 当归中的活性成分主要有哪些？其主要有哪些药理作用？

第一节　被子植物的主要特征

被子植物又称为有花植物（flowering plant）、雌蕊植物（gynoeciatae）。被子植物早在中生代的晚侏罗纪前已开始出现,是目前植物界进化最高级、种类最多、分布最广、适应性最强的类群。现知被子植物有 1 万多属,20 万～25 万种,占植物界种数一半以上。它广布于山地、平原、沙漠、江河、湖泊及沼泽等各种生境,并具有乔木、灌木、草本等各种生活习性及各种生活方式。我国被子植物有 2700 属 3 万多种;其中已知药用被子植物有 10027 种(含 1063 个种下分类等级),是药用植物种类最多的类群。

被子植物众多的种类和广泛的适应性与其复杂和完善的结构是分不开的,特别是繁殖器官的结构和生殖过程的特点,为它提供了适应、抵御各种不良环境的内在条件,使其在长期生存竞争和自然选择的进化过程中逐渐占据绝对优势。

被子植物的主要特征如下。

1. 具有真正的花 被子植物具有高度特化的、真正的花。典型被子植物的花由花梗、花托、花萼、花冠、雄蕊群、雌蕊群六个部分组成。花萼和花冠的出现既加强了保护作用,又增强了传粉效率。花的各部在数量上、形态上变化多样,以适应虫媒、风媒、鸟媒或水媒的传粉过程,使种群得以扩大,有利于生存竞争。

2. 胚珠包藏在心皮形成的子房内 在被子植物中,心皮闭合形成了雌蕊,雌蕊由子房、花柱和柱头三个部分组成。胚珠包藏于闭合的子房内,避免或减少了昆虫的噬食和水分的散失,这是被子植物独有的特征。子房在受精后发育成果实。果实有保护种子成熟,帮助种子传播的重要作用。

3. 具有双受精现象 双受精现象仅存在于被子植物中。在受精过程中,一个精子和卵细胞结合形成合子(受精卵),另一个精子和两个极核结合形成三倍体的胚乳。胚乳为幼胚提供营养,具有双亲的特性,为新的植株提供了较强的生活力。

4. 孢子体高度发达 被子植物的孢子体高度发达,配子体极度退化。被子植物的孢子体在形态、结构、生活型等方面都呈现出多样性。如被子植物的木质部出现了导管,韧皮部出现了筛管和伴胞,大大提高了植物体内水分、无机盐和营养物质的运输效率和植物的机械支持能力。被子植物的配子体极度简化,形状较小。雌雄配子体无独立生活的能力,终生寄生于孢子体上。

第二节 被子植物的分类和药用植物

本书中被子植物门分类采用恩格勒分类系统,将被子植物门分为双子叶植物纲 Dicotyledoneae 和单子叶植物纲 Monocotyledoneae。两纲植物的主要区别特征如表 12-1 所示。

表 12-1 双子叶植物和单子叶植物的主要区别特征

器官	双子叶植物纲	单子叶植物纲
根	直根系	须根系
茎	维管束环列,具形成层	维管束散生,无形成层
叶	网状脉	平行脉
花	通常为 5 或 4 基数花粉粒,具 3 个萌发孔	通常为 3 基数花粉粒,具单个萌发孔
胚	2 枚子叶	1 枚子叶

一、双子叶植物纲 Dicotyledoneae

双子叶植物纲分为原始花被亚纲 Archichlamydeae(离瓣花亚纲)和后生花被亚纲

NOTE

Metachlamydeae(合瓣花亚纲)。

（一）离瓣花亚纲 Choripetalae

离瓣花亚纲又称原始花被亚纲(Archichlamydeae)，是被子植物中比较原始的类群。花无被、单被或重被，花瓣通常分离，胚珠具1层珠被。

1. 三白草科 Saururaceae

$$\male\female * P_0 A_{3\sim8} \underline{G}_{3\sim4:1:2\sim4,(3\sim4:1:\infty)}$$

多年生草本，茎常具明显的节。单叶互生，托叶与叶柄常合生或缺。穗状花序或总状花序，花序基部常有总苞片；花小，两性，无花被；雄蕊3～8；子房上位，心皮3～4，离生或合生，合生者子房1室成侧膜胎座，胚珠多数。蒴果或浆果。种子胚乳丰富。染色体：$X=11,12,28$。

本科有4属约7种，分布于亚洲东部和北美洲。我国有3属4种，药用种类4种，主要分布于长江以南各省区，多生长于水沟或湿地。

本科主要化学成分：①挥发油：甲基正壬酮(methyl-n-nonylketone)、癸酰乙醛(decanoyl acetaldehyde)、月桂醛(lauric aldehyde)。②黄酮类：金丝桃苷(hyperin)、槲皮素(quercetin)、芸香苷(rutin)。

【药用植物】

蕺[jí]菜(鱼腥草)*Houttuynia cordata* Thunb. 蕺菜属多年生草本。植物体有鱼腥气，茎下部伏地。单叶互生，叶片心形，托叶线形，下部与柄合生。穗状花序顶生或与叶对生，总苞片4，白色花瓣状；花小，无花被；雄蕊3，花丝下部与子房合生；雌蕊由3枚下部合生的心皮组成，子房上位，1室。蒴果近球形，顶端开裂(图12-1)。分布于陕西、甘肃和长江流域及其以南各地，生于沟边、溪边及潮湿的疏林下。全草(鱼腥草)能清热解毒、消痈排脓、利尿通淋。

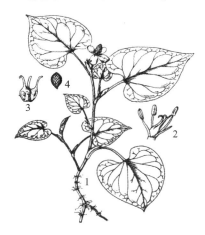

图 12-1　鱼腥草
1.植株　2.花　3.果实　4.种子

三白草 *Saururus chinensis* (Lour.) Baill. 三白草属多年生草本。根状茎较粗，白色。茎直立，下部匍匐状。叶互生，长卵形。总状花序顶生，花序白色，花序下具2～3片乳白色叶状总苞。雄蕊6，花丝与花药近等长；雌蕊由4枚心皮合生，子房上位。蒴果球形。分布于河北、河南、山东和长江流域及其以南各地，生于低湿沟边、池塘边或溪旁。地上部分(三白草)能清热解毒、利尿消肿。

2. 胡椒科 Piperaceae

$$\male P_0 A_{1\sim10} \quad \female P_0 \underline{G}_{(2\sim5:1:1)} \quad \male\female P_0 A_{1\sim10} \underline{G}_{(2\sim5:1:1)}$$

灌木、藤本，或肉质草本，常具香气或辛辣气。茎中维管束常散生。藤本者节部常膨大。单叶互生，叶片全缘，基部两侧常不对称；托叶与叶柄合生或无托叶。花小，密集成穗状花序，两性，或单性异株；苞片盾状或杯状；无花被；雄蕊1～10；子房上位，心皮2～5，合生1室，具直生胚珠1枚。浆果球形或卵形；种子1枚，胚小，具丰富的外胚乳。染色体：$X=12$。

本科有8属3000多种，分布于热带及亚热带地区。我国有4属约70种，分布于东南部至西南部地区。已知药用植物有2属25种。

本科主要化学成分：挥发油和生物碱。生物碱，如胡椒碱(piperine)、胡椒新碱(piperanine)等。

【药用植物】

胡椒 *Piper nigrum* L. 胡椒属木质攀援藤本。茎、枝无毛,节显著膨大。叶互生,近革质,叶片卵状椭圆形,具托叶。花单性异株,无花被;穗状花序与叶对生,常下垂,苞片匙状长圆形;雄蕊2,花药肾形,花丝粗短;子房上位,1室,1胚珠。浆果球形,成熟时红色。未成熟时干后果皮皱缩变黑,称黑胡椒;成熟后脱去果皮后呈白色,称白胡椒(图12-2)。原产于东南亚,我国海南、广东、广西、台湾、云南等地有栽培。近成熟或成熟果实(胡椒)能温中散寒、下气、消痰。

图 12-2 胡椒

1.植株 2.花序一部分 3.雄蕊
4.白胡椒(果实)外形 5.黑胡椒(果实)外形

荜茇[bì bá]*Piper longum* L. 胡椒属攀援状灌木。茎下部匍匐,枝有粗纵棱及沟槽,幼时密被粉状短柔毛。叶互生,纸质,卵圆形,两面脉上被粉状短柔毛。花单性,雌雄异株,无花被,聚集成与叶对生的穗状花序。雄花序被细粉状短茸毛,花小,雄蕊2,花丝极短;雌花序常于果期延长,苞片较小;子房卵形,下部与花序轴合生,无花柱,柱头3。浆果卵形,基部嵌生于花序轴内。分布于东南亚。我国云南有野生种,广东、广西、福建有栽培,生于杂木林中。近成熟或成熟果穗(荜茇)能温中散寒、下气止痛。干燥近成熟或成熟果穗经水蒸气蒸馏提取的挥发油,称荜茇油。同属植物:①**风藤** *Piper kadsura*(Choisy)Ohwi 分布于浙江、福建、广东、台湾等地,生于低海拔林中,攀援于树上或石上;藤茎(海风藤)能祛风湿、通经络、止痹痛。②**石南藤** *Piper wallichii*(Miq.)Hand.-Mazz. 分布于甘肃、湖北、湖南、四川、贵州、云南、广西等地,生于林中阴处或湿润地,爬于石壁上或树上;茎叶或全株(南藤)能祛风湿、强腰膝、补肾壮阳、止咳平喘、活血止痛。

3. 金粟兰科 Chloranthaceae

$$\text{\male\female} \: P_0 \: A_{(1\sim3)} \: \underline{G}_{1:1:1} \: \overline{G}_{1:1:1}$$

草本或灌木,节部常膨大。常具油细胞,有香气。单叶对生,边缘有锯齿,叶柄基部通常合生;托叶小。穗状花序顶生,花常两性,稀单性。花小,无花被,雄蕊1~3,合生成一体,花丝极短,常贴生于子房一侧,药隔发达;子房上位或下位,单心皮,1室,1胚珠,顶生胎座。核果,种子具丰富的胚乳。染色体:$X=8,14,15$。

本科有5属约70种,分布于热带和亚热带。我国有3属21种,全国各地均有分布。已知药用植物有2属15种。

本科主要化学成分:挥发油、黄酮苷、香豆素和内酯等。

【药用植物】

草珊瑚 *Sarcandra glabra*(Thunb.)Nakai 草珊瑚属常绿草本或半灌木。茎节膨大。叶对生,革质,长椭圆形或卵状披针形,边缘有粗锯齿,齿尖有1腺体。穗状花序顶生,常分枝;花两性,无花被;雄蕊1,肉质,棒状或圆柱状,花药2室;雌蕊1,由1心皮组成,子房下位,无花柱,柱头近头状。核果球形,熟时红色(图12-3)。分布于长江以南各省区,生于山坡、沟谷林下阴湿处。全草(肿节风)能清热凉血、活血消斑、祛风通络。

图 12-3 草珊瑚

1.果枝 2.根状茎及根
3.一段花序 4.雄蕊 5.果

NOTE

及己 *Chloranthus serratus*（Thunb.）Roem. et Schult.　金粟兰属常绿草本。叶对生，4～6片生于茎上部，卵形。穗状花序单个或2～3分枝；花两性，无花被；苞片近半圆形；花白色，雄蕊3，下部合生，花药2室；子房卵形，无花柱，柱头粗短。核果近球形，绿色。分布于安徽、江苏、浙江、江西、福建、广东、广西、湖南、湖北、四川，生于山地林下湿润处、山谷溪边草丛中。根有毒，能活血散瘀、祛风止痛、解毒杀虫。

4. 桑科 Moraceae

$$♂ * P_{4\sim5}A_{4\sim5} ; ♀ * P_{4\sim5}\underline{G}_{(2:1:1)}$$

木本，稀草本和藤本，常具乳汁。叶多互生，稀对生，托叶早落。花小，单性，雌雄同株或异株，常集成柔荑、穗状、头状、隐头等花序；单被花，花被片4～5；雄花的雄蕊与花被片同数且对生；雌花花被有时肉质，子房上位，2心皮合生，常1室1胚珠。果为聚花果，由瘦果、坚果组成。染色体：$X=7,8,10,13,14$。

本科有53属1400种，分布于热带、亚热带。我国有12属153种，全国各地均有分布，长江以南地区较多。已知药用植物有12属约55种。

本科主要化学成分：①黄酮类：桑色素（morin）、氰桑酮（cyanomaclurin）、二氢桑色素（dihydromorin）等为本科特征性成分。②强心苷类：见血封喉苷（antiarin）有剧毒。③皂苷：无花果皂苷元（ficusogenin）。④生物碱：榕碱（ficine）。⑤酚类：大麻酚（cannabinol）、四氢大麻酚（tetrahydrocannabinol）有致幻作用。

【药用植物】

桑 *Morus alba* L.　桑属落叶乔木或灌木。植物体有乳汁。树皮黄褐色，常有条状裂隙。

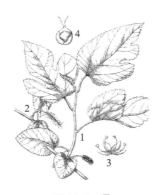

图 12-4　桑
1.雌花枝　2.雄花枝　3.雄花　4.雌花

图 12-5　薜荔
1.果枝　2.雄花　3.雌花

单叶互生，卵状或宽卵形，有时分裂，托叶早落。花单性，雌雄异株；柔荑花序腋生，被毛；雄花花被片4，雄蕊4，与花被片对生；雌花花被片4，无花柱，柱头2裂，子房上位，2心皮合生1室，1胚珠（图12-4）。瘦果包于肉质化的雌花被内，聚花果卵状椭圆形，成熟时红色或暗紫色。原产于我国中部和北部，现全国分布，多栽培。根皮（桑白皮）能泻肺平喘、利水消肿；嫩枝（桑枝）能祛风湿、利关节；叶（桑叶）能疏散风热、清肺润燥、清肝明目；聚花果（桑椹）能滋阴补血、生津润燥。

薜[bì]荔 *Ficus pumila* L.　榕属常绿攀援灌木，具白色乳汁。叶互生，两型，营养枝上的叶小而薄，卵状心形；生殖枝上的叶大而近革质，卵状椭圆形；背面叶脉网状凸起呈蜂窝状。隐头花序单生于生殖枝叶腋，呈梨形或倒卵形，花序托肉质。雄花有雄蕊2；瘿花为不结实的雌花，花柱较短，常有瘿蜂产卵于其子房内（图12-5）。分布于华东、华南和西南。隐花果（鬼馒头）能壮阳固精、活血下乳；茎和叶（薜荔）能祛风除湿、活血通络、解毒消肿；根（薜荔根）能祛风除湿、舒筋通络；乳汁（薜荔汁）能祛风杀虫止痒、壮阳固精。

同属植物**无花果** *Ficus carica* L. 原产于地中海沿岸,现我国南北各地均有栽培,果实能润肺止咳、清热润肠。

大麻 *Cannabis sativa* L. 大麻属一年生高大草本。叶互生或下部对生,掌状全裂,裂片披针形。花单性异株;雄花排成圆锥花序,黄绿色,花被片和雄蕊各 5 枚;雌花绿色,丛生于叶腋,每朵花有 1 卵形苞片,花被退化为 1 片,膜质。雌蕊 1,花柱 2。瘦果扁卵形,为宿存黄褐色苞片所包围,果皮坚脆,表面具细网纹。原产于不丹、印度和中亚,现我国各地有栽培。成熟果实(火麻仁)能润肠通便,雌花能止咳定喘、解痉止痛。雌株的幼嫩果穗有致幻作用,为毒品之一。

本科其他药用植物:①**构树** *Broussonetia papyrifera* (L.) L'Hert. ex Vent. (构属),产于我国南北各地;果实(楮实子)能补肾清肝、明目、利尿;根皮能利尿止泻;叶能祛风湿、降血压;乳汁能灭癣。②**见血封喉** *Antiaris toxicaria* Lesch. (见血封喉属),分布于海南、广西、云南等地,生于海拔 1500 m 以下的雨林中;树液有剧毒;乳汁和种子有大毒,乳汁能强心、催吐、泻下、麻醉,外用治淋巴结结核;种子能解热。③**啤酒花** *Humulus lupulus* L. (葎草属),分布于新疆、四川北部,各地有栽培;未成熟果穗能健脾消食、安神、止咳化痰,为制啤酒的原料之一。④**葎草** *Humulus scandens* (Lour.) Merr. (葎草属),除新疆、青海外,南北各地均有分布,生于沟边、荒地、林缘;全草能清热解毒、利尿消肿。

5. 桑寄生科 Loranthaceae

$$\diamond * \uparrow P_{4\sim6} A_{4\sim6} \overline{G}_{(3\sim4\,:\,1\,:\,1\sim\infty)}$$

寄生或半寄生灌木。叶对生,稀互生或轮生,革质,全缘,无托叶。花两性或单性,辐射对称或两侧对称;异被,或萼片退化而成单被状;萼呈齿裂或不明显;花瓣 4~6,镊合状排列,分离或下部合生成管;雄蕊与花被片同数对生;子房下位,常 1 室,特立中央胎座或基生胎座,胚珠 1。浆果,稀核果(我国不产)。外果皮多肉质,中果皮具黏胶质;种子不具种皮,胚乳丰富。染色体:$X=8\sim10$,12。

本科有 65 属约 1300 种,主产于热带和亚热带地区。我国有 11 属 64 种,分布于南北各地。已知药用植物有 10 属 44 种。

本科主要化学成分:黄酮类、三萜类、有机酸和鞣质。同时也吸收寄主所含的成分,如寄主有毒,寄生植物也往往含有毒成分。

【药用植物】

广寄生 *Taxillus chinensis* (DC.) Danser 钝果寄生属常绿寄生小灌木。高达 1 m,老枝无毛,具灰黄色皮孔;嫩枝叶密被锈色星状毛。叶薄革质,对生或近对生,卵形或长卵形,顶端圆钝,基部楔形或阔楔形,全缘。花 1~3 朵排成聚伞花序,通常 1~2 个生于叶腋,花序和花被星状毛。苞片鳞片状,花萼环状,花冠狭管状,紫红色,顶端卵圆形 4 裂,外折;雄蕊 4,生于裂片上;子房下位,花柱线状,柱头球状。果椭圆形或近球形,果皮密生小瘤体,被疏毛(图 12-6)。分布于广东、广西、福建等地,生于海拔 20~400 m 平原或低山常绿阔叶林中,寄生于桑树、桃树、李树、龙眼、荔枝、杨桃、油茶、油桐、橡胶树、榕树、木棉、马尾松等多种植物上。带叶茎枝(广寄生)能祛风湿、补肝肾、强筋骨、安胎元。

图 12-6 广寄生

1. 带花果的枝 2. 花剖开后示雄蕊
3. 雌蕊

NOTE

185

槲[hú]寄生 *Viscum coloratum*（Kom.）Nakai　槲寄生属常绿寄生小灌木。高 30～80 cm,茎黄绿色,常二至三叉状分枝,节稍膨大,节间圆柱形。叶对生于枝端,稍肉质,长圆状披针形或倒披针形,基部楔形,先端圆钝。花单性,雌雄异株,生于枝端两叶之间,黄绿色,无梗,苞片 2。雄花 3～5 朵簇生,花被杯状,顶端 4 裂,雄蕊 4,着生于裂片上。雌花 1～3 朵簇生,花被钟形,子房下位。浆果球形,成熟时淡黄色或橙红色,富含黏液质。我国大部分省区均产,仅新疆、西藏、云南、广东不产,生于海拔 500～2000 m 的阔叶林中,寄生于榆树、杨树、柳树、桦树、栎树、梨树、苹果树、枫杨、椴树等植物上。带叶茎枝（槲寄生）能祛风湿、补肝肾、强筋骨、安胎元。

6. 马兜铃科 Aristolochiaceae

$$☿ * ↑ \ P_{(3)} A_{(6～12)} \overline{G}_{(4～6 : 4～6 : \infty)} \underline{\overline{G}}_{(4～6 : 4～6 : \infty)}$$

多年生草本或藤本。根味苦、辣,有香气;根、茎和叶常有油细胞。单叶互生,具柄,叶片常心形或盾形,全缘,稀 3～5 裂;无托叶。花两性,辐射对称或两侧对称,单生、簇生或排成总状、聚伞状或伞房花序;花多单被,常为花瓣状,下部常合生成各式花被管,顶端 3 裂或向一侧扩大,暗紫色或紫色,有臭气;雄蕊 6～12,花丝短,分离或与花柱合生;雌蕊 4～6,心皮合生,子房下位或半下位,4～6 室,柱头 4～6 裂,中轴胎座,胚珠多数。蒴果,背缝开裂或腹缝开裂,少数浆果状不开裂。种子多数,有胚乳。染色体:$X=4～8,12,13$。

本科约有 8 属 600 种,主要分布于热带和亚热带地区,以南美洲较多。我国有 4 属 71 种 6 变种 4 变型,分布于全国各地。已知药用植物有 3 属 65 种。

本科主要化学成分:①生物碱:木兰花碱(magnoflorine)。②挥发油:甲基丁香酚(methyl eugenol)、黄樟醚(safrole)、细辛醚(asaricin)、细辛酮(asarylketone)、马兜铃烯(aristolene)。③硝基菲类化合物(nitrophenanthrene):马兜铃酸(aristolochic acid),为马兜铃科的特征性化学成分。④黄酮类。

【药用植物】

北细辛（辽细辛）*Asarum heterotropoides* Fr. Schmidt var. *mandshuricum*（Maxim.）Kitag.　细辛属多年生草本。根状茎横走,根细长。叶基生,常 2 片,有长柄,叶片卵状心形或近肾形,全缘,叶脉上有短毛。花单生于叶腋,开花时花梗在近花被管处弯曲,花被管壶形或半球形,紫棕色,顶端 3 裂,裂片向外翻折;雄蕊 12,着生于子房中下部,花丝与花药等长;子房半下位,花柱 6,顶端 2 裂(图12-7)。蒴果浆果状,半球形。种子椭圆状船形,灰褐色。分布于东北,生于山坡林下阴湿处。根和根茎(细辛)能解表散寒、祛风止痛、通窍、温肺化饮。同属植物:①华细辛 *Asarum sieboldii* Miq. 区别于北细辛的特征:根茎较长,节间距离均匀;叶端渐尖,背面仅脉上有毛;花被裂片直立或平展,不翻折;分布于山东、安徽、浙江、江西、河南、湖北、陕西、四川,生于海拔 1200～2100 m 林下阴湿腐殖土中。②汉城细辛 *Asarum sieboldii* Miq. var. *seoulense* Nakai 与华细辛相似,区别如下:叶片背面有密生短毛,叶柄被疏毛;产于辽宁东南部,生于林下及山沟湿地。两者的根和根茎功效同北细辛。③杜衡 *Asarum forbesii* Maxim. 产于江苏、安徽、浙江、江西、河南、湖北、四川,生于海拔 800 m 以下林下沟边阴湿地;全草(杜衡)能祛风散寒、消痰行水、活血解毒。

马兜铃 *Aristolochia debilis* Sieb. et Zucc.　马兜铃属多年生草质藤本。根圆柱形,外皮黄褐色。叶互生,柄细长,叶片三角状长卵形,基部心形,两侧具圆形耳片。花单生于叶腋,花被基部膨大成球状,与子房连接处具关节,中部管状,上部管口逐渐扩大成斜喇叭状,先端渐尖,黄绿色,口部有紫斑;雄蕊 6,几乎无花丝,贴生于肉质花柱顶端;子房下位,圆球形,柱头短。蒴果近球形,成熟时沿室间开裂(图 12-8)。种子扁平,钝三角形,边缘有宽翅。分布于长江流域以南各地以及山东、河南等地,生于海拔 200～1000 m 的山谷、沟边、路旁阴湿处及山坡灌丛中。其主要含马兜铃酸。根(青木香)能平肝止痛、行气消肿;茎(天仙藤)能行气活血、通

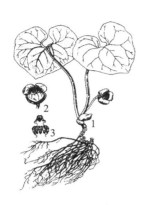

图 12-7 北细辛

1.植株 2.花 3.雄蕊和雌蕊

图 12-8 马兜铃

1.根 2.果实 3.花枝

络止痛;果实(马兜铃)能清肺降气、止咳平喘、清肠消痔。同属植物:①**北马兜铃** *Aristolochia contorta* Bunge 产于辽宁、吉林、黑龙江、内蒙古、河北、河南、山东、山西、陕西、甘肃和湖北,生于海拔 500~1200 m 的山坡灌丛、沟谷两旁以及林缘;根、茎和果实功效同马兜铃。②**寻骨风**(绵毛马兜铃)*Aristolochia mollissima* Hance 分布于陕西、山西、山东、河南、安徽、湖北、贵州、湖南、江西、浙江和江苏,生于山坡、草丛;全草(寻骨风)能祛风除湿、通络止痛。③**异叶马兜铃** *Aristolochia kaempferi* Willd. f. *heterophylla*(Hemsl.) S. M. Hwang 分布于陕西、甘肃、四川、湖北。④**宝兴马兜铃**(淮通、木香马兜铃)*Aristolochia moupinensis* Franch. 分布于四川、云南、贵州、湖南、湖北、浙江、江西和福建,生于海拔 2000~3000 m 的林缘或林中;茎藤或根(淮通)能清热利湿、祛风止痛。

7. 蓼科 Polygonaceae

$$♀ * P_{3~6,(3~6)} A_{6~9} \underline{G}_{(2~4:1:1)}$$

多为草本。茎节常膨大。单叶互生,托叶膜质,包围茎节基部成鞘状(托叶鞘)。花多两性,辐射对称,排成穗状、圆锥状或头状花序;单被花,花被片 3~6,常花瓣状,分离或基部合生,宿存;雄蕊 6~9;子房上位,心皮 2~3,合生成 1 室,1 胚珠,基生胎座。瘦果或小坚果,椭圆形、三棱形或近圆形,包于宿存花被内,常具翅。种子有胚乳。染色体:$X=7~20$。

本科约有 50 属 1150 种,全世界广泛分布,主产于北温带。我国有 13 属 235 种,全国均有分布。已知药用植物有 8 属约 120 种。

蒽醌类、黄酮类和鞣质类成分为本科植物的化学特征。①蒽醌类:大黄素(emodin)、大黄酚(chrysophanol)、大黄素甲醚(physcion)、番泻苷 A、番泻苷 B、番泻苷 C、番泻苷 D(sennoside A、sennoside B、sennoside C、sennoside D)。②黄酮类:芦丁(rutin)、萹蓄苷(avicularin)。③鞣质。④芪类:土大黄苷(rhaponticin)、虎杖苷(polydatin)。⑤吲哚苷:靛苷(indican)。

【药用植物】

掌叶大黄 *Rheum palmatum* L. 大黄属多年生高大粗壮草本。根及根状茎粗壮木质,茎直立中空。基生叶宽卵形或近圆形,掌状深裂,裂片 3~5,裂片有时再羽裂;茎生叶较小;托叶鞘膜质。圆锥花序大型;花梗纤细,中下部有关节,花小,紫红色。花被片 6,雄蕊 9。瘦果矩圆形,种子棕黑色。分布于甘肃、四川、青海、云南西北部和西藏东部等地,生于海拔 1500~4400 m 山坡或山谷湿地。甘肃及陕西有栽培。根和根茎(大黄)能泻下攻积、清热泻火、凉血解毒、逐瘀通经、利湿退黄。同属植物**唐古特大黄** *Rheum tanguticum* Maxim. ex Regel 和**药用大黄** *Rheum officinale* Baill. 的根和根茎功效同掌叶大黄(图 12-9)。

拳参 *Polygonum bistorta* L. 蓼属多年生草本。根状茎肥厚,弯曲,黑褐色。茎直立,不

NOTE

分枝,无毛。基生叶宽披针形,纸质,边缘外卷,具叶柄;茎生叶披针形,无柄;托叶筒状,膜质。总状花序顶生,呈穗状;苞片卵形,膜质,淡褐色;花被 5 深裂,雄蕊 8,花柱 3,柱头头状(图 12-10)。瘦果椭圆形,褐色。产于东北、华北、陕西、宁夏、甘肃、山东、河南、江苏、浙江、江西、湖南、湖北、安徽,生于山坡草地、山顶草甸。根茎(拳参)能清热解毒、消肿、止血。

图 12-9　大黄属植物

1.药用大黄　2.唐古特大黄　3.掌叶大黄

(1) 花　(2) 雌蕊　(3) 果实

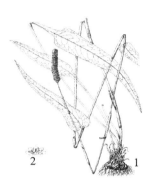

图 12-10　拳参

1.植株　2.花纵剖

图 12-11　萹蓄

1.花果枝　2.根和幼茎　3.花　4.果实

萹蓄 *Polygonum aviculare* L.　蓼属一年生草本。茎平卧,上升或直立,自基部多分枝,具纵棱。叶椭圆形或狭椭圆形,全缘,两面无毛,叶柄短,基部具关节;托叶鞘膜质,下部褐色,上部白色。花单生或数朵簇生于叶腋,遍布于植株;苞片薄膜质;花被 5 深裂,花被片椭圆形,绿色;雄蕊 8,花柱 3,柱头头状。瘦果卵形,具 3 棱,黑褐色(图 12-11)。分布于全国各地,生于田边路旁、沟边湿地。地上部分(萹蓄)能利尿通淋、杀虫止痒。同属植物:① **红蓼** *Polygonum orientale* L.分布于全国各地,野生或栽培;生于沟边湿地、村边路旁;果实(水红花子)能散血消症、消积止痛、利水消肿。② **蓼蓝** *Polygonum tinctorium* Ait.分布于辽宁、黄河流域及以南地区,多为栽培;叶(蓼大青叶)能清热解毒、凉血消斑,叶可加工制青黛。③ **水蓼** *Polygonum hydropiper* L.分布于全国各地,生于河滩、水沟边、山谷湿地;全草能清热解毒、利尿止痢。④ **杠板归** *Polygonum perfoliatum* L.分布于东北、华北、陕西、甘肃、华东、华中、华南、西南、台湾等地,生于田边路旁、山谷湿地;地上部分(杠板归)能清热解毒、利水消肿、止咳。

何首乌 *Fallopia multiflora*（Thunb.）Harald.　何首乌属多年生缠绕草本。块根肥厚,长椭圆形,暗褐色。茎缠绕,多分枝。叶互生,有长柄,卵状心形,托叶鞘膜质,偏斜,无毛。圆锥花序顶生或腋生,分枝开展;花小,白色;花被 5 裂,外侧 3 片背部有翅(图 12-12)。瘦果卵形,具 3 棱,黑褐色,有光泽,包于宿存花被内。分布于陕西南部、甘肃南部、华东、华中、华南、四川、云南及贵州,生于海拔 200~3000 m 的山谷灌丛、山坡林下、沟边石隙。其主要含蒽醌类化合物。块根(何首乌)能解毒、消痈、截疟、润肠通便;块根炮制加工品(制何首乌)能补肝肾、益精血、乌须发、强筋骨、化浊降脂;茎藤(首乌藤)能养血安神、祛风通络。

虎杖 *Reynoutria japonica* Houtt.　虎杖属多年生粗壮草本。根状茎粗壮,横走。地上茎直立,粗壮,中空,散生红色或紫红色斑点,节间明显,上有膜质托叶鞘。叶宽卵形,近革质。圆锥花序腋生,花单性异株,花被 5 深裂,淡绿色,外轮 3 片在果时增大,背部生翅;雄花雄蕊 8;

雌花花柱 3,柱头流苏状。瘦果卵形,具 3 棱,黑褐色(图 12-13)。产于陕西南部、甘肃南部、华东、华中、华南、四川、云南及贵州,生于山坡灌丛、山谷、路旁、田边湿地。根茎和根(虎杖)能利湿退黄、清热解毒、散瘀止痛、止咳化痰。

图 12-12 何首乌
1. 花枝　2. 块根

图 12-13 虎杖
1. 花枝　2. 花的侧面　3. 花被展开,示雄蕊
4. 包在花被内的果实　5. 果实　6. 根状茎

本科其他药用植物:①**金荞麦** *Fagopyrum dibotrys*(D. Don)Hara(荞麦属),全国各地均有分布;生于荒地、路旁、河边阴湿处,有栽培;根茎(金荞麦)能清热解毒、排脓祛瘀。②**羊蹄** *Rumex japonicus* Houtt.(酸模属)分布于长江以南各省区,生于山野湿地;根(羊蹄)能清热通便、止血、解毒杀虫。③**巴天酸模** *Rumex patientia* L.(酸模属)分布于东北、华北、西北各地;根入药,功效同羊蹄。

8. 苋科 Amaranthaceae

$$☿ * P_{3\sim5} A_{3\sim5} \underline{G}_{(2\sim3:1:1\sim\infty)}$$

多为草本。单叶互生或对生,无托叶。花小,两性,稀单性,辐射对称,聚伞花序排成穗状、头状或圆锥状;花单被,花被片 3～5,干膜质;每花下常有 1 枚干膜质苞片和 2 枚小苞片;雄蕊常与花被片等数且对生,花丝分离或基部合生成杯状;子房上位,2～3 心皮合生 1 室,胚珠 1 枚,稀多数。胞果,稀浆果或坚果。种子具胚乳。染色体:$X = 7,8,10,13,14$。

本科约有 60 属 850 种,分布于热带和温带。我国有 13 属约 39 种,分布于全国各地。已知药用植物有 9 属 28 种。

本科主要化学成分:皂苷、花色素、昆虫蜕皮激素,如蜕皮甾酮(ecdysterone)、牛膝甾酮(inokosterone)、红苋甾酮(rubrosterone)、杯苋甾酮(cyasterone)、异杯苋甾酮(isocyasterone)。另含生物碱,如甜菜碱(betaine)。

【药用植物】

牛膝 *Achyranthes bidentata* Bl.　牛膝属多年生草本。根长圆柱形。茎 4 棱,节膨大。叶对生,椭圆形至椭圆状披针形,全缘,两面具柔毛。穗状花序腋生或顶生,苞片 1,膜质,小苞片硬刺状;花被片 5,膜质;雄蕊 5,花丝下部合生,退化雄蕊顶端平圆,稍有锯齿(图 12-14)。胞果长圆形,黄褐色,光滑,包于宿萼内。除东北外全国广布,生于山坡林下海拔 200～1750 m 处。河南栽培品称"怀牛膝"。根(牛膝)能逐瘀通经、补肝肾、强筋骨、利尿通淋、引血下行。生用者能活血散瘀、消肿止痛;酒制者能补肝肾、强筋骨。同属植物**土牛膝** *Achyranthes aspera* L. 与本种的区别:叶倒卵形或长椭圆形;退化雄蕊顶端有具分枝流苏状的长缘毛。分布于西南、华南等省,生于山坡疏林或村庄附近空旷地,海拔 800～2300 m。根及根茎(土牛膝)能活血祛瘀、泻火解毒、利尿通淋。

川牛膝 *Cyathula officinalis* Kuan　杯苋属多年生草本。根圆柱形。茎中部以上近四棱

NOTE

形,疏被糙毛。花小,绿白色,由3~6次二歧聚伞花序密集成花球团;苞片干膜质,顶端刺状;两性花居中,不育花居两侧,不育花的花被片为钩状芒刺;雄蕊5,与花被对生,退化雄蕊5,顶端齿状或浅裂;子房1室,胚珠1枚(图12-15)。胞果椭圆形或倒卵形。分布于云南、贵州、四川等地,生于林缘或山坡草丛中,多为栽培。根(川牛膝)能逐瘀通经、通利关节、利尿通淋。

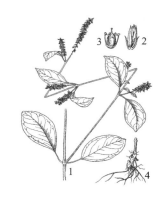

图 12-14　牛膝
1.花枝　2.花　3.去花被的花　4.根

图 12-15　川牛膝
1.花果枝　2.根

青葙 *Celosia argentea* L.　青葙属一年生草本。全株无毛,茎直立,有分枝。叶互生,叶片椭圆状披针形。穗状花序圆柱状或塔状;苞片、小苞片及花被片均干膜质,淡红色。雄蕊花药紫色,子房有柄,花柱紫色。胞果卵形,包裹在宿存花被片内。种子凸透镜状肾形。全国均有野生或栽培,生于平原、田边、丘陵、山坡。种子(青葙子)能清肝泻火、明目退翳。同属植物**鸡冠花** *Celosia cristata* L.与本种的区别:穗状花序扁平肉质,鸡冠状。全国各地有栽培。花序(鸡冠花)能收敛止血、止带、止痢。

9. 石竹科 Caryophyllaceae

$$\male \ast K_{4\sim5,(4\sim5)}C_{4\sim5}A_{8\sim10}\underline{G}_{(2\sim5:1:1\sim\infty)}$$

草本,茎节常膨大。单叶对生,全缘。花两性,辐射对称,多成聚伞花序或单生;萼片4~5,分离或连合;花瓣4~5,分离,常具爪;雄蕊为花瓣的倍数,8~10枚;子房上位,2~5心皮组成1室,特立中央胎座,胚珠多数。蒴果齿裂或瓣裂,稀浆果。种子多数,具胚乳。染色体:$X=7\sim15,17$。

本科约有75属2000种,广布全球,主要在北半球的温带和暖温带。我国有30属388种,分布于全国。已知药用植物有21属106种。

本科主要化学成分:①皂苷:丝石竹皂苷元(gypsogenin)、肥皂草苷(saporubin)等。②黄酮类:木犀草素(luteolin)、牡荆素(vitexin)。③花色苷(anthocyanin)。

【药用植物】

瞿麦 *Dianthus superbus* L.　石竹属多年生草本。茎丛生。单叶对生,线状披针形。花单生或成疏聚伞花序;花萼下有倒卵形苞片2~3对;萼筒先端5裂;花瓣5,粉紫色,基部具长爪,顶端深裂成丝状;雄蕊10,子房上位,1室,花柱2。蒴果长筒形,顶端齿裂。种子扁卵圆形,黑色(图12-16)。分布于全国各地,生于海拔400~3700 m丘陵山地疏林下、林缘、草甸、沟谷溪边。地上部分(瞿麦)能利尿通淋、活血通经。同属植物**石竹** *Dianthus chinensis* L.与本种的区别:花瓣顶端为不整齐浅齿裂,广布于全国各地,生于山地、田边或路旁,亦有栽培。地上部分功效同瞿麦。

孩儿参 *Pseudostellaria heterophylla*(Miq.)Pax　孩儿参属多年生草本。块根肉质,长

纺锤形。茎直立,单生,节略膨大。叶对生,下部叶倒披针形,茎端4叶通常呈"十"字排列。花二型;普通花1~3朵着生于茎端总苞内,白色,萼片5,雄蕊10,花柱3;闭锁花(闭花受精花)着生于茎下部叶腋,花梗细,萼片4,无花瓣(图12-17)。蒴果宽卵形,熟时下垂。产于辽宁、内蒙古、河北、陕西、山东、江苏、安徽、浙江、江西、河南、湖北、湖南、四川,生于海拔800~2700 m的山谷林下阴湿处。块根(太子参)能益气健脾、生津润肺。

图 12-16　瞿麦

1.植株　2.雄蕊和雌蕊　3.雌蕊
4.花瓣　5.蒴果及宿存萼片和苞片

图 12-17　孩儿参

1.植株　2.茎下部的花　3.茎顶的花
4.萼片　5.雄蕊和雌蕊　6.花药　7.柱头

本科其他药用植物:①**银柴胡** *Stellaria dichotoma* L. var. *lanceolata* Bge.(繁缕属),分布于内蒙古、陕西、甘肃、宁夏,生于海拔1250~3100 m的石质山坡或石质草原;根(银柴胡)能清虚热、除疳热。②**麦蓝菜** *Vaccaria segetalis*(Neck.)Garcke(麦蓝菜属),我国除华南外,全国都产,生于草坡、撂荒地或麦田中;种子(王不留行)能活血通经、下乳消肿、利尿通淋。③**金铁锁** *Psammosilene tunicoides* W. C. Wu et C. Y. Wu(金铁锁属),分布于四川、云南、贵州、西藏,生于金沙江和雅鲁藏布江沿岸,海拔2000~3800 m的砾石山坡或石灰岩岩石缝中;根(金铁锁)有小毒,能祛风除湿、散瘀止痛、解毒消肿。

10. 睡莲科 Nymphaeaceae

$$\lightvarphi * K_{3\sim\infty} C_{3\sim\infty} A_\infty \underline{G}_{3\sim\infty:1:\infty,(3\sim\infty:1:\infty)} \overline{G}_{3\sim\infty:1:\infty,(3\sim\infty:1:\infty)}$$

多年生水生或沼泽生草本。根状茎沉水生,常粗大肥厚。叶常二型,漂浮叶或出水叶互生,盾形、心形或戟形;沉水叶细弱,有时细裂。花单生,两性,辐射对称;萼片3至多数;花瓣3至多数;雄蕊多数;雌蕊由3至多数离生或合生心皮组成,子房上位或下位;胚珠多数。坚果埋于膨大的海绵质花托内或为浆果状。染色体:X=8,12~29。

本科有8属约100种,广布于世界各地。我国有5属13种,已知药用植物有5属8种,全国各地均有分布。

本科主要化学成分:①生物碱类:莲心碱(liensinine)、荷叶碱(nuciferin)。②黄酮类:金丝桃苷(hyperin)、芦丁(rutin)。

【药用植物】

莲 *Nelumbo nucifera* Gaertn.　莲属多年生水生草本。根状茎(藕)肥大、横走,节间膨大,内有多数纵行通气孔道,节部缢缩。叶片圆形,盾状,全缘;叶柄长、粗壮,中空。花梗与叶柄等长或稍长。花单生,萼片4~5,早落;花瓣多数,粉红色或白色;雄蕊多数,离生。坚果椭圆形或卵形,嵌生于海绵质的花托(莲房)内(图12-18)。果皮革质,坚硬,熟时黑褐色。种皮红色或白色。我国各地均有栽培,生于池塘、湖沼或水田内。根茎的节部(藕节)能收敛止血、化瘀;叶(荷叶)能清暑化湿、升发清阳、凉血止血;花托(莲房)能化瘀止血;雄蕊(莲须)能固肾涩

NOTE

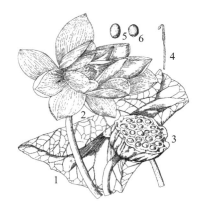

图 12-18 莲
1. 叶　2. 花　3. 莲蓬　4. 雄蕊　5. 果实　6. 种子

精;种子(莲子)能补脾止泻、止带、益肾涩精、养心安神;莲子中的绿色胚(莲心)能清心安神、交通心肾、涩精止血。

芡 *Euryale ferox* Salisb.　芡属一年生大型水生草本。全株具刺,根状茎短。沉水叶箭形或椭圆状肾形,两面无刺,叶柄无刺;浮水叶革质,盾圆形或盾状心形,上面多皱褶,脉上有刺。叶柄及花梗粗壮,均被硬刺。花萼宿存,外密生钩状刺;花瓣多数,紫红色;雄蕊多数;子房下位,8室。果实浆果状,海绵质,紫红色,形如鸡头,密被硬刺。种子球形,黑色。我国南北各地均有分布,生于池塘、湖沼中。种仁(芡实)能益肾固精、补脾止泻、除湿止带。

11. 毛茛科 Ranunculaceae

$$\lightning * \uparrow \quad K_{3\sim\infty}C_{3\sim\infty,0}A_{\infty}\underline{G}_{1\sim\infty:1:1\sim\infty}$$

草本,稀灌木或木质藤本。叶互生或基生,少对生,单叶或复叶,通常掌状分裂,无托叶。花多两性,辐射对称或两侧对称,花单生或排列成聚伞花序、总状花序或圆锥花序;重被或单被;萼片3至多数,常呈花瓣状;花瓣3至多数或缺,雄蕊和心皮多数,离生,常螺旋状排列,稀定数,子房上位,1室,每心皮含1至多数胚珠。聚合蓇葖果或聚合瘦果,稀为浆果。种子具胚乳。染色体:$X=5\sim10,13$。

本科约有50属2000种,广布于世界各地,主要分布于北半球温带和寒温带。我国有42属约720种,在全国广布。已知药用植物有30属220余种。

本科主要化学成分:①生物碱:主要为异喹啉类生物碱,如木兰花碱(magnoflorine),为本科特征性成分之一;苄基异喹啉类生物碱,如小檗碱(berberine);双苄基异喹啉生物碱,如海兰地嗪(hernandezine);二萜类生物碱,如乌头碱(aconitine)。②毛茛苷(ranunculin):毛茛科特征性成分之一。毛茛苷为一辛辣的油性物质,具引赤发泡和抗炎作用,酶解后可产生原白头翁素(protoanemonin)。③强心苷:福寿草毒苷(adonitoxin)、嚏根草苷(hellebrin)。④三萜皂苷:升麻醇(cimigenol)。

【药用植物】

黄连 *Coptis chinensis* Franch.　黄连属多年生草本。根状茎黄色,分枝成簇。叶基生,具长柄,叶片卵状三角形,3全裂。中央裂片具细柄,卵状菱形,羽状深裂,侧裂片不等2裂,两面的叶脉隆起。二歧或多歧聚伞花序;苞片披针形;萼片5,黄绿色,狭卵形;花瓣条状披针形,中央有蜜腺;雄蕊多数;心皮8～12,有柄(图12-19)。聚合蓇葖果。种子长椭圆形,褐色。分布于四川、贵州、湖南、湖北、陕西南部,生于海拔500～2000 m的山地林下阴湿处,多为栽培。根茎(黄连)能清热燥湿、泻火解毒。其他同属药用植物:①**三角叶黄连** *Coptis deltoidea* C. Y. Cheng et Hsiao 与本种相似,但该种的根状茎不分枝或少分枝,叶的一回裂片的深裂片彼此邻接,雄蕊长为花瓣长的1/2左右;分布于四川峨眉、洪雅。②**云南黄连** *Coptis teeta* Wall. 根状茎分枝少而细,叶的羽状深裂片彼此疏离,花瓣椭圆形;分布于云南西北部及西藏东南部;根茎亦作黄连药用。③**峨眉黄连** *Coptis omeiensis* (Chen) C. Y. Cheng 萼片线形,花瓣狭线形,长约为萼片的1/2,分布于四川峨眉、峨边、洪雅,功效同黄连。

乌头 *Aconitum carmichaelii* Debx.　乌头属多年生草本。母根圆锥形,常有数个肥大侧根(子根)。叶常3全裂,中央裂片宽菱形,侧生裂片2深裂。总状花序密被紧贴反曲的短柔毛;萼片5,蓝紫色,上萼片盔状;花瓣2,有长爪;雄蕊多数;心皮3～5,子房疏或密被短柔毛

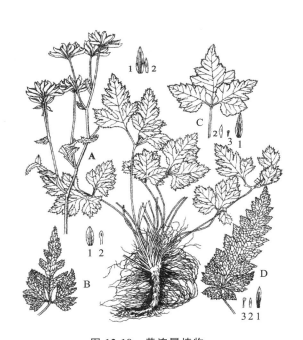

图 12-19 黄连属植物
A.黄连 B.云南黄连 C.三角叶黄连 D.峨眉黄连
1.萼片 2.花瓣 3.雄蕊

（图 12-20、图 12-21）。聚合蓇葖果长圆形。种子三棱形。分布于长江中、下游各省，四川、陕西、湖南、湖北等地有栽培。生于山坡草地、灌丛中。栽培品的主根（川乌）能祛风除湿、温经止痛，有大毒，一般炮制后药用。子根（附子）能回阳救逆、补火助阳、散寒止痛。同属植物：①**北乌头** *Aconitum kusnezoffii* Reichb.花序轴和花梗光滑无毛，分布于山西、河北、内蒙古、辽宁、吉林和黑龙江；块根（草乌）能祛风除湿、温经止痛，叶（草乌叶）能清热、解毒、止痛。②**短柄乌头** *Aconitum brachypodum* Diels 分布于云南西北部、四川西南部，块根称"雪上一支蒿"，有大毒，能祛风除湿、活血止痛。

知识拓展
12-1

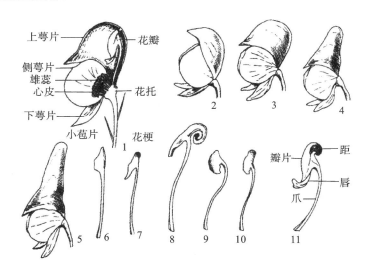

图 12-20 乌头属花的解剖
1.花的纵剖面模式图 2～5.花的外形 6～11.花瓣

威灵仙 *Clematis chinensis* Osbeck 铁线莲属木质藤本。叶对生，一回羽状复叶有 5 小叶，小叶片纸质，卵形至卵状披针形。圆锥状聚伞花序，腋生或顶生；花萼片 4，白色，矩圆形，

NOTE

外面边缘密生短柔毛;无花瓣;雄蕊及心皮均多数,子房及花柱上密生白毛(图12-22)。瘦果扁平,花柱宿存,延长成白色羽毛状。分布于我国云南南部、贵州、四川、陕西南部、广西、广东、湖南、湖北、河南、福建、台湾、江西、浙江、江苏南部、安徽淮河以南,生于山坡、山谷灌丛或沟边、路旁草丛中。根和根茎(威灵仙)能祛风湿、通经络。同属植物:①**棉团铁线莲** *Clematis hexapetala* Pall.茎直立,叶对生,羽状复叶,小叶条状披针形;分布于甘肃东部、陕西、山西、河北、内蒙古、辽宁、吉林、黑龙江。②**辣蓼铁线莲** *Clematis terniflora* var. *mandshurica*(Rupr.)Ohwi 为多年生草本,一回羽状复叶,小叶卵状披针形;分布于东北;根和根茎亦作威灵仙药用。③**绣球藤** *Clematis montana* Buch.-Ham. ex DC.分布于陕西、宁夏、甘肃、安徽、江西、福建、台湾和华中及西南地区,生于山坡、山谷灌丛中、林边或沟旁。④ **小木通** *Clematis armandii* Franch.分布于陕西、甘肃、湖北、湖南、福建、广东、广西、贵州、四川、西藏、云南,生于山坡、山谷、路边灌丛中、林边或水沟旁。绣球藤和小木通的藤茎(川木通)能利尿通淋、清心除烦、通经下乳。

图 12-21　乌头

1.植株上部(具花)　2.花瓣　3.果实　4.块根

图 12-22　威灵仙

1.根　2.花枝　3.雄蕊　4.雌蕊

　　芍药 *Paeonia lactiflora* Pall.　芍药属多年生草本。根粗壮,圆柱形,外皮紫褐色或棕褐色。茎无毛,茎下部叶多二回三出复叶,小叶窄卵形或窄椭圆形。花数朵,生于茎顶和叶腋,或单生于茎顶;苞片 4~5,披针形;萼片 4~5,宽卵形;花瓣 5~10,倒卵形,白色、粉红色或紫红色;雄蕊多数,花药黄色;花盘浅杯状,包裹心皮基部,心皮 4~5,无毛。蓇葖果卵状圆锥形,顶端具喙(图12-23)。种子近球形,紫黑色或暗褐色。分布于我国东北、华北、陕西及甘肃南部,生于山坡草丛,各地有栽培。栽培芍药的根(去栓皮后水煮干燥)称白芍,能养血调经、敛阴止汗、柔肝止痛、平抑肝阳。野生芍药的根(不去外皮)称赤芍,能清热凉血、散瘀止痛。同属植物川**赤芍** *Paeonia veitchii* Lynch 分布于西藏东部、四川西部、青海东部、甘肃及陕西南部。根(赤芍)能清热凉血、散瘀止痛。

　　牡丹 *Paeonia suffruticosa* Andr.　芍药属落叶灌木。根皮厚,常二回三出复叶,顶生小叶 3 裂,侧生小叶不等 2 浅裂。花单生于枝顶;苞片 5,长椭圆形,

图 12-23　芍药

1.根　2.花枝　3.蓇葖果

大小不等;萼片 5,绿色,宽卵形,大小不等,宿存;花瓣 5 或为重瓣,玫瑰色、红紫色、粉红色至白色;花盘杯状,紫红色,完全包住心皮,在心皮成熟时开裂;心皮 5,密生柔毛(图 12-24)。蓇葖果长圆形,密生黄褐色硬毛。原产于我国,各地均有栽培。根皮(牡丹皮)能清热凉血、活血化瘀。

本科其他药用植物:① **毛茛** *Ranunculus japonicus* Thunb.(毛茛属)的带根全草(毛茛)有毒,能利湿、消肿、止痛、退翳、杀虫。② **小毛茛** *Ranunculus ternatus* Thunb.(毛茛属)的块根(猫爪草)能化痰散结、解毒消肿。③ **白头翁** *Pulsatilla chinensis*(Bge.)Regel(白头翁属)的根(白头翁)能清热解毒、凉血止痢。④ **升麻** *Cimicifuga foetida* L.(升麻属)的根茎(升麻)能发表透疹、清热解毒、升举阳气。⑤ **兴安升麻** *Cimicifuga dahurica*(Turcz.)Maxim.、**大三叶升麻** *Cimicifuga heracleifolia* Kom. 功效同升麻。⑥ **金莲花** *Trollius chinensis* Bunge(金莲花属)的花能清热解毒。⑦ **侧金盏花** *Adonis amurensis* Regel et Radde(侧金盏花属)的全草(福寿草)能强心利尿。⑧ **阿尔泰银莲花** *Anemone altaica* Fisch. ex C. A. Mey(银莲花属)的根茎(九节菖蒲)能化痰开窍、祛风除湿、消食醒脾、解毒。⑨ **多被银莲花** *Anemcme raddeana* Regel(银莲花属)的根茎(两头尖)有毒,能祛风湿、消痈肿。⑩ **天葵** *Semiaquilegia adoxoides*(DC.)Makino(天葵属)的块根(天葵子)能清热解毒、消肿散结。⑪ **腺毛黑种草** *Nigella glandulifera* Freyn et Sint.(黑种草属)在新疆有栽培。成熟种子(黑种草子)能补肾健脑、通经、通乳、利尿,为维吾尔族习用药材。

图 12-24 牡丹

本科中芍药属不含毛茛科特有的毛茛苷和木兰花碱,而含有芍药属特有的芍药苷(paeoniflorin)、牡丹酚苷(paeonoside)和没食子鞣质。根据上述区别,多数学者把芍药属升为芍药科。

12. 小檗[bò]科 Berberidaceae

$$\oint * K_{3+3,\infty} C_{3+3,\infty} A_{3\sim9} \underline{G}_{1:1:1\sim\infty}$$

灌木或多年生草本。单叶或复叶,互生,常无托叶。花两性,辐射对称,单生、簇生或排成总状、穗状或圆锥花序;萼片与花瓣相似,各 2~4 轮,每轮常 3 片,花瓣常具蜜腺;雄蕊 3~9,常与花瓣对生,花药瓣裂或纵裂;子房上位,常 1 心皮,1 室;花柱缺或极短,柱头通常盾形;胚珠 1 至多数。浆果或蒴果,种子具胚乳。染色体:$X=6\sim8,10,14$。

本科有 17 属约 650 种,分布于北温带和亚热带高山地区。我国有 11 属 320 余种,全国各地均有分布。药用植物有 11 属 140 余种。

本科主要化学成分:①生物碱类:小檗碱(berberine)、药根碱(jatrorrhizine)、巴马亭(palmatine)、小檗胺(berbamine)、木兰花碱(magnoflorine)、刺檗碱(oxyacanthine)。②黄酮类:淫羊藿苷(icariin)、金丝桃苷(hyperin)、槲皮素(quercetin)。③木脂素类:鬼臼毒素(podophyllotoxin)、去甲鬼臼毒素(demethyl-podophyllotoxin)等。

【药用植物】

箭叶淫羊藿 *Epimedium sagittatum*(Sieb. et Zucc.)Maxim. 淫羊藿属多年生草本。根状茎结节状。基生叶 1~3,三出复叶;小叶片卵形,侧生小叶基部不对称,箭状心形。总状或圆锥花序;萼片 8,2 轮,外轮早落,内轮白色,花瓣状;花瓣 4,黄色,有短距;雄蕊 4,花药瓣裂。

NOTE

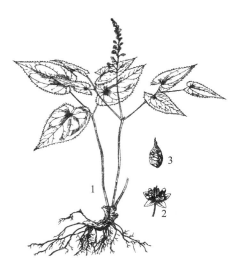

图 12-25　箭叶淫羊藿
1.植株　2.花　3.果实

果实为蓇葖果（图 12-25）。分布于浙江、安徽、福建、江西、湖北、湖南、广东、广西、四川、陕西、甘肃,生于山坡草丛中、林下、灌丛中、水沟边或岩石缝中。全草（淫羊藿）能补肾阳、强筋骨、祛风湿。同属植物淫羊藿 *Epimedium brevicornu* Maxim.、柔毛淫羊藿 *Epimedium pubescens* Maxim.、朝鲜淫羊藿 *Epimedium koreanum* Nakai 全草功效同箭叶淫羊藿。巫山淫羊藿 *Epimedium wushanense* Ying 的叶（巫山淫羊藿）能补肾阳、强筋骨、祛风湿。

细叶小檗 *Berberis poiretii* Schneid.　小檗属落叶灌木。老枝灰黄色,幼枝紫褐色,具条棱。茎刺缺如或单一,有时三分叉。穗状总状花序常下垂。浆果长圆形,红色,不被白粉（图 12-26）。产于吉林、辽宁、内蒙古、青海、陕西、山西、河北,生于山地灌丛、砾质地、草原化荒漠、山沟河岸或林下。根（三颗针）有毒,能清热燥湿、泻火解毒。同属植物假豪猪刺 *Berberis soulieana* Schneid.、金花小檗 *Berberis wilsonae* Hemsl.、匙叶小檗 *Berberis vernae* Schneid. 的根亦作三颗针药用。同属植物豪猪刺 *Berberis julianae* Schneid. 分布于湖北、四川、贵州、湖南、广西,生于山坡、沟边、林中、林缘、灌丛中或竹林中。根、茎均可提取小檗碱,能清热燥湿、泻火解毒。黄芦木 *Berberis amurensis* Rupr. 分布于黑龙江、吉林、辽宁、河北、内蒙古、山东、河南、山西、陕西、甘肃,生于山地灌丛中、沟谷、林缘、疏林中、溪旁或岩石旁。根和茎能清热燥湿、泻火解毒、止痢,并可提取小檗碱。

阔叶十大功劳 *Mahonia bealei*（Fort.）Carr.　十大功劳属常绿灌木。单数羽状复叶,互生,小叶狭倒卵形至长圆形,边缘有刺状锯齿。总状花序丛生于茎顶;花黄褐色,萼片 3 轮,9 枚,花瓣状;花瓣 2 轮,6 枚;雄蕊 6,花药瓣裂（图 12-27）。浆果卵形,深蓝色,被白粉。分布于浙江、安徽、江西、福建、湖南、湖北、陕西、河南、广东、广西、四川,生于阔叶林、竹林、杉木林及混交林下、林缘、草坡、溪边、路旁或灌丛中。茎（功劳木）能清热燥湿、泻火解毒。同属植物细叶十大功劳 *Mahonia fortunei*（Lindl.）Fedde 的茎亦作功劳木药用。

图 12-26　细叶小檗
1.花枝　2.果枝

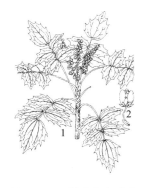

图 12-27　阔叶十大功劳
1.花枝　2.花

本科其他药用植物:①八角莲 *Dysosma versipellis*（Hance）M. Cheng ex Ying（鬼臼属）,分布于长江流域以南各地,生于山坡林下阴湿处。根和根茎（八角莲）能化痰解毒、祛瘀散结。

②六角莲 *Dysosma pleiantha* (Hance) Woodson（鬼臼属），根和根茎功效同八角莲。③鲜黄连 *Jeffersonia dubia* (Maxim.) Benth. et Hook. f.（鲜黄连属），分布于吉林、辽宁，生于针叶林下、杂木林下、灌丛中或山坡阴湿处。根和根茎（鲜黄连）能清热燥湿、泻火解毒。④**南天竹** *Nandina domestica* Thunb.（南天竹属），分布于陕西及长江流域以南各地，生于山地林下沟旁、路边或灌丛中。根（南天竹根）能清热、止咳、除湿、解毒；茎枝（南天竹梗）能清湿热、降逆气；叶（南天竹叶）能清热利湿、泻火、解毒；果实（南天竹子）能敛肺止咳、平喘。⑤**桃儿七** *Sinopodophyllum hexandrum* (Royle) Ying（桃儿七属），分布于云南、四川、西藏、甘肃、青海和陕西，生于林下、林缘湿地、灌丛或草丛中。根和根茎（桃儿七）能祛风除湿、活血止痛、祛痰止咳；果实（小叶莲）能调经活血，小叶莲为藏族习用药材。

13. 防己科 Menispermaceae

$$♂ * K_{3+3} C_{3+3} A_{3\sim6} ; ♀ * K_{3+3} C_{3+3} \underline{G}_{3\sim6:1:1}$$

多年生草质或木质藤本。单叶互生，叶片有时盾状，掌状叶脉；无托叶。花单性异株，辐射对称，多排列成聚伞花序或圆锥花序；萼片和花瓣均为6枚，各2轮，每轮3片；雄蕊通常6枚，稀3枚或多数，花丝分离或合生；子房上位，心皮3～6，离生，1室，胚珠2枚，仅1枚发育，另1枚退化。果为核果，核木质或骨质，常呈马蹄形或肾形，表面有各式雕纹。染色体：$X = 11\sim13, 19, 25$。

本科约有65属350种，分布于热带和亚热带地区。我国有19属70余种，主产于长江流域及其以南各地。已知药用植物有15属67种。

本科主要化学成分：异喹啉类生物碱。常见的生物碱类型：① 双苄基异喹啉（bisbenzylisoquinoline）型，如粉防己碱（汉防己甲素，d-tetrandrine）、防己醇灵碱（汉防己乙素，fangchinoline）、蝙蝠葛碱（dauricine）、锡生藤碱（hayatine）。②L-苄基异喹啉型。③阿朴啡型，如青藤碱（tuduranine）。④吗啡烷型，如防己碱（sinomenine）。⑤原小檗碱型，如L-四氢巴马亭（L-tetrahydropalmatine）。⑥原阿片碱型。尚含皂苷、苦味素、酚类、有机酸和挥发油等。

【药用植物】

蝙蝠葛 *Menispermum dauricum* DC.　蝙蝠葛属多年生缠绕藤本。根状茎褐色，垂直生。茎缠绕，呈细长圆柱形。叶通常为心状扁圆形，基部心形至近截平，边缘有3～9角或3～9裂，叶柄盾状着生，掌状脉9～12条。圆锥花序单生或有时双生，雌雄异株。雄花：萼片4～8，膜质，绿黄色，倒披针形至倒卵状椭圆形，花瓣6～8片或多至9～12片，肉质，凹成兜状，有短爪；雄蕊通常12，有时稍多或较少。雌花：退化雄蕊6～12，心皮3，离生。核果紫黑色（图12-28）。分布于东北、华北、华东地区，生于路边灌丛或疏林中。根茎（北豆根）有小毒，能清热解毒、祛风止痛。

粉防己 *Stephania tetrandra* S. Moore　千金藤属多年生草质缠绕藤本。根圆柱形，肉质。茎纤细，有略扭曲的纵条纹。叶互生，阔三角状卵形，先端钝，具小突尖，基部截形或略心形，两面均被短柔毛，全缘，掌状脉5条，叶柄盾状着生。花小，单性，雌雄异株，头状聚伞花序；雄花萼片4，花瓣4，雄蕊4，花丝连合成柱状，上部盘状；雌花萼片和花瓣与雄花同数，子房上位，花柱3。核果球形，红色（图12-29）。分布于浙江、安徽、江西、福

图 12-28　蝙蝠葛
1.茎基部及根状茎　2.一部分带果穗的茎
3～5.各种叶型　6.雄花　7.雄花萼片
8.雄花花瓣　9.包被着种子的内果皮

NOTE

图 12-29 粉防己
1. 雄花枝 2. 果枝 3. 花 4. 核果

建、广东、广西等地区,生于山坡、丘陵地带的草丛或灌木林边缘。根(防己)能祛风止痛、利水消肿。同属植物**千金藤** *Stephania japonica* (Thunb.) Miers、**金线吊乌龟** *Stephania cepharantha* Hayata、**一文钱** *Stephania delavayi* Diels 等亦供药用,功效同粉防己。

金果榄 *Tinospora capillipes* Gagnep. 青牛胆属多年生常绿缠绕藤本。块根卵圆形、椭圆形、肾形或圆形,常数个相串连,表皮土黄色。茎圆柱形,深绿色,粗糙有纹,被毛。叶互生,叶片卵形至长卵形,长 6～9 cm,宽 5～6 cm,先端锐尖,基部圆耳状箭形,全缘。花近白色,单性,雌雄异株,呈腋生圆锥花序;雄花具花萼 2 轮,外轮 3 片披针形,内轮 3 片倒卵形;花瓣 6,细小,与花萼互生,雄蕊 6,花药近方形,花丝分离,先端膨大;雌花萼片与雄花相同,花瓣较小,匙形,退化雄蕊 6,棒状,心皮 3。核果球形,红色。分布于华南、西南、华中地区。块根(金果榄)能清热解毒、利咽止痛。同属植物**青牛胆** *Tinospora sagittata* (Oliv.) Gagnep. 块根亦作金果榄药用。

木防己 *Cocculus orbiculatus* (L.) DC. 木防己属缠绕性木质藤本。叶心形或卵状心形。聚伞花序少花,腋生,或排成多花,狭窄聚伞圆锥花序,顶生或腋生,被柔毛。雄花:小苞片 2 或 1,被柔毛;萼片 6;花瓣 6,下部边缘内折,抱着花丝,顶端 2 裂,裂片叉开,渐尖或短尖;雄蕊 6,比花瓣短。雌花:萼片和花瓣与雄花相同,退化雄蕊 6,心皮 6。核果近球形,红色至紫红色,果核骨质。全国多数地区有分布。根能清热解毒、祛风止痛、行水消肿。

本科其他药用植物:①**风龙** *Sinomenium acutum* (Thunb.) Rehd. et Wils. (风龙属),藤茎(青风藤)能祛风湿、通经络、利小便。②**毛青藤** *Sinomenium acutum* (Thunb.) Rehd. et Wils. var. *cinereum* Rehd. et Wils. (风龙属),藤茎亦作青风藤药用。③**锡生藤** *Cissampelos pareira* L. var. *hirsuta* (Buch. ex DC.) Forman (锡生藤属),全草能消肿止痛。④**天仙藤** *Fibraurea recisa* Pierre(天仙藤属),藤茎(黄藤)能清热解毒、泻火通便。

14. 木兰科 Magnoliaceae

$$\female \ast P_{6\sim12} A_\infty \underline{G}_{\infty:1:1\sim2}$$

木本,稀藤本,体内常具有油细胞,有香气。单叶互生,常全缘,托叶大,包被幼芽,早落,托叶环(痕)明显。花大,单生于枝顶或叶腋,多两性,稀单性,辐射对称;花被 3 基数,多为6～12,每轮 3 片;雄蕊和心皮多数,分离,螺旋状排列在延长的花托上;子房上位,每心皮含胚珠 1～2。聚合蓇葖果或聚合浆果。种子具胚乳。染色体:X＝19。

本科约有 20 属 380 种,主要分布于北美和南美南回归线以北和亚洲的热带、亚热带至温带地区。我国有 16 属 170 余种,已知药用植物有 5 属 45 种,主产于长江流域及以南地区。

本科主要化学成分:①挥发油:大茴香脑(anethol)、大茴香醛(anisaldehyde)、厚朴酚(magnolol) 等,是木兰科的特征性成分之一。②异喹啉类生物碱:木兰箭毒碱(magnocurarine)、木兰花碱(magnoflorine)。③木脂素类:五味子素(schizandrin)、厚朴酚(magnolol)、和厚朴酚(honokiol)。④倍半萜内酯:常有毒性,如莽草毒素(anisatin)。

在某些分类系统中,将花托短、心皮数目少、排列成一轮的八角属(*Illicium*)另归为八角科(Illiciaceae);将植物为藤本,聚合浆果的五味子属(*Schisandra*)、南五味子属(*Kadsura*)植物归为五味子科(Schisandraceae)。

【药用植物】

厚朴 *Magnolia officinalis* Rehd. et Wils. 木兰属落叶乔木。叶大,近革质,长圆状倒卵形,先端短急尖或圆钝,基部楔形。花大,白色,单生于幼枝顶端,花被片 9～12;外轮 3 片淡绿色,长圆状倒卵形,内两轮白色,倒卵状匙形;雄蕊、雌蕊多数。聚合蓇葖果,长圆状卵圆形,种子三角状倒卵形(图 12-30)。分布于陕西、甘肃、河南、湖北、湖南、四川和贵州等地,多为栽培。干皮、枝皮和根皮(厚朴)能燥湿健脾、温中下气、化食消积;花蕾(厚朴花)能芳香化湿、理气宽中。同属植物**凹叶厚朴** *Magnolia officinalis* subsp. *biloba*(Rehd. et Wils.)Law 与本种的主要区别为凹叶厚朴叶先端凹缺成 2 钝圆的浅裂片,但幼苗之叶先端钝圆,并不凹缺;聚合果基部较窄。分布于湖南、湖北、广西、浙江、安徽、江西、福建等地,有栽培,功效同厚朴。

望春玉兰(望春花)*Magnolia biondii* Pampan. 木兰属落叶乔木。树皮淡灰色,光滑。叶互生,长圆状披针形,先端急尖,基部楔形。花大,先叶开放,钟形;花被片 9,外轮 3 片紫红色,近狭倒卵状条形,中内两轮近匙形,白色,外面基部常紫红色。聚合果圆柱形,常因部分不育而扭曲。种子深红色。分布于陕西、甘肃、河南、湖北、四川等省,现各地均有栽培。花蕾(辛夷)能散风寒、通鼻窍。同属植物**玉兰** *Magnolia denudata* Desr.、**武当玉兰** *Magnolia sprengeri* Pampan. 花蕾功效均同辛夷。

五味子(北五味子)*Schisandra chinensis*(Turcz.)Baill. 五味子属落叶木质藤本。幼枝红褐色,老枝灰褐色,常起皱纹,片状剥落。叶近膜质,宽椭圆形或倒卵形,先端急尖,基部楔形,上部边缘具胼胝质的疏浅锯齿,近基部全缘。花单性异株,单生或簇生于叶腋。雄花:花被片 6～9,粉白色或粉红色,长圆形或椭圆状长圆形。雌花:花被片和雄花相似;雌蕊群近卵圆形,子房卵圆形或卵状椭圆体形,柱头鸡冠状,下端下延成 1～3 mm 的附属体。聚合浆果熟时红色(图 12-31)。分布于东北、华北及宁夏、甘肃、山东等地。果实(北五味子)能收敛固涩、益气生津、补肾宁心。同属植物**华中五味子** *Schisandra sphenanthera* Rehd. et Wils. 分布于华中、华东、西南等地区,果实(南五味子)功效同北五味子。

图 12-30 厚朴
1. 花枝 2. 聚合蓇葖果

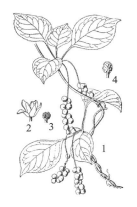

图 12-31 五味子
1. 果枝 2. 雌花 3. 雄蕊 4. 雌蕊群

八角(大茴香)*Illicium verum* Hook. f. 八角属常绿乔木。叶在顶端 3～6 近轮生,革质,倒卵状椭圆形或倒披针形。花被片 7～12,内轮粉红色至深红色,常具不明显的半透明腺点,最大的花被片宽椭圆形至宽卵圆形。聚合果由 8～9 个蓇葖果组成。分布于华南、西南等地区,多有栽培。果实(八角茴香)能温阳散寒、理气止痛。同属植物**地枫皮** *Illicium difengpi* B. N. Chang et al. 分布于广西。树皮有小毒,能祛风除湿、行气止痛。**红毒茴**(莽草)*Illicium lanceolatum* A. C. Smith 枝、叶、根、果均有毒,果实毒性大。莽草和八角的区别:莽草的果一轮有 10～13 个,八角为 8～9 个;莽草的果先端有一小钩,八角无小钩。叶能祛风止痛、消肿散结、杀虫止痒;根或根皮能祛风除湿、散瘀止痛。

本科其他药用植物:①**南五味子** *Kadsura longipedunculata* Finet et Gagnep.(南五味子属),果实功效同五味子。②**凤庆南五味子** *Kadsura interior* A. C. Smith(南五味子属),藤茎(滇鸡血藤)能活血补血、调经止痛、舒筋通络。③**冷饭团** *Kadsura coccinea*(Lem.)A. C. Smith 根和茎(黑老虎)能行气止痛、散瘀通络。

15. 樟科 Lauraceae

$$\text{☿}*P_{6\sim9}A_{3\sim12}\underline{G}_{(3:1:1)}$$

多为常绿乔木,仅有无根藤属(*Cassytha*)为缠绕寄生草本。多具油细胞,有香气。单叶,常互生,多革质,全缘,极少分裂,羽状脉、三出脉或离基三出脉,小脉常为密网状;无托叶。花通常两性,3 基数,多为单被,排成 2 轮;雄蕊 3～12,第 1、2 轮雄蕊花药内向,第 3 轮外向,第 4轮雄蕊常退化,花丝基部常具 2 腺体,花药 2～4 室,瓣裂;子房上位,3 心皮合生,1 室 1 枚顶生胚珠。核果或呈浆果状,有时被宿存花被形成的果托包围基部。种子 1 粒,无胚乳。染色体:$X=7,12$。

本科有 45 属 2000～2500 种,分布于热带、亚热带地区。我国有 25 属 440 余种,主要分布于长江以南各地,已知药用植物有 13 属 100 余种。

本科主要化学成分:①挥发油:樟脑(camphor)、桂皮醛(cinnamaldehyde)、桉叶素(cineole)。②生物碱:主要含异喹啉类生物碱,如无根藤碱(cassyfiline)。

【药用植物】

图 12-32　肉桂
1.花枝　2.花　3.果序

肉桂 *Cinnamomum cassia* Presl　樟属常绿乔木,全株有香气。树皮灰褐色,幼枝略呈四棱形。叶较大,互生或近对生,长椭圆形至近披针形,革质,全缘,具离基三出脉。圆锥花序腋生或近顶生;花小,黄绿色;花被片6,基部合生,内外两面密被黄褐色短茸毛,花被裂片,卵状长圆形,近等大;能育雄蕊 9,3 轮,第 3 轮雄蕊外向,花丝被柔毛;子房卵球形,无毛,花柱纤细。核果椭圆形,紫黑色,宿存的花被管浅杯状,边缘截形或稍齿裂(图 12-32)。分布于华南、西南地区,其中尤以广西栽培为多。茎皮(肉桂)能补火助阳、引火归元、散寒止痛、温通经脉;嫩枝(桂枝)能发汗解肌、温通经脉、助阳化气、平冲降气;未成熟果实(桂丁香)能温中止痛。

樟 *Cinnamomum camphora*(L.)Presl　樟属常绿乔木,全株均具樟脑味。叶互生,长椭圆形,革质,全缘,离基三出脉,脉腋有腺体。圆锥花序腋生;花小,花被片 6,浅黄绿色,内面密生短柔毛;雄蕊 12,花药 4 室,花丝基部有 2 个腺体。果球形,紫黑色,果托杯状。分布于长江以南及西南各地,生于山坡或沟谷中,常为栽培。叶能祛风、除湿、解毒、杀虫;树皮能祛风除湿、暖胃和中、杀虫疗疮;木材能祛风散寒、温中理气、活血通络;樟脑(根、干、枝、叶经蒸馏精制而成的颗粒状物)和樟脑油能通关窍、利滞气、辟秽浊、杀虫止痒、消肿止痛。

乌药 *Lindera aggregata*(Sims)Kosterm.　山胡椒属常绿灌木或小乔木。根有纺锤状或结节状膨胀,外面棕黄色至棕黑色,表面有细皱纹,有香味,微苦,有刺激性清凉感。叶互生,卵形、椭圆形至近圆形,叶背面灰白色,离基三出脉。雌雄异株,花小,伞形花序腋生,花被片 6,近等长,外面被白色柔毛,内面无毛,黄色或黄绿色,偶有外乳白内紫红色。子房椭圆形,被褐色短柔毛。核果,卵形或有时近圆形。块根(乌药)能行气止痛、温肾散寒。同属植物**山胡椒** *Lindera glauca* (Sieb. et Zucc.)Bl. 为落叶灌木或小乔木。叶互生,宽椭圆形、椭圆形、倒卵形至狭倒卵形,纸质。伞形花序腋生,总梗短或不明显;雄花花被片黄色,椭圆形,雌花花被片黄色,椭圆或倒卵形,子房椭圆形,柱头盘状。果实能温中散寒、行气止痛、平喘;根能祛风通络、理气活血、利湿消肿、化痰止咳;叶能解毒消疮、祛风止痛、止痒、止血。

山鸡椒(山苍子)*Litsea cubeba* (Lour.)Pers. 木姜子属落叶灌木或小乔木。叶互生,披针形或长圆形,羽状脉。雌雄异株。伞形花序单生或簇生;苞片边缘有毛;每一花序有花 4～6 朵,先叶开放或与叶同时开放,花被裂片 6,宽卵形;能育雄蕊 9,花丝中下部有毛,第 3 轮基部的腺体具短柄;退化雌蕊无毛;雌花中退化雄蕊中下部具柔毛;子房卵形。果近球形,幼时绿色,成熟时黑色。分布于长江以南各地。果实(荜澄茄)能温中散寒、行气止痛;根(豆豉姜)能祛风除湿、理气止痛。

16. 罂粟科 Papaveraceae

$$\male\female * , \uparrow K_2 C_{4\sim6} A_{\infty , 4\sim6} \underline{G}_{(2\sim\infty : 1 : \infty)}$$

草本。体内常含乳汁或黄色汁液。单叶互生,无托叶,常分裂。花两性,辐射对称或两侧对称,单生或为总状花序、聚伞花序或圆锥花序;萼片 2,早落,花瓣 4～6,覆瓦状排列;雄蕊多数,轮生,稀 4 枚,离生,或 6 枚合生成 2 束;雌蕊由 2 至多数心皮组成,子房上位,心皮 2 至多数,合生,1 室,侧膜胎座,胚珠多数。蒴果,孔裂或瓣裂。种子细小。染色体:$X = 5, 7\sim11, 14, 17, 19$。

本科有 40 属 800 多种,主要分布于北温带。我国有 19 属 440 种,全国均有分布。已知药用植物有 15 属 130 余种。

本科主要化学成分:生物碱,以异喹啉类生物碱为主。如原阿片碱(protopine)、吗啡(morphine)、白屈菜碱(chelidonine)、可待因(codeine)、罂粟碱(papaverine)、延胡索乙素(DL-tetrahydropalmatine)、血根碱(sanguinarine)。

有的学者将本科中花左右对称的一些属植物,另立为紫堇科(Corydalaceae)或荷包牡丹科(Fumariaceae)。

【药用植物】

延胡索 *Corydalis yanhusuo* W. T. Wang ex Z. Y. Su et C. Y. Wu 紫堇属多年生草本。块茎扁球形。二回三出复叶,二回裂片近无柄或具短柄,常 2～3 深裂。总状花序顶生或与叶对生;苞片阔披针形;花两侧对称,萼片 2,早落;花瓣 4,紫红色,外花瓣宽展,具齿,顶端微凹,具短尖;上部花瓣基部有长距,瓣片与距常上弯;距圆筒形;下部花瓣具短爪,向前渐增大成宽展的瓣片;雄蕊 6 枚,花丝连合成 2 束,心皮 2,子房上位。蒴果线形。种子 1 列(图 12-33)。分布于浙江、江苏等省,多系栽培。块茎能行气止痛、活血散瘀。同属植物:①**伏生紫堇** *Corydalis decumbens* (Thunb.)Pers. 分布于湖南、江西等省,块茎(夏天无)能行气活血、通络止痛。②**地丁草** *Corydalis bungeana* Turcz. 全草(苦地丁)能清热解毒、散结消肿。

罂粟 *Papaver somniferum* L. 罂粟属一年生或二年生高大草本,全株粉绿色,植物体内含有白色乳汁。叶互生,长卵形,基部抱茎,边缘有缺刻。花单生,蕾时弯曲,开放时向上;萼片早落,花瓣 4,有白、红、淡紫等色;雄蕊多数,离生;心皮多数,侧膜胎座,无花柱,柱头有 8～12 辐射状分枝。蒴果近球形,于柱头分枝下孔裂(图 12-34)。原产于印度、伊朗等国。从未成熟的果实中割取的汁液,制后称鸦片,含吗啡等生物碱,能镇痛、解痉、止咳、止泻。已割取乳汁后的果壳(罂粟壳)能敛肺、涩肠、止痛。

博落回 *Macleaya cordata* (Willd.)R. Br. 博落回属多年生草本,具乳黄色浆汁。茎光滑,多被白粉,中空。叶片表面绿色,无毛,背面多被白粉,细脉网状,常呈淡红色。圆锥花序多

图 12-33　延胡索

图 12-34　罂粟

1.植株上部　2.雌蕊　3.雌蕊纵切
4.子房横切　5.雄蕊　6.种子

花,苞片狭披针形。花芽棒状,近白色;萼片舟状,黄白色;花瓣无;雄蕊 24～30,花丝丝状,花药条形,与花丝等长;柱头 2 裂,下延于花柱上。蒴果狭倒卵形或倒披针形,无毛。种子 4～6 枚。我国长江以南、南岭以北的大部分地区均有分布。全草或根有大毒,能散瘀、祛风、解毒、止痛、杀虫。同属植物**小果博落回** *Macleaya microcarpa* (Maxim.)Fedde 花芽圆柱形,雄蕊 8～12,花丝远短于花药。蒴果近圆形。种子 1 枚,基着。功效同博落回。

白屈菜 *Chelidonium majus* L.　白屈菜属多年生草本。主根圆锥状,土黄色,密生须根。茎直立,多分枝,有白粉,疏生白色细长柔毛,断后有黄色乳汁。叶羽状全裂,被白粉。花瓣 4,黄色;雄蕊多数。分布于东北、华北地区及新疆、四川等省。全草有毒,能镇痛消炎、抗癌;外用治皮炎、湿疹、疥癣等。

17. 十字花科 Cruciferae(Brassicaceae)

$$\female * K_{2+2} C_4 A_{2+4} \underline{G}_{(2:2:1\sim\infty)}$$

草本,植物体内有时含辛辣液汁。单叶互生,无托叶。花两性,辐射对称,多排成总状花序;萼片 4,2 轮;花瓣 4,"十"字形排列;雄蕊 6,2 短 4 长,为四强雄蕊,常在雄蕊基部有 4 个蜜腺;子房上位,心皮 2,合生,胎座边缘延伸成假隔膜将子房分为 2 室,侧膜胎座,胚珠 1 至多数。长角果或短角果,多 2 瓣开裂。种子无胚乳。染色体:$X=4\sim15$。

本科约有 330 属 3500 种,全球广布,主产于北温带。我国约有 102 属 430 种。已知药用植物有 30 属 103 种,全国分布。

本科主要化学成分:①硫苷(包括含硫化合物)和吲哚苷:本科的特征性成分,如芥子苷(sinigrin)、菘蓝苷 B(isatan B)。②强心苷:桂竹香苷 A(cheiroside A)、桂竹香毒素(cheirotoxin)。种子多含丰富的脂肪油。

【药用植物】

菘蓝 *Isatis indigotica* Fortune　菘蓝属一年生或二年生草本。主根圆柱状。茎直立,绿色,顶部多分枝,植株光滑无毛,带白粉霜。叶互生,基生叶较大,具柄,叶片长圆状卵圆形;茎生叶长圆状披针形,基部箭形,半抱茎,全缘或有不明显的细锯齿。阔总状花序;花小,花萼 4,绿色;花瓣 4,黄色,倒卵形;雄蕊 6,四强;雌蕊 1,长圆形。短角果长圆形,扁平,边缘有翅,紫色,不开裂,1 室(图 12-35)。种子 1 枚。各地均有栽培。根(板蓝根)能清热解毒、凉血利咽;叶(大青叶)能清热解毒、凉血消斑;叶另含有靛蓝,可加工成"青黛",能清热解毒、凉血消斑、泻火定惊。

独行菜 *Lepidium apetalum* Willd. 独行菜属一年生或二年生草本。茎直立或斜升,多分枝,被微小头状毛。基生叶莲座状,平铺地面,羽状浅裂或深裂,叶片狭匙形;茎生叶狭披针形至条形,有疏齿或全缘。总状花序顶生,花小,白色,不明显;雄蕊 2~4。短角果近圆形,顶端微凹,近顶端两侧具窄翅。种子椭圆形,棕红色,平滑(图 12-36)。分布于东北、华北、西北、西南地区,生于田野、路旁。种子(北葶苈子)能泻肺平喘、行水消肿。

图 12-35 菘蓝

1.一年生幼苗 2.花序(二年生) 3.花 4.短角果

图 12-36 独行菜

1.全植株 2.花 3.种子

萝卜 *Raphanus sativus* L. 萝卜属一年生或二年生草本。根肉质,长圆形、球形或圆锥形,外皮绿色、白色或红色。基生叶大头羽裂,茎生叶长圆形至披针形。总状花序顶生,花淡紫红色或白色,长角果肉质圆柱形,在种子间溢缩。种子卵形,微扁。鲜根(莱菔)能消食下气、化痰、止血、解渴、利尿;开花结实后的老根(地骷髅)能消食理气、清肺利咽、散瘀消肿;种子(莱菔子)能下气定喘、化痰消食。

白芥 *Sinapis alba* L. 白芥属一年生草本。下部叶羽状分裂或全裂,上部叶卵形或长圆卵形,边缘有缺刻状裂齿。总状花序,多花,花常大;萼片长圆形,近相等,基部不呈囊状;花瓣黄色,倒卵形,具短爪。长角果,近圆柱形。种子球形,黄棕色。种子(白芥子)能利气、祛痰、散寒、消肿、止痛。

芥菜 *Brassica juncea*(L.)Czern. et Coss. 芸薹属一年生草本,带辣味。基生叶宽卵形至倒卵形,多大头羽裂。茎生叶较小,边缘有缺刻或全缘。总状花序顶生,花后延长;萼片淡黄色,花瓣黄色。长角果线形(图 12-37)。种子亦作白芥子药用。嫩茎和叶能利肺豁痰、消肿散结。

本科其他药用植物:① **播娘蒿** *Descurainia sophia*(L.)Webb ex Prantl(播娘蒿属),种子(南葶

图 12-37 芥菜

1.块根 2.基生叶 3.茎下部叶
4.茎上部叶 5.花序一部分

NOTE

203

苈子)能泻肺平喘、行水消肿。②荠 *Capsella bursa-pastoris*(L.)Medic.(荠属),全草能活血散瘀、凉血止血。③蔊[hàn]菜 *Rorippa indica*(L.)Hiern(蔊菜属),全草能清热利尿、镇咳化痰。④菥蓂[xī mì](遏[è]蓝菜)*Thlaspi arvense* L.(菥蓂属),全草能清湿热、消肿排脓。

18. 景天科 Crassulaceae

$⚥ * K_{4\sim5} C_{4\sim5} A_{4\sim5+4\sim5} \underline{G}_{(4\sim5:1:\infty)}$

多年生肉质草本或亚灌木。多单叶,互生或对生,有时轮生;无托叶。花多两性,辐射对称,多排成聚伞花序,有时总状花序或单生;萼片 4～5;花瓣 4～5;雄蕊与花瓣同数或为其 2 倍;子房上位,心皮 4～5,离生或仅基部合生,每心皮基部具 1 小鳞片,胚珠多数。蓇葖果。染色体:$X=4\sim12,14\sim16,17$。

本科约有 35 属 1600 种,广布于全球,多为耐旱植物。我国有 13 属近 250 种,已知药用植物有 8 属 70 种。

本科主要化学成分:苷类,如红景天苷(salidroside)能提高机体抵抗力,垂盆草苷(sarmentosin)有降低谷丙转氨酶作用。其他尚含黄酮类、香豆素类、有机酸类等。

【药用植物】

垂盆草 *Sedum sarmentosum* Bunge 景天属多年生肉质草本。全株无毛。不育茎匍匐,接近地面的节处易生根。叶常为 3 叶轮生,肉质,倒披针形至长圆形,全缘。聚伞花序顶生;花

瓣 5,黄色,顶端有较长的尖头;雄蕊 10,2 轮;心皮 5,长圆形。蓇葖果。我国大部分地区有分布。全草能清利湿热、解毒;全草及其制剂用于治疗肝炎,能显著降低谷丙转氨酶水平。同属植物①佛甲草 *Sedum lineare* Thunb. 为多年生草本。3 叶轮生,少有 4 叶轮生或对生,叶线形,肉质,先端钝尖,基部无柄,有短距。花序聚伞状,顶生;萼片线状披针形。蓇葖果。茎叶能清热解毒、利湿、止血。②费菜 *Sedum aizoon* L. 为景天属多年生肉质草本。根状茎短。茎直立。叶互生,长披针形至倒披针形,叶近革质。聚伞花序,萼片肉质,花瓣黄色(图 12-38)。种子椭圆形。分布于东北、西北、华北及长江流域。根或全草(景天三七)能散瘀止血、宁心安神、解毒。

图 12-38 费菜

大花红景天 *Rhodiola crenulata*(Hook. f. et Thoms.)H. Ohba 红景天属多年生草本。地上的根颈短,残存花枝茎少数。不育枝直立。花茎多,稻秆色至红色。叶有短的假柄,椭圆状长圆形至几乎为圆形。花序伞房状,有多花,雌雄异株;雄花萼片 5,狭三角形至披针形;花瓣 5,红色,倒披针形;雄蕊 10,与花瓣同长;鳞片 5;心皮 5,披针形;雌花蓇葖 5;种子倒卵形,两端有翅。分布于西藏、云南、四川等地,生于海拔 2800～5600 m 的山坡草地、灌丛中、石缝中。根和根茎(红景天)能益气活血、通脉平喘。同属植物狭叶红景天 *Rhodiola kirilowii*(Regel)Maxim. 生于海拔 1800～4700 m 处,大多数分布于海拔 3000 m 以上;生长在山地草甸的阴坡及森林下的石质坡地上。根和根茎能清热解毒、燥湿。同属植物还有四裂红景天 *Rhodiola quadrifida*(Pall.)Fisch. et. Mey.、长鞭红景天 *Rhodiola fastigiata*(Hook. f. et Thoms.)S. H. Fu、云南红景天 *Rhodiola yunnanensis*(Franch.)S. H. Fu 等。

瓦松 *Orostachys fimbriata*(Turcz.)A. Berger 瓦松属二年生草本。一年生莲座丛的叶短,莲座叶线形;二年生花茎高 10～20 cm;叶互生,疏生,有刺,线形至披针形。花序总状,紧

密，或下部分枝，可呈宽 20 cm 的金字塔形；萼片 5；花瓣 5，红色；雄蕊 10；鳞片 5。蓇葖 5，长圆形；种子多数，细小。全草能凉血止血、清热解毒、收湿敛疮。

19. 虎耳草科 Saxifragaceae

$$\male \ast , \uparrow \ K_{4\sim5} C_{4\sim5,0} A_{4\sim5+4\sim5} \underline{G}_{(2\sim5:1\sim5:\infty)} \overline{G}_{2\sim5:1:\infty}$$

草本、灌木或小乔木。多单叶，互生或对生；常无托叶。花序为聚伞花序、圆锥花序或总状花序，稀单花；花常两性，辐射对称或略不整齐。排成多种花序；花萼、花瓣均为 4～5，稀无瓣，萼片有时花瓣状，有时与子房合生；花瓣一般离生，覆瓦状或镊合状排列；雄蕊与花瓣同数或为其倍数，花药 2 室，纵裂，有时具退化雄蕊；常有花盘，子房上位、半下位或下位，心皮 2～5，多少合生；中轴胎座、侧膜胎座或边缘胎座，胚珠多数。蒴果、浆果或蓇葖果。种子常具翅，有胚乳。染色体：$X = 6\sim9, 12, 13$。

本科约有 80 属 1200 种，分布较广，主产于北温带。我国有 28 属约 500 种，已知药用植物有 150 余种，分布于南北各地。

本科主要化学成分：黄酮类和香豆精类化合物。香豆素类，如岩白菜素（bergenin），为具苦味的镇咳成分。尚含生物碱、内酯，如黄常山的根中含有抗疟成分常山碱（dichroine）甲、常山碱乙、常山碱丙等。

【药用植物】

虎耳草 *Saxifraga stolonifera* Curt. 虎耳草属多年生草本。茎被长腺毛。基生叶具长柄，肾圆形，裂片边缘具不规则齿牙和腺毛，腹面绿色，被腺毛，背面通常红紫色，被腺毛，有斑点。聚伞圆锥花序，花两侧对称，萼片 5，不等大，花瓣 5，白色，下面 2 片大于其他 3 片；雄蕊 10；心皮 2，合生（图 12-39）。蒴果卵圆形。生于西南、华南地区及台湾、陕西、河南等省的山地阴湿处。全草（虎耳草）有小毒，能疏风清热、凉血解毒。

落新妇 *Astilbe chinensis*（Maxim.）Franch. et Savat. 落新妇属多年生草本。根状茎暗褐色，粗壮，须根多数。茎无毛。基生叶为二至三回三出羽状复叶；顶生小叶片菱状椭圆形，侧生小叶片卵形至椭圆形。圆锥花序顶生；花密集；花瓣 5，紫红色；心皮 2，仅基部合生（图 12-40）。蒴果。种子褐色。分布于东北、宁夏、山东和长江中下游等地区。全草或根茎能散瘀止痛、祛风湿、止咳。

图 12-39 虎耳草

1.植株 2.花 3.雌蕊和花萼

图 12-40 落新妇

1.叶 2.花序 3.花 4.蒴果

常山 *Dichroa febrifuga* Lour. 常山属落叶小灌木。单叶对生，叶片椭圆形，边缘有锯齿。聚伞圆锥花序顶生或生于上部腋内；花淡蓝色。浆果，成熟时蓝色。分布于华中、华南、西南地区及福建、陕西、甘肃等省。根含多种生物碱，主要为常山碱，有小毒，能截疟、解热、催吐。

NOTE

本科药用植物还有**岩白菜** *Bergenia purpurascens*（Hook. f. et Thoms.）Engl.（岩白菜属），产于四川、云南和西藏等地。根茎能收敛止泻、止血止咳、舒筋活络。

20. 杜仲科 Eucommiaceae

$$\male \; P_0 A_{4\sim10} ; \female \; P_0 \underline{G}_{(2:1:2)}$$

落叶乔木，枝、叶折断时有银白色胶丝。叶互生，无托叶。花单性，雌雄异株，无花被，先叶或与叶同时由鳞芽开出；雄花密集成头状花序，雄蕊 4～10，常为 8；雌花单生，具短梗，子房上位，心皮 2，仅 1 个发育，扁平，合生，1 室，胚珠 2，倒生。翅果，含种子 1 粒。染色体：$X=17$。

全科仅 1 属 1 种。我国特产，分布于我国中部和西南地区，各地有栽培。

本科主要化学成分：①木脂素及其苷类：主要有松脂醇二葡萄糖苷（pinoresinol diglucoside）、丁香树脂酚（syringaresinol）、松脂酚（pinoresinol）、杜仲树脂酚（medioresinol）。②环烯醚萜苷类：桃叶珊瑚苷（aucubin）、杜仲苷（ulmoside）、京尼平苷（geniposide）、筋骨草苷（ajugoside）。③有机酸类：绿原酸（chlorogenic acid）。④黄酮类：山奈酚（kaempferol）、槲皮素（quercetin）、芦丁（rutin）。此外，还含杜仲胶（gutta-percha）。

【药用植物】

杜仲 *Eucommia ulmoides* Oliver

图 12-41 杜仲
1. 果枝 2. 雄花和苞片

杜仲属多年生落叶乔木。树皮灰褐色，粗糙，内含橡胶，折断拉开有多数细丝。嫩枝有黄褐色毛，老枝有明显的皮孔。叶椭圆形、卵形或矩圆形，薄革质。花生于当年枝基部，雄花无花被；雌花单生，苞片倒卵形。翅果扁平，长椭圆形（图 12-41）。分布于陕西、甘肃、河南、湖北、四川、云南、贵州、湖南及浙江等地，现各地广泛栽种。树皮含一种硬质橡胶杜仲胶，另含降压成分松脂醇二葡萄糖苷、桃叶珊瑚苷、杜仲苷等多种苷类。树皮和叶能补肝肾、强筋骨、安胎。

21. 蔷薇科 Rosaceae

$$\hermaphrodite * K_{4\sim5} C_{0\sim5} A_{5\sim\infty} \underline{G}_{1\sim\infty:1:1\sim2} \overline{G}_{(2\sim5:2\sim5:2)}$$

草本、灌木或乔木，有刺或无刺。叶互生，稀对生，单叶或复叶，多互生，常具托叶。花两性，辐射对称，单生或排成伞房花序、圆锥花序；花轴上端发育成碟状、钟状、杯状、坛状或圆筒状的花托（被丝托），在花托边缘着生萼片、花瓣和雄蕊；萼片 5，覆瓦状排列；花瓣 5，分离，稀无瓣；雄蕊常多数，多为 5 的倍数；子房上位或下位，心皮 1 至多数，分离或合生，每室胚珠 1～2。蓇葖果、瘦果、核果及梨果，通常具宿萼。种子无胚乳。染色体：$X=7\sim9,17$。

本科有 124 属 3300 多种，广布于全球，以北温带为多。我国产 52 属 1000 余种，已知药用植物有 360 种，全国各地均有分布。

本科主要化学成分：①氰苷：野樱皮苷（prunasin）、月桂樱叶苷（prulaurasin）、苦杏仁苷（amygdalin）。②黄酮类：槲皮素（quercetin）、金丝桃苷（hyperoside）。③酚类：仙鹤草酚（agrimophol）。④有机酸类：熊果酸（ursolic acid）、齐墩果酸（oleanolic acid）。⑤三萜和三萜皂苷：地榆皂苷（sanguisorbins）、委陵菜皂苷（tormentoside）。

根据花托、被丝托的形态、心皮数目及合生情况、子房位置及果实类型，本科可分为 4 个亚科：绣线菊亚科 Spiraeoideae、蔷薇亚科 Rosoideae、苹果亚科（梨亚科）Maloideae 和梅亚科（李亚科）Prunoideae。其主要区别见下列检索表和图 12-42。

NOTE

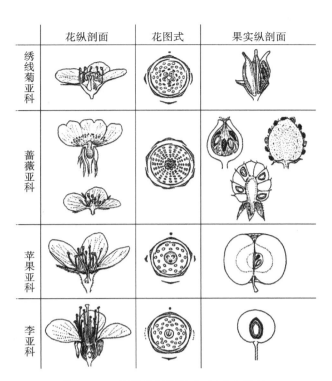

	花纵剖面	花图式	果实纵剖面
绣线菊亚科			
蔷薇亚科			
苹果亚科			
李亚科			

图 12-42 蔷薇科四亚科花、果特征比较

1. 果实开裂,蓇葖果,稀蒴果;多不具托叶 ……………………… 绣线菊亚科
1. 果实不开裂;具托叶。
  2. 子房上位。
    3. 心皮常多数;聚合瘦果或小核果 …………………… 蔷薇亚科
    3. 心皮常 1 枚;核果;单叶 …………………………… 李亚科
  2. 子房下位或半下位;梨果 ……………………………… 苹果亚科

(1) 蔷薇亚科 Rosoideae

草本或灌木,多为羽状复叶,有托叶。被丝托蝶形、杯状、壶状或凸起;心皮多数,离生,子房上位,每个子房中含胚珠 1～2,周位花。聚合瘦果或聚合浆果。萼片多宿存。

【药用植物】

龙芽草 *Agrimonia pilosa* Ldb. 龙芽草属多年生草本。全株密被柔毛。根多呈块茎状,根茎短。叶为奇数羽状复叶,叶大小不等,叶柄被稀疏柔毛或短柔毛;小叶片无柄或有短柄,上面被疏柔毛,稀脱落几无毛;托叶草质,绿色;茎下部托叶有时卵状披针形。花序穗状、总状顶生,花序轴被柔毛,花梗被柔毛;裂片带形,小苞片对生,卵形;萼片三角状卵形;花瓣黄色,花柱丝状,柱头头状。果实倒卵圆锥形(图 12-43)。全国大部分地区有分布。全草能收敛止血、截疟、止痢、解毒、补虚;根芽能驱绦虫。

掌叶覆盆子 *Rubus chingii* Hu 悬钩子属藤

图 12-43 龙芽草

1.雌蕊 2.瘦果 3.植物中部和上部 4.花

NOTE

207

状灌木。叶掌状深裂,托叶条形。单花腋生;萼片卵形或卵状长圆形,顶端具凸尖头,外面密被短柔毛;花瓣椭圆形或卵状长圆形,白色,顶端圆钝;雄蕊多数,花丝宽扁;雌蕊多数,具柔毛。果实近球形,红色,密被灰白色柔毛;核有皱纹。分布于江苏、安徽、浙江、江西、福建、广西等地。果实(覆盆子)能补肾益精;根能止咳、活血消肿。

金樱子 *Rosa laevigata* Michx. 蔷薇属常绿攀援灌木。三出羽状复叶,叶片近革质。茎、叶柄和叶轴均具皮刺。花单生于叶腋;萼片卵状披针形;花瓣白色,宽倒卵形,先端微凹;雄蕊多数;心皮多数,花柱离生。果梨形、倒卵形,稀近球形,紫褐色,外面密被刺毛,萼片宿存(图12-44)。分布于华东、中南、西南地区和陕西等省。果实(金樱子)能固精缩尿、固崩止带、涩肠止泻;根或根皮(金樱根)能收敛固涩、止血敛疮、祛风活血、止痛、杀虫。同属植物:①**月季** *Rosa chinensis* Jacq. 的花(月季花)能够活血调经、疏肝解郁。②**玫瑰** *Rosa rugosa* Thunb. 的花蕾(玫瑰花)能行气解郁、和血、止痛。

地榆 *Sanguisorba officinalis* L. 地榆属多年生草本。纺锤形粗壮根。茎直立,有棱。基生叶为羽状复叶,小叶片有短柄,卵形或长圆状卵形;茎生叶较少,小叶片有短柄至几无柄,长圆形至长圆状披针形,狭长,基部微心形至圆形,顶端急尖。穗状花序椭圆形、圆柱形或卵球形,直立;萼片4,无花瓣,紫红色;雄蕊4(图12-45)。果实包藏在宿存萼筒内。全国大部分地区有分布,根能清热凉血、收敛止血,外用治烫伤。

图 12-44　金樱子

图 12-45　地榆
1.植株一部分　2.根　3.花枝　4.花

本亚科的其他药用植物:①**路边青** *Geum aleppicum* Jacq.(路边青属),全草(蓝布正)能益气健脾、补血养阴、润肺化痰。②**委陵菜** *Potentilla chinensis* Ser.(委陵菜属),全草(委陵菜)能清热解毒、凉血止痢。③**翻白草** *Potentilla discolor* Bge.(委陵菜属),全草能清热解毒、止痢、止血。

(2)绣线菊亚科 Spiraeoideae

灌木。单叶,稀复叶;多无托叶。花托微凹成盘状,心皮通常1～5,常离生,子房上位,周位花;具2至多数胚珠。蓇葖果,稀蒴果。

【药用植物】

粉花绣线菊 *Spiraea japonica* L. f. 绣线菊属直立灌木。叶片卵形至卵状椭圆形;复伞房花序,花朵密集,密被短柔毛;萼筒钟状,内面有短柔毛;萼片三角形;花瓣卵形至圆形,粉红色;雄蕊25～30,远较花瓣长;花盘圆环形,约有10个不整齐的裂片。蓇葖果半张开,无毛或

NOTE

沿腹缝有稀疏柔毛,花柱顶生,萼片常直立。原产于日本、朝鲜,我国各地有栽培。根能祛风清热、明目退翳;叶能解毒消肿、去腐生肌;果实能清热祛湿。

(3) 苹果亚科 Maloideae

木本。单叶或复叶,具托叶。心皮2～5,多数与杯状花托内壁结合,子房下位或半下位,各具2,稀1至多数直立的胚珠。果实成熟时为肉质的梨果,稀浆果状或小核果状。

【药用植物】

山里红 *Crataegus pinnatifida* Bge. var. *major* N.E.B. 山楂属落叶乔木。树皮粗糙,暗灰色或灰褐色,小枝通常有刺。叶互生,有长柄;托叶镰形,叶片广卵形或菱形卵状,通常两侧各有3～5羽状深裂片,裂片卵状披针形或带形,先端短渐尖,边缘有尖锐稀疏不规则重锯齿。伞房花序生于枝端或上部叶腋,有花10～12朵;花白色,萼片5齿裂,花瓣5。梨果,成熟时深红色,直径2～2.5 cm(图12-46)。华北各地有栽培。果实(山楂)能消食健胃、行气散瘀、化浊降脂;叶(山楂叶)能活血化瘀、理气通脉、化浊降脂。同属植物山楂 *Crataegus pinnatifida* Bge. 的果较小,直径1～1.5 cm,表面深红色而带灰白色斑点。果实和叶的功效同山里红。

皱皮木瓜 *Chaenomeles speciosa*(Sweet)Nakai 木瓜属落叶灌木。枝有刺。叶卵形至长卵形,叶缘有尖锐锯齿;托叶大,肾形或半圆形。花先于叶开放,猩红色,稀淡红色或白色,3～5朵簇生;花梗粗短;托杯钟状。梨果球形或卵形,直径4～6 cm,黄色或黄绿色,木质,芳香,干后表皮皱缩,称"皱皮木瓜"(图12-47)。分布于华东、华中、西北、西南等地区,多为栽培。果实(皱皮木瓜)能舒筋活络、和胃化湿。同属植物木瓜 *Chaenomeles sinensis*(Thouin)Koehne 为灌木或小乔木,枝无刺。托叶小。花瓣倒卵形,淡粉红色;雄蕊多数,花柱3～5,基部合生。梨果较大,干后表皮不皱缩,称"光皮木瓜"。果实(光皮木瓜)能解酒、祛痰、顺气、止痢。

图 12-46 山里红
1.果枝 2.花

图 12-47 皱皮木瓜

枇杷 *Eriobotrya japonica*(Thunb.)Lindl. 枇杷属常绿小乔木。叶片革质,上面光亮,多皱,下面密生灰棕色茸毛。花瓣白色,长圆形或卵形;雄蕊20,花丝基部扩展;花柱5,离生,柱头头状。果实球形或长圆形,黄色或橘黄色,外有锈色柔毛;种子1～5,褐色。分布于长江以南地区,多为栽培。叶(枇杷叶)能清肺止咳、降逆止呕。

(4) 梅亚科(李亚科)Prunoideae

木本。单叶,具托叶,叶基常有腺体。心皮1,子房上位,周位花,1室,胚珠2。核果。萼片常脱落。

【药用植物】

杏 *Armeniaca vulgaris* Lam. 杏属乔木。单叶互生;叶卵圆形或宽卵形,叶柄近顶端有2腺体。春季花先于叶开放,花单生于枝顶;花萼5裂;花瓣5,白色或带红色;雄蕊多数,雌蕊

NOTE

单心皮。核果黄色或橘黄色,球形。种子1,心状卵形,浅红色(图12-48)。分布于我国北部,多为栽培。种子(苦杏仁)能降气、止咳平喘、润肠通便。

梅 *Armeniaca mume* Sieb.　杏属小乔木。树皮浅灰色或带绿色,平滑;小枝绿色,光滑无毛。叶卵形或椭圆形,叶边常具小锐锯齿,灰绿色。花单生或有时2朵同生于1芽内,香味浓,先于叶开放;花萼通常红褐色;花瓣倒卵形,白色至粉红色。核果近球形,密生短茸毛。近成熟果实(乌梅)能敛肺、涩肠、生津、安蛔;花蕾(梅花)能疏肝解郁、开胃生津、化痰。

桃 *Amygdalus persica* L.　桃属落叶乔木。树皮暗红褐色,老时粗糙呈鳞片状;小枝细长,无毛,有光泽,具大量小皮孔。侧芽2~3个簇生,中间为叶芽,两侧为花芽。叶披针形,先端渐尖,基部宽楔形。花单生,先于叶开放;花梗极短或几乎无梗;萼筒钟形,被短柔毛,稀几乎无毛;花瓣长圆状椭圆形至宽倒卵形,粉红色,罕为白色。核果,果核具粗凹纹。各地均有栽培。种子(桃仁)能活血祛瘀、润肠通便、止咳平喘。

郁李 *Cerasus japonica* (Thunb.) Lois.　樱属落叶灌木。小枝灰褐色,嫩枝绿色或绿褐色,无毛。叶片卵形或卵状披针形,先端渐尖,基部圆形,边有缺刻状尖锐重锯齿。花1~3朵,簇生,花叶同开或花先于叶开放;花瓣白色或粉红色,倒卵状椭圆形。核果近球形,深红色,果实无沟(图12-49)。主产于长江以北地区。种子(郁李仁)能润燥滑肠、下气利水。同属植物**欧李** *Cerasus humilis* (Bge.) Sok. 的成熟种子亦作郁李仁药用。

图12-48　杏
1.花枝　2.果实　3.花　4.花纵切,示杯状花托

图12-49　郁李
1.果枝　2.花

22. 豆科 Leguminosae(Fabaceae)

$$ ⚥ *, ↑ K_{5,(5)} C_5 A_{(9)+1,10,\infty} \underline{G}_{1:1:1\sim\infty} $$

草本、木本或藤本。根部常有根瘤。叶常互生,多为羽状复叶,少为掌状和三出复叶,稀为单叶;多具托叶和叶枕(叶柄基部膨大的部分);花两性,多为左右对称的蝶形花,少为辐射对称花;花萼5裂,花瓣5,少合生;雄蕊多为10,常成二体雄蕊(9+1),稀多数;心皮1,子房上位,1室,边缘胎座,胚珠1至多数。荚果。种子无胚乳。染色体:$X = 5\sim21$。

本科为种子植物第三大科,仅次于菊科和兰科,约有690属18000种,全球均有分布。我国有172属约1550种(含变种),已知药用植物约有600种。

本科主要化学成分:①黄酮类:甘草苷(liquiritin)、甘草素(liquiritigenin)、异甘草苷(isoliquiritin)、大豆黄苷(daidzin)、异补骨脂查耳酮(isobavachalcone)、芦丁(rutin)、葛根素(puerarin)。② 生物碱:苦参碱(matrine)、氧化苦参碱(oxymatrine)、毒扁豆碱(physostigmine)、鹰爪豆碱(sparteine)、金雀花碱(cytisine)、β-刺桐碱(β-erythroidine)、野百合碱(monocrotaline)。③三萜皂苷:甘草酸(glycyrrhizic acid)、甘草次酸(glycyrrhetinic acid)。④蒽醌类:番泻苷(sennoside)。⑤香豆素类:补骨脂素(psoralen)、异补骨脂素(isopsoralen)。

根据花的对称特征、花冠形态、雄蕊数目和类型等,可分为3个亚科:含羞草亚科

Mimosoideae、云实亚科 Caesalpinioideae 和蝶形花亚科 Papilionoideae（图 12-50）。在哈钦松和克朗奎斯特分类系统中将本科分立为 3 个科：含羞草科 Mimosaceae、云实科 Caesalpiniaceae 和蝶形花科 Papilionaceae。

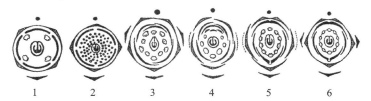

图 12-50　豆科 3 个亚科的花图示
1、2. 含羞草亚科　3、4. 云实亚科　5、6. 蝶形花亚科

1. 花辐射对称，花瓣镊合状排列，通常在下部合生；雄蕊为多数 ………… 含羞草亚科
1. 花两侧对称；花瓣覆瓦状排列。
　2. 花冠为假蝶形；花瓣上升覆瓦状排列；雄蕊 10 或更少，通常离生 ……… 云实亚科
　2. 花冠蝶形，花瓣下降覆瓦状排列；雄蕊 10，通常为二体雄蕊 ………… 蝶形花亚科

（1）含羞草亚科 Mimosoideae

木本、藤本，稀草本。叶多为二回羽状复叶。穗状或头状花序，花辐射对称；萼片下部多少合生；花瓣与萼片同数，镊合状排列，基部常合生；雄蕊多数，稀与花瓣同数。荚果，有的具次生横隔膜。

【药用植物】

合欢 *Albizia julibrissin* Durazz.　合欢属落叶乔木。二回偶数羽状复叶，总叶柄近基部及最顶一对羽片着生处各有 1 枚腺体，小叶镰刀形，两侧不对称。花序头状，伞房状排列。萼片、花瓣下部合生，花萼管状；雄蕊多数，花丝细长，淡红色。荚果扁条形，不裂（图 12-51）。分布于南北各地，多栽培。树皮（合欢皮）有安神、活血、消肿止痛的作用；花能安神、理气、解郁。

含羞草 *Mimosa pudica* L.　含羞草属灌木状草本。茎圆柱状，具分枝。托叶披针形，有刚毛；二回羽状复叶，羽片和小叶触之即闭合而下垂；羽片通常 2 对，指状排列于总叶柄之顶端，长 3～8 cm；小叶 10～20 对，线状长圆形，先端急尖，边缘具刚毛。头状花序圆球形，花小，淡红色，多数；苞片线形；花萼极小；花冠钟状，雄蕊 4，伸出于花冠之外（图 12-52）。荚果长圆形，具刺毛，成熟时荚节脱落，荚缘宿存。种子卵形。分布于福建、广东、广西、云南等地，野生或栽培。全草（含羞草）能宁心安神、清热解毒。

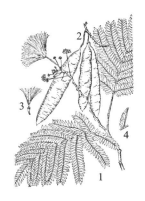

图 12-51　合欢
1. 花枝　2. 果枝　3. 雄蕊　4. 小叶放大

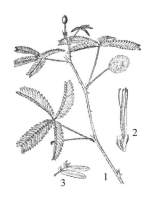

图 12-52　含羞草
1. 植株一部分　2. 花　3. 小叶

NOTE

211

儿茶 *Acacia catechu* (L. f.) Willd.　金合欢属落叶小乔木。树皮棕色,常呈条状薄片开裂,但不脱落;小枝被短柔毛。二回羽状复叶,互生,长 6～12 cm;托叶下常有一对扁平、棕色的钩状刺或无;总叶柄近基部及叶轴顶部数对羽片间有腺体。总状花序腋生;花瓣 5,黄色或白色,披针形或倒披针形。荚果带状,棕色,有光泽,开裂,先端有喙尖,紫褐色。分布于云南、广西、广东、浙江等地。去皮枝、干可加工成儿茶,能活血止痛、止血生肌、收湿敛疮、清肺化痰。

（2）云实亚科 *Caesalpinioideae*

木本、藤本,稀草本。叶多为偶数羽状复叶。花两侧对称;萼片 5,通常分离,有时上方 2 枚合生;花冠假蝶形,花瓣上升覆瓦状排列(即最上面之花瓣位于最内方),雄蕊 10 或较少,分离或各式联合;子房有时有柄。荚果,常有隔膜。

【药用植物】

决明 *Cassia tora* L.　决明属一年生亚灌木状草本。偶数羽状复叶,小叶 3 对,倒卵形,叶轴上仅最下方 1 对小叶间有棒状的腺体 1 枚(图 12-53)。花成对腋生;萼片、花瓣均为 5,花冠黄色;雄蕊 10,能育雄蕊 7,花丝短于花药。荚果纤细,近四棱形。种子约 25 颗,菱形,光亮。分布于长江以南地区,有栽培。种子(决明子)能清热明目、润肠通便。

狭叶番泻 *Cassia angustifolia* Vahl　决明属矮小灌木。羽状复叶,小叶片长卵形、卵形或披针形,叶端渐尖,叶基不对称。总状花序腋生或顶生,萼片、花瓣各 5;雄蕊 10;子房具柄。荚果扁平长方形。分布于印度、埃及、苏丹,我国云南、海南有栽培。叶(番泻叶)能泻热行滞、通便。同属植物**尖叶番泻** *Cassia acutifolia* Delile 的叶亦作番泻叶药用。**望江南** *Cassia occidentalis* L.为亚灌木或灌木。小叶 4～5

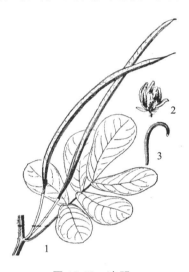

图 12-53　决明
1.植株一部分　2.雄蕊　3.雌蕊

对,卵形至卵状披针形。种子扁卵形。茎和叶能清肝、利尿、通便、解毒消肿;种子能清肝、健胃、通便、解毒。

皂荚 *Gleditsia sinensis* Lam.　皂荚属落叶乔木。棘刺粗壮,常有分枝,小枝无毛。一回偶数羽状复叶,小叶 3～9 对,卵状矩圆形,边缘有圆锯齿。总状花序;花萼钟状;花瓣白色;子房条形。荚果条形,黑棕色,有白色粉霜。分布于南北各地,多栽培。果实(皂荚),扁条形,紫棕色。皂荚树因衰老或受外伤等影响而结出的畸形小荚果,称"猪牙皂"。不育果实(猪牙皂)能祛痰开窍、散结消肿;皂荚树上的荆刺(皂荚刺)能活血消肿、排脓通乳。

紫荆 *Cercis chinensis* Bunge　紫荆属落叶灌木。树皮和小枝灰白色。叶纸质,近心形,先端急尖,基部浅心形至深心形,两面通常无毛,嫩叶绿色,仅叶柄略带紫色,叶缘膜质透明,新鲜时明显可见。花玫瑰红色,簇生于老枝和主干上,先于叶开放。荚果扁狭长形。分布于华北、华东、西南、中南地区及甘肃、陕西、辽宁等省,多作观赏花木栽培。树皮(紫荆皮)能清热解毒、活血行气、消肿止痛。

苏木 *Caesalpinia sappan* L.　云实属小乔木,具疏刺,枝上皮孔密而显著。二回羽状复叶,对生,无柄,小叶片纸质,长圆形至长圆状菱形。圆锥花序顶生或腋生;苞片大,披针形,早落;萼片 5,稍不等,下面一片比其他的大,呈兜状;花瓣黄色,最上面一片基部带粉红色,具柄。荚果木质,不开裂,红棕色,有光泽;种子长圆形,浅褐色。我国云南、贵州、四川、广西、广东、福建和台湾地区有栽培。心材(苏木)能活血祛瘀,消肿止痛。同属植物**云实** *Caesalpinia*

decapetala（Roth）Alston 为藤本。树皮暗红色，密生倒钩刺。二回羽状复叶，对生。总状花序顶生，具多花；萼片 5，被短柔毛；花瓣黄色，膜质，盛开时反卷。荚果长圆状舌形，沿腹缝线膨胀成狭翅，先端具尖喙。种子椭圆状，棕色。种子能解毒除湿、止咳化痰、杀虫；根或根皮能祛风除湿、解毒消肿。

（3）蝶形花亚科 Papilionoideae

草本、灌木或乔木。单叶、三出复叶或羽状复叶；常有托叶和小托叶。花两侧对称；花萼 5 裂；蝶形花冠，花瓣 5，下降覆瓦状排列（即最上面 1 瓣，排列于最外方，为旗瓣）；侧面 2 片为翼瓣，被旗瓣覆盖；位于最下的 2 片其下缘稍合生而成龙骨瓣。雄蕊 10，常为二体雄蕊，为（9＋1）或（5＋5）两组，也有 10 个全部连合成单体雄蕊，或全部分离。荚果，有时为节荚果。

【药用植物】

甘草 *Glycyrrhiza uralensis* Fisch. 甘草属多年生草本。根和根茎具甜味，根茎圆柱状，多横走；主根粗长，外皮红棕色或暗棕色。全株被白色短毛和刺毛状腺体。羽状复叶，小叶 5～17，卵形至宽卵形。总状花序腋生，花冠蓝紫色，花瓣具爪，旗瓣长圆形，顶端微凹，基部具短瓣柄，翼瓣短于旗瓣，龙骨瓣短于翼瓣；雄蕊 10，二体；子房密被刺毛状腺体。荚果弯曲呈镰刀状或环状，密集成球，密生瘤状凸起和刺毛状腺体（图 12-54）。分布于华北、西北、东北地区，常生于干旱沙地、河岸砂质地、山坡草地及盐渍化土壤中。根和根茎能补脾益气、清热解毒、祛痰止咳、缓急止痛、调和诸药。同属植物**洋甘草** *Glycyrrhiza glabra* L. 和**胀果甘草** *Glycyrrhiza inflata* Batal. 的根和根茎亦作甘草药用。

膜荚黄芪 *Astragalus membranaceus*（Fisch.）Bunge 黄芪属多年生草本。主根粗长，圆柱形。奇数羽状复叶，小叶 13～27，卵状披针形或椭圆形，两面被白色长柔毛。总状花序腋生；蝶形花冠黄白色，偶带紫红色；翼瓣及龙骨瓣均具长爪及短耳；雄蕊 10，二体；子房被柔毛。荚果膜质，膨胀，卵状矩圆形，具长柄，被黑色短柔毛（图 12-55）。分布于东北、华北、西北、西南等地区。根（黄芪）能补气升阳、固表止汗、利水消肿、生津养血、行滞通痹、托毒排脓、敛疮生肌。同属植物**蒙古黄芪** *Astragalus membranaceus*（Fish.）Bunge var. *mongholicus*（Bunge）P. K. Hsiao 的小叶 12～18 对，子房与荚果无毛；分布于内蒙古、吉林、山西、河北等地。根亦作黄芪药用。

图 12-54 甘草

1. 植株一部分 2. 根的一部分

图 12-55 膜荚黄芪

1. 植株一部分 2. 果序 3. 旗瓣
4. 翼瓣 5. 龙骨瓣 6. 萼和雌蕊、雄蕊

多序岩黄芪 *Hedysarum polybotrys* Hand.-Mazz. 岩黄芪属多年生草本。根外皮暗红

NOTE

213

褐色。小叶 11～19，具长约 1 mm 的短柄；总状花序腋生；花冠淡黄色，旗瓣倒长卵形，先端圆形、微凹，翼瓣线形，等于或稍长于旗瓣；子房线形，被短柔毛。荚果 2～4 节，被短柔毛，节荚近圆形或宽卵形，两侧微凹，具明显网纹和狭翅。分布于甘肃、四川等省。根（红芪）的功效似黄芪。

槐 *Sophora japonica* L. 槐属落叶乔木。奇数羽状复叶，小叶 7～15。圆锥花序顶生；花乳白色；花萼浅钟状，雄蕊 10，分离。荚果肉质，连珠状。我国大部分地区有栽培。花和花蕾（槐花）能凉血止血、清肝泻火；成熟果实（槐角）能清热泻火、凉血止血；嫩枝（槐枝）能散瘀止血、清热燥湿、祛风杀虫。同属植物**苦参** *Sophora flavescens* Alt. 为多年生草本，小叶 6～12 对，花冠比花萼长 1 倍，白色或淡黄白色，旗瓣倒卵状匙形；荚果条形，略呈串珠形。南北各地均有分布。根能清热燥湿、利尿、杀虫。**越南槐** *Sophora tonkinensis* Gagnep. 为灌木。茎纤细，有时攀援状。根较粗壮。羽状复叶，小叶革质或近革质，对生或近互生。荚果串珠状，稍扭曲，有种子 1～3 粒。根能清热解毒、消炎止痛。

补骨脂 *Psoralea corylifolia* L. 补骨脂属一年生草本。单叶，互生。花序腋生，有花 10～30 朵，组成密集的总状或小头状花序，被白色柔毛和腺点；花萼被白色柔毛和腺点，花冠黄色或蓝色，花瓣明显具瓣柄，旗瓣倒卵形；雄蕊 10，上部分离。荚果卵形，具小尖头，黑色，表面具不规则网纹，不开裂，果皮与种子不易分离；种子扁。主产于四川、河南、陕西、安徽等省，多栽培。果实（补骨脂）能温肾助阳、纳气平喘、温脾止泻。

密花豆 *Spatholobus suberectus* Dunn 密花豆属攀援藤本。老茎砍断后有鲜红色汁液流出，可见数圈偏心环。圆锥花序腋生或生于小枝顶端，花序轴、花梗被黄褐色短柔毛；花萼短小；花瓣白色，旗瓣扁圆形，先端微凹，翼瓣斜楔状长圆形，基部一侧具短尖耳垂；龙骨瓣倒卵形，基部一侧具短尖耳垂；子房近无柄。荚果近镰形，密被棕色短茸毛；种子扁长圆形，种皮紫褐色。分布于云南、广西、广东和福建等地。藤茎（鸡血藤）能补血活血、舒经通络。

葛 *Pueraria lobata*（Willd.）Ohwi 葛属藤本，全体被黄色长硬毛。块根肥厚。三出复叶，顶生小叶菱形卵状。总状花序腋生；花密生，花冠蓝紫色。子房线形，被毛。荚果长椭圆形，扁平，被褐色长硬毛。全国大部分地区有分布。根（葛根）能解肌退热、生津透疹、升阳止泻、通经活络；未完全开放的花（葛花）能治头痛、呕吐和解酒毒。同属植物**粉葛** *Pueraria lobata*（Willd）. Ohwi var. *thomsonii*（Benth.）van der Maesen，顶生小叶菱状卵形或宽卵形，侧生的斜卵形，先端急尖或具长小尖头，基部截平或急尖，全缘或具 2～3 裂片，两面均被黄色粗伏毛；花冠长 16～18 mm；旗瓣近圆形。分布于云南、四川、西藏、江西、广西、广东、海南等地。亦作葛根药用。

本亚科其他药用植物：①**赤小豆** *Vigna umbellate*（Thunb.）Ohwi et Ohashi（豇豆属），种子能利水、消肿、退黄、清热解毒、消痈。②**赤豆** *Vigna angularis*（Willd.）Ohwi et Ohashi（豇豆属），种子亦作赤小豆药用。③**降香** *Dalbergia odorifera* T. Chen（黄檀属），树干和根的干燥心材能化瘀止血、理气止痛。④**胡卢巴** *Trigonella foenum-graecum* L.（胡卢巴属），种子能温肾助阳、祛寒止痛。⑤**广东金钱草** *Desmodium styracifolium*（Osbeck）Merr.（山蚂蟥属），地上部分（广金钱草）能利湿退黄、利尿通淋。

23. 芸香科 Rutaceae

$$\text{⚥} * K_{4～5} C_{4～5} A_{8～∞} \underline{G}_{(2～∞ : 2～∞ : 1～2),2～∞ : 2～∞ : 1～2}$$

乔木或灌木，稀草本，有时具刺。叶、花或果实上常有透明腺点，多含挥发油。叶常互生，单叶或单身复叶，无托叶。花辐射对称，两性，稀单性，单生或簇生，或排成总状花序、聚伞花序、圆锥花序；萼片 4～5，花瓣 4～5，雄蕊与花瓣同数或为其倍数，生于花盘基部，外轮雄蕊常与花瓣对生；花盘发达。子房上位，心皮 2～5 或更多，多合生；中轴胎座；每室胚珠 1～2，稀更多。蓇葖果、蒴果和核果，稀翅果。染色体：$X=7\sim11,14,17,19$。

本科约有 150 属 1600 种，分布于热带、亚热带和温带地区。我国有 28 属 120 余种，已知药用植物有 100 余种，主产于南方。

本科主要化学成分：①生物碱：异喹啉类生物碱，如小檗碱（berberine）、黄柏碱（phellodendrine）、木兰碱（magnoline）；呋喃喹啉类生物碱，如白鲜碱（dictamnine）、茵芋碱（skimmianine）；吖啶酮类生物碱，如吴茱萸黄碱（evoxanthine）、山油柑碱（acronycine）等；吲哚类生物碱，如吴茱萸碱（evodiamine）。②黄酮类：橙皮苷（hesperidin）。③挥发油：柠檬烯（limonene）、芳樟醇（linalool）、香茅醇（citronellol）、茴香醛（anisaldehyde）、甲基胡椒酚（methyl chavicol）。④香豆素类：佛手苷内酯（bergapten）、花椒毒内酯（xanthotoxin）、花椒内酯（xanthyletin）、异茴芹内酯（isopimpinellin）。

【药用植物】

柑橘 *Citrus reticulata* Blanco 柑橘属常绿小乔木。枝细，常有刺。叶互生；单身复叶，叶柄有窄翼，顶端有关节；叶片披针形或椭圆形，有半透明油点。花单生或数朵簇生于枝顶端或叶腋；花瓣白色或带淡红色。果扁球形，果皮密被油点，熟时淡黄色至朱红色，果皮薄而易脱落。长江以南地区广泛栽培，品种甚多。成熟果皮（陈皮）能理气健脾、燥湿化痰；中果皮与内果皮之间的维管束群称"橘络"，能通络化痰；种子（橘核）能理气、止痛、散结；幼果或未成熟的幼果果皮（青皮）能疏肝理气、散结化滞。

酸橙 *Citrus aurantium* L. 柑橘属常绿小乔木。枝叶茂密，长刺多，新枝扁平而具棱。叶互生；单身复叶，叶柄有狭长形或狭长倒心形的翼叶；叶片革质，倒卵状椭圆形或卵状长圆形，具半透明油点。花单生或数朵聚生，芳香；花萼 5；花瓣 5，白色。果近球形，熟时橙黄色，果皮厚而难剥离（图 12-56）。长江流域及其以南地区有栽培。幼小果实（枳实）能破气消积、化痰散痞；未成熟或近成熟的果实（枳壳）能理气宽中、行滞消胀。**佛手** *Citrus medica* L. var. *sarcodactylis*（Noot.）Swingle 的果实呈 3～5 个手指状裂瓣，能疏肝理气、和胃止痛、燥湿化痰。

黄檗 *Phellodendron amurense* Rupr. 黄檗属落叶乔木。树皮厚，外层灰色或灰褐色，木栓层发达，内皮鲜黄色。奇数羽状复叶对生，叶轴及叶柄密被褐锈色短柔毛；小叶 5～15，常两侧不对称，背面常密被长柔毛。花单性异株，圆锥状聚伞花序；花小，黄绿色；雄花的雄蕊长于花瓣，退化雌蕊短小。浆果状核果球形，熟时紫黑色，有特殊香气和苦味。分布于东北、华北地区及宁夏等地，有栽培。树皮（关黄柏）能清热燥湿、泻火除蒸、解毒疗疮。同属植物**黄皮树** *Phellodendron chinense* Schneid. 的小叶 7～15 片，长圆状披针形或卵状椭圆形，叶背密被长柔毛或至少在叶脉上被毛，叶面中脉有短毛或嫩叶被疏短毛。花序顶生，花通常密集，花序轴粗壮，密被短柔毛。果多数密集成团，蓝黑色。分布于四川、贵州、云南、湖北、陕西等地，习称"川黄柏"，其树皮（川黄柏）功效同关黄柏。

吴茱萸 *Evodia rutaecarpa*（Juss.）Benth. 吴茱萸属灌木或小乔木，有特殊香气。奇数羽状复叶互生；小叶 5～13，小叶卵圆形至卵形，背面密被白色茸毛，下面有透明油腺点。花单性异株，圆锥状聚伞圆锥花序顶生。蒴果扁球形，成熟时开裂成蓇葖果状，5 个果瓣，紫红色，表面有粗大油腺点，有强烈香气。分布于中南、华东、西南地区及陕西、甘肃等省。未成熟的果实药用，能散寒止痛、降逆止呕、助阳止泻。同属植物**波氏吴萸** *Evodia rutaecarpa* var. *bodinieri*（Dode）Huang、**石虎** *Evodia rutaecarpa* var. *officinalis*（Dode）Huang 的果实亦可作吴茱萸药用。

白鲜 *Dictamnus dasycarpus* Turcz. 白鲜属多年生草本。根斜生，淡黄白色。茎直立。叶对生，无柄，羽状复叶，叶柄及叶轴两侧有狭翅。总状花序；苞片狭披针形；花淡红色，有紫色条纹。蒴果 5 裂。种子阔卵形或近圆球形，光滑。分布于我国大部分地区。根皮（白鲜皮）能清热燥湿、祛风解毒。

芸香 *Ruta graveolens* L.　芸香属草本。全株有浓烈特殊气味。叶二至三回羽状复叶。花金黄色;萼片 4;花瓣 4;雄蕊 8,花初开放时与花瓣对生的 4 枚贴附于花瓣上,与萼片对生的另 4 枚斜展且外露,花柱短,子房通常 4 室,每室有胚珠多颗(图 12-57)。蒴果,果皮有凸起的油点;种子甚多,肾形,褐黑色。原产于欧洲,我国长江以南有栽培。全草能祛风、镇痛、活血、杀虫。

本科其他较重要的药用植物:①**花椒** *Zanthoxylum bungeanum* Maxim.(花椒属),干燥成熟果皮能温中止痛、杀虫止痒。②**两面针** *Zanthoxylum nitidum*(Roxb.)DC.(花椒属),根能活血化瘀、行气止痛、祛风通络、解毒消肿。③**枳** *Poncirus trifoliata*(L.)Raf.(枳属),幼果或未成熟果实能疏肝和胃、理气止痛、消积化滞;叶能理气止呕、消肿散结;种子能止血。④**九里香** *Murraya exotica* L. Mant.(九里香属),茎和叶能行气活血、散瘀止痛、解毒消肿。

图 12-56　酸橙
1.花枝　2.花总剖　3.子房横切　4.果横切
5.种子　6.种子纵切　7.花图式

图 12-57　芸香
1.花枝　2.四基数的侧生花　3.花图式

24. 楝科 Meliaceae

$$☿ * K_{(4\sim5),(6)} C_{4\sim5,3\sim10,(3\sim10)} A_{(8\sim10)} \underline{G}_{(2\sim5:2\sim5:1\sim2)}$$

乔木或灌木。叶常互生,多为羽状复叶,无托叶。花多两性,辐射对称,多集成圆锥花序;萼片 4～5,稀 6,下部通常合生;花瓣 4～5,稀 3～10,分离或基部合生;雄蕊 8～10,花丝合生成管状,管顶全缘或撕裂,很少离生;具花盘或缺;子房上位,与花盘离生或多少合生,心皮 2～5,2～5 室,每室胚珠 1～2,稀更多。蒴果、浆果或核果。染色体:X＝11～14。

本科约有 50 属 1400 种,主要分布于热带和亚热带地区。我国有 15 属约 60 种,已知药用植物有 20 余种。

本科主要化学成分:三萜、生物碱、香豆素和酚酸类化合物。如楝、川楝的树皮和根皮中含有的川楝素(toosendanin)、异川楝素(isotoosendanin)、苦楝酮(kulinone)和洋椿苦素(cedrelone)等。

【药用植物】

楝 *Melia azedarach* L.　楝属落叶乔木。叶互生,二至三回奇数羽状复叶,小叶边缘有钝锯齿。圆锥花序;花萼 5 深裂;花瓣淡紫色,倒卵状匙形,两面均被微柔毛;雄蕊管紫色;子房近球形,每室有胚珠 2 颗,花柱细长,柱头头状,顶端具 5 齿,不伸出雄蕊管(图 12-58)。核果球形至椭圆形,内果皮木质,4～5 室,每室有种子 1 颗;种子椭圆形。分布于黄河以南各地。根皮和树皮(苦楝皮)有毒,能杀虫、疗癣。同属植物**川楝** *Melia toosendan* Sieb. et Zucc. 为乔木。二回羽状复叶。圆锥花序聚生于小枝顶部之叶腋内,密被灰褐色星状鳞片;花瓣淡紫色,匙形,外面疏被柔毛;雄蕊管圆柱状,紫色,无毛而有细脉;花盘近杯状;子房近球形,柱头不明显的 6 齿裂。核果大,椭圆状球形,果皮薄,熟后淡黄色。分布于四川、贵州、云南、湖南、湖北、河南、甘肃等省。果实（川楝子）能疏肝泄热、行气止痛、杀虫；根皮和树皮功效同苦楝皮。

香椿 *Toona sinensis*（A. Juss.）Roem. 香椿属落叶乔木。树皮粗糙，深褐色，片状脱落。叶具长柄，偶数羽状复叶，叶边全缘或有疏离的小锯齿。圆锥花序；花萼 5 齿裂；花瓣 5，白色；雄蕊 10，其中 5 枚能育，5 枚退化；花盘无毛，近念珠状；子房圆锥形。蒴果狭椭圆形，深褐色。种子上端有膜质的长翅，下端无翅。分布于华北、华东、中部、南部和西南部地区。幼芽嫩叶芳香可口，供蔬食；果实（香椿子）能祛风、散寒、止痛。

图 12-58 楝
1. 花枝　2. 果枝　3. 花萼和雌蕊　4. 雄蕊管剖开
5. 雄蕊管顶端　6. 雄蕊管顶端的内侧

25. 远志科 Polygalaceae

$$\male\female \uparrow K_5 C_{3,5} A_{(4\sim\infty)} \underline{G}_{(1\sim3:1:3:1\sim\infty)}$$

一年生或多年生草本，或灌木或乔木。单叶互生、对生或轮生，叶片纸质或革质，全缘，具羽状脉；通常无托叶，若有，则为棘刺状或鳞片状。花两性，两侧对称，排列成总状花序、圆锥花序或穗状花序，基部具苞片或小苞片；花萼下位，萼片 5，外面 3 枚小，里面 2 枚大，常呈花瓣状；花瓣 5 或 3，大小不等，基部通常合生，中间 1 枚呈龙骨瓣状，其顶端背面常具 1 流苏状或蝶结状附属物；雄蕊 4～8，花丝合生成鞘状；子房上位，心皮 1～3，合生。果实为蒴果、翅果或坚果；种子常有毛。染色体：X＝5，8，12，14，15，17。

本科有 13 属近 1000 种，广布于全世界，尤以热带和亚热带地区最多。我国有 4 属 51 种和 9 变种，南北地区均产，而以西南和华南地区最盛。

本科主要化学成分：①三萜皂苷：远志皂苷 A～H（onjisaponin A～H）、细叶远志皂苷（tenuifolin）。②𠮟酮类：远志𠮟酮（onjixanthone Ⅰ，Ⅱ，Ⅲ）。③生物碱类：细叶远志定碱（tenuidine）。

【药用植物】

远志 *Polygala tenuifolia* Willd. 远志属多年生草本，微被柔毛。叶长条形。总状花序具较稀疏的花；花蓝紫色；萼片宿存，外轮 3 片小，内轮 2 片花瓣状；花瓣 3，中间龙骨瓣背面顶部有撕裂成条的鸡冠状附属物，两侧花瓣下部 1/3 与花丝鞘贴生，内面下部具短柔毛；雄蕊 8，花丝 2/3 以下合生成鞘。蒴果倒卵状椭圆形，边缘具狭翅及缘毛（图 12-59）。分布于东北、华北、山东、陕西、甘肃等地区。根皮或根（远志）能安神益智、交通心肾、祛痰、消肿。

同属植物：①**西伯利亚远志** *Polygala sibirica* L. 为多年生草本，微被柔毛。叶椭圆形至矩圆状披针形。花序腋外生，最上一个花序低于茎的顶端；花蓝紫色；雄蕊花丝下部 2/3 合生成鞘。蒴果近倒心形。根亦作远志药用。②**瓜子金** *Polygala japonica* Houtt. 叶椭圆形至矩圆状披针形；蒴果近倒心形，具较宽的翅。分布于东北、华北、华东、华中、西南各地。全草（瓜子金）能祛痰止咳、活血消肿、解毒止痛。

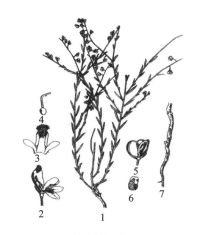

图 12-59 远志
1. 果枝　2. 花侧面观　3. 雄蕊
4. 雌蕊　5. 果实　6. 种子　7. 根

NOTE

26. 大戟科 Euphorbiaceae

$$\male * K_{0\sim5}C_{0\sim5}A_{1\sim\infty,(\infty)} ; \female * K_{0\sim5}C_{0\sim5}\underline{G}_{(3:3:1\sim2)}$$

乔木、灌木或草本。常有白色或稀淡红色乳汁。叶互生,少有对生或轮生,单叶,稀为复叶,叶基部常有腺体。花单性,雌雄同株或异株;单花或排成穗状花序、总状花序、聚伞花序或杯状聚伞花序;花萼分离或基部合生,2~5,稀1或缺;花瓣有或无;花盘环状或分裂成为腺体状,稀无花盘;雄蕊1至多数,花丝分离或合生成柱状,雄花常有退化雌蕊;子房上位,3室,每室有1~2枚胚珠着生于中轴胎座上,胚珠悬垂。蒴果,稀为浆果状或核果状;种子常有显著种阜。染色体:$X=6\sim14$。

本科约有300属5000种,广布于全世界,主产于热带和亚热带地区。我国包括引入栽培种在内共有约70属460种,已知药用植物有39属160余种。

本科主要化学成分:生物碱、氰苷、硫苷、二萜、三萜类化合物。如一叶荻碱(securinine)、巴豆苷(crotonoside)等。种子中富含脂肪油和蛋白质,多有毒性,如毒性球蛋白、巴豆毒素(crotin)和蓖麻毒素(ricin)等。

【药用植物】

大戟 *Euphorbia pekinensis* Rupr.　大戟属多年生草本。植物体有白色乳汁。茎直立,被白色短柔毛。叶互生,矩圆状披针形至披针形,全缘,背面稍被白粉。花序特异,是由多数杯状聚伞花序排列而成的多歧聚伞花序。总花序通常五歧聚伞状,有5伞梗;每伞梗再作三至四歧聚伞状;每小伞梗又作一至多回二歧聚伞状分枝,分枝基部有小叶状苞片1对,分枝顶端着生杯状聚伞花序;杯状聚伞花序外围有杯状总苞,总苞4~5浅裂;总苞内有多数雄花和1雌花,雌花集成蝎尾状聚伞花序,无花被,仅具1雄蕊;雌花仅有1雌蕊,单生于杯状总苞的中央,子房球形(图12-60)。蒴果表面具疣状凸起。分布于全国各地。根有毒,能泻水逐饮、消肿散结、通经。

甘遂 *Euphorbia kansui* T. N. Liou ex S. B. Ho　大戟属多年生草木,有乳汁;根长,稍弯曲,部分呈念珠状,有时呈长椭圆形,外皮棕褐色。茎无毛。叶互生,近无柄,条状披针形或披针形。顶生总花序有5~9伞梗;每伞梗再二叉状分枝;苞片三角状宽卵形;杯状花序总苞钟状,先端4裂,腺体4,生于裂片之间的外缘,呈新月形,黄色;花单性,无花被;雄花只有1雄蕊;子房3室,花柱3,柱头2裂(图12-61)。蒴果近球形。分布于甘肃、陕西、河南、山西。根能泻水逐饮、消肿散结。

图 12-60　大戟　　　　　　　　　图 12-61　甘遂
1.花枝　2.杯状花序　3.果实　4.种子　5.根

泽漆 *Euphorbia helioscopia* L.　大戟属一年生或二年生草本。茎无毛或仅分枝略具疏毛,基部紫红色,上部淡绿色,分枝多而斜升。叶互生;茎顶端具5片轮生叶状苞,与下部叶相似,但较大。多歧聚伞花序顶生,有 5 伞梗,每伞梗又生出 3 小伞梗,每小伞梗又第三回分为二叉;杯状花序钟形,总苞顶端 4 浅裂,裂间腺体 4,肾形;子房 3 室(图 12-62)。蒴果。分布于全国各地。全草能清热祛痰、利尿消肿、杀虫止痒。同属植物还有**续随子** *Euphorbia lathyris* L.、**狼毒** *Euphorbia fischeriana* Steud.、**月腺大戟** *Euphorbia ebracteolata* Hayata.、**地锦** *Euphorbia humifusa* Willd. ex Schlecht. 等。

巴豆 *Croton tiglium* L. 巴豆属灌木或小乔木。幼枝绿色,被稀疏的星状毛。叶掌状三出脉,两面被稀疏的星状毛。花小,单性,雌雄同株;顶生总状花序,雌花在下,雄花在上;雌花无花瓣,子房 3 室,每室 1 胚珠。蒴果卵形(图 12-63)。分布于长江以南各地,野生或栽培。种子有大毒,能泻下祛积、逐痰行水。

图 12-62 泽漆
1.植株 2.花序 3.子房 4.种子

图 12-63 巴豆
1.花枝 2.雌花 3.雄花
4.子房横切面 5.果枝

蓖麻 *Ricinus communis* L. 蓖麻属草本或草质灌木。幼嫩部分被白粉。叶互生,圆形,盾状着生,掌状中裂,裂片 5～11,边缘有锯齿。花单性,同株,无花瓣,下部雄花,上部雌花;子房 3 室,每室 1 胚珠。蒴果球形,有软刺。种子椭圆形,光滑,一端有种阜,具斑纹(图 12-64)。我国各地均有栽培。成熟种仁(蓖麻子)能泻下通滞、消肿拔毒。

图 12-64 蓖麻
1.果枝 2.花株的上部 3.雄花 4.雌花 5.子房横切面 6.蒴果 7.种子

NOTE

本科其他药用植物：①**一叶萩** *Fluggea suffruticosa*（Pall.）Baill.（白饭树属），灌木，小枝浅绿色。花小，单性，雌雄异株；蒴果三棱状扁球形。叶、花供药用，对神经系统有兴奋作用，并可提取一叶萩碱，用于治疗小儿麻痹后遗症和面神经麻痹。②**余甘子** *Phyllanthus emblica* L.（叶下珠属），落叶小乔木或灌木，蒴果外果皮肉质球形，无毛，干后开裂。成熟果实能清热凉血、消食健胃、生津止咳，为藏族习用药材。③**叶下珠** *Phyllanthus urinaria* L.（叶下珠属），一年生草本。全草能清肝明目、收敛利水、解毒消积。④**乌桕** *Sapium sebiferum*（L.）Roxb.（乌桕属），乔木。根皮和叶能消肿解毒、利尿泻下、杀虫。

27. 漆树科 Anacardiaceae

$$\male\female * K_{(3\sim5)} C_{3\sim5,(3\sim5)} A_{(3\sim5,6\sim10)} \underline{G}_{(1\sim5:1\sim5:1)}$$

乔木或灌木，韧皮部具裂生性树脂道。叶互生，稀对生，单叶，掌状三小叶或奇数羽状复叶，无托叶或托叶不显。花小，辐射对称，排列成顶生或腋生的圆锥花序；花萼 3～5，合生；花瓣 3～5，覆瓦状或镊合状排列；花盘扁平，环状；雄蕊与花盘同数或为其 2 倍；心皮 1～5，仅 1 个发育或合生，子房上位，少有半下位或下位，通常 1 室，每室有胚珠 1 枚，倒生。果多为核果。种子无胚乳或有少量薄的胚乳。染色体：X＝7～16。

本科约有 60 属 600 种，分布于热带、亚热带地区，少数延伸到北温带地区。我国有 16 属 59 种，已知药用植物有 35 种。

本科主要化学成分：黄酮类、甾类、酚类等化合物，如槲皮素（quercetin）、β-谷甾醇（β-sitosterol）、儿茶酚（catechol）、单宁（tannin）等。

【药用植物】

盐肤木 *Rhus chinensis* Mill. 盐肤木属灌木或小乔木。小枝、叶柄及花序都密生褐色柔毛。奇数羽状复叶互生，叶轴及叶柄常有翅；圆锥花序顶生；花小，杂性，黄白色；萼片 5～6，花瓣 5～6。核果近扁圆形，红色，有灰白色短柔毛（图 12-65）。除青海、新疆外，分布几遍全国。盐肤木为一种蚜虫五倍子蚜 *Melaphis chinensis*（Bell）Baker 的寄主植物。由于蚜虫的寄生，在幼枝和叶上刺激形成虫瘿，称为五倍子。五倍子含有大量的鞣质，能涩肠止泻、敛汗止血。同属植物**青麸杨** *Rhus potaninii* Maxim. 和**红麸杨** *Rhus punjabensis* Stew. var. *sinica*（Diels）Rehd. et Wils. 由于蚜虫寄生在枝、叶形成虫瘿，作五倍子药用。

漆 *Toxicodendron vernicifluum*（Stokes）F. A. Barkl. 漆属落叶乔木。树皮灰白色，有树脂状乳汁。圆锥花序长 15～30 cm，与叶近等长，被灰黄色微柔毛；花黄绿色。果序多少下垂，核果肾形或椭圆形，略压扁，外果皮黄色（图 12-66）。除黑龙江、吉林、内蒙古和新疆外，我国其余地区均有分布。割破树皮，流出的乳汁干涸后凝成团块，即为生漆。树脂经加工后的干燥品（干漆）有小毒，能破瘀、消积、杀虫；树脂（生漆）有大毒，能杀虫；根（漆树根）有毒，能活血散瘀、通经止痛；叶（漆叶）有小毒，能活血解毒、杀虫敛疮。

图 12-65　盐肤木

1.果枝　2.虫瘿　3.果实

图 12-66　漆

1.果枝　2.花

南酸枣 *Choerospondias axillaris* (Roxb.) Burtt et Hill　南酸枣属落叶乔木。奇数羽状复叶互生,小叶 7～15,对生。花杂性异株;雄花和假两性花淡紫红色,排成聚伞状圆锥花序;雌花单生于上部叶腋内;萼片、花瓣各 5;雄蕊 10;子房 5 室。核果椭圆形。分布于长江以南地区。干燥成熟果实(广枣)能行气活血、养心安神;树皮能收敛、止痛止血。

28. 冬青科 Aquifoliaceae

$$♂ * K_{(3\sim6)} C_{4\sim5,(4\sim5)} A_{4\sim5} \quad ♀ * K_{(3\sim6)} C_{4\sim5,(4\sim5)} \underline{G}_{(3\sim\infty:3\sim\infty:1\sim2)}$$

乔木或灌木。叶互生,稀对生,单叶;托叶早落。花小,辐射对称,单性,稀两性,单生或成束生于叶腋内;花萼 4～6 裂;花瓣 4～6,分离或于基部合生;雄蕊与花瓣同数;子房上位,3 至多室,每室有胚珠 1～2 枚。浆果状核果,具 2 至多数分核,每分核具 1 粒种子。染色体:X＝18,20。

本科有 4 属 400～500 种,其中绝大部分种为冬青属 *Ilex*,分布于热带(美洲)和热带至暖带(亚洲)地区。我国产 1 属约 204 种,已知药用的有 40 余种,主要分布于秦岭南坡、长江流域及其以南地区。

本科主要化学成分:生物碱、黄酮、香豆素等化合物,如可可碱(theobromine)、木犀草素(luteolin)、七叶内酯(esculetin)等。

【药用植物】

枸骨 *Ilex cornuta* Lindl. et Paxt.　冬青属常绿灌木或小乔木,树皮灰白色;平滑。叶硬革质,矩圆状四方形,顶端扩大,有硬而尖的刺齿 3,基部平截,两侧各有尖硬刺齿 1～2。花黄绿色,4 基数,雌雄异株,簇生于二年生的枝上。果球形,鲜红色(图 12-67)。分布于我国长江中下游各省,朝鲜也有。叶(枸骨叶、功劳叶)能清热养阴、益肾、平肝。同属植物**冬青** *Ilex chinensis* Sims 为常绿乔木。叶薄革质,长椭圆形至披针形。雌雄异株,雄花紫红色或淡紫色,7～15 朵排成三或四回二歧聚伞花序,4～5 基数,花萼近钟形;雌花 3～7 朵排成一或二回二歧聚伞花序;退化雄蕊长约为花瓣的 1/2,柱头厚盘状,不明显的 4～5 裂。果椭圆形,深红色(图 12-68)。分布于长江流域以南各地。叶(四季青)能清热解毒、消肿祛瘀。

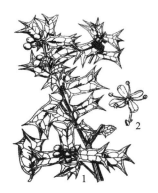

图 12-67　枸骨
1.果枝　2.雄花

图 12-68　冬青
1.果枝　2.雄花枝　3.雄花　4.果实

本科其他药用植物:①**大叶冬青** *Ilex latifolia* Thunb.为常绿大乔木。叶厚革质,矩圆形或卵状矩圆形;雌雄异株;果球形,红色或褐色。嫩叶(苦丁茶)能清热解毒、止渴生津。②**铁冬青** *Ilex rotunda* Thunb.为常绿乔木。叶薄革质或纸质,椭圆形;花白色,雌雄异株;果球形,熟时红色。叶和树皮能清热利湿、消肿止痛。③**毛冬青** *Ilex pubescens* Hook. et Arn.为常绿灌木。根能活血通脉、消肿止痛。

NOTE

29. 卫矛科 Celastraceae

$$☿ * K_{4～5}C_{4～5}A_{4～5}\underline{G}_{(2～5:2～5:2～6)}$$

常绿或落叶乔木、灌木。单叶，对生或互生；托叶细小，早落或无。花两性或退化为功能性不育的单性花；聚伞花序1至多次分枝，具有较小的苞片和小苞片；花萼基部通常与花盘合生，花萼4～5；花瓣4～5，花盘明显；雄蕊与花瓣同数，着生于花盘上；心皮2～5，合生，子房室数与心皮同数或退化成不完全室或1室，倒生胚珠，通常每室2～6枚。多为蒴果，亦有核果、翅果或浆果；种子多少被肉质具色假种皮包围。染色体：$X=7,8,9,10,12,16,18,23,32,40$。

本科约有60属850种，主要分布于热带、亚热带及温暖地区。我国有12属201种，全国各地均有分布。

本科主要化学成分：二萜内酯、倍半萜醇、大环生物碱等化合物，如雷公藤甲素（triptolide）、雷公藤乙素（tripdiolide）、美登木碱（maytansine）等。本科中美登木属 *Maytenus*、卫矛属 *Euonymus*、南蛇藤属 *Celastrus*、雷公藤属 *Tripterygium* 的许多种类在全世界范围内都是作为抗癌药的研究对象。

【药用植物】

卫矛 *Euonymus alatus*（Thunb.）Sieb. 卫矛属灌木。小枝有2～4列扁条状木栓翅。叶对生，窄倒卵形或椭圆形。聚伞花序有3～9花；花淡绿色，4基数，花盘肥厚方形，雄蕊具短花丝。蒴果4深裂，裂瓣长卵形，棕色带紫色；种子紫棕色，有橙红色假种皮（图12-69）。全国各地均产。枝翅或带翅嫩枝（鬼箭羽）能行血通经、散瘀止痛。

雷公藤 *Tripterygium wilfordii* Hook. f. 雷公藤属藤本灌木。小枝棕红色，有4～6棱，密生瘤状皮孔及锈色短毛。叶椭圆形至宽卵形。聚伞圆锥花序顶生及腋生，被锈毛；花白绿色；花盘5浅裂；雄蕊生于浅裂内凹处；子房三角形，不完全3室，每室胚珠2，通常仅1胚珠发育，柱头6浅裂。蒴果，具3片膜质翅（图12-70）。分布于长江流域以南各地。根有大毒，能祛风除湿、通络止痛、消肿止痛、解毒杀虫。同属植物**昆明山海棠** *Tripterygium hypoglaucum*（H. Lév.）Hutch. 为藤本灌木。叶椭圆形至宽卵形，叶背有白粉；聚伞圆锥花序，花白绿色；蒴果。根有大毒，能祛风除湿、活血止血、舒筋接骨、解毒杀虫。

图 12-69　卫矛

1.花枝　2.花　3.果枝　4.果实

图 12-70　雷公藤

1.花枝　2.花　3.蒴果

本科其他药用植物：①**南蛇藤** *Celastrus orbiculatus* Thunb.（南蛇藤属），藤状灌木。花黄绿色；雄蕊5，着生于杯状花盘边缘，退化雌蕊柱状；蒴果黄色，种子有红色肉质假种皮。②**美登木** *Maytenus hookeri* Loes.（美登木属），灌木；花白绿色，雄蕊5，生于花盘之下；蒴果倒卵形，种子基部有浅杯状淡黄色假种皮。叶能化瘀消癥，主治早期癌症。

30．无患子科 Sapindaceae

$$☿ * ↑ K_{4\sim5} C_{4\sim5,0} A_{8,5\sim10} \underline{G}_{(2\sim4:1\sim4:1\sim2)}$$

乔木或灌木。羽状复叶或掌状复叶，互生，通常无托叶。聚伞圆锥花序顶生或腋生；花小，单性。雄花：萼片 4～5，覆瓦状排列或镊合状排列；花瓣 4 或 5，离生，覆瓦状排列；花盘肉质；雄蕊 5～10，通常 8，花丝分离，花药背着，纵裂。雌花：花被和花盘与雄花相同，雌蕊由 2～4 心皮组成，子房上位，通常 3 室，全缘或 2～4 裂，花柱顶生或着生在子房裂片间，柱头单一或 2～4 裂；胚珠每室 1 或 2 颗，偶有多颗，中轴胎座，很少为侧膜胎座。果为室背开裂的蒴果，或不开裂而呈浆果状或核果状；种子每室 1 颗。染色体：X＝11～16。

本科约有 150 属 2000 种，分布于热带和亚热带地区。我国有 25 属 53 种 2 亚种 3 变种，多数分布在西南部至东南部，北部很少。

本科主要化学成分：三萜皂苷类化合物，如无患子皂苷（sapindoside）等。

【药用植物】

龙眼 *Dimocarpus longan* Lour.　龙眼属常绿乔木。偶数羽状复叶，互生，小叶 4～5 对，近对生或互生，革质，长椭圆形或长椭圆状披针形，边全缘或波状，上面暗绿色，有光泽，下面粉绿色，两面无毛。圆锥花序顶生和腋生，密被星状柔毛；花小，黄白色；萼片近革质，三角状卵形；花瓣乳白色，披针形，与萼片近等长，仅外面被微柔毛；花丝被短硬毛。果球形，核果状，不开裂，外皮黄褐色，粗糙；鲜假种皮白色透明，肉质，味甜；种子球形，黑褐色，光亮（图 12-71）。我国西南部至东南部地区均有栽培。假种皮（龙眼肉）能补益心脾、养血安神。

图 12-71　龙眼
1.果枝　2.雄花　3.雌花

荔枝 *Litchi chinensis* Sonn.　荔枝属常绿乔木；小枝有白色小斑点和微柔毛。偶数羽状复叶，互生；小叶 2～4 对，革质，披针形至卵状披针形，上面有光泽，下面粉绿色。圆锥花序顶生，有褐黄色短柔毛；花小，绿白色或淡黄色，杂性；花萼杯状，被金黄色短茸毛；雄蕊 6～7，子房密覆小瘤体和硬毛。核果球形或卵形，果皮暗红色，有小瘤状凸起；种子为白色、肉质、多汁、甘甜的假种皮所包围（图 12-72）。分布于福建、广东、广西及云南东南部。种子（荔枝核）能行气散结、祛寒止痛。

图 12-72　荔枝
1.果枝　2.雄花　3.雌花　4.核果纵切面

无患子 *Sapindus mukorossi* Gaertn.　无患子属落叶乔木。偶数羽状复叶，互生；小叶 4～8 对，互生或近对生，纸质，卵状披针形至矩圆状披针形，无毛。圆锥花序顶生，有茸毛；花小，通常两性；萼片与花瓣各 5，边有细毛；雄蕊 8，花丝下部生长柔毛。核果肉质，球形，有棱，熟时黄色或橙黄色；种子球形，黑色，坚硬（图 12-73）。分布于台湾、湖北西部及长江以南各地。根、果仁能清热解毒、化痰止咳。

本科药用植物**文冠果** *Xanthoceras sorbifolium* Bunge（文冠果属）为落叶灌木或小乔木；奇数羽状复叶；圆锥花序，花盘 5 裂，裂片背面有 1 角状橙色的附属体；蒴果，室裂为 3 果瓣。

茎或枝叶能祛风除湿、消肿止痛。

图 12-73　无患子
1.花枝　2.雄花　3.雌蕊　4.果

31. 鼠李科 Rhamnaceae

$$\male\female * K_{(4\sim5)} C_{4\sim5} A_{4\sim5} \underline{G}_{(2\sim4:2\sim4:1)}$$

灌木、藤状灌木或乔木,稀草本,通常具刺。单叶不分裂,常互生,叶脉显著;托叶小,早落或宿存,或有时变为刺。花小,整齐,两性或单性,稀杂性,雌雄异株,常排成聚伞花序、穗状圆锥花序、聚伞总状花序、聚伞圆锥花序。通常 4 基数,稀 5 基数;萼钟状或筒状,与花瓣互生;花瓣匙形,基部常具爪;雄蕊与花瓣对生,花盘肉质;子房上位或一部分埋藏于花盘内,通常 3 室或 2 室,稀 4 室,每室有 1 基生的倒生胚珠。核果、浆果状核果、蒴果状核果或蒴果,萼筒宿存。染色体:$X=10\sim13$。

本科约有 58 属 900 种,广泛分布于温带至热带地区。我国产 14 属 133 种 32 变种和 1 变型,全国各地均有分布,已知药用植物有 12 属 70 余种。

本科主要化学成分:①蒽醌类:大黄素(emodin)、大黄酚(chrysophanol)。②生物碱:酸枣仁碱 A(sanjoinine A)、枣碱(zizyphine)、枣宁碱(zizyphinine)。③三萜皂苷:酸枣仁皂苷(jujuboside)。④黄酮类:芦丁(rutin)、斯皮诺素(spinosin)。⑤三萜类:白桦脂酸(betulinic acid)、白桦脂醇(betulin)。

【药用植物】

枣 *Ziziphus jujuba* Mill.　枣属灌木或乔木。小枝有细长的刺,刺直立或钩状。叶卵圆形至卵状披针形,有细锯齿,基生三出脉。聚伞花序腋生;花小,黄绿色。核果大,卵形或长圆形,深红色,中果皮厚肉质,味甜,核两端锐尖(图 12-74)。全国各地均有栽培。果实(大枣)能补中益气、养血安神。同属植物**酸枣** *Ziziphus jujuba* Mill. var. *spinosa*(Bunge)Hu ex H. F. Chow 为灌木或小乔木。小枝有两种刺:一种为针状直形的,另一种为向下反曲的。核果小,近球形,红褐色,中果皮薄,味酸,核两端常钝头(图 12-75)。分布于我国北方大部分地区。种子(酸枣仁)能养心补肝、宁心安神、敛汗、生津。

图 12-74　枣
1.花枝　2.花　3.果实　4.核

图 12-75　酸枣
1.果枝　2.花

枳椇[zhǐ jǔ]*Hovenia acerba* Lindl.　枳椇属乔木。叶互生,宽卵形、椭圆状卵形或心形。二歧式聚伞圆锥花序,顶生和腋生,被棕色短柔毛;花淡黄绿色。果梗肥厚扭曲,肉质,红褐色;浆果状核果近球形,无毛,成熟时黄褐色或棕褐色。分布于华北、华东、中南、西北、西南地区。成熟种子(枳椇子)能解酒毒、止渴除烦、止呕、利大小便;根(枳椇根)能祛风活络、止血、解酒。以枳椇果实连同肥厚肉质的花序轴(拐枣)供药用或作水果食用。

32. 锦葵科 Malvaceae

$$\male\female * K_{(5),5} C_5 A_{(\infty)} \underline{G}_{(3\sim\infty:3\sim\infty:1\sim\infty)}$$

草本、灌木或乔木,具丰富的韧皮纤维,有的具黏液,表面常有星状毛。单叶互生,叶脉通常掌状,具托叶。花腋生或顶生,单生、簇生,或成聚伞花序至圆锥花序;花两性,辐射对称;萼片 3~5,分离或合生,具副萼(由苞片变态而成);花瓣 5,分离;雄蕊多数,单体雄蕊;心皮 3 至多数,合生或分离,轮状排列;子房上位,3 至多室,每室 1 至多数胚珠,中轴胎座,花柱与心皮同数或为其 2 倍。蒴果或分果,稀浆果。种子肾形或倒卵形。染色体:$X=5,7,11\sim20$。

本科约有 50 属 1000 种,分布于温带至热带地区。我国有 16 属约 80 种,已知药用植物有60 种,全国各地均有分布。

本科主要化学成分:黄酮、生物碱、酚类等化合物,如芦丁(rutin)、胆碱(choline)、甜菜碱(betaine)、麻黄碱(ephedrine)、山奈酚(kaempferol)等。

【药用植物】

苘[qǐng]麻 *Abutilon theophrasti* Medicus 苘麻属一年生草本。茎有柔毛。叶互生,圆心形,两面密生星状柔毛。花单生于叶腋,花梗近端处有节;花萼杯状,5 裂;花黄色,花瓣倒卵形;心皮 15~20,排列成轮状。蒴果半球形,分果爿15~20,有粗毛,顶端有 2 长芒(图 12-76)。全国各地均有分布。种子(苘麻子)能清热解毒、利湿、退翳;全草能解毒祛风。

图 12-76 苘麻
1. 果枝 2. 花纵剖面 3. 雄蕊 4. 种子

野葵 *Malva verticillata* L. 锦葵属二年生草本。茎直立,有星状长柔毛。叶互生,肾形至圆形,掌状 5~7 浅裂,两面被极疏糙伏毛或几无毛;托叶有星状柔毛。花小,淡红色,丛生于叶腋间;萼杯状,5 齿裂;花瓣 5,倒卵形,顶端凹入;子房 10~11 室。果扁圆形,熟时心皮彼此分离并与中轴脱离。全国各地均有分布。种子能清热利尿、消肿。

木槿 *Hibiscus syriacus* L. 木槿属落叶灌木。叶菱状卵圆形,常 3 裂,基部楔形,下面有毛或近无毛;托叶条形,长约为花萼之半。花单生于叶腋,有星状短毛;小苞片 6 或 7,条形,有星状毛;萼钟形,裂片 5;花冠钟形,呈淡紫、白、红等色(图 12-77)。蒴果卵圆形,密生星状茸毛。全国各地均有栽培。茎皮、根皮(川槿皮)能杀虫、止痒、止血;花能清热解毒、止痢;果实(朝天子)能清肝化痰、解毒止痛。同属植物**木芙蓉** *Hibiscus mutabilis* L. 为落叶灌木或小乔木,茎具星状毛及短柔毛。叶卵圆状心形,边缘具钝齿,两面均具星状毛。花大,单生于枝端叶腋,花梗近端有节;萼钟形,5 裂;花冠白色或淡红色,后变深红色(图 12-78)。蒴果扁球形,被黄色刚毛及绵毛,果瓣 5;种子多数,肾形。我国多数地区有栽培。花、叶及根皮能清热解毒、散瘀止血、消肿排脓。

图 12-77 木槿

图 12-78 木芙蓉

本科其他药用植物：①**黄蜀葵** *Abelmoschus manihot*（L.）Medicus（秋葵属），多年生草本，疏生长硬毛。花大，单生于叶腋和枝端；小苞片卵状披针形，有长硬毛；花萼佛焰苞状，结果时脱落；花淡黄色，具紫心；子房5室，每室具多数胚珠。蒴果卵状椭圆形。花能清利湿热、消肿解毒。②**草棉** *Gossypium herbaceum* L.（棉属），一年生草本。叶掌状5裂，两面有毛。花单生于叶腋；花瓣5，黄色，内面基部紫色。蒴果卵圆形；种子斜卵形，具白色绵毛和短纤毛。根能通经止痛、止咳平喘。③**陆地棉** *Gossypium hirsutum* L.（棉属），一年生草本。种子能催乳。

33. 堇菜科 Violaceae

$$\male\female *, \uparrow K_5 C_5 A_5 \underline{G}_{(3\sim5:1:1\sim\infty)}$$

多年生草本、灌木。叶为单叶，通常互生，少数对生，全缘、有锯齿或分裂，有叶柄；托叶小或叶状。花两性或单性，辐射对称或两侧对称，单生或组成腋生或顶生的穗状花序、总状花序或圆锥状花序；萼片覆瓦状，宿存；花瓣5，覆瓦状或旋转状，异形，下面1枚通常较大，基部囊状或有距；雄蕊5，花药直立，分离或围绕子房成环状靠合，药隔延伸于药室顶端成膜质附属物，花丝很短或无，下方2枚雄蕊基部有距状蜜腺；子房上位，完全被雄蕊覆盖，1室，由3～5心皮连合构成，侧膜胎座，花柱单一，稀分裂，柱头形状多变化，胚珠1至多数，倒生。果实为沿室背弹裂的蒴果或为浆果状；种子无柄或具极短的种柄，种皮坚硬，有光泽，常有油质体，有时具翅，胚乳丰富，肉质，胚直立。染色体：$X=5,6,8,11,13,17$。

本科约有22属900种，分布于世界各洲，温带、亚热带及热带地区。我国有4属约130种。

图 12-79 紫花地丁

本科主要化学成分：黄酮、香豆素、有机酸、酚类等化合物，如芹菜素（apigenin）、木犀草素（luteolin）、东莨菪内酯（scopoletin）、咖啡酸（caffeic acid）、丁二酸（butanedioic acid）等。

【药用植物】

紫花地丁 *Viola philippica* Cav. Icons et Descr. 堇菜属草本。地下茎短，无匍匐枝。叶基生，矩圆状披针形或卵状披针形，基部近截形或浅心形而稍下延于叶柄上部，顶端钝，或下部叶三角状卵形，基部浅心形；托叶草质，离生部分全缘。花两侧对称，具长梗；萼片5，卵状披针形，基部附器短，矩形；花瓣5，淡紫色，距管状，常向顶部渐细，直或稍下弯（图12-79）。果椭圆形，无毛。分布于东北、华北、山东、陕西、甘肃、长江流域以南及西至西藏东部。全草能清热解毒、凉血消肿。同属植物**七星莲** *Viola diffusa* Ging. 为草本，有长柔毛。地下茎短或稍长；基生叶和匍匐枝通常多数。基生叶卵形，较小，匍匐枝上的叶常聚生于枝端；托叶有睫毛状齿或近于全缘。花小，两侧对称；萼片5，披针形，基部附器短，截形；花瓣5，白色或浅紫色，距短。果椭圆形，无毛。分布于长江流域以南各地。全草能消肿排脓、清热化痰、治疖痈等。

34. 瑞香科 Thymelaeaceae

$$\male\female * K_{(4\sim5)} C_0 A_{4\sim5, 8\sim10} \underline{G}_{(2\sim5:1:2:1)}$$

多为灌木或小乔木。茎韧皮纤维发达，不易折断。单叶，互生或对生，全缘，具短叶柄，无托叶。花组成头状花序、穗状花序或总状花序，稀单生；两性或单性，雌雄同株或异株，辐射对称;花萼管状,4～5裂,似花瓣,白色、黄色或淡绿色;花瓣缺或鳞片状,与萼裂片同数;雄蕊与花萼同数或为其2倍,着生于萼管喉部上;子房上位,心皮常2～5,1室,稀2室,每室常有1悬垂胚珠,花柱顶生或近顶生,柱头常头状。浆果、核果或坚果,稀为2瓣开裂的蒴果,果皮膜质、革质、木质或肉质。种子下垂或倒生。染色体:X=9。

本科约有50属650种,主要分布于温带至热带地区。我国有10属100种,主要分布于长江流域及其以南地区,已知药用植物有40种,主要分布于长江以南地区。

本科主要化学成分:二萜酯类、香豆素类、木脂素类、黄酮类和挥发油等化合物,如瑞香素(daphnetin)、瑞香苷(daphnin)、芫花醇(wikstromol)、羟基芫花素(hydroxygenkwanin)和沉香醇(linalool)等。

【药用植物】

芫花 *Daphne genkwa* Sieb. et Zucc.　瑞香属落叶灌木。幼枝密被淡黄色绢状毛,老枝无毛。叶对生或偶为互生,纸质,椭圆状矩圆形至卵状披针形,幼叶下面密被淡黄色绢状毛,老叶除下面中脉微被绢状毛外其余部分无毛。花先于叶开放,淡紫色或淡紫红色,3～6朵成簇腋生;花被筒状,外被绢状毛;雄蕊8,2轮,分别着生于花被筒中部及上部;花盘环状;子房卵状,密被淡黄色柔毛。核果白色,种子1枚(图12-80)。分布于长江流域及山东、河南、陕西。花蕾能泻水逐饮,外用杀虫疗疮。同属植物**黄瑞香** *Daphne giraldii* Nitsche分布于黑龙江、辽宁、陕西、甘肃、青海、新疆、四川等地。生于海拔1600～2600 m的山地林缘或疏林中。茎皮和根皮有小毒,能祛风通络、散瘀止痛。

土沉香 *Aquilaria sinensis*(Lour.)Spreng.　沉香属常绿乔木。叶互生,革质有光泽,卵形、倒卵形至椭圆形,顶端短渐尖,基部宽楔形。伞形花序顶生或腋生;花黄绿色,有芳香;花萼浅钟状,裂片5,近卵形,两面均有短柔毛;花瓣10,鳞片状,生于萼管喉部,有毛;雄蕊10,1轮;子房上位,2室,每室胚珠1颗。蒴果木质,倒卵形,被灰黄色短柔毛,有宿存萼,2瓣裂开。种子1或2颗,基部有尾状附属物(图12-81)。分布于广东、广西、台湾、福建。木质部分泌树脂,其含树脂的心材称为"国产沉香""土沉香",作香料和药用,能行气止痛、温中止呕、纳气平喘。同属植物**沉香** *Aquilaria agallocha* Roxb.主产于印度尼西亚、马来西亚、柬埔寨、越南等国,我国台湾亦有栽培。其含树脂的心材称"进口沉香"。

图12-80　芫花
1.花枝　2.果枝　3.花纵剖面　4.果实

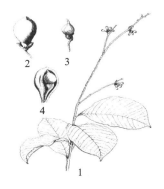

图12-81　白木香
1.花枝　2.果实　3.种子　4.果实纵剖面

狼毒 *Stellera chamaejasme* L.　狼毒属多年生草本。茎直立,丛生,有粗大圆柱形木质根状茎。叶通常互生,无柄,披针形至椭圆状披针形,全缘,无毛。头状花序顶生;花黄色或白色,具绿色总苞;花被筒细瘦,下部常为紫色,具明显纵脉,顶端5裂,其上有紫红色网纹;雄蕊10,2轮,着生于花被筒中部以上;子房1室,顶端被淡黄色细柔毛。果实圆锥形,干燥,为花被管基部所包。分布于东北、河北、河南、甘肃、青海及西南。根有毒,能散结、杀虫。

本科其他药用植物：①**南岭荛花** *Wikstroemia indica*（L.）C. A. Mey.（荛花属），灌木。枝红褐色，无毛；叶对生，卵形或椭圆状矩圆形，无毛；花黄绿色，数朵组成顶生的短总状花序，无毛；果实椭圆形，无毛，熟时鲜红色至暗紫黑色。全株有毒，根、叶能消肿散结、泻下逐火、止痛。②**结香** *Edgeworthia chrysantha* Lindl.（结香属），落叶灌木。小枝粗壮，棕红色；叶互生而簇生于枝顶；头状花序；花黄色，芳香，花被筒状，外面有绢状长柔毛；核果卵形。根能舒筋接骨、消肿止痛，治跌打损伤、风湿痛。

35. 胡颓子科 Elaegnaceae

$$\male\female *,\uparrow K_{(4)} A_4 \underline{G}_{1:1:1}$$

常绿或落叶直立灌木或攀援藤本，有刺或无刺，全体被银白色或褐色至锈盾形鳞片或星状茸毛。单叶互生，稀对生或轮生，全缘，羽状叶脉，具柄，无托叶。花两性或单性。单生或数花组成叶腋生的伞形总状花序，通常整齐，白色或黄褐色；花萼常连合成筒，顶端 4 裂，在子房上面通常明显收缩，花蕾时镊合状排列；无花瓣；雄蕊着生于萼筒喉部或上部，花丝分离，短或几无，花药内向，2 室纵裂，背部着生；子房上位，包被于花萼管内，心皮 1，1 室，1 胚珠，花柱单一，柱头棒状或偏向一边膨大。果实为瘦果或坚果，为增厚的萼管所包围，核果状，红色或黄色；味酸甜或无味，种皮骨质或膜质。染色体：$X=11,12,14$。

本科有 3 属 80 余种，主要分布于亚洲东南地区。我国有 2 属约 60 种，遍布于全国各地。

图 12-82 沙棘

图 12-83 胡颓子
1. 果枝 2. 花 3. 果实

本科主要化学成分：生物碱、黄酮、维生素、挥发油、萜类等化合物，如胡颓子碱（eleagnine）、芹菜素（apigenin）、山奈酚（kaempferol）、棕榈酸（palmitic acid）等。

【药用植物】

沙棘 *Hippophae rhamnoides* L.　沙棘属落叶乔木或灌木，具粗壮棘刺。枝幼时密被褐锈色鳞片。叶互生或近对生，条形至条状披针形，两端钝尖，背面密被淡白色鳞片；叶柄极短。花先于叶开放，雌雄异株；短总状花序腋生于头年枝上，花小，淡黄色，花被 2 裂；雄花花序轴常脱落，雄蕊 4；雌花比雄花后开放，具短梗，花被筒囊状，顶端 2 裂。果为肉质花被管所包围，近于球形（图 12-82）。分布于华北、西北及四川、云南、西藏。果实能健脾消食、止咳祛痰、活血散瘀。

胡颓子 *Elaeagnus pungens* Thunb.　胡颓子属常绿直立灌木，具棘刺。小枝褐锈色，被鳞片。叶厚革质，边缘微波状，表面绿色，有光泽，背面银白色，被褐色鳞片；叶柄粗壮，褐锈色。花银白色，下垂，被鳞片；花被筒圆筒形或漏斗形，内面被短柔毛；雄蕊 4；子房上位。果实椭圆形，被锈色鳞片，成熟时红色（图 12-83）。分布于长江流域以南各地。果可食用和酿酒；果和根、叶能收敛止泻、镇咳解毒。同属植物**牛奶子** *Elaeagnus umbellata* Thunb. 为落叶灌木，常具刺；幼枝密被银白色鳞片；花先于叶开放，黄白色，芳香，2～7 朵丛生于新枝基部；核果球形，被银白色鳞片，成熟时红色。分布于长江流域及以北地区。果能食，也可酿酒和药用。

36. 使君子科 Combretaceae

$$\text{\Phi} *, \uparrow K_{(4\sim5)} C_{4\sim5,0} A_{4\sim5,8\sim10} \overline{G}_{(5:1:2\sim6)}$$

常为乔木或灌木,稀为木质藤本,偶具刺。单叶,多对生或互生,全缘,偶具锯齿,具叶柄,无托叶;叶基、叶柄或叶下缘齿间具腺体。花组成头状花序、穗状花序、总状花序或圆锥花序;两性,辐射对称,偶两侧对称;萼裂片 4～5,镊合状排列;花瓣 4～5 或缺,覆瓦状或镊合状排列;雄蕊常着生于萼管上,2 枚或为萼片数的 1～2 倍;子房下位,1 室,胚珠 2～6,倒生。坚果、核果或翅果,常有 2～5 棱。种子 1 枚。染色体:$X=12$。

本科约有 18 属 450 种,主产于热带至亚热带地区。我国有 6 属 25 种 7 变种,分布于长江以南地区。

本科主要化学成分:氨基酸、鞣质、甾体类化合物,如使君子氨酸(quisqualic acid)、鞣花酸(ellagic acid)、柯黎勒酸(chebulinic acid)、酮甾醇(clerosterol)等。

【药用植物】

使君子 *Quisqualis indica* L. 使君子属落叶藤状灌木。嫩枝和幼叶有黄褐色短柔毛。叶对生,薄纸质,椭圆形至卵形,两面有黄褐色短柔毛;叶柄下部宿存成硬刺状,亦被毛。穗状花序顶生,下垂;苞片早落;花两性;萼筒绿色,细管状,绿色,顶端 5 齿,具柔毛;花瓣 5,矩圆形至倒卵状矩圆形,由白色变淡红色;雄蕊 10,2 轮排列;子房下位。果近橄榄核状,有 5 棱,熟时黑色,有 1 颗白色种子(图 12-84)。分布于湖南、江西、福建、台湾、广东、广西、云南、四川。果实能杀虫消积。

诃子 *Terminalia chebula* Retz. 诃子属落叶大乔木。叶互生或近对生,近革质,椭圆形或卵形,两面近无毛或幼时下面有微毛;叶柄多少有锈色短柔毛,有时近顶端有 2 腺体。圆锥花序顶生,由数个穗状花序组成,花序轴有毛;苞片条形,有毛;花两性,无梗;花萼杯状,5 裂,裂片三角形,外面无毛,内面有棕黄色长毛;无花瓣;雄蕊 10;子房下位。核果椭圆形或近卵形,熟时黑色,通常有钝棱 5～6 条(图 12-85)。分布于云南西南部,广东南部有栽培。果实能涩肠止泻、敛肺止咳、降火利咽。

图 12-84 使君子
1.花枝　2.花纵剖面　3.果实

图 12-85 诃子

37. 桃金娘科 Myrtaceae

$$\text{\Phi} * K_{(4\sim\infty)} C_{4\sim5,0} A_{\infty,(\infty)} \overline{G}_{(2\sim\infty:1\sim\infty:1\sim\infty)}; \overline{G}_{(2\sim\infty:1\sim\infty:1\sim\infty)}$$

常绿灌木或乔木。单叶对生,具羽状脉或基出脉,全缘,常有透明的腺点,无托叶。花单生或排成穗状花序、伞房状花序、总状花序或头状花序;萼管与子房合生,萼片 4～5 或更多,宿存;花瓣 4～5 或缺,着生于花盘边缘,或与萼片连成 1 帽状体;雄蕊多数,花丝分离或连成管状,常成数束插生于花盘边缘;子房下位或半下位,心皮 2 至多数,1 至多室,中轴胎座;胚珠 1 至多枚。浆果、核果、蒴果或坚果,顶端常具凸起的萼檐。种子 1 至多枚。染色体:$X=6\sim9,12$。

NOTE

本科约有 100 属 3000 种,分布于美洲热带、大洋洲及亚洲热带地区。我国有 9 属 126 种 8 变种,已知药用植物有 31 种,分布于长江以南地区。

本科主要化学成分:①挥发油:丁香酚(eugenol)、甲基丁香酚(methyleugenol)、香橙烯(aromadendrene)、丁香烯(caryophyllene)、柠檬烯(limonene)。②黄酮类:槲皮素(quercetin)、山柰酚(kaempferol)、鼠李素(rhamnetin)。

知识链接
12-5

图 12-86　丁香
1.花枝　2.花蕾纵剖面　3.花蕾　4.果实

【药用植物】

丁香 *Syzygium aromaticum* (L.) Merr. & L. M. Perry　蒲桃属常绿乔木。叶对生,卵状长椭圆形,先端渐尖或急尖,基部渐窄常下展成柄,全缘,密布油腺点。花芳香,顶生圆锥花序;花萼肥厚,绿色后变紫色,长管状,先端 4 裂,裂片呈三角形;花冠白色,稍带微紫色,短管状,4 裂;雄蕊多数,子房下位,2 室。浆果卵圆形,红色或深紫色,内有种子 1 枚,呈椭圆形(图 12-86)。原产于马来群岛及非洲。我国广东、海南、广西、云南等地有栽培。花蕾(丁香)能和近成熟果实(母丁香)能温中降逆、补肾助阳。

大叶桉 *Eucalyptus robusta* Smith　桉属乔木。叶互生,革质,狭卵形或宽披针形,侧脉多而细,与中脉近成直角;有叶柄。伞形花序腋生或侧生;萼筒狭陀螺形或稍呈壶形,下部渐狭成柄,萼帽状体厚,顶端呈圆锥状凸起,和萼筒等长或稍长。蒴果倒卵形至壶形,果缘薄(图 12-87)。原产于澳大利亚,我国西南部和南部有栽培。叶和小枝可提取芳香油;叶能疏风发表、祛痰止咳、清热解毒、杀虫止痒。同属植物蓝桉 *Eucalyptus globulus* Labill. 为大乔木。叶蓝绿色,常被白粉;叶对生,披针形镰刀状,有明显腺点。花单朵腋生,有蓝白色蜡被;蒴果杯状。我国南方有栽培。用途与大叶桉相似。

桃金娘 *Rhodomyrtus tomentosa* (Ait.) Hassk.　桃金娘属灌木。幼枝有短茸毛。叶对生,革质,椭圆形或倒卵形,下面被短茸毛,有离基三出脉,侧脉 7～8 对;聚伞花序腋生,有花 1～3朵;花紫红色,小苞片 2,卵形;萼筒钟形,裂片 5,圆形,不等长;花瓣 5,倒卵形;雄蕊多数;子房下位,3 室。浆果卵形,暗紫色(图 12-88)。分布于福建、台湾、广东、广西、云南、贵州、湖南等地。根、果实、叶均可药用,能补气、通络、止血、止泻。

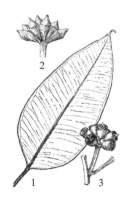

图 12-87　大叶桉
1.叶　2.花序　3.果

图 12-88　桃金娘
1.花枝　2.果

白千层 *Melaleuca leucadendron* L.　白千层属乔木。叶互生,近革质,狭椭圆形或披针形。穗状花序顶生,有多数密集的花;中轴具毛,于花后继续生长成一有叶的新枝;花乳白色,

NOTE

无梗;萼筒卵形,外面被毛,裂片5;花瓣5,雄蕊多数,合生成5束,与花瓣对生。蒴果顶部3裂,杯状或半球形,顶端截形。原产于澳大利亚,我国福建、台湾、广东、广西、海南等地有栽培。树皮能安神镇静、祛风止痛;树皮、叶、枝可提取挥发油。

38. 五加科 Araliaceae

$$☿ * K_5 C_{5\sim 10} A_{5\sim 10} \overline{G}_{(1\sim 15:1\sim 15:1)}$$

多年生草本、灌木至乔木,偶攀援状。茎具刺或无刺。叶多互生,稀轮生,单叶(多掌状分裂)、羽状复叶或掌状复叶;托叶常与叶柄基部合生成鞘状,稀无托叶。花两性或单性;辐射对称,排成伞形花序、头状花序、总状花序或穗状花序,常再组成圆锥状复花序;苞片宿存或早落,小苞片不显著;花萼筒状,边缘波状或具小型萼齿5枚;花瓣5～10,常分离,有时顶部连合成帽状;雄蕊多与花瓣同数,稀为花瓣的2倍或更多,着生于花盘的边缘,花丝线形或舌状,花盘位于子房顶端;子房下位,常1～15室,每室有胚珠1枚。浆果或核果,外果皮常肉质。种子有丰富的胚乳。染色体:$X=11,12,13$。

本科约有80属900种,分布于温带至热带地区。我国有22属约160种,除新疆外全国各地都有分布,已知药用植物有114种。

本科主要化学成分:①皂苷类:达玛烷型四环三萜皂苷,主要存在于人参属植物中;齐墩果烷型五环三萜皂苷,存在于楤木属、刺楸属、五加属、人参属植物中。②黄酮类:金丝桃苷(hyperin)、山柰酚(kaempferol)、三叶豆苷(trifolin)、人参黄酮苷(panasenoside)。③香豆素类:异嗪皮啶(isofraxidin)。

【药用植物】

人参 *Panax ginseng* C. A. Mey. 人参属多年生草本。根状茎(芦头)短;主根肉质,圆柱形或纺锤形。掌状复叶3～6片轮生于茎顶;小叶3～5,中央一片最大,椭圆形至长椭圆形,先端长渐尖,基部楔形,下延,边缘有锯齿,上面脉上散生少数刚毛,下面无毛,最外一对侧生小叶较小;伞形花序单个顶生;花小,淡黄绿色;萼边缘有5齿;花瓣5;雄蕊5;子房下位,2室;花柱2,分离。核果浆果状,扁球形,成熟时鲜红色(图12-89)。种子肾形,白色。分布于东北,现多栽培。根和根茎能大补元气、复脉固脱、补脾益肺、生津养血、安神益智。

三七 *Panax notoginseng* (Burk.) F. H. Chen 人参属多年生草本。主根肉质,单生或多少簇生,纺锤形;根状茎短或长。掌状复叶3～6片轮生于茎顶;小叶3～7,膜质,中央一片最大,长椭圆形至倒卵状长椭圆形,先端渐尖至长渐尖,基部圆形至宽楔形,下延,边缘有锯齿,两面脉上有刚毛;伞形花序单个顶生;花小,淡黄绿色;萼边缘有5齿;花瓣5;雄蕊5;子房下位,2～3室;花柱2～3,分离或基部合生或合生至中部(图12-90)。核果浆果状,成熟时红色。主产于云南、广西,现多栽培。根和根茎能散瘀止血、消肿定痛。

图 12-89 人参

1. 根　2. 花枝　3. 花　4. 果实

图 12-90 三七

1. 根和根茎　2. 植株上部　3. 花

NOTE

西洋参 *Panax quinquefolius* L. 人参属多年生草本。根肉质,纺锤形,时有分枝。茎圆柱形,具纵条纹。掌状复叶,通常3~4枚轮生于茎顶;叶柄压扁状;小叶通常5,稀7,下方2片较小;小叶片倒卵形,先端急尖,基部下延楔形,边缘具粗锯齿,上面叶脉有稀疏细刚毛。伞形花序单一顶生,有20~80朵小花集成圆球形,苞片卵形;萼钟状,绿色,5齿裂;花冠绿白色,5瓣,长圆形;雄蕊5,花丝基部稍扁;雌蕊1,子房下位,2室,花柱2,上部分离,环状花盘,肉质。核果状浆果,扁球形,多数,集成头状,成熟时鲜红色。原产于北美,现我国北京、黑龙江、吉林、陕西等地有引种栽培。根能补气养阴、清火生津。同属植物**竹节参** *Panax japonicus* (T. Nees)C. A. Mey. 为多年生草本。根茎横卧,呈竹鞭状,肉质肥厚,白色,结节间具凹陷茎痕;叶为掌状复叶,3~5枚轮生于茎顶;伞形花序单生于茎顶;核果状浆果,球形,成熟时红色。分布于长江以南各省及云南、贵州、西藏等地山区。根茎能补虚强壮、止咳祛痰、散瘀止血、消肿止痛。**珠子参** *Panax japonicus* C. A. Mey. var. *major* (Burk.)C. Y. Wu et Feng 为多年生草本。根状茎长而匍匐,呈稀疏串珠状或竹鞭状,或兼而有之,珠状结节肥厚或稍肥厚,大者近圆球形,有纤维根和块根。分布于河南、湖北、陕西、宁夏、甘肃、四川、贵州、云南、西藏等地。根茎能补肺养阴、祛瘀止痛、止血。

细柱五加 *Acanthopanax gracilistylus* W. W. Smith 五加属落叶灌木。枝无刺或在叶柄基部单生扁平的刺。叶为掌状复叶,在长枝上互生,在短枝上簇生;小叶通常5,倒卵形或倒披针形,边缘具细锯齿,两面无毛或沿脉疏生刚毛。伞形花序腋生;花小,萼齿5;花瓣5,黄绿色;雄蕊5;子房下位,2室,花柱2,分离。浆果状核果近球形,成熟时紫黑色。黄河以南大部分地区均有分布。根皮(五加皮)能祛风湿、补肝肾、强筋骨。

图 12-91 刺五加
1.花枝 2.花 3.果实

刺五加 *Acanthopanax senticosus* (Rupr. et Maxim.) Harms 五加属灌木。茎枝直立,密生细针状刺。掌状复叶,小叶5,纸质,有短柄,上面有毛或无毛,幼叶下面沿脉一般有淡褐色毛,椭圆状倒卵形至矩圆形,边缘有锐尖重锯齿。伞形花序单个顶生或2~4个聚生;花瓣5,卵形;雄蕊5;子房5室,花柱合生成柱状。浆果状核果,球形或卵球形,紫黑色(图12-91)。分布于东北、华北地区。根和根茎能益气健脾、补肾安神。

红毛五加 *Acanthopanax giraldii* Harms 五加属落叶灌木。老枝灰色,新枝灰棕色或黄棕色,无刺或密生细长直刺,刺向下或开展。掌状复叶;伞形花序通常单个顶生;花白色;果球形,成熟时黑色。分布于河北、河南、陕西、山西、甘肃、青海、四川、湖北等地。茎皮或根皮(五加皮的代用品)能祛风湿、强筋骨、活血利水。

白簕 *Acanthopanax trifoliatus*(L.)Merr. 五加属攀援状灌木。枝疏生扁平的先端钩状的下向刺;掌状复叶,小叶3,中央一片最大,椭圆状卵形;伞形花序3~10或更多聚生成顶生圆锥花序;花黄绿色;果扁球形,成熟时黑色。分布于华南、西南、华中地区。根或根皮能清热解毒、祛风利湿、活血舒筋。

通脱木 *Tetrapanax papyrifer*(Hook.)K. Koch 通脱木属灌木或小乔木。茎髓大,白色,纸质。叶大,集生于茎顶,基部心形,掌状5~11裂,裂片浅或深达中部,每一裂片常又有2~3个小裂片,上面无毛,下面有白色星状茸毛;托叶膜质,锥形,基部合生,有星状厚茸毛。伞形花序聚生成顶生大型复圆锥花序;苞片披针形,密生星状茸毛;花白色;萼密生星状茸毛,全缘;花瓣4;雄蕊4;子房下位,花柱2,分离,开展。果球形,熟时紫黑色(图12-92)。分布于长江流域及其以南各省。茎髓(通草)能清热利尿、通气下乳。

楤[sǒng]木 *Aralia chinensis* L. 楤木属有刺灌木或小乔木。二回或三回羽状复叶;羽片有小叶 5～11 片,基部另有小叶 1 对;小叶卵形,边缘有锯齿,上面疏生糙伏毛,故显得粗糙,下面有黄色或灰色短柔毛,沿脉更密。伞形花序聚生为顶生大型圆锥花序,花序轴长,密生黄棕色或灰色短柔毛;花白色;萼边缘有 5 齿;花瓣 5;雄蕊 5;子房下位,5 室;花柱 5,分离或基部合生,开展。果球形,熟时黑色(图 12-93)。分布于华北、华东、中南及西南地区。根、树皮能祛风除湿;嫩叶能利水消肿、解毒止痢;花能止血。

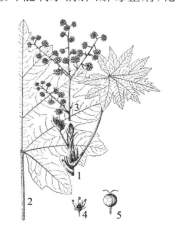

图 12-92 通脱木

1.茎顶 2.叶 3.果序 4.花 5.果实

图 12-93 楤木

1.叶 2.圆锥花序 3.花 4.果实

本科其他药用植物:①**刺楸** *Kalopanax septemlobus*(Thunb.)Koidz.(刺楸属),落叶乔木。叶在长枝上互生,短枝上簇生,掌状 5～7 裂;伞形花序聚生为顶生圆锥花序;花白色或淡黄绿色;子房下位,2 室;花柱 2,合生成柱状,先端分离。分布于东北、华北、华中、华南、西南等地。根皮和枝能清热祛痰、收敛镇痛。②**树参** *Dendropanax dentiger*(Harms)Merr.(树参属),乔木或灌木。叶无毛,有许多半透明红棕色腺点,不裂或掌状深裂;不裂叶生于枝下部,椭圆形;分裂叶生于枝顶,倒三角形,有 2～3 掌状深裂。分布于长江以南各省。根、茎或树皮能祛风除湿、活血消肿。

39. 伞形科 Umbelliferae(Apiaceae)

$$\male \ast \ K_{(5),0} C_5 A_5 \overline{G}_{(2:2:1)}$$

草本,常含挥发油。茎常中空,有纵棱。叶互生,叶片分裂或为复叶,稀为单叶;叶柄基部常扩大成鞘状。花小,两性,多为复伞形花序,稀为单伞形花序;复伞形花序基部具总苞片或缺,小伞形花序的柄称伞幅,其下常有小总苞片。花萼和子房贴生,萼齿 5;花瓣 5,顶端钝圆或有内折的小舌片;雄蕊 5;子房下位,由 2 心皮合生,2 室,每室有 1 胚珠;花柱 2。双悬果;每分果外面有 5 条主棱(中间背棱 1 条,两边侧棱各 1 条,两侧棱和背棱间各有中棱 1 条),有的在主棱之间还有 4 条次棱,棱与棱间称棱槽,在主棱下面有维管束,棱槽中和合生面有纵行的油管 1 至多个;分果背腹压扁或两侧压扁(图 12-94、图 12-95)。染色体:$X = 4 \sim 12$。

本科有 250～440 属 3300～3700 种,主要分布于北温带、亚热带和热带地区。我国有约 100 属 610 种,分布于全国。已知药用植物有 55 属 234 种。

本科主要化学成分:①香豆素:伞形科植物的特征性成分,伞形花内酯(umbelliferone)、补骨脂素(psoralen)。②三萜和三萜皂苷类:积雪草苷(asiaticoside)。③挥发油:丁烯基苯酞(butylidenephthalide)、正丁基苯酞(butylphthalide)、蛇床内酯(cnidilide)。

NOTE

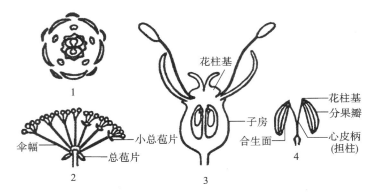

图 12-94 伞形科花果图

1.花图式 2.复伞形花序 3.花的纵切 4.双悬果

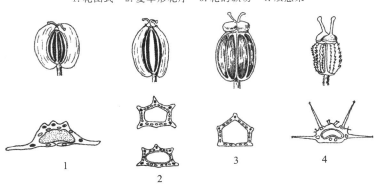

图 12-95 伞形科植物果实

1.当归属 2.藁本属 3.柴胡属 4.胡萝卜属

【药用植物】

当归 *Angelica sinensis* (Oliv.) Diels 当归属多年生草本。根粗短,具香气。叶二至三回三出或羽状全裂,最终裂片卵形或狭卵形,3浅裂,有尖齿。复伞形花序,总苞片无或有 2 枚,小总苞片 2～4 枚,小花绿白色。双悬果椭圆形,背向压扁,每分果有 5 条果棱,侧棱延展成宽翅,每棱槽中有 1 个油管,接合面有 2 个油管(图 12-96)。分布于西北、西南地区。根能补血活血、调经止痛、润肠通便。

杭白芷 *Angelica dahurica* 'Hangbaizhi' Yuan et Shan 当归属多年生高大草本。根长圆锥形,上部近方形,表面灰棕色,有多数较大的皮孔样横向凸起,略排列成数纵行,质硬较重,断面白色,粉性大。茎及叶鞘多为黄绿色。叶三出二回羽状分裂,最终裂片卵形至长卵形。小花黄绿色。双悬果长圆形至近圆形,背棱及中棱细线状,侧棱延展成宽翅,棱槽中有 1 个油管,合生面有 2 个油管(图 12-97)。分布于四川、浙江、湖南、湖北、江西、江苏、安徽及南方一些地区。根(白芷)能解表散寒、祛风止痛、宣通鼻窍、燥湿止带、消肿排脓。同属植物**白芷** *Angelica dahurica* (Fisch. ex Hoffm.) Benth. et Hook. f. ex Franch. et Sav. 为多年生高大草本。茎极粗壮,茎及叶鞘暗紫色。叶二至三回羽状分裂,最终裂片椭圆状披针形,基部下延成翅。花白色。双悬果背向压扁。分布于东北、华北地区,多生于沙质土及石砾质土壤上。其根亦作"白芷"入药。**祁白芷**(禹白芷)*Angelica dahurica* (Fisch. ex Hoffm.) Benth. et Hook. f. ex Franch. et Sav. 'Qibaizhi' Yuan et Shan 的根圆锥形,表面灰黄色至黄棕色,皮孔样的横向凸起散生,断面灰白色,粉性略差,油性较大;茎和叶鞘带紫红色;主要栽培于河北、河南等地。河北安国产者称"祁白芷",河南产者称"禹白芷"。功效同杭白芷。**重齿当归** *Angelica biserrata* (Shan et Yuan) Yuan et Shan 为多年生高大草本。根类圆柱形,棕褐色,有特殊香气。分布于安徽、浙江、江西、湖北、广西、新疆等地。根作独活入药,能祛风、除湿、散寒、止痛。

图 12-96　当归

1.叶枝　2.果枝　3.根

图 12-97　杭白芷

1.叶　2.果枝　3.花　4.果实

　　柴胡 *Bupleurum chinense* DC.　柴胡属多年生草本。主根粗大,坚硬。茎多丛生,上部多分枝,稍成"之"字形折曲。基生叶早枯,中部叶倒披针形或狭椭圆形,全缘,有平行脉 7～9 条,叶下面具粉霜。复伞形花序,无总苞或有 2～3 片;小总苞片 5;花黄色。双悬果宽椭圆形,两侧略扁,棱狭翅状,棱槽中通常有 3 个油管,接合面有 4 个油管(图 12-98)。分布于东北、华北、华东、中南、西南等地,生于向阳山坡。根(柴胡)能疏散退热、疏肝解郁、升举阳气。同属植物**狭叶柴胡** *Bupleurum scorzonerifolium* Willd. 与柴胡的区别:根皮红棕色,茎基密覆叶柄残余纤维;叶线状披针形,有 3～5 条平行脉,叶缘白色,骨质;双悬果每棱槽中有 5～6 个油管,接合面有 4～6 个油管;分布于我国东北、华中、西北等地,主产于东北草原地区。根亦作柴胡药用。

　　川芎 *Ligusticum chuanxiong* Hort.　藁本属多年生草本植物。根状茎呈不规则的结节状拳形团块。地上茎枝丛生。茎基部的节膨大成盘状,生有芽(称苓子,供繁殖用)。叶为二至三回羽状复叶,小叶 3～5 对,边缘呈不整齐羽状分裂。复伞形花序,花白色。双悬果卵形(图 12-99)。分布于西南地区,主产于四川、云南、贵州。根茎(川芎)能活血行气、祛风止痛。同属植物**藁本**(西芎)*Ligusticum sinense* Oliv. 的根茎呈不规则团块。叶二回羽状全裂,最终裂片卵形,上面沿脉有乳突状凸起。边缘为不整齐羽状深裂。复伞形花序具乳突状粗毛;总苞片条形,小总苞片丝状;花白色。双悬果宽卵形,每棱槽中有 3 个油管,接合面有 5 个油管。分布于华中、西北、西南地区。根茎和根能祛风散寒、除湿止痛。**辽藁本** *Ligusticum jeholense*(Nakai et Kitag.)Nakai et Kitag. 的分果各棱槽中通常具 1～2 个油管,接合面有 2～4 个油管。分布于东北、华北的山地林缘或林下,主产于河北。功效同藁本。

图 12-98　柴胡

1.根　2.花枝　3.小伞形花序　4.花　5.果

图 12-99　川芎

1.花枝　2.基部茎及地下根状茎与根部
3.花　4.未成熟的果实

知识链接
12-6

白花前胡 *Peucedanum praeruptorum* Dunn　　前胡属多年生草本植物,高约 1 m。主根粗壮,圆锥形。茎直立,上部叉状分枝,基部有多数褐色叶鞘纤维。基生叶为二至三回羽状分裂,最终裂片菱状倒卵形,长 3~4 cm,宽约 3 cm,不规则羽状分裂,裂片较小,边缘有圆锯齿,叶柄长,基部有宽鞘;茎生叶较小,有短柄。复伞形花序,无总苞片,伞幅 12~18;小总苞片 7,线状披针形;花白色。双悬果椭圆形或卵形,侧棱有窄而厚的翅(图 12-100)。主产于湖南、浙江、江西、四川等省。根(前胡)能降气化痰、散风清热。**紫花前胡** *Peucedanum decursivum*(Miq.) Maxim. 与白花前胡的主要区别:茎高可达 2 m,紫色。叶为一至二回羽状分裂,一回裂片 3~5 片,再 3~5 裂;顶生裂片和侧生裂片基部下延成翅状。最终裂片椭圆形、长圆状披针形至卵状椭圆形,长 5~13 cm,宽 2.5~5.5 cm,边缘有细而规则的锯齿;茎上部叶简化成膨大紫色的叶鞘。复伞形花序,有总苞片 1~2,花深紫色。主产于湖南、浙江、江西、山东等省。根(紫花前胡)能降气化痰、散风清热。

防风 *Saposhnikovia divaricata*(Turcz.)Schischk.　　防风属多年生草本植物。根粗壮。茎基密被褐色纤维状的叶柄残物。基生叶二回或近三回羽状全裂,最终裂片条形至倒披针形,顶生叶仅具叶鞘。复伞形花序;花白色。双悬果矩圆状宽卵形,幼时具瘤状凸起(图 12-101)。分布于东北、华北等地。根(防风)能祛风解表、胜湿止痛、止痉。

图 12-100　白花前胡
1.根　2.小枝　3.花　4.果

图 12-101　防风
1.根　2.花枝　3.根出叶　4.花　5.双悬果

珊瑚菜(北沙参)*Glehnia littoralis* Fr. Schmidt ex Miq.　　珊瑚菜属多年生草本。全体有灰褐色茸毛。主根圆柱状,细长。基生叶三出或羽状分裂或者二至三回羽状深裂。花白色。双悬果椭圆形,果棱具木栓质翅,有棕色茸毛。分布于山东半岛及辽东半岛,多生于海滨沙地或栽培。根(北沙参)能润肺止咳、养胃生津。

野胡萝卜 *Daucus carota* L.　　胡萝卜属草本植物。主根肉质。全体密被白色细长毛,叶二至三回羽状分裂,最终裂片线形至披针形。复伞形花序;总苞片多数,叶状,羽状分裂;小总苞片线形;小花白色或淡红色。双悬果卵形,有 5 条线状主棱,上被刚毛,4 条次棱具窄翅,翅缘密生钩刺。全国各地均产。果实(南鹤虱)有小毒,能杀虫消积。

本科其他药用植物:①**蛇床** *Cnidium monnieri*(L.)Cuss.(蛇床属),果实(蛇床子)能燥湿祛风、杀虫止痒、温肾壮阳。②**明党参** *Changium smyrnioides* Wolff(明党参属),根(明党参)能润肺化痰、养阴和胃、平肝、解毒。③**羌活** *Notopterygium incisum* Ting ex H. T. Chang 和**宽叶羌活** *Notopterygium forbesii* de Boiss.(羌活属),根茎和根(羌活)能解表散寒、祛风除湿、止痛。④**茴香**(小茴香)*Foeniculum vulgare* Mill.(茴香属),果实(小茴香)能散寒止痛、理气和胃。⑤**阜康阿魏** *Ferula fukanensis* K. M. Shen、**新疆阿魏** *Ferula sinkiangensis* K. M. Shen(阿魏属),树脂(阿魏)能消积、化癥、散痞、杀虫。⑥**积雪草** *Centella asiatica*(L.)Urban(积雪草属),全草(积雪草)能清热利湿、解毒消肿。⑦**峨参** *Anthriscus sylvestris*(L.)Hoffm.(峨参属),根能治脾虚食胀、肺虚咳喘、水肿等。⑧**天胡荽** *Hydrocotyle sibthorpioides* Lam.

(天胡荽属),果实能活血消肿、收敛、杀虫。

40. 山茱萸科 Cornaceae

$$♀ * K_{4\sim5,0} C_{4\sim5,0} A_{4\sim5} \overline{G}_{(2:1\sim4:1)}$$

木本,稀多年生草本。叶常对生,少互生或轮生,无托叶。花常两性,稀单性,顶生聚伞花序或伞形花序状,有时具大型苞片,或生于叶的表面;花萼通常 4～5 裂或缺;花瓣 4～5 或缺;雄蕊 4～5,与花瓣同着生于花盘基部;子房下位,2 心皮合生,1～4 室,每室有 1 胚珠。核果或浆果。染色体:$X=8\sim14,19$。

本科约有 15 属 119 种,主要分布于温带和热带地区。我国有 9 属 60 余种,广布于各地。已知药用植物有 6 属 44 种。

本科主要化学成分:①环烯醚萜苷类:山茱萸苷(cornin)、山茱萸新苷(cornuside)、马钱苷(loganin)、莫罗苷(morroniside)、獐牙菜苷(sweroside)。②鞣质类:山茱萸鞣质(cornus-tannin)、异诃子素(isoterchebin)。③黄酮类成分:槲皮素(quercetin)。

【药用植物】

山茱萸 *Cornus officinalis* Sieb. et Zucc. 山茱萸属落叶灌木或乔木。叶对生,卵形至长椭圆形,全缘,背面被白色丁字毛。花先叶开放,簇生于小枝顶端呈伞形花序状;总苞片 4,黄绿色;萼片 4,卵形;花瓣 4,黄色,卵状披针形;雄蕊 4;花盘环状,肉质;子房下位,常 1 室。核果长椭圆形,熟时深红色(图 12-102)。分布于长江以北,主产于河南、陕西、浙江、四川;生于海拔 200～2000 m 的杂木林中,有栽培。果肉(山茱萸)能补益肝肾、收涩固脱,是六味地黄丸、七味都气丸等中成药的主要原料。

图 12-102 山茱萸
1.花枝 2.果枝 3.花 4.花序 5.果实 6.果核

青荚叶 *Helwingia japonica* (Thunb.) Dietr. 青荚叶属落叶灌木。叶纸质,卵形、卵圆形,稀椭圆形。花淡绿色,花萼小;雄花 4～12,呈伞形或密伞花序,常着生于叶上面中脉的 1/3 ～1/2 处,稀着生于幼枝上部;雌花 1～3,着生于叶上面中脉的 1/3～1/2 处;子房卵圆形或球形,柱头 3～5 裂。浆果幼时绿色,成熟后黑色。分布于华东、华南、西南地区,生于林下阴湿处。全株和根能活血化瘀、清热解毒;茎髓(小通草)能清热、利尿、下乳。

NOTE

（二）合瓣花亚纲 Sympetalae

合瓣花亚纲又称后生花被亚纲（Metachlamydeae），是被子植物中较进化的植物类群。花瓣或多或少连合成合瓣状。花冠形成各种形状，如唇形、钟状、管状、舌状、漏斗状等。增强了对虫媒传粉的适应和对雄蕊、雌蕊的保护。

41. 杜鹃花科 Ericaceae

$$ ⚥ * K_{(4\sim5)} C_{(4\sim5)} A_{(8\sim10,4\sim5)} \underline{G}_{(4\sim5:4\sim5:\infty)}, \overline{G}_{(4\sim5:4\sim5:\infty)} $$

灌木或小乔木，常绿。单叶互生，常革质。花两性，辐射对称或稍两侧对称；花萼4～5裂，宿存；花冠4～5裂，合生成钟状、漏斗状或壶状；雄蕊常为花冠裂片数的2倍，少为同数，着生于花盘基部，花药2室，多顶端孔裂，有些属具尾状或芒状附属物；子房上位或下位，多为4～5心皮，合生成4～5室，中轴胎座，每室胚珠常多数。蒴果，少浆果或核果。染色体：$X=11$，12，13。

本科约有103属3350种，除沙漠地区外，广布于全球，尤以亚热带地区为多。我国约有15属757种，分布于全国，以西南各地为多。已知药用植物有12属127种，多为杜鹃花属植物。

本科主要化学成分：① 黄酮类化合物：杜鹃素（farrerol）。② 三萜类化合物：熊果酸（ursolic acid）。

【药用植物】

兴安杜鹃（满山红）*Rhododendron dauricum* L. 杜鹃属半常绿灌木。多分枝，小枝具鳞片和柔毛。单叶互生，常集生小枝上部，近革质，矩圆形，下面密被鳞片。花生于枝端，先花后叶；花紫红色或粉红色，外具柔毛；雄蕊10（图12-103）。蒴果矩圆形。分布于东北、西北、内蒙古，生于干燥山坡、灌丛中。叶能祛痰止咳；根治肠炎痢疾。

羊踯躅（闹羊花）*Rhododendron molle*（Blum）G. Don 杜鹃属落叶灌木。嫩枝被短柔毛及刚毛。单叶互生，纸质，长椭圆形或倒披针形，下面密生灰色柔毛。伞形花序顶生，先花后叶或花叶同时开放；花冠宽钟形，黄色，5裂，反曲，外被短柔毛，雄蕊5，蒴果长圆形（图12-104）。分布于长江流域及华南地区，生于山坡、林缘、灌丛、草地。花（闹羊花）有毒，能麻醉、镇痛；成熟果实（八厘麻子）能活血散瘀、止痛；根有毒，能祛风除湿、化痰止咳、散瘀止痛。同属其他药用植物：①**烈香杜鹃**（白香柴、小叶枇杷）*Rhododendron anthopogonoides* Maxim. 的叶能祛痰、止咳、平喘。②**映山红**（杜鹃）*Rhododendron simsii* Planch. 的根有毒，能活血、止血、祛风、止痛；叶能止血、清热解毒；花、果能活血、调经、祛风湿。③**岭南杜鹃**（紫杜鹃）*Rhododendron mariae* Hance 的全株能止咳祛痰。④**照山白**（照白杜鹃）*Rhododendron micranthum* Turcz. 有大毒，叶和枝能祛风、通络、止痛、化痰止咳。

图 12-103 兴安杜鹃
1.植株 2.花

图 12-104 羊踯躅
1.花 2.植株

本科其他药用植物：**南烛**（乌饭树）*Vaccinium bracteatum* Thunb.（越橘属），叶和果能益精气、强筋骨、止泻；根能消肿止痛。**笃斯越橘** *Vaccinium uliginosum* L.、**越橘** *Vaccinium vitis-idaea* L.（越橘属），叶可作为尿道消毒剂。

42. 报春花科 Primulaceae

$$\male\female \, * \quad K_{(5),5} C_{(5),0} A_5 \underline{G}_{(5:1:\infty)}$$

草本，稀亚灌木，常有腺点和白粉。叶基生或茎生，基生叶莲座状或轮状着生，茎生叶互生、对生或轮生；单叶，全缘或具齿，稀羽状分裂，无托叶。花单生或排成多种花序；花两性，辐射对称；萼常 5 裂，宿存；花冠常 5 裂；雄蕊着生在花冠管内，与花冠裂片同数且对生；子房上位，稀半下位，1 室，特立中央胎座，胚珠多数；花柱具异常现象，在同种植物中分为长花柱和短花柱。蒴果。染色体：$X = 9, 10, 12, 19$。

本科有 22 属 1000 余种，广布于全世界，主要分布于北半球温带及较寒冷地区，有许多为北极及高山类型。我国有 13 属 534 种，全国广布，大部分产于西南和西北地区，少数分布于长江和珠江流域。已知药用植物有 7 属 119 种。

本科主要化学成分：①黄酮类：山奈酚（kaempferol）、异鼠李素（isorhamnetin）。②萜类：羽叶点地梅甲苷（pomatoside A）。

【**药用植物**】

过路黄（金钱草、四川大金钱草）*Lysimachia christinae* Hance 珍珠菜属多年生草本植物。茎柔弱，带红色，匍匐于地面，常在节上生根。叶、花萼、花冠均具点状及条状黑色腺条纹。叶对生，心形或阔卵形。花腋生，2 朵相对；花冠黄色，先端 5 裂；雄蕊 5，与花冠裂片对生；子房上位，1 室，特立中央胎座，胚珠多数。蒴果球形（图 12-105）。分布于长江流域至南部地区，北至陕西；生于山坡、疏林下、沟边阴湿处。全草能清热、利胆、排石、利尿。同属植物**点腺过路黄** *Lysimachia hemsleyana* Maxim. 外形与过路黄相似，但其茎端伸长成鞭状，植物体具暗红色或褐色腺点而非腺条，在四川等地多作"过路黄"用。**珍珠草**（矮桃）*Lysimachia clethroides* Duby 为多年生草本，全株多少被黄褐色卷曲柔毛。根茎横走，淡红色。全草能活血调经、解毒消肿。**红根草** *Lysimachia fortunei* Maxim. 为多年生草本，全株无毛。根状茎横走，紫红色。民间常用草药，能清热利湿、活血调经。

灵香草 *Lysimachia foenum-graecum* Hance 珍珠菜属多年生草本植物。有香气。茎具棱或狭翅。叶互生，椭圆形或卵形，叶基下延。花单生于叶腋，直径 2～3.5 cm，黄色；雄蕊长约为花冠的一半（图 12-106）。分布于华南及云南，生于林下及山谷阴湿处。全草（灵香草）能解表、止痛、行气、驱蛔。

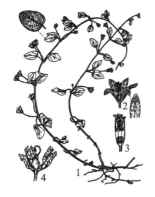

图 12-105 过路黄

1.植株 2.花 3.花纵剖，示雄蕊和雌蕊 4.未成熟的果实

图 12-106 灵香草

1.着花的枝 2.花

点地梅(喉咙草)*Androsace umbellata*（Lour.）Merr.　点地梅属一年生或二年生草本。主根不明显，具多数须根。叶全部基生，叶片近圆形或卵圆形。花葶通常数枚自叶丛中抽出，被白色短柔毛。伞形花序4～15花；花萼杯状，密被短柔毛，果期增大，呈星状展开；花冠白色，短于花萼，喉部黄色。蒴果近球形，果皮白色，近膜质。分布于东北、华北和秦岭以南各地，生于林缘、草地和疏林下。全草能清热解毒、消肿止痛、治咽喉炎等。

43. 木犀科 Oleaceae

$$\text{\male\female} * \quad K_{(4)} C_{(4),0} A_2 \underline{G}_{(2:2:2)}$$

灌木或小乔木。叶常对生，单叶，三出复叶或羽状复叶。圆锥、聚伞花序或花簇生，极少单生；花两性，稀单性异株，辐射对称；花萼、花冠常4裂，稀无花瓣；雄蕊常2枚；子房上位，2室，每室常2胚珠，花柱1，柱头2裂。核果、蒴果、浆果或翅果。染色体：$X=13,14,23$。

本科约有29属600种，广布于温带和亚热带地区。我国有12属约200种，南北地区均产。已知药用植物有8属89种。

本科主要化学成分：①香豆素类：秦皮苷（fraxin）、秦皮素（fraxetin）、秦皮甲素（aesculin）、秦皮乙素（aesculetin）、七叶树苷（aesculin）。②黄酮类：槲皮素（quercetin）、芦丁（rutin）。③酚类：连翘酚（forsythol）。④木脂素类：连翘苷（phillyrin）。⑤苯乙醇类：红景天苷（salidroside）。⑥环烯醚萜类：女贞苷（nuezhenoside）。⑦三萜类：齐墩果酸（oleanolic acid）。⑧苦味素类：素馨苦苷（jasminin）。

【药用植物】

连翘 *Forsythia suspensa*（Thunb.）Vahl　连翘属落叶灌木。茎直立，枝条具4棱，小枝中空。单叶对生，小叶完整或3全裂，卵形或长椭圆状卵形。春季先叶后花，1～3朵簇生于叶腋；萼4深裂；花冠黄色，4深裂，花冠管内有橘红色条纹；雄蕊2；子房上位，2室。蒴果狭卵形，木质，表面有瘤状皮孔，种子多数，有翅（图12-107）。分布于东北、华北等地，生于荒野山坡或栽培。果（连翘）能清热解毒、消痈散结；种子（连翘心）能清心火、和胃止呕。

女贞 *Ligustrum lucidum* Ait.　女贞属常绿乔木。单叶对生，革质，卵形或椭圆形，全缘。花小，密集成顶生圆锥花序；花冠白色，漏斗状，先端4裂；雄蕊2；子房上位。核果矩圆形，微弯曲，熟时紫黑色，被白粉（图12-108）。分布于长江流域以南，生于混交林或林缘、谷地。果实（女贞子）能补肾滋阴、养肝明目；枝、叶、树皮能祛痰止咳。

图 12-107　连翘
1.花枝　2.叶枝　3.果

图 12-108　女贞
1.果枝　2.花

白蜡树（梣）*Fraxinus chinensis* Roxb. 梣属落叶乔木。叶对生，单数羽状复叶，小叶 5～9 枚，常 7 枚，椭圆形或椭圆状卵形。圆锥花序侧生或顶生；花萼钟状，不规则分裂；无花冠。翅果倒披针形。分布于中国南北大部分地区，生于山间向阳坡地湿润处，并有栽培，以养殖白蜡虫来生产白蜡。枝皮或干皮（秦皮）能清热燥湿、清肝明目。同属植物**大叶白蜡树**（苦枥白蜡树、大叶梣）*Fraxinus rhynchophylla* Hance、**尖叶白蜡树**（尖叶梣）*Fraxinus szaboana* Lingelsh.、**宿柱白蜡树**（宿柱梣）*Fraxinus stylosa* Lingelsh. 的枝皮或干皮亦作秦皮药用。

本科药用植物还有**暴马丁香** *Syringa reticulata*（Blume）Hara var. *amurensis*（Rupr.）Pringle（丁香属），为落叶小乔木或大乔木。树皮紫灰褐色，具细裂纹。茎枝能消炎、镇咳、利水。

44. 马钱科 Loganiaceae

$$☿ * K_{(4\sim5)} C_{(4\sim5)} A_{4\sim5} \underline{G}_{(2:2:2\sim\infty)}$$

草本、木本，有时攀援状。单叶，多羽状脉，托叶极度退化。花常两性，辐射对称，呈聚伞花序、总状花序、头状花序或穗状花序，花萼 4～5 裂；花冠 4～5 裂；雄蕊着生于花冠管上部或喉部，与花冠裂片同数并与之互生；子房上位，常 2 室，每室有胚珠 2 至多枚，常 2 枚。蒴果、浆果或核果。种子有时具翅。染色体：$X=10,11,19$。

本科约有 35 属 750 种，主要分布于热带、亚热带地区。我国有 9 属 63 种，分布于西南至东南地区。已知药用植物有 7 属 26 种。

本科主要化学成分：①吲哚类生物碱：番木鳖碱（士的宁，strychnine）、异番木鳖碱（异士的宁，isostrychnine）、马钱子碱（brucine）、钩吻碱（gelsemine）、可鲁勃林（colubrine）。②黄酮类：密蒙花苷（linarin）、醉鱼草苷（buddleoside）。③环烯醚萜苷类：番木鳖苷（loganin）、桃叶珊瑚苷（aucubin）。④有机酸类：绿原酸（chlorogenic acid）。

【药用植物】

马钱子（番木鳖）*Strychnos nux-vomica* L. 马钱属乔木。叶片近圆形、宽椭圆形至卵形，基出脉 3～5 条，具网状横脉。圆锥状聚伞花序腋生；花 5 朵；花萼裂片卵形；花冠绿白色，后变白色，花冠管比花冠裂片长，外面无毛，内面仅花冠管内壁基部被长柔毛；雄蕊着生于花冠管喉部，花丝极短；子房卵形，花柱圆柱形，柱头头状。浆果圆球状，成熟时橘黄色，内有种子 1～4 颗；种子扁圆盘状，表面灰黄色，密被银色茸毛（图 12-109）。分布于斯里兰卡、泰国、越南、老挝、柬埔寨等国，中国福建、广东、云南有栽培。生于山林中。种子（马钱子）有大毒，能通络止痛、散结消肿。同属植物**长籽马钱** *Strychnos wallichiana* Steud. ex DC. 为木质藤本，长达 20 m。浆果圆球形，成熟时橘红色；种子扁，圆形、椭圆形或长圆形，表面密被浅灰

图 12-109 马钱子
1.花枝 2.花冠 3.雌蕊
4.果实横切 5.种子

棕色绢毛。分布于印度、孟加拉国、斯里兰卡、越南及中国云南。种子亦作马钱子药用。

本科其他药用植物：①**密蒙花** *Buddleja officinalis* Maxim.（醉鱼草属），常绿灌木。分布于西北、西南、中南等地，生于石灰岩坡地、河边灌丛中。花（密蒙花）能清热解毒、明目退翳。②**醉鱼草** *Buddleja lindleyana* Fortune（醉鱼草属），茎、叶有毒，能祛风解毒、驱虫、化骨鲠；花有小毒，能祛痰、截疟、解毒。③**钩吻**（胡蔓藤）*Gelsemium elegans*（Gardn. et Champ.）Benth.（钩吻属），全株有大毒，能祛风攻毒、散结消肿、止痛；根（大茶药根）能解毒消肿、止痛、接骨。

NOTE

45. 龙胆科 Gentianaceae

$$\male\female \ast \; K_{(4\sim5)}C_{(4\sim5)}A_{4\sim5}\underline{G}_{(2:1:\infty)}$$

草本，单叶对生，全缘，无托叶。聚伞花序或花单生；花辐射对称；花萼筒状，常 4～5 裂；花冠筒状，常 4～5 裂，多旋转状排列，雄蕊与花冠裂片同数且互生，生于花冠管上；子房上位，心皮 2，1 室，侧膜胎座，胚珠多数。蒴果 2 瓣裂。种子多数。染色体：X＝9，10，11，12，13。

本科约有 80 属 700 种，广布于全球，主产于北温带。我国有 22 属 400 余种，各省均产，西南高山区较多。已知药用植物有 15 属 108 种。

本科主要化学成分：① 环烯醚萜苷类：龙胆苦苷（gentiopicroside）、当药苦苷（swertiamarin）、当药苷（sweroside）、獐牙菜苷（sweroside）。②叫酮苷类：芒果苷（magiferin）。③生物碱：龙胆碱（秦艽碱甲，gentianine）、龙胆次碱（秦艽碱乙，gentianidine）、秦艽碱丙（gentianal）。

图 12-110　龙胆
1. 花枝　2. 根和根状茎

【药用植物】

龙胆 *Gentiana scabra* Bunge　龙胆属多年生草本植物。根细长，簇生。单叶对生，无柄，卵形或卵状披针形，全缘，主脉 3～5 条。聚伞花序密生于茎顶或叶腋；萼 5 深裂；花冠蓝紫色，钟状，5 浅裂，裂片间有褶，短三角形；雄蕊 5，花丝基部有翅；子房上位，1 室（图 12-110）。蒴果长圆形。种子具翅。分布于东北及华北等地，生于草地、灌丛及林缘。根和根茎（龙胆）能清热燥湿、泻肝胆火，是龙胆泻肝丸等中成药的主要原料。同属植物**条叶龙胆** *Gentiana manshurica* Kitag.、**三花龙胆** *Gentiana triflora* Pall. 的根和根茎亦作龙胆药用。

滇龙胆草（坚龙胆）*Gentiana rigescens* Franch. ex Hemsl.　龙胆属多年生草本植物。主茎粗壮，发达，有分枝。茎生叶多对，下部 2～4 对小，鳞片形，其余叶卵状矩圆形、倒卵形或卵形。花多数，簇生于枝端呈头状，稀腋生或簇生于小枝顶端，被包围于最上部的苞叶状的叶丛中；无花梗；花萼倒锥形，萼筒膜质，全缘不开裂；花冠蓝紫色或蓝色，冠檐具多数深蓝色斑点，漏斗形或钟形；雄蕊着生于冠筒下部，花丝线状钻形；子房线状披针形；蒴果。分布于云南、四川、贵州、湖南、广西，生于山坡草地、灌丛中、林下及山谷中。根和根茎（坚龙胆）能清热燥湿、泻肝胆火。同属植物**红花龙胆** *Gentiana rhodantha* Franch. ex Hemsl. 的全草（红花龙胆）能清热除湿、解毒、止咳。

图 12-111　秦艽
1. 植株上部　2. 植株下部　3. 花萼
4. 展开的花冠　5. 子房　6. 果实

秦艽 *Gentiana macrophylla* Pall.　龙胆属多年生草本植物。茎基部有残叶的纤维。茎生叶对生，基生叶簇生，常为矩圆状披针形，5 条脉明显。聚伞花序顶生或者腋生；花萼一侧开展；花冠蓝紫色；雄蕊 5。蒴果矩圆形，无柄（图 12-111）。分布于西北、华北、东北及四川等地，生于高山草地及林缘。根（秦艽）能祛风湿、清湿热、止痹痛、退虚热。同属植物**麻花秦艽** *Gentiana straminea* Maxim.、**粗茎秦艽** *Gentiana crassicaulis* Duthie ex Burk. 或**小秦艽** *Gentiana dahurica* Fisch. 等的根也作秦艽药用。

本科其他药用植物：①青叶胆 *Swertia mileensis* T. N. Ho et W. L. Shi（獐牙菜属），全草能清肝利胆、清热利湿。②双蝴蝶（肺形草）*Tripterospermum chinense*（Migo）H. Smith（双蝴蝶属），幼嫩全草能清肺止咳、凉血止血、利尿解毒。

46. 夹竹桃科 Apocynaceae

$$☿ * K_{(5)} C_{(5)} A_5 \underline{G}_{(2:1\sim2:1\sim\infty)}$$

木本或草本，常蔓生，具白色乳汁或水汁。单叶对生或轮生，稀互生，全缘；无托叶，稀有假托叶。单生或多朵组成聚伞花序，顶生或腋生；花两性，辐射对称；花萼合生成筒状或钟状，常5裂，基部内面常有腺体；花冠合瓣，高脚碟状、漏斗状、坛状，常5裂，稀4裂，旋转覆瓦状排列，裂片基部边缘向左或向右覆盖，花冠喉部常有副花冠或附属体（鳞片或膜质或毛状）；雄蕊5，着生在花冠筒上或花冠喉部，花药长圆形或箭头状，分离或互相粘合并贴生在柱头上；花盘环状、杯装或舌状；子房上位，稀半下位，心皮2，离生或合生，1室或2室，中轴胎座或侧膜胎座，胚珠1至多颗；花柱常为1条，或因心皮分离而分开。果为蓇葖果，稀浆果、核果或蒴果；种子常一端被毛。染色体：$X=8, 10, 11, 12$。

本科约有250属2000种，分布于热带、亚热带地区，少数在温带地区。我国有46属176种33变种，主要分布于长江以南各地及台湾地区等沿海岛屿，华南与西南地区为中国的分布中心。已知药用植物有35属95种。

本科主要化学成分：①生物碱类：利血平（reserpine）、利血胺（rescinnamine）、育亨宾碱（yohimbine）、蛇根碱（serpentine）、蛇根双碱（serpentinine）、长春碱（vinblastine）、长春新碱（vincristine）、长春花碱（catharanthine）、环氧长春碱（leurosine）、阿马里新（ajmalicine）、西萝芙木碱（ajmaline）。②强心苷类：黄夹苷（thevetin）、羊角拗苷（divaricoside）、毒毛花苷（strophanthin）。③木脂素类：络石藤苷（tracheloside）。④黄酮类：花旗松素（taxifolin）。

【药用植物】

萝芙木 *Rauvolfia verticillata*（Lour.）Baill. 萝芙木属灌木，多分枝，具乳汁，全体无毛。单叶对生或3～5叶轮生，长椭圆状披针形。聚伞花序顶生；花冠白色高脚碟状，花冠筒中部膨大；雄蕊5；心皮2，离生。核果2，离生，卵形或椭圆形，熟时由红色变成黑色（图12-112）。分布于西南、华南地区，生于潮湿的山沟、坡地的疏林下或灌丛中。全株能镇静、降压、活血止痛、清热解毒。

图 12-112 萝芙木
1. 果枝 2. 花序
3. 花及花冠纵剖面，示雄蕊 4. 雌蕊

罗布麻（红麻）*Apocynum venetum* L. 罗布麻属半灌木，具乳汁。枝条常对生，光滑无毛，带红色。单叶对生，椭圆状披针形至卵圆状长圆形，两面无毛，叶缘有细齿。花冠圆筒状钟形，紫红色或粉红色，筒内基部具副花冠；雄蕊5，花药箭形，基部具耳；花盘肉质环状；心皮2，离生。蓇葖果双生，下垂（图12-113）。分布于北方各省区及华东地区，生于盐碱荒地和沙漠边缘及河流两岸。叶（罗布麻）能平肝安神、清热利水。

络石 *Trachelospermum jasminoides*（Lindl.）Lem. 络石属常绿攀援灌木，全株具白色乳汁；嫩枝被柔毛。叶对生；叶片椭圆形或卵状披针形。聚伞花序；花萼5裂，裂片覆瓦状；花冠高脚碟状，白色，顶端5裂。蓇葖果双生。种子顶端具白色绢质种毛（图12-114）。分布于除

图 12-113　罗布麻

1.花枝　2.花　3.花萼展开　4.花冠部分,示副花冠

5.花盘展开　6.雄蕊和雌蕊　7.雄蕊背面观

8.雄蕊腹面观　9.果实　10.子房纵切面　11.种子

图 12-114　络石

1.花枝　2.果枝　3.花蕾

4.花　5.种子

新疆、青海、西藏及东北地区以外的地区,生于山野、溪边、沟谷、林下,攀援于岩石、树木及墙壁上。茎叶(络石藤)能祛风湿、凉血、通络。

本科其他药用植物:①**黄花夹竹桃** *Thevetia peruviana*(Pers.)K. Schum.(黄花夹竹桃属),小乔木。叶长圆状披针形。花黄色。种子有大毒,能强心、利尿、消肿。②**长春花** *Catharanthus roseus*(L.)G. Don(长春花属),多年生草本,具水汁。叶对生。花冠红色。蓇葖果双生。全株有毒,能抗癌、抗病毒、利尿、降血糖。③**羊角拗** *Strophanthus divaricatus*(Lour.)Hook. et Arn.(羊角拗属),叶和种子能强心、消肿、杀虫、止痒。④**杜仲藤** *Parabarium micranthum*(A. DC.)Pierre(杜仲藤属),树皮(红杜仲)能祛风活络、强筋壮骨。

47. 萝藦科 Asclepiadaceae

$$\male \ast K_{(5)} C_{(5)} A_{(5)} \underline{G}_{2:1:\infty}$$

草本、藤本或灌木,有乳汁。单叶对生,少轮生或互生,全缘;叶柄顶端常具腺体;无托叶。聚伞花序,稀总状花序;花两性,辐射对称,5 基数;花萼筒短,5 裂,裂片重覆瓦状或镊合状排列,内面基部常有腺体;花冠常辐状或坛状,裂片 5,覆瓦状或镊合状排列;副花冠由 5 枚离生或基部合生的裂片或鳞片所组成,生于花冠筒上或雄蕊背部或合蕊冠上;雄蕊 5,与雌蕊贴生成中心柱,称合蕊柱;花丝合生成 1 个有蜜腺的筒包围雌蕊,称合蕊冠,或花丝离生;花药合生成一环而贴生于柱头基部的膨大处,药隔顶端有阔卵形而内弯的膜片;花粉粒连合,包在一层柔韧的薄膜内而呈块状,称花粉块,常通过花粉块柄而系结于着粉腺上,每花药有 2 个或 4 个花粉块,或花粉器匙形,直立,其上为载粉器,内藏四合花粉,载粉器下面有 1 载粉器柄,基部有 1 黏盘,粘于柱头上,与花药互生;无花盘;子房上位,心皮 2,离生;花柱 2,合生,柱头基部具 5 棱,顶端各 2 棱;胚珠多数。蓇葖果双生,或因 1 个不育而单生。种子多数,顶端具丝状长毛。染色体:$X=11$。

本科和夹竹桃科相近,主要区别是本科具花粉块或四合花粉、合蕊柱。另外,在叶柄的顶端有丛生的腺体。而夹竹桃科没有花粉块和合蕊柱,腺体在叶腋内或叶腋间。

本科约有 180 属 2200 种,分布于热带、亚热带、少数温带地区。中国有 45 属 245 种,分布几遍全国,以西南、华南地区最集中。已知药用植物有 33 属 112 种。

本科主要化学成分:①强心苷:杠柳毒苷(periplocin)、马利筋苷(asclepin)、牛角瓜苷

(calotropin)。②皂苷：白前皂苷元（glaucogenin）、白前皂苷（glaucoside）、杠柳毒苷（periplocoside）。③生物碱：萝藦米宁（gagaminine）、娃儿藤碱（tylocrebrine）。④黄酮类：柽柳黄素（tamarixetin）。

【药用植物】

白薇 *Cynanchum atratum* Bunge 鹅绒藤属多年生草本，有乳汁，全株被茸毛。根须状，有香气。茎直立，中空。叶对生；叶片卵形或卵状长圆形。聚伞花序，无花序梗；花深紫色。蓇葖果单生。种子一端有长毛（图 12-115）。分布于南北各省，生于林下草地或荒地草丛中。根和根茎（白薇）能清热凉血、利尿通淋、解毒疗疮。同属植物**蔓生白薇** *Cynanchum versicolor* Bunge 的根和根茎亦作白薇药用。

柳叶白前（白前、鹅管白前）*Cynanchum stauntonii* (Decne.) Schltr. ex Levl. 鹅绒藤属半灌木。根茎细长，匍匐，节上丛生须根，无香气。叶对生，狭披针形。聚伞花序；花冠紫红色，花冠裂片三角形，内面具长柔毛；副花冠裂片盾状；花粉块 2 个，每室 1 个，长圆形；蓇葖果单生，种子顶端具绢毛（图 12-116）。分布于长江流域及西南各省，生于低海拔山谷、湿地、溪边。根和根茎（白前、鹅管白前）能泻肺降气、化痰止咳、平喘。同属植物**徐长卿**（了刁竹）*Cynanchum paniculatum* (Bunge) Kitag. 的根和根茎（徐长卿）能祛风、化湿、止痛、止痒。**白首乌** *Cynanchum bungei* Dencne. 的块根（白首乌）能补肝肾、益精血、强筋骨、止心痛。**耳叶牛皮消** *Cynanchum auriculatum* Royle ex Wight 的块根（隔山消）有小毒，能健脾益气、补肝肾、益精血、强筋骨。

图 12-115 白薇
1. 根 2. 花枝 3. 花 4. 雄蕊
5. 花粉块 6. 果实 7. 种子

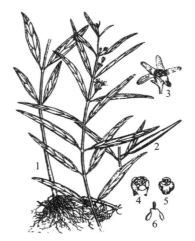

图 12-116 柳叶白前
1. 花枝 2. 果枝 3. 花 4. 合蕊柱及副花冠
5. 花药剖面 6. 花粉块和载粉器

杠柳 *Periploca sepium* Bunge 杠柳属落叶蔓生灌木，具白色乳汁，全株无毛。叶对生，披针形，革质。聚伞花序；花萼 5 深裂，其内面基部有 10 个小腺体；花冠紫红色，裂片 5 枚，中间加厚，反折，内面被柔毛；副花冠环状，顶端 10 裂，其中 5 裂延伸成丝状而顶部内弯；四合花粉承载于基部有黏盘的匙形载粉器上。蓇葖果双生，圆柱状。种子顶部有白色绢毛。分布于长江以北及西南地区，生于平原及低山丘林缘、山坡。根皮（香加皮、北五加皮）能祛风除湿、强壮筋骨、利水消肿。

本科其他药用植物：①**萝藦** *Metaplexis japonica* (Thunb.) Makino（萝藦属），全草或根能补精益气、通乳、解毒。②**娃儿藤** *Tylophora ovata* (Lindl.) Hook. ex Steud.（娃儿藤属），根或全草能祛风除湿、散瘀止痛、止咳定喘、解蛇毒；根和叶含娃儿藤碱，有抗癌作用。③**马利筋**（莲生桂子花）*Asclepias curassavica* L.（马利筋属），全株含强心苷（马利筋苷），有毒，能退虚热、利尿、消炎散肿、止痛。④**通关藤**（通光散）*Marsdenia tenacissima* (Roxb.) Wight et Arn.（牛

NOTE

奶菜属)、藤、根或叶能清热解毒、止咳平喘、利湿通乳、抗癌。

48. 旋花科 Convolvulaceae

$$☿ * K_{(5)} C_{(5)} A_5 \underline{G}_{(2:1\sim4:1\sim2)}$$

草质缠绕藤本,稀木本,常具乳汁。叶互生,单叶,全缘或分裂,偶为复叶;无托叶。花常美丽,两性,辐射对称,5基数;单花腋生或聚伞花序;萼片常宿存;花冠漏斗状、钟状、坛状等,冠檐常全缘或微5裂,开花前呈旋转状;雄蕊着生于花冠管上;花盘环状或杯状;子房上位,常被花盘包围,心皮2(稀3~5),合生成2室(稀3~5室),每室有胚珠2颗,偶因次生假隔膜隔为4室(稀3室),每室有胚珠1颗。蒴果,稀浆果。染色体:$X=12,15$。

本科约有56属1800种,广布于全世界,主产于美洲和亚洲热带和亚热带地区。中国有22属约128种,南北地区均产,主产于西南与华南地区。已知药用植物有16属54种。

本科主要化学成分:①生物碱类:裸麦角碱(chanoclavine)。②苷类:牵牛子苷(pharbitin)。③黄酮类:金丝桃苷(hyperoside)、山奈酚(kaempferol)、槲皮素(quercetin)。

【药用植物】

菟丝子 *Cuscuta chinensis* Lam. 菟丝子属(图12-117)一年生缠绕性草本植物。茎纤细,黄色。叶退化为鳞片状。花簇生成球形;花冠黄白色,壶状,5裂,边缘流苏状;子房2室。蒴果成熟时被花冠完全包裹,盖裂。种子2~4粒,表面粗糙。全国广布。常寄生在豆科、蓼科、菊科、藜科等多种草本植物上。成熟种子(菟丝子)能补益肝肾、固精缩尿、安胎、明目、止泻,外用消风祛斑。同属植物**南方菟丝子** *Cuscuta australi*s R. Br. 种子亦作菟丝子药用。**金灯藤**(日本菟丝子)*Cuscuta japonica* Choisy 种子功效同菟丝子。

裂叶牵牛 *Pharbitis nil*(L.)Choisy 牵牛属一年生缠绕草本,全株被粗硬毛。单叶互生,掌状3裂。花序1~3裂。花序1~3朵腋生;花冠漏斗形,白色、蓝紫色或紫红色;雄蕊5;子房上位,3室。蒴果球形。种子5~6粒,卵状三棱形,黑褐色或淡黄白色(图12-118)。全国广布,野生或栽培。种子(牵牛子)能利尿通便、消痰涤饮、杀虫攻积。同属植物**圆叶牵牛** *Pharbitis purpurea*(L.)Voigt 叶呈心形。种子亦作牵牛子药用。

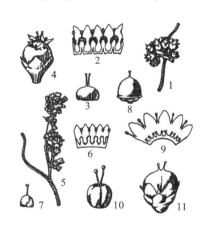

图12-117 菟丝子属

1~4.菟丝子 5~8.金灯藤 9~11.南方菟丝子

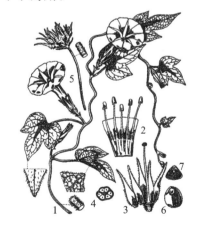

图12-118 裂叶牵牛

1.植株一段 2.花冠一部分,示雄蕊 3.花萼展开,示雌蕊
4.子房横切面 5.花序 6~7.种子

丁公藤 *Erycibe obtusifolia* Benth. 丁公藤属木质藤本。单叶互生,叶革质,卵形至长卵形,全缘。聚伞花序腋生和顶生;花小,白色;花萼球形,萼片近圆形,花冠钟状,5深裂。浆果卵状椭圆形。种子1枚。分布于广东、海南、广西、云南,生于山谷湿润密林中。茎藤(丁公藤)有小毒,能祛风除湿、消肿止痛。同属植物**光叶丁公藤** *Erycibe schmidtii* Craib 藤茎亦作丁公藤

NOTE

药用。

甘薯 *Ipomoea batatas*(L.)Lamarck 番薯属一年生蔓生草本植物,长 2 m 以上,平卧于地面斜向上;具地下块根,块根纺锤形。叶互生,宽卵形,3～5 掌状分裂。聚伞花序腋生;苞片小,钻形;萼片长圆形;花冠钟状、漏斗状,白色至紫红色。蒴果卵形或扁圆形。种子 1～4 枚。原产于美洲热带地区,现全国广泛栽培。块根能补脾益气、宽肠通便、生津止渴。

本科药用植物还有**马蹄金**(黄疸草)*Dichondra repens* Forst.(马蹄金属),全草能清热利湿、解毒消肿。

49. 紫草科 Boraginaceae

$$\male\female \ast \ K_{5,(5)} C_{(5)} A_5 \underline{G}_{(2:2\sim4:1\sim2)}$$

多为草本,常密被粗硬毛。单叶互生,稀对生,常全缘,无托叶。常为单歧聚伞花序或聚伞花序聚生于茎顶;花两性,多辐射对称;萼片 5,分离或基部合生;花冠 5,呈管状、辐状或漏斗状,喉部常有附属物;雄蕊着生于花冠上,与花冠裂片同数而互生;子房上位,2 心皮合生,2 室,每室 2 胚珠,有时 4 深裂而成假 4 室,每室胚珠 1。核果或为 4 枚小坚果。染色体:$X=10,12$。

本科有 100 余属 2000 种,分布于温带或热带地区。我国有 49 属 210 余种,主要分布于西南部或西北部。已知药用植物有 22 属 62 种。

本科主要化学成分:①萘醌类:紫草素(shikonin)、去氧紫草素(deoxyshikonin)、乙酰紫草素(acetylshikonin)、异丁酰紫草素(isobutylshikonin)、去氢阿卡宁(dehydroalkannin)。②吡咯里西啶类生物碱:刺凌德草碱(echinatine)、大尾摇碱(indicine)。③单萜类:软紫草萜酮(arnebinone)、软紫草萜醇(arnebinol)、软紫草呋喃萜酮(arnebifuranone)。

【药用植物】

新疆紫草(软紫草)*Arnebia euchroma*(Royle)Johnst. 软紫草属多年生草本植物。全株被粗毛。根呈圆锥形,暗紫色,易撕裂成条片状。单叶互生,全缘,披针状条形或条形,上部者渐变小。花序近球形,密生多数花;花萼短筒状,5 深裂;花冠紫色,长筒形漏斗状,先端 5 裂,喉部无附属物;雄蕊 5;子房 4 裂(图 12-119)。小坚果具疣状凸起。分布于新疆、西藏,生于高山多石砾山坡及草地。根(紫草)能清热凉血、解毒透疹。同属植物**内蒙紫草** *Arnebia guttata* Bge. 根亦作紫草药用。

本科其他药用植物:① **紫草** *Lithospermum erythrorhizon* Sieb. et Zucc.(紫草属),根(硬紫草)能凉血活血、解毒透疹。② **滇紫草** *Onosma paniculatum* Bur. et Franch.、**露蕊滇紫草** *Onosma exsertum* Hemsl.、**密花滇紫草** *Onosma confertum* W. W. Smith(滇紫草属),分布于四川、云南等省,根可代紫草药用。

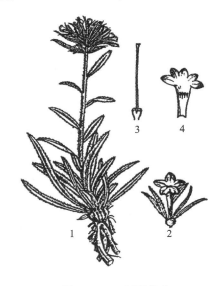

图 12-119 新疆紫草
1. 植株 2. 花 3. 雌蕊 4. 花冠,示雄蕊

50. 马鞭草科 Verbanaceae

$$\male\female \uparrow \ K_{(4\sim5)} C_{(4\sim5)} A_4 \underline{G}_{(2:4:1\sim2)}$$

木本,稀草本,常具特殊气味。单叶或复叶,多对生。穗状花序或聚伞花序,或再由聚伞花序组成圆锥状花序、头状花序或伞房状复杂花序;花两性,常两侧对称;花萼 4～5 裂,宿存;花

NOTE

冠二唇形或不等的 4～5 裂;雄蕊 4,常二强;子房上位,常 2 心皮合生,常因假隔膜而成 4～10 室,每室胚珠 1～2。核果或呈蒴果状而裂为 4 枚小坚果。染色体:$X=7,8,12,16,17,18$。

本科有 80 属 3000 余种,分布于热带和亚热带地区,少数延伸至温带。我国有 21 属 175 种,主要分布于长江以南各省。已知药用植物有 15 属 100 余种。

本科主要化学成分:①黄酮类:荭草素(orientin)、黄荆素(vitexicarpin)、海州常山苷(clerodendrin)。②环烯醚萜苷:马鞭草苷(verbenalin)、桃叶珊瑚苷(aucubin)。③生物碱:臭梧桐碱(trichotomine)、蔓荆子碱(vitricin)。④萜类:熊果酸(ursolic acid)、海州常山苦素 A(clerodendrin A)、海州常山苦素 B(clerodendrin B)、赪桐酮(clerodone)、马樱丹酸(lantanolic acid)。⑤挥发油:柠檬烯(limonene)。

【药用植物】

马鞭草 *Verbena officinalis* L. 马鞭草属多年生草本植物。茎方形。叶对生,卵圆形至长圆状披针形,基生叶边缘有粗锯齿及缺刻,茎生叶常 3 深裂,裂片边缘有不整齐锯齿,两面被粗毛。穗状花序细长如马鞭;花冠淡紫色,略二唇形;雄蕊二强。蒴果长圆形,成熟时裂为 4 枚小坚果(图 12-120)。全国广布,生于山坡路边。全草(马鞭草)能活血化瘀、截疟、解毒、利尿消肿。

海州常山 *Clerodendrum trichotomum* Thunb. 大青属灌木或小乔木。叶对生,被柔毛,有臭气。头状聚伞花序,顶生或腋生;花萼紫红色;花冠白色转为粉红色;雄蕊 4,二强,着生于花冠筒内(图 12-121)。核果蓝紫色,外有宿萼。分布于华北、华东及西南地区。根、茎、叶能祛风除湿、降血压。同属植物**大青** *Clerodendrum cyrtophyllum* Turcz. 根、茎、叶能清热解毒、消肿止痛。**臭牡丹** *Clerodendrum bungei* Steud. 根、茎和叶能祛风解毒、消肿止痛。

图 12-120 马鞭草
1.开花植株 2.花 3.花冠剖面,示雄蕊
4.花萼剖面,示雌蕊 5.果实 6.种子

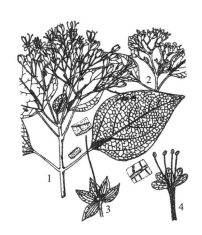

图 12-121 海州常山
1.花枝 2.果枝 3.花萼及雌蕊
4.花冠剖面,示雄蕊

单叶蔓荆 *Vitex trifolia* L. var. *simplicifolia* Cham. 牡荆属落叶灌木。茎匍匐,节处常生有不定根。小枝四棱形。单叶对生,全缘,上面绿色被微柔毛,下面密被灰白色短茸毛。圆锥花序顶生,花序轴、花梗和花萼均密被灰白色短茸毛;花萼果时增大;花冠淡紫色或蓝紫色,两面有毛,外面较密,5 裂,二唇形,下唇中裂片较大;雄蕊 4;子房无毛而密被腺点,花柱光滑。核果近球形,成熟时黑色。主产于我国沿海地区海边沙滩地。果实(蔓荆子)能疏散风热、清利头目。同属植物:①**蔓荆** *Vitex trifolia* L. 为直立灌木至小乔木,通常三出复叶,有时同一枝条上也有单叶,叶下面密生灰白色茸毛。果实亦作蔓荆子药用。②**牡荆** *Vitex negundo* L. var. *cannabifolia* (Sieb. et Zucc.) Hand.-Mazz. 为落叶灌木或小乔木。掌状复叶对生。花冠淡紫

色,二唇形。核果球形,黑色。分布于黄河以南地区。果实(牡荆子)能祛痰下气、止咳平喘、理气止痛;叶(牡荆叶)能祛风解表、止咳祛痰。③**黄荆** *Vitex negundo* L. 为直立灌木。小枝四棱形。掌状复叶。聚伞花序排列成圆锥花序式顶生,花冠淡紫色,先端5裂,二唇形;雄蕊伸于花冠管外。核果褐色,近球形。根(黄荆根)能解表、止咳、祛风除湿、理气止痛;枝条(黄荆枝)能祛风解表、消肿止痛;叶(黄荆叶)能解表散热、化湿和中、杀虫止痒。

华紫珠 *Callicarpa cathayana* H. T. Chang 紫珠属灌木。叶片椭圆形或卵形,有显著的红色腺点。小枝和花序密被黄褐色星状毛。多歧聚伞花序,花萼杯状,具星状毛和红色腺点,萼齿不明显或钝三角形;花冠紫色,疏生星状毛,有红色腺点。核果浆果状,球形,紫色。分布于河南、江苏、湖北、安徽、浙江、江西、福建、广东、广西、云南,生于海拔1200 m以下的山坡、谷地的丛林中。叶能收敛止血、清热解毒。同属植物**广东紫珠** *Callicarpa kwangtungensis* Chun 茎枝和叶(广东紫珠)能收敛止血、散瘀、清热解毒。**大叶紫珠** *Callicarpa macrophylla* Vahl 叶或带叶嫩枝(大叶紫珠)能散瘀止血、消肿止痛。**杜虹花**(紫珠草)*Callicarpa formosana* Rolfe 叶(紫珠叶)能凉血收敛止血、散瘀解毒消肿。

本科其他药用植物:①**兰香草** *Caryopteris incana*(Thunb.)Miq.(莸属),全草能祛风除湿、散瘀止痛。②**三花莸** *Caryopteris terniflora* Maxim.(莸属),全草能宣肺解表。③**马缨丹**(五色梅)*Lantana camara* L.(马缨丹属),根能解毒、散结、止痛;枝、叶有小毒,能祛风止痒、解毒消肿。

51. 唇形科 Labiatae(Lamiaceae)

$$\male \frak ♀ ↑ K_{(5)} C_{(4)} A_{4,2} \underline{G}_{(2:4:1)}$$

草本,半灌木或灌木,常含芳香油而有香气。茎常四棱形。叶多单叶,对生。花两性,两侧对称,呈轮状聚伞花序(轮伞花序),有时再集成穗状花序、总状花序、圆锥状或头状的复合花序;花萼宿存,合生而常呈5齿裂;花冠合瓣,多二唇形,5裂(上唇2裂,下唇3裂),稀为单唇形(无上唇,下唇5)或假单唇形(上唇2裂较短,下唇3裂);雄蕊着生于花冠管上而与花冠裂片互生,常4枚,二强,或退化为2枚,花药2室,纵裂,有时药隔伸长成臂;肉质下位花盘;子房上位,2心皮合生,常深裂成假4室,每室含胚珠1枚;花柱常着生于4裂子房的间隙基部,柱头2浅裂。果实通常裂成4枚小坚果。染色体:$X=8,9,10,12,16,17,18$。

本科约有220属3500种,广布于世界各地。我国有99属800余种。已知药用植物有75属400余种,分布于全国各地。

本科主要化学成分:①醌类:本科主要特征性成分之一,如丹参酮(tanshinone)、隐丹参酮(cryptotanshinone)、异丹参酮(isotanshinone)。②挥发油:可供药用,薄荷属、荆芥属、紫苏属、薰衣草属植物含该成分。③黄酮类化合物:黄芩苷(baicalin)、黄芩素(baicalein)、汉黄芩素(wogonin)。④生物碱类:益母草碱(leonurine)、水苏碱(stachydrine)。⑤昆虫变态激素:筋骨草甾酮(ajugasterone)、促蜕皮甾酮(ecdysterone)。⑥二萜类:冬凌草素(oridonin)。

【药用植物】

丹参 *Salvia miltiorrhiza* Bunge 鼠尾草属多年生草本。根肥厚肉质,外面朱红色,内面白色。茎四棱形,具槽,密被长柔毛。叶常为奇数羽状复叶,密被向下长柔毛,小叶3~5(7),卵圆形或椭圆状卵圆形或宽披针形。轮伞花序6花或多花,顶生或腋生总状花序;花萼钟形,花二唇形,花冠紫蓝色,能育雄蕊2(图12-122)。小坚果黑色,椭圆形。分布于全国大部分地区,生于山坡、林下草丛或溪谷旁。根和根茎(丹参)能活血祛瘀、通经止痛、清心除烦、凉血消痈。

黄芩 *Scutellaria baicalensis* Georgi 黄芩属多年生草本。肥厚主根,断面黄色。茎基部伏地,钝四棱形,多分枝。叶坚纸质,披针形至线状披针形,全缘,密被下陷的腺点。总状花序顶生,花偏生于花序一侧;花冠紫色、紫红色至蓝色;花冠筒细长,冠筒近基部明显膝曲,上唇盔

知识链接 **12-7**

NOTE

状,先端微缺,下唇 3 裂;雄蕊 4,二强;花盘环状。小坚果卵球形,具瘤,腹面近基部具果脐(图 12-123)。分布于东北、华北及西北等地,生于向阳草坡、荒地上。根(黄芩)能清热燥湿、泻火解毒、止血、安胎。

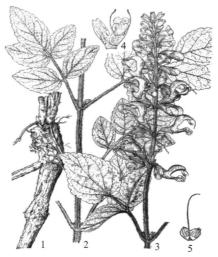

图 12-122 丹参
1. 根 2. 茎和叶 3. 花序 4. 花冠纵剖,示雄蕊 5. 花萼纵剖,示雌蕊

图 12-123 黄芩
1. 根和植株下部 2. 植株上部 3. 花冠纵剖 4. 雄蕊 5. 雌蕊 6. 小坚果

益母草 *Leonurus artemisia*(Lour.)S. Y. Hu 益母草属一年生或二年生草本。茎直立,钝四棱形,微具槽,有倒向糙伏毛。叶形变化大,茎下部叶卵形,掌状 3 裂,裂片上再分裂,有糙伏毛,茎中部叶轮廓为菱形,较小,通常分裂成长圆状线形的裂片。花序上部的苞叶近于无柄,线形或线状披针形;轮伞花序腋生;花冠二唇形,粉红色至淡紫红色。小坚果长圆状三棱形(图 12-124)。分布于全国各地。地上部分(益母草)能活血调经、利尿消肿、清热解毒;果实(茺蔚子)能活血调经、清肝明目。

图 12-124 益母草

1.植株上部及花序 2.基部茎生叶 3.花 4.花萼纵剖 5.花冠纵剖,示雄蕊和雌蕊 6.雌蕊 7.小坚果

薄荷 *Mentha haplocalyx* Briq. 薄荷属多年生草本,有清凉浓香气。叶对生,长圆状披针形或披针形,沿脉上密生或疏生微柔毛。轮伞花序腋生,球形;花萼管状钟形,外被微柔毛及腺点;花冠淡紫色,4 裂,上裂片先端 2 裂,较大,下唇 3 裂;雄蕊 4,前对较长伸出于花冠之外。小坚果卵珠形,黄褐色(图 12-125)。分布于全国各地,生于水旁潮湿地。幼嫩茎尖可作菜食。地上部分(薄荷)能疏散风热、清利头目、利咽、透疹、疏肝行气。

图 12-125 薄荷

1.植株上部 2.花 3.花萼纵剖 4.花冠纵剖,示雄蕊 5.雄蕊 6.雌蕊 7.小坚果

紫苏 *Perilla frutescens*(L.)Britt. 紫苏属一年生草本。茎密被长柔毛,绿色或紫色,钝

NOTE

四棱形。叶阔卵形或圆形,边缘在基部以上有粗锯齿,膜质或草质,两面绿色或紫色,或仅下面紫色,上面被疏柔毛。轮伞花序 2 花,组成密被长柔毛、偏向一侧的顶生及腋生总状花序;花萼钟形,下部被长柔毛,夹有黄色腺点;花冠白色至紫红色,上唇微缺,下唇 3 裂,中裂片较大。小坚果近球形,灰褐色具网纹(图 12-126)。分布于全国各地,在我国栽培极广,供药用和香料用。叶(紫苏叶)能解表散寒、行气和胃;茎(紫苏梗)能理气宽中、止痛、安胎;果实(紫苏子)能降气化痰、止咳平喘、润肠通便;种子榨出的油(苏子油),供食用,又有防腐作用。

本植物变异极大,我国古书上称叶全绿的为白苏,称叶两面紫色或面青背紫的为紫苏,但近代分类学者 E. D. Merrill 认为两者同属于一种植物,其变异不过因栽培而起。白苏与紫苏除叶的颜色不同外,其他可作为区别之点的,即白苏的花通常白色,紫苏花常为粉红色至紫红色,白苏被毛通常稍密(有时也有例外),果萼稍大,香气亦稍逊于紫苏,但差别微细,故将两者合并。

图 12-126 紫苏
1.植株上部 2.花 3.花萼纵剖 4.花冠纵剖,示雄蕊 5.雌蕊 6.小坚果

广藿香 *Pogostemon cablin*(Blanco)Benth. 刺蕊草属多年生芳香草本或半灌木。茎四棱形,被茸毛。叶圆形或宽卵圆形,边缘具不规则的齿裂。轮伞花序 10 至多花,下部的稍疏离,向上密集,排列成穗状花序,顶生及腋生;花冠紫色,裂片外面均被长毛;雄蕊外伸,具髯毛(图 12-127)。小坚果卵圆形。台湾、广东、广西、福建等地广有栽培。地上部分(广藿香)能芳香化浊、和中止呕、发表解暑。

石香薷(华荠苎)*Mosla chinensis* Maxim. 石荠苎属直立草本。茎纤细,被白色疏柔毛。叶对生,线状长圆形至线状披针形。总状花序头状;花萼钟形;花冠紫红色、淡红色至白色;雄蕊及雌蕊内藏;花盘前方呈指状膨大。小坚果球形。分布于长江以南地区。地上部分(香薷、青香薷)能发汗解表、化湿和中。同属植物**江香薷** *Mosla chinensis* 'Jiangxiangru'地上部分(香薷、江香薷)功效同香薷。

裂叶荆芥 *Schizonepeta tenuifolia*(Benth.)Briq. 裂叶荆芥属一年生草本。茎下部的节及小枝基部通常微红色。叶通常为指状三裂。花序为多数轮伞花序组成的顶生穗状花序,生于主茎上的花序通常较长大而多花,生于侧枝上的较小而疏花,但均为间断的;花萼管状钟形;花冠青紫色,外被疏柔毛,上唇先端 2 浅裂,下唇 3 裂,中裂片最大;雄蕊 4,后对较长,均内藏。小坚果长圆状三棱形。分布于东北、华北及西南地区。地上部分(荆芥)、花穗(荆芥穗)均能解表散风、透疹、消疮;炒炭(荆芥穗炭)能收涩止血。

NOTE

图 12-127 广藿香
1.花枝　2.花冠纵剖,示二强雄蕊

夏枯草 *Prunella vulgaris* L.　夏枯草属多年生草本。根茎匍匐,在节上生须根。茎带紫色。叶长卵形。轮伞花序密集生于茎顶成粗穗状;花冠唇形,淡紫色或白色。小坚果矩圆状卵形(图 12-128)。分布于全国大部分地区。果穗(夏枯草)能清肝泻火、明目、散结消肿。

图 12-128 夏枯草
1.植株　2.花及苞片　3.花萼纵剖　4.花冠纵剖,示雄蕊　5.雌蕊上部　6.雌蕊　7.小坚果

活血丹 *Glechoma longituba*(Nakai)Kupr.　活血丹属多年生草本,具匍匐茎,上升,逐节生根。轮伞花序通常 2 花;花萼管状,齿 5,上唇 3 齿,较长,下唇 2 齿;花冠淡蓝色、蓝色至紫

NOTE

色,下唇具深色斑点,冠筒直立,上部渐膨大成钟形,上唇直立,2 裂,下唇伸长,斜展,3 裂;雄蕊4;子房 4 裂,无毛;花盘杯状,微斜,前方呈指状膨大。成熟小坚果深褐色,长圆状卵形。除青海、甘肃、新疆及西藏外,全国各地均产。地上部分(连钱草)能利湿通淋、清热解毒、散瘀消肿。

本科其他药用植物:①**半枝莲** *Scutellaria barbata* D. Don.(黄芩属),全草(半枝莲)能清热解毒、化瘀利尿。②**独一味** *Lamiophlomis rotata*(Benth.)Kudo(独一味属),地上部分(独一味)能活血止血、祛风止痛。③**风轮菜** *Clinopodium chinense*(Benth.)O. Ktze.(风轮菜属),地上部分(断血流)能收敛止血。④**金疮小草** *Ajuga decumbens* Thunb.(筋骨草属),全草(筋骨草)能清热解毒、凉血消肿。⑤**碎米桠** *Rabdosia rubescens*(Hemsl.)Hara(香茶菜属),地上部分(冬凌草)能清热解毒、活血止痛。⑥**藿香**(土藿香)*Agastache rugosa*(Fisch. et Mey.)O. Ktze.(藿香属),地上部分能祛暑解表、化湿和胃。⑦**地笋** *Lycopus lucidus* Turcz.、**毛叶地笋** *Lycopus lucidus* Turcz. var. *hirtus* Regel(地笋属),根茎能化瘀止血、益气利水。

52. 茄科 Solanaceae

$$ \male \female * \, K_{(5)} \, C_{(5)} \, A_{5,4} \, \underline{G}_{(2:2:\infty)} $$

草本或灌木,稀乔木;叶互生,单叶或羽状复叶,无托叶。花单生,簇生或为蝎尾式、伞房式、伞状式、总状式、圆锥式聚伞花序;两性或稀杂性,辐射对称;花萼通常 5 裂,花常增大,果时宿存;花冠,辐状、漏斗状、高脚碟状、钟状或坛状;裂片在花蕾中覆瓦状、镊合状、内向镊合状排列;雄蕊与花冠裂片同数而互生;子房上位,心皮 2,2 室或假 4 室(因假隔膜而成不完全 4 室),中轴胎座;胚珠多数。果实为浆果或蒴果。染色体:$X=12,30$。

本科约有 30 属 3000 种,广泛分布于温带及热带地区。我国产 24 属 105 种 35 变种。已知药用植物有 25 属 84 种。

本科主要化学成分:①吡啶类生物碱:烟碱(nicotine)、胡卢巴碱(trigonelline)、石榴碱(pelletierine)、毒藜碱(anabasine)。②甾体类生物碱:龙葵碱(solanine)、茄碱(solanine)、番茄碱(tomatine)、蜀羊泉碱(soladulcine)、蜀羊泉次碱(soladulcidine)、奥茄碱(solasonine)。③莨菪烷类生物碱:阿托品(atropine)、莨菪碱(hyoscyamine)、山莨菪碱(anisodamine)、东莨菪碱(scopolamine)、红古豆碱(cuscohygrine)、颠茄碱(belladonnine)。

【药用植物】

洋金花(白曼陀罗、白花曼陀罗)*Datura metel* L.　曼陀罗属一年生草本。全体近无毛。叶卵形或广卵形,顶端渐尖,基部不对称圆形。花单生于枝杈间或叶腋;花萼筒状,果时宿存;花冠长漏斗状,向上扩大成喇叭状,裂片顶端有小尖头,白色、黄色或浅紫色,单瓣(在栽培类型中有 2 重瓣或 3 重瓣);雄蕊 5,在重瓣类型中常变态成 15 枚左右;子房疏生短刺毛。蒴果近球状,疏生粗短刺,不规则 4 瓣裂(图 12-129)。分布于华北、华南地区,江苏、浙江等省栽培较多。花(洋金花)有毒,能平喘止咳、解痉定痛,作麻醉剂。同属植物**毛曼陀罗** *Datura innoxia* Mill. 为一年生直立草本或半灌木状。全体密被细腺毛和短柔毛。花有毒,能平喘止咳、麻醉止痛、解痉止搐。

宁夏枸杞 *Lycium barbarum* L.　枸杞属灌木。茎有纵棱纹,灰白色或灰黄色,无毛而微有光泽,有不生叶的短棘刺和生叶、花的长棘刺。叶互生或簇生,花在长枝上 1~2 朵生于叶腋,在短枝上 2~6 朵同叶簇生;花萼钟状;花冠漏斗状,紫堇色。浆果红色或在栽培类型中也有橙色(图 12-130)。分布于我国北部,我国中部和南部不少地区也已引种栽培,尤其是宁夏、天津地区栽培多、产量高。果实(枸杞子)能滋肝补肾、益精明目;根皮(地骨皮)能凉血除蒸、清肺降火。同属植物**枸杞** *Lycium chinense* Mill. 根皮(地骨皮)能凉血除蒸、清肺降火。

天仙子(莨菪[làng dàng])*Hyoscyamus niger* L.　天仙子属二年生草本。全体被黏性腺毛,有特殊臭气。根较粗壮,肉质而后变纤维质。基生叶大,丛生;茎生叶互生。花单生于叶

图 12-129 洋金花

1.花枝 2.果枝 3.花冠展开,示雄蕊和雌蕊 4.果实纵剖面 5.种子

图 12-130 宁夏枸杞

1.根皮 2.花枝 3.果枝 4.花冠展开,示雄蕊

腋,在茎上端则单生于苞状叶腋内而聚集成蝎尾式总状花序,通常偏向一侧,近无梗或仅有极短的花梗;花萼筒状钟形,生细毛,花后增大成坛状;花冠钟状,黄色而脉纹呈紫堇色。蒴果包藏于宿存萼内。分布于我国华北、西北及西南地区,常生于山坡、路旁、住宅区及河岸沙地。成熟种子(天仙子)有大毒,能解痉止痛、平喘、安神;叶(莨菪叶)有大毒,能镇痛、解痉;根(莨菪根)有毒,能截疟、攻癣、杀虫。

颠茄 *Atropa belladonna* L. 颠茄属多年生草本。叶片卵形、卵状椭圆形或椭圆形。花

255

单生于叶腋,钟形,下垂,花冠暗紫色。浆果球形,熟时黑色。种子扁肾脏形,褐色(图12-131)。原产于欧洲中部、西部和南部。我国南北药物种植场有引种栽培。全草(颠茄草)作抗胆碱药,能解痉止痛,是提取阿托品的原料。

图 12-131　颠茄
1.植株　2.花冠展开,示雄蕊　3.雄蕊　4.雌蕊　5.果实

本科其他药用植物:①**漏斗泡囊草** *Physochlaina infundibularis* Kuang(泡囊草属),产于陕西、河南和山西。根(华山参)能温肺祛痰、平喘止咳、安神镇惊。②**酸浆** *Physalis alkekengi* L.(酸浆属),宿萼或带果实的宿萼(锦灯笼)能清热解毒、利咽化痰、利尿通淋。③**龙葵** *Solanum nigrum* L.(茄属),全株能散瘀消肿、清热解毒。④**白英** *Solanum lyratum* Thunb.(茄属),全草入药,可治小儿惊风;果实能治风火牙痛。⑤**三分三** *Anisodus acutangulus* C.Y. Wu et C.Chen(山莨菪属),产于云南。根或叶有大毒,能解痉镇痛、祛风除湿。⑥**马尿泡** *Przewalskia tangutica* Maxim.(马尿泡属),产于青海、甘肃、四川和西藏,多生于高山砂砾地及干旱草原。根含莨菪碱、东莨菪碱、山莨菪碱,能解痉、镇痛和解毒消肿。

53. 玄参科 Scrophulariaceae

$$♀↑ \ K_{(4\sim5)}C_{(4\sim5)}A_{4,2}\underline{G}_{(2:2:\infty)}$$

草本、灌木或少有乔木。叶互生、下部对生而上部互生,或全对生,或轮生,无托叶。花序总状、穗状或聚伞状,常合成圆锥花序;花常不整齐;萼下位,常宿存;花冠4～5裂,裂片多少不等或呈二唇形;雄蕊常4枚,二强,少为2枚或5枚,着生于花冠上;花盘常存在,环状、杯状或一侧退化;子房上位,心皮2,2室,中轴胎座,每室胚珠多数;花柱柱头头状或2裂或2片状。果为蒴果,少有浆果状。种子细小,有时具翅或有网状种皮。染色体:X=6,8,10,12,14,20,24。

本科约有200属3000种,广布于全球各地。我国有56属600余种,全国分布,主产于云南。已知药用植物有45属233种。

本科主要化学成分:①环烯醚萜苷类:本科特征性成分之一,如桃叶珊瑚苷(aucubin)、梓醇(catalpol)、玄参苷(harpagoside)、胡黄连苷(picroside)。②强心苷类:洋地黄毒苷(digitoxin)、地高辛(digoxin)、毛花洋地黄苷 C(lanatoside C)。③黄酮类:大蓟苷

(pectolinarin)、蒙花苷(linarin)。④蒽醌类：洋地黄蒽醌(digitolutein)。⑤生物碱：槐定碱(sophoridine)、骆驼蓬碱(peganine)。⑥苯乙醇苷类：麦角甾苷(acteoside)、紫花洋地黄叶苷(purpureaside)。

【药用植物】

玄参 *Scrophularia ningpoensis* Hemsl. 玄参属多年生高大草本。块根数条，纺锤形或胡萝卜状膨大。茎四棱形，有浅槽。叶在茎下部多对生而具柄，上部的有时互生而柄极短。叶片多变化，卵状披针形至披针形，边缘具细锯齿，稀为不规则的细重锯齿。花序为疏散的大圆锥花序，由顶生和腋生的聚伞圆锥花序合成，花梗有腺毛；花冠紫褐色，上唇长于下唇；雄蕊稍短于下唇，退化雄蕊大而近于圆形。蒴果卵圆形(图 12-132)。其为我国特产，分布于全国大部分地区。根(玄参)能清热凉血、滋阴降火、解毒散结。同属植物**北玄参** *Scrophularia buergeriana* Miq. 聚伞花序紧缩呈穗状，花冠黄绿色。分布于北方各省。其根也作玄参药用。

地黄 *Rehmannia glutinosa* (Gaetn.) Libosch. ex Fisch. et Mey. 地黄属多年生草本。根茎肉质，鲜时黄色，茎紫红色。叶通常在茎基部集成莲座状；叶片卵形至长椭圆形，上面绿色，下面略带紫色或呈紫红色。花在茎顶部略排列成总状花序，或几全部单生叶腋而分散在茎上；密被多细胞长柔毛和白色长毛，花冠裂片，5 枚，内面黄紫色，外面紫红色，两面均被多细胞长柔毛；雄蕊 4 枚；子房幼时 2 室，老时因隔膜撕裂而成 1 室，无毛(图 12-133)。蒴果卵形至长卵形。分布于长江以北大部分地区。新鲜块根(鲜地黄)能清热生津、凉血、止血；干燥块根(生地黄)能清热凉血、养阴生津；炮制加工后的块根(熟地黄)能补血滋明、益精填髓。

图 12-132　玄参
1.根　2.茎和叶　3.果枝　4.花
5.花冠纵剖，示雄蕊　6.果实

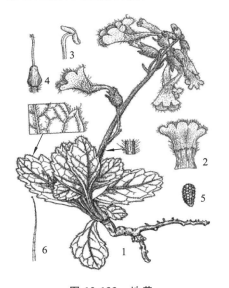

图 12-133　地黄
1.带花植株　2.花冠展开，示雄蕊
3.雄蕊　4.雌蕊　5.种子　6.腺毛

胡黄连 *Picrorhiza scrophulariiflora* Pennell 胡黄连属多年生矮小草本。根状茎粗壮，长圆锥形。叶全部基生，匙形，顶端圆形，边缘尖锯齿，干时变黑。花葶直立，有棕色腺毛；花密集成穗状聚伞形花序；花冠二唇形，暗紫色或浅蓝色；雄蕊 4 枚，二强。蒴果长卵形，4 瓣裂。分布于西藏及云南西北部，生于高山草地和石堆中。根茎(胡黄连)能退虚热、除疳热、清湿热。

本科其他药用植物：①**阴行草** *Siphonostegia chinensis* Benth.(阴行草属)，全草(北刘寄奴)能活血祛瘀、通经止痛、凉血、止血、清热利湿。②**毛地黄** *Digitalis purpurea* L.(毛地黄属)，叶能强心。

NOTE

257

54. 列当科 Orobanchaceae

$$\orb{\hbarmisc} \uparrow K_{(4\sim5)} C_{(5)} A_4 \underline{G}_{(2:1:\infty)}$$

　　多年生、二年生或一年生寄生草本。不含或几乎不含叶绿素。茎单一或分枝。叶互生常退化为鳞片状。花多数,沿茎上部排列成总状或穗状花序,或簇生于茎端成近头状花序,极少花单生于茎端;花两性,两侧对称;花萼佛焰苞状,或为 4～5 裂的离生或合生的萼片;花冠合瓣,管部常弯曲,裂片 5,偏斜或二唇形,上唇拱形,下唇 3 裂,雄蕊 4 枚,二强。第 5 枚退化或缺,花药 2 室,药室纵裂或基部孔裂;子房上位,1 室。果为蒴果,通常为萼所包。种子细小多数。染色体:$X = 12, 18\sim21$。

　　本科有 15 属约 150 种,主要分布于北温带。我国产 9 属 40 种和 3 变种,主要分布于西部。已知药用植物有 8 属 24 种。

　　本科主要化学成分:①苯乙醇苷类:本科特征性成分之一,如毛蕊花糖苷(麦角甾苷、类叶升麻苷,acteoside)、松果菊苷(echinacoside)、肉苁蓉苷 A～H(cistanoside A～H)。②环烯醚萜苷类:京尼平苷酸(geniposidic acid)、8-表马钱子苷酸(8-epilganic acid)。③木脂素类:松脂醇(pinoresinol)、松脂酸(colophonic acid)。

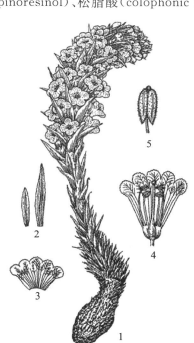

图 12-134　肉苁蓉
1. 植株　2. 苞片　3. 花萼展开
4. 花冠展开,示雄蕊　5. 雄蕊放大

【药用植物】

　　肉苁蓉 *Cistanche deserticola* Ma　肉苁蓉属多年生寄生草本,大部分地下生。茎不分枝或自基部分 2～4 枝。叶宽卵形或三角状卵形,生于茎下部的较密,上部的较稀疏并变狭。花序穗状,密生多花,苞片卵状披针形;小苞片 2 枚,卵状披针形或披针形,与花萼等长或稍长;花萼钟状,顶端 5 浅裂;花冠筒状钟形,顶端 5 裂,淡黄白色或淡紫色,干后常变棕褐色;雄蕊 4 枚;子房椭圆形,基部有蜜腺,花柱比雄蕊稍长,无毛,柱头近球形(图 12-134)。蒴果卵球形,顶端常具宿存的花柱,2 瓣开裂,种子椭圆形或近卵形。分布于内蒙古、宁夏、甘肃及新疆,生于梭梭荒漠的沙丘。茎(肉苁蓉)能补肾阳、益精血、润肠通便。其主要寄主有藜科 Chenopodiaceae 梭梭属 *Haloxylon* 植物 **梭梭** *Haloxylon ammodendron*（C. A. Mey.）Bunge、**白梭梭** *Haloxylon persicum* Bunge ex Boiss. et Buhse。

　　本科其他药用植物:① **丁座草** *Boschniakia himalaica* Hook. f. et Thoms.（草苁蓉属）,全草能理气止痛、止咳祛痰、消胀健胃。② **野菰** *Aeginetia indica* L.（野菰属）,肉质茎、花或全草有小毒,能清热解毒。

55. 爵床科 Acanthaceae

$$\orb{\hbarmisc} \uparrow K_{(4\sim5)} C_{(4\sim5)} A_{4,2} \underline{G}_{(2:2:1\sim\infty)}$$

　　草本、灌木或藤本。叶对生,无托叶,叶片、小枝和花萼上常有钟乳体(cystolith)。花两性,两侧对称,每花下通常具有 1 苞片或 2 小苞片。通常组成总状花序、穗状花序、聚伞花序,有时单生或簇生而不组成花序;花萼 4～5 裂;花冠 4～5 裂,二唇形;雄蕊 4 枚(二强)或 2 枚;子房上位,中轴胎座。蒴果,背室开裂。种子常着生在胎座的钩状或环状凸起上,成熟后弹出。染色体:$X = 7\sim10, 13\sim22, 25, 26, 28, 30$。

全世界共约有 250 属 3450 种,分布广,主要分布于热带地区。我国有 68 属 298 种 13 亚种或变种。药用植物有 32 属 71 种。

本科主要化学成分:①二萜类内酯类:本科特征性成分之一,如穿心莲内酯(andrographolide)、新穿心莲内酯(neoandrographolide)、脱水穿心莲内酯(dehydroandrographolide)、高穿心莲内酯(homoandrographolide)、去氧穿心莲内酯(deoxyandrographolide)。② 黄酮类:穿心莲黄酮(andrographin)、木犀草素-7-O-葡萄糖醛酸苷(luteolin-7-O-glucuronide)。③ 木脂素类:爵床素(justicin)、爵床脂素(justicidin)。④生物碱类:菘蓝苷(isatan)、靛苷(indican)。

【药用植物】

穿心莲 *Andrographis paniculata* (Burm. f.) Nees 穿心莲属一年生草本。茎下部多分枝,节膨大。单叶对生,叶卵状矩圆形至矩圆状披针形。花序轴上叶较小,总状花序顶生和腋生,集成大型圆锥花序;苞片和小苞片微小;花萼裂片三角状披针形,有腺毛和微毛;花冠白色而小,下唇带紫色斑纹,二唇形,上唇微 2 裂,下唇 3 深裂,花冠筒与唇瓣等长;雄蕊 2,一室基部和花丝一侧有柔毛。蒴果扁,中有一沟,种子多数(图 12-135)。我国福建、广东、海南、广西、云南常见栽培。地上部分(穿心莲)能清热解毒、凉血、消肿。

马蓝 *Baphicacanthus cusia* (Nees) Bremek. 板蓝属草本或小灌木,具根茎,多分枝,茎节膨大。单叶对生,叶片卵圆形至披针形。总状花序,通常具 2~3 节,每节具 2 朵对生的花;苞片具柄,卵形,常脱落;花萼裂片 5,其中 1 片通常较长而呈匙形;花冠 5 裂,淡紫色;雄蕊 4 枚,二强。蒴果棒状,种子 4 颗,有微毛(图 12-136)。分布于华北、华南、西南等地。根茎和根(南板蓝根)能清热解毒、凉血消斑。

图 12-135 穿心莲
1. 叶枝 2. 花枝 3. 花 4. 花冠展开,示雄蕊
5. 花萼展开,示雌蕊 6. 果实 7. 果实横切面 8. 种子

图 12-136 马蓝
1. 花枝 2. 花萼 3. 花冠展开,示雄蕊
4. 果实开裂 5. 种子

本科其他药用植物:①**爵床** *Rostellularia procumbens* (L.) Nees(爵床属),全草能清热解毒、利湿消积、活血止痛。②**白接骨** *Asystasiella neesiana* (Wall.) Lindau(白接骨属),叶和根状茎能止血。③**狗肝菜** *Dicliptera chinensis* (L.) Juss.(狗肝菜属),全草能清热解毒、生津利尿。④**水蓑衣** *Hygrophila salicifolia* (Vahl) Nees(水蓑衣属),全草能健胃消食、清热消肿。⑤**九头狮子草** *Peristrophe japonica* (Thunb.) Bremek.(观音草属),全草能清热解毒、发汗解表、降压。⑥**小驳骨** *Gendarussa vulgaris* Nees(驳骨草属),能祛瘀止痛、续筋接骨。⑦**孩儿草** *Rungia pectinata* (L.) Nees(孩儿草属),地上部分能消积滞、泻肝火、清湿热。

56. 车前科 Plantaginaceae

$$\male\female * K_{(4)} C_{(4)} A_4 \underline{G}_{(2\sim4:2\sim4:1\sim\infty)}$$

二年生或多年生草本。单叶,叶基生呈莲座状,平卧、斜展或直立。穗状花序;花小,绿色,两性,辐射对称;花萼 4 裂,宿存;花冠 4 裂,干膜质;雄蕊 4,贴生于花冠筒上,与花冠裂片互生,有时 1 枚或 2 枚不发育;子房上位,2～4 室。蒴果盖裂。染色体:$X=4,6,12,18$。

本科有 3 属约 200 种,广布于全世界。中国有 1 属 20 种,分布于南北各地,多数可供药用。

图 12-137　车前
1. 植株　2. 花　3. 果实

本科主要化学成分:①黄酮类:车前苷(plantaginin)、高车前苷(homoplantaginin)、黄芩素(baicalein)。②环烯醚萜苷:桃叶珊瑚苷(aucubin)、京尼平苷酸(geniposidic acid)和 8-表马钱子苷酸(8-epilganic acid)。

【药用植物】

车前 *Plantago asiatica* L.　车前属二年生或多年生草本。根须状。叶基生,卵形或椭圆形,主脉弧形明显。穗状花序,苞片三角形。蒴果椭圆形,内含种子 4～6 枚(图 12-137)。分布于全国大部分地区。全草(车前草)能清热利尿通淋、祛痰、凉血、解毒;成熟种子(车前子)能清热利尿通淋、渗湿止泻、明目、祛痰。同属植物**平车前** *Plantago depressa* Willd. 为一年生草本,具圆柱形主根。叶片椭圆状披针形。种子长圆形。主产于长江以北地区。全草和种子功效同车前。

57. 茜草科 Rubiaceae

$$\male\female * K_{(4\sim5)} C_{(4\sim5)} A_{4\sim5} \overline{G}_{(2:2:1\sim\infty)}$$

乔木、灌木或草本。叶对生或轮生,全缘;托叶分离或合生。花序各式,聚伞花序复合而成圆锥状或头状;花两性、单性或杂性;萼通常 4～5 裂;花冠合瓣,管状、漏斗状、高脚碟状或辐状,通常 4～5 裂;雄蕊与花冠裂片同数而互生,偶有 2 枚,着生在花冠管的内壁上,花药 2 室,纵裂或少有顶孔开裂;雌蕊通常由 2 心皮合生,子房下位,子房室数与心皮数相同。浆果、蒴果或核果。染色体:$X=9,11,17$。

本科约有 500 属 6000 种,广布于热带和亚热带地区。我国有 75 属 477 种,主要分布于西南部和东南部。已知药用植物有 50 属 219 种。

本科主要化学成分:①生物碱类:喹啉类,如奎宁(quinine)、奎尼丁(quinidine)具抗疟活性;吲哚类,如钩藤碱(rhynchophylline)、异钩藤碱(isorhynchophylline)、去氢钩藤碱(corynoxeine)、异去氢钩藤碱(isocorynoxeine)、毛钩藤碱(hirsutine)、去氢毛钩藤碱(hirsuteine);嘌呤类,如咖啡因(caffeine)。②环烯醚萜苷类:栀子苷(京尼平,geniposide)、羟异栀子苷(gardenoside)、鸡矢藤次苷甲酯(scandoside methyl ester)、山栀子苷(shanzhiside)、栀子新苷(gardoside)、栀子苷酸(geniposidic acid)、车叶草苷(asperuloside)。③蒽醌类:茜草素(alizarin)、羟基茜草素(purpurin)、异羟基茜草素(xanthopurpurin)、茜黄素(rubiadin)。④萘醌类:大叶茜草素(mollugin)、茜草内酯(rubilactone)。

【药用植物】

栀子 *Gardenia jasminoides* Ellis 栀子属常绿灌木。叶对生或三叶轮生,椭圆形、阔倒披针形或倒卵形,具短柄,革质、全缘,托叶鞘状。花大,极芳香,顶生或腋生,花冠高脚碟状,白色,后变乳黄色,基部合生成筒,上部 6～7 裂,旋转排列;雄蕊与花冠裂片同数,着生于花冠喉部。蒴果深黄色,倒卵形或长椭圆形,有 5～9 条翅状纵棱,先端有条状宿存萼(图 12-138)。分布于南部和中部地区,生于山坡树林中,各地有栽培。果实(栀子)能泻火除烦、清热利湿、凉血解毒,外用消肿止痛;栀子的炮制加工品(焦栀子)能凉血止血。

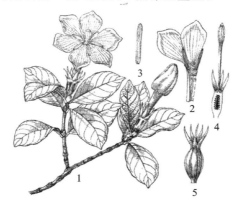

图 12-138 栀子
1.花枝 2.部分花冠展开,示雄蕊 3.雄蕊 4.部分花萼和雌蕊,示子房纵切面 5.果实

茜草 *Rubia cordifolia* L. 茜草属草质攀援藤木。根状茎和其节上的须根均为红色。茎 4 棱,棱上生倒生皮刺。叶通常 4 片轮生,具长柄。聚伞花序腋生和顶生,多回分枝,有花 10 余朵,花序和分枝均细瘦,有微小皮刺;花冠淡黄色。果球形,成熟时橘黄色(图 12-139)。分布于东北、华北、西北地区和四川及西藏等地,常生于疏林、林缘、灌丛或草地上。根(茜草)能凉血、止血、祛瘀、通经。

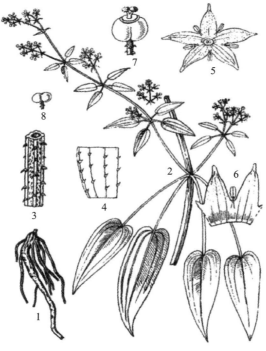

图 12-139 茜草
1.根 2.花枝 3.小枝一段 4.叶下面一部分,示皮刺 5.花 6.花冠剖开,示雄蕊着生状态 7.雌蕊 8.果实

钩藤 *Uncaria rhynchophylla*（Miq.）Miq. ex Havil. 钩藤属常绿木质大藤本。小枝方柱形。叶腋有钩状变态枝。叶纸质，两面均无毛，托叶狭三角形，深 2 裂，裂片线形至三角状披针形。头状花序，单生于叶腋或呈单聚伞状排列，总花梗腋生；小苞片线形或线状匙形；花萼管疏被毛，萼裂片近三角形，疏被短柔毛；花冠管外面无毛，或具疏散的毛，花柱伸出冠喉外，柱头棒形。蒴果小，被短柔毛，宿存萼裂片近三角形，星状辐射（图 12-140）。分布于中南、西南地区，常生于山谷溪边的疏林或灌丛中。带钩茎枝（钩藤）能清血平肝、息风定惊。同属植物**毛钩藤** *Uncaria hirsuta* Havil.、**大叶钩藤** *Uncaria macrophylla* Wall.、**白钩藤** *Uncaria sessilifructus* Roxb.用途同钩藤。

图 12-140 钩藤
1.带钩茎枝 2.花枝 3.花 4.雄蕊 5.果序 6.果实 7.种子 8.枝的节，示托叶 9.叶被的一部分，示脉腋间毛

巴戟天 *Morinda officinalis* How 巴戟天属藤本。肉质根肠状缢缩。头状花序，无花梗；花萼倒圆锥状，下部与邻近花萼合生；花冠白色，近钟状；雄蕊与花冠裂片同数，着生于裂片侧基部。聚花核果由多花或单花发育而成，熟时红色，扁球形或近球形；核果具分核，内面具 1 种子，果柄极短；种子熟时黑色，略呈三棱形，无毛。分布于华南地区，生于山地疏、密林下和灌丛中，常攀援于灌木或树干上。根（巴戟天）能补肾阳、强筋骨、祛风湿。

红大戟 *Knoxia valerianoides* Thorel ex Pitard 红芽大戟属多年生草本，全部被毛。有肥大、肉质、纺锤形、紫色的根。叶近无柄，对生，披针形或长圆状披针形；托叶短鞘形。聚伞花序密集成半球形；花冠紫红色、淡紫红色至白色，高脚碟形，内有浓密的柔毛。蒴果细小，近球形。分布于华南、西南地区及西藏东部，生于山坡草地上。块根（红大戟）能泻水逐饮、消肿散结。

本科其他药用植物：①**鸡矢藤** *Paederia scandens*（Lour.）Merr.（鸡矢藤属），全草和根（鸡屎藤）能祛风除湿、消食化积、解毒消肿、活血止痛。②**白花蛇舌草** *Hedyotis diffusa* Willd.（耳草属），全草能清热解毒、利湿。③**小粒咖啡** *Coffea arabica* L.（咖啡属），种子能醒神、利尿、健胃。④**虎刺** *Damnacanthus indicus* Gaertn.（虎刺属），根能祛风利湿、活血止痛。⑤**金鸡纳树** *Cinchona ledgeriana*（Howard）Moens ex Trim.（金鸡纳属），云南南部和台湾有种植。茎皮和根皮为提制奎宁（quinine）的主要原料，用于治疗疟疾，并有镇痛解热和局部麻醉作用。

NOTE

58. 忍冬科 Caprifoliaceae

$$\text{☿} * \uparrow K_{(4\sim5)} C_{(4\sim5)} A_{4\sim5} \overline{G}_{(2\sim5:1\sim5:1\sim\infty)}$$

灌木或木质藤本,少为草本。茎干木质松软,常有发达的髓部。叶对生;叶柄短,有时两叶柄基部连合,通常无托叶。花两性,辐射对称或两侧对称;呈聚伞花序,稀数朵簇生或单生;萼筒贴生于子房,萼裂片4~5枚;花冠合瓣,辐状、钟状、筒状、高脚碟状或漏斗状,有时二唇形;雄蕊5枚,或4枚,二强,着生于花冠筒;子房下位,中轴胎座,每室含1至多数胚珠,部分子房室常不发育。果实为浆果、核果或蒴果,具1至多数种子;种子具骨质外种皮。染色体:$X=8$,9,18。

本科有13属约500种,主要分布于北温带和热带高海拔山地,东亚和北美东部种类最多,个别属分布在大洋洲和南美洲。中国有12属200余种,大多分布于华中和西南地区。已知药用植物有9属106种。

本科主要化学成分:酚性成分、黄酮类和二萜类化合物,如绿原酸(chlorogenic acid)、异绿原酸(isochlorogenic acid)、忍冬苷(lonicerin)、忍冬素(loniceraflavone)等,均有抗菌消炎作用。此外,还含三萜类成分,如熊果酸(ursolic acid)、皂苷和氰苷。

【药用植物】

忍冬 *Lonicera japonica* Thunb. 忍冬属半常绿藤本。幼枝密被黄褐色柔毛。单叶对生,卵形至矩圆状卵形,幼时两面被短毛。总花梗单生于叶腋,密被短柔毛,并夹杂腺毛;苞片大,叶状,卵形至椭圆形,两面均有短柔毛或有时近无毛;小苞片顶端圆形或截形,有短糙毛,成对腋生;花冠白色,后变黄色,唇形,筒稍长于唇瓣,外被多少倒生的开展或半开展糙毛和长腺毛,上唇裂片顶端钝形,下唇带状而反曲。果实圆形;种子卵圆形或椭圆形,褐色(图12-141)。分布于全国大部分地区。花蕾或带初开的花(金银花)能清热解毒、疏散风热;茎枝(忍冬藤)能清热解毒、疏风通络。

知识链接
12-10

图 12-141 忍冬
1. 花枝 2. 花纵剖面,示雄蕊及雌蕊 3. 果放大,示叶状苞片

灰毡毛忍冬 *Lonicera macranthoides* Hand.-Mazz. 忍冬属藤本。幼枝或其顶梢及总花梗有薄绒状短糙伏毛,有时兼具微腺毛,后变栗褐色有光泽而近无毛。叶革质,卵形、卵状披针形,上面无毛,下面被由短糙毛组成的灰白色或有时带灰黄色毡毛。花有香味,双花常密集于小枝梢成圆锥状花序;苞片披针形或条状披针形,连同萼齿外面均有细毡毛和短缘毛;小苞片

NOTE

圆卵形或倒卵形,有短糙缘毛;萼筒常有蓝白色粉;花冠白色,后变黄色,外被倒短糙伏毛及橘黄色腺毛,唇形,上唇裂片卵形,下唇条状倒披针形,反卷。果实黑色,常有蓝白色粉,圆形。分布于长江以南部分地区,生于山谷溪流旁、山坡或山顶混交林内或灌丛中。花蕾或带初开的花(山银花)能清热毒解、疏散风热。同属植物**菰腺忍冬** *Lonicera hypoglauca* Miq. 其叶下面具明显的无柄或具极短柄的蘑菇状腺(由橘黄色变为橘红色),而与其他种区分开。分布于浙江、江西、福建、湖南、广东、广西、四川和贵州等地。**华南忍冬** *Lonicera confusa* (Sweet)DC. 和**黄褐毛忍冬** *Lonicera fulvotomentosa* Hsu et S. C. Cheng 都是中药"山银花"的基源品种。

本科其他药用植物:①**接骨草(陆英)** *Sambucus chinensis* Lindl. (接骨木属),分布于全国大部分地区,生于山坡、林下、沟边和草丛中。茎和叶(陆英)能祛风、利湿、舒筋、活血;根(陆英根)能祛风、利湿、活血、散瘀、止血。②**荚蒾** *Viburnum dilatatum* Thunb. (荚蒾属),茎和叶(荚蒾)能疏风解毒、活血。

59. 败酱科 Valerianaceae

$$\text{☿} \uparrow K_{5\sim15,0} C_{(3\sim5)} A_{3\sim4} \overline{G}_{(3:3:1)}$$

多年生草本,稀灌木。根茎或根常有陈腐气味、浓烈香气或强烈松脂气味。叶对生或基生,通常奇数羽状分裂,无托叶。花序为聚伞花序组成的顶生密集或开展的伞房花序、复伞房花序或圆锥花序;具总苞片;花小,两性,常稍两侧对称;具小苞片;花萼小,萼筒贴生于子房;花冠钟状或狭漏斗形,黄色、淡黄色、白色、粉红色或淡紫色;雄蕊 3 或 4,有时退化为 1~2,花丝着生于花冠筒基部;子房下位,3 室,仅 1 室发育。果为瘦果,顶端具宿存萼齿,并贴生于果时增大的膜质苞片上,呈翅果状,有种子 1 颗。染色体:$X=7\sim11$。

本科有 13 属约 400 种,大多数分布于北温带地区,有些种类分布于亚热带或寒带地区。我国有 3 属约 30 种,分布于全国各地。已知药用植物有 3 属 24 种。

本科主要化学成分:①挥发油:甘松醇(narchinol)、缬草酮(valeranone)。②三萜皂苷类:黄花败酱苷(scabioside)。③生物碱类:缬草碱(valerianine),有抗抑郁作用。④黄酮类:木犀草素(luteolin)、槲皮素(quercetin)。本科化学成分复杂,由于含有异戊酸而具有特殊气味,有镇静作用。

【药用植物】

败酱 *Patrinia scabiosaefolia* Fisch. ex Trev. 败酱属多年生草本。基生叶丛生,长卵形;茎生叶对生,羽状全裂。顶生伞房花序,花冠黄色(图 12-142)。全国各地均有分布,常生于山坡林下、林缘和灌丛中以及路边、田埂边的草丛中。全草(败酱草)或根茎及根能清热解毒、消肿排脓、活血祛瘀。同属植物**攀倒甑** *Patrinia villosa* (Thunb.)Juss. 茎枝被粗白毛,花白色,为消炎利尿药,全草功效同败酱。

甘松 *Nardostachys chinensis* Bat. 甘松属多年生草本。根状茎歪斜,覆盖片状老叶鞘,有烈香。基出叶丛生。花茎旁出,茎生叶 1~2 对,对生,无柄。聚伞花序头状,顶生,花后主轴及侧轴常明显伸长,使聚伞花序呈总状排列;总苞片披针形,苞片和小苞片常为披针状卵形或宽卵形;花萼小,5 裂,无毛。花冠紫红色,钟形。花冠裂片 5;雄蕊 4,伸出花冠裂片外;子房下位,花柱与雄蕊近等长(图 12-143)。瘦果倒卵形。分布于青海南部和四川北部,生于沼泽草甸、河漫滩和灌丛草坡。根和根茎能理气止痛、开郁醒脾,外用祛湿消肿。同属植物**匙叶甘松** *Nardostachys jatamansi* (D. Don)DC. 分布于四川、云南、西藏,生于高山灌丛、草地。本种为著名的香料植物,根和根茎功效同甘松。

缬草 *Valeriana officinalis* L. 缬草属多年生高大草本。根状茎粗短呈头状,须根簇生。茎中空,有纵棱,被粗毛。基出叶和基部叶在花期常凋萎;茎生叶卵形至宽卵形,羽状深裂。花序顶生,呈伞房状三出聚伞圆锥花序;小苞片中央纸质,两侧膜质;花冠淡紫红色或白色,花冠裂片椭圆形;雌雄蕊约与花冠等长(图 12-144)。瘦果长卵形。分布于我国东北至西南的广大地区,生于山坡草地、林下、沟边。根茎和根能祛风、镇静、安神。同属植物**蜘蛛香** *Valeriana jatamansi* Jones 分布于河南、陕西、湖南、湖北、四川、贵州、云南和西藏,生于山顶草地、林中或溪边。根茎和根能理气止痛、消食止泻、祛风除湿、镇静安神。

图 12-142 败酱
1.带花序植株 2.花

图 12-143 甘松
1.植株 2.花 3.花冠纵剖,示雄蕊

图 12-144 缬草
1.幼苗,示基生叶 2.茎的一段 3.花枝 4.花

NOTE

60. 川续断科 Dipsacaceae

$$\male\female \uparrow K_{(4\sim5)} C_{(4\sim5)} A_4 \overline{G}_{(2:2:1)}$$

一年生、二年生或多年生草本植物,有时呈亚灌木状,稀灌木。茎光滑,被长柔毛或有刺,少数具腺毛。叶通常对生,有时轮生;无托叶;单叶全缘或有锯齿、浅裂至深裂。花序为一密集具总苞的头状花序或为间断的穗状轮伞花序,有时呈疏松聚伞圆锥花序;花生于伸长或球形花托上,花托具鳞片状小苞片或毛;花两性,两侧对称,花冠合生成漏斗状,4~5裂;雄蕊4;子房下位,1室,包于宿存的小总苞内。瘦果包于小总苞内,顶端常冠以宿存的萼裂;种子下垂,种皮膜质。染色体:$X=8,9,10$。

本科约有12属300种,主产于地中海地区、亚洲及非洲南部。我国产5属25种5变种,主要分布于东北、华北、西北、西南及台湾等地。已知药用植物有5属18种。

本科主要化学成分:①三萜皂苷类:本科主要特征性成分之一,如常春藤皂苷元(hederagenin)、川续断皂苷Ⅵ(asperosaponin Ⅵ)。②环烯醚萜类:马钱子苷(loganin)、林生续断苷(sylvestroside)。③生物碱类:川续断碱(cantleyine)、喜树次碱(venoterpine)。

图 12-145 川续断
1.根 2.花枝 3.花 4.小苞片

【药用植物】

川续断 *Dipsacus asperoides* C. Y. Cheng et T. M. Ai   川续断属多年生草本。茎具6~8条棱,棱上疏生下弯粗短的硬刺。基生叶稀疏丛生,叶片琴状羽裂;茎生叶在茎之中下部为羽状深裂,基生叶和下部的茎生叶具长柄。头状花序球形,总苞片5~7枚,叶状,披针形或线形,被硬毛;花冠淡黄色或白色,基部狭缩成细管,顶端4裂,外面被短柔毛;雄蕊4,着生于花冠管上,明显超出花冠;子房下位,花柱通常短于雄蕊,柱头短棒状(图12-145)。瘦果。分布于湖北、湖南、江西、广西、云南、贵州、四川和西藏等地,生于沟边、草丛、林缘和田野路旁。根(续断)能补肝肾、强筋骨、续折伤、止崩漏。

本科其他药用植物:① **匙叶翼首花** *Pterocephalus hookeri*(C. B. Clarke)Hock.(翼首花属),分布于云南、四川、西藏和青海,生于山野草地、高山草甸。根有小毒,能清热解毒、祛风湿、止痛。② **刺续断**(刺参)*Morina nepalensis* D. Don(刺续断属),全草(刺参)能和胃止痛、消肿排脓。③ **青海刺参** *Morina kokonorica* Hao(刺续断属),全草亦作刺参药用。

61. 葫芦科 Cucurbitaceae

$$\male * K_{(5)} C_{(5)} A_{5,(2)+(2)+1}; \female * K_{(5)} C_{(5)} A_{3\sim4} \overline{G}_{(3:1:\infty)}$$

一年生或多年生草质或木质藤本。一年生植物的根为须根,多年生植物常为球状或圆柱状块根。茎通常具纵沟纹,匍匐或借助卷须攀援,具卷须,卷须侧生叶柄基部。叶互生,无托叶;叶片掌状浅裂至深裂,有时为鸟足状复叶。花单性,雌雄同株或异株,单生、簇生或集成总状花序或圆锥花序。雄花:雄蕊5或3,分离或各式合生,合生时常为2对合生,1枚分离。雌花:退化雄蕊有或无;子房下位,3心皮合生而成,侧膜胎座,花柱单一在顶端3裂,柱头膨大,2裂或流苏状。瓠果。种子常多数,扁压状。染色体:$X=9,11,12,14$。

本科约有 113 属 800 种,大多数分布于热带和亚热带地区,少数种类散布至温带地区。我国有 32 属 154 种 35 变种,主要分布于西南部和南部。药用植物有 21 属 90 属。

本科主要化学成分:① 三萜皂苷类:本科主要特征性成分之一,如栝楼萜二醇(karounidiol)、绞股蓝皂苷(gypenoside)、罗汉果苷(mogroside)、齐墩果酸(oleanolic acid)等。② 黄酮类:木犀草素-7-O-葡萄糖苷(luteolin-7-O-glucoside)、山奈酚-3-O-芸香糖苷(kaempferol-3-O-rutinoside)。③ 有机酸类:棕榈酸(cetylic acid)、木蜡酸(lignoceric acid)。④ 甾醇类:7-豆甾醇(7-stigmasterol)。

【药用植物】

栝楼 *Trichosanthes kirilowii* Maxim. 栝楼属攀援藤本。叶近圆形,3～5(7)掌状浅裂或中裂,裂片常常再分裂。雌雄异株。雄花总状花序,雄花小苞片大,花萼裂片披针形;雌花单生。果实近球形,种子浅棕色,种子棱线近边缘(图 12-146)。分布于辽宁、华北、华东、中南、陕西、甘肃、四川、贵州和云南,生于山坡林下、灌丛中、草地和村旁田边。根(天花粉)能清热泻火、生津止渴、消肿排脓;果实(瓜蒌)能清热涤痰、宽胸散结、润燥滑肠;种子(瓜蒌子)能润肺化痰、滑肠通便。同属植物**中华栝楼**(双边栝楼)*Trichosanthes rosthornii* Harms 植株较小,叶片常 3～7 深裂,几乎达基部,裂片线状披针形至倒披针形,稀菱形,极稀再分裂;雄花的小苞片较小,花萼裂片线形;种子棱线距边缘较远。功效同栝楼。**日本栝楼** *Trichosanthes kirilowii* Maxim. var. *japonica*(Miq.)Kitamura. 叶片 3～5 浅裂,裂片总是三角形,无小裂片;种子淡黑褐色。

绞股蓝 *Gynostemma pentaphyllum*(Thunb.)Makino 绞股蓝属草质攀援植物。茎细弱,具分枝,具纵棱及槽,无毛或疏被短柔毛。卷须二叉,着生于叶腋。鸟足状复叶,被短柔毛。花雌雄异株。雌雄花均为圆锥花序。果实球形,熟时黑色。种子卵状心形(图 12-147)。分布于陕西南部和长江以南地区,生于山谷密林中、山坡疏林、灌丛或路旁草丛中。全草(绞股蓝)能消炎解毒、止咳祛痰。

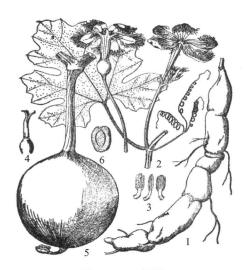

图 12-146 栝楼
1.根 2.花枝 3.雄蕊
4.雌蕊 5.果实 6.种子

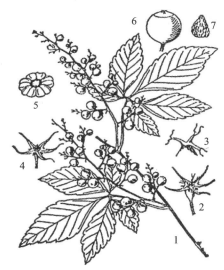

图 12-147 绞股蓝
1.果枝 2.雌花 3.柱头 4.雄花
5.雄蕊 6.果实 7.种子

罗汉果 *Siraitia grosvenorii*(Swingle)C. Jeffrey ex Lu et Z. Y. Zhang 罗汉果属多年生攀援草本。全体被白色或黑色的短柔毛。卷须 2 裂几乎达基部。叶常心状卵形。雌雄异株;雄花为总状花序,花梗有时在中部以下有微小苞片,萼 5 裂,花瓣 5,黄色,雄蕊 3;雌花序总状,子房密被短柔毛。果实球形或长圆形,初密生黄褐色茸毛和混生黑色腺鳞,老后渐脱落而仅在果梗着生处残存一圈茸毛。果皮较薄,干后易脆。种子多数,淡黄色(图 12-148)。分布于广

NOTE

西、贵州、湖南、广东和江西,常生于山坡林下及河边湿地、灌丛。果实(罗汉果)能清热润肺、利咽开音、滑肠通便。

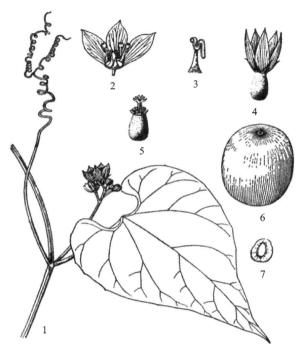

图 12-148 罗汉果
1.雄花枝 2.花冠纵剖,示雄蕊 3.雄蕊 4.雌花 5.雌蕊和退化雄蕊 6.果实 7.种子

木鳖子 *Momordica cochinchinensis*(Lour.)Spreng. 苦瓜属多年生草质大藤本。宿根粗壮,块状。叶片卵状心形或宽卵圆形,质稍硬,3～5 中裂至深裂。卷须颇粗壮,不分枝。雌雄异株;花冠黄色。果实卵球形,顶端有 1 短喙,基部近圆,成熟时红色,肉质,密生具刺尖的凸起。种子多数,具雕纹(图 12-149)。分布于江苏、安徽、江西、福建、台湾、广东、广西、湖南、四川、贵州、云南和西藏,常生于山沟、林缘及路旁。果实(木鳖子)能散结消肿、攻毒疗疮。同属植物**苦瓜** *Momordica charantia* L. 成熟果肉和假种皮可食用;根、藤和果实能清热解毒。

图 12-149 木鳖
1.雄花枝 2.雌花 3.果实 4.种子

本科其他药用植物:①雪胆 *Hemsleya chinensis* Cogn. ex Forbes et Hemsl.(雪胆属),分布于湖北、四川、江西,生于杂木林下或林缘沟边。根能清热利湿、消肿止痛。②丝瓜 *Luffa cylindrica*(L.)Roem.(丝瓜属),成熟果实维管束(丝瓜络)能通经活络、解毒消肿;果实(丝瓜)能清热化痰、凉血解毒。③冬瓜 *Benincasa hispida*(Thunb.)Cogn.(冬瓜属),外层果皮(冬瓜皮)能清热利水、消肿;种子(冬瓜子)能清肺化痰、消痈排脓、利湿;果实(冬瓜)能利尿、清热、化痰、生津、解毒。④西瓜 *Citrullus lanatus*(Thunb.)Matsum. et Nakai(西瓜属),果皮和芒硝混合制成的白色结晶性粉末(西瓜霜)能清热解毒、利咽消肿;外层果皮(西瓜皮)能清热、解渴、利尿;果瓤(西瓜)能清热除烦、解暑生津、利尿;根、叶或藤茎(西瓜根叶)能清热利湿。

62. 桔梗科 Campanulaceae

$$\male\female * \uparrow K_{(5)} C_{(5)} A_{5,(5)} \overline{G}_{(2\sim5:2\sim5:\infty)} \underline{\overline{G}}_{(2\sim5:2\sim5:\infty)}$$

草本,少灌木,或呈攀援状,常具乳汁。单叶互生或对生,无托叶。花两性,稀少单性或雌雄异株,辐射对称或两侧对称;单生或呈聚伞花序、总状花序、圆锥花序;花萼常5裂,宿存;花冠5裂,钟状或管状;雄蕊5,与花冠裂片同数而互生,着生于花冠基部或花盘上,花丝分离,花药聚合成管状或分离;子房下位或半下位,2~5心皮合生成2~5室,中轴胎座,胚珠多数;花柱圆柱状,柱头2~5裂。蒴果。种子扁平,小型,有时有翅。染色体:$X=6,8,9,11,17$。

全科有60~70属,大约2000种,世界广布,但主产地为温带和亚热带。我国产16属,大约170种。已知药用植物有13属111种。

本科主要化学成分:①皂苷:桔梗皂苷(platycodin)。②多糖类:党参多糖(codonopsis polysaccharide)。③生物碱类:山梗菜碱(lobeline)。④多炔类:党参炔苷(lobetyolin)。⑤黄酮类:芹菜素(apigenin)、木犀草素(luteolin)、橙皮苷(hesperidin)、蒙花苷(linarin)。

【药用植物】

党参 *Codonopsis pilosula*(Franch.)Nannf. 党参属多年生草质藤本。茎基具多数瘤状茎痕,根常肥大呈纺锤状,肉质。茎缠绕,有多数分枝,具叶,不育或先端着花,黄绿色或黄白色,无毛。叶互生,在小枝上的近于对生,有疏短刺毛。花单生于枝端,与叶柄互生或近于对生;花冠钟状,黄绿色,内有紫色小斑点;子房半下位,3室(图12-150)。蒴果下部半球状,上部短圆锥状。分布于秦巴山区及华北、东北等地区,生于山地林边及灌丛中,全国各地有大量栽培。根(党参)能健脾益肺、养血生津。同属植物**素花党参** *Codonopsis pilosula*(Franch.)Nannf. var. *modesta*(Nannf.)L. T. Shen 和**川党参** *Codonopsis tangshen* Oliv. 也作党参药用。**羊乳** *Codonopsis lanceolata*(Sieb. et Zucc.)Trautv. 分布于东北、华北、华东和中南各地区,生于山地灌木林下沟边阴湿地区或阔叶林内。根能养阴润肺、排脓解毒。

图 12-150 党参
1. 根 2. 花枝

桔梗 *Platycodon grandiflorus*(Jacq.)A. DC. 桔梗属多年生草本。叶全部轮生,部分轮生至全部互生,无柄或有极短的柄。花单朵顶生,或数朵集成假总状花序,或有花序分枝而集成圆锥花序;花萼筒部半圆球状或圆球状倒锥形,被白粉,裂片三角形,有时齿状;花冠大,宽钟状,蓝色或紫色。蒴果倒卵状(图 12-151)。分布于全国各地,生于阳处草丛、灌丛中,少生于林下。根(桔梗)能宣肺、利咽、祛痰、排脓。

沙参 *Adenophora stricta* Miq. 沙参属多年生草本,有白色乳汁。基生叶心形,大而具长柄;茎生叶互生,狭卵形或矩圆状狭卵形。花序常不分枝而成假总状花序,或有短分枝而成极狭的圆锥花序;花梗常极短;花萼钟状,先端 5 裂,花冠宽钟状,蓝色或紫色,外面无毛或有硬毛(图 12-152)。蒴果椭圆状球形。分布于安徽、江苏、浙江等省。根(南沙参)能养阴清肺、益胃生津、化痰、益气。同属植物**轮叶沙参** *Adenophora tetraphylla*(Thunb.)Fisch.绝大多数植株的叶是完全轮生的;花冠小而细长,花萼裂片短小;花盘细长。**杏叶沙参** *Adenophora hunanensis* Nannf. 以大多数具柄的叶子、几乎平展或弓曲上升的花序分枝、极短而粗壮的花梗,特别是宽而通常在基部彼此重叠的花萼裂片和被毛(少无毛)的花盘,区别于近缘种。根作南沙参药用。

图 12-151 桔梗
1.根 2.花枝 3.花纵剖,示雄蕊和雌蕊 4.果实

图 12-152 沙参
1.根和茎 2.花枝 3.花 4.雄蕊和雌蕊

半边莲 *Lobelia chinensis* Lour. 半边莲属多年生草本。茎细弱,匍匐,节上生根。叶互生,无柄或近无柄。花单生于叶腋;花冠粉红色或白色;花萼筒有一侧深裂至基部,先端 5 裂,裂片呈披针形,均偏向于一方,内具短柔毛。蒴果倒锥状。分布于长江中、下游及以南各地。全草(半边莲)能清热解毒、利尿消肿。

本科其他药用植物:①**铜锤玉带草** *Pratia nummularia*(Lam.)A. Br. et Aschers.(铜锤玉带属),全草能祛风除湿、活血、解毒。②**蓝花参** *Wahlenbergia marginata*(Thunb.)A. DC.(蓝花参属),根能益气补虚、祛痰、截疟。

63. 菊科 Compositae(Asteraceae)

$$\male \ast, \uparrow K_{0\sim\infty} C_{(3\sim5)} A_{(4\sim5)} \overline{G}_{(2:1:1)}$$

草本、亚灌木或灌木,稀为乔木。有时有乳汁管或树脂道。叶通常互生,稀对生或轮生,全缘或具齿或分裂,无托叶;花两性或单性,呈头状花序,为 1 层或多层总苞片组成的总苞所围绕;头状花序单生或数个至多数排列成总状、聚伞状、伞房状或圆锥状;花序托平或凸起,有些花具小苞片称为托片;花萼退化呈冠毛状、鳞片状、刺状或缺;花冠管状、舌状或假舌状(先端 3 齿、单性),少二唇形、漏斗状(无性)。头状花序中的小花有异型(外围舌状、假舌状或漏斗状花,称缘花;中央为管状花,称盘花)或同型(全为管状花或舌状花)。雄蕊 5,稀 4,花丝分离,着

270

生于花冠管上,花药结合成聚药雄蕊,花药基部钝或有尾状物;子房下位,心皮 2,1 室,1 枚胚珠;花柱单一,柱头 2 裂(图 12-153)。瘦果,顶端常有刺状、羽状冠毛或鳞片。染色体:$X=6$,7,8,9,10,12,14,15,16,18。

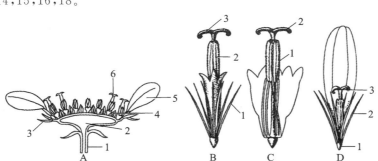

图 12-153　菊科花的解剖

A. 头状花序(1. 花序梗　2. 花托　3. 总苞片　4. 膜片状的苞片　5. 舌状花　6. 管状花)

B. 管状花(1. 冠毛　2. 花药　3. 柱头分枝)

C. 管状花剖开(1. 花药　2. 柱头分枝)

D. 舌状花(1. 下位子房　2. 冠毛　3. 柱头分枝)

本科约有 1000 属,25000～30000 种,广布于全世界,热带较少。我国约有 200 属,有 2000 多种,产于全国各地。已知药用植物有 154 属 778 种。

本科主要化学成分:①倍半萜内酯:斑鸠菊内酯(vernolepin)、地胆草内酯(elephantopin)、蛇鞭菊内酯(liatrin)、青蒿素(arteannuin)、山道年(santonin)、天名精内酯(carpesialactone)。②菊糖。③黄酮类:水飞蓟素(silymarin)可治肝炎。④生物碱:千里光碱(campestrine)、蓝刺头碱(echinopsine)、左旋水苏碱(betonicine)。⑤三萜皂苷:紫菀皂苷。⑥挥发油:藏茴香酮(carvone)、侧柏酮(thujone)、木香烃内酯(costunolide)。⑦聚炔类:茵陈二炔(capillene)、茵陈素(capillarin)、苍术炔(atractylodin)。⑧香豆素类。⑨多糖。⑩有机酸。

按照头状花序中小花的构造以及植物有无乳汁等特征,本科分为 2 个亚科,包括管状花亚科 Carduoideae 和舌状花亚科 Cichorioideae。

(1) 管状花亚科 Carduoideae

头状花序全部为同形两性的管状花,或有异形的小花,中央花非舌状,植物无乳汁。

【药用植物】

菊花 *Dendranthema morifolium* (Ramat.) Tzvel.　菊属多年生草本。茎直立,基部木质,全体被白色柔毛。叶卵形至披针形,叶缘有粗大锯齿或羽裂。头状花序外总苞片多层,外层绿色,边缘膜质;缘花舌状,雌性,白色或黄色;盘花管状,两性,黄色,具托片(图 12-154)。瘦果无冠毛。因产地不同、加工方式不同以及栽培品种不同,有亳菊、滁菊、贡菊、杭菊、怀菊、祁菊、济菊和川菊之分。头状花序(菊花)能散风清热、平肝明目、清热解毒。同属植物**野菊** *Dendranthema indicum* (L.) Des Moul. 头状花序小,黄色。广布于东北、华北、华中、华南及西南各地。头状花序(野菊花)能清热解毒、泻火平肝。

白术[zhú] *Atractylodes macrocephala* Koidz.　苍术属多年生草本。根状茎结节状。茎直立,通常自中下部长分枝,全部光滑无毛。叶片通常 3～5 羽状全裂,全部叶质地薄,边缘有针刺状缘毛或细刺齿。头状花序单生于茎枝顶端;苞叶绿色,针刺状羽状全裂;总苞大,宽钟状,多层覆瓦状排列;全为管状花,紫红色。瘦果倒圆锥状,被毛。冠毛呈羽毛状(图 12-155)。江苏、浙江、福建、江西、安徽、四川、湖北和湖南等地有栽培,江西、湖南、浙江、四川有野生,野生于山坡草地及山坡林下。根茎(白术)能健脾益气、燥湿利水、止汗、安胎。

NOTE

271

图 12-154　菊

1.花枝　2.舌状花　3.管状花

图 12-155　白术

1.根茎　2.花枝　3.管状花

4.花冠剖开,示雄蕊　5.雌蕊　6.瘦果

苍术[zhú]*Atractylodes lancea*(Thunb.)DC.　苍术属多年生草本。根状茎平卧或斜升,粗长或通常呈疙瘩状。头状花序单生于茎枝顶端,总苞钟状。苞叶针刺状羽状全裂或深裂;总苞片5～7层,覆瓦状排列,小花白色(图 12-156)。瘦果被白色长直毛。冠毛褐色或污白色。分布于全国大部分地区,野生于山坡草地、林下、灌丛及岩石缝隙中。根茎(苍术)能燥湿健脾、祛风散寒、明目。

红花 *Carthamus tinctorius* L.　红花属一年生草本。叶互生,无柄,长椭圆形或卵状披针形,叶缘锯齿有尖刺。头状花序顶生,总苞片 4 层,苞片椭圆形或卵状披针形。小花红色、橘红色,全部为两性。瘦果倒卵形,乳白色,有 4 棱,棱在果顶伸出,无冠毛(图 12-157)。分布于我国东北、西北、西南及山东浙江等地,特别是新疆都广有栽培。花(红花)能活血通经、散瘀止痛。

图 12-156　苍术

1.根茎和茎　2.花枝

3.头状花序,示总苞片和羽裂的叶状苞片　4.管状花

图 12-157　红花

1.根和茎　2.花枝　3.花

4.雄蕊及不带子房的雌蕊　5.瘦果

云木香 *Saussurea costus*(Falc.)Lipech. 风毛菊属多年生高大草本。主根粗壮,基生叶有长翼柄。头状花序单生于茎端或枝端,或3～5个在茎端集成稠密的伞房花序;总苞片7层;小花暗紫色(图12-158)。瘦果浅褐色,三棱状,有黑色色斑。冠毛1层,浅褐色,羽毛状。分布于西藏,我国四川、云南、广西、贵州有栽培。根(木香)能健脾和胃、调气解郁、止痛、安胎。同属植物**雪莲花**(天山雪莲、大苞雪莲花)*Saussurea involucrata*(Kar. et Kir.)Sch.-Bip. 叶密集,叶片椭圆形或卵状椭圆形,最上部叶苞叶状,膜质,淡黄色,宽卵形。头状花序10～20个,在茎顶密集成球形的总花序。总苞半球形,总苞片3～4层,边缘或全部紫褐色。分布于新疆,生于海拔3000 m以上高山岩缝、砾石和沙质河滩中。地上部分(天山雪莲)能温肾助阳、祛风胜湿、通经活血,为维吾尔族习用药材。**水母雪兔子**(水母雪莲花)*Saussurea medusa* Maxim.、**绵头雪兔子**(绵头雪莲花)*Saussurea laniceps* Hand.-Mazz. 带根全草(雪莲花)能温肾壮阳、调经止血。

川木香 *Dolomiaea souliei*(Franch.)Shih 川木香属多年生草本,通常为莲座状,无茎,极少有茎。头状花序同型,多数或少数集生于茎基顶端的莲座状叶丛中或茎顶端的苞叶群中。总苞钟状;总苞片多层;花托平,蜂窝状;全部小花两性,管状,结实,花冠紫色或红色。瘦果三至四棱形或几乎圆柱状。冠毛易脆折。分布于四川西部、西藏东部,生于高山草地及灌丛中。根(川木香)能行气止痛。同属植物**灰毛川木香** *Dolomiaea souliei*(Franch.)Shih var. *mirabilis*(Anth.)Shih 主要分布于四川西部、西藏东部和云南西北部,是川木香药材的基源植物之一。

牛蒡 *Arctium lappa* L. 牛蒡属二年生草本,具粗大的肉质直根。茎直立,通常带紫红或淡紫红色。基生叶丛生,茎生叶互生。头状花序在茎枝顶端排成伞房花序或圆锥状伞房花序;总苞卵形或卵球形;总苞片多层。顶端有软骨质钩刺;小花紫红色。瘦果倒长卵形或偏斜倒长卵形(图12-159)。冠毛糙毛状。分布于全国各地,生于山坡、山谷、林缘、林中、灌木丛中、河边潮湿地、村庄路旁或荒地。果实(牛蒡子)能疏散风热、宣肺透疹、解毒利咽。

图 12-158 云木香
1.基生叶 2.花枝 3.根

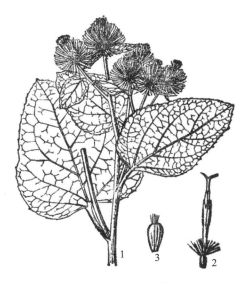

图 12-159 牛蒡
1.花枝 2.花 3.瘦果

豨莶[xī xiān]*Siegesbeckia orientalis* L. 豨莶属一年生草本。全株被灰白色短柔毛。基部叶花期枯萎;中部叶三角状卵圆形或卵状披针形,三出基脉;上部叶渐小,近无柄。头状花序聚生于枝端,排列成具叶的圆锥花序;花黄色;雌花舌状;两性花管状。瘦果倒卵圆形,有4棱。分布于长江以南地区。地上部分(豨莶草)能祛风湿、利关节、解毒。同属植物**腺梗豨莶** *Siegesbeckia pubescens* Makino、**毛梗豨莶** *Siegesbeckia glabrescens* Makino 地上部分作豨莶

NOTE

草药用。

茵陈蒿 *Artemisia capillaris* Thunb.　蒿属半灌木状草本。植株有浓烈的香气。茎、枝初时密生灰白色或灰黄色绢质柔毛,后渐稀疏或脱落无毛。叶一至三回羽状分裂,裂片线形。头状花序常排成复总状花序,并在茎上端组成大型、开展的圆锥花序;总苞片 3～4 层,无毛,花序托小,凸起;雌花 6～10 朵,花冠狭管状或狭圆锥状;两性花 3～7 朵,不孕育(图 12-160)。瘦果长圆形或长卵形。分布于全国各地。地上部分(茵陈)能清利湿热、利胆退黄。同属植物**野艾蒿** *Artemisia lavandulaefolia* DC. 作"艾"(家艾)的代用品,能散寒、祛湿、温经、止血。

黄花蒿 *Artemisia annua* L.　蒿属一年生草本。植株有浓烈的挥发性香气。茎单生,多分枝。叶互生,常三回羽状深裂。头状花序球形,在分枝上排成总状或复总状花序,并在茎上组成开展、尖塔形的圆锥花序;总苞片 3～4 层,花深黄色,雌花狭管状;两性花结实或中央少数花不结实,花冠管状(图 12-161)。瘦果小,椭圆状卵形。分布于全国各地。地上部分(青蒿)能清虚热、除骨蒸、解暑热、截疟、退黄。其含有的青蒿素(arteannuin)为倍半萜内酯化合物,为抗疟的主要有效成分,治各种类型疟疾,具速效、低毒的优点,对恶性疟、脑疟尤佳。

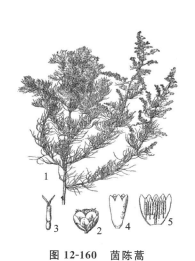

图 12-160　茵陈蒿
1.花枝　2.头状花序　3.雌蕊
4.两性花　5.两性花展开,示雄蕊和花柱

图 12-161　黄花蒿
1.植株　2.花枝　3.头状花序　4.外层总苞片
5.中层总苞片　6.雌花　7.两性花

紫菀 *Aster tataricus* L. f.　紫菀属多年生草本。茎直立,基部有纤维状枯叶残片且常有不定根。基部叶在花期枯落;下部叶较小,边缘除顶部外有密锯齿;中部叶无柄,全缘或有浅齿,上部叶狭小。头状花序多数,在茎和枝端排列成复伞房状;总苞片 3 层;舌状花和管状花。瘦果倒卵状长圆形,紫褐色。冠毛污白色或带红色。分布于东北、西北地区,生于低山阴坡湿地、山顶和低山草地及沼泽地。根和根茎(紫菀)能润肺下气、消痰止咳。

旋覆花 *Inula japonica* Thunb.　旋覆花属多年生草本。根状茎短,横走或斜升。叶互生,无柄。头状花排列成疏散的伞房花序;舌状花黄色,管状花有三角状披针形裂片;冠毛与管状花近等长。瘦果被疏短毛。分布于我国北部、东北部、中部、东部各省,极常见;生于山坡路旁、湿润草地、河岸和田埂上。头状花序(旋覆花)能降气、消痰、行水、止呕。**欧亚旋覆花** *Inula britanica* L. 分布于新疆、黑龙江和内蒙古等地,亦作旋覆花药用。

佩兰 *Eupatorium fortunei* Turcz.　泽兰属多年生草本。根茎横走,淡红褐色。全株被短柔毛。叶三全裂或三深裂,中裂片较大。头状花序多数在茎顶及枝端排成复伞房花序;总苞片 2～3 层,全部苞片紫红色,顶端钝;花冠白色或带微红色。瘦果黑褐色,无毛,无腺点。冠毛白色。分布于长江流域及以南各地,生于路边灌丛及山沟路旁。全株和花揉之有香味。地上部分(佩兰)能芳香化湿、醒脾开胃、发表解暑。

(2) 舌状花亚科 Cichorioideae

头状花序全部小花舌状,植物有乳汁,花粉粒外壁有刺脊。

【药用植物】

蒲公英 *Taraxacum mongolicum* Hand. -Mazz. 蒲公英属多年生草本。全体具白色乳汁。叶基生,排成莲座状,大头羽状深裂,顶端裂片较大,三角形或三角状戟形,全缘或具齿,每侧裂片 3～5 片,基部渐狭成叶柄,叶柄及主脉常带红紫色。花葶 1 至数个,与叶等长或稍长,上部紫红色,密被蛛丝状白色长柔毛;头状花序顶生;总苞片先端有小角,被白色丝状柔毛;舌状花黄色,先端平截,5 齿裂,两性。瘦果倒卵状披针形,暗褐色,上部具小刺,下部具成行排列的小瘤;冠毛白色(图 12-162)。分布于全国大部分地区,广泛生于中、低海拔地区的山坡草地、路边、田野、河滩。全草(蒲公英)能清热解毒、消肿散结、利尿通淋。

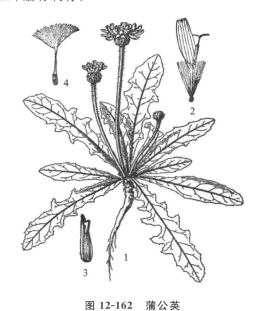

图 12-162 蒲公英
1. 植株 2. 花 3. 外层总苞片 4. 瘦果

鳢肠[lǐ chǎng]*Eclipta prostrata*(L.)L. 鳢肠属一年生草本。全株被糙毛,折断后流出的汁液稍后即呈蓝黑色。叶对生,长圆状披针形或披针形,无柄或有极短的柄。头状花序顶生或腋生;总苞球状钟形,排成 2 层;外围的雌花 2 层,舌状,中央的两性花多数,花冠管状,白色,顶端 4 齿裂。雌花的瘦果三棱形,两性花的瘦果扁四棱形,表面有小瘤状凸起,无冠毛。分布于全国各地,生于河边、田边或路旁。地上部分(墨旱莲)能滋补肝肾、凉血止血。

菊苣 *Cichorium intybus* L. 菊苣属多年生草本。基生叶莲座状,花期生存,倒披针状长椭圆形。茎生叶少数,较小,卵状倒披针形至披针形,无柄。头状花序多数,单生或数个集生于茎顶或枝端,排列成穗状花序。舌状小花蓝色,有色斑。瘦果。冠毛极短,膜片状。分布于我国北方地区,生于滨海荒地、河边、水沟边或山坡。地上部分或根(菊苣)能清肝利胆、健胃消食、利尿消肿。

本科其他药用植物:①蓟 *Cirsium japonicum* Fisch. ex DC.(蓟属),广泛分布于全国各地,是中药材大蓟的基源植物,能凉血止血、散瘀解毒消痈。②刺儿菜 *Cirsium setosum* (Willd.)MB.(蓟属),除西藏、云南、广东、广西外,几乎分布于全国各地,是中药材小蓟的基源植物,功效同大蓟。③鬼针草 *Bidens pilosa* L.(鬼针草属),产于华东、华中、华南、西南各地,全草(白花鬼针草)能清热解毒、利湿退黄。④天名精 *Carpesium abrotanoides* L.(天名精属),分布于华东、华南、华中、西南各地及河北、陕西等地,果实(南鹤虱)能杀虫消积。⑤水飞蓟 *Silybum marianum*(L.)Gaertn.(水飞蓟属),分布于欧洲、地中海地区、北非及亚洲中部,我国各地均有栽培。果实能清热解毒、疏肝利胆。⑥一枝黄花 *Solidago decurrens* Lour.(一枝黄花属),广泛分布于我国南方各地,能清热解毒、疏散风热。⑦千里光 *Senecio scandens* Buch.

NOTE

-Ham. ex D. Don（千里光属），全草能清热解毒、明目、利湿。⑧**款冬** *Tussilago farfara* L.（款冬属），头状花序（款冬花）能润肺下气、止咳化痰。⑨**短葶飞蓬** *Erigeron breviscapus*（Vant.）Hand. -Mazz.（飞蓬属），分布于湖南、广西、贵州、四川、云南和西藏等地，能活血通络止痛、祛风散寒。⑩**苍耳** *Xanthium sibiricum* Patrin ex Widder（苍耳属），带总苞果实（苍耳子）有小毒，能散风寒、祛风湿、通鼻窍。⑪**石胡荽** *Centipeda minima*（L.）A. Br. et Aschers.（石胡荽属），即中药"鹅不食草"，能通窍散寒、祛风利湿、散瘀消肿。⑫**苦苣菜** *Sonchus oleraceus* L.（苦苣菜属），全草能祛湿、清热解毒。

二、单子叶植物纲 Monocotyledoneae

64. 香蒲科 Typhaceae

$$\male \; * \; P_0 A_{1\sim 7,(1\sim 7)} ; \female \; * \; P_0 \underline{G}_{1:1:1}$$

多年生沼生、水生或湿生草本。根状茎横走，须根多。叶二列，互生；鞘状叶很短，基生，先端尖；条形叶直立，或斜上，全缘；叶脉平行，中脉背面隆起或否；叶鞘长，边缘膜质。花单性，雌雄同株，花序穗状，无花被；雄花密集于花序上部，具雄蕊 2～5，花丝分离或合生，花药线形；雌花位于花序下部，与雄花序紧密相接，或相互远离；苞片叶状，着生于雌雄花序基部；子房上位，1室，胚珠 1 枚；花柱狭长。果实为小坚果。染色体：$X=15$。

本科共 1 属 16 种，分布于温带和热带地区。我国有 11 种，南北地区广泛分布，北方较多，几乎全部种可药用。

本科主要化学成分：黄酮类、甾类、有机酸、糖类等。①黄酮类：异鼠李素（isorhamnetin）。②糖类：曲二糖（kojibiose）、松二糖（turanose）、麦白糖（leucrose）。此外，尚含多种氨基酸、脂肪油等。

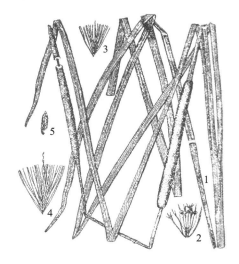

图 12-163　水烛香蒲
1.植株　2.雄花　3.雌花　4.果实　5.种子

【药用植物】

水烛香蒲（狭叶香蒲、水烛）*Typha angustifolia* L.　香蒲属多年生水生或沼生草本。根茎匍匐，须根多。叶狭线形，叶宽 5～10 cm。花小，单性，雌雄同株；穗状花序长圆柱形，褐色；雌雄花序离生，雄花序在上部，长 20～30 cm，雌花序在下部，长 9～28 cm，具叶状苞片；雄花由 3 枚雄蕊合生，有时由 2 枚或 4 枚组成；雌花具小苞片，匙形。果穗直径 10～15 mm，坚果细小（图 12-163）。全国各地均有分布。干燥花粉（蒲黄）能止血、化瘀、通淋。同属植物**东方香蒲**（香蒲）*Typha orientalis* Presl 为多年生沼生草本。根状茎乳白色。地上茎粗壮。叶鞘抱茎，叶较宽。雌雄花序彼此相连，雄花序长 3～5 cm，雌花序长 4～15 cm。全国各地均有分布。

宽叶香蒲 *Typha latifolia* L. 叶宽 10～15 mm，雄花序长 8～15 cm。**小香蒲** *Typha minima* Funk 雌雄花序远离，雄花序长 3～8 cm，雌花序长 1.6～4.5 cm，叶状苞片明显宽于叶片。**长苞香蒲** *Typha angustata* Bory et Chaubard 叶片长 40～150 cm，宽 0.3～0.8 cm，雄花序长 7～30 cm；雌花具小苞片。花粉在不同地区亦作蒲黄药用，能止血、祛瘀、利尿。

NOTE

65．泽泻科 Alismataceae

$$☿ * P_{3+3} A_{6\sim\infty} \underline{G}_{6\sim\infty:1:1} ; \male * P_{3+3} A_{6\sim\infty} ; \female * P_{3+3} \underline{G}_{6\sim\infty:1:1}$$

水生或沼生草本,具乳汁或无,具根茎或球茎。单叶常基生,叶片条形、披针形、卵形、椭圆形、箭形等,全缘,基部具鞘。花两性或单性,辐射对称,常轮生于花葶上,呈总状或圆锥花序;花被片 6,外轮 3 枚萼片状,绿色,宿存;内轮 3 枚花瓣状,易脱落;雄蕊 6 至多数;子房上位,心皮 6 至多数,分离,常螺旋状排列在凸起或扁平的花托上,1 室,边缘胎座;胚珠 1 或数枚,仅 1 枚发育;花柱宿存。聚合瘦果,每瘦果含 1 种子。染色体:$X=7,11$。

本科共 11 属约 100 种,主要产于北半球温带至热带地区。我国有 4 属 20 种 1 亚种 1 变种 1 变型,野生或引种栽培,南北地区均有分布。已知药用植物有 2 属 12 种。

本科主要化学成分:①四环三萜酮醇衍生物:泽泻醇(alisol)A、泽泻醇 B、泽泻醇 C、表泽泻醇 A(epi-alisol A)等。②挥发油:环氧泽泻烯(alismoxide)。

【药用植物】

东方泽泻 *Alisma orientale*(Samuel.)Juz. 泽泻属多年生水生或沼生草本,具块茎。挺水叶宽披针形、椭圆形,先端渐尖,基部近圆形或浅心形。花茎由叶丛中抽出,组成圆锥状复伞形花序;小苞片披针形至线形,尖锐;萼片 3,广卵形,绿色或稍带紫色;花瓣倒卵形,膜质,较萼片小,白色,脱落;雄蕊 6;雌蕊多数,离生;子房倒卵形,侧扁,花柱侧生。瘦果多数,扁平,倒卵形,背部有两浅沟,褐色,花柱宿存。分布于东北、华东、西南及河北、新疆、河南等地,生于沼泽边缘或栽培。块茎能利水渗湿、泄热、化浊降脂。其为六味地黄丸、桂附地黄丸等中成药的原料药材。同属植物**泽泻** *Alisma plantago-aquatica* L. 内轮花被片边缘具粗齿,瘦果排列整齐,果期花托平凸,花期较长,用于花卉观赏。过去常与东方泽泻混杂入药。

慈姑 *Sagittaria trifolia* L. var. *sinensis*(Sims)Makino 慈姑属多年生水生草本。匍匐茎末端膨大成球茎,球茎卵圆形或球形叶具长柄,叶形变化极大,通常为戟形。圆锥花序,花 3~5 朵为 1 轮,单性,下部 3~4 轮为雌花,上部多轮为雄花;苞片披针形;外轮花被片 3,萼片状,卵形;内轮花被片 3,花瓣状,白色,基部常有紫斑;雄蕊多枚;心皮多数,密集成球形。瘦果斜倒卵形,背腹两面有翅;种子褐色。长江以南广为栽培。球茎能活血凉血、止咳通淋、散结解毒。

66．禾本科 Gramineae(Poaceae)

$$☿ * P_{2\sim3} A_{3,1\sim6} \underline{G}_{(2\sim3:1:1)}$$

多为草本,少为木本(竹类)。地下常具根状茎或须状根;茎直立,具有明显的节和节间两部分。茎常称为"秆",在竹类中称为"竿",茎有明显的节和节间,节间常中空。单叶互生,由叶片、叶鞘和叶舌三部分组成;叶鞘抱秆,通常一侧开裂,顶端两侧各有一个附属物,称为叶耳;叶片常为窄长的带形,其基部直接着生在叶鞘顶端,具一条明显的中脉及若干条与之平行的纵长次脉;叶舌位于叶鞘顶端和叶片连接处的近轴面,呈膜质或纤毛状。花小,常两性,集成小穗再排成穗状、总状或圆锥状。每小穗有花 1 至数朵,排列于一很短的小穗轴上,基部生有 2 枚颖片(glume)(总苞片),下方的称外颖,上方的称内颖;小花外包有外稃(lemma)和内稃(palea)(小苞片);外稃通常绿色,厚硬,顶端或背部常生有芒;内稃常较短小,质地膜质较薄;内外稃间,子房基部,有 2 或 3 枚透明肉质的浆片(鳞被)(lodicule);雄蕊通常 3 枚,稀 1 枚、2 枚或 6 枚,花丝细长,花药"丁"字着生;雌蕊子房上位,2~3 心皮合生,1 室,1 胚珠;花柱常为 2,柱头常羽毛状。果实多为颖果。种子含丰富淀粉质胚乳。染色体:$X=6,7,10,12$。

本科共约 700 属,有 10000 多种,广布于全世界。本科分两个亚科:禾亚科 Agrostidoideae(草本)和竹亚科 Bambusoideae(木本)。我国有 226 属 1790 余种,全国皆产。已知药用植物有 84 属 174 种,多为禾亚科植物。

本科主要化学成分:①杂氮噁嗪酮类(benzoxazolinon):薏苡素(coixol)。②生物碱类:芦竹碱(gramine)、大麦芽碱。③三萜类:白茅萜(cylindrin)、芦竹萜(arundoin)、无羁萜(friedelin)。④氰苷:蜀黍苷(dhurrin)。⑤黄酮类:大麦黄苷(lutonarin)、小麦黄素(tricin)。

【药用植物】

薏苡(马圆薏苡)*Coix lacryma-jobi* L. var. *ma-yuen*(Roman.)Stapf 薏苡属一年或多年生草本。秆直立,约具 10 节。叶片线状披针形,边缘粗糙,无毛,互生。总状花序下倾,小穗单性,雄花序位于雌花序之上。雌小穗位于花序下部,为骨质念珠状的总苞所包;能育小穗第 1 颖下部膜质,上部厚纸质,第 2 颖舟形,被包于第 1 颖中;第 2 外稃短于第 1 外稃;雄蕊 3,退化,雌蕊具长花柱;不育小穗,退化成筒状的颖(图 12-164)。颖果外包坚硬的总苞,卵形或卵状球形。各地栽培及野生。成熟种仁(薏苡仁)能利水渗湿、健脾止泻、除痹、排脓、解毒散结;根(薏苡根)能清热通淋、除湿杀虫;叶(薏苡叶)能温中散寒、补益气血。

图 12-164 薏苡

1.花枝 2.花序 3.雄性小穗 4.雌花和雌小穗 5.雌蕊 6.雌花的外颖
7.雌花的内颖 8.雌花的不孕性小颖 9.雌花的外稃 10.雌花的内稃

淡竹(毛金竹)*Phyllostachys nigra*(Lodd. ex Lindl.)Munro var. *henonis*(Mitf.)Stapf ex Rendle 刚竹属多年生木本植物。竿绿色至灰绿色,无毛,高 7~18 m。分枝一侧的节间有明显的沟槽。叶 1~3 片互生于最终小枝上,叶片深绿色,无毛,窄披针形。穗状花序小枝排列成覆瓦状的圆锥花序,小穗有 2~3 花。子房呈尖卵形。分布于长江流域及以南各地。竿的干燥中间层(竹茹)能清热化痰、除烦、止呕;鲜竿经火烤后所流出的液汁(竹沥)能清热降火、滑痰利窍。绿竹属的**大头典竹**(大头甜竹)*Dendrocalamopsis beecheyana*(Munro)Keng var. *pubescens*(P. F. Li)Keng 竿高达 15 m。多少有些作"之"字形折曲,幼竿被毛和中部以下的竿节上通常具毛环,节间通常较短;箨鞘背部疏被黑褐色、贴生前向刺毛;小穗通常呈麦秆黄色;内稃背部被柔毛。叶鞘通常被毛;叶舌较长以及外稃背面被疏柔毛。簕竹属的**青秆竹**(青竿竹)*Bambusa tuldoides* Munro 竿直立或近直立,高达 15 m。顶端不弯垂,竿的节上分枝较多;节间圆柱形,竿的节间和箨光滑无毛。竿去外皮刮出的中间层亦作竹茹药用;竿经火烤后所流出的液汁亦作竹沥药用。

淡竹叶 *Lophatherum gracile* Brongn. 淡竹叶属多年生草本。地下须根中部膨大呈纺锤形小块根。秆直立,疏丛生,高 40~80 cm,具 5~6 节;叶鞘平滑或外侧边缘具纤毛;叶舌质硬,背有糙毛;叶片披针形,具横脉。圆锥花序长 12~25 cm,分枝斜升或开展;小穗线状披针形,小穗疏生、绿色,雄蕊 2 (图 12-165)。颖果长椭圆形。分布于长江以南地区。茎叶(淡竹叶)能清热泻火、除烦止渴、利尿通淋。

白茅 *Imperata cylindrica* (L.)Beauv. 白茅属多年生草本,具粗壮的长根状茎。秆直立,具 1~3 节,节无毛。秆生叶窄线形,通常内卷,顶端渐尖呈刺状。圆锥花序紧贴呈圆柱状,密生丝状柔毛。雄蕊 2;花柱细长,基部多少连合,柱头 2,紫黑色,羽状,自小穗顶端伸出。颖果椭圆形。全国各地均有分布。根茎(白茅根)能清热利尿、凉血止血。

图 12-165 淡竹叶
1.植株 2.小穗
3.叶的一部分,示叶脉

芦苇 *Phragmites australis* (Cav.)Trin. ex Steud. 芦苇属多年生湿生草本。根状茎粗壮。秆直立,具 20 多节。叶片披针状线形,无毛,顶端长渐尖成丝形。圆锥花序大型,长 20~40 cm,着生稠密下垂的小穗。雄蕊 3,花药黄色。颖果。全国大部分地区有分布,生于江河湖泽、池塘、沟渠沿岸和低湿地。根茎(芦根)能清热泻火、生津止渴、除烦、止呕、利尿。

本科其他药用植物:①玉蜀黍 *Zea mays* L.(玉蜀黍属),花柱(玉米须)能清热利尿、消肿。②稻 *Oryza sativa* L.(稻属),成熟果实经发芽干燥的炮制加工品(稻芽)能消食和中、健脾开胃。③大麦 *Hordeum vulgare* L.(大麦属),成熟果实经发芽干燥的炮制加工品(麦芽)能行气消食、健脾开胃、回乳消胀。④青皮竹 *Bambusa textilis* McClure(簕竹属)因被寄生的竹黄蜂咬伤后,于竹节间贮积的伤流液,经干涸凝结而成的块状物质称"天竺黄",能清热去痰、凉心定惊。⑤芸香草 *Cymbopogon distans* (Nees)Wats.(香茅属),全草能解表、利湿、止咳平喘。⑥香茅(柠檬草)*Cymbopogon citratus* (DC.)Stapf(香茅属),全草能祛风通络、温中止痛、止泻;花能温中和胃。

67. 莎[suō]草科 Cyperaceae

$$☿ * P_0 A_{1\sim3} \underline{G}_{(2\sim3:1:1)} ; ♂ * P_0 A_{1\sim3} ; ♀ * P_0 \underline{G}_{(2\sim3:1:1)}$$

多年生草本,稀一年生,常具根茎。秆多实心,通常三棱形。单叶基生或茎生,通常排成 3 列,一般具有闭合的叶鞘和狭长的叶片,有时仅有鞘而无叶片。花序有穗状、总状、圆锥、头状或聚伞状;花两性或单性,雌雄同株,单生于颖片(苞片)腋内,2 至多花组成小穗,再排成穗状、总状、头状、圆锥状或聚伞状;花序下常有 1 至数枚总苞片;花被缺如或退化为刚毛状或鳞片状;雄蕊 1~3,花药底着;雌蕊子房上位,2~3 心皮合生,子房 1 室,胚珠 1;花柱单一,细长或基部膨大而宿存;柱头 2~3。小坚果。染色体:$X=5,6,7,8$。

本科约有 80 属 4000 种,广布于全世界。我国有 28 属 500 余种,广布于全国,多生长于潮湿处或沼泽中。已知药用植物有 17 属 110 种。

本科主要化学成分:挥发油,如莎草的块茎中含香附烯(cyperene)、香附酮(cyperone)、香附醇(cyperol)、异香附醇(isocyperol)、广藿香烯酮(patchoulenone)、香附烯酮(cyperenone)、莎草萜酮(rotundone)、莎草醇(rotunol)、香附醇酮(cyperolone)、芹子烯(selinene)。此外,还含有齐墩果酸、齐墩果酸苷等萜类化合物,还含有黄酮类、生物碱、强心苷和糖类等。

【药用植物】

香附子(莎草)*Cyperus rotundus* L. 莎草属多年生草本。匍匐根状茎长,具椭圆形块茎。秆锐三棱形,平滑,基部呈块茎状。叶基生或丛生,3 列,叶片短于秆。叶状苞片 2~3(5) 枚。穗状花序轮廓为陀螺形,稍疏松,具 3~10 个小穗;小穗斜展开,线形;花两性,无被;花柱长,柱头 3(图 12-166)。坚果三棱形。全国各地均有分布。根茎(香附)能疏肝解郁、理气宽

NOTE

中、调经止痛,并可提取芳香油。

图 12-166 莎草
1.植株 2.穗状花序 3.小穗的一部分 4.鳞片 5.雄蕊

本科其他药用植物:①荆三棱 *Scirpus yagara* Ohwi(藨草属),块茎能破血祛瘀、行气止痛。②荸荠[bí qí]*Heleocharis dulcis*（Burm. f.）Trin. ex Hensch.（荸荠属),多年生水生草本。匍匐根茎细长,顶端膨大成球茎。秆丛生,圆柱状,有多数横隔膜。无叶片,秆基部有叶鞘2~3。小穗圆柱状。球茎能清热生津、化痰、消积。

68. 棕榈科 Palmae(Arecaceae)

$$\hat{\male\female} * P_{3,(3)} A_{3+3} \underline{G}_{3:3\sim1:1,(3:3\sim1:1)} ; \hat{\male} * P_{3,(3)} A_{3+3} ; \female * P_{3,(3)} \underline{G}_{3:3\sim1:1,(3:3\sim1:1)}$$

乔木或灌木,稀藤本。茎常不分枝。叶大型,常绿,互生或聚生于茎顶;叶片掌状或羽状分裂,革质;叶柄基部常扩大成具纤维的鞘。花小,两性或单性,雌雄同株或异株,有时杂性,辐射对称;肉穗花序,分枝或不分枝,被 1 个或多个鞘状或管状的佛焰苞所包围;花萼和花瓣各 3 片,成二轮,离生或合生,覆瓦状或镊合状排列;雄蕊常 6,稀 3 或多数;雌蕊子房上位,常 3 心皮,分离或合生,1 或 3 室,每室 1 胚珠;花柱短或无,柱头 3。浆果、核果或坚果。染色体:X＝14,15,16,18。

本科约有 210 属 2800 种,分布于热带、亚热带地区,主产于热带亚洲、美洲。我国有约 28 属 100 种,产于西南至东南部地区。已知药用植物有 16 属 26 种。

本科主要化学成分:黄酮类、生物碱、多元酚和缩合鞣质等。①黄酮类:血竭素(dracorhodin)、血竭红素(dracorubin)。②生物碱:槟榔碱(arecoline)、去甲槟榔碱(guvacoline)。

【药用植物】

棕榈 *Trachycarpus fortunei*(Hook.)H. Wendl. 棕榈属常绿乔木。被不易脱落的老叶柄基部和密集的网状纤维,叶柄有纤维状叶鞘。叶片近圆形,掌状深裂;叶柄细长。花序粗壮,多次分枝;雄花序具 2~3 个分枝花序;雄花无梗;雌花序上有 3 个佛焰苞;子房上位,密被白柔毛,花柱 3 裂。核果球形或近肾形,成熟时由黄色变为淡蓝色,有白粉。分布于长江以南各地。叶柄(棕榈)和叶鞘纤维(棕榈皮)能收敛止血;根(棕榈根)能收敛止血、涩肠止痢、除湿、消肿、解毒;花蕾和花(棕榈花)能止血、止泻、活血、散结;叶(棕榈叶)能收敛止血、降血压;成熟果实(棕榈子)能止血、涩肠、固精;心材(棕树心)能养心安神、收敛止血。

NOTE

槟榔 *Areca catechu* L. 槟榔属常绿乔木。不分枝,高 10～30 m,有明显的环状叶痕。叶簇生于茎顶,羽状全裂,羽片多数,两面无毛,狭长披针形。雌雄同株,花序多分枝,花序轴粗壮压扁,分枝曲折;子房长圆形。果实长圆形或卵球形,橙黄色,中果皮厚,纤维状(图 12-167)。种子卵形。产于海南、广东、广西、福建、台湾及云南南部。成熟种子(槟榔)能杀虫、消积、行气、利水、截疟;果皮(大腹皮)能行气宽中、行水消肿。

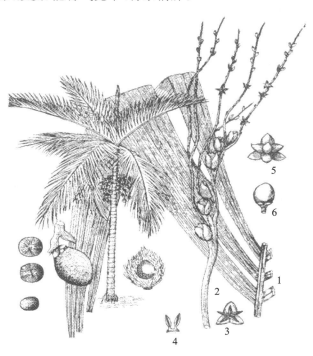

图 12-167 槟榔
1.叶 2.花枝 3.雄花 4.雄蕊 5.雌蕊 6.果实

龙血藤(麒麟竭)*Daemonorops draco* Bl. 黄藤属多年生常绿藤本。茎被叶鞘并遍生尖刺。羽状复叶在枝梢互生,在下部有时近对生;小叶互生,线状披针形;叶柄及叶轴具锐刺。肉穗花序,单性,雌雄异株;花被 6,排成 2 轮。果实核果状,卵状球形,具黄色鳞片,果实内含深赤色的液状树脂,常由鳞片下渗出。分布于印度尼西亚、马来西亚、伊朗,我国海南、台湾有栽培。果实和藤茎中的树脂(进口血竭)有小毒,能散瘀定痛、止血、生肌敛疮。

本科药用植物还有**椰子** *Cocos nucifera* L.(椰子属),常绿大乔木,叶丛生于茎顶,叶片羽状。核果。广布于热带地区海岸,我国分布于台湾、海南、广东和云南。种子(椰子)能补脾益肾、催乳;胚乳中的浆液(椰子浆)能生津、利尿、止血;内果壳(椰子壳)能祛风、止痛、利湿、止痒;果肉(椰子瓤)能益气健脾、杀虫、消疳;胚乳经加工而成的油(椰子油)能杀虫止痒、敛疮。

69. 天南星科 Araceae

$\male \female * P_{0,4\sim6} A_{2\sim\infty/(2\sim\infty),4\sim6} \underline{G}_{(1\sim\infty:1\sim\infty:1\sim\infty)} ; \male * P_0 A_{2\sim\infty/(2\sim\infty)} ; \female * P_0 \underline{G}_{(1\sim\infty:1\sim\infty:1\sim\infty)}$

多年生草本,稀木质藤本;常具块茎或根状茎,富含苦味水汁或乳汁。叶基生,单叶或复叶,叶柄基部常有膜质鞘,叶片全缘或放射状分裂,叶脉网状。花小、两性或单性,辐射对称,呈肉穗花序,具佛焰苞;单性花同株或异株,同株时雌花群生于花序下部,雄花群生于花序上部,两者间常有无性花相隔,无花被,雄蕊 1～6,常愈合成雄蕊柱,少分离,两性花具花被片 4～6,鳞片状,雄蕊与其同数而互生;雌蕊子房上位,1 至数心皮成 1 至数室,每室 1 至数枚胚珠。浆果或聚合果,密集于花序轴上,种子 1 至多数。染色体:X＝12,13,14。

NOTE

本科共 115 属 2000 余种,主产于热带和亚热带地区。我国有 35 属 205 种,多数种类分布于长江以南各地。已知药用植物有 22 属 106 种。

本科主要化学成分:多糖类、生物碱、挥发油、黄酮类、氰苷等。①多糖类:甘露聚糖(mannan)。②挥发油类:菖蒲酮(acolamone)、菖蒲烯(calamenene)。③生物碱:胡卢巴碱(trigonelline)。

【药用植物】

一把伞南星 *Arisaema erubescens*(Wall.)Schott 天南星属多年生草本。块茎扁球形。叶 1 枚,叶柄长,圆柱状,叶柄具鞘,叶片放射状全裂,裂片披针形。花单性异株,肉穗花序,佛焰苞绿色,喉部不闭合,无横隔膜。果序柄下弯或直立,浆果红色,种子 1~2,球形,淡褐色(图12-168)。除内蒙古、黑龙江、吉林、辽宁、山东、江苏、新疆外,我国各地区都有分布。块茎(天南星)有毒,能散结消肿,外用治痈肿、蛇虫咬伤。同属植物**东北天南星** *Arisaema amurense* Maxim.、**异叶天南星**(天南星)*Arisaema heterophyllum* Blume 的块茎亦作天南星药用。

半夏 *Pinellia ternata*(Thunb.)Breit. 半夏属多年生草本。块茎扁球形,具须根。叶2~5 枚,有时 1 枚,基生,叶柄基部具鞘,近基部内侧常有一白色珠芽,珠芽在母株上萌发或落地后萌发。花单性同株,肉穗花序,佛焰苞绿色或绿白色,管喉部闭合,有横隔膜(图 12-169)。浆果卵圆形,黄绿色,先端渐狭为明显的花柱。除内蒙古、新疆、青海、西藏外,全国各地均有分布。块茎(半夏)有毒,炮制后才能入药,能燥湿化痰、降逆止呕、消痞散结,为香砂六君子的原料药。同属植物**掌叶半夏**(虎掌)*Pinellia pedatisecta* Schott 块茎较大,周围常具有数个小块茎,叶片鸟趾状全裂。主要分布于我国华北、华中及西南部地区。块茎(天南星、虎掌南星)亦可作天南星药用。

图 12-168 一把伞南星

1.块茎 2.带花植株 3.果序

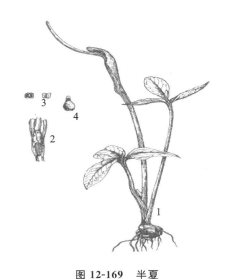

图 12-169 半夏

1.植株 2.花序佛焰苞展开,示雄花、雌花

3.雄蕊 4.雌蕊纵切面

石菖蒲 *Acorus tatarinowii* Schott 菖蒲属多年生草本。全体具浓烈香气。根茎匍匐横走。叶基生,无柄,叶片无中脉,暗绿色,线形,基部对折。花序柄腋生,三棱形。叶状佛焰苞长13~25 cm;肉穗花序圆柱状,上部渐尖,直立或稍弯,花白色。幼果绿色,成熟时黄绿色或黄白色。产于黄河以南各地,生长于湿地或溪旁石上。根茎(石菖蒲)能开窍豁痰、醒神益智、化湿开胃。同属植物**菖蒲**(水菖蒲)*Acorus calamus* L. 为水生或沼生草本。叶片直立,剑形,两面中肋均隆起。根茎(藏菖蒲、水菖蒲)能化痰开窍、除湿健胃、杀虫止痒。

NOTE

本科其他药用植物：①**独角莲** *Typhonium giganteum* Engl.（犁头尖属），块茎（禹白附）有毒，能祛风痰、镇痉、止痛。②**千年健** *Homalomena occulta*（Lour.）Schott（千年健属），根茎有小毒，能祛风湿、舒筋活络、止痛、消肿。③**魔芋** *Amorphophallus rivieri* Durieu（魔芋属），多年生大型草本。块茎扁球形，直径 7～25 cm。生用有毒。块茎（魔芋）有毒，能化痰消积、解毒散结、行瘀止痛。其所含的葡甘聚糖有降血糖作用。

70. 百部科 Stemonaceae

$$\male * P_{2+2}A_{2+2}\underline{G}_{(2:1:2\sim\infty)}$$

多为草本或半灌木，通常具肉质块根，较少具横走根状茎。单叶互生、对生或轮生，多全缘；有明显基出脉和平行、致密的横脉。花两性，辐射对称，单生于叶腋或花梗贴生于叶片中脉上；花被片 4，花瓣状，排成 2 轮；雄蕊 4 枚，花丝短，分离或基部合生，花药 2 室，药隔通常延伸于药室之上成细长的附属物，稀无附属物；雌蕊子房上位，心皮 2，1 室，胚珠 2 至多数；柱头单一或 2～3 浅裂。蒴果。染色体：$X=13$。

本科共 3 属约 30 种，分布于亚洲、美洲和大洋洲。我国有 2 属 8 种，产于西南至东南部。已知药用植物有 2 属 6 种。

本科主要化学成分：生物碱，如百部属中含有百部碱（stemonine）、百部宁碱（paipunine）、百部定碱（stemonidine）、直立百部碱（sessilistemonine）、蔓生百部碱（stemonamine）等。

【药用植物】

直立百部 *Stemona sessilifolia*（Miq.）Miq.　百部属直立亚灌木，块根纺锤形。茎分枝，具细纵棱。叶薄革质，通常每 3～4 枚轮生，卵状椭圆形或卵状披针形。花单朵，生于茎下部叶腋；花柄向外平展，中上部具关节；花向上斜升或直立；花被片，淡绿色；雄蕊紫红色；子房三角状卵形。蒴果（图 12-170）。主要分布于华东地区。块根（百部）能润肺下气止咳、杀虫灭虱。同属植物**对叶百部** *Stemona tuberosa* Lour. 为多年生攀援草本，茎蔓生，叶对生，花序梗生于叶腋。**蔓生百部**（百部）*Stemona japonica*（Bl.）Miq. 为多年生草本，茎蔓生，3～4 叶轮生。花贴生于叶片中脉上，单生或数朵排成聚伞花序。块根亦作百部药用。

图 12-170　直立百部

1.植株　2.根　3.外轮花被片　4.内轮花被片　5.雄蕊

6.雄蕊侧面观,示花药及药隔附属物　7.雄蕊　8.雌蕊　9.果实

NOTE

71. 百合科 Liliaceae

$$\male\female * P_{3+3,(3+3)} A_{3+3} \underline{G}_{(3:3:\infty)}$$

多年生草本,稀灌木或亚灌木,常具鳞茎或根状茎。单叶互生或茎生,茎生叶通常互生,少对生或轮生,通常具弧形平行脉,极少具网状脉。花序呈穗状、总状或圆锥花序;花两性,辐射对称,花被片6,花瓣状,排成2轮,分离或合生;雄蕊6枚,花药基着或"丁"字状着生;子房上位,极少半下位,3心皮合生成3室,中轴胎座,每室胚珠多数。蒴果或浆果。种子具丰富的胚乳,胚小。染色体:$X=8,9,10,11,12,13,14,17,19$。

本科约有230属3500种,广布于全球,以温带、亚热带地区较多。我国有60属约560种,分布遍及全国,以西南地区种类较多。已知药用植物有46属359种。

本科主要化学成分:①生物碱类:秋水仙碱(colchicine)、贝母碱(peimine)、藜芦胺(veratramine)、介藜芦胺(jervine)、川贝母素(fritimine)。②强心苷类:铃兰毒苷(convallatoxin)、铃兰醇苷(convallatoxol)、海葱苷A(scillaren A)。③甾体皂苷类:知母皂苷(timosaponin)、麦冬皂苷(ophiopogonin)、薯蓣皂苷(dioscin)、铃兰皂苷(convallasaponin)A。④蒽醌类:芦荟苷(aloin)。⑤醌类:黄精醌(polygonaquinone)。此外,葱属 Allium 植物中常含有挥发性的含硫化合物。

【药用植物】

百合 *Lilium brownii* F. E. Brown var. *viridulum* Baker 百合属多年生草本。鳞茎近球形。叶倒卵状披针形至倒卵形,上部叶比较小。花大型,喇叭状,有香气,乳白色。花粉粒红褐色,子房长圆柱形,柱头3裂。蒴果矩圆形,有棱(图12-171)。分布于华北、华南、中南及西南部地区,陕西及甘肃等地亦有分布。干燥肉质鳞叶(百合)能养阴润肺、清心安神。同属植物**细叶百合**(山丹)*Lilium pumilum* DC.鳞茎卵形或圆锥形;鳞片矩圆形或长卵形。花大,花被片长4~4.5 cm;花柱比子房稍长或长1倍多。**卷丹** *Lilium lancifolium* Thunb.鳞茎近宽球形,鳞片宽卵形。干燥肉质鳞叶亦作百合药用。

图 12-171 百合

1.植株 2.雄蕊和雌蕊 3.鳞茎

黄精 *Polygonatum sibiricum* Delar. ex Redoute 黄精属多年生草本。根状茎横走,结节膨大。地上茎单一。叶无柄,4～5叶轮生。花序腋生,2～4朵花排列成伞形,下垂,苞片膜质,位于花根基部。花乳白色至淡黄色。浆果熟时黑色。分布于东北、黄河流域至长江中下游地区。根茎(黄精)能补气润肺、养阴生津、益肾。同属植物**多花黄精**(囊丝黄精)*Polygonatum cyrtonema* Hua、**滇黄精** *Polygonatum kingianum* Coll. et Hemsl. 的根茎亦作黄精药用。

玉竹 *Polygonatum odoratum*(Mill.)Druce 黄精属多年生草本。根状茎圆柱形,黄白色。茎上部稍具4棱。叶互生,椭圆形至卵状矩圆形,先端尖,下面带灰白色,下面脉上平滑至呈乳头状粗糙。花序具1～4花;花被黄绿色至白色,花被筒较直。浆果蓝黑色。除西北地区外,全国多数省区有分布或栽培,生于林下或山野阴坡。根茎(玉竹)能养阴润燥、生津止渴。

浙贝母 *Fritillaria thunbergii* Miq. 贝母属多年生草本。鳞茎卵圆形、扁球形,由2枚鳞片组成。叶对生或轮生,条形至条状披针形,先端卷曲或不卷曲。花1～6朵,淡黄色,有时稍带淡紫色,顶端的花具3～4枚叶状苞片,内面具紫色方格斑纹,基部上方具蜜腺;雄蕊6;花药近基着生,花丝无小乳突。蒴果卵圆形,6棱,棱上有宽6～8 mm的翅。分布于浙江北部、江苏、湖南、四川等地。鳞茎(浙贝母)能清热化痰止咳、解毒散结消痈。同属植物**暗紫贝母** *Fritillaria unibracteata* Hsiao et K. C. Hsia、**甘肃贝母** *Fritillaria przewalskii* Maxim.、**川贝母** *Fritillaria cirrhosa* D. Don、**梭砂贝母** *Fritillaria delavayi* Franch. 等的鳞茎为川贝母的主要来源,能清热润肺、化痰止咳、散结消痈。**伊贝母** *Fritillaria pallidiflora* Schrenk、**新疆贝母** *Fritillaria walujewii* Regel 的鳞茎能清热润肺、化痰止咳。**平贝母** *Fritillaria ussuriensis* Maxim. 鳞茎(平贝母)能清热润肺、化痰止咳。**湖北贝母** *Fritillaria hupehensis* Hsiao et K. C. Hsia 鳞茎(湖北贝母)能清热化痰、止咳、散结。

麦冬 *Ophiopogon japonicus*(L. f.)Ker-Gawl. 沿阶草属多年生草本。根较粗,中间或近末端常膨大成椭圆形或纺锤形的小块根。叶条形,基生成丛。花葶长6～15(27)cm,通常比叶短得多,总状花序。花被片常稍下垂而不展开,披针形,白色或淡紫色(图12-172)。子房半下位。种子球形。我国多数地区有分布或栽培,主产于浙江、四川等地。块根(麦冬)能养阴生津、润肺清心。山麦冬属 *Liriope* 植物**山麦冬**(湖北麦冬)*Liriope spicata*(Thunb.)Lour. **和阔叶山麦冬** *Liriope platyphylla* Wang et Tang 的块根(土麦冬)能养阴生津。

图 12-172 麦冬
1.植株 2.花 3.花纵切面 4.雄蕊

天门冬 *Asparagus cochinchinensis*(Lour.)Merr. 天门冬属多年生攀援草本。根在中部或近末端呈纺锤状膨大,有纺锤状块根。叶状枝2～4枚丛生,扁平或锐三棱形,稍镰刀状。叶退化成鳞片状,鳞片状叶基部延伸为长2.5～3.5 mm 的硬刺,在分枝上的刺较短或不明显。花通常每2朵腋生,淡绿色。浆果,熟时红色。全国大部分地区有分布。块根(天冬)能养阴润燥、清肺生津。同属植物**石刁柏**(芦笋)*Asparagus officinalis* L. 为多年生直立草本。茎上部在后期常俯垂,分枝较柔弱,无毛。叶状枝每3～6枚成簇,近圆柱形,纤细。叶鳞片状。花1～4朵腋生,单性,雌雄异株,绿黄色。浆果球形,成熟时红色。嫩茎(石刁柏)能清热利湿、活血散结、抗癌。

知母 *Anemarrhena asphodeloides* Bunge 知母属多年生草本。根茎粗壮、横走,表面具

NOTE

285

纤维。叶基生,条形。总状花序通常较长,可达 20～50 cm,花粉红色、淡紫色至白色;花被片条形,宿存。蒴果狭椭圆形。产于东北、华北和西北地区,生于海拔 1450 m 以下的山坡、草地或路旁较干燥或向阳的地方。根茎(知母)能清热泻火、滋阴润燥。

七叶一枝花 *Paris polyphylla* Smith var. *chinensis*(Franch.)Hara　重楼属多年生草本。根状茎短而粗壮。叶(5)7～10 枚,矩圆形、椭圆形或倒卵状披针形。外轮花被片绿色,(3)4～6 枚,狭卵状披针形;内轮花被片狭条形,通常比外轮长;雄蕊 8～12 枚,花药短,与花丝近等长或稍长;子房近球形,花柱粗短。蒴果紫色。种子多数,具鲜红色多浆汁的外种皮。分布于长江流域。根状茎(重楼)有小毒,能清热解毒、消肿止痛、凉肝定惊。同属植物**云南重楼** *Paris polyphylla* Smith var. *yunnanensis*(Franch.)Hand.-Mazz. 亦作重楼药用。

芦荟(库拉索芦荟)*Aloe barbadensis* Miller　芦荟属多年生肉质草本。叶边缘有刺状小齿,折断有黏液汁流出。花黄色,有赤色斑点。蒴果。原产于非洲,我国部分地区有栽培。叶汁浓缩干燥物(芦荟)能清肝泻火、泻下通便、杀虫疗疳。同属植物**好望角芦荟** *Aloe ferox* Miller、**芦荟** *Aloe vera* var. *chinensis*(Haw.)Berg. 叶汁经浓缩的干燥品亦作芦荟药用。

本科其他药用植物:①**菝葜** *Smilax china* L.(菝葜属),根茎能利湿去浊、祛风除痹、解毒散瘀。②**光叶菝葜**(土茯苓)*Smilax glabra* Roxb.(菝葜属),根状茎入药称"土茯苓",能除湿、解毒和通利关节。③**大蒜** *Allium sativum* L.(葱属),鳞茎能解毒消肿、抗菌、杀虫、止痢、降血脂等。④**薤** *Allium chinensis* G. Don、**小根蒜** *Allium macrostemon* Bunge(葱属),鳞茎(薤白)能通阳散结、行气导滞。⑤**铃兰** *Convallaria majalis* L.(铃兰属),全草有毒,能强心利尿。⑥**藜芦** *Veratrum nigrum* L.(藜芦属),根能祛痰、催吐、杀虫。⑦**剑叶龙血树** *Dracaena cochinchinensis*(Lour.)S. C. Chen 和**海南龙血树** *Dracaena cambodiana* Pierre ex Gapnep.(龙血树属),紫红色树脂入药称"国产血竭"。

72. 石蒜科 Amaryllidaceae

$$\male\female * P_{3+3,(3+3)} A_{3+3,(3+3)} \overline{G}_{(3:3:\infty)}$$

多年生草本,具鳞茎、根状茎或块茎。叶基生,常条形。花两性,辐射对称,单生或呈伞形花序,其下有干膜质总苞片 1 至数枚;花被片 6,花瓣状,成 2 轮排列,分离或下部合生,花被管和副花冠存在或不存在;雄蕊 6 枚,花丝分离,少数基部扩大合生成管状的副花冠;子房下位,心皮 3,3 室,中轴胎座;每室胚珠多数。蒴果,稀浆果状。染色体:$X=7,8,11$。

本科共 100 余属 1200 余种,分布于热带、亚热带和温带地区。我国约有 17 属 44 种 4 变种,野生或引种栽培,广布于南北各省。已知药用植物有 10 属 27 种。

本科主要化学成分:主要特征性成分为生物碱,如石蒜碱(lycorine)、氧化石蒜碱(oxylycorine)、伪石蒜碱(pseudolycorine)、加兰他敏(galathamine)、石蒜胺碱(lycoramine)。

【药用植物】

石蒜 *Lycoris radiata*(L'Her.)Herb.　石蒜属多年生草本。鳞茎近球形,外皮灰紫色。叶基生,条形,全缘,深绿色。伞形花序顶生;花鲜红色,花被裂片狭倒披针形;雄蕊 6 枚,雄蕊显著伸于花被外;子房下位,3 室,每室胚珠多数(图12-173)。蒴果。分布于华东、中南和西南等地。鳞茎有毒,能祛痰催吐、解毒散结。

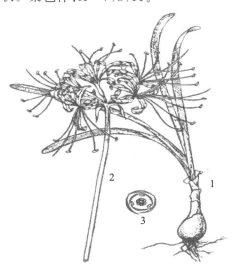

图 12-173　石蒜
1.植株　2.带花的茎　3.花图式

仙茅 *Curculigo orchioides* Gaertn. 仙茅属多年生草本。根茎近圆柱状,粗厚,直生。叶线形、线状披针形或披针形。花茎甚短,大部分藏于鞘状叶柄基部之内,亦被毛;苞片披针形,具缘毛;总状花序多少呈伞房状,通常具4~6朵花;花黄色;花被裂片长圆状披针形,外轮的背面有时散生长柔毛;柱头3裂,分裂部分较花柱为长;子房狭长,顶端具长喙,被疏毛。浆果近纺锤状,顶端有长喙。种子表面具纵凸纹。分布于华南、西南和华东南部地区。根茎有毒,能补肾阳、强筋骨、祛寒湿。

73. 薯蓣科 Dioscoreaceae

$$♂ * P_{(3+3)} A_{3+3} ; ♀ * P_{(3+3)} \overline{G}_{(3:3:2)}$$

多年生缠绕性草质藤木,具根茎或块茎。单叶或掌状复叶,多互生,少对生,常具长柄。花单性,异株或同株,辐射对称,呈穗状花序、总状花序或圆锥花序;花被片6枚,2轮排列,基部常合生;雄花雄蕊6枚,有时3枚退化;雌花有时有退化雄蕊3~6枚,子房下位,心皮3,3室,每室胚珠2枚;花柱3,分离。蒴果具三棱形的翅。种子常有翅。染色体:$X=10,12,13,18$。

本科共9属约650种,广布于热带或温带地区。我国仅1属约49种,主要分布于长江以南各省。已知药用植物有37种。

本科主要化学成分:①甾体皂苷:薯蓣皂苷(dioscin)、纤细薯蓣皂苷(gracillin)、山草薢皂苷(tokoronin)。②生物碱:薯蓣碱(dioscorine)、山药碱(batatasine)。③甾醇:胆甾烷醇(cholestanol)。

【药用植物】

薯蓣(山药)*Dioscorea opposita* Thunb. 薯蓣属多年生草质藤本。根状茎直生,肉质,圆柱形,多须根,茎纤细而长,常紫红色。单叶,三角形,茎下部叶互生,中部以上对生,叶腋常有珠芽(零余子)。花小,单性异株,穗状花序;雄花花被片6枚,雄蕊6枚;雌花花柱3,子房下位,柱头3裂。蒴果(图12-174)。全国大部分地区有野生分布及栽培。根茎(山药)能健脾养胃、生津益肺、补肾涩精。

图 12-174 薯蓣

1.茎 2.雄枝 3.雄花序 4.雄蕊 5.雌花 6.果枝 7.剖开的果实

NOTE

穿龙薯蓣(穿地龙、穿山龙)*Dioscorea nipponica* Makino　薯蓣属缠绕草质藤本。根状茎横生,圆柱形,多分枝,栓皮层显著剥离。单叶互生,叶片掌状心形,边缘作不等大的三角状浅裂、中裂或深裂。花雌雄异株。雄花序为腋生的穗状花序;花被 6 裂,裂片顶端钝圆;雄蕊 6 枚,着生于花被裂片的中央。雌花序穗状,单生;雌蕊柱头 3 裂,裂片再 2 裂。蒴果成熟后枯黄色,三棱形,顶端凹入,基部近圆形,每棱翅状;种子每室 2 枚,有时仅 1 枚发育,四周有不等的薄膜状翅(图 12-175)。全国大部分地区均有分布,主产于长江以北地区。根茎(穿山龙)能舒筋活络、活血止痛、祛风除湿。

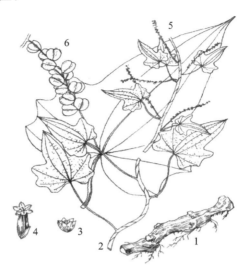

图 12-175　穿龙薯蓣
1. 根茎　2. 茎、叶　3. 雄花　4. 雌花　5. 花枝　6. 果枝

同属植物:①**黄独** *Dioscorea bulbifera* L. 叶心形,雌雄异株。块茎(黄药子)球形,含呋喃去甲基二萜类化合物、黄药子萜 A、黄药子萜 B、黄药子萜 C,能解毒消肿、化痰散瘀、凉血止血。②**粉背薯蓣** *Dioscorea collettii* J. D. Hooker var. *hypoglauca*(Palibin)C. T. Ting et al. 雌雄异株。根茎(粉萆薢)能利湿去浊、祛风除痹。③**绵萆薢** *Dioscorea spongiosa* J. Q. Xi et al.、**福州薯蓣** *Dioscorea futschauensis* Uline ex R. Kunth 根茎(绵萆薢)功效与粉萆薢近似。④**盾叶薯蓣** *Dioscorea zingiberensis* C. H. Wright 根茎能消肿解毒。⑤**黄山药** *Dioscorea panthaica* Prain et Burkill 根茎能理气止痛、解毒消肿。

74. 鸢尾科 Iridaceae

$$\male\female * , \uparrow P_{(3+3)} A_3 \overline{G}_{(3:3:\infty)}$$

多年生草本,有根茎、块茎或鳞茎。叶常聚生于茎基部;叶片条形或剑形,基部对折,呈两列状套叠排列。花两性,辐射对称或两侧对称,呈聚伞花序或伞房花序,稀单生;花被片6,成2轮,花瓣状,基部常合生成管;雄蕊3,子房下位,心皮3,3室,中轴胎座,每室胚珠多数,柱头3裂,有时呈花瓣状或管状。蒴果。染色体:$X=7,8,9,12,16$。

本科约有 60 属 800 种,广泛分布于热带、亚热带及温带地区,主产于非洲南部及美洲热带。我国有 11 属(其中野生的 3 属,引种栽培的 8 属)71 种 13 变种及 5 变型。已知药用植物有 8 属 39 种,多数分布于西南、西北、东北地区。

本科主要化学成分:异黄酮类和𠮿酮类。①异黄酮类:鸢尾苷(tectoridin)、野鸢尾苷(iridin)。②𠮿酮类:芒果苷(mangiferin)。另外,番红花柱头中含番红花苷(crocin)等色素。

【药用植物】

射干 *Belamcanda chinensis*(L.)DC. 射干属多年生草本。根茎断面鲜黄色,呈不规则的结节状。叶互生,扁平,宽剑形,对折,互相嵌叠,排成 2 列。花被片 6,2 轮,外轮花被裂片倒卵形或长椭圆形,内轮 3 片略小,倒卵形或长椭圆形,橘黄色,有暗红色斑点。雄蕊 3,雌蕊 1,子房下位,3 室,柱头 3 浅裂(图 12-176)。全国大部分地区有分布。根茎能清热解毒、祛痰利咽、消瘀散结。

番红花(藏红花)*Crocus sativus* L. 番红花属多年生草本。球茎扁圆球形。叶基生,条形;叶丛基部包有 4～5 片膜质的鞘状叶。花茎甚短,不伸出地面;花 1～2 朵,淡蓝色、红紫色或白色,有香味;花被裂片 6,2 轮排列,内、外轮花被裂片皆为倒卵形;雄蕊直立;花柱橙红色,长约 4 cm,上部 3 分枝,分枝弯曲而下垂,柱头略扁,顶端楔形,有浅齿,子房狭纺锤形(图 12-177)。蒴果椭圆形。原产于欧洲南部,我国有引种栽培,主产于上海、江苏、浙江等地。花柱和柱头(西红花)能活血化瘀、凉血解毒、解郁安神。

图 12-176 射干
1. 植株 2. 雄蕊 3. 雌蕊 4. 果实

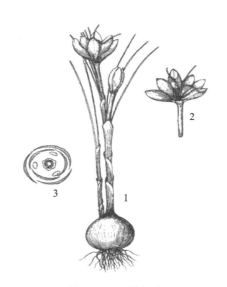

图 12-177 番红花
1. 植株 2. 花 3. 花图式

本科其他药用植物:①**马蔺** *Iris lactea* Pall. var. *chinensis*(Fisch.)Koidz.(鸢尾属),种子(马蔺子)能清热利湿、解毒杀虫、止血定痛;种皮含醌类化合物马蔺子甲素(pallasone),对多种癌细胞有抑制作用;全草(马蔺)能清热解毒、利尿通淋、活血消肿;根(马蔺根)能清热解毒、活血利尿;花(马蔺花)能清热解毒、凉血止血、利尿通淋。②**鸢尾** *Iris tectorum* Maxim.(鸢尾属),根茎(川射干)能活血化瘀、祛风除湿、解毒、消积;叶或全草(鸢尾)有毒,能清热解毒、祛风利湿、消肿止痛。

75. 姜科 Zingiberaceae

$$♀ ↑ K_{(3)} C_{(3)} A_1 \overline{G}_{(3:3:\infty)}$$

多年生草本,通常有芳香或辛辣味的块茎或根茎。单叶基生或互生,常 2 列状排列;多有叶鞘和叶舌;叶片具羽状叶脉。花两性,稀单性,两侧对称,单生或生于有苞片的穗状花序、总状花序、圆锥花序上;每苞片具花 1 至数朵;花被片 6,2 轮,外轮萼状,基部常合生成管状,一侧开裂,上部 3 齿裂,内轮花冠状,上部 3 裂,通常后方 1 枚裂片较大;退化雄蕊 2 或 4 枚,外轮 2 枚称侧生退化雄蕊,呈花瓣状、齿状或不存在,内轮 2 枚连合成一唇瓣,发育雄蕊 1 枚,花丝细长具槽;雌蕊子房下位,心皮 3,3 室,中轴胎座,少侧膜胎座(1 室),胚珠多数;花柱细长,被发育雄蕊花丝的槽包住,柱头漏斗状,具缘毛。蒴果,稀浆果状。种子具假种皮。染色体:$X = 9, 11, 12$。

本科约有 49 属 1500 种,分布于热带、亚热带地区。我国有 19 属 150 余种 5 变种,分布于东南部至西南部地区。已知药用植物有 15 属 103 种。

本科主要化学成分:①挥发油:莪术醇(curcumol)、姜烯(zingiberene)、姜醇(zingiberol)。②黄酮类:山姜素(alpinetin)、高良姜素(galangin)。③甾体皂苷:闭鞘姜属 Costus 植物含该类物质。④生物碱:山奈属 Kaempferia 植物含该类物质。

【药用植物】

阳春砂 Amomum villosum Lour. 豆蔻属多年生草本。茎散生,根茎匍匐于地面。中部叶片长披针形,基部近圆形,叶舌半圆形。穗状花序球形,从根茎生出,子房下位,3 室,每室胚珠多枚。蒴果椭圆形,紫色,表面具柔刺(图 12-178)。种子多角形,具有浓郁的香气。主要分布于华南地区。果实(砂仁)能化湿开胃、温脾止泻、理气安胎。同属植物**海南砂**(海南砂仁)Amomum longiligulare T. L. Wu、**绿壳砂**(缩砂密、绿壳砂仁)Amomum villosum Lour. var. xanthioides(Wall. ex Bak.)T. L. Wu et Senjen 成熟果实亦作砂仁药用。**白豆蔻** Amomum kravanh Pierre ex Gagnep.、**爪哇白豆蔻** Amomum compactum Soland ex Maton 成熟果实(豆蔻)能化湿行气、温中止呕、开胃消食。**草果** Amomum tsaoko Crevost et Lemarie 成熟果实(草果)能燥湿温中、截疟除痰。

温郁金 Curcuma wenyujin Y. H. Chen et C. Ling 姜黄属多年生草本。根茎肉质。具块根,断面黄色。叶片全部绿色,中央无紫色带。穗状花序具密集苞片,于根茎处先于叶抽出,上部苞片蔷薇红色(图 12-179)。浙江、福建等地有栽培。块根(温郁金)能活血止痛、行气解郁、清心凉血、利胆退黄;根茎(片姜黄)能破血行气、通经止痛。同属植物**姜黄** Curcuma longa L. 根茎内部橙黄色,花序由顶部叶鞘内抽出,上部苞片粉红色。块根(黄丝郁金)功效同温郁金;根茎(姜黄)能破血行气、通经止痛。**莪术**(蓬莪术)Curcuma zedoaria(Christm.)Rosc. 根茎内部黄色,叶片中央有紫色带。块根亦作郁金药用。**广西莪术** Curcuma kwangsiensis S. G. Lee et C. F. Liang 叶较狭,两面被糙伏毛;根茎内部白色。块根亦作郁金药用。

图 12-178　阳春砂

1. 根茎和果枝　2. 叶枝　3. 花　4～5. 雄蕊

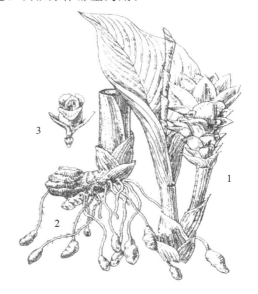

图 12-179　温郁金

1. 叶和花序　2. 带块根的根和根茎　3. 花

姜 *Zingiber officinale* Rosc.　姜属多年生草本。根茎肥厚,多分枝,有芳香及辛辣味。叶片披针形或线状披针形。穗状花序球果状;苞片卵形;花冠黄绿色;唇瓣中央裂片长圆状倒卵形,短于花冠裂片,有紫色条纹及淡黄色斑点,侧裂片卵形;雄蕊暗紫色;药隔附属体钻状。各地均有栽培。根茎(干姜)能温中散寒、回阳通脉、温肺化饮;干姜的炮制加工品(炮姜)能温经止血、温中止痛;新鲜根茎(生姜)能解表散寒、温中止呕、化痰止咳、解鱼蟹毒。

红豆蔻(大高良姜)*Alpinia galanga*(L.)Willd.　山姜属多年生高大草本。根茎块状,有香气。叶片长圆形或披针形。圆锥花序密生多花,花绿白色;侧生退化雄蕊细齿状至线形,紫色;唇瓣倒卵状匙形,白色而有红线条,深 2 裂。分布于广东、海南、广西和云南等地区。根状茎(大高良姜)能温胃、散寒、行气止痛;成熟果实(红豆蔻)能散寒燥湿、醒脾消食。同属植物**草豆蔻** *Alpinia katsumadai* Hayata 近成熟种子(草豆蔻)能燥湿行气、温中止呕。**益智** *Alpinia oxyphylla* Miq. 成熟果实(益智)能暖肾固精缩尿、温脾止泻摄唾。**高良姜** *Alpinia officinarum* Hance 根茎(高良姜)能温胃止呕、散寒止痛。

山奈 *Kaempferia galanga* L.　山奈属多年生草本。根茎块状,单生或数枚连接,淡绿色或绿白色,芳香。叶通常 2 片贴近地面生长,近圆形,干时于叶面可见红色小点。花 4～12 朵顶生,半藏于叶鞘中;苞片披针形;花白色,有香味;花萼约与苞片等长;侧生退化雄蕊倒卵状楔形;唇瓣白色,基部具紫斑;雄蕊无花丝,药隔附属体正方形。蒴果。我国台湾、广东、广西、云南等地有栽培。根茎(山奈)能行气温中、消食、止痛。

76. 兰科 Orchidaceae

$$♀↑ \quad P_{3+3}A_{2\sim1}\overline{G}_{(3:1:\infty)}$$

多年生草本,土生、附生或腐生。常有根状茎或块茎,茎基部常肥厚,膨大为假鳞茎。单叶互生,稀对生或轮生,常具叶鞘。花两性,两侧对称,单生或呈总状花序、穗状花序、伞形花序、圆锥花序;花被片 6,常花瓣状,排成 2 轮;外轮 3 片称萼片,上方中央的 1 片称中萼片,下方两侧的 2 片称侧萼片;内轮侧生的 2 片称花瓣,中间的 1 片称唇瓣,常特化成各种形状,由于子房的扭转而居下方;雄蕊与花柱合生成合蕊柱,与唇瓣对生;能育雄蕊通常 1 枚,生于合蕊柱顶端,稀 2 枚生于合蕊柱两侧;花药 2 室,花粉粒粘结成花粉块;雌蕊子房下位,心皮 3,1 室,侧膜胎座;胚珠细小,数目极多;柱头常前方侧生于雄蕊下,多凹陷,2～3 裂,通常侧生的 2 个裂片能育,中间不育的 1 裂片则演变成位于柱头和雄蕊间的舌状凸起称蕊喙,能分泌黏液。蒴果。种子极多,微小粉状,胚小而未分化。染色体:$X=8,9,10,12,13,16$。

本科约有 700 属 20000 种,广布于全球,主产于热带和亚热带地区。我国有 171 属 1247 种,主产于南方地区,以云南、海南、台湾种类最多。已知药用植物有 76 属 289 种。

本科主要化学成分:①倍半萜类生物碱:石斛碱(dendrobine)、石斛酮碱(nobilonine)、毒豆碱(laburnine)。②酚苷类:天麻苷(gastrodin)、香荚兰苷(vanilloside)。此外,尚含吲哚苷(indican)、黄酮类、香豆素、甾醇类和芳香油等成分。

【药用植物】

天麻 *Gastrodia elata* Bl.　天麻属多年生腐生草本。无根,依靠侵入体内的蜜环菌菌丝取得营养。块茎长椭圆形,有环节。叶退化为黄褐色膜质鳞片状,不含叶绿素。茎直立,橙黄色、黄色、灰棕色或蓝绿色,无绿叶,下部被数枚膜质鞘。总状花序,常具 30～50 朵花;花扭转,橙黄色、淡黄色、蓝绿色或黄白色,近直立;萼片和花瓣合生成的花被筒长约 1 cm;唇瓣长圆状卵圆形,3 裂(图 12-180)。蒴果倒卵状椭圆形。全国多数省份有分布,主产于西南地区,现多人工栽培。块茎(天麻)能息风止痉、平抑肝阳、祛风通络。

金钗石斛(石斛)*Dendrobium nobile* Lindl.　石斛属附生草本。茎丛生,圆柱形,多节,稍扁。叶互生,无柄,具抱茎的鞘。总状花序,花萼与花瓣均粉红色。唇瓣中央具一紫红色大斑

NOTE

块。花大而艳丽(图 12-181)。主要分布于长江以南地区。新鲜或干燥茎(石斛)能益胃生津、滋阴清热。石斛属 *Dendrobium* 植物约 1000 种,广泛分布于亚洲热带和亚热带地区至大洋洲。我国有 74 种和 2 变种,产于秦岭以南各地区,尤以云南南部为多。同属植物**鼓槌石斛** *Dendrobium chrysotoxum* Lindl.、**流苏石斛**(马鞭石斛) *Dendrobium fimbriatum* Hook. 新鲜或干燥茎亦作石斛药用。**铁皮石斛** *Dendrobium officinale* Kimura et Migo 干燥茎(铁皮石斛)或加工成螺旋形、弹簧状(铁皮枫斗、耳环石斛)能益胃生津、滋阴清热。同属植物还有**束花石斛** *Dendrobium chrysanthum* Lindl.、**美花石斛** *Dendrobium loddigesii* Rolfe、**细茎石斛** *Dendrobium moniliforme* (L.)Sw. 等。

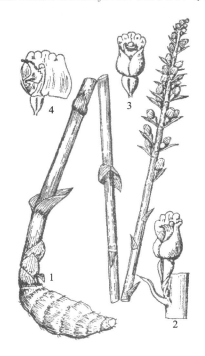

图 12-180 天麻
1.植株 2.花及苞片 3.花
4.花被展开,示唇瓣和合蕊柱

图 12-181 石斛
1.植株 2.唇瓣 3.合蕊柱剖面
4.合蕊柱背面 5.合蕊柱正面

图 12-182 白及
1.植株 2.果枝 3.花图式

白及 *Bletilla striata* (Thunb. ex A. Murray) Rchb. f. 白及属多年生草本。块茎肥厚,短三叉状,富黏性。叶 4～6 枚,狭长圆形或披针形。总状花序具 3～10 朵花,花紫红色或粉红色;萼片和花瓣近等长,狭长圆形;花瓣较萼片稍宽;唇瓣较萼片和花瓣稍短,倒卵状椭圆形,具紫色脉;唇盘上面具 5 条纵褶片。蒴果有 6 纵棱(图 12-182)。广布于长江流域。块茎(白及)能收敛止血、消肿生肌。同属植物**黄花白及** *Bletilla ochracea* Schltr. 叶长圆状披针形。萼片和花瓣黄白色,或其背面为黄绿色,内面为黄白色,罕为近白色;唇瓣的侧裂片先端钝;唇盘上面 5 条纵脊状褶片仅在唇瓣的中裂片上面为波状。块茎也作白及药用。

手参 *Gymnadenia conopsea* (L.)R. Br. 手参属多年生草本。块茎椭圆形,长 1～2 cm,

4～6 裂,肥厚似手掌,初生时白色。叶片狭长,线状披针形、狭长圆形或带形;中萼片宽椭圆形或宽椭圆状卵形;花苞片先端长渐尖成尾状。分布于东北、华北、西北及四川、云南、西藏等地,生于海拔 265～4700 m 的山坡林下、草地或砾石滩草丛中。块茎(手掌参)能止咳平喘、益肾健脾、理气和血、止痛。同属植物**短距手参**(粗脉手参)*Gymnadenia crassinervis* Finet 唇瓣宽倒卵形,前部明显 3 裂;花粉红色,罕带白色;中萼片卵状披针形;花瓣宽卵形。分布于四川、云南、西藏等地,生于海拔 3500～3800 m 的山坡杜鹃林下或山坡岩石缝隙中。

本科其他药用植物:①**杜鹃兰** *Cremastra appendiculata*(D. Don)Makino(杜鹃兰属)、**独蒜兰** *Pleione bulbocodioides*(Franch.)Rolfe(独蒜兰属)、**云南独蒜兰** *Pleione yunnanensis*(Rolfe)Rolfe(独蒜兰属),假鳞茎(山慈菇)能清热解毒、化痰散结,治淋巴结核和蛇虫咬伤。②**金线兰**(花叶开唇兰)*Anoectochilus roxburghii*(Wall.)Lindl.(开唇兰属),全草(金线兰)能清热凉血、除湿解毒。③**石仙桃** *Pholidota chinensis* Lindl.(石仙桃属),假鳞茎能养阴清肺、化痰止咳。④**脉羊耳兰** *Liparis nervosa*(Thunb. ex A. Murray)Lindl.(羊耳蒜属),全草(见血青)能凉血止血、清热解毒。

本章小结

被子植物 Angiospermae 又称有花植物(flowering plant)、雌蕊植物(gynoeciatae)。被子植物早在中生代的晚侏罗纪前已开始出现,是目前植物界进化最高级、种类最多、分布最广、适应性最强的类群。据记载,我国有 213 科 1957 属 10027 种(含种下分类等级),被子植物供药用,约占全国中药资源总数的 80%。

本书中被子植物门分类采用恩格勒分类系统,将被子植物门分为双子叶植物纲 Dicotyledoneae 和单子叶植物纲 Monocotyledoneae。双子叶植物纲分为原始花被亚纲 Archichlamydeae(离瓣花亚纲)和后生花被亚纲 Metachlamydeae(合瓣花亚纲)。

掌握:被子植物的主要特征,蓼科、毛茛科、木兰科、十字花科、蔷薇科、豆科、芸香科、大戟科、五加科、伞形科、唇形科、玄参科、葫芦科、桔梗科、菊科、禾本科、天南星科、百合科、姜科、兰科植物的特征、资源分布、主要化学成分及重要药用植物。

熟悉:双子叶、单子叶植物间的主要区别特征,桑科、马兜铃科、苋科、石竹科、小檗科、樟科、罂粟科、景天科、杜仲科、锦葵科、山茱萸科、木犀科、龙胆科、夹竹桃科、萝藦科、旋花科、马鞭草科、茄科、爵床科、茜草科、忍冬科、棕榈科、百部科、石蒜科、薯蓣科、鸢尾科植物的特征、资源分布、主要化学成分及重要药用植物。

了解:三白草科、胡椒科、金粟兰科、桑寄生科、睡莲科、防己科、虎耳草科、楝科、远志科、漆树科、冬青科、卫矛科、无患子科、鼠李科、堇菜科、瑞香科、胡颓子科、使君子科、桃金娘科、杜鹃花科、报春花科、马钱科、紫草科、列当科、车前科、败酱科、川续断科、香蒲科、泽泻科、莎草科植物的特征、资源分布、主要化学成分及重要药用植物。

目标检测

一、单项选择题

1. 被子植物木质部中的主要输导组织是( )。

A. 筛管   B. 筛胞   C. 导管   D. 管胞

2. *Aconitum carmichaeli* Debx. 花中呈盔状的是( )。

A. 上萼片   B. 中萼片   C. 侧萼片   D. 花瓣

知识拓展
12-2

目标检测
答案

3. 植物体常具膜质托叶鞘的是( )。

A. Umbelliferae　B. Polygonaceae　C. Compositae　D. Gramineae

4. *Fallopia multiflora*(Thunb.)Harald. 的块根横断面具有( )。

A. 星点　　　　　B. 层纹　　　　　C. 同心层纹　　　　D. 云锦花纹

5. 蔷薇科中子房下位的亚科是( )。

A. 苹果亚科　　　B. 蔷薇亚科　　　C. 李亚科　　　　D. 绣线菊亚科

6. 板蓝根的植物来源是( )。

A. 黄芪　　　　　B. 人参　　　　　C. 菘蓝　　　　　D. 党参

7. 菘蓝、荠菜等十字花科植物特有果实为( )。

A. 浆果　　　　　B. 角果　　　　　C. 翅果　　　　　D. 双悬果

8. *Magnolia officinalis* Rehd. et Wils. 的入药部位是( )。

A. 根　　　　　　B. 茎　　　　　　C. 叶　　　　　　D. 根皮或茎皮

9. 具有单体雄蕊的科为( )。

A. 锦葵科　　　　B. 菊科　　　　　C. 蔷薇科　　　　D. 豆科

10. 五加科的花序常为( )。

A. 伞形花序　　　B. 伞房花序　　　C. 轮伞花序　　　D. 复伞形花序

11. 下列属于木犀科的药用植物为( )。

A. 女贞、连翘　　B. 菘蓝、黄连　　C. 桔梗、丹参　　D. 巴豆、茜草

12. 杜鹃花科植物的花药为( )。

A. 顶端孔裂　　　B. 顶端瓣裂　　　C. 顶端侧裂　　　D. 顶端横裂

13. 木犀科植物的花很特殊,雄蕊只有( )。

A. 5 枚　　　　　B. 2 枚　　　　　C. 4 枚　　　　　D. 6 枚

14. 禾本科植物花药在花丝上的着生方式大多为( )。

A. 基着药　　　　B. 丁字着药　　　C. 背着药　　　　D. 广歧着药

15. 浙贝母来源于( )植物。

A. 莎草科　　　　B. 薯蓣科　　　　C. 百合科　　　　D. 兰科

16. 兰科植物的胎座类型大多为( )。

A. 侧膜胎座　　　B. 中轴胎座　　　C. 顶生胎座　　　D. 边缘胎座

二、多项选择题

1. 锦葵科植物大多有( )。

A. 单体雄蕊　　　　　　　B. 聚药雄蕊　　　　　　　C. 副萼

D. 中轴胎座　　　　　　　E. 子房上位

2. 伞形科植物的主要特征为( )。

A. 常含挥发油　　　　　　B. 茎常中空　　　　　　　C. 叶柄基部扩大成鞘状

D. 子房下位　　　　　　　E. 双悬果

三、写出下列学名所代表的药用植物名称

1. *Croton tiglium* L. _____

2. *Syzygium aromaticum*(L.)Merr. et Perry (*Eugenia caryophyllata* Thunb.) _____

3. *Panax ginseng* C. A. Mey. _____

4. *Panax notoginseng*(Burk.)F. H. Chen _____

四、填空题

1. 被子植物的_____高度发达,_____极度退化。

2. 被子植物的输导组织的木质部内出现了_____,韧皮部内出现了_____和_____。

3. 被子植物门将分为_____纲和_____纲。而双子叶植物纲又可分为_____亚纲和_____亚纲。

4. 中药大黄的基源植物为_____、_____、_____。其入药部位为_____。

5. 防己科植物蝙蝠葛的根状茎入药,其药材名为_____;青牛胆的块根入药,其药材名为_____。

6. 药用植物山鸡椒(山苍子)的果实入药,其药材名是_____,乌药的入药部位是_____。

7. 中药杜仲的原植物应该是_____科_____属,其药用部位是_____。

8. 根据花的对称行、花瓣排列、雄蕊数目及连合情况,将豆科分为_____亚科、_____亚科和_____亚科。

9. *Agrimonia pilosa* Ledeb. 是_____科多年生草本,奇数羽状复叶,全草能收敛止血、截疟、止痢、解毒、补虚。

10. 具有副花冠的科为_____、_____。

11. 禾本科植物地上茎称秆,秆有明显的_____,节间常_____。

12. 兰科植物为多年生_____,土生、附生或腐生。

五、判断题

1. 桑科、马兜铃科、蓼科均为单被花,其中桑科均为草本植物。(　　)

2. 黄连属、乌头属、铁线莲属植物的花均为辐射对称。(　　)

3. 胡椒科、金粟兰科、木兰科、樟科植物均含有挥发油,有香味。(　　)

4. 蔷薇科植物均为聚合果。(　　)

5. 豆科植物均为两侧对称花,单雌蕊,荚果。(　　)

6. 樟科植物的花为 3 基数,所以为单子叶植物纲植物。(　　)

7. 木兰属和八角属植物的果实均为聚合蓇葖果。(　　)

8. 罂粟科植物的雄蕊均为多数。(　　)

9. 天麻块茎能息风止痉、平抑肝阳、祛风通络。(　　)

六、简答题

1. 请简述毛茛科植物的主要特征。试列举 3 种代表性药用植物,并写出其拉丁学名、入药部位和主要功效。

2. 请简述十字花科的主要特征。有哪些常用药用植物?

3. 试从托叶、子房位置、心皮数目和果实类型等方面区别蔷薇科的四个亚科。

4. 请简述豆科的主要特征及常用药用植物。

5. 请简述五加科的主要特征及常用药用植物。

6. 比较五加科与伞形科的不同点。

7. 请简述伞形科的主要特征。

8. 请简述唇形科的主要特征和常用的药用植物。

9. 请简述茄科的主要特征和常用的药用植物。

10. 请简述玄参科的主要特征和常用的药用植物。

11. 请简述茜草科的主要特征和常用的药用植物。

12. 请简述葫芦科的主要特征和常用的药用植物。

NOTE

13. 请简述桔梗科的主要特征和常用的药用植物。

14. 请简述菊科的主要特征和两个亚科有何区别点。

15. 请简述姜科的主要特征。

推荐阅读文献

[1] Stern K R, Jansky S, Bidlack J E. Introductory Plant Biology[M]. 9th ed. Boston: Mc Graw Hill, 2003.

[2] 刘婷. AM 真菌调控黄花铁线莲生长和有效成分含量的机制研究[D]. 呼和浩特: 内蒙古医科大学, 2017.

[3] Seong N W, Seo H S, Kim J H, et al. A 13-week subchronic toxicity study of an Eriobotrya japonica leaf extract in rats[J]. J Ethnopharmacol, 2018, 226(15): 1-10.

[4] 李芳菲, 马文瑶, 金亮亮, 等. 基于 PG 蛋白的蔷薇科植物分子进化树的构建与分析[J]. 分子植物育种, 2018, 16(19): 6332-6340.

[5] 张乐, 李敏, 赵建成. 23 种伞形科植物果实形态及其分类学意义[J]. 西北植物学报, 2015, 35(12): 2428-2438.

[6] 罗林明, 覃丽, 裴刚, 等. 百合属植物甾体皂苷成分及其药理活性研究进展[J]. 中国中药杂志, 2018, 43(7): 1416-1426.

[7] 王艳红, 周涛江, 江维克, 等. 天麻林下仿野生种植的生态模式探讨[J]. 中国现代中药, 2018, 20(10): 1195-1198.

[8] 熊秉红, 禹玉华, 李素文, 等. 中国姜科野生资源的收集繁育与应用[J]. 中国野生植物资源, 2017, 36(5): 53-57, 74.

参 考 文 献

[1] 路金才. 药用植物学[M]. 3 版. 北京: 中国医药科技出版社, 2016.

[2] 黄宝康. 药用植物学[M]. 7 版. 北京: 人民卫生出版社, 2016.

[3] 周荣汉, 段金廒. 植物化学分类学[M]. 上海: 上海科学技术出版社, 2005.

[4] 姚振生. 药用植物学[M]. 北京: 中国中医药出版社, 2003.

[5] 南京中医药大学. 中药大辞典[M]. 2 版. 上海: 上海科学技术出版社, 2006.

[6] 黄璐琦, 肖培根, 王永炎. 中国珍稀濒危药用植物资源调查[M]. 上海: 上海科学技术出版社, 2011.

[7] 孙启时. 药用植物学[M]. 2 版. 北京: 中国医药科技出版社, 2009.

[8] 汪劲武. 种子植物分类学[M]. 2 版. 北京: 高等教育出版社, 2009.

[9] 曾令杰, 张东方. 药用植物学[M]. 北京: 科学出版社, 2016.

[10] 王德群, 谈献和. 药用植物学[M]. 北京: 科学出版社, 2011.

[11] 吴啟南, 朱华. 中药鉴定学[M]. 北京: 中国医药科技出版社, 2015.

[12] 龚千峰. 中药炮制学[M]. 北京: 中国中医药出版社, 2007.

[13] 刘春生. 药用植物学[M]. 4 版. 北京: 中国中医药出版社, 2016.

[14] 傅沛云. 东北植物检索表[M]. 2 版. 北京: 科学出版社, 1995.

[15] 李书心. 辽宁植物志[M]. 沈阳: 辽宁科学技术出版社, 1992.

[16] 中国科学院植物研究所. 中国高等植物图鉴[M]. 北京: 科学出版社, 1972.

[17] 熊耀康, 严铸云. 药用植物学[M]. 北京: 人民卫生出版社, 2012.

[18] 李萍. 生药学[M]. 3 版. 北京: 中国医药科技出版社, 2015.

[19] 国家中医药管理局《中华本草》编委会. 中华本草[M]. 上海: 上海科学技术出版社, 2005.

［20］ 国家药典委员会.中华人民共和国药典 2015 年版［S］.北京：中国医药科技出版社，2015.

［21］ 侯宽昭.中国种子植物科属辞典［M］.北京：科学出版社，1958.

［22］ 高宁，牛晓峰.药用植物学［M］.北京：科学出版社，2017.

［23］ 张浩.药用植物学［M］.6 版.北京：人民卫生出版社，2014.

［24］ 熊耀康，严铸云.药用植物学［M］.2 版.北京：人民卫生出版社，2016.

［25］ 郑汉臣.药用植物学［M］.5 版.北京：人民卫生出版社，2007.

（李　骁　肖春萍　刘　芳　李思蒙　张　丹　陈立娜）

NOTE

附 录

附录 A 被子植物门分科检索表

1. 子叶 2 个，极稀可为 1 个或较多；茎具中央髓部；在多年生的木本植物有年轮；叶片常具网状脉；花常为五出或四出数(次 1 项见 337 页)………………………… **双子叶植物纲 Dicotyledoneae**

2. 花无真正的花冠；有或无花萼，有时可类似花冠。(次 2 项见 310 页)

3. 花单性，雌雄同株或异株，其中雄花，或雌花和雄花均可呈柔荑花序或类似柔荑状的花序(次 3 项见 299 页)。

4. 无花萼，或在雄花中存在。

5. 雌花以花梗着生于椭圆形膜质苞片的中脉上；心皮 1 ……… **漆树科 Anacardiaceae**
(九子母属 *Dobinea*)

5. 雌花情形非如上述；心皮 2 或更多数。

6. 多为木质藤本；叶为全缘单叶，具掌状脉；果实为浆果……… **胡椒科 Piperaceae**

6. 乔木或灌木；叶可呈各种形式，但常为羽状脉；果实不为浆果。

7. 旱生性植物，有具节的分枝和极退化的叶片，后者在每节上且连合成为具齿的鞘状物 …………………………………………………… **木麻黄科 Casuarinaceae**
(木麻黄属 *Casuarina*)

7. 植物为其他情形者。

8. 果实为具多数种子的蒴果；种子有丝状茸毛 ……………… **杨柳科 Salicaceae**

8. 果实为仅具 1 种子的小坚果、核果或核果状的坚果。

9. 叶为羽状复叶；雄花有花被 …………………………… **胡桃科 Juglandaceae**

9. 叶为单叶(有时在杨梅科中可为羽状分裂)。

10. 果实为肉质核果；雄花无花被 ……………………… **杨梅科 Myricaceae**

10. 果实为小坚果；雄花有花被 ……………………… **桦木科 Betulaceae**

4. 有花萼，或在雄花中不存在。

11. 子房下位。

12. 叶对生，叶柄基部互相连合 …………………… **金粟兰科 Chloranthaceae**

12. 叶互生。

13. 叶为羽状复叶 ………………………………… **胡桃科 Juglandaceae**

13. 叶为单叶。

14. 果实为蒴果 ……………………………… **金缕梅科 Hamamelidaceae**

14. 果实为坚果。

15. 坚果封藏于一变大呈叶状的总苞中 …………… **桦木科 Betulaceae**

15. 坚果有一壳斗下托，或封藏在一多刺的果壳中 ……… **壳斗科 Fagaceae**

NOTE

11. 子房上位。

　16. 植物体具白色乳汁。

　　17. 子房 1 室;聚花果 ·················· 桑科 Moraceae

　　17. 子房 2～3 室;蒴果 ·················· 大戟科 Euphorbiaceae

　16. 植物体中无乳汁,或在大戟科的重阳木属 *Bischofia* 中具红色汁液。

　　18. 子房由单心皮组成;雄蕊的花丝在花蕾中向内屈曲 ····· 荨麻科 Urticaceae

　　18. 子房为 2 枚以上的连合心皮所组成;雄蕊的花丝在花蕾中常直立(在大戟科的重阳木属 *Bischofia* 及巴豆属 *Croton* 中则向前屈曲)。

　　　19. 果实为由 3 个(稀 2～4 个)离果瓣组成的蒴果;雄蕊 10 至多数,有时少于 10 ·················· 大戟科 Euphorbiaceae

　　　19. 果实为其他情形;雄蕊少数至数个(大戟科的黄桐树属 *Endospermum* 为 6～10),或和花萼裂片同数且对生。

　　　　20. 雌雄同株的乔木或灌木。

　　　　　21. 子房 2 室;蒴果 ·················· 金缕梅科 Hamamelidaceae

　　　　　21. 子房 1 室;坚果或核果 ·················· 榆科 Ulmaceae

　　　　20. 雌雄异株的植物。

　　　　　22. 草本或草质藤本;叶为掌状分裂或掌状复叶 ·········· 桑科 Moraceae

　　　　　22. 乔木或灌木;叶全缘,或在重阳木属为由 3 小叶所组成的复叶 ······ ·················· 大戟科 Euphorbiaceae

3. 花两性或单性,但并不呈柔荑花序。

　23. 子房或子房室内有数个至多数胚珠。(次 23 项见 301 页)

　24. 寄生性草本,无绿色叶片 ·················· 大花草科 Rafflesiaceae

　24. 非寄生性植物,有正常绿叶,或叶退化而以绿色茎代行叶的功能。

　　25. 子房下位或部分下位。

　　　26. 雌雄同株或异株,如为两性花时,则呈肉质穗状花序。

　　　　27. 草本。

　　　　　28. 植物体含多量液汁;单叶常不对称 ·········· 秋海棠科 Begoniaceae (秋海棠属 *Begonia*)

　　　　　28. 植物体不含多量液汁;羽状复叶 ·········· 四数木科 Tetramelaceae (野麻属 *Datisca*)

　　　　27. 木本。

　　　　　29. 花两性,呈肉质穗状花序;叶全缘 ·········· 金缕梅科 Hamamelidaceae (假马蹄荷属 *Chunia*)

　　　　　29. 花单性,呈穗状花序、总状花序或头状花序;叶缘有锯齿或具裂片。

　　　　　　30. 花呈穗状或总状花序;子房 1 室 ·········· 四数木科 Tetramelaceae (四数木属 *Tetrameles*)

　　　　　　30. 花呈头状花序;子房 2 室 ·········· 金缕梅科 Hamamelidaceae (枫香树亚科 Liquidambaroideae)

　　　26. 花两性,但不呈肉质穗状花序。

　　　　31. 子房 1 室。

　　　　　32. 无花被;雄蕊着生在子房上 ·········· 三白草科 Saururaceae

　　　　　32. 有花被;雄蕊着生在花被上。

33. 茎肥厚,绿色,常具刺针;叶常退化;花被片和雄蕊都多数;浆果 ……
………………………………………………………… 仙人掌科 Cactaceae

33. 茎不呈上述形状;叶正常;花被片和雄蕊皆为五或四出数,或雄蕊数
为前者的 2 倍;蒴果 ……………………… 虎耳草科 Saxifragaceae

31. 子房 4 室或更多室。

34. 乔木;雄蕊为不定数 ………………………… 海桑科 Sonneratiaceae

34. 草本或灌木。

35. 雄蕊 4 ………………………………………… 柳叶菜科 Onagraceae
（丁香蓼属 *Ludwigia*）

35. 雄蕊 6 或 12 ………………………… 马兜铃科 Aristolochiaceae

25. 子房上位。

36. 雌蕊或子房 2 个,或更多数。

37. 草本。

38. 复叶或多少有些分裂,稀可为单叶(如驴蹄草属 *Caltha*),全缘或具齿
裂;心皮多数至少数 ………………… 毛茛科 Ranunculaceae

38. 单叶,叶缘具锯齿;心皮和花萼裂片同数 …… 虎耳草科 Saxifragaceae
（扯根菜属 *Penthorum*）

37. 木本。

39. 花的各部为整齐的三出数 ………………… 木通科 Lardizabalaceae

39. 花为其他情形。

40. 雄蕊数个至多数,连合成单体 ………………… 梧桐科 Sterculiaceae
（苹婆族 Sterculieae）

40. 雄蕊多数,离生。

41. 花两性;无花被 ………………… 昆栏树科 Trochodendraceae
（昆栏树属 *Trochodendron*）

41. 花雌雄异株,具 4 个小型萼片 ……… 连香树科 Cercidiphyllaceae
（连香树属 *Cercidiphyllum*）

36. 雌蕊或子房单独 1 个。

42. 雌蕊周位,即着生于萼筒或杯状花托上。

43. 有不育雄蕊,且和能育雄蕊 8～12 互生……… 大风子科 Flacourtiaceae
（山羊角树属 *Carrierea*）

43. 无不育雄蕊。

44. 多汁草本植物;花萼裂片呈覆瓦状排列,呈花瓣状,宿存;蒴果盖裂
………………………………………………………… 番杏科 Aizoaceae
（海马齿属 *Sesuvium*）

44. 植物体为其他情形;花萼裂片不呈花瓣状。

45. 叶为偶数羽状复叶,互生;花萼裂片呈覆瓦状排列;果实为荚果;常
绿乔木 ………………………………………… 豆科 Leguminosae
（云实亚科 Caesalpinioideae）

45. 叶为对生或轮生单叶;花萼裂片呈镊合状排列;非荚果。

46. 雄蕊为不定数;子房 10 室或更多室;果实浆果状 ………………
………………………………………………………… 海桑科 Sonneratiaceae

46. 雄蕊 4～12(不超过花萼裂片的 2 倍);子房 1 至数室;果实蒴果状。

47. 花杂性或雌雄异株,微小,呈穗状花序,再呈总状或圆锥状排列 ………………………………………… 隐翼科 Crypteroniaceae
（隐翼属 *Crypteronia*）

47. 花两性,中性,单生至排列成圆锥花序 … 千屈菜科 Lythraceae

42. 雄蕊下位,即着生于扁平或凸起的花托上。

48. 木本;叶为单叶。

49. 乔木或灌木;雄蕊常多数,离生;胚珠生于侧膜胎座或隔膜上 ………………………………………………… 大风子科 Flacourtiaceae

49. 木质藤本;雄蕊 4 或 5,基部连合成杯状或环状;胚珠基生 ………………………………………………… 苋科 Amaranthaceae
（浆果苋属 *Deeringia*）

48. 草本或亚灌木。

50. 植物体沉没水中,常为一具背腹面呈原叶体状的构造,像苔藓 …………………………………………… 川苔草科 Podostemaceae

50. 植物体非如上述情形。

51. 子房 3～5 室。

52. 食虫植物;叶互生;雌雄异株 ………… 猪笼草科 Nepenthaceae
（猪笼草属 *Nepenthes*）

52. 非为食虫植物;叶对生或轮生;花两性 ……… 番杏科 Aizoaceae
（粟米草属 *Mollugo*）

51. 子房 1～2 室。

53. 叶为复叶或多少有些分裂 ……………… 毛茛科 Ranunculaceae

53. 叶为单叶。

54. 侧膜胎座。

55. 花无花被 ………………… 三白草科 Saururaceae

55. 花具 4 离生萼片 ………………… 十字花科 Cruciferae

54. 特立中央胎座。

56. 花序呈穗状、头状或圆锥状;萼片多少为干膜质 …………………………………………………… 苋科 Amaranthaceae

56. 花序呈聚伞状;萼片草质 ………… 石竹科 Caryophyllaceae

23. 子房或其子房室内仅有 1 至数个胚珠。

57. 叶片中常有透明微点。

58. 叶为羽状复叶 …………………………………………… 芸香科 Rutaceae

58. 叶为单叶,全缘或有锯齿。

59. 草本植物或有时在金粟兰科为木本植物;花无花被,常呈简单或复合的穗状花序,但在胡椒科齐头绒属 *Zippelia* 则呈疏松总状花序。

60. 子房下位,仅 1 室有 1 胚珠;叶对生,叶柄在基部连合 …………………………………………………… 金粟兰科 Chloranthaceae

60. 子房上位;叶如为对生时,叶柄也不在基部连合。

61. 雌蕊由 3～6 近于离心皮组成,每心皮各有 2～4 胚珠 …………………………………………………… 三白草科 Saururaceae
（三白草属 *Saururus*）

NOTE

61. 雌蕊由 1～4 合生心皮组成,仅 1 室,有 1 胚珠 …… **胡椒科 Piperaceae**

(齐头绒属 *Zippelia*,草胡椒属 *Peperomia*)

59. 乔木或灌木;花具一层花被;花有各种类型,但不为穗状。

62. 花萼裂片常 3 片,呈镊合状排列;子房为 1 心皮所成,成熟时肉质,常以 2 瓣裂开;雌雄异株 …………………… **肉豆蔻科 Myristicaceae**

62. 花萼裂片 4～6 片,呈覆瓦状排列;子房为 2～4 合生心皮所成。

63. 花两性;果实仅 1 室,蒴果状,2～3 瓣裂开 … **大风子科 Flacourtiaceae**

(脚骨脆属 *Casearia*)

63. 花单性,雌雄异株;果实 2～4 室,肉质或革质,很晚才裂开 ……………

…………………………………………………………… **大戟科 Euphorbiaceae**

(白树属 *Gelonium*)

57. 叶片中无透明微点。

64. 雄蕊连为单体,至少在雄花中有此现象,花丝互相连合成筒状或成一中柱。

65. 肉质寄生草本植物,具退化呈鳞片状的叶片,无叶绿素 ………………

………………………………………………………… **蛇菰科 Balanophoraceae**

65. 植物体为非寄生性,有绿叶。

66. 雌雄同株,雄花呈球形头状花序,雌花以 2 个同生于 1 个有 2 室而具钩状芒刺的果壳中 ……………………………………… **菊科 Compositae**

(苍耳属 *Xanthium*)

66. 花两性,如为单性时,雄花及雌花也无上述情形。

67. 草本植物;花两性。

68. 叶互生 ……………………………………… **藜科 Chenopodiaceae**

68. 叶对生。

69. 花显著,有连合成花萼状的总苞 ………… **紫茉莉科 Nyctaginaceae**

69. 花微小,无上述情形的总苞 ……………… **苋科 Amaranthaceae**

67. 乔木或灌木,稀可为草本;花单性或杂性;叶互生。

70. 萼片呈覆瓦状排列,至少在雄花中如此 … **大戟科 Euphorbiaceae**

70. 萼片呈镊合状排列。

71. 雌雄异株;花萼常具 3 裂片;雌蕊为 1 心皮所成,成熟时肉质,且常以 2 瓣裂开 …………………… **肉豆蔻科 Myristicaceae**

71. 花单性或雄花和两性花同株;花萼具 4～5 裂片或裂齿;雌蕊为 3～6 近于离生的心皮构成,各心皮于成熟时为革质或木质,呈蓇葖果状而不裂开 …………………… **梧桐科 Sterculiaceae**

(苹婆族 *Sterculieae*)

64. 雄蕊各自分离,有时仅为 1 个,或花丝成为分枝的簇丛(如大戟科的蓖麻属 *Ricinus*)。

72. 每花有雌蕊 2 至多数,近于或完全离生;或花的界限不明显时,则雌蕊多数,呈一球形头状花序。

73. 花托下陷,呈杯状或坛状。

74. 灌木;叶对生;花被片在坛状花托的外侧排列成数层 …………………

………………………………………………………… **蜡梅科 Calycanthaceae**

74. 草本或灌木;叶互生;花被片在杯状或坛状花托的边缘排列成一轮 …

………………………………………………………………… **蔷薇科 Rosaceae**

73. 花托扁平或隆起,有时可延长。

75. 乔木、灌木或木质藤本。

  76. 花有花被 ·· 木兰科 Magnoliaceae

  76. 花无花被。

    77. 落叶灌木或小乔木；叶卵形，具羽状脉和锯齿缘；无托叶；花两性或杂性，在叶腋中丛生；翅果无毛，有柄 ··· 昆栏树科 Trochodendraceae

                                      （领春木属 *Euptelea*）

    77. 落叶乔木；叶广阔，掌状分裂，叶缘有缺刻或大锯齿；有托叶围茎成鞘，易脱落；花单性，雌雄同株，分别聚成球形头状花序；小坚果，围以长柔毛而无柄 ·················· 悬铃木科 Platanaceae

                                      （悬铃木属 *Platanus*）

75. 草本或稀为亚灌木，有时为攀援性。

  78. 胚珠倒生或直生。

    79. 叶片多少有些分裂或为复叶，无托叶或极微小；有花被（花萼）；胚珠倒生；花单生或呈各种类型的花序 ····· 毛茛科 Ranunculaceae

    79. 叶为全缘单叶；有托叶；无花被；胚珠直生；花呈穗形总状花序 ··· ·· 三白草科 Saururaceae

  78. 胚珠常弯生；叶为全缘单叶。

    80. 直立草本；叶互生；非肉质 ····················· 商陆科 Phytolaccaceae

    80. 平卧草本；叶对生或近轮生，肉质 ················· 番杏科 Aizoaceae

                                    （针晶粟草属 *Gisekia*）

72. 每花仅有 1 个复合或单雌蕊，心皮有时于成熟后各自分离。

81. 子房下位或半下位。（次 81 项见 304 页）

82. 草本。

  83. 水生或小型沼泽植物。

    84. 花柱 2 个或更多；叶片（尤其沉没水中的）常呈羽状细裂或为复叶 ·· 小二仙草科 Haloragidaceae

    84. 花柱 1 个；叶为线形全缘单叶 ············ 杉叶藻科 Hippuridaceae

  83. 陆生草本。

    85. 寄生性肉质草本，无绿叶。

      86. 花单性，雌花常无花被；无珠被及种皮 ············· ·· 蛇菰科 Balanophoraceae

      86. 花杂性，有一层花被，两性花有 1 雄蕊；有珠被及种皮 ··········· ·· 锁阳科 Cynomoriaceae

                                    （锁阳属 *Cynomorium*）

    85. 非寄生性植物，或于百蕊草属 *Thesium* 为半寄生性，但均有绿叶。

      87. 叶对生，其形宽广而有锯齿缘 ········ 金粟兰科 Chloranthaceae

      87. 叶互生。

        88. 平铺草本（限于我国植物），叶片宽，三角形，多少有些肉质 ·· 番杏科 Aizoaceae

                                  （番杏属 *Tetragonia*）

        88. 直立草本，叶片窄而细长 ·············· 檀香科 Santalaceae

                                  （百蕊草属 *Thesium*）

82. 灌木或乔木。

  89. 子房 3～10 室。

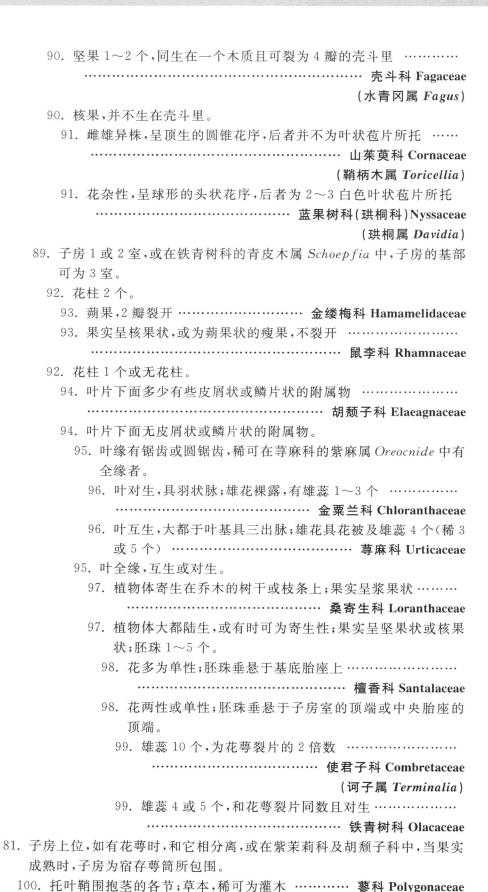

90. 坚果 1～2 个,同生在一个木质且可裂为 4 瓣的壳斗里 ……………
…………………………………………… 壳斗科 Fagaceae
（水青冈属 *Fagus*）

90. 核果,并不生在壳斗里。

91. 雌雄异株,呈顶生的圆锥花序,后者并不为叶状苞片所托 ……
…………………………………………… 山茱萸科 Cornaceae
（鞘柄木属 *Toricellia*）

91. 花杂性,呈球形的头状花序,后者为 2～3 白色叶状苞片所托
…………………………………… 蓝果树科（珙桐科）Nyssaceae
（珙桐属 *Davidia*）

89. 子房 1 或 2 室,或在铁青树科的青皮木属 *Schoepfia* 中,子房的基部可为 3 室。

92. 花柱 2 个。

93. 蒴果,2 瓣裂开 ………………… 金缕梅科 Hamamelidaceae

93. 果实呈核果状,或为蒴果状的瘦果,不裂开 ……………
…………………………………………… 鼠李科 Rhamnaceae

92. 花柱 1 个或无花柱。

94. 叶片下面多少有些皮屑状或鳞片状的附属物 ………………
…………………………………………… 胡颓子科 Elaeagnaceae

94. 叶片下面无皮屑状或鳞片状的附属物。

95. 叶缘有锯齿或圆锯齿,稀可在荨麻科的紫麻属 *Oreocnide* 中有全缘者。

96. 叶对生,具羽状脉;雄花裸露,有雄蕊 1～3 个 ……………
…………………………………………… 金粟兰科 Chloranthaceae

96. 叶互生,大都于叶基具三出脉;雄花具花被及雄蕊 4 个（稀 3 或 5 个） …………………………… 荨麻科 Urticaceae

95. 叶全缘,互生或对生。

97. 植物体寄生在乔木的树干或枝条上;果实呈浆果状 ………
…………………………………………… 桑寄生科 Loranthaceae

97. 植物体大都陆生,或有时可为寄生性;果实呈坚果状或核果状;胚珠 1～5 个。

98. 花多为单性;胚珠垂悬于基底胎座上 ………………
…………………………………………… 檀香科 Santalaceae

98. 花两性或单性;胚珠垂悬于子房室的顶端或中央胎座的顶端。

99. 雄蕊 10 个,为花萼裂片的 2 倍数 ………………
…………………………………………… 使君子科 Combretaceae
（诃子属 *Terminalia*）

99. 雄蕊 4 或 5 个,和花萼裂片同数且对生 ………………
…………………………………………… 铁青树科 Olacaceae

81. 子房上位,如有花萼时,和它相分离,或在紫茉莉科及胡颓子科中,当果实成熟时,子房为宿存萼筒所包围。

100. 托叶鞘围抱茎的各节;草本,稀可为灌木 ………… 蓼科 Polygonaceae

100. 无托叶鞘,在悬铃木科有托叶鞘但易脱落。

NOTE

101. 草本,或有时在藜科或紫茉莉科中为亚灌木。
　　102. 无花被。
　　　　103. 花两性或单性;子房 1 室,内仅有 1 个基生胚珠。
　　　　　　104. 叶基生,由 3 小叶而成;穗状花序在一个细长基生无叶的花
　　　　　　　　梗上 ……………………………… 小檗科 Berberidaceae
　　　　　　104. 叶茎生,单叶;穗状花序顶生或腋生,但常和叶相对生 ……
　　　　　　　　…………………………………… 胡椒科 Piperaceae
　　　　　　　　　　　　　　　　　　　　　　　　　(胡椒属 Piper)

　　　　103. 花单性;子房 3 或 2 室。
　　　　　　105. 水生或微小的沼泽植物,无乳汁;子房 2 室,每室内含有 2 个
　　　　　　　　胚珠 ……………………………… 水马齿科 Callitrichaceae
　　　　　　　　　　　　　　　　　　　　　　　　(水马齿属 Callitriche)
　　　　　　105. 陆生植物;有乳汁;子房 3 室,每室内仅含 1 个胚珠 ………
　　　　　　　　…………………………………… 大戟科 Euphorbiaceae

　　102. 有花被;当花为单性时,特别是雄花时有花被。
　　　　106. 花萼呈花瓣状,且呈管状。
　　　　　　107. 花有总苞,有时总苞类似花萼 …… 紫茉莉科 Nyctaginaceae
　　　　　　107. 花无总苞。
　　　　　　　　108. 胚珠 1 个,在子房的近顶端处 …… 瑞香科 Thymelaeaceae
　　　　　　　　108. 胚珠多数,生在特立中央胎座上 … 报春花科 Primulaceae
　　　　　　　　　　　　　　　　　　　　　　　　(海乳草属 Glaux)

　　　　106. 花萼非如上述情形。
　　　　　　109. 雄蕊周位,即位于花被上。
　　　　　　　　110. 叶互生,羽状复叶而有草质的托叶;花无膜质苞片;瘦果
　　　　　　　　　　…………………………………… 蔷薇科 Rosaceae
　　　　　　　　　　　　　　　　　　　　　　　　(地榆族 Sanguisorbieae)
　　　　　　　　110. 叶对生,或在蓼科的冰岛蓼属 Koenigia 为互生,单叶无草
　　　　　　　　　　质托叶;花有膜质苞片。
　　　　　　　　　　111. 花被片和雄蕊各为 5 或 4 个,对生;囊果;托叶膜质 …
　　　　　　　　　　　　…………………………… 石竹科 Caryophyllaceae
　　　　　　　　　　111. 花被片和雄蕊各为 3 个,互生;坚果;无托叶 …………
　　　　　　　　　　　　…………………………… 蓼科 Polygonaceae
　　　　　　　　　　　　　　　　　　　　　　　　(冰岛蓼属 Koenigia)

　　　　　　109. 雄蕊下位,即位于子房下。
　　　　　　　　112. 花柱或其分枝为 2 或数个,内侧常为柱头面。
　　　　　　　　　　113. 子房常为数个至多数心皮连合而成 …………………
　　　　　　　　　　　　…………………………… 商陆科 Phytolaccaceae
　　　　　　　　　　113. 子房常为 2 或 3(或 5)心皮连合而成。
　　　　　　　　　　　　114. 子房 3 室,稀可为 2 室或 4 室 …………………
　　　　　　　　　　　　　　…………………………… 大戟科 Euphorbiaceae
　　　　　　　　　　　　114. 子房 1 室或 2 室。
　　　　　　　　　　　　　　115. 叶为掌状复叶或具掌状脉而有宿存托叶 …………
　　　　　　　　　　　　　　　　…………………………… 桑科 Moraceae
　　　　　　　　　　　　　　　　　　　　　　　　(大麻亚科 Cannaboideae)

115. 叶具羽状脉,或稀可为掌状脉而无托叶,也可在藜科中叶退化成鳞片或为肉质而形如圆筒。

116. 花有草质而带绿色或绿色的花被及苞片 ⋯⋯⋯⋯⋯⋯⋯⋯⋯⋯⋯⋯⋯⋯ **藜科 Chenopodiaceae**

116. 花有干膜质而常有色泽的花被及苞片 ⋯⋯⋯⋯⋯⋯⋯⋯⋯⋯⋯⋯⋯⋯⋯⋯ **苋科 Amaranthaceae**

112. 花柱 1 个,常顶端有柱头,也可无花柱。

117. 花两性。

118. 雌蕊为单心皮;花萼由 2～3 个膜质且宿存的萼片而成;雄蕊 2～3 个 ⋯⋯⋯⋯⋯ **毛茛科 Ranunculaceae**
（**星叶草属 *Circaeaster***）

118. 雌蕊由 2 合生心皮而成。

119. 萼片 2 片;雄蕊多数 ⋯⋯⋯ **罂粟科 Papaveraceae**
（**博落回属 *Macleaya***）

119. 萼片 4 片;雄蕊 2 或 4 ⋯⋯⋯ **十字花科 Cruciferae**
（**独行菜属 *Lepidium***）

117. 花单性。

120. 沉没于淡水中的水生植物;叶细裂呈丝状 ⋯⋯⋯⋯⋯⋯⋯⋯⋯⋯⋯⋯ **金鱼藻科 Ceratophyllaceae**
（**金鱼藻属 *Ceratophyllum***）

120. 陆生植物;叶为其他情形。

121. 叶含多量水分;托叶连接叶柄的基部;雄花的花被 2 片;雄蕊多数 ⋯⋯⋯⋯⋯ **假牛繁缕科 Theligonaceae**
（**假牛繁缕属 *Theligonum***）

121. 叶不含多量水分;如有托叶时,也不连接叶柄的基部;雄花的花被片和雄蕊均各为 4 或 5 个,两者相对生 ⋯⋯⋯⋯⋯⋯⋯⋯⋯⋯⋯⋯ **荨麻科 Urticaceae**

101. 木本植物或亚灌木。

122. 耐寒耐旱性的灌木,或在藜科的琐琐属 *Haloxylon* 为乔木;叶微小,细长或呈鳞片状,也可有时(如藜科)为肉质而呈圆筒形或半圆筒形。

123. 雌雄异株或花杂性;花萼为三出数,萼片微呈花瓣状,和雄蕊同数且互生;花柱 1,极短,常有 6～9 放射状且有齿裂的柱头;核果;胚体直;常绿而基部偃卧的灌木;叶互生,无托叶 ⋯⋯⋯⋯⋯⋯⋯⋯⋯⋯⋯⋯⋯ **岩高兰科 Empetraceae**
（**岩高兰属 *Empetrum***）

123. 花两性或单性,花萼为五出数,稀可三出或四出数,萼片或花萼裂片草质或革质,和雄蕊同数且对生,或在藜科中雄蕊由于退化而数较少,甚或 1 个;花柱或花柱分枝 2 或 3 个,内侧常为柱头面;胞果或坚果;胚体弯曲如环或弯曲成螺旋形。

124. 花无膜质苞片;雄蕊下位;叶互生或对生;无托叶;枝条常具关节 ⋯⋯⋯⋯⋯⋯⋯⋯⋯⋯ **藜科 Chenopodiaceae**

124. 花有膜质苞片；雄蕊周位；叶对生，基部常互相连合；有膜质托叶；枝条不具关节 ·············· **石竹科 Caryophyllaceae**

122. 不是上述的植物；叶片矩圆形或披针形，或宽广至圆形。

 125. 果实及子房均为 2 至数室，或在大风子科中为不完全的 2 至数室。

  126. 花常为两性。

   127. 萼片 4 或 5 片，稀可 3 片，呈覆瓦状排列。

    128. 雄蕊 4 个；4 室的蒴果 ············· **木兰科 Magnoliaceae**（水青树属 *Tetracentron*）

    128. 雄蕊多数；浆果状的核果 ········ **大戟科 Euphorbiaceae**

   127. 萼片多 5 片，呈镊合状排列。

    129. 雄蕊多数；具刺的蒴果 ······ **杜英科 Elaeocarpaceae**（猴欢喜属 *Sloanea*）

    129. 雄蕊和萼片同数；核果或坚果。

     130. 雄蕊和萼片对生，各为 3～6 ·············· **铁青树科 Olacaceae**

     130. 雄蕊和萼片互生，各为 4 或 5 ·············· **鼠李科 Rhamnaceae**

  126. 花单性（雌雄同株或异株）或杂性。

   131. 果实各种；种子无胚乳或有少量胚乳。

    132. 雄蕊常 8 个；果实坚果状或为有翅的蒴果；羽状复叶或单叶 ····················· **无患子科 Sapindaceae**

    132. 雄蕊 5 或 4 个，且和萼片互生；核果有 2～4 个小核；单叶 ····················· **鼠李科 Rhamnaceae**（鼠李属 *Rhamnus*）

   131. 果实多呈蒴果状，无翅；种子常有胚乳。

    133. 果实为具 2 室的蒴果，有木质或革质的外种皮及角质的内果皮 ·············· **金缕梅科 Hamamelidaceae**

    133. 果实纵为蒴果时，也不像上述情形。

     134. 胚珠具腹脊，果实有各种类型，但多为胞间裂开的蒴果 ·············· **大戟科 Euphorbiaceae**

     134. 胚珠具背脊；果实为胞背裂开的蒴果，或有时呈核果状 ····················· **黄杨科 Buxaceae**

 125. 果实及子房均为 1 或 2 室，稀可在无患子科的荔枝属 *Litchi* 及韶子属 *Nephelium* 中为 3 室，或在卫矛科的十齿花属 *Dipentodon* 及铁青树科的铁青树属 *Olax* 中，子房的下部为 3 室，而上部为 1 室。

  135. 花萼具显著的萼筒，且常呈花瓣状。

   136. 叶无毛或下面有柔毛；萼筒整个脱落 ·············· **瑞香科 Thymelaeaceae**

   136. 叶下面具银白色或棕色的鳞片；萼筒或其下部永久宿存，当果实成熟时，变为肉质而紧密包着子房。·············· **胡颓子科 Elaeagnaceae**

NOTE

135．花萼不为上述情形，或无花被。

  137．花药以 2 或 4 舌瓣裂开 ····················· **樟科 Lauraceae**

  137．花药不以舌瓣裂开。

   138．叶对生。

    139．果实为有双翅或呈圆形的翅果 ··· **槭树科 Aceraceae**

    139．果实为有单翅而呈细长形兼矩圆形的翅果 ··········

      ··· **木犀科 Oleaceae**

   138．叶互生。

    140．叶为羽状复叶。

     141．叶为二回羽状复叶，或退化仅具叶状柄（特称为叶

      状叶柄）···································· **豆科 Leguminosae**

                   （金合欢属 *Acacia*）

     141．叶为一回羽状复叶。

      142．小叶边缘有锯齿；果实有翅 ·····················

        ······························· **马尾树科 Rhoipteleaceae**

                 （马尾树属 *Rhoiptelea*）

      142．小叶全缘；果实无翅。

       143．花两性或杂性 ········· **无患子科 Sapindaceae**

       143．雌雄异株················· **漆树科 Anacardiaceae**

                 （黄连木属 *Pistacia*）

    140．叶为单叶。

     144．花均无花被。

      145．多为木质藤本；叶全缘；花两性或杂性，呈紧密的

       穗状花序 ····················· **胡椒科 Piperaceae**

                   （胡椒属 *Piper*）

      145．乔木；叶缘有锯齿或缺刻；花单性。

       146．叶宽广，具掌状脉及掌状分裂，叶缘具缺刻或

        大锯齿；有托叶，围茎成鞘，但易脱落；雌雄同

        株，雌花和雄花分别呈球形的头状花序；雌蕊

        为单心皮而成；小坚果为倒圆锥形而有棱角，

        无翅也无梗，但围以长柔毛 ·····················

         ····················· **悬铃木科 Platanaceae**

                 （悬铃木属 *Platanus*）

       146．叶椭圆形至卵形，具羽状脉及锯齿缘；无托叶；

        雌雄异株，雄花聚成疏松有苞片的簇丛，雌花

        单生于苞片的腋内；雌蕊为 2 心皮而成；小坚

        果扁平，具翅且有柄，但无毛 ·····················

         ····················· **杜仲科 Eucommiaceae**

                 （杜仲属 *Eucommia*）

     144．花常有花萼，尤其在雄花。

      147．植物体内有乳汁················· **桑科 Moraceae**

      147．植物体内无乳汁。

148. 花柱或其分枝 2 或数个,但在大戟科的核果木
　　　属 *Drypetes* 中则柱头几无柄,呈盾状或肾形。

　149. 雌雄异株或有时为同株;叶全缘或具波
　　　　状齿。

　　　150. 矮小灌木或亚灌木;果实干燥,包藏于具
　　　　　　有长柔毛而互相连合成双角状的 2 苞片
　　　　　　中;胚弯曲如环　… **藜科 Chenopodiaceae**
　　　　　　　　　　　　　　　　（**优若藜属 *Eurotia***）

　　　150. 乔木或灌木;果实呈核果状,常为 1 室含 1
　　　　　　种子,不包藏于苞片内;胚体直 …………
　　　　　　………………… **大戟科 Euphorbiaceae**

　149. 花两性或单性;叶缘多锯齿或具齿裂,稀可
　　　　全缘。

　　　151. 雄蕊多数……… **大风子科 Flacourtiaceae**
　　　151. 雄蕊 10 个或较少。

　　　　　152. 子房 2 室,每室有 1 个至数个胚珠;果
　　　　　　　　实为木质蒴果 …………………………
　　　　　　　　………… **金缕梅科 Hamamelidaceae**

　　　　　152. 子房 1 室,仅含 1 胚珠;果实不是木质
　　　　　　　　蒴果………………… **榆科 Ulmaceae**

148. 花柱 1 个,也有时不存在(如荨麻属),而柱头
　　　呈画笔状。

　153. 叶缘有锯齿;子房为 1 心皮而成。

　　　154. 花两性 ………… **山龙眼科 Proteaceae**
　　　154. 雌雄异株或同株。

　　　　　155. 花生于当年新枝上;雄蕊多数 ………
　　　　　　　　………………………… **蔷薇科 Rosaceae**
　　　　　　　　　　　　　　　（**臭樱属 *Maddenia***）

　　　　　155. 花生于老枝上;雄蕊和萼片同数 ……
　　　　　　　　………………………… **荨麻科 Urticaceae**

　153. 叶全缘或边缘有锯齿;子房为 2 个以上连合
　　　　心皮所成。

　　　156. 果实呈核果状或坚果状,内有 1 种子;无
　　　　　　托叶。

　　　　　157. 子房具 2 个胚珠;果实于成熟后由萼筒
　　　　　　　　包围 ………… **铁青树科 Olacaceae**

　　　　　157. 子房仅具 1 个胚珠;果实和花萼相分
　　　　　　　　离,或仅果实基部由花萼衬托之 ……
　　　　　　　　………………… **山柚子科 Opiliaceae**

　　　156. 果实呈蒴果状或浆果状,内含 1 个至数个
　　　　　　种子。

158. 花下位,雌雄异株,稀可杂性;雄蕊多数;果实呈浆果状;无托叶 …………
……………………… 大风子科 **Flacourtiaceae**
（柞木属 *Xylosma*）

158. 花周位,两性;雄蕊 5～12 个;果实呈蒴果状;有托叶,但易脱落。

159. 花为腋生的簇丛或头状花序;萼片 4～6 片 … 大风子科 **Flacourtiaceae**
（山羊角树属 *Carrierea*）

159. 花为腋生的伞形花序;萼片 10～14 片 ………… 卫矛科 **Celastraceae**
（十齿花属 *Dipentodon*）

2. 花具花萼也具花冠,或有两层以上的花被片,有时花冠可为蜜腺叶所代替。

160. 花冠常为离生的花瓣所组成。（次 160 项见 329 页）

161. 成熟雄蕊（或单体雄蕊的花药）多在 10 个以上,通常多数,或其数超过花瓣的 2 倍。（次 161 项见 316 页）

162. 花萼和 1 或更多的雌蕊多少有些互相连合,即子房下位或半下位。（次 162 项见 311 页）

163. 水生草本植物;子房多室 ………………………… 睡莲科 **Nymphaeaceae**

163. 陆生植物;子房 1 至数室,也可心皮为 1 至数个,或在海桑科中为多室。

164. 植物体具肥厚的肉质茎,多有刺,常无真正叶片 …… 仙人掌科 **Cactaceae**

164. 植物体为普通形态,不呈仙人掌状,有真正的叶片。

165. 草本植物或稀可为亚灌木。

166. 花单性。

167. 雌雄同株;花鲜艳,多呈腋生聚伞花序;子房 2～4 室 ………………
…………………… 秋海棠科 **Begoniaceae**
（秋海棠属 *Begonia*）

167. 雌雄异株;花小而不显著,呈腋生穗状或总状花序 …………………
…………………………… 四数木科 **Tetramelaceae**

166. 花常两性。

168. 叶基生或茎生,呈心形,或长形,不为肉质;花为三出数 …………
…………………… 马兜铃科 **Aristolochiaceae**
（细辛族 *Asareae*）

168. 叶茎生,不呈心形,多少有些肉质,或为圆柱形;花不是三出数。

169. 花萼裂片常为 5,叶状;蒴果 5 室或更多室,在顶端呈放射状裂开
……………………… 番杏科 **Aizoaceae**

169. 花萼裂片 2;蒴果 1 室,盖裂 ………… 马齿苋科 **Portulacaceae**
（马齿苋属 *Portulaca*）

165. 乔木或灌木（但在虎耳草科的叉叶蓝属 *Deinanthe* 及草绣球属 *Cardiandra* 为亚灌木,黄山梅属 *Kirengeshoma* 为多年生高大草本）,有时以气生小根而攀援。

170. 叶通常对生（虎耳草科的草绣球属 *Cardiandra* 为例外）,或在石榴科的石榴属 *Punica* 中有时可互生。

171. 叶缘常有锯齿或全缘；花序（除山梅花族 Philadelpheae 外）常有不孕的边缘花 ·················· 虎耳草科 **Saxifragaceae**
171. 叶全缘；花序无不孕花。
  172. 叶为脱落性；花萼呈朱红色 ·················· 石榴科 **Punicaceae**
        （石榴属 *Punica*）
  172. 叶为常绿性；花萼不呈朱红色。
    173. 叶片中有腺体微点；胚珠常多数 ·········· 桃金娘科 **Myrtaceae**
    173. 叶片中无微点。
      174. 胚珠在每子房室中为多数 ·········· 海桑科 **Sonneratiaceae**
      174. 胚珠在每子房室中仅 2 个，稀可较多 ·························
      ·················· 红树科 **Rhizophoraceae**
170. 叶互生。
  175. 花瓣细长形兼长方形，最后向外翻转 ········ 八角枫科 **Alangiaceae**
        （八角枫属 *Alangium*）
  175. 花瓣不呈细长形，或纵为细长形时，也不向外翻转。
    176. 叶无托叶。
      177. 叶全缘；果实肉质或木质 ················· 玉蕊科 **Lecythidaceae**
        （玉蕊属 *Barringtonia*）
      177. 叶缘多少有些锯齿或齿裂；果实呈核果状，其形歪斜 ·········
      ·················· 山矾科 **Symplocaceae**
        （山矾属 *Symplocos*）
    176. 叶有托叶。
      178. 花瓣呈旋转状排列；花药隔向上延伸；花萼裂片中 2 个或更多个在果实上变大而呈翅状 ········ 龙脑香科 **Dipterocarpaceae**
      178. 花瓣呈覆瓦状或旋转状排列（如蔷薇科的火棘属 *Pyracantha*）；花药隔并不向上延伸；花萼裂片也无上述变大情形。
        179. 子房 1 室，内具 2～6 侧膜胎座，各有 1 个至多数胚珠；果实为革质蒴果，自顶端以 2～6 片裂开 ·························
        ·················· 大风子科 **Flacourtiaceae**
          （天料木属 *Homalium*）
        179. 子房 2～5 室，内具中轴胎座，或其心皮在腹面互相分离而具边缘胎座。
          180. 花呈伞房、圆锥、伞形或总状等花序，稀可单生；子房 2～5 室，或心皮 2～5 个，下位，每室或每心皮有胚珠 1～2 个，稀 3～10 个或多数；果实为肉质或木质假果；种子无翅 ·················· 蔷薇科 **Rosaceae**
            （梨亚科 **Pomoideae**）
          180. 花呈头状或肉穗花序；子房 2 室，半下位，每室有胚珠 2～6 个；果为木质蒴果；种子有或无翅 ·················
          ·················· 金缕梅科 **Hamamelidaceae**
            （马蹄荷亚科 **Exbucklandioideae**）
162. 花萼和 1 个或更多的雌蕊互相分离，即子房上位。

NOTE

181. 花为周位花。

  182. 萼片和花瓣相似,覆瓦状排列成数层,着生于坛状花托的外侧 ……………
……………………………………………………… **蜡梅科 Calycanthaceae**
（夏蜡梅属 *Calycanthus*）

  182. 萼片和花瓣有分化,在萼筒或花托的边缘排列成 2 层。

    183. 叶对生或轮生,有时上部者可互生,但均为全缘单叶;花瓣常于花蕾中呈皱褶状。

      184. 花瓣无爪,形小,或细长;浆果 ……………… **海桑科 Sonneratiaceae**

      184. 花瓣有细爪,边缘具腐蚀状的波纹或具流苏;蒴果 ……………
…………………………………………………… **千屈菜科 Lythraceae**

    183. 叶互生,单叶或复叶;花瓣不呈皱褶状。

      185. 花瓣宿存;雄蕊的下部连成一管 ……………… **亚麻科 Linaceae**
（黏木属 *Ixonanthes*）

      185. 花瓣脱落性;雄蕊互相分离。

        186. 草本植物,具二出数的花朵;萼片 2 片,早落性;花瓣 4 个 …………
……………………………………………… **罂粟科 Papaveraceae**
（花菱草属 *Eschscholtzia*）

        186. 木本或草本植物,具五出或四出数的花朵。

          187. 花瓣镊合状排列;果实为荚果;叶多为二回羽状复叶,有时叶片退化,而叶柄发育为叶状柄;心皮 1 个 ………… **豆科 Leguminosae**
（含羞草亚科 **Mimosoideae**）

          187. 花瓣覆瓦状排列;果实为核果、蓇葖果或瘦果;叶为单叶或复叶;心皮 1 个至多数 ……………………………… **蔷薇科 Rosaceae**

181. 花为下位花,或至少在果实时花托扁平或隆起。

  188. 雌蕊少数至多数,互相分离或微有连合。

  189. 水生植物。

    190. 叶片呈盾状,全缘 ……………………… **睡莲科 Nymphaeaceae**

    190. 叶片不呈盾状,多少有些分裂或为复叶 ……… **毛茛科 Ranunculaceae**

  189. 陆生植物。

    191. 茎为攀援性。

      192. 草质藤本。

        193. 花显著,为两性花 ……………………… **毛茛科 Ranunculaceae**

        193. 花小型,为单性,雌雄异株 ………………… **防己科 Menispermaceae**

      192. 本质藤本或为蔓生灌木。

        194. 叶对生,复叶由 3 小叶所成,或顶端小叶形成卷须 ………………
…………………………………………… **毛茛科 Ranunculaceae**
（锡兰莲属 *Naravelia*）

        194. 叶互生,单叶。

          195. 花单性。

            196. 心皮多数,结果时聚生呈一球状的肉质体或散布于极延长的花托上 …………………………………… **木兰科 Magnoliaceae**
（五味子亚科 **Schisandroideae**）

NOTE

196. 心皮 3～6,果为核果或核果状 …… **防己科 Menispermaceae**
195. 花两性或杂性;心皮数个,果为蓇葖果 …………………………
…………………………………………… **五桠果科 Dilleniaceae**
（锡叶藤属 *Tetracera*）
191. 茎直立,不为攀援性。
197. 雄蕊的花丝连成单体 ………………………… **锦葵科 Malvaceae**
197. 雄蕊的花丝互相分离。
198. 草本植物,稀可为亚灌木;叶片多少有些分裂或为复叶。
199. 叶无托叶;种子有胚乳 ………………… **毛茛科 Ranunculaceae**
199. 叶多有托叶;种子无胚乳 ………………… **蔷薇科 Rosaceae**
198. 木本植物;叶片全缘或边缘有锯齿,也稀有分裂者。
200. 萼片及花瓣均为镊合状排列;胚乳具嚼痕 ……………
………………………………………… **番荔枝科 Annonaceae**
200. 萼片及花瓣均为覆瓦状排列;胚乳无嚼痕。
201. 萼片及花瓣相同,三出数,排列成 3 层或多层,均可脱落 …
………………………………………… **木兰科 Magnoliaceae**
201. 萼片及花瓣甚有分化,多为五出数,排列成 2 层,萼片宿存。
202. 心皮 3 个至多数;花柱互相分离;胚珠为不定数…………
………………………………………… **五桠果科 Dilleniaceae**
202. 心皮 3～10 个;花柱完全合生;胚珠单生 …………………
………………………………………… **金莲木科 Ochnaceae**
（金莲木属 *Ochna*）
188. 雌蕊 1 个,但花柱或柱头为 1 至多数。
203. 叶片中具透明微点。
204. 叶互生,羽状复叶或退化为仅有 1 顶生小叶 ……… **芸香科 Rutaceae**
204. 叶对生,单叶 ………………………………… **藤黄科 Guttiferae**
203. 叶片中无透明微点。
205. 子房单纯,具 1 子房室。
206. 乔木或灌木;花瓣呈镊合状排列;果实为荚果 … **豆科 Leguminosae**
（含羞草亚科 **Mimosoideae**）
206. 草本植物;花瓣呈覆瓦状排列;果实不是荚果。
207. 花为五出数;蓇葖果 ………………… **毛茛科 Ranunculaceae**
207. 花为三出数;浆果 ………………… **小檗科 Berberidaceae**
205. 子房为复合性。
208. 子房 1 室,或在马齿苋科的土人参属 *Talinum* 中子房基部为 3 室。
209. 特立中央胎座。
210. 草本;叶互生或对生;子房的基部 3 室,有多数胚珠 …………
………………………………………… **马齿苋科 Portulacaceae**
（土人参属 *Talinum*）
210. 灌木;叶对生;子房 1 室,内有成为 3 对的 6 个胚珠 …………
………………………………………… **红树科 Rhizophoraceae**
（秋茄树属 *Kandelia*）

NOTE

209. 侧膜胎座。

211. 灌木或小乔木(在半日花科中常为亚灌木或草本植物),子房柄不存在或极短;果实为蒴果或浆果。

212. 叶对生;萼片不相等,外面 2 片较小,或有时退化,内面 3 片呈旋转状排列 ·················· **半日花科 Cistaceae**

(**半日花属 *Helianthemum***)

212. 叶常互生,萼片相等,呈覆瓦状或镊合状排列。

213. 植物体内含有色泽的汁液;叶具掌状脉,全缘;萼片 5 片,互相分离,基部有腺体;种皮肉质,红色 ····· **红木科 Bixaceae**

(**红木属 *Bixa***)

213. 植物体内不含有色泽的汁液;叶具羽状脉或掌状脉;叶缘有锯齿或全缘;萼片 3～8 片,离生或合生;种皮坚硬,干燥 ······························· **大风子科 Flacourtiaceae**

211. 草本植物,如为木本植物时,则具有显著的子房柄;果实为浆果或核果。

214. 植物体内含乳汁;萼片 2～3 ·········· **罂粟科 Papaveraceae**

214. 植物体内不含乳汁;萼片 4～8。

215. 叶为单叶或掌状复叶;花瓣完整;长角果 ·················· ····························· **白花菜科 Cleomaceae**

215. 叶为单叶,或为羽状复叶或分裂;花瓣具缺刻或细裂;蒴果仅于顶端裂开 ·················· **木犀草科 Resedaceae**

208. 子房 2 室至多室,或为不完全的 2 室至多室。

216. 草本植物,具多少有些呈花瓣状的萼片。

217. 水生植物;花瓣为多数雄蕊或鳞片状的蜜腺叶所代替 ········· ····························· **睡莲科 Nymphaeaceae**

(**萍蓬草属 *Nuphar***)

217. 陆生植物;花瓣不为蜜腺叶所代替。

218. 一年生草本植物;叶呈羽状细裂;花两性 ························· ····························· **毛茛科 Ranunculaceae**

(**黑种草属 *Nigella***)

218. 多年生草本植物;叶全缘而呈掌状分裂;雌雄同株 ··········· ····························· **大戟科 Euphorbiaceae**

(**麻疯树属 *Jatropha***)

216. 木本植物,或陆生草本植物,常不具呈花瓣状的萼片。

219. 萼片于蕾内呈镊合状排列。

220. 雄蕊互相分离或连成数束。

221. 花药 1 室或数室;叶为掌状复叶或单叶,全缘,具羽状脉 ····························· **木棉科 Bombacaceae**

221. 花药 2 室;叶为单叶,叶缘有锯齿或全缘。

222. 花药以顶端 2 孔裂开 ·········· **杜英科 Elaeocarpaceae**

222. 花药纵长裂开 ·················· **椴树科 Tiliaceae**

220. 雄蕊连为单体,至少内层如此,并且多少有些连成管状。

NOTE

223. 花单性;萼片 2 或 3 片 ·············· **大戟科 Euphorbiaceae**

(油桐属 _Aleurites_)

223. 花常两性;萼片多 5 片,稀可较少。

 224. 花药 2 室或更多室。

  225. 无副萼;多有不育雄蕊;花药 2 室;叶为单叶或掌状分

   裂 ····························· **梧桐树 Sterculiaceae**

  225. 有副萼;无不育雄蕊;花药数室;叶为单叶,全缘且具

   羽状脉 ························· **木棉科 Bombacaceae**

(榴莲属 _Durio_)

 224. 花药 1 室。

  226. 花粉粒表面平滑;叶为掌状复叶 ·······················

   ······························· **木棉科 Bombacaceae**

(木棉属 _Bombax_)

  226. 花粉粒表面有刺;叶有各种形状 ··· **锦葵科 Malvaceae**

219. 萼片于蕾内呈覆瓦状或旋转状排列,或有时(如大戟科的巴豆属 _Croton_)近于呈镊合状排列。

227. 雌雄同株或稀可异株;果实为蒴果,由 2～4 个各自裂为 2 片的离果所组成 ·············· **大戟科 Euphorbiaceae**

227. 花常两性,或在猕猴桃科的猕猴桃属 _Actinidia_ 中为杂性或雌雄异株;果实为其他情形。

 228. 萼片在果实时增大且呈翅状;雄蕊具伸长的花药隔 ······

  ························· **脑香科 Dipterocarpaceae**

 228. 萼片及雄蕊二者不为上述情形。

  229. 雄蕊排成两层,外层 10 个和花瓣对生,内层 5 个和萼片

   对生 ··············· **蒺藜科 Zygophyllaceae**

(骆驼蓬属 _Peganum_)

  229. 雄蕊的排列为其他情形。

   230. 食虫的草本植物;叶基生,呈管状,其上再具有小叶片

    ····························· **瓶子草科 Sarraceniaceae**

   230. 不是食虫植物;叶茎生或基生,但不呈管状。

    231. 植物体为耐寒耐旱性;叶为全缘单叶。

     232. 叶对生或上部者互生;萼片 5 片,互不相等,外面

      2 片较小或有时退化,内面 3 片较大,呈旋转状排

      列,宿存;花瓣早落 ··········· **半日花科 Cistaceae**

     232. 叶互生;萼片 5 片,大小相等;花瓣宿存;在内侧

      基部各有 2 舌状物 ········ **柽柳科 Tamaricaceae**

(红砂属 _Reaumuria_)

    231. 植物体非耐寒耐旱性;叶常互生;萼片 2～5 片,彼

     此相等;呈覆瓦状或稀可呈镊合状排列。

     233. 草本或木本植物;花为四出数,或其萼片多为 2

      片且早落。

      234. 植物体内含乳汁;无或有极短子房柄;种子有

       丰富胚乳 ············ **罂粟科 Papaveraceae**

234. 植物体内不含乳汁;有细长的子房柄;种子无或有少量胚乳 ………… 白花菜科 **Cleomaceae**

233. 木本植物;花常为五出数,萼片宿存或脱落。

235. 果实为具 5 个棱角的蒴果,分成 5 个骨质各含 1 或 2 种子的心皮后,再各沿其缝线而 2 瓣裂开 …………………… 蔷薇科 **Rosaceae**

(白鹃梅属 *Exochorda*)

235. 果实不为蒴果,如为蒴果时则为胞背裂开。

236. 蔓生或攀援的灌木;雄蕊互相分离;子房 5 室或更多室;浆果,常可食 ………………… ………………… 猕猴桃科 **Actinidiaceae**

236. 直立乔木或灌木;雄蕊至少在外层者连为单体,或连成 3~5 束而着生于花瓣的基部;子房 3~5 室。

237. 花药能转动,以顶端孔裂开;浆果;胚乳颇丰富 ………… 猕猴桃科 **Actinidiaceae**

(水东哥属 *Saurauia*)

237. 花药能或不能转动,常纵长裂开;果实有各种情形;胚乳通常量微小 ………… ………………… 山茶科 **Theaceae**

161. 成熟雄蕊 10 个或较少,多于 10 个时,其数并不超过花瓣的 2 倍。

238. 成熟雄蕊和花瓣同数,且和它对生。

239. 雌蕊 3 个至多数,离生。

240. 直立草本或亚灌木;花两性,五出数 ………………… 蔷薇科 **Rosaceae**

(地蔷薇属 *Chamaerhodos*)

240. 木质或草质藤本花单性,常为三出数。

241. 叶常为单叶;花小型;核果;心皮 3~6 个,呈星状排列,各含 1 胚珠 ……

………………… 防己科 **Menispermaceae**

241. 叶为掌状复叶或由 3 小叶组成;花中型;浆果;心皮 3 个至多数,轮状或螺旋状排列,各含 1 个或多数胚珠 ………… 木通科 **Lardizabalaceae**

239. 雌蕊 1 个。

242. 子房 2 至数室。

243. 花萼裂齿不明显或微小;以卷须缠绕他物的木质或草质藤本 …………

………………… 葡萄科 **Vitaceae**

243. 花萼具 4~5 裂片;乔木、灌木或草本植物,有时虽也可为缠绕性,但无卷须。

244. 雄蕊合生成单体。

245. 叶为单叶;每子房室内含胚珠 2~6 个(或在可可树亚族Theobromineae 中为多数) ………… 梧桐科 **Sterculiaceae**

245. 叶为掌状复叶;每子房室内含胚珠多数 ……… 木棉科 **Bombacaceae**

(吉贝属 *Ceiba*)

244. 雄蕊互相分离,或稀可在其下部连成一管。

NOTE

246. 叶无托叶;萼片各不相等,呈覆瓦状排列;花瓣不相等,在内层的 2 片常很小 ························· **清风藤科 Sabiaceae**

246. 叶常有托叶;各萼片等大,呈镊合状排列;花瓣均大小同形。

  247. 叶为单叶 ····························· **鼠李科 Rhamnaceae**

  247. 叶为一至三回羽状复叶 ················· **葡萄科 Vitaceae**

                                            （**火筒树属 Leea**）

242. 子房 1 室(在马齿苋科的土人参属 *Talinum* 及铁青树科的铁青树属 *Olax* 中则子房的下部多少有些成为 3 室)。

  248. 子房下位或半下位。

    249. 叶互生,边缘常有锯齿;蒴果 ············· **大风子科 Flacourtiaceae**

                           （**天料木属 Homalium**）

    249. 叶多对生或轮生,全缘;浆果或核果 ·········· **桑寄生科 Loranthaceae**

  248. 子房上位。

    250. 花药以舌瓣裂开 ················· **小檗科 Berberidaceae**

    250. 花药不以舌瓣裂开。

      251. 缠绕草本;胚珠 1 个;叶肥厚,肉质 ·········· **落葵科 Basellaceae**

                           （**落葵属 Basella**）

      251. 直立草本,或有时为木本;胚珠 1 个至多数。

        252. 雄蕊合生成单体;胚珠 2 个 ············· **梧桐科 Sterculiaceae**

                         （**蛇婆子属 Waltheria**）

        252. 雄蕊互相分离;胚珠 1 个至多数。

          253. 花瓣 6~9 片;雌蕊单纯 ············· **小檗科 Berberidaceae**

          253. 花瓣 4~8 片;雌蕊复合。

            254. 常为草本;花萼有 2 个分离萼片。

              255. 花瓣 4 片;侧膜胎座 ············· **罂粟科 Papaveraceae**

                       （**角茴香属 Hypecoum**）

              255. 花瓣常 5 片;基底胎座 ·········· **马齿苋科 Portulacaceae**

            254. 乔木或灌木,常蔓生;花萼呈倒圆锥形或杯状。

              256. 通常雌雄同株;花萼裂片 4~5;花瓣呈覆瓦状排列;无不育雄蕊;胚珠有 2 层珠被 ············· **紫金牛科 Myrsinaceae**

                       （**酸藤子属 Embelia**）

              256. 花两性;花萼于开花时微小,具不明显的齿裂;花瓣多为镊合状排列;有不育雄蕊(有时代以蜜腺);胚珠无珠被。

                257. 花萼于果时增大;子房的下部为 3 室,上部为 1 室,内含 3 个胚珠 ·················· **铁青树科 Olacaceae**

                     （**铁青树属 Olax**）

                257. 花萼于果时不增大;子房 1 室,内仅含 1 个胚珠 ········ ·················· **山柚子科 Opiliaceae**

238. 成熟雄蕊和花瓣不同数,如同数时则雄蕊和它互生。

  258. 雌雄异株;雄蕊 8 个,不相同,其中 5 个较长,有伸出花外的花丝,且和花瓣相互生,另 3 个则较短而藏于花内;灌木或灌木状草本;互生或对生单叶;心皮单生;雌花无花被,无梗,贴生于宽圆形的叶状苞片上 ········ **漆树科 Anacardiaceae**

                       （**九子母属 Dobinea**）

258. 花两性或单性,纵为雌雄异株时,其雄花中也无上述情形的雄蕊。

259. 花萼或其筒部和子房多少有些相连合。(次 259 项见 319 页)

260. 每子房室内含胚珠或种子 2 个至多数。(次 260 项见 318 页)

261. 花药以顶端孔裂开;草本或木本植物;叶对生或轮生,大都于叶片基部具 3～9 脉 ……………………………………… **野牡丹科 Melastomaceae**

261. 花药纵长裂开。

262. 草本或亚灌木;有时为攀援性。

263. 具卷须的攀援草本;花单性 ……………… **葫芦科 Cucurbitaceae**

263. 无卷须的植物;花常两性。

264. 萼片或花萼裂片 2 片;植物体多为肉质而多水分 …………… ………………………………………… **马齿苋科 Portulacaceae** (马齿苋属 *Portulaca*)

264. 萼片或花萼裂片 4～5 片;植物体常不为肉质。

265. 花萼裂片呈覆瓦状或镊合状排列;花柱 2 个或更多;种子具胚乳 ……………………………………… **虎耳草科 Saxifragaceae**

265. 花萼裂片呈镊合状排列;花柱 1 个,具 2～4 裂,或为 1 呈头状的柱头;种子无胚乳 …………………… **柳叶菜科 Onagraceae**

262. 乔木或灌木,有时为攀援性。

266. 叶互生。

267. 花数朵至多数呈头状花序;常绿乔木;叶革质,全缘或具浅裂 …………………………………… **金缕梅科 Hamamelidaceae**

267. 花呈总状或圆锥花序。

268. 灌木;叶为掌状分裂,基部具 3～5 脉;子房 1 室,有多数胚珠;浆果 ……………………………… **虎耳草科 Saxifragaceae** (茶藨子属 *Ribes*)

268. 乔木或灌木;叶缘有锯齿或细锯齿,有时全缘,具羽状脉;子房 3～5 室,每室内含 2 至数个胚珠,或在山茉莉属 *Huodendron* 为多数;干燥或木质核果,或蒴果,有时具棱角或有翅 ………………………… **野茉莉科 Styracaceae**

266. 叶常对生(使君子科的榄李树属 *Lumnitzera* 例外,同科的风车子属 *Combretum* 也可有时为互生,或互生和对生共存于一枝上)。

269. 胚珠多数,除冠盖藤属 *Pileostegia* 自子房室顶端垂悬外,均位于侧膜或中轴胎座上;浆果或蒴果;叶缘有锯齿或为全缘,但均无托叶;种子含胚乳 ……………… **虎耳草科 Saxifragaceae**

269. 胚珠 2 个至数个,近于自子房室顶端垂悬;叶全缘或有圆锯齿;果实多不裂开,内有种子 1 至数个。

270. 乔木或灌木,常为蔓生,无托叶,不多见于海岸林(榄李树属 *Lumnitzera* 例外);种子无胚乳,落地后始萌芽 …………… …………………………………… **使君子科 Combretaceae**

270. 常绿灌木或小乔木,具托叶;多见于海岸林;种子常有胚乳,在落地前即萌芽(胎生) ………… **红树科 Rhizophoraceae**

260. 每子房室内仅含胚珠或种子 1 个。

271. 果实裂开为 2 个干燥的离果,并共同悬于一果梗上;花序常为伞形花序(在变豆菜属 *Sanicula* 及鸭儿芹属 *Cryptotaenia* 中为不规则的花序,在刺芹属 *Eryngium* 中,则为头状花序) ⋯⋯⋯⋯⋯ **伞形科 Umbelliferae**

271. 果实不裂开或裂开而不是上述情形;花序可为各种形式。

　272. 草本植物。

　　273. 花柱或柱头 2~4 个;种子具胚乳;果实为小坚果或核果,具棱角或有翅 ⋯⋯⋯⋯⋯⋯⋯⋯⋯ **小二仙草科 Haloragidaceae**

　　273. 花柱 1 个,具有 1 头状或呈 2 裂的柱头;种子无胚乳。

　　　274. 陆生草本植物,具对生叶;花为二出数;果实为一具钩状刺毛的坚果 ⋯⋯⋯⋯⋯⋯⋯⋯⋯⋯⋯⋯ **柳叶菜科 Onagraceae**

(露珠草属 *Circaea*)

　　　274. 水生草本植物,有聚生而漂浮水面的叶片;花为四出数;果实为具 2~4 刺状角的坚果(栽培种果实可无显著的刺) ⋯⋯⋯⋯⋯⋯⋯⋯⋯⋯⋯⋯⋯⋯⋯⋯⋯⋯⋯⋯⋯⋯⋯⋯⋯⋯ **菱科 Trapaceae**

(菱属 *Trapa*)

　272. 木本植物。

　　275. 果实干燥或为蒴果状。

　　　276. 子房 2 室;花柱 2 个 ⋯⋯⋯⋯⋯ **金缕梅科 Hamamelidaceae**

　　　276. 子房 1 室;花柱 1 个。

　　　　277. 花序伞房状或圆锥状 ⋯⋯⋯⋯⋯ **莲叶桐科 Hernandiaceae**

　　　　277. 花序头状 ⋯⋯⋯⋯⋯⋯⋯⋯⋯⋯ **蓝果树科(珙桐科)Nyssaceae**

(喜树属 *Camptotheca*)

　　275. 果实核果状或浆果状。

　　　278. 叶互生或对生;花瓣呈镊合状排列;花序有各种形式,但稀为伞形或头状,有时且可生于叶片上。

　　　　279. 花瓣 3~5 片,卵形至披针形;花药短 ⋯ **山茱萸科 Cornaceae**

　　　　279. 花瓣 4~10 片,狭窄形并向外翻转;花药细长 ⋯⋯⋯⋯⋯⋯ ⋯⋯⋯⋯⋯⋯⋯⋯⋯⋯⋯⋯⋯⋯⋯ **八角枫科 Alangiaceae**

(八角枫属 *Alangium*)

　　　278. 叶互生;花瓣呈覆瓦状或镊合状排列;花序常为伞形或呈头状。

　　　　280. 子房 1 室;花柱 1 个;花杂性兼雌雄异株,雌花单生或以少数朵至数朵聚生,雌花多数,腋生为有花梗的簇丛 ⋯⋯⋯⋯⋯ ⋯⋯⋯⋯⋯⋯⋯⋯⋯⋯⋯⋯⋯ **蓝果树科(珙桐科)Nyssaceae**

(蓝果树属 *Nyssa*)

　　　　280. 子房 2 室或更多室;花柱 2~5 个;如子房为 1 室而具 1 花柱时(例如马蹄参属 *Diplopanax*),则花两性,形成顶生类似穗状的花序 ⋯⋯⋯⋯⋯⋯⋯⋯⋯⋯⋯ **五加科 Araliaceae**

259. 花萼和子房相分离。

281. 叶片中有透明微点。

　282. 花整齐,稀可两侧对称;果实不为荚果 ⋯⋯⋯⋯⋯ **芸香科 Rutaceae**

　282. 花整齐或不整齐;果实为荚果 ⋯⋯⋯⋯⋯⋯ **豆科 Leguminosae**

281. 叶片中无透明微点。

NOTE

283. 雌蕊 2 个或更多,互相分离或仅有局部的连合;也可子房分离而花柱
连合成 1 个。（次 283 项见 321 页）

    284. 多水分的草本,具肉质的茎及叶 ·············· **景天科 Crassulaceae**

    284. 植物体为其他情形。

        285. 花为周位花。

            286. 花的各部分呈螺旋状排列,萼片逐渐变为花瓣;雄蕊 5 或 6 个;
雌蕊多数 ·················· **蜡梅科 Calycanthaceae**

（蜡梅属 *Chimonanthus*）

            286. 花的各部分呈轮状排列,萼片和花瓣分化明显。

                287. 雌蕊 2～4 个,各有多数胚珠;种子有胚乳;无托叶 ·········

·············· **虎耳草科 Saxifragaceae**

                287. 雌蕊 2 个至多数,各有 1 至数个胚珠;种子无胚乳;有或无托
叶 ·················· **蔷薇科 Rosaceae**

        285. 花为下位花,或在悬铃木科中略呈周位。

           288. 草本或亚灌木。

              289. 各子房的花柱互相分离。

                290. 叶常互生或基生,多少有些分裂;花瓣脱落性,较萼片为大,
或于天葵属 *Semiaquilegia* 稍小于呈花瓣状的萼片 ·········

·············· **毛茛科 Ranunculaceae**

                290. 叶对生或轮生,为全缘单叶;花瓣宿存性,较萼片小 ·····

·············· **马桑科 Coriariaceae**

（马桑属 *Coriaria*）

              289. 各子房连合具 1 共同的花柱或柱头;叶为羽状复叶;花为五
出数;花萼宿存;花中有和花瓣互生的腺体;雄蕊 10 个 ·····

·············· **牻牛儿苗科 Geraniaceae**

（熏倒牛属 *Bieberesteinia*）

           288. 乔木、灌木或木本的攀援植物。

              291. 叶为单叶。

                292. 叶对生或轮生 ····················· **马桑科 Coriariaceae**

（马桑属 *Coriaria*）

                292. 叶互生。

                  293. 叶为脱落性,具掌状脉;叶柄基部扩张成帽状以覆盖腋
芽 ·················· **悬铃木科 Platanaceae**

（悬铃木属 *Platanus*）

                  293. 叶为常绿性或脱落性,具羽状脉。

                    294. 雌蕊 7 个至多数（稀 5 个）;直立或缠绕性灌木;花两
性或单性 ·············· **木兰科 Magnoliaceae**

                    294. 雌蕊 4～6 个;乔木或灌木;花两性。

                      295. 子房 5 或 6 个,以 1 共同的花柱而连合,各子房均
可成熟为核果 ·············· **金莲木科 Ochnaceae**

（赛金莲木属 *Gomphia*）

                      295. 子房 4～6 个,各具 1 花柱,仅有 1 子房可成熟为核
果·············· **漆树科 Anacardiaceae**

（山樱子属 *Buchanania*）

291. 叶为复叶。

  296. 叶对生 ……………………………… **省沽油科 Staphyleaceae**

  296. 叶互生。

    297. 木质藤本；叶为掌状复叶或三出复叶 ………………

    …………………………… **木通科 Lardizabalaceae**

    297. 乔木或灌木（有时在牛栓藤科中有缠绕性者）；叶为羽状
复叶。

      298. 果实为 1 含多数种子的浆果，状似猫屎 …………

      …………………………… **木通科 Lardizabalaceae**

      （猫儿屎属 *Decaisnea*）

      298. 果实为其他情形。

        299. 果实为蓇葖果 ………… **牛栓藤科 Connaraceae**

        299. 果实为离果，或在臭椿属 *Ailanthus* 中为翅果 …

        苦木科 Simaroubaceae

283. 雌蕊 1 个，或至少其子房为 1 个。

  300. 雌蕊或子房确是单纯的，仅 1 室。

    301. 果实为核果或浆果。

      302. 花为三出数，稀可二出数；花药以舌瓣裂开 … **樟科 Lauraceae**

      302. 花为五出或四出数；花药纵长裂开。

        303. 落叶具刺灌木；雄蕊 10 个，周位，均可发育 ………………

        …………………………… **蔷薇科 Rosaceae**

        （扁核木属 *Prinsepia*）

        303. 常绿乔木；雄蕊 1～5 个，下位，常仅其中 1 或 2 个可发育 …

        …………………………… **漆树科 Anacardiaceae**

        （杧果属 *Mangifera*）

    301. 果实为蓇葖果或荚果。

      304. 果实为蓇葖果。

        305. 落叶灌木；叶为单叶；蓇葖果内含 2 至数个种子 …………

        …………………………… **蔷薇科 Rosaceae**

        （绣线菊亚科 Spiraeoideae）

        305. 常为木质藤本；叶多为单数复叶或具 3 小叶，有时因退化而只
有 1 小叶；蓇葖果内仅含 1 个种子 … **牛栓藤科 Connaraceae**

      304. 果实为荚果 ……………………… **豆科 Leguminosae**

  300. 雌蕊或子房并非单纯者，有 1 个以上的子房或花柱、柱头、胎座等
部分。

    306. 子房 1 室或因有 1 假隔膜的发育而成 2 室，有时下部 2～5 室，上
部 1 室。（次306项见 324 页）

      307. 花下位，花瓣 4 片，稀可更多。

        308. 萼片 2 片 ……………………… **罂粟科 Papaveraceae**

        308. 萼片 4～8 片。

          309. 子房柄常细长，呈线状 ………… **白花菜科 Cleomaceae**

          309. 子房柄极短或不存在。

NOTE

310. 子房由 2 个心皮连合组成,常具 2 子房室及 1 假隔膜 ······················· **十字花科 Cruciferae**

310. 子房 3~6 个心皮连合组成,仅 1 子房室。

311. 叶对生,微小,为耐寒耐旱性;花为辐射对称;花瓣完整,具瓣爪,其内侧有舌状的鳞片附属物 ·············· **瓣鳞花科 Frankeniaceae** (**瓣鳞花属 *Frankenia***)

311. 叶互生,显著,非为耐寒耐旱性;花为两侧对称;花瓣常分裂,但其内侧并无鳞片状的附属物 ·············· **木犀草科 Resedaceae**

307. 花周位或下位,花瓣 3~5 片,稀可 2 片或更多。

312. 每子房室内仅有胚珠 1 个。

313. 乔木,或稀为灌木;叶常为羽状复叶。

314. 叶常为羽状复叶,具托叶及小托叶 ·············· **省沽油科 Staphyleaceae** (**银鹊树属 *Tapiscia***)

314. 叶为羽状复叶或单叶,无托叶及小托叶 ·············· **漆树科 Anacardiaceae**

313. 木本或草本;叶为单叶。

315. 通常均为木本,稀可在樟科的无根藤属 *Cassytha* 则为缠绕性寄生草本;叶常互生,无膜质托叶。

316. 乔木或灌木;无托叶;花为三出或二出数;萼片和花瓣同形,稀可花瓣较大;花药以舌瓣裂开;浆果或核果 ·············· **樟科 Lauraceae**

316. 蔓生性的灌木,茎为合轴型,具钩状的分枝;托叶小而早落;花为五出数,萼片和花瓣不同形,前者且于结实时增大呈翅状;花药纵长裂开;坚果 ·············· **钩枝藤科 Ancistrocladaceae** (**钩枝藤属 *Ancistrocladus***)

315. 草本或亚灌木;叶互生或对生,具膜质托叶 ·············· **蓼科 Polygonaceae**

312. 每子房室内有胚珠 2 个至多数。

317. 乔木、灌木或木质藤本。

318. 花瓣及雄蕊均着生于花萼上 ······ **千屈菜科 Lythraceae**

318. 花瓣及雄蕊均着生于花托上(或于西番莲科中雄蕊着生于子房柄上)。

319. 核果或翅果,仅有 1 种子。

320. 花萼具显著的 4 或 5 裂片或裂齿,微小,结果时也不能长大 ·············· **茶茱萸科 Icacinaceae**

320. 花萼呈截平头或具不明显的萼齿,微小,结果时能增大 ·············· **铁青树科 Olacaceae** (**铁青树属 *Olax***)

319. 蒴果或浆果,内有 2 个至多数种子。

321. 花两侧对称。

  322. 叶为二至三回羽状复叶;雄蕊 5 个 ……………

  …………………………… **辣木科 Meringaceae**

  （**辣木属 *Moringa***）

  322. 叶为全缘的单叶;雄蕊 8 个 …………………

  …………………………… **远志科 Polygalaceae**

321. 花辐射对称;叶为单叶或掌状分裂。

  323. 花瓣具有直立而常彼此衔接的瓣爪 ……………

  ………………………… **海桐花科 Pittosporaceae**

  （**海桐花属 *Pittosporum***）

  323. 花瓣不具细长的瓣爪。

    324. 植物体为耐寒耐旱性,有鳞片状或细长形的叶片;花无小苞片 ……… **柽柳科 Tamaricaceae**

    324. 植物体非为耐寒耐旱性,具有较宽大的叶片。

      325. 花两性。

      326. 花萼和花瓣不甚分化,且花萼较大 ……

      ………………… **大风子科 Flacourtiaceae**

      （**红子木属 *Erythrospermum***）

      326. 花萼和花瓣分化明显,花萼很小 ………

      …………………………… **堇菜科 Violaceae**

      （**三角车属 *Rinorea***）

      325. 雌雄异株或花杂性。

      327. 乔木;花的每一花瓣基部各具位于内方的一鳞片;无子房柄 …………………………

      ………………… **大风子科 Flacourtiaceae**

      （**大风子属 *Hydnocarpus***）

      327. 多为具卷须而攀援的灌木;花常具一为 5 鳞片所成的副冠,各鳞片和萼片相对生;有子房柄 ……… **西番莲科 Passifloraceae**

      （**蒴莲属 *Adenia***）

317. 草本或亚灌木。

  328. 胎座位于房室的中央或基底。

  329. 花瓣着生于花萼的喉部 ……… **千屈菜科 Lythraceae**

  329. 花瓣着生于花托上。

    330. 萼片 2 片;叶互生,稀可对生 …………………

    ………………………… **马齿苋科 Portulacaceae**

    330. 萼片 5 或 4 片;叶对生 ··· **石竹科 Caryophyllaceae**

  328. 胎座为侧膜胎座。

  331. 食虫植物,具生有腺体刚毛的叶片 …………………

  …………………………… **茅膏菜科 Droseraceae**

  331. 非为食虫植物,也无生有腺体毛茸的叶片。

    332. 花两侧对称。

333. 花有一位于前方的距状物;蒴果 3 瓣裂开 ……
………………………………… **董菜科 Violaceae**

333. 花有一位于后方的大型花盘;蒴果仅于顶端裂开
…………………………… **木犀草科 Resedaceae**

332. 花整齐或近于整齐。

334. 植物体为耐寒耐旱性;花瓣内侧各有 1 舌状的鳞
片…………………… **瓣鳞花科 Frankeniaceae**
（**瓣鳞花属 Frankenia**）

334. 植物体非耐寒耐旱性;花瓣内侧无鳞片的舌状附
属物。

335. 花中有副花冠及子房柄……………………
………………… **西番莲科 Passifloraceae**
（**西番莲属 Passiflora**）

335. 花中无副花冠及子房柄…………………
…………………… **虎耳草科 Saxifragaceae**

306. 子房 2 室或更多室。

336. 花瓣形状彼此极不相等。

337. 每子房室内有数个至多数胚珠。

338. 子房 2 室 ……………… **虎耳草科 Saxifragaceae**

338. 子房 5 室 ……………… **凤仙花科 Balsaminaceae**

337. 每子房室内仅有 1 个胚珠。

339. 子房 3 室;雄蕊离生;叶盾状,叶缘具棱角或波纹 ………
……………………… **旱金莲科 Tropaeolaceae**
（**旱金莲属 Tropaeolum**）

339. 子房 2 室(稀 1 或 3 室);雄蕊连合为一单体;叶不呈盾状,
全缘 ……………… **远志科 Polygalaceae**

336. 花瓣形状彼此相等或微有不等,且有时花也可为两侧对称。

340. 雄蕊数和花瓣数既不相等,也不是它的倍数。

341. 叶对生。

342. 雄蕊 4～10 个,常 8 个。

343. 蒴果 ……………… **七叶树科 Hippocastanaceae**

343. 翅果 ……………… **槭树科 Aceraceae**

342. 雄蕊 2 或 3 个,稀 4 或 5 个。

344. 萼片及花瓣均为五出数;雄蕊多为 3 个 …………
…………………… **翅子藤科 Hippocrateaceae**

344. 萼片及花瓣常均为四出数;雄蕊 2 个,稀 3 个 ………
…………………… **木犀科 Oleaceae**

341. 叶互生。

345. 叶为单叶,多全缘,或在石栗属 Aleurites 中可具 3～7
裂片;花单性 ……………… **大戟科 Euphorbiaceae**

345. 叶为单叶或复叶;花两性或杂性。

346. 萼片为镊合状排列;雄蕊连成单体 …………
…………………… **梧桐科 Sterculiaceae**

NOTE

346. 萼片为覆瓦状排列;雄蕊离生。

    347. 子房 4 或 5 室,每子房室内有 8～12 胚珠;种子具
        翅 ……………………………… 楝科 Meliaceae
                            （香椿属 *Toona*）

    347. 子房常 3 室,每子房室内有 1 至数个胚珠;种子
        无翅。

      348. 花小型或中型,下位,萼片互相分离或微有连合
        ……………………………… 无患子科 Sapindaceae

      348. 花大型,美丽,周位,萼片互相合生成一钟形的花
        萼 ……………… 钟萼木科 Bretschneideraceae
                （钟萼木属 *Bretschneidera*）

340. 雄蕊数和花瓣数相等,或是花瓣数的倍数。

  349. 每子房室内有胚珠或种子 3 个至多数。

    350. 叶为复叶。

      351. 雄蕊合生成为单体………… 酢浆草科 Oxalidaceae

      351. 雄蕊彼此相互分离。

        352. 叶互生。

          353. 叶为二至三回的三出叶,或为掌状叶 …………
             …………………………… 虎耳草科 Saxifragaceae
                （红升麻亚族 Astilbinae）

         353. 叶为一回羽状复叶 ………… 楝科 Meliaceae
                    （香椿属 *Toona*）

        352. 叶对生。

          354. 叶为偶数羽状复叶 …… 蒺藜科 Zygophyllaceae

          354. 叶为奇数羽状复叶 …… 省沽油科 Staphyleaceae

  350. 叶为单叶。

    355. 草本或亚灌木。

      356. 花周位;花托多少有些中空。

        357. 雄蕊着生于杯状花托的边缘 ………………………
        …………………………… 虎耳草科 Saxifragaceae

        357. 雄蕊着生于杯状或管状花萼(或即花托)的内侧
            …………………………… 千屈菜科 Lythraceae

      356. 花下位;花托常扁平。

        358. 叶对生或轮生,常全缘。

          359. 水生或沼泽草本,有时(例如田繁缕属 *Bergia*)
            为亚灌木;有托叶 …… 沟繁缕科 Elatinaceae

          359. 陆生草本;无托叶 … 石竹科 Caryophyllaceae

        358. 叶互生或基生;稀可对生,边缘有锯齿,或叶退化
        为无绿色组织的鳞片。

          360. 草本或亚灌木;有托叶;萼片呈镊合状排列,脱
            落性 …………… 椴树科 Tiliaceae
            （黄麻属 *Corchorus*,田麻属 *Corchoropsis*）

NOTE

360. 多年生常绿草本,或为腐生植物而无绿色组织;无托叶;萼片呈覆瓦状排列,宿存性 …… …………………………… 鹿蹄草科 Pyrolaceae

355. 木本植物。

361. 花瓣常有彼此衔接或其边缘互相依附的柄状瓣爪 …………………………… 海桐花科 Pittosporaceae (海桐花属 Pittosporum)

361. 花瓣无瓣爪,或仅具互相分离的细长柄状瓣爪。

362. 花托空凹;萼片呈镊合状或覆瓦状排列。

363. 叶互生,边缘有锯齿,常绿性 ………………… …………………………… 虎耳草科 Saxifragaceae (鼠刺属 Itea)

363. 叶对生或互生,全缘,脱落性。

364. 子房 2～6 室,仅具 1 花柱;胚珠多数,着生于中轴胎座上 ……… 千屈菜科 Lythraceae

364. 子房 2 室,具 2 花柱;胚珠数个,垂悬于中轴胎座上………… 金缕梅科 Hamamelidaceae (双花木属 Disanthus)

362. 花托扁平或微凸起;萼片呈覆瓦状或于杜英科中呈镊合状排列。

365. 花为四出数;果实呈浆果状或核果状;花药纵长裂开或顶端舌瓣裂开。

366. 穗状花序腋生于当年新枝上;花瓣先端具齿裂 ………………… 杜英科 Elaeocarpaceae (杜英属 Elaeocarpus)

366. 穗状花序腋生于昔年老枝上;花瓣完整 … …………………… 旌节花科 Stachyuraceae (旌节花属 Stachyurus)

365. 花为五出数;果实呈蒴果状;花药顶端孔裂。

367. 花粉粒单纯;子房 3 室 ………………… …………………………… 山柳科 Clethraceae (山柳属 Clethra)

367. 花粉粒复合,成为四合体;子房 5 室……… …………………………… 杜鹃花科 Ericaceae

349. 每子房室内有胚珠或种子 1 或 2 个。

368. 草本植物,有时基部呈灌木状。

369. 花单性、杂性,或雌雄异株。

370. 具卷须的藤本;叶为二回三出复叶 ………… …………………………… 无患子科 Sapindaceae (倒地铃属 Cardiospermum)

370. 直立草本或亚灌木;叶为单叶 ………… …………………………… 大戟科 Euphorbiaceae

369. 花两性。

371. 萼片呈镊合状排列;果实有刺 … **椴树科 Tiliaceae**
（**刺蒴麻属 *Triumfetta***）

371. 萼片呈覆瓦状排列;果实无刺。

 372. 雄蕊彼此分离;花柱互相连合 ……………………
………………………… **牻牛儿苗科 Geraniaceae**

 372. 雄蕊互相合生;花柱彼此分离 ……………………
………………………… **亚麻科 Linaceae**

368. 木本植物。

 373. 叶肉质,通常仅为 1 对小叶所组成的复叶 …………
………………………… **蒺藜科 Zygophyllaceae**

 373. 叶为其他情形。

  374. 叶对生;果实为 1、2 或 3 个翅果所组成。

   375. 花瓣细裂或具齿裂;每果实有 3 个翅果 ………
………………………… **金虎尾科 Malpighiaceae**

   375. 花瓣全缘;每果实具 2 个或连合为 1 个的翅果
………………………… **槭树科 Aceraceae**

  374. 叶互生,如为对生时,则果实不为翅果。

   376. 叶为复叶,或稀可为单叶而有具翅的果实。

    377. 雄蕊连为单体。

     378. 萼片及花瓣均为三出数;花药 6 个,花丝生
于雄蕊管的口部……… **橄榄科 Burseraceae**

     378. 萼片及花瓣均为四出至六出数;花药 8～12
个,无花丝,直接着生于雄蕊管的喉部或裂
齿之间 ………………… **楝科 Meliaceae**

    377. 雄蕊各自分离。

     379. 叶为单叶;果实为一具 3 翅而其内仅有 1 个
种子的小坚果 ……… **卫矛科 Celastraceae**
（**雷公藤属 *Tripterygium***）

     379. 叶为复叶;果实无翅。

      380. 花柱 3～5 个;叶常互生,脱落性 ………
………………………… **漆树科 Anacardiaceae**

      380. 花柱 1 个;叶互生或对生。

       381. 叶为羽状复叶,互生,常绿性或脱落性;
果实有各种类型…………………
………………… **无患子科 Sapindaceae**

       381. 叶为掌状复叶,对生,脱落性;果实为蒴
果 ……… **七叶树科 Hippocastanaceae**

   376. 叶为单叶;果实无翅。

    382. 雄蕊连成单体,或如为 2 轮时,至少其内轮者
如此,有时其花药无花丝(例如大戟科的三宝
木属 *Trigonostemon*)。

     383. 花单性;萼片或花萼裂片 2～6 片,呈镊合状
或覆瓦状排列 …… **大戟科 Euphorbiaceae**

383. 花两性;萼片 5 片,呈覆瓦状排列。

　　384. 果实呈蒴果状;子房 3～5 室,各室均可成熟 ┄┄┄┄┄┄┄ 亚麻科 Linaceae

　　384. 果实呈核果状;子房 3 室,其中的 2 室为不孕性,仅另 1 室可成熟,而有 1 或 2 个胚珠 ┄┄┄┄┄ 古柯科 Erythroxylaceae（古柯属 Erythroxylum）

382. 雄蕊各自分离,有时在毒鼠子科中可和花瓣相连合而形成 1 管状物。

　385. 果呈蒴果状。

　　386. 叶互生或稀可对生;花下位。

　　　387. 叶脱落性或常绿性;花单性或两性;子房 3 室,稀可 2 或 4 室,有时可多至 15 室（如算盘子属 Glochidion）┄┄┄┄┄

　　　　┄┄┄┄┄┄┄ 大戟科 Euphorbiaceae

　　　387. 叶常绿性;花两性;子房 5 室 ┄┄┄┄

　　　　┄┄┄┄ 五列木科 Pentaphylacaceae（五列木属 Pentaphylax）

　　386. 叶对生或互生;花周位 ┄┄┄┄┄┄

　　　┄┄┄┄┄┄ 卫矛科 Celastraceae

　385. 果呈核果状,有时木质化,或呈浆果状。

　　388. 种子无胚乳,胚体肥大而多肉质。

　　　389. 雄蕊 10 个 ┄┄┄ 蒺藜科 Zygophyllaceae

　　　389. 雄蕊 4 或 5 个。

　　　　390. 叶互生;花瓣 5 片,各 2 裂或分成 2 部分 ┄┄┄ 毒鼠子科 Dichapetalaceae（毒鼠子属 Dichapetalum）

　　　　390. 叶对生;花瓣 4 片,均完整 ┄┄┄┄

　　　　　┄┄┄┄┄┄ 刺茉莉科 Salvadoraceae（刺茉莉属 Azima）

　　388. 种子有胚乳,胚体有时很小。

　　　391. 植物体为耐寒耐旱性;花单性,三出或二出数 ┄┄┄┄ 岩高兰科 Empetraceae（岩高兰属 Empetrum）

　　　391. 植物体为普通形状;花两性或单性,五出或四出数。

　　　　392. 花瓣呈镊合状排列。

　　　　　393. 雄蕊和花瓣同数 ┄┄┄┄┄┄

　　　　　　┄┄┄┄┄ 茶茱萸科 Icacinaceae

　　　　　393. 雄蕊为花瓣的倍数。

　　　　　　394. 枝条无刺,而有对生的叶片 ┄

　　　　　　　┄┄┄┄ 红树科 Rhizophoraceae（红树族 Gynotrocheae）

NOTE

394. 枝条有刺,而有互生的叶片 …
…………… 铁青树科 Olacaceae
(海檀木属 *Ximenia*)

392. 花瓣呈覆瓦状排列,或在大戟科小盘木属 *Microdesmis* 中为扭转兼覆瓦状排列。

395. 花单性,雌雄异株;花瓣小于萼片
………… 大戟科 Euphorbiaceae
(小盘木属 *Microdesmis*)

395. 花两性或单性;花瓣常大于萼片。

396. 落叶攀援灌木;雄蕊 10 个;子房 5 室,每室内有胚珠 2 个 ……
………… 猴桃科 Actinidiaceae
(藤山柳属 *Clematoclethra*)

396. 多为常绿乔木或灌木;雄蕊 4 或 5 个。

397. 花下位,雌雄异株或杂性;无花盘 …… 冬青科 Aquifoliaceae
(冬青属 *Ilex*)

397. 花周位,两性或杂性;有花盘
……… 卫矛科 Celastraceae
(福木亚科 Cassinoideae)

160. 花冠为多少有些连合的花瓣所组成。

398. 成熟雄蕊或单体雄蕊的花药数多于花冠裂片。(次 398 项见 330 页)

399. 心皮 1 个至数个,互相分离或大致分离。

400. 叶为单叶或有时可为羽状分裂,对生,肉质 …………… 景天科 Crassulaceae

400. 叶为二回羽状复叶,互生,不呈肉质 ………………………… 豆科 Leguminosae
(含羞草亚科 Mimosoideae)

399. 心皮 2 个或更多,连合成一复合性子房。

401. 雌雄同株或异株,有时为杂性。

402. 子房 1 室;无分枝而呈棕榈状的小乔木………………… 番木瓜科 Caricaceae
(番木瓜属 *Carica*)

402. 子房 2 室至多室;具分枝的乔木或灌木。

403. 雄蕊连成单体,或至少内层者如此;蒴果 ……… 大戟科 Euphorbiaceae
(麻疯树属 *Jatropha*)

403. 雄蕊各自分离;浆果 ………………………… 柿树科 Ebenaceae

401. 花两性。

404. 花瓣连成一盖状物,或花萼裂片及花瓣均可合成为 1 或 2 层的盖状物。

405. 叶为单叶,具有透明微点 ………………………… 桃金娘科 Myrtaceae

405. 叶为掌状复叶,无透明微点 ………………………… 五加科 Araliaceae
(多蕊木属 *Tupidanthus*)

404. 花瓣及花萼裂片均不合生成盖状物。

406. 每子房室中有 3 个至多数胚珠。

NOTE

407. 雄蕊 5～10 个或其数不超过花冠裂片的 2 倍,稀可在野茉莉科的银钟花属 *Halesia* 其数可达 16 个,而为花冠裂片的 4 倍。

    408. 雄蕊连成单体或其花丝于基部互相合生;花药纵裂;花粉粒单生。

        409. 叶为复叶;子房上位;花柱 5 个·············· **酢浆草科 Oxalidaceae**

        409. 叶为单叶;子房下位或半下位;花柱 1 个;乔木或灌木,常有星状毛 ······························· **野茉莉科 Styracaceae**

    408. 雄蕊各自分离;花药顶端孔裂;花粉粒为四合型 ··············
        ·························· **杜鹃花科 Ericaceae**

407. 雄蕊多数。

    410. 萼片和花瓣常各为多数,而无显著的区分;子房下位;植物体肉质,绿色,常具棘针,而其叶退化 ··········· **仙人掌科 Cactaceae**

    410. 萼片和花瓣常各为 5 片,而有显著的区分;子房上位。

        411. 萼片呈镊合状排列;雄蕊连成单体 ············· **锦葵科 Malvaceae**

        411. 萼片呈显著的覆瓦状排列。

            412. 雄蕊合生成 5 束,且每束着生于 1 花瓣的基部;花药顶端孔裂开;浆果 ············ **猕猴桃科 Actinidiaceae**
                    （水东哥属 *Saurauia*）

            412. 雄蕊的基部连成单体;花药纵长裂开;蒴果 ··· **山茶科 Theaceae**
                    （紫茎属 *Stewartia*）

  406. 每子房室中常仅有 1 或 2 个胚珠。

    413. 花萼中的 2 片或更多片于结实时能长大成翅状 ·····················
        ··········· **龙脑香科 Dipterocarpaceae**

    413. 花萼裂片无上述变大的情形。

        414. 植物体常有星状茸毛 ··············· **野茉莉科 Styracaceae**

        414. 植物体无星状茸毛。

            415. 子房下位或半下位;果实歪斜 ········· **山矾科 Symplocaceae**
                    （山矾属 *Symplocos*）

            415. 子房上位。

                416. 雄蕊相互合生为单体;果实成熟时分裂为分果 ···············
                    ········· **锦葵科 Malvaceae**

                416. 雄蕊各自分离;果实不是分果。

                    417. 子房 1 或 2 室;蒴果 ········· **瑞香科 Thymelaeaceae**
                        （沉香属 *Aquilaria*）

                    417. 子房 6～8 室;浆果 ··········· **山榄科 Sapotaceae**
                        （紫荆木属 *Madhuca*）

398. 成熟雄蕊并不多于花冠裂片或有时因花丝的分裂则可过之。

  418. 雄蕊和花冠裂片为同数且对生。

    419. 植物体内有乳汁 ··············· **山榄科 Sapotaceae**

    419. 植物体内不含乳汁。

        420. 果实内有数个至多数种子。

            421. 乔木或灌木;果实呈浆果状或核果状 ·········· **紫金牛科 Myrsinaceae**

            421. 草本;果实呈蒴果状 ············· **报春花科 Primulaceae**

        420. 果实内仅有 1 个种子。

422. 子房下位或半下位。
  423. 乔木或攀援性灌木;叶互生 ························· 铁青树科 Olacaceae
  423. 常为半寄生性灌木;叶对生 ················· 桑寄生科 Loranthaceae
422. 子房上位。
  424. 花两性。
    425. 攀援性草本;萼片 2;果为肉质宿存花萼所包围 ·····················
    ················· 落葵科 Basellaceae
    (落葵属 *Basella*)
    425. 直立草本或亚灌木,有时为攀援性;萼片或萼裂片 5;果为蒴果或瘦
    果,不为花萼所包围 ············· 白花丹科(蓝雪科)Plumbaginaceae
  424. 花单性,雌雄异株;攀援性灌木。
    426. 雄蕊连合成单体;雌蕊单纯性 ············· 防己科 Menispermaceae
    (锡生藤亚族 Cissampelinae)
    426. 雄蕊各自分离;雌蕊复合性 ················· 茶茱萸科 Icacinaceae
    (微花藤属 *Iodes*)
418. 雄蕊和花冠裂片为同数且互生,或雄蕊数较花冠裂片为少。
  427. 子房下位。
    428. 植物体常以卷须而攀援或蔓生;胚珠及种子皆为水平生长于侧膜胎座上
    ················· 葫芦科 Cucurbitaceae
    428. 植物体直立,如为攀援时也无卷须;胚珠及种子并不为水平生长。
    429. 雄蕊互相合生。
      430. 花整齐或两侧对称,呈头状花序,或在苍耳属 *Xanthium* 中,雌花序
      仅为一含 2 花的果壳,其外生有钩状刺毛;子房一室,内仅有 1 个胚
      珠 ······························· 菊科 Compositae
      430. 花多两侧对称,单生或呈总状或伞房花序;子房 2 或 3 室,内有多数
      胚珠。
        431. 花冠裂片呈镊合状排列;雄蕊 5 个,具分离的花丝及连合的花药
        ················· 桔梗科 Campanulaceae
        (半边莲亚科 Lobelioideae)
        431. 花冠裂片呈覆瓦状排列;雄蕊 2 个,具连合的花丝及分离的花药
        ················· 花柱草科 Stylidiaceae
        (花柱草属 *Stylidium*)
    429. 雄蕊各自分离。
      432. 雄蕊和花冠相分离或近于分离。
        433. 花药顶端孔裂开;花粉粒连合成四合体;灌木或亚灌木 ············
        ················· 杜鹃花科 Ericaceae
        (乌饭树亚科 Vaccinioideae)
        433. 花药纵长裂开,花粉粒单纯;多为草本。
          434. 花冠整齐;子房 2～5 室,内有多数胚珠 ························
          ················· 桔梗科 Campanulaceae
          434. 花冠不整齐;子房 1～2 室,每子房室内仅有 1 或 2 个胚珠 ······
          ················· 草海桐科 Goodeniaceae
      432. 雄蕊着生于花冠上。

NOTE

435. 雄蕊 4 或 5 个,和花冠裂片同数。

 436. 叶互生;每子房室内有多数胚珠 ············ 桔梗科 **Campanulaceae**

 436. 叶对生或轮生;每子房室内有 1 个至多数胚珠。

  437. 叶轮生,如为对生时,则有托叶存在 ········ 茜草科 **Rubiaceae**

  437. 叶对生,无托叶或稀可有明显的托叶。

   438. 花序多为聚伞花序 ·················· 忍冬科 **Caprifoliaceae**

   438. 花序为头状花序 ··················· 川续断科 **Dipsacaceae**

435. 雄蕊 1~4 个,其数较花冠裂片为少。

 439. 子房 1 室。

  440. 胚珠多数,生于侧膜胎座上 ············ 苦苣苔科 **Gesneriaceae**

  440. 胚珠 1 个,垂悬于子房的顶端 ·········· 川续断科 **Dipsacaceae**

 439. 子房 2 室或更多室,具中轴胎座。

  441. 子房 2~4 室,所有的子房室均可成熟;水生草本 ··············
   ·············· 胡麻科 **Pedaliaceae**
   (茶菱属 *Trapella*)

  441. 子房 3 或 4 室,仅其中 1 或 2 室可成熟。

   442. 落叶或常绿的灌木;叶片常全缘或边缘有锯齿 ··············
    ·············· 忍冬科 **Caprifoliaceae**

   442. 陆生草本;叶片常有很多的分裂 ····· 败酱科 **Valerianaceae**

427. 子房上位。

 443. 子房深裂为 2~4 部分;花柱或数花柱均自子房裂片之间伸出。

  444. 花冠两侧对称或稀可整齐;叶对生 ············ 唇形科 **Labiatae**

  444. 花冠整齐;叶互生。

   445. 花柱 2 个;多年生匍匐性小草本;叶片呈肾圆形 ··············
    ·············· 旋花科 **Convolvulaceae**
    (马蹄金属 *Dichondra*)

   445. 花柱 1 个 ····················· 紫草科 **Boraginaceae**

 443. 子房完整或微有分割,或为 2 个分离的心皮所组成;花柱自子房的顶端伸出。

  446. 雄蕊的花丝分裂。

   447. 雄蕊 2 个,各分为 3 裂 ············ 罂粟科 **Papaveraceae**
    (紫堇亚科 **Fumarioideae**)

   447. 雄蕊 5 个,各分为 2 裂 ············ 五福花科 **Adoxaceae**
    (五福花属 *Adoxa*)

  446. 雄蕊的花丝单纯。

   448. 花冠不整齐,常多少有些呈二唇状。

    449. 成熟雄蕊 5 个。

     450. 雄蕊和花冠离生 ············ 杜鹃花科 **Ericaceae**

     450. 雄蕊着生于花冠上 ············ 紫草科 **Boraginaceae**

    449. 成熟雄蕊 2 或 4 个,退化雄蕊有时也可存在。

     451. 每子房室内仅含 1 或 2 胚珠(如为后一情形时,也可在次 451 项检索之)。

      452. 叶对生或轮生;雄蕊 4 个,稀可 2 个;胚珠直立,稀可垂悬。

453. 子房 2～4 室,共有 2 个或更多的胚珠 ……………………
…………………………………………… 马鞭草科 Verbenaceae

453. 子房 1 室,仅含 1 个胚珠 …………… **透骨草科 Phrymaceae**
(**透骨草属 _Phryma_**)

452. 叶互生或基生;雄蕊 2 或 4 个,胚珠垂悬;子房 2 室,每子房室
内仅有 1 个胚珠 ………………… **玄参科 Scrophulariaceae**

451. 每子房室内有 2 个至多数胚珠。

454. 子房 1 室,具侧膜胎座或中央胎座(有时可因侧膜胎座的深入
而为假 2 室)。

455. 草本或木本植物,不为寄生性,也非食虫性。

456. 多为乔木或木质藤本;叶为单叶或复叶,对生或轮生,稀可
互生,种子有翅,但无胚乳 ………… **紫葳科 Bignoniaceae**

456. 多为草本;叶为单叶,基生或对生;种子无翅,有或无胚乳
………………………………… **苦苣苔科 Gesneriaceae**

455. 草本植物,为寄生性或食虫性。

457. 植物体寄生于其他植物的根部,而无绿叶存在;雄蕊 4 个;
侧膜胎座 ………………………… **列当科 Orobanchaceae**

457. 植物体为食虫性,有绿叶存在;雄蕊 2 个;特立中央胎座;
多为水生或沼泽植物,且有具距的花冠 …………………
…………………………………… **狸藻科 Lentibulariaceae**

454. 子房 2～4 室,具中轴胎座,或于角胡麻科中为子房 1 室而具侧
膜胎座。

458. 植物体常具分泌黏液的腺体茸毛;种子无胚乳或具一薄层
胚乳。

459. 子房最后成为 4 室;蒴果的果皮质薄而不延伸为长喙;油
料植物 ………………………… **胡麻科 Pedaliaceae**
(**胡麻属 _Sesamum_**)

459. 子房 1 室;蒴果的内皮坚硬而呈木质,延伸为钩状长喙;栽
培花卉 ………………………… **角胡麻科 Martyniaceae**
(**角胡麻属 _Martynia_**)

458. 植物体不具上述的茸毛;子房 2 室。

460. 叶对生;种子无胚乳,位于胎座的钩状凸起上 ……………
…………………………………………… **爵床科 Acanthaceae**

460. 叶互生或对生;种子有胚乳,位于中轴胎座上。

461. 花冠裂片具深缺刻;成熟雄蕊 2 个…… **茄科 Solanaceae**
(**蝴蝶花属 _Schizanthus_**)

461. 花冠裂片全缘或仅其先端具一凹陷;成熟雄蕊 2 或 4 个
…………………………………… **玄参科 Scrophulariaceae**

448. 花冠整齐;或近于整齐。

462. 雄蕊数较花冠裂片为少。

463. 子房 2～4 室,每室内仅含 1 或 2 个胚珠。

464. 雄蕊 2 个 ………………………………… **木犀科 Oleaceae**

464. 雄蕊 4 个。

465. 叶互生,有透明腺体微点存在……… 苦槛蓝科 Myoporaceae

465. 叶对生,无透明微点 ………………… 马鞭草科 Verbenaceae

463. 子房 1 或 2 室,每室内有数个至多数胚珠。

466. 雄蕊 2 个;每子房室内有 4～10 个胚珠垂悬于室的顶端 ……
………………………………………………… 木犀科 Oleaceae
(连翘属 Forsythia)

466. 雄蕊 4 或 2 个;每子房室内有多数胚珠着生于中轴或侧膜胎
座上。

467. 子房 1 室,内具分歧的侧膜胎座,或因胎座深入而使子房成 2
室 ………………………………………… 苦苣苔科 Gesneriaceae

467. 子房为完全的 2 室,内具中轴胎座。

468. 花冠在花蕾中常折叠;子房 2 心皮的位置偏斜 …………
………………………………………………… 茄科 Solanaceae

468. 花冠在花蕾中不折叠,而呈覆瓦状排列;子房的 2 心皮位
于前后方 ………………………… 玄参科 Scrophulariaceae

462. 雄蕊和花冠裂片同数。

469. 子房 2 个,或为 1 个而成熟后呈双角状。

470. 雄蕊各自分离;花粉粒也彼此分离 …… 夹竹桃科 Apocynaceae

470. 雄蕊互相连合;花粉粒连成花粉块 …… 萝藦科 Asclepiadaceae

469. 子房 1 个,不呈双角状。

471. 子房 1 室或因 2 侧膜胎座的深入而成假 2 室。

472. 子房为 1 心皮所成。

473. 花显著,呈漏斗形而簇生;果实为 1 瘦果,有棱或有翅 …
………………………………………… 紫茉莉科 Nyctaginaceae
(紫茉莉属 Mirabilis)

473. 花小型而形成球形的头状花序;果实为 1 荚果,成熟后则
裂为仅含 1 种子的节荚 ………………… 豆科 Leguminosae
(含羞草属 Mimosa)

472. 子房为 2 个以上连合心皮所成。

474. 乔木或攀援性灌木,稀可为攀援性草本,而体内具有乳汁
(例如心翼果属 Peripterygium);果实呈核果状(但心翼果
属则为干燥的翅果),内有 1 个种子 …………………………
………………………………………………… 茶茱萸科 Icacinaceae

474. 草本或亚灌木,或于旋花科的丁公藤属 Erycibe 中为攀援
灌木;果实呈蒴果状(或于丁公藤属中呈浆果状),内有 2
个或更多的种子。

475. 花冠裂片呈覆瓦状排列。

476. 叶茎生,羽状分裂或为羽状复叶(限于我国植物) …
………………………………………… 田基麻科 Hydrophyllaceae
(水叶族 Hydrophylleae)

476. 叶基生,单叶,边缘具齿裂 … 苦苣苔科 Gesneriaceae
(苦苣苔属 Conandron,黔苣苔属 Tengia)

475. 花冠裂片常呈旋转状或内折的镊合状排列。

477. 攀援性灌木；果实呈浆果状，内有少数种子 …………
　………………………………… 旋花科 Convolvulaceae
　（丁公藤属 *Erycibe*）

477. 直立陆生或漂浮水面的草本；果实呈蒴果状，内有少
　数至多数种子 ………………… 龙胆科 Gentianaceae

471. 子房 2～10 室。

478. 无绿叶而为缠绕性的寄生植物 …… 旋花科 Convolvulaceae
　（菟丝子亚科 Cuscutoideae）

478. 不是上述的无叶寄生植物。

479. 叶常对生，且多在两叶之间具有托叶所成的连接线或附属
　物 ……………………………… 马钱科 Loganiaceae

479. 叶常互生，或有时基生，如为对生时，其两叶之间也无托叶
　所成的连接线或附属物，有时其叶也可轮生。

480. 雄蕊和花冠离生或近于离生。

481. 灌木或亚灌木；花药顶端孔裂；花粉粒为四合体；子房
　常 5 室………………………… 杜鹃花科 Ericaceae

481. 一年或多年生草本，常为缠绕性；花药纵长裂开；花粉
　粒单纯；子房常 3～5 室 …… 桔梗科 Campanulaceae

480. 雄蕊着生于花冠的筒部。

482. 雄蕊 4 个，稀可在冬青科 5 个或更多。

483. 无主茎的草本，具由少数至多数花朵所形成的穗状
　花序生于一基生花葶上 … 车前科 Plantaginaceae
　（车前属 *Plantago*）

483. 乔木、灌木，或具有主茎的草本。

484. 互生，多常绿 …………… 冬青科 Aquifoliaceae
　（冬青属 *Ilex*）

484. 叶对生或轮生。

485. 子房 2 室，每室内有多数胚珠 ………………
　………………………… 玄参科 Scrophulariaceae

485. 子房 2 室至多室，每室内有 1 或 2 个胚珠 …
　………………………… 马鞭草科 Verbenaceae

482. 雄蕊常 5 个，稀可更多。

486. 每子房室内仅有 1 或 2 个胚珠。

487. 子房 2 或 3 室；胚珠自子房室近顶端垂悬；木本
　植物；叶全缘。

488. 花瓣顶端 2 裂或 2 分；花柱 1 个；子房无柄，2
　或 3 室，每室内各有 2 个胚珠；核果；有托叶
　………………………… 毒鼠子科 Dichapetalaceae
　（毒鼠子属 *Dichapetalum*）

488. 每花瓣均完整；花柱 2 个；子房具柄，2 室，每室
　内仅有 1 个胚珠；翅果；无托叶 ………………
　………………………… 茶茱萸科 Icacinaceae

487. 子房 1~4 室；胚珠在子房室基底或中轴的基部直立或上举；无托叶；花柱 1 个，稀可 2 个，有时在紫草科的破布木属 *Cordia* 中其先端两次 2 分。

489. 果实为核果；花冠有明显的裂片，并在花蕾中呈覆瓦状或旋转状排列；叶全缘或有锯齿；通常均为直立木本或草本，多粗壮或具刺毛 …

…………………………… **紫草科 Boraginaceae**

489. 果实为蒴果；花瓣完整或具裂片；叶全缘或具裂片，但无锯齿缘。

490. 通常为缠绕性稀可为直立草本，或为半木质的攀援植物至大型木质藤本（例如盾苞藤属 *Neuropeltis*）；萼片多互相分离；花冠常完整而几无裂片，于花蕾中呈旋转状排列，也可有时深裂而其裂片呈内折的镊合状排列（例如盾苞藤属）……… **旋花科 Convolvulaceae**

490. 通常均为直立草本；萼片连合成钟形或筒状；花冠有明显的裂片，唯于花蕾中也呈旋转状排列 ………… **花荵科 Polemoniaceae**

486. 每子房室内有多数胚珠，或在花荵科中有时为 1 至数个；多无托叶。

491. 高山区生长的耐寒耐旱性低矮多年生草本或丛生亚灌木；叶多小型，常绿，紧密排列呈覆瓦状或莲座式；花无花盘；花单生至聚集成几为头状花序；花冠裂片呈覆瓦状排列；子房 3 室；花柱 1 个；柱头 3 裂；蒴果室背开裂 …………………

……………………………… **岩梅科 Diapensiaceae**

491. 草本或木本，不为耐寒耐旱性；叶常为大型或中型，脱落性，疏松排列而各自展开；花多有位于子房下方的花盘。

492. 花冠不于花蕾中折叠，其裂片呈旋转状排列，或在田基麻科中为覆瓦状排列。

493. 叶为单叶，或在花荵属 *Polemonium* 为羽状分裂或为羽状复叶；子房 3 室（稀可 2 室）；花柱 1 个；柱头 3 裂；蒴果多室背开裂 ……

………………… **花荵科 Polemoniaceae**

493. 叶为单叶，且在田基麻属 *Hydrolea* 为全缘；子房 2 室；花柱 2 个；柱头呈头状；蒴果室间开裂 ………… **田基麻科 Hydrophyllaceae**

（田基麻族 **Hydroleeae**）

492. 花冠裂片呈镊合状或覆瓦状排列，或其花冠于花蕾中折叠，且呈旋转状排列；花萼常宿存；子房 2 室；或在茄科中为假 3 室至假 5 室；花柱 1 个；柱头完整或 2 裂。

NOTE

494. 花冠多于花蕾中折叠,其裂片呈覆瓦状排列;或在曼陀罗属 *Datura* 呈旋转状排列,稀可在枸杞属 *Lycium* 和颠茄属 *Atropa* 等属中,并不于花蕾中折叠,而呈覆瓦状排列,雄蕊的花丝无毛;浆果,或为纵裂或横裂的蒴果 ……………………… **茄科 Solanaceae**

494. 花冠不于花蕾中折叠,其裂片呈覆瓦状排列;雄蕊的花丝具茸毛(尤以后方的 3 个如此)。

    495. 室间开裂的蒴果 …………………………

    ……………… **玄参科 Scrophulariaceae**

    (毛蕊花属 *Verbascum*)

    495. 浆果,有刺灌木 ………… **茄科 Solanaceae**

    (枸杞属 *Lycium*)

1. 子叶 1 个;茎无中央髓部,也不呈年轮状生长;叶多具平行叶脉;花为三出数,有时为四出数,但极少为五出数 ……………………………… **单子叶植物纲 Monocotyledoneae**

496. 木本植物,或其叶于芽中呈折叠状。

    497. 灌木或乔木;叶细长或呈剑状,在芽中不呈折叠 ………… **露兜树科 Pandanaceae**

    497. 木本或草本;叶甚宽,常为羽状或扇形的分裂,在芽中呈折叠状而有强韧的平行脉或射出脉。

        498. 植物体多甚高大,呈棕榈状,具简单或分枝少的主干;花为圆锥或穗状花序,托以佛焰状苞片 ……………………………………… **棕榈科 Palmae**

        498. 植物体常为无主茎的多年生草本,具常深裂为 2 片的叶片;花为紧密的穗状花序 ……………………………………… **环花草科 Cyclanthaceae**

        (巴拿马草属 *Carludovica*)

496. 草本植物或稀可为木质茎,但其叶于芽中不呈折叠状。

    499. 无花被或在眼子菜科中很小。(次 499 项见 339 页)

        500. 花包藏于或附托以呈覆瓦状排列的壳状鳞片(特称为颖)中,由多花至 1 花形成小穗(自形态学观点而言,此小穗实即简单的穗状花序)。

            501. 秆多少呈三棱形,实心;茎生叶呈三行排列;叶鞘封闭;花药以基底附着花丝;果实为瘦果或囊果 ……………………………… **莎草科 Cyperaceae**

            501. 秆常呈圆筒形;中空;茎生叶呈二行排列;叶鞘常在一侧纵裂开;花药以其中部附着花丝;果实通常为颖果 ……………………… **禾本科 Gramineae**

        500. 花虽有时排列为具总苞的头状花序,但并不包藏于呈壳状的鳞片中。

            502. 植物体微小,无真正的叶片,仅具无茎而漂浮水面或沉没水中的叶状体 ………

            ………………………………………… **浮萍科 Lemnaceae**

            502. 植物体常具茎,也具叶,其叶有时可呈鳞片状。

                503. 水生植物,具沉没水中或漂浮水面的叶片。

                    504. 花单性,不排列成穗状花序。

                        505. 叶互生;花呈球形的头状花序 ……… **黑三棱科 Sparganiaceae**

                        (黑三棱属 *Sparganium*)

                        505. 叶多对生或轮生;花单生,或在叶腋间形成聚伞花序。

NOTE

506. 多年生草本；雌蕊为 1 个或更多而互相分离的心皮所成；胚珠自子房室顶端垂悬 ……………………… 眼子菜科 **Potamogetonaceae**

(角果藻族 **Zannichellieae**)

506. 一年生草本；雌蕊 1 个，具 2～4 个柱头；胚珠直立于子房室的基底

…………………………………………………… 茨藻科 **Najadaceae**

(茨藻属 *Najas*)

504. 花两性或单性，排列成简单或分歧的穗状花序。

507. 花排列于 1 扁平穗轴的一侧。

508. 海水植物；穗状花序不分歧，但具雌雄同株或异株的单性花；雄蕊 1 个，具无花丝而为 1 室的花药；雌蕊 1 个，具 2 柱头；胚珠 1 个，垂悬于子房室的顶端 ……………… 眼子菜科 **Potamogetonaceae**

(大叶藻属 *Zostera*)

508. 淡水植物；穗状花序常分为二歧而具两性花；雄蕊 6 个或更多，具极细长的花丝和 2 室的花药，雌蕊为 3～6 个离生心皮所成；胚珠在每室内 2 个或更多，基生 ……………… 水蕹科 **Aponogetonaceae**

(水蕹属 *Aponogeton*)

507. 花排列于穗轴的周围，多为两性花；胚珠常仅 1 个 ………………………

……………………………………………… 眼子菜科 **Potamogetonaceae**

503. 陆生或沼泽植物，常有伸展于空中的叶片。

509. 叶有柄，全缘或有各种形状的分裂，具网状脉；花形成一肉穗花序，后者常有一大型而常具色彩的佛焰苞片 ……………… 天南星科 **Araceae**

509. 叶无柄，呈细长形、剑形，或退化为鳞片状，其叶片常具平行脉。

510. 花形呈紧密的穗状花序，或在帚灯草科为疏松的圆锥花序。

511. 陆生或沼泽植物；花序为由位于苞腋间的小穗所组成的疏散圆锥花序；雌雄异株；叶多退化呈鞘状 ……………… 帚灯草科 **Restionaceae**

(薄果草属 *Leptocarpus*)

511. 水生或沼泽植物；花序为紧密的穗状花序。

512. 穗状花序位于一呈二棱形的基生花葶的一侧，而另一侧则延伸为叶状的佛焰苞片；花两性 ……………… 天南星科 **Araceae**

(石菖蒲属 *Acorus*)

512. 穗状花序位于一圆柱形花梗的顶端，形如蜡烛而无佛焰苞；雌雄同株 ……………………………………… 香蒲科 **Typhaceae**

510. 花序有各种形式。

513. 花单性，呈头状花序。

514. 头状花序单生于花葶顶端；叶狭窄，呈禾草状，有时叶为膜质 ……

……………………………………………… 谷精草科 **Eriocaulaceae**

(谷精草属 *Eriocaulon*)

514. 头状花序散生于具叶的主茎或枝条的上部，雄性者在上，雌性者在下；叶细长，呈扁三棱形，直立或漂浮水面，基部呈鞘状 …………

……………………………………………… 黑三棱科 **Sparganiaceae**

(黑三棱属 *Sparganium*)

513. 花常两性。

NOTE

515．花序呈穗状或头状,包藏于 2 个互生的叶状苞片中;无花被;叶小,细长形或呈丝状;雄蕊 1 或 2 个;子房上位,1～3 室,每子房室内仅有 1 个垂悬胚珠 ……………… **刺鳞草科 Centrolepidaceae**

515．花序不包藏于叶状的苞片中;有花被。

516．子房 3～6 个,至少在成熟时互相分离 … **水麦冬科 Juncaginaceae**

516．子房 1 个,由 3 心皮连合所组成 ………… **灯心草科 Juncaceae**

499．有花被,常显著,且呈花瓣状。

517．雄蕊 3 个至多数,互相分离。

518．腐生草本,叶退化呈鳞片状,浅色。无绿色叶片。

519．花两性,具 2 层花被片;心皮 3 个,各有多数胚珠 ………… **百合科 Liliaceae**
（无叶莲属 *Petrosavia*）

519．花单性或稀可杂性,具一层花被片;心皮数个,各仅有 1 个胚珠 ……………
………………………………………………………… **霉草科 Triuridaceae**
（喜阴草属 *Sciaphila*）

518．不为腐生草本,常为水生或沼泽植物,具有发育正常的绿叶。

520．花被裂片彼此相同;叶细长,基部具鞘 ……………… **水麦冬科 Juncaginaceae**
（冰沼草属 *Scheuchzeria*）

520．花被裂片分化为萼片和花瓣 2 轮。

521．叶(限于我国植物)呈细长形,直立;花单生或呈伞形花序;蓇葖果 ………
………………………………………………………… **花蔺科 Butomaceae**
（花蔺属 *Butomus*）

521．叶呈细长兼披针形至卵圆形,常为箭镞状而具长柄;花常轮生,呈总状或圆锥花序;瘦果 ………………………………… **泽泻科 Alismataceae**

517．雌蕊 1 个,复合性或于百合科的岩菖蒲属 *Tofieldia* 心皮近于分离。

522．子房上位,或花被和子房相分离。

523．花两侧对称;雄蕊 1 个,位于前方,即着生于远轴的 1 个花被片的基部 ……
………………………………………………………… **田葱科 Philydraceae**
（田葱属 *Philydrum*）

523．花辐射对称,稀可两侧对称;雄蕊 3 个或更多。

524．花被分化为花萼和花冠 2 轮,后者于百合科的重楼族中,有时为细长形或线形的花瓣所组成,稀可缺如。

525．花形成紧密而具鳞片的头状花序;雄蕊 3 个;子房 1 室 ………………
………………………………………………………… **黄眼草科 Xyridaceae**
（黄眼草属 *Xyris*）

525．花不形成头状花序;雄蕊数在 3 个以上。

526．叶互生,基部具鞘,平行脉;花为腋生或顶生的聚伞花序;雄蕊 6 个,或因退化而数较少 ……………… **鸭跖草科 Commelinaceae**

526．叶以 3 个或更多个生于茎的顶端而成一轮,网状脉而于基部具 3～5 脉;花单独顶生;雄蕊 6 个、8 个或 10 个 ………… **百合科 Liliaceae**
（重楼族 Parideae）

524．花被裂片彼此相同或近于相同,或于百合科的白丝草属 *Chionographis* 中则极不相同,又在同科的油点草属 *Tricyrtis* 中其外层 3 个花被裂片的基部呈囊状。

NOTE

527. 花小型,花被裂片绿色或棕色。

528. 花位于一穗形总状花序上;蒴果自一宿存的中轴上裂为 3~6 瓣,每果瓣内仅有 1 个种子 ················ **水麦冬科 Juncaginaceae**

（**水麦冬属 *Triglochin***）

528. 花位于各种形式的花序上;蒴果室背开裂为 3 瓣,内有多数至 3 个种子 ···························· **灯心草科 Juncaceae**

527. 花大型或中型,或有时为小型,花被裂片多少具鲜明的色彩。

529. 叶(限于我国植物)的顶端变为卷须,并有闭合的叶鞘;胚珠在每室内仅为 1 个;花排列为顶生的圆锥花序 ········· **须叶藤科 Flagellariaceae**

（**须叶藤属 *Flagellaria***）

529. 叶的顶端不变为卷须;胚珠在每子房室内为多数,稀可仅为 1 个或 2 个。

530. 直立或漂浮的水生植物;雄蕊 6 个,彼此不相同,或有时有不育者 ·················· **雨久花科 Pontederiaceae**

530. 陆生植物;雄蕊 6 个、4 个或 2 个,彼此相同。

531. 花为四出数,叶(限于我国植物)对生或轮生,具有显著纵脉及密生的横脉 ··············· **百部科 Stemonaceae**

（**百部属 *Stemona***）

531. 花为三出或四出数;叶常基生或互生 ········· **百合科 Liliaceae**

522. 子房下位,或花被多少有些和子房相愈合。

532. 花两侧对称或为不对称形。

533. 花被片均呈花瓣状;雄蕊和花柱多少有些互相连合 ······ **兰科 Orchidaceae**

533. 花被片并不是均呈花瓣状,其外层者形如萼片;雄蕊和花柱相分离。

534. 后方的 1 个雄蕊常为不育性,其余 5 个则均发育而具有花药。

535. 叶和苞片排列成螺旋状;花常因退化而为单性;浆果;花管呈管状,其一侧不久即裂开 ·············· **芭蕉科 Musaceae**

（**芭蕉属 *Musa***）

535. 叶和苞片排列成两行;花两性,蒴果。

536. 萼片互相分离或至多可和花冠相连合;居中的 1 花瓣并不成为唇瓣 ·················· **芭蕉科 Musaceae**

（**鹤望兰属 *Strelitzia***）

536. 萼片互相连合成管状;居中(位于远轴方向)的 1 花瓣为大型而成唇瓣 ················ **芭蕉科 Musaceae**

（**兰花蕉属 *Orchidantha***）

534. 后方的 1 个雄蕊发育而具有花药。其余 5 个则退化,或变形为花瓣状。

537. 花药 2 室;萼片互相连合为一萼筒,有时呈佛焰苞状 ··············
··························· **姜科 Zingiberaceae**

537. 花药 1 室;萼片互相分离或至多彼此相衔接。

538. 子房 3 室,每子房室内有多数胚珠位于中轴胎座上;各不育雄蕊呈花瓣状,互相于基部连合 ········ **美人蕉科 Cannaceae**

（**美人蕉属 *Canna***）

538. 子房 3 室或因退化而成 1 室,每子房室内仅含 1 个基生胚珠;各不育雄蕊也呈花瓣状,唯多少有些互相合生 ······ **竹芋科 Marantaceae**

532. 花常辐射对称,也即花整齐或近于整齐。

539. 水生草本,植物体部分或全部沉没水中 ………… 水鳖科 Hydrocharitaceae

539. 陆生草本。

540. 植物体为攀援性;叶片宽广,具网状脉(还有数主脉)和叶柄 ……………
………………………………………………… 薯蓣科 Dioscoreaceae

540. 植物体不为攀援性;叶具平行脉。

541. 雄蕊 3 个。

542. 叶两行排列,两侧扁平而无背腹面之分,由下向上重叠跨覆;雄蕊和花被的外层裂片相对生 ………………………… 鸢尾科 Iridaceae

542. 叶不为两行排列;茎生叶呈鳞片状;雄蕊和花被的内层裂片相对生
………………………………………………… 水玉簪科 Burmanniaceae

541. 雄蕊 6 个。

543. 果实为浆果或蒴果,而花被残留物多少和它相合生,或果实为一聚花果;花被的内层裂片各于其基部有 2 舌状物;叶呈长带形,边缘有刺齿或全缘 ………………………… 凤梨科 Bromeliaceae

543. 果实为蒴果或浆果,仅为 1 花所成;花被裂片无附属物。

544. 子房 1 室,内有多数胚珠位于侧膜胎座上;花序为伞形,具长丝状的总苞片 ………………………… 蒟蒻薯科 Taccaceae

544. 子房 3 室,内有多数至少数胚珠位于中轴胎座上。

545. 子房部分下位 ………………………… 百合科 Liliaceae
(粉条儿菜属 *Aletris*,沿阶草属 *Ophiopogon*,球子草属 *Peliosanthes*)

545. 子房完全下位 ………………………… 石蒜科 Amaryllidaceae

(李　涛)

参 考 文 献

[1] 张浩. 药用植物学[M]. 6 版. 北京:人民卫生出版社,2014.

[2] 中国科学院植物研究所. 中国高等植物科属检索表[M]. 北京:科学出版社,1979.

[3] 董诚明,王丽红. 药用植物学[M]. 北京:中国医药科技出版社,2016.

[4] 何勤,尹红梅. 新编药学实验教程[M]. 成都:四川大学出版社,2019.

[5] 吴勇,成丽. 现代药学实验教程[M]. 成都:四川大学出版社,2008.

[6] 黄宝康. 药用植物学[M]. 7 版. 北京:人民卫生出版社,2016.

[7] 国家中医药管理局《中华本草》编委会. 中华本草[M]. 上海:上海科学技术出版社,1998.

NOTE

附录 B 药用植物彩色照片

彩图 1 紫萁 *Osmunda japonica* Thunb.

彩图 2 苏铁 *Cycas revoluta* Thunb.

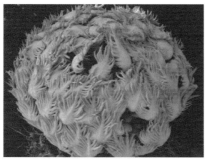

彩图 3 苏铁 *Cycas revoluta* Thunb.
大孢子叶

彩图 4 苏铁 *Cycas revoluta* Thunb.
小孢子叶

彩图 5 云芝 *Coriolus versicolor*（L. ex Fr.）
Quel.

彩图 6 银杏 *Ginkgo biloba* L.

彩图 7　银杏 *Ginkgo biloba* L.
雄球花

彩图 8　银杏 *Ginkgo biloba* L. 种子
（白果）

彩图 9　冬虫夏草 *Cordyceps sinensis*（Berk.）
Sacc.

彩图 10　剑叶龙血树 *Dracaena cochinchinensis*
（Lour.）S. C. Chen

彩图 11　南方红豆杉 *Taxus chinensis*
（Pilger）Rehd. var. *mairei*（Lemée et Lévl.）
Cheng et L. K. Fu

彩图 12　茯苓 *Poria cocos*（Schw.）Wolf.

彩图 13　猴头菌 *Hericium erinaceus*
（Bull. ex Fr.）Pers.

彩图 14　灵芝（赤芝）*Ganoderma lucidum*
（Leyss. ex Fr.）Karst.

彩图 15　海金沙 *Lygodium japonicum*
（Thunb.）Sw.

彩图 16　海南粗榧 *Cephalotaxus hainanensis*
Li

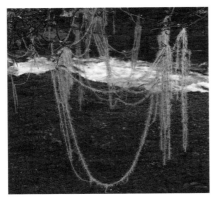

彩图 17　环裂松萝 *Usnea diffracta* Vain.

彩图 18　侧柏 *Platycladus orientalis*（L.）
Franco

彩图 19　蕺菜（鱼腥草）*Houttuynia cordata*
Thunb.

彩图 20　黄连 *Coptis chinensis* Franch.

彩图 21　川赤芍 *Paeonia veitchii* Lynch

彩图 22　过路黄 *Lysimachia christinae*
Hance

彩图 23　短葶飞蓬 *Erigeron breviscapus*（Vant.）
Hand.-Mazz.

彩图 24　槟榔 *Areca catechu* L.

彩图 25　萝芙木 *Rauvolfia verticillata*
（Lour.）Baill.

彩图 26　马蓝 *Baphicacanthus cusia*（Nees）
Bremek.

彩图 27　商陆 *Phytolacca acinosa* Roxb.

彩图 28　黄花蒿 *Artemisia annua* L.

彩图 29　威灵仙 *Clematis chinensis* Osbeck

彩图 30　益母草 *Leonurus artemisia*（Lour.）
S. Y. Hu

彩图 31　天麻 *Gastrodia elata* **Blume**

彩图 32　长春花 *Catharanthus roseus*（L.）
G. Don

彩图 33　巴豆 *Croton tiglium* **L.**

彩图 34　败酱 *Patrinia scabiosaefolia*
Fisch. ex Trev.

彩图 35　白及 *Bletilla striata*
（Thunb. ex A. Murray）Rchb. f.

彩图 36　白簕 *Acanthopanax trifoliatus*（L.）
Merr.

彩图 37　白千层 *Melaleuca leucadendra* **L.**

彩图 38　白屈菜 *Chelidonium majus* **L.**

彩图 39 半边莲 *Lobelia chinensis* Lour.

彩图 40 半夏 *Pinellia ternata*（Thunb.）Breit.

彩图 41 半枝莲 *Scutellaria barbata* D. Don

彩图 42 薄荷 *Mentha haplocalyx* Briq.

彩图 43 博落回 *Macleaya cordata*（Willd.）R. Br.

彩图 44 苍耳 *Xanthium sibiricum* Patrin ex Widder

彩图 45 三白草 *Saururus chinensis*（Lour.）Baill.

彩图 46 柴胡 *Bupleurum chinense* DC.

NOTE

彩图 47　川楝 *Melia toosendan* Sieb. et Zucc.

彩图 48　川木香 *Dolomiaea souliei* (Franch.) Shih

彩图 49　川芎 *Ligusticum chuanxiong* Hort.

彩图 50　刺儿菜 *Cirsium setosum* (Willd.) MB.

彩图 51　刺楸 *Kalopanax septemlobus* (Thunb.) Koidz.

彩图 52　刺续断 (刺参) *Morina nepalensis* D. Don

彩图 53　地钱 *Marchantia polymorpha* L.

彩图 54　大花红景天 *Rhodiola crenulata* (HK. f. et Thoms.) H. Ohba

彩图 55 杜仲 *Eucommia ulmoides* Oliver

彩图 56 对叶百部 *Stemona tuberosa* Lour.

彩图 57 直立百部 *Stemona sessilifolia*（Miq.）Miq.

彩图 58 蔓生百部 *Stemona japonica*（Blume）Miq.

彩图 59 佛手 *Citrus medica* L. var. *sarcodactylis*（Noot.）Swingle

彩图 60 杠板归 *Polygonum perfoliatum* L.

彩图 61 钩藤 *Uncaria rhynchophylla*（Miq.）Miq. ex Havil.

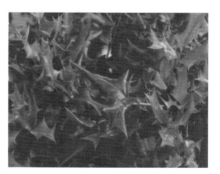

彩图 62 枸骨 *Ilex cornuta* Lindl. et Paxt.

NOTE

彩图 63　枳（枸橘）*Poncirus trifoliata*（L.）Raf.

彩图 64　枸杞 *Lycium chinense* Mill.

彩图 65　构树 *Broussonetia papyrifera*（L.）L′Hért. ex Vent.

彩图 66　金樱子 *Rosa laevigata* Michx.

彩图 67　海州常山 *Clerodendrum trichotomum* Thunb.

彩图 68　含羞草 *Mimosa pudica* L.

彩图 69　何首乌 *Fallopia multiflora*（Thunb.）Harald.

彩图 70　黑松 *Pinus thunbergii* Parl.

NOTE

彩图 71　红花 *Carthamus tinctorius* L.

彩图 72　厚朴 *Magnolia officinalis* Rehd. et Wils.

彩图 73　胡椒 *Piper nigrum* L.

彩图 74　胡颓子 *Elaeagnus pungens* Thunb.

彩图 75　虎杖 *Reynoutria japonica* Houtt.

彩图 76　槐 *Sophora japonica* L.

彩图 77　常山(黄常山)*Dichroa febrifuga* Lour.

彩图 78　黄皮树 *Phellodendron chinense* Schneid.

NOTE

彩图 79　藿香 *Agastache rugosa*（Fisch. et Mey.）O. Ktze.

彩图 80　积雪草 *Centella asiatica*（L.）Urban

彩图 81　箭毒木（见血封喉）*Antiaris toxicaria* Lesch.

彩图 82　结香 *Edgeworthia chrysantha* Lindl.

彩图 83　桔梗 *Platycodon grandiflorus*（Jacq.）A. DC.

彩图 84　菊苣 *Cichorium intybus* L.

彩图 85　决明 *Cassia tora* L.

彩图 86　苦参 *Sophora flavescens* Alt.

彩图 87　莲 *Nelumbo nucifera* Gaertn.

彩图 88　龙芽草(仙鹤草)*Agrimonia pilosa*
Ledeb.

彩图 89　毛茛 *Ranunculus japonicus* Thunb.

彩图 90　魔芋 *Amorphopallus rivieri* Durieu

彩图 91　牡丹 *Paeonia suffruticosa* Andr.

彩图 92　木芙蓉 *Hibiscus mutabilis* L.

彩图 93　木瓜(榠楂)*Chaenomeles sinensis*
(Thouin)Koehne

彩图 94　皱皮木瓜(贴梗海棠)*Chaenomeles*
speciosa(Sweet)Nakai

NOTE

彩图 95　南天竹 *Nandina domestica* Thunb.

彩图 96　牛蒡 *Arctium lappa* L.

彩图 97　牛膝 *Achyranthes bidentata* Blume

彩图 98　女贞 *Ligustrum lucidum* Ait.

彩图 99　枇杷 *Eriobotrya japonica*（Thunb.）Lindl.

彩图 100　苘麻 *Abutilon theophrasti* Medicus

彩图 101　桑 *Morus alba* L.

彩图 102　山楂 *Crataegus pinnatifida* Bge.

彩图 103　芍药 *Paeonia lactiflora* Pall.

彩图 104　石菖蒲 *Acorus tatarinowii* Schott

彩图 105　石蒜 *Lycoris radiata*（L'Her.）Herb.

彩图 106　使君子 *Quisqualis indica* L.

彩图 107　桃 *Amygdalus persica* L.

彩图 108　桃儿七 *Sinopodophyllum hexandrum*
（Royle）Ying

彩图 109　鼓槌石斛 *Dendrobium chrysotoxum*
Lindl.

彩图 110　铁皮石斛 *Dendrobium officinale*
Kimura et Migo

NOTE

彩图 111 金钗石斛 *Dendrobium nobile* Lindl.

彩图 112 流苏石斛 *Dendrobium fimbriatum* Hook.

彩图 113 通脱木 *Tetrapanax papyrifer*(Hook.) K. Koch

彩图 114 问荆 *Equisetum arvense* L.

彩图 115 一把伞南星 *Arisaema erubescens* (Wall.)Schott

彩图 116 异叶天南星 *Arisaema heterophyllum* Blume

彩图 117 乌桕 *Sapium sebiferum*(L.)Roxb.

彩图 118 无花果 *Ficus carica* L.

NOTE

彩图 119　无患子 *Sapindus mukorossi* Gaertn.

彩图 120　吴茱萸 *Evodia rutaecarpa* (Juss.) Benth.

彩图 121　细叶十大功劳 *Mahonia fortunei* (Lindl.) Fedde

彩图 122　细叶小檗 *Berberis poiretii* Schneid.

彩图 123　夏枯草 *Prunella vulgaris* L.

彩图 124　玄参 *Scrophularia ningpoensis* Hemsl.

彩图 125　延胡索 *Corydalis yanhusuo* W. T. Wang ex Z. Y. Su et C. Y. Wu

彩图 126　一叶萩 *Flueggea suffruticosa* (Pall.) Baill.

彩图 127　薏苡 *Coix lachryma-jobi* L. var.
ma-yuen（Roman.）Stapf

彩图 128　云实 *Caesalpinia decapetala*（Roth）
Alston

彩图 129　鸢尾 *Iris tectorum* Maxim.

彩图 130　山茱萸 *Cornus officinalis* Sieb. et
Zucc.

彩图 131　皂荚 *Gleditsia sinensis* Lam.

彩图 132　泽漆 *Euphorbia helioscopia* L.

彩图 133　掌叶大黄 *Rheum palmatum* L.

彩图 134　浙贝母 *Fritillaria thunbergii* Miq.

彩图 135　栀子 *Gardenia jasminoides* Ellis

彩图 136　紫苏 *Perilla frutescens*（L.）Britt.

彩图 137　辣蓼铁线莲 *Clematis terniflora* var. *mandshurica*（Rupr.）Ohwi

彩图 138　棉团铁线莲 *Clematis hexapetala* Pall.

彩图 139 芦荟(库拉索芦荟)*Aloe barbadensis* Mill.

彩图 140 裂叶牵牛 *Pharbitis nil*(L.)Choisy

彩图 141 虎耳草 *Saxifraga stolonifera* Curt.

彩图 142 青葙 *Celosia argentea* L.

彩图 143 络石 *Trachelospermum jasminoides*(Lindl.)Lem.

彩图 144 忍冬 *Lonicera japonica* Thunb.

(李　涛)